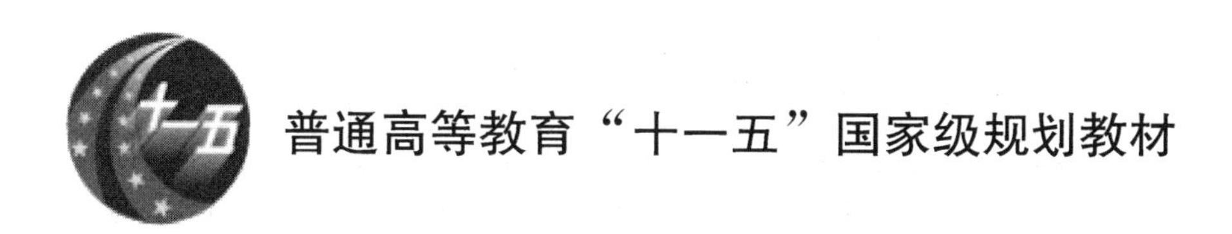

移动通信原理与系统

（第 5 版）

啜　钢　王文博　王晓湘　高伟东　赵　龙　编著

北京邮电大学出版社
www.buptpress.com

内 容 简 介

本书详细地介绍了移动通信原理和5G移动通信系统，主要分为两大部分：第一部分是移动通信的基本理论；第二部分是5G移动通信系统的架构和关键技术。具体而言，本书首先介绍了移动通信的无线传播环境、移动通信中的编码和调制技术、抗衰落和链路性能增强技术等；然后介绍了蜂窝组网的基本理论和技术；最后详细地给出了第五代移动通信系统的架构和关键技术以及应用场景，并简单地介绍了未来移动通信的发展等。

本书力求兼顾移动通信的基本理论和应用系统，内容由浅入深，每章开头有学习重点和要求，结束有习题与思考题(除第8章)。

本书可以作为通信专业高年级本科生教材，也可以作为研究生和成人教育的教材，还可以作为从事移动通信研究和相关工程技术人员的参考书。

图书在版编目(CIP)数据

移动通信原理与系统 / 啜钢等编著. -- 5版. -- 北京：北京邮电大学出版社，2022.11（2024.7重印）
ISBN 978-7-5635-6798-0

Ⅰ.①移… Ⅱ.①啜… Ⅲ.①移动通信—通信系统 Ⅳ.①TN929.5

中国版本图书馆CIP数据核字（2022）第217784号

策划编辑：彭　楠　　**责任编辑**：孙宏颖　　**责任校对**：张会良　　**封面设计**：七星博纳

出版发行：北京邮电大学出版社
社　　址：北京市海淀区西土城路10号
邮政编码：100876
发 行 部：电话：010-62282185　传真：010-62283578
E-mail：publish@bupt.edu.cn
经　　销：各地新华书店
印　　刷：保定市中画美凯印刷有限公司
开　　本：787 mm×1 092 mm　1/16
印　　张：23.75
字　　数：611千字
版　　次：2005年9月第1版　2009年2月第2版　2015年2月第3版　2019年8月第4版
2022年11月第5版
印　　次：2024年7月第3次印刷

ISBN 978-7-5635-6798-0　　定价：59.00元

序　言

四十多年来移动通信系统经过第一代、第二代、第三代、第四代的发展，目前，已经迈入了第五代发展的时代。从支持单纯话音业务到为现在的移动互联网、工业互联网、车联网、智慧城市等服务，移动通信系统已成为当今世界经济社会发展的重要支撑，不断推动着人们生活和生产方式的变革。

我国移动通信经历了从无到有、从弱到强的发展过程。第一代、第二代移动通信技术基本被国外垄断；在第三代技术的定义中，我国拥有了自主知识产权的TD-SCDMA标准，在国家的支持下，发挥高校、科研院所、制造商和运营商（即政产学研用）的协同优势，从技术、标准、系统、终端、芯片到软件以及测试仪表等移动通信的全产业链被打造了出来，我国移动通信产业在国际上进入跟跑阶段；在第四代移动通信的发展过程中，我国提出的TD-LTE标准再次成为国际标准，与欧洲主导的FDD LTE并驾齐驱，我国的移动通信全产业链发展壮大，进入并跑阶段；在第五代移动通信来临后，政产学研用协同创新，我国第五代移动通信技术和产业生态处于全球领跑地位，并已建成全球最大的第五代移动通信网络。

移动通信技术是电子信息领域发展速度最快、关注度最高的专业领域之一，移动通信课程也是电子信息领域人才培养的重要专业课程之一。移动通信涉及的专业知识面广，且从理论、技术到实际系统不断更新换代，对教材编写提出了高要求。此书内容既包括移动通信基本原理、基本技术，又涉及当下5G移动通信系统的新理论、新技术、新体系、新架构，涵盖了从基础到前沿、从技术到标准、从系统到服务、从教育到产业等诸多方面，做到了与时俱进，可让读者既掌握移动通信核心技术及其变迁，又对当前最新的5G移动通信系统及其未来发展趋势有充分的了解。5G移动通信系统作为我国新型基础设施建设的重要组成部分，将发挥其基础性、关键性和使能性作用，特别是与大数据、云计算、人工智能相结合，服务于国民经济各领域的发展。

此书由北京邮电大学教师与华为技术有限公司无线网络产品线技术专家合作编写，得到了北邮-华为学院的支持，被列为教育部-华为"智能基座"产教融合协同育人基地项目的推荐教材。此书既可作为高等院校移动通信专业课教材，也可作为公众普及读物。希望此书在推动我国电子信息领域创新人才培养、支撑产业发展中发挥积极作用，为我国在移动通信领域的全球竞争中持续领先提供支撑。

北京邮电大学　王文博
华为技术有限公司　郦舟剑

前　言

本书是2009年出版的"普通高等教育'十一五'国家级规划教材"《移动通信原理与系统》的第5版。在本书面世之际5G已经在全球主要市场商用，是当前移动通信技术发展的主流。按照本书修订初期的设想，本书以5G技术体系为背景，全面介绍移动通信的基础理论和系统。基于这一理念本次修订对2019版的教材进行了大量的修改和完善。另外，在本书的编写过程中，华为技术有限公司无线网络产品线相关5G专家全面参与了主要章节的策划与编写，使得本书在基础理论、系统框架以及应用技术等诸多方面有了极大的提升。

具体而言，本次修订的教材在以下几个方面做了修改和内容增加：

(1) 对第1章的内容做了必要的修改，对第2章相关内容进行了完善和修订；

(2) 对第3章和第4章的基础理论也分别作了调整和修改，特别是去除了卷积编码等相关理论，增加了LDPC码和Polar码等理论，以及增加了软解调技术等；

(3) 删除了第6章和第7章，取而代之的是5G系统和5G关键技术等；

(4) 增加了未来移动通信的发展，涉及5.5G/6G等相关理念和技术等。

本书修订后的主要内容包括：移动通信的概述和蜂窝移动通信系统的基本概念、移动通信的无线传播环境、移动通信中的编码和调制技术、抗衰落和链路性能增强技术、蜂窝组网技术、第五代移动通信系统、第五代移动通信系统的关键技术和应用场景以及未来移动通信的发展等。

本书的第1章由王文博和啜钢教授编写；第2章和第5章由啜钢教授编写；第3章和第4章由赵龙副教授编写；第6章由王晓湘教授编写；第7章由高伟东副教授编写；第8章由王文博教授和赵龙副教授编写。

本书的编写得到了华为技术有限公司无线网络产品线无线网络研究部相关5G专家的大力支持，来自该部门的多位专家深入参与并协助各章节内容的撰写，包括汪少波、胡华东、陈磊、种稚萌、魏岳军、曲秉玉、谢信乾、刘鹍鹏、张旭、李岩、崔洋、郭志恒、曾清海、官磊、彭金磷、张佳胤、高翔、卢磊、黄甦、庞继勇和马景旺等。

本书是面向电子、信息与通信工程专业本科高年级学生使用的教材。在编写过程中作者同时考虑了社会对移动通信与系统教材的广泛需求，兼顾了研究生和成人教育，因此本书也可以有选择地作为研究生和成人教育教材。

由于作者水平有限，书中难免会出现一些错误和不妥之处，敬请批评指正。

啜　钢
于北京邮电大学

第1版前言

近年来，蜂窝移动通信系统的发展经历了一个从模拟网到数字网，从频分多址(FDMA)到时分多址(TDMA)和码分多址(CDMA)的过程。这种进展是日新月异的，目前我国的蜂窝移动通信系统已经基本结束了模拟网的历史，进入了数字网的时代。进入21世纪人们在继续关注第二代蜂窝移动通信系统发展的同时，已经把目光转向第三代蜂窝移动通信系统的产品开发和大量投入商用的网络准备工作。与此同时许多专家学者和移动通信产业界的有识之士，又在积极研究和开发第四代蜂窝移动通信系统。这些都无疑预示着21世纪蜂窝移动通信将会有更大的发展，并将继续成为在通信行业发展最活跃、发展最快的邻域之一。

鉴于这种情况，我们在参考大量文献并结合多年的研究开发移动通信的理论和应用系统的基础上，编写了这本以数字移动通信为主体的移动通信教材，力图将当前移动通信的最新理论和应用介绍给读者。

本书较详细地介绍了移动通信的原理和实际的应用系统，其主要内容有：移动通信的发展、蜂窝移动通信系统的基本概念、移动通信的无线传播环境、移动通信系统的调制技术、抗衰落技术、移动通信的组网技术、GSM系统和GPRS系统、CDMA系统和cdma2000 1x系统以及WCDMA和TD-SCDMA技术。最后对移动通信的发展做了展望。

本书的第1章、第2章、第5章和第6章由啜钢副教授编写；第3章、第4章由李宗豪副教授编写；第7章、第9章由常永宇副教授和啜钢副教授编写；第8章、第10章由常永宇副教授编写；第11章、第12章由王文博教授、彭涛和郑侃编写。

全书由啜钢副教授负责审定。

本书是为通信专业本科高年级学生使用的教材，但编写过程中我们考虑到社会上对移动通信与系统教材的广泛需求，因此也兼顾了研究生和成人教育的需求，所以本书也可以有选择地作为研究生和成人教育教材。

由于作者才疏学浅，书中难免会出现一些错误和不妥之处，敬请批评指正。

啜钢于北京邮电大学

第 2 版前言

20 世纪人类最伟大的科技成果之一就是蜂窝移动通信，它的飞速发展是超乎寻常的。蜂窝移动通信系统的发展经历了一个从模拟网到数字网，从频分多址（FDMA）到时分多址（TDMA）和码分多址（CDMA）的过程。这种进展是日新月异的。进入 21 世纪，人们在继续关注第二代蜂窝移动通信系统发展的同时，已开始将第三代蜂窝移动通信系统投入商用。与此同时，许多专家学者和移动通信产业界又在积极研究和开发第三代移动通信后续新的技术和系统。

伴随着移动通信技术的发展，各种介绍移动通信的专著和教材也层出不穷，然而适合信息通信专业或相关专业大学本科教学的教材还不是很多。鉴于这种情况，我们于 2002 年出版了《移动通信原理与应用》教材。此后，我们始终关注移动通信的教育如何紧跟移动通信的发展。2005 年我们在总结原有教材的基础上结合科研和教学成果重新修订了《移动通信原理与应用》教材，出版《移动通信原理与系统》高校本科教材。此教材已被评为北京市精品教材，同时，2006 年又被评为了普通高等教育“十一五”国家级规划教材。

在本次再版中我们又对原教材进行大量的修订，压缩了原教材的一些篇幅，增加了对一些新理论和技术的介绍，力图将当前移动通信的最新理论和应用介绍给读者。具体表现在：①相对于原教材，增加了信源编码、高阶调制技术、多天线和空时编码以及链路性能技术的介绍；②增加了增强型数据速率 GSM 演进技术（EDGE）的介绍；③重新编排了蜂窝组网技术和 3G 网络技术的内容，将一些带有共性的技术放到了蜂窝组网章节介绍，从而减少了重复，也减少了篇幅；④对当前的最新研究热点问题作了适当的介绍。

本书主要内容包括：移动通信的发展、蜂窝移动通信系统的基本概念、移动通信的无线传播环境、信源编码和调制技术、抗衰落和链路性能增强技术、蜂窝组网技术、GSM 及其增强移动通信系统、第三代移动通信系统及其增强技术和无线移动通信未来发展等。

本书的第 1 章、第 2 章、第 5 章和第 6 章由啜钢副教授编写；第 3 章、第 4 章由常永宇教授编写；第 7 章由全庆一副教授编写；第 8 章由王文博教授编写。

本书是面向信息通信专业本科高年级学生使用的教材。在编写过程中，我们同时考虑到对移动通信与系统教材的广泛需求，兼顾了研究生和成人教育，因此也可以有选择地作为研究生和成人教育教材。

由于作者才疏学浅，书中难免会出现一些错误和不妥之处，敬请批评指正。

啜钢于北京邮电大学

第3版前言

本书是2009年出版的普通高等教育“十一五”国家级规划教材的修订版。自2009年到现在五年多的时间里，移动通信理论和实际系统都发生了飞跃式发展。具体体现在MIMO和OFDM的理论已经成熟并用于大规模实际商用移动通信系统，同时协作通信的理论和技术、认知无线电的理论和技术以及大规模天线阵的理论也得到了迅猛的发展；另外，LTE系统（即所谓的4G系统）已经商用，在此基础上的LTE-A协议版本已经成熟，5G已经从原来的概念原型逐步走向实际，众多的专家学者已经在这一领域取得了可喜的成果，相信在不久的未来，LTE-A和5G必将成为新一代移动通信系统呈现在人们的面前。鉴于此，我们对原来的教材进行了较大规模的修订，我们的目标是在保留基本理论和技术的同时尽可能地为读者展示新的理论和技术。

具体而言本次修订的教材在以下几个方面作了修改和内容增加：

(1) 对第1章的内容作了必要的修改，进一步完善了移动通信系统发展的介绍；

(2) 删除了第2章中模型矫正等内容，增加了MIMO无线信道的理论分析和建模介绍；

(3) 在第5章将功率控制和切换技术删除、移植到了第7章，并增加了随机接入和无线资源管理以及LTE网络等内容的介绍；

(4) 第7章重点介绍3G的物理层、功率控制和切换技术；

(5) 增加了第8章LTE系统的介绍；

(6) 第9章给出了未来移动通信的发展，特别是LTE-A和5G的一些相关技术简介。

本书修订后的主要内容包括：移动通信的发展、蜂窝移动通信系统的基本概念、移动通信的无线传播环境、信源编码和调制技术、抗衰落和链路性能增强技术、蜂窝组网技术、GSM及其增强移动通信系统、第三代移动通信系统及其增强技术、第四代LTE移动通信系统介绍以及无线移动通信未来发展等。

本书的第1章、第9章由王文博教授编写；第2章、第5章和第6章由啜钢教授编写；第3章、第4章和第8章由常永宇教授编写；第7章由全庆一副教授编写。

本书是面向电子、信息与通信工程专业本科高年级学生使用的教材。在编写过程中同时考虑到对移动通信与系统教材的广泛需求，兼顾了研究生和成人教育，因此也可以有选择地作为研究生和成人教育教材。

由于作者才疏学浅，书中难免会出现一些错误和不妥之处，敬请批评指正。

啜钢于北京邮电大学

第4版前言

本书是2009年出版的“普通高等教育‘十一五’国家级规划教材”的第4版。第3版于2015年出版，至今也已经有4年的时间了，在这短短几年的时间里移动通信技术已经发展为以4G网络为主要支撑网。5G的第一个标准也已经通过，测试工作已经广泛展开，并取得了阶段性的成果。

面对这样的发展，我们不得不再一次较大规模修改本书原有的章节，力求使我们的教材赶上移动通信发展的脚步。

具体而言，本次修订的教材在以下几个方面做了修改和内容增加：

(1) 对第1章的内容做了必要的修改，进一步完善了移动通信系统发展的介绍；

(2) 将原第6章中的GPRS和EDGE技术删除，并将原第7章的部分内容合并到第6章，形成新的第6章GSM和CDMA系统；

(3) 第7章在原来LTE系统的基础上增加了LTE-A系统的概念和关键技术，重点增加了LTE-A载波聚合技术和中继技术；

(4) 增加了第8章5G系统的基础和关键技术；

(5) 增加了第9章移动通信新技术应用。

本书修订后的主要内容包括：移动通信的发展、蜂窝移动通信系统的基本概念、移动通信的无线传播环境、信源编码和调制技术、抗衰落和链路性能增强技术、蜂窝组网技术、GSM及CDMA移动通信系统、第四代LTE/LTE-A移动通信系统、第五代移动通信系统以及移动通信新技术应用等。

本书的第1章由王文博和啜钢编写；第2章和第5章由啜钢编写；第6章由啜钢和全庆一编写；第3章和第4章由常永宇编写；第7章由常永宇、啜钢、全庆一和高伟东编写；第8章和第9章由高伟东编写。

本书是面向电子、信息与通信工程专业本科高年级学生使用的教材。在编写过程中考虑到对移动通信与系统教材的广泛需求，兼顾了研究生和成人教育，因此也可以有选择地作为研究生和成人教育教材。

由于作者才疏学浅，书中难免会出现一些错误和不妥之处，敬请批评指正。

啜钢于北京邮电大学

2019年5月

目　　录

第1章 概 述

学习重点和要求

本章主要介绍了移动通信原理及其应用方面的基本概念，主要包括移动通信发展进程、移动通信的特点、移动通信的工作频段、移动通信的工作方式、移动通信的分类及应用系统和移动通信网的发展趋势等。

要求：

- 重点掌握移动通信的概念、特点；
- 理解移动通信的发展历程及发展趋势；
- 了解无线频谱的规划及移动通信的工作频段；
- 掌握移动通信的3种工作方式；
- 了解移动通信的应用系统。

1.1 移动通信发展简述

当今已经进入了一个信息化的社会，没有信息的传递和交流，人们就无法适应现代化快节奏的生活和工作。人们总是期望随时随地、及时可靠、不受时空限制地进行信息交流，提高生活水平和工作效率。

20世纪90年代，通信领域专家提出了个人通信（personal communications）的愿景，即用各种可能的网络技术实现任何人（whoever）在任何时间（whenever）、任何地点（wherever）与任何人（whoever）进行任何种类（whatever）的信息交互。移动通信是指通信双方或至少有一方处于运动中进行信息交换的通信方式，其发展能够满足人们在任何时间、任何地点与任何个人进行通信的愿望。移动通信网可随时获得用户的位置和状态信息，不论主叫或被呼叫的用户是在车上、船上、飞机上，还是在办公室里、家里、公园里，用户都能够获得其所需要的通信服务。移动通信的主要应用系统有无绳电话、无线寻呼、陆地蜂窝移动通信和卫星移动通信等。而陆地蜂窝移动通信是当今移动通信发展的主流和热点，是解决大容量、低成本公众通信需求的主要系统。

蜂窝移动通信的飞速发展是超乎寻常的，它是20世纪人类最伟大的科技成果之一。1946年美国AT&T公司推出了第一个移动电话，为通信领域开辟了一个崭新的发展空间。20世纪70年代末各国陆续推出了蜂窝移动通信系统，移动通信真正走向广泛的商用，逐渐为广大普通民众所使用。蜂窝移动通信系统从技术上解决了频率资源有限、用户容量受限和无线电波传输时相互干扰等问题。

20世纪70年代末的蜂窝移动通信采用的空中接入方式为频分多址接入（Frequency

Division Multiple Access，FDMA)方式，其传输的信号为模拟量，因此人们称此时的移动通信系统为模拟通信系统，也称为第一代移动通信系统(1G)。这种系统的典型代表有美国的AMPS(Advanced Mobile Phone System)、欧洲的TACS(Total Access Communication System)等。我国建设移动通信系统的初期主要就是引入这两类系统。

然而随着移动通信市场的不断发展，人们对移动通信技术提出了更高的要求。模拟通信系统本身的缺陷，如频谱效率低、网络容量有限和保密性差等，使得其已无法满足人们的需求。为此在20世纪90年代初期北美和欧洲相继开发了基于数字通信的移动通信系统，即所谓的数字蜂窝移动通信系统，称为第二代移动通信系统(2G)。

数字蜂窝移动通信系统克服了模拟通信系统所存在的许多缺陷，因此2G一经推出就倍受人们关注，得到了迅猛的发展，短短的十几年就成了世界范围内最大的移动通信系统，完全取代了模拟通信系统。在当今的数字蜂窝移动通信系统中，具有代表性的一个是全球移动通信系统(Global System for Mobile communications，GSM)，其占据着全球移动通信市场的主要份额，另一个是码分多址(Code Division Multiple Access，CDMA)系统。

GSM是为了解决欧洲第一代蜂窝系统各自为政的状态而发展起来的。在GSM之前，欧洲各国在整个欧洲大陆上采用了不同的蜂窝标准，对用户来讲，不能用一种制式的移动台在整个欧洲进行通信。另外模拟网本身的缺点使得它的容量也受到了限制。为此欧洲电信联盟在20世纪80年代初期就开始研制一种覆盖全欧洲的移动通信系统，即被人们称为GSM的系统。不久之后GSM就遍及全世界，即所谓的“全球通”。

GSM的空中接口采用的是时分多址(Time Division Multiple Access，TDMA)的接入方式，在语音通信过程中为不同用户分配不同时隙。基于语音业务的移动通信网已经基本满足了人们对于语音移动通信的需求，但是人们对数据通信业务的需求日益增加，特别是Internet的发展大大地推动了人们对数据业务的需求。在这种情况下，移动通信网所提供的以语音为主的业务已不能满足人们的需要，为此移动通信业内开始研究并开发适用于数据通信的移动系统。首先人们着手开发的是基于2G的数据通信，在不大量改变2G无线传输体制的条件下，适当增加一些网络单元和一些适合数据业务的协议，使系统可以较高效地传送数据业务。如在GSM网络上使用增强的通用分组无线服务技术(General Packet radio Service，GPRS)和增强型数据速率GSM演进技术(Enhanced Data rate for GSM Evolution，EDGE)就是这样的系统，也称为2.5G。

与GSM同时代的CDMA系统最先是由美国的高通(Qualcomm)公司提出的，高通于1980年11月在美国的圣迭戈利用两个小区基站和一个移动台，对窄带CDMA进行了首次现场实验。1990年9月高通发布了CDMA“公共空中接口”规范的第一个版本。1995年正式的CDMA标准出台了，即IS-95A。CDMA技术向人们展示的是它独特的无线接入技术：系统区分地址时在频率、时间和空间上是重叠的，它使用相互准正交的地址码来完成对用户的识别。这种技术带来的好处有：①多种形式的分集(时间分集、空间分集和频率分集)；②低的发射功率；③保密性；④软切换；⑤大容量；⑥语音激活技术；⑦频率再用及扇区化；⑧低的信噪比或载干比需求；⑨软容量。这些特性在满足用户需求方面具有独特的优势，因而得到了发展，这导致了以后的3G技术大多都采用了CDMA无线接入方式。

第三代移动通信系统采用了码分多址接入技术，3G标准主要包括欧洲的WCDMA、北美的 cdma2000 和中国的 TD-SCDMA 3 个标准。

随着宽带业务的发展，人们希望获得更大带宽的数据速率、传输更高速的多媒体数据、更灵活的网络架构、更小的接入时延。第三代移动通信标准化组织，即第三代合作伙伴计划(3rd Generation Partnership Project，3GPP)提出了基于正交频分复用(Orthogonal Frequency Division Multiplexing，OFDM)和多输入多输出(Multiple Input Multiple Output，MIMO)的天线技术，开发了准第四代移动通信系统，即第三代移动通信系统的长期演进(3G Long Term Evolution，3G LTE)技术，其主要特点是在 20 MHz 频谱带宽下能够提供下行 100 Mbit/s 与上行 50 Mbit/s 的峰值速率，相对于 3G 网络大大地提高了小区的容量，同时将网络延迟大大降低：数据平面单向传输时延低于 5 ms，控制平面从睡眠状态到激活状态的迁移时间低于 50 ms，从驻留状态到激活状态的迁移时间小于 100 ms。

进一步地，3GPP 提出的 LTE-Advanced 是 3G LTE 技术的升级版，它满足国际电信联盟无线电通信组标准化组织(ITU-Radio communications sector，ITU-R)的 IMT-Advanced 技术征集的需求。LTE-Advanced 是一个后向兼容的技术，完全兼容 LTE。它的技术特性包括：100 MHz 带宽，下行 1 Gbit/s、上行 500 Mbit/s 的峰值速率，下行 30 bit/(s·Hz)、上行 15 bit/(s·Hz)的峰值频谱效率，可有效支持新频段、离散频段和大带宽应用等。

2015 年，ITU-R 制定了 IMT-2020 的需求，目标是在 2020 年完成第五代移动通信系统(5G)标准的制定，将增强型移动宽带(enhanced Mobile BroadBand，eMBB)、超高可靠低时延通信(ultra Reliable Low Latency Communication，uRLLC)和海量机器类通信(massive Machine Type of Communication ，mMTC)列为 5G 三大应用场景，以支撑未来通信的多样化服务。2020 年完成了 5G 的两个初始标准化版本后，3GPP 陆续引入了新的场景和业务，包括 RedCap (Reduced Capability new radio devices)、NTN(Non-Terrestrial Networks)、MBS (Multicast and Broadcast Services)等，并对已有的特性进行了进一步的增强。经过 3 个版本的标准化，5G 已经具备了面向消费者(To Consumer，ToC)和面向企业客户(To Business，ToB)提供高速、低时延和高可靠的能力，这将极大地提升 5G 远程控制、机器视觉回传等 ToB 业务。

2020 年为 5G 的商用元年，5G 展现出前所未有的发展速度，全球 68 个国家和地区的 162 个运营商正式发布 5G 商用服务，中国已经建成世界上最大的 5G 网络，用户发展迅猛。

1.2 移动通信的特点

移动通信的传输手段依靠无线电通信，因此，无线电通信是移动通信的基础。无线通信技术的发展不断推动着移动通信的发展。当移动终端与固定终端之间通信联系时，除依靠无线通信技术外，还依赖于有线通信网络技术，例如公众电话网(Public Switched Telephone Network，PSTN)、公众数据网(Public Data Network，PDN)、综合业务数字网(Integrated Services Digital Network，ISDN)。移动通信的主要特点如下。

1. 移动通信利用无线电波进行信息传输

在移动通信中基站至用户终端间必须靠无线电波来传送信息。然而陆地无线传播环境十分复杂导致了无线电波传播特性较差,传播的电波一般都是直射波和随时间变化的绕射波、反射波、散射波的叠加,造成所接收信号的电场强度起伏不定,最大可相差几十分贝,这种现象称为衰落。另外,移动台不断运动,当达到一定速度时,固定点接收到的载波频率将随运动速度的不同产生不同的频移,即产生多普勒效应,使接收点的信号场强振幅、相位随时间、地点而不断地变化,会严重影响通信传输的质量。这就要求在设计移动通信系统时,必须采取抗衰落措施,保证通信质量。

2. 移动通信在强干扰环境下工作

在移动通信系统中,除了一些外部干扰(如源于城市的噪声、各种车辆发动机点火的噪声、微波炉干扰噪声等)外,其自身还会产生各种干扰,主要的干扰有互调干扰、邻频干扰及同频干扰等。因此,无论在系统设计中,还是在组网时,都必须对各种干扰问题予以充分的考虑。

(1) 互调干扰

所谓互调干扰是指两个或多个信号作用在通信设备的非线性器件上,产生同有用信号频率相近的组合频率,从而对通信系统构成干扰的现象。产生互调干扰的原因是在接收机中使用"非线性器件",如接收机的混频,当输入回路的选择性不好时,就会使不少干扰信号随有用信号一起进入混频器,最终形成对有用信号的干扰。

(2) 邻频干扰

邻频干扰是指相邻或邻近的频率(或信道)之间的干扰,一种是指邻频信号功率落入当前频率信号接收机通带内造成的干扰,另一种是指一个强信号串扰弱信号而造成的干扰。如有两个用户相对于基站位置差异较大,且这两个用户所占用的信道为相邻或邻近信道,距离基站近的用户信号较强,而距离基站远的用户信号较弱,因此,距离基站近的用户有可能对距离基站远的用户造成干扰。为解决这个问题,在移动通信设备中,使用了自动功率控制电路,以调节发射功率。

(3) 同频干扰

同频干扰是指相同载频电台之间的干扰。蜂窝式移动通信采用同频复用来规划小区,这就使系统中相同频率电台之间的同频干扰成为其特有的干扰。这种干扰主要与组网方式有关,在设计和规划移动通信网时必须予以充分的重视。

3. 通信容量有限

频率作为一种资源必须合理安排和分配。由于适于移动通信的频段是有限的,所以有限的频段内通信容量是有限的。为满足用户需求量的增加,只能在有限的频段中采取有效利用频率的措施,如窄带化、缩小频带间隔、频道重复利用和多天线技术等。

4. 通信系统复杂

由于移动台在通信区域内随时运动,因此需要随机选用无线信道进行频率和功率控制,还需要使用地址登记、越区切换及漫游等技术,这就使其信令种类比固定网要复杂得多。在入网和计费方式上也有特殊的要求,所以移动通信系统是比较复杂的。

5. 对移动台的要求高

移动台长期处于不固定位置状态,外界的影响很难预料,如尘土、振动、碰撞、日晒雨淋,这就要求移动台具有很强的适应能力。此外,还要求移动台性能稳定可靠,携带方便、小型、低功耗及能耐高低温等。同时,为了尽量使用户操作方便,移动台还要适应新业务、新技术的发展,以满足不同人群在不同行业中的使用。

1.3 移动通信的工作频段

从频谱规划和管理出发，对无线电频谱按业务进行频段和频率划分，规定某一频段可供某一种业务或多种地面和空间业务在规定的条件下使用。一方面，适用于移动通信的无线电频谱资源是有限的，随着移动通信的发展，频率资源从过去的1 GHz以下扩展到现在的几十GHz；另一方面，全球频谱的协调分配对移动通信的发展产生了至关重要的影响，全球一致的频谱分配能够成就低成本、快速、成熟的全球产业链，更好地支持移动通信终端用户的全球漫游，促进移动通信产业的快速发展。考虑全球漫游是移动通信部署初期的一个重要因素，频谱的分配需要通过尽量简单的方式满足以下目标：

① 所分配的频谱应以第一优先级分配给移动业务使用；

② 在全球范围内，所分配的频谱基本一致，比如一致的频段划分和一致的双工方式；

③ 在全球范围内，所分配的频谱应保持一致的法规框架，比如为该频谱与相近频谱共存或者共享而定义的辐射指标应当一致；

④ 在全球范围内，在所分配的频谱上允许使用的技术标准应当保持一致。

纵观每一代移动通信技术，在频段选择上，考虑全球尽可能一致的频谱分配，都会形成一些主力应用的频段，下面分别介绍第三代、第四代和第五代移动通信系统的工作频段。

1.3.1 第三代移动通信系统的工作频段

第三代移动通信系统主要工作在2 000 MHz频段上。目前国际和国内关于第三代移动通信系统的频率规划如下。

1. ITU的频率规划

国际电信联盟对第三代移动通信系统的频率划分大致如下。1992年，世界无线电行政大会（World Administrative Radio Conference ，WARC）划分给未来公共陆地移动通信系统（Future Public Land Mobile Telecommunication System ，FPLMTS）的频率范围是1 885～2 025 MHz和2 110～2 200 MHz，共230 MHz。其中，1 980～2 010 MHz（地对空）和2 170～2 200 MHz（空对地）共60 MHz频率用于卫星移动业务（Mobile Satellite Service ，MSS）。在1995年世界无线电会议（WRC）上，又确定了2005年以后的MSS划分范围是1 980～2 025 MHz和 2 160～2 200 MHz。1996年ITU将FPLMTS更名为国际移动通信（International Mobile Telecommunication，IMT）系统。2000年国际电信联盟的代表在土耳其的伊斯坦布尔召开的WRC大会上，规定了3个新的全球频段（805～960 MHz、1 710～1 885 MHz和2 500～2 690 MHz），标志着建立全球无线系统新时代的到来。

2. 中国的频率规划现状

在我国，根据现有的无线电频率划分表，1 700～2 300 MHz用于移动业务、固定业务和空间业务。其中，1 990～2 010 MHz用于航空无线电导航业务，2 090～2 120 MHz用于空间科学业务（气象辅助和地球探测业务，地对空方向）。在不干扰固定业务的情况下，2 085～2 120 MHz可用于无线电定位业务。

用于FDD方式的WCDMA和cdma2000共有频率2×60 MHz(1 920～1 980 MHz/2 110～2 170 MHz),TD-SCDMA共有频率155 MHz(1 880～1 920 MHz、2 010～2 025 MHz、2 300～2 400 MHz)。

1.3.2 第四代移动通信系统的频率划分

(1) 国际电信联盟给4G LTE划分了4个频段:3.4～3.6 GHz的200 MHz带宽、2.3～2.4 GHz的100 MHz带宽、698～806 MHz的108 MHz带宽和450～470 MHz的20 MHz带宽。

(2) 中国4G频段包括TD-LTE频段和FDD-LTE频段。

① TD-LTE频段:中国移动分配130 MHz带宽,分别为1 880～1 900 MHz、2 320～2 370 MHz、2 575～2 635 MHz;中国联通分配40 MHz带宽,分别为2 300～2 320 MHz、2 555～2 575 MHz;中国电信分配40 MHz带宽,分别为2 370～2 390 MHz、2 635～2 655 MHz。

② FDD-LTE频段:中国电信分配1.8 GHz频段(1 755～1 785 MHz和1 850～1 880 MHz),中国联通分配2.1 GHz频段(1 955～1 980 MHz和2 145～2 170 MHz)。

1.3.3 第五代移动通信系统的频率划分

5G时代,在全球范围内将C-band(3.3～4.2 GHz、4.4～5.0 GHz)频谱分配为IMT技术使用的国家和地区越来越多,C-band也成为全球5G应用的主力频段。图1.1为5G初期全球主要地区3.3～5 GHz频谱的分配情况。

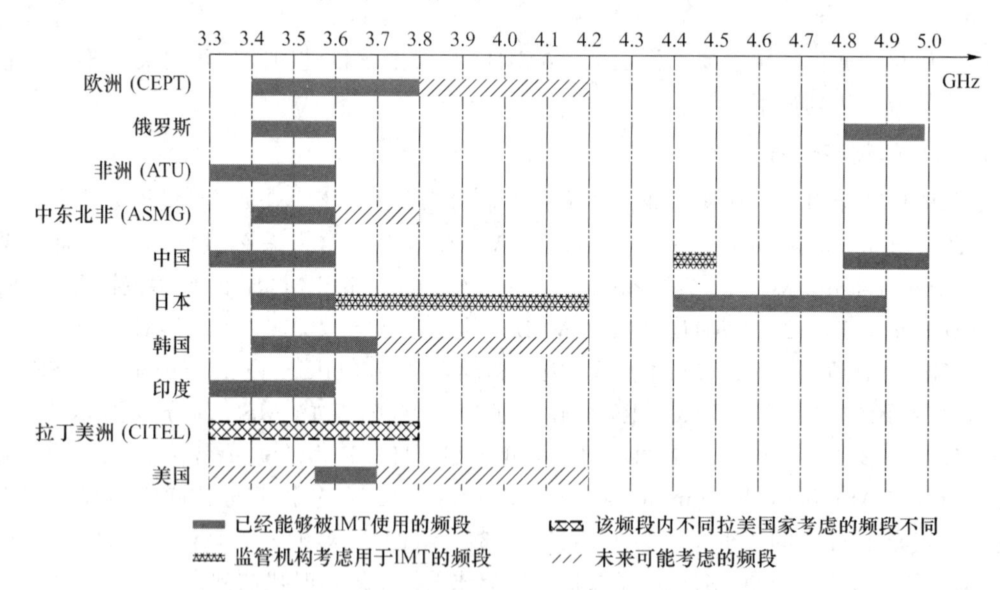

图1.1 5G初期全球主要地区3.3～5 GHz频谱的分配情况

随着5G商用部署的不断推进,在C-band之外,原来已经部署了LTE系统的3 GHz以下的频段也在陆续分配给5G新空口,即5G NR(New Radio,NR)使用。2015年WRC-15大会为IMT在更高频段的发展铺平了道路,确定了24.25～86 GHz频谱可用于IMT系统部署。3GPP将5G频谱分成FR1和FR2两个频段范围,两个频段范围的定义如表1.1所示。

表 1.1 两个频段范围的定义

频段定义	相对应的频率范围
FR1	410～7 125 MHz
FR2	24 250～52 600 MHz

1.4 移动通信的工作方式

按照信息传输的状态和频率的使用方法，可将移动通信的工作方式分成不同种类，有单向和双向通信、单工和双工通信。下面是几种常用的工作方式。

1. 单工通信

单工通信是指通信双方电台交替地进行收信和发信。根据通信双方是否使用相同的频率，单工制又分为同频单工和双频单工，如图 1.2 所示。单工通信常用于点到点通信。在平时，单工制工作方式双方设备的接收机均处于接听状态。其中 A 方需要发话时，先按下“按-讲”开关，关闭接收机，由 B 方接收；B 方发话时也将按下“按-讲”开关，关闭接收机，从而实现双向通信。这种工作方式收发信机可使用同一副天线，而不需天线共用器，设备简单，功耗小，但操作不方便。在使用过程中，往往会出现通话断续现象。同频单工和双频单工的操作与控制方式一样，差异仅仅在于收发频率的异同。单工制一般适用于专业性强的通信系统，如交通指挥等公安系统。

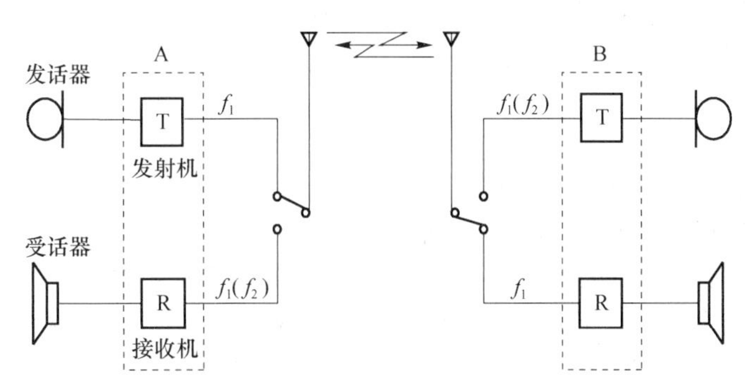

图 1.2 同频(双频)单工通信方式

2. 双工通信

双工通信是指通信双方的收发信机均同时工作，即任一方讲话时，可以听到对方的话音，没有“按-讲”开关，双方通话像市内电话通话一样，有时也叫全双工通信。双工通信一般使用一对频道，以实施频分双工(FDD)工作方式。这种工作方式虽然耗电量大，但使用方便，因而在移动通信系统中获得了广泛的应用，如图 1.3 所示。

3. 半双工通信

为解决双工通信方式耗电量大的问题，在一些简易通信设备中可以使用半双工通信方式。半双工通信是指通信双方有一方使用双工方式，即收发信机同时工作，且使用两个不同的频率

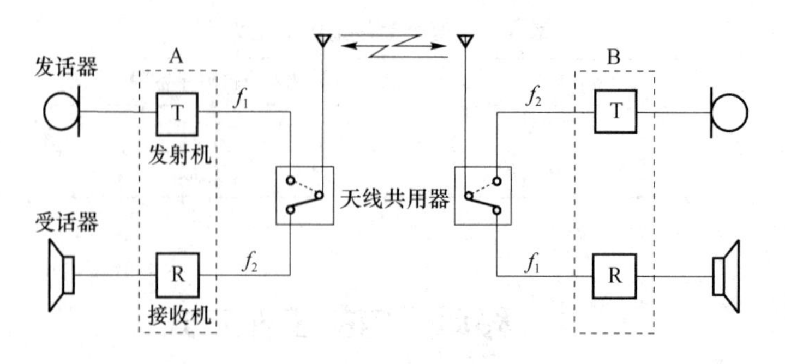

图1.3 双工通信方式

f_1 和 f_2;而另一方则采用双频单工方式,即收发信机交替工作。这种方式在移动通信中一般使移动台采用单工方式而基站则收发同时工作。其优点是:设备简单,功耗小,克服了通话断断续续的现象。但其操作仍不太方便,所以主要用于专业移动通信系统中,如汽车调度系统等,如图1.4所示。

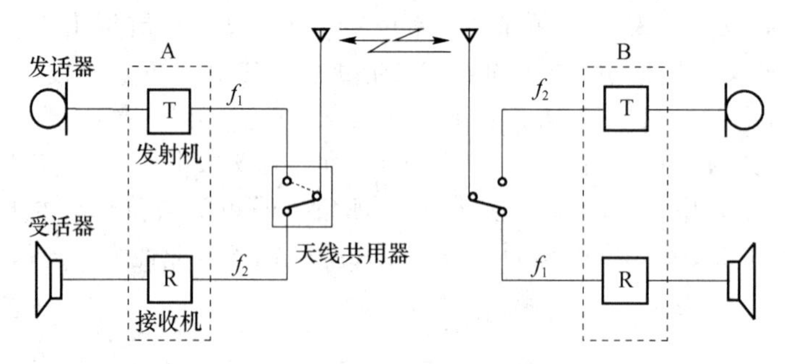

图1.4 半双工通信方式

4. 中继方式

为了增加通信距离,可加设中继站。两个移动台之间的直接通信距离只有几千米,经中继站转接后通信距离可加大到几十千米。一般采用一次中继转接,若采用多次中继转接将使信噪比下降。中继通道又分为单工中继和双工中继两种基本方式。单工方式的中继站只需一套收发信机,采用全向天线。双工方式的中继站需两套收发信机,并往往采用两副定向天线,对准中继方向。若有一端是移动台,则用一副定向天线和一副全向天线,如图1.5所示。

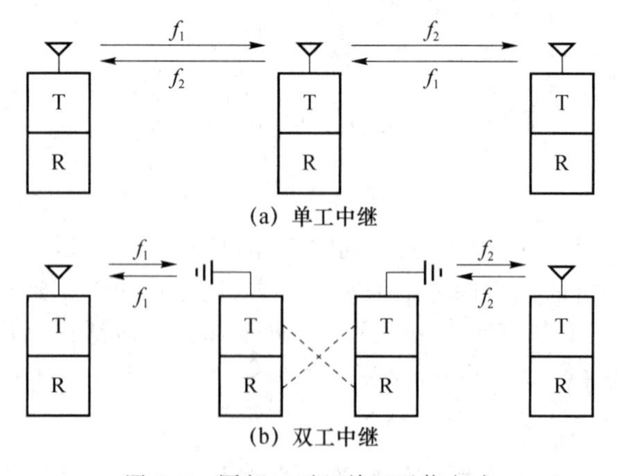

图1.5 同频(双频)单工通信方式

1.5 移动通信的分类及应用系统

1. 移动通信的分类方法

- 按使用对象可分为民用设备和军用设备；
- 按使用环境可分为陆地通信、海上通信和空中通信；
- 按多址方式可分为频分多址(FDMA)、时分多址(TDMA)和码分多址(CDMA)等；
- 按覆盖范围可分为城域网和局域网；
- 按业务类型可分为电话网、数据网和综合业务网；
- 按工作方式可分为同频单工、双频单工、双频双工和双频半双工；
- 按服务范围可分为专用网和公用网；
- 按信号形式可分为模拟网和数字网。

2. 移动通信的应用系统

移动通信包括以下应用系统。

① 蜂窝式陆地移动通信系统：蜂窝式陆地移动通信系统适用于全双工工作、大容量公用陆地移动通信网络，可与固定电话网相连接，与互联网相连接，实现各种移动互联网业务。

② 集群调度移动通信系统：集群调度移动通信系统属于调度系统的专用通信网。这种系统一般由控制中心、总调度台、分调度台、基地台及移动台组成，可为特定场所、特定领域提供服务。

③ 无绳电话系统：无绳电话最初是应有线电话用户的需求而诞生的，初期主要应用于家庭。无绳电话系统十分简单，只有一个与有线电话用户线相连接的基站和随身携带的手机，基站与手机之间利用无线电沟通。

④ 无线电寻呼系统：无线电寻呼系统是一种单向通信系统，既可作专用也可作公用，仅规模大小有差异而已。专用寻呼系统由用户交换机、寻呼控制中心、发射台及寻呼接收机组成。公用寻呼系统由与公用电话网相连接的无线寻呼控制中心、寻呼发射台及寻呼接收机组成。

⑤ 卫星移动通信系统：卫星移动通信系统是利用卫星中继，在海上、空中和地形复杂而人口稀疏的地区中实现移动通信的系统，其具有独特的优越性，很早就引起了人们的注意。例如：铱(Iridium)系统，它采用8轨道66颗星的星状星座，卫星高度为765 km；全球星(Global Star)系统，它采用8轨道48颗星的莱克尔星座，卫星高度为约1 400 km；海事卫星组织推出的Inmarsat-P，实施全球卫星移动电话网计划，采用12颗星的中轨星座组成全球网。这些系统主要是为地面移动通信不能覆盖的海洋、空中及人烟稀少的边远山区、沙漠地带提供服务。另外，美国星链(Starlink)低轨互联网通信卫星的发展受到普遍关注。

本书主要讨论蜂窝移动通信系统，其他系统读者可参考有关文献资料。

1.6 移动通信网的发展趋势

未来的社会将基于物理世界与数字世界的深度融合，进而移动互联网将扩展到全真全感互联网;在商业层面,数字经济成为核心舞台,行业从工具效率提升到决策效率提升;环境同样是未来十年的重要命题,绿色增长和网络安全将成为基石。

趋势一:万兆之路构筑虚拟与现实桥梁。5G的普及给用户体验带来了跨代升级,360°自由视角视频已经逐步应用在直播等领域,AR/VR等新应用带来不亚于现实世界的拟真体验,虚拟体验正在跨越其与现实的边界,走向沉浸式实时交互。未来网络可以通过如下关键技术方向实现万兆低时延,满足用户随时随地身临其境的交互视频体验:一是灵活的双工技术,二是业务QoS保障。

趋势二:一张网络融合全场景千亿物联。人的连接将不断丰富沟通和生活,物的连接将重组数字社会。面向2030年,蜂窝网络将承载更多样性、更复杂的全场景千亿物联。移动物联的能力需要持续扩展,通过一张网覆盖千行百业的各种场景。随着无线物联逐步在医疗、钢铁、制造等行业的全流程中应用,上行和确定性时延成为物联的关键能力。因此,需要构建以上行为中心的网络能力,实现xGbps的上行能力满足机器视觉等制造场景的需求;同时,在生产过程控制、机器协作中,通过构建低时延高可靠的网络能力,为工业控制系统等提供确定性体验。

趋势三:星地融合拓展全域立体网络。通过星地融合拓展全域立体组网,可以实现全球范围100%地理覆盖,进一步消除数字鸿沟,同时可以实现对近地空间的立体覆盖,满足未来无人机、飞机等飞行器的通信和控制需求。卫星通信与移动网络的融合,可以帮助卫星通信引入先进移动蜂窝网络技术,有效解决卫星通信面临的容量、工程部署、移动性等方面的问题。更重要的是,卫星通信还可以借助移动通信的万亿产业规模,通过产业链共享来加速产业繁荣。

趋势四:通感一体塑造全真全感互联。通信感知融合将带来超越传统移动网络的应用可能性。利用无线通信信号提供实时感知功能,获取环境的实际信息,并且利用先进的算法、边缘计算和人工智能能力来生成超高分辨率的图像,完成现实世界的数字化重建,可以和虚拟化世界进行融合,获得更加真实的体验。

趋势五:把智能带入每个行业、每个联接。无线网络最复杂的是空口,2030年将实现空口智能内生。通过智能重构空口算法,包括使用神经模型重构空口算法来提供更灵活的信道、频谱、码字调度方式,从而再提升50%的性能和能效利用率,逼近理论极限。

趋势六:全链路全周期原生绿色网络。未来十年,对于移动网络产业来说,为了满足大众随时随地良好网络体验的诉求,为了万物互联和支撑社会的数字化转型,网络流量仍有百倍的增长需求。在全球各行业绿色化的背景下,为了避免移动网络的功耗随着流量线性增长,需要全链路全周期的原生绿色网络,实现比特能效百倍提升。

趋势七:Sub-100 GHz全频段灵活使用。随着超高清视频、混合现实(Mixed Reality,MR)业务、扩展现实(Extended Reality,XR)等的普及,以及全息全感技术的成熟,平均每月每用户数据流量快速增长,预计到2030年可能将达到600 GB。同时,全球50%以上的流量将承载在蜂窝网络上,20%的家庭宽带接入由无线宽带接入承载。Sub-10 GHz频谱资源极为宝贵,为了最大化发挥黄金频谱价值,可通过多频段组合实现广域覆盖连片组网。随着流量的增长,2025年左右高容量站点需要借助毫米波基站进行扩容,毫米波基站逐步开始有规模部署诉求,Sub-10 GHz和mmW频谱需要建成一张连片覆盖的蜂窝网络。与此同时,未来运营商面临Sub-10 GHz不同频段组合、离散的频谱资源使用等问题,需要重构多频的使用方式,最大化频谱价值。

趋势八:广义多天线极大地降低了比特成本,是原来成本的百分之一以下。未来十年,移动网络的发展趋势存在着很多未知，但移动网络所承载的流量将会呈几何级数增长是非常确定的。为了构建可持续发展的无线网络，比特成本的持续降低成为移动通信产业健康发展的刚需，从2G、3G、4G再到5G，编码技术的创新使得移动通信的性能不断达到新的高度，随之而来的是香农定律也逐渐走向极限。5G时代，多天线技术的广泛普及，扩展了香农定律的极限，极大地降低了比特成本。面向2030年，为了实现比特成本降低为原来的百分之一以下，必须寻求无线通信基础理论的突破，挖掘无线通信的新维度、新空间。

趋势九：安全将成为数字化未来的基石。面向未来，网络安全需要通过极简安全，达成一体化防护能力、一键式威胁处置、一站式安全服务的目标。面向未来，无法继续通过叠加、外挂安全设备方式覆盖所有风险点，需要从无线网络系统内生构建安全能力，安全架构和无线系统架构共生融合，纵深打造韧性系统，从全局视角构建一个可视、可管、可控的安全无线通信系统，才能高效地保障客户的网络安全运行。除此之外，面向2030年，人工智能(Artificial Intelligence，AI)和量子计算等新技术也带来了新的安全风险和机遇。

趋势十：移动计算网络，端管云深度协同。2025年，XR类消费者业务进一步提升交互式体验，行业数字化则将推进到工业运营技术(Operational Technology，OT)现场网领域。这一阶段的云网协同需要网络与计算双方通过应用程序接口(Application Program Interface，API)(如QoS、位置、视频压缩、业务开通)实现实时能力协同。而面向2030年，触觉互联网、元宇宙(Metaverse)、高速移动车联网逐渐普及，新数字化平台难以用单一业务模型抽象，需要网络与计算无缝、无间断、实时按需地提供高质量业务，因此移动计算网络(Mobile Computing Network，MCN)应运而生。

1.7 本书的内容安排

移动通信的迅猛发展给我们在本书的内容选取和结构安排上提出了挑战。本书的宗旨是，以基础理论、基本技术为基础，以实际移动应用系统为重点，力图全面准确地介绍蜂窝移动通信的基础理论和系统。另外，本书尽量选取较新的资料和研究成果，以为读者了解移动通信的发展以及新技术和新方法提供帮助。本书的具体安排如下。

第2章较全面地介绍了移动通信的无线传播环境和传播预测模型。这部分内容是移动通信的基础，也是移动通信系统设计的关键因素。

第3章介绍了移动通信中的编码和调制技术，这些技术在通信专业的先期课程中有所介绍，这里将依据移动通信的特点和要求，重点介绍在移动通信系统中所采用的编码和调制技术。

第4章论述了移动通信系统中的抗衰落和链路增强技术，为本书讲述移动应用系统提供了必要的理论基础。

第5章从移动通信网的角度，介绍了网络的组成基础和结构。

第6章主要介绍了5G系统概述、三大典型应用场景、NR空口、无线接入网架构、核心网系统架构、安全机制、5G的基本信令流程，力求使读者较全面地了解一个实际系统的运作过程。

第7章的主要内容包括5G的扩展应用场景及关键技术，如边缘计算技术、非公共网络技术、确定性网络、网络切片技术、大规模天线技术、毫米波技术、灵活空口技术、大带宽技术、

SUL(Supplementary UpLink)技术、V2X(车用无线通信)技术、高精度定位技术。

第8章介绍了未来移动通信网络的演进方向,包括极致MIMO、频谱扩展与灵活使用、通信感知融合、内生智能、空天地海一体化网络。

习题与思考题

1.1 简述移动通信的特点。

1.2 移动台主要受哪些干扰的影响?哪种干扰是蜂窝系统所特有的?

1.3 简述蜂窝移动通信系统的发展历史,说明各代移动通信系统的特点。

1.4 移动通信的工作方式主要有几种?蜂窝移动通信系统采用哪种方式?

1.5 简述移动通信网的发展趋势。

本章参考文献

[1] LU W W. 4G Mobile Research in Asia. IEEE Communication Magazine, 2003,41(3):104-106.

[2] OTSU T, OKAJIMA I, UMEDA N, et al. Network Architecture for Mobile Communications Systems Beyond IMT-2000. IEEE Personal Communications, 2001, 8(5):31-37.

[3] BRIA A,GESSLER F,QUESETH O,et al. 4th-Generation Wireless Infrastructures: Scenarios and Research Challenges. IEEE Personal Communications, 2001, 8(6):25-31.

[4] 啜钢,王文博,常永宇,等. 移动通信原理与系统. 4版. 北京:北京邮电大学出版社,2019.

[5] 王晓云,刘光毅,丁海煜,等. 5G技术与标准. 北京:电子工业出版社,2019.

[6] 3GPP TS 38.101-1. NR; User Equipment (UE) radio transmission and reception; Part 1: Range 1 Standalone.

[7] 3GPP TS 38.101-2. NR; User Equipment (UE) radio transmission and reception; Part 1: Range 2 Standalone.

[8] 华为技术有限公司. 无线网络未来十年十大产业趋势. 2021.

第 2 章　移动通信电波传播与传播预测模型

学习重点和要求

本章主要介绍移动通信电波传播的基本概念和原理，并介绍常用的几种传播预测模型。首先介绍电波传播的基本特性，在此基础上讲解影响电波传播的 3 种基本机制——反射、绕射和散射，然后详细地论述移动无线信道及其特性参数，给出 MIMO 信道建模的基本方法，最后介绍常用的几种传播预测模型和电波测试与校正的方法。

要求：

- 理解电波传播的基本特性；
- 了解 3 种电波传播的机制；
- 掌握自由空间和阴影衰落的概念；
- 掌握多径衰落的特性和多普勒频移；
- 掌握多径信道模型的原理和多径信道的主要参数；
- 掌握多径信道的统计分析及多径信道的分类；
- 掌握多径衰落信道特征量的概念和计算方法；
- 了解衰落信道的建模和仿真；
- 了解 MIMO 信道的建模方法；
- 理解传播损耗和传播预测模型的基本概念，理解几种典型模型。

2.1　概　　述

2.1.1　电波传播的基本特性

移动通信的首要问题就是研究电波的传播特性，掌握移动通信电波传播特性对移动通信无线传输技术的研究、开发和移动通信的系统设计具有十分重要的意义。移动通信的信道是指基站天线、移动用户天线和两副天线之间的传播路径，可以称为无线信道。从某种意义上来说，对移动无线电波传播特性的研究就是对无线信道特性的研究。无线信道的基本特性是衰落特性，这种衰落特性取决于无线电波的传播环境，不同的传播环境，其传播特性也不尽相同。传播环境的复杂性导致了无线信道特性十分复杂。总体来说，这些传播环境包括地貌、人工建筑、气候特征、电磁干扰情况、通信体移动速度和使用的频段等。无线电波在上述环境下传播表现出了几种主要传播方式：直射、反射、绕射和散射以及它们的合成。图 2.1 描述了一种典型的信号传播环境。

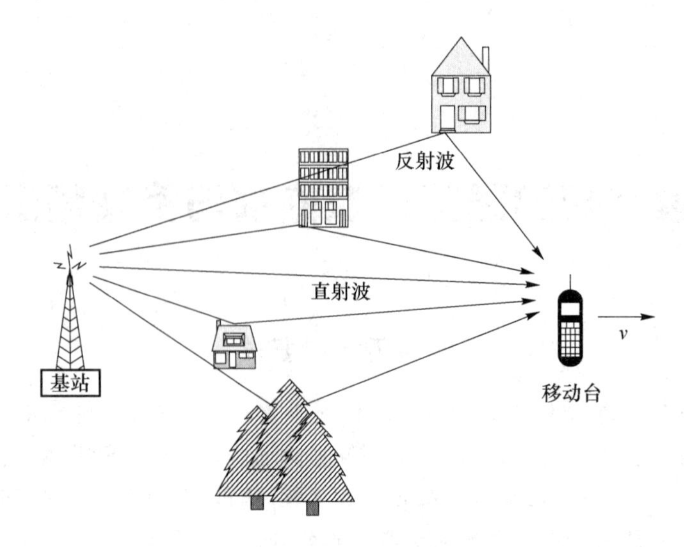

图 2.1 一种典型的信号传播环境

无线信道是一种时变信道。无线电波通过这种信道,在无线传播环境下的衰落一般表现为:①随信号传播距离变化而导致的传播损耗和弥散;②由于传播环境中的地形起伏、建筑物及其他障碍物对电磁波的遮蔽所引起的衰落,一般称为阴影衰落;③无线电波在传播路径上受到周围环境中地形地物的作用而产生的反射、绕射和散射,使得其到达接收机时是从多条路径传来的多个信号的叠加,这种多径传播所引起的信号在接收端幅度、相位和到达时间的随机变化将导致严重的衰落,即所谓的多径衰落。

另外,信道的时变性还表现在移动台沿电波传播径向方向的运动使接收信号产生多普勒(Doppler)效应,其结果会导致接收信号在频域的扩展,同时改变了信号电平的变化率。这就是所谓的多普勒频移,它的影响会产生附加的调频噪声,出现接收信号的失真。

通常人们在分析研究无线信道时,常常将无线信道分为大尺度(large-scale)衰落和小尺度(small-scale)衰落两种。大尺度衰落主要是用于描述发射机与接收机(T-R)之间的长距离(几百或几千米)内信号强度的变化。小尺度衰落用于描述短距离(几个波长)或短时间(秒级)内信号强度的快速变化。然而这两种衰落并不是独立存在的,在同一个无线信道中既存在大尺度衰落,也存在小尺度衰落,如图 2.2 所示。另外,根据发送信号与信道变化快慢的程度,无线信道的衰落又可分为长期慢衰落和短期快衰落。一般而言,大尺度衰落表征了接收信号在一定时间内的均值随传播距离和环境的变化而呈现的缓慢变化,小尺度衰落表征了接收信号短时间内的快速波动。

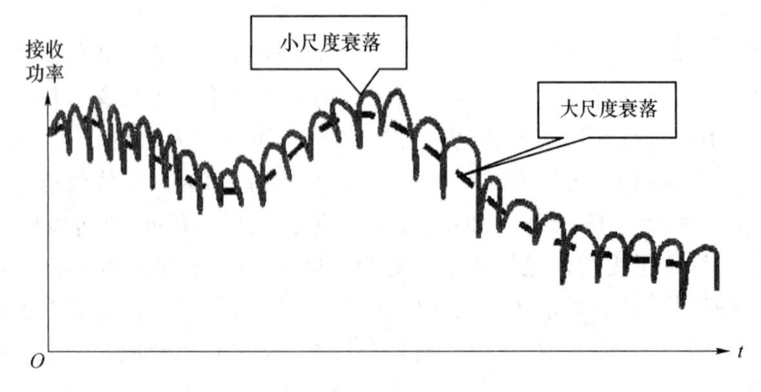

图 2.2 无线信道中的大尺度衰落和小尺度衰落

因此无线信道的衰落特性可用式(2.1)描述：

$$r_d(t)=m(t)\cdot r_{d0}(t) \tag{2.1}$$

式中，$r_d(t)$表示信道的衰落因子；$m(t)$表示大尺度衰落；$r_{d0}(t)$表示小尺度衰落。

大尺度衰落是由移动通信信道路径上的固定障碍物(建筑物、山丘、树林等)的阴影引起的，衰减特性一般服从 d^{-n}律，平均信号衰落和关于平均衰落的变化具有对数正态分布的特征。利用不同测试环境下移动通信信道的衰落中值计算公式，可以计算移动通信系统的业务覆盖区域。从无线系统工程的角度看，传播的衰落主要影响无线区的覆盖。

小尺度衰落是由移动台的运动和地点的变化而引起的，主要特征是多径。多径产生时间扩散，引起信号符号间干扰；运动产生多普勒效应，引起信号随机调频。不同的测试环境有不同的衰落特性。而多径衰落严重影响信号传输质量，并且是不可避免的，只能采用抗衰落技术来减少其影响。

2.1.2　电波传播特性的研究

如上所述，移动通信的无线信道传播环境是十分恶劣和复杂的，因此对于研究和开发移动通信系统来说，首要的问题就是了解移动通信环境下的无线信道传播特性。

一般来讲，研究无线信道的传播环境主要考虑以下问题。

① 在某个特定频率段和某种特定的环境中，电波传播和接收信号衰落的物理机制是什么?

② 在无线信号的传播路径上信号功率的路径损耗是多少? 很好地了解路径损耗对移动通信中的无线小区覆盖设计具有实际的意义。

③ 接收信号的幅度、相位、多径分量到达时间和功率分布是如何变化的? 其概率分布的统计规律是怎样的? 了解这些变化和分布的特性在于，可以根据信号的这些衰落特性研究，开发相应的抗衰落技术。

对无线电波传播特性的研究，将产生以下两种应用成果。

① 传播预测模型的建立：根据理论分析和实际测量数据的统计分析或两者的结合，建立适合各种传播环境的各类传播预测模型，根据给定的频率、距离、收发信机天线高度、环境特性参数，预测电波的传播路径损耗。该结果可用于移动通信的无线网络规划设计。

② 为实现信道仿真提供基础：根据传播特性研究的理论分析结果、测量数据的统计分析结果，用硬件或软件实现电波在移动通信环境中传播和传播特性的仿真。应用仿真技术，可进行无线传播系统的试验，更有效地进行调制解调技术、各种抗衰落技术以及网络性能等无线传播技术和网络性能的研究和开发。

研究无线移动传播环境的基本方法如下。

① 理论分析：用电磁场理论分析电波在移动环境中的传播特性，并用数学模型来描述移动信道。通常采用所谓射线跟踪法，即用射线表示电磁波束的传播，在确定收发天线位置及周围建筑等环境特性后，根据反射、绕射和散射等波动现象直接找出可能的主要传播路线，并计算出路径损耗及其他反映信道特性的参数。在分析中，往往要忽略次要因素，突出主要因素，以建立简化的信道传播模型，简化计算。

② 现场电波传播实测方法：在不同的传播环境中，做电波实测试验。实际测试后，根据实测记录的数据，用计算机对大量的数据进行统计分析，找出反映传播特性的各种参数的统计分

布。再根据数据的分析结果,建立信道的统计模型来进行传播预测。在传播特性的研究中,统计数据通常用以建立信道的冲激响应模型,所以此方法也称为冲激响应法。

值得注意的是,理论分析方法是应用电磁传播理论来建立预测模型的,因而更具有普遍意义。其预测模型的准确程度取决于对预测区域内传播环境描述的详细程度。现场实测方法是通过对实际测试的大量数据进行统计分析,来建立预测模型。现场实测方法对环境的依赖性较大,对测试设备的要求很高,同时测试工作量较大。但是由于建立模型的过程是根据对大量测试数据的统计分析得出的,所以在相似的传播环境下,其预测值与实际值较为一致。而且对于覆盖区域较大的小区而言,由于地形、地物的复杂,很难用理论的方法建立预测模型。因而通过现场测试和大量数据的统计分析来建立预测模型,无疑是一个可行的方法。

需要说明的是,理论分析方法和现场实测方法不是对立的,而是相互联系、互为补充的。理论预测模型的正确性多用实测数据来证实;现场实测的方法、实测数据的统计和结果分析要在电磁波传播理论的指导下进行。

本章将分析无线移动通信信道中信号的场强、概率分布及功率谱密度、多径传播与快衰落、阴影衰落、时延扩展与相关带宽,以及信道的衰落特性,包括平坦衰落和频率选择性衰落、衰落率与电平通过率、电平交叉率、平均衰落周期与长期衰落、衰落持续时间、衰落信道的数学模型及MIMO信道。另外,本章还将介绍主要用于无线网络工程设计的无线传播损耗预测模型。

2.2 自由空间的电波传播

自由空间是指在理想的、均匀的、各向同性的介质中传播,电波传播不发生反射、折射、绕射、散射和吸收现象,只存在由电磁波能量扩散引起的传播损耗。在自由空间中,设发射点处的发射功率为 P_t,以球面波辐射,设接收的功率为 P_r,则有

$$P_r=\frac{A_r}{4\pi d^2}P_tG_t \tag{2.2}$$

式中,$A_r=\frac{\lambda^2 G_r}{4\pi}$,$\lambda$ 为工作波长,G_t、G_r 分别表示发射天线和接收天线增益,d 为发射天线和接收天线间的距离。

自由空间的传播损耗 L 定义为

$$L=\frac{P_t}{P_r} \tag{2.3}$$

当 $G_t=G_r=1$ 时,自由空间的传播损耗可写为

$$L=\left(\frac{4\pi d}{\lambda}\right)^2 \tag{2.4}$$

若以分贝表示,则有

$$[L]=32.45+20\lg f+20\lg d \tag{2.5}$$

式中,f(单位为MHz)为工作频率,d(单位为km)为收发天线间的距离。

需要指出的是,自由空间是不吸收电磁能量的介质。实质上自由空间的传播损耗是指球面波在传播过程中,随着传播距离的增大,电磁能量在扩散过程中引起的球面波扩散损耗。电波的自由空间传播损耗是与距离的平方成正比的。实际上,接收机天线所捕获的信号能量只是发射机天线发射的一小部分,大部分能量都散失掉了。

另外要说明一点,在移动通信系统中通常接收电平的动态范围很大,因此常常用dBm或

dBW 为单位来表示接收电平，即

$$P_r(\mathrm{dBm})=10\lg P_r(\mathrm{mW})$$
$$P_r(\mathrm{dBW})=10\lg P_r(\mathrm{W})$$

2.3　3 种基本电波传播机制

一般认为，在移动通信系统中影响传播的 3 种最基本的机制为反射、绕射和散射。

- 反射：反射发生于地球、建筑物和墙壁的表面，当电磁波遇到比其波长大得多的物体时就会发生反射。反射是产生多径衰落的主要因素。
- 绕射：当接收机和发射机之间的无线路径被尖利的边缘阻挡时会发生绕射。由阻挡表面产生的二次波分布于整个空间，甚至绕射于阻挡体的背面。当发射机和接收机之间不存在视距（Line of Sight，LoS）时，即非视距（Non-Line of Sight，NLoS）情况（移动台和基站天线之间不可见），围绕阻挡体产生波的弯曲。
- 散射：散射波产生于粗糙表面、小物体或其他不规则物体。在实际的移动通信系统中，树叶、街道标志和灯柱等都会引发散射。

2.3.1　反射与多径信号

1. 反射

电磁波的反射发生在不同物体界面上，这些反射表面可能是规则的，也可能是不规则的；可能是平滑的，也可能是粗糙的。为了简化，考虑反射表面是平滑的，即所谓理想介质表面。如果电磁波传输到理想介质表面，则能量都将反射出去。图 2.3 示出了平滑表面的反射。

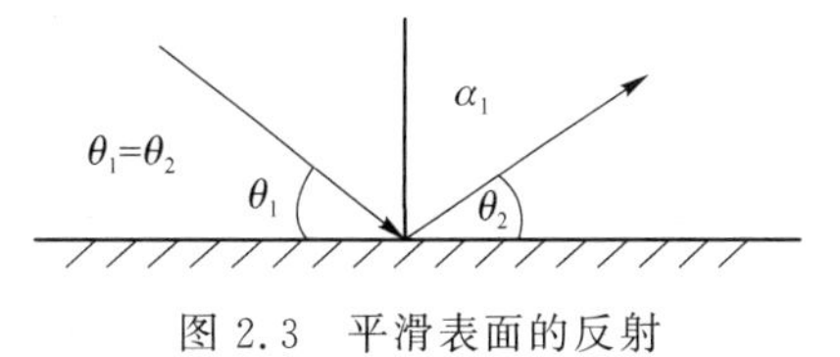

图 2.3　平滑表面的反射

入射波与反射波的比值称为反射系数（R）。反射系数与入射角 θ、电磁波的极化方式和反射介质的特性有关。反射系数可表示为

$$R=\frac{\sin\theta-z}{\sin\theta+z} \tag{2.6}$$

式中

$$z=\frac{\sqrt{\varepsilon_0-\cos^2\theta}}{\varepsilon_0} \quad （垂直极化）$$

$$z=\sqrt{\varepsilon_0-\cos^2\theta} \quad （水平极化）$$

而 $\varepsilon_0=\varepsilon-\mathrm{j}60\sigma\lambda$，$\varepsilon$ 为介电常数，σ 为电导率，λ 为波长。

这里简单说明一下所谓的极化特性。极化是指电磁波在传播的过程中，其电场矢量的方向和幅度随时间变化的状态。电磁波的极化方式可分为线极化、圆极化和椭圆极化。相对于地面而言，线极化存在两种特殊情况：电场方向平行于地面的水平极化和垂直于地面的垂直极化，如图 2.4 所示。在移动通信系统中常用垂直极化天线。

接收天线的极化方式只有同被接收电磁波的极化方式一致时，才能有效地接收信号，否则将使接收信号质量变坏，甚至完全收不到信号，这种现象称为极化失配。不同极化方式的天线也可以互相配合使用，如线极化天线可以接收圆极化波，但仅能收到两分量中的一个。圆极化

天线可以有效地接收相同旋转方向的圆极化波或椭圆极化波,若旋向不一致则几乎不能接收。

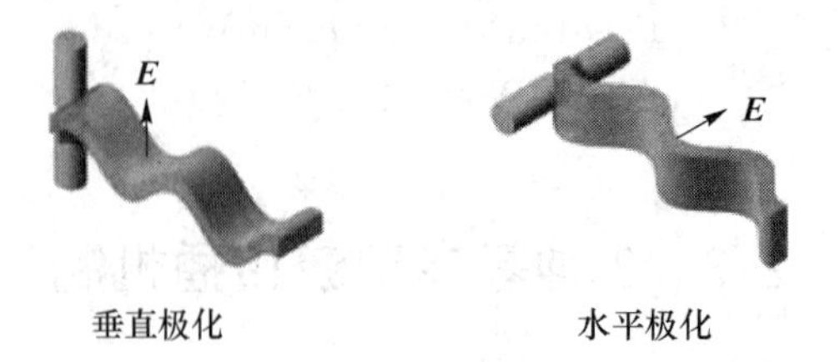

图 2.4　垂直极化和水平极化

对于地面反射,当工作频率高于150 MHz($\lambda<2$ m)时,$\theta<1°$,可以算出垂直极化和水平极化的反射系数为 $R_v=R_h=-1$。

2. 两径传播模型

移动传播环境是复杂的,实际上由于众多反射波的存在,在接收机端是大量多径信号的叠加。为了使问题简化,首先考虑简单的两径传播情况,然后再研究多径传播情况。

图2.5表示有一条直射波和一条反射波路径的两径传播模型。

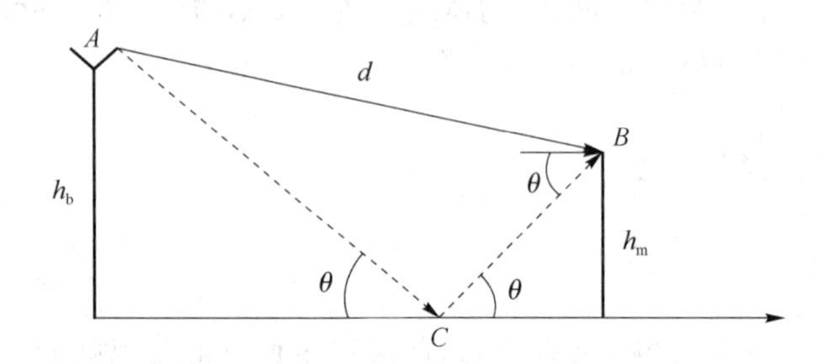

图 2.5　两径传播模型

图2.5中,A 表示发射天线,B 表示接收天线,AB 表示直射波路径,ACB 表示反射波路径。接收天线 B 处的接收信号功率表示为

$$P_r=P_t\left(\frac{\lambda}{4\pi d}\right)^2 G_r G_t \left|1+Re^{j\Delta\Phi}+(1-R)Ae^{j\Delta\Phi}+\cdots\right|^2 \tag{2.7}$$

式中,在绝对值符号内,第一项代表直射波,第二项代表地面反射波,第三项代表地表面波,省略号代表感应场和地面二次效应。

在大多数场合,地表面波的影响可以忽略,则式(2.7)可以简化为

$$P_r=P_t\left(\frac{\lambda}{4\pi d}\right)^2 G_r G_t \left|1+Re^{j\Delta\Phi}\right|^2 \tag{2.8}$$

式中,P_r 和 P_t 为接收功率和发射功率;G_t 和 G_r 为基站和移动台的天线增益;R 为地面反射系数,可由式(2.6)求出;d 为收发天线之间的距离;λ 为波长;$\Delta\Phi$ 为两条路径的相位差。

$$\Delta\Phi=\frac{2\pi\Delta l}{\lambda} \tag{2.9}$$

$$\Delta l=(AC+CB)-AB \tag{2.10}$$

3. 多径传播模型

考虑 N 个路径时,式(2.8)可以推广为

$$P_r=P_t\left(\frac{\lambda}{4\pi d}\right)^2 G_r G_t \left|1+\sum_{i=1}^{N-1} R_i \exp(j\Delta\Phi_i)\right|^2 \tag{2.11}$$

当多径数目很大时,则无法用式(2.11)准确地计算出接收信号的功率,必须用统计的方法

计算接收信号的功率。

2.3.2　绕射

绕射现象可由惠更斯(Huygens)-菲涅耳原理来解释,即波在传播过程中,行进中的波前(面)上的每一点,都可作为产生次级波的点源,这些次级波组合起来形成传播方向上新的波前(面),绕射由次级波的传播进入阴影区而形成,阴影区绕射波场强为围绕阻挡物所有次级波的矢量和。

图 2.6 是对惠更斯-菲涅耳原理的一个说明。

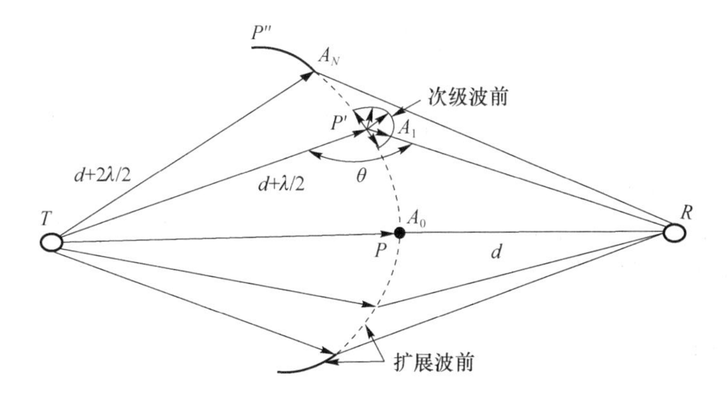

图 2.6　惠更斯-菲涅耳原理说明

由图 2.6 可以看出,在 P' 点处的次级波前中,只有夹角为 θ(即$\angle TP'R$)的次级波前能到达接收点 R。在 P 点,θ 为 180°,对于扩展波前上的其他点,角度 θ 将在 0°～180°变化。θ 的变化决定了到达接收点辐射能量的大小,显然 P''点的二次辐射波对 R 处接收信号电平的贡献小于 P' 点的。

若经由 P'点的间接路径比经由 P 点的直接路径 d 长 $\lambda/2$ 的话,则这两个信号到达 R 点后,由于相位相差 180°而相互抵消。如果间接路径的长度再增加半个波长,则通过这条间接路径的信号到达 R 点与直接路径信号(经由 P 点)是同相叠加的。间接路径的长度继续增加,经这条路径的信号就会在接收 R 点交替抵消和叠加。

上述现象可用菲涅耳区来解释。菲涅耳区表示从发射点到接收点次级波路径长度比直接路径长度大 $n\lambda/2$ 的连续区域。图 2.7 表示了菲涅耳区的概念。

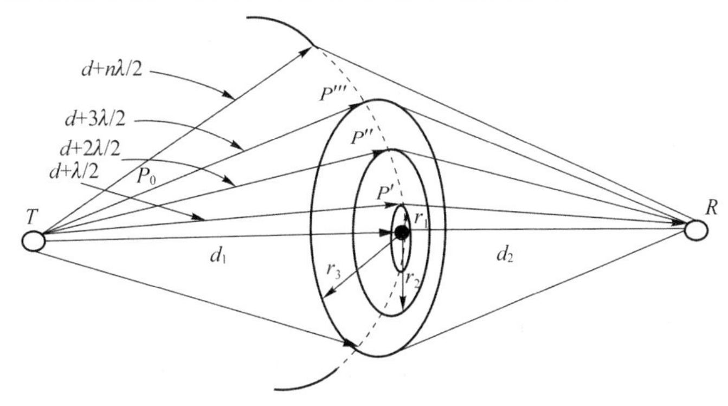

图 2.7　菲涅耳区无线路径的横截面

经过推导可得出,菲涅耳区同心圆的半径为

$$r_n=\sqrt{\frac{n\lambda d_1 d_2}{d_1+d_2}} \tag{2.12}$$

当 $n=1$ 时,就得到第一菲涅耳区半径。通常认为,在接收点处第一菲涅耳区的场强是全部场强的一半。

由此可得,在第一菲涅耳区次级波路径上次级波前点 A_1 到接收点 R 的距离为 $RA_1=RA_0+\lambda/2$,如图2.6所示。

了解了上述概念后,可以利用基尔霍夫(Kirchhoff)公式求解从波前点到空间任何一点的场强:

$$E_{\mathrm{R}}=\frac{-1}{4\pi}\int_s\left[E_s\frac{\partial}{\partial n}\left(\frac{\mathrm{e}^{-\mathrm{j}kr}}{r}\right)-\frac{\mathrm{e}^{-\mathrm{j}kr}}{r}\frac{\partial E_s}{\partial n}\right]\mathrm{d}s \tag{2.13}$$

式中,E_s 是波面场强;$\frac{\partial E_s}{\partial n}$是与波面正交的场强导数;$k=\frac{2\pi}{\lambda}$;$r$ 是波面到接收点的距离。进一步的理论分析请参考相关文献。

在实际计算绕射损耗时,很难给出精确的结果。为了估算的方便,人们常常利用一些典型的绕射模型,如刃形绕射模型和多重刃形绕射模型等,具体细节在本章2.8.1节有所介绍。

2.3.3 散射

当无线电波遇到粗糙表面时,反射能量由于散射而散布于所有方向,这种现象称为散射,散射给接收机提供了额外的能量。

前面提到的反射一般采用平滑的表面,而散射发生的表面常常是粗糙不平的。给定入射角 θ_i,则可以得到表面平整度的参数高度

$$h_c=\frac{\lambda}{8\sin\theta_i} \tag{2.14}$$

式中,λ 为入射电波的波长。

若平面上最大的突起高度 h 小于 h_c,则可认为该表面是光滑的;反之认为该表面是粗糙的。计算粗糙表面的反射时需要乘以散射损耗系数 ρ_s,以表示减弱的反射场。这里表面高度 h 是具有局部平均值的高斯(Gaussian)分布的随机变量,此时 ρ_s 为

$$\rho_s=\exp\left[-8\left(\frac{\pi\sigma_h\sin\theta_i}{\lambda}\right)^2\right] \tag{2.15a}$$

其中,σ_h 为表面高度的标准差。

对式(2.15a)进行修正,则 ρ_s 为

$$\rho_s=\exp\left[-8\left(\frac{\pi\sigma_h\sin\theta_i}{\lambda}\right)^2\right]\mathrm{I}_0\left[8\left(\frac{\pi\sigma_h\sin\theta_i}{\lambda}\right)^2\right] \tag{2.15b}$$

式中 $\mathrm{I}_0(\cdot)$是0阶第一类贝塞尔函数。

当 $h>h_c$ 时,可以用粗糙表面的修正反射系数表示反射场强:

$$\Gamma_{\mathrm{rough}}=\rho_s\Gamma \tag{2.16}$$

2.4　对数距离路径损耗模型

对数距离路径损耗模型是一个能够反映电波传播主要特性的简单模型，对于实际信道来说，这个模型只是一种近似，更精确的模型可采用复杂的解析模型或者通过实测来建立。不过在一般系统设计中经常采用如下的简化路径损耗模型：

$$L_{dB}=L(d_0)+10n\lg\left(\frac{d}{d_0}\right) \tag{2.17}$$

其中，d_0 是一个参考距离，在参考距离或接近参考距离的位置，路径损耗具有自由空间损耗的特点；d 是发射天线到接收天线间的距离；n 是路径损耗指数，主要取决于传播环境，其变化范围为 2～6，表 2.1 给出了路径损耗指数随环境变化的情况。

表 2.1　不同环境下的路径损耗指数

环　境	路径损耗指数 n
自由空间	2
市区蜂窝	2.7～3.5
市区蜂窝阴影	3～5
建筑物内视距传输	1.6～1.8
建筑物内障碍物阻挡	4～6
工厂内障碍物阻挡	2～3

参考距离 d_0 可根据蜂窝小区的大小确定，例如，对于小区半径大于 10 km 的蜂窝系统，d_0 可设置为 1 km，对于小区半径为 1 km 的蜂窝系统或者微蜂窝系统，d_0 可设置为 100 m 或 1 m。

2.5　阴影衰落

阴影衰落是移动无线通信信道传播环境中的地形起伏、建筑物及其他障碍物对电波传播路径的阻挡而形成的电磁场阴影效应。阴影衰落的信号电平起伏是相对缓慢的，又称为慢衰落。其特点是衰落与无线电传播地形和地物的分布、高度有关。图 2.8 表示阴影衰落。

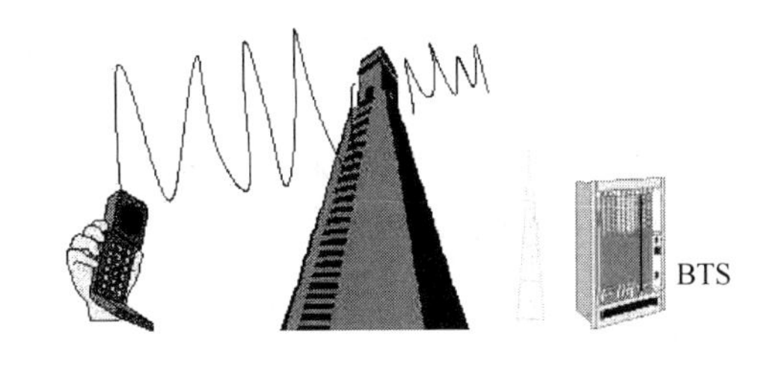

图 2.8　阴影衰落

描述阴影衰落的常用模型为对数正态阴影模型，它已被实测数据证实，可以精确地建模反映室内和室外无线传播环境中接收功率的变化。

当移动用户和基站之间的距离为 d 时，传播路径损耗和阴影衰落可以表示为

$$L(d)=L(d_0)+10n\lg\left(\frac{d}{d_0}\right)+\zeta_\sigma \tag{2.18}$$

式中，ζ_σ 为由于阴影产生的对数损耗(dB)，服从零平均和标准偏差 σ (dB)的对数正态分布。

2.6 移动无线信道及特性参数

2.6.1 多径衰落的基本特性

移动无线信道的主要特征是多径传播。多径传播是由于无线传播环境的影响,在电波的传播路径上电波产生了反射、绕射和散射,这样当电波传输到移动台的天线时,信号不是单一路径来的,而是许多路径来的多个信号的叠加。因为电波通过各个路径的距离不同,所以各个路径电波到达接收机的时间不同,相位也就不同。不同相位的多个信号在接收端叠加,有时是同相叠加而加强,有时是反相叠加而减弱。这样接收信号的幅度将急剧变化,即产生了所谓的多径衰落。多径衰落将严重影响信号的传输质量,所以研究多径衰落对移动通信传输技术的选择和数字接收机的设计尤为重要。

按照大尺度衰落和小尺度衰落分类,这里所讨论的多径衰落属于小尺度衰落。

多径衰落的基本特性表现在信号幅度的衰落和时延扩展。具体地说,从空间角度考虑多径衰落时,接收信号的幅度将随着移动台移动距离的变动而衰落,其中本地反射物所引起的多径效应表现为较快的幅度变化,而其局部均值是随距离增加而起伏的,反映了地形变化所引起的衰落以及空间扩散损耗;从时间角度考虑,由于信号的传播路径不同,所以到达接收端的时间也就不同,当基站发出一个脉冲信号时,接收信号不仅包含该脉冲,还将包含该脉冲的各个时延信号,这种由于多径效应引起的接收信号中脉冲的宽度扩展现象称为时延扩展。一般来说,模拟移动通信系统主要考虑多径效应引起的接收信号的幅度变化;数字移动通信系统主要考虑多径效应引起的脉冲信号的时延扩展。

基于上述多径衰落特性,在研究多径衰落时从这样几个方面进行:研究无线信道的数学描述方法;考虑无线信道的特性参数;根据测试和统计分析的结果,建立移动无线信道的统计模型;考察多径衰落的衰落特性参数。

2.6.2 多普勒频移

当移动体在 x 轴上以速度 v 移动时会引起多普勒(Doppler)频率漂移,如图2.9所示。此时,多普勒效应引起的多普勒频移可表示为

$$f_{\mathrm{d}}=\frac{v}{\lambda}\cos\alpha \tag{2.19}$$

式中,v 为移动速度;λ 为波长;α 为入射波与移动台移动方向之间的夹角;$\frac{v}{\lambda}=f_{\mathrm{m}}$ 为最大多普勒频移。

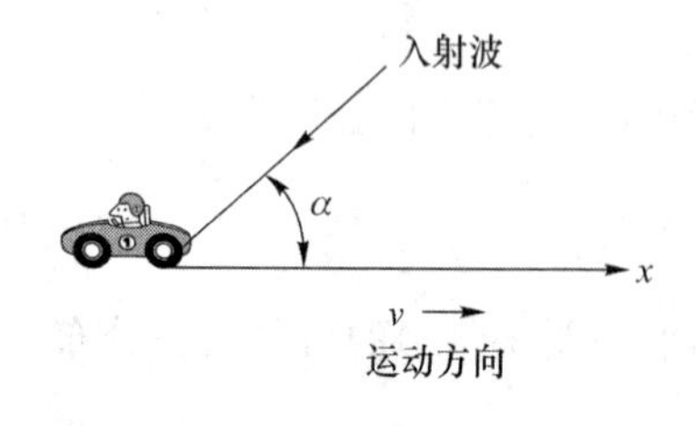

图2.9 多普勒频移示意图

由式(2.19)可以看出,多普勒频移与移动台运动的方向、速度以及无线电波入射方向之间的夹角有关。若移动台朝向入射波方向运动,则多普勒频移为正(接收信号频率上升);反之若移动台背向入射波方向运动,则多普勒频移为负(接收信号频率下降)。信号经过不同方向传播,其多径分量造成接收机信号的多普勒扩散,

因而增加了信号带宽。

2.6.3　多径信道的信道模型

多径信道对无线信号的影响表现为多径衰落特性。通常信道可以看成作用于信号上的一个滤波器,因此可通过分析滤波器的冲激响应和传递函数得到多径信道的特性。

设传输信号为

$$x(t)=\mathrm{Re}\{s(t)\exp(\mathrm{j}2\pi f_c t)\} \tag{2.20}$$

其中,f_c 为载频。

当此信号通过无线信道时,会受到多径信道的影响而产生多径效应。假设第 i 径的路径长度为 x_i,衰落系数(或反射系数)为 a_i,则接收到的信号可表示为

$$\begin{aligned} y(t) &= \sum_i a_i x\left(t-\frac{x_i}{c}\right) \\ &= \sum_i a_i \mathrm{Re}\left\{s\left(t-\frac{x_i}{c}\right)\exp\left[\mathrm{j}2\pi f_c\left(t-\frac{x_i}{c}\right)\right]\right\} \\ &= \mathrm{Re}\left\{\sum_i a_i s\left(t-\frac{x_i}{c}\right)\exp\left[\mathrm{j}2\pi\left(f_c t-\frac{x_i}{\lambda}\right)\right]\right\} \end{aligned} \tag{2.21}$$

式中,c 为光速;$\lambda=\dfrac{c}{f_c}$为波长。

经简单推导可以得出接收信号的包络:

$$y(t)=\mathrm{Re}\{r(t)\exp(\mathrm{j}2\pi f_c t)\} \tag{2.22}$$

其中,$r(t)$是接收信号的复数形式,即

$$r(t) = \sum_i a_i \exp\left(-\mathrm{j}2\pi\frac{x_i}{\lambda}\right)s\left(t-\frac{x_i}{c}\right)= \sum_i a_i \exp(-\mathrm{j}2\pi f_c\tau_i)s(t-\tau_i) \tag{2.23}$$

式中,$\tau_i=\dfrac{x_i}{c}$为时延。

$r(t)$实质上是接收信号的复包络模型,是衰落、相移和时延都不同的各个路径的总和。

上面的讨论忽略了移动台的移动情况。考虑移动台移动时,由于移动台周围的散射体较为杂乱,则多径的各个路径长度将发生变化。这种变化就会导致每条路径接收信号的频率发生变化,产生多普勒效应。

设路径 i 的到达方向和移动台运动方向之间的夹角为 θ_i,则路径的变化量为

$$\Delta x_i=-vt\cos\theta_i \tag{2.24}$$

这时信号输出的复包络将变为

$$\begin{aligned} r(t) &= \sum_i a_i \exp\left(-\mathrm{j}2\pi\frac{x_i+\Delta x_i}{\lambda}\right)s\left(t-\frac{x_i+\Delta x_i}{c}\right) \\ &= \sum_i a_i \exp\left(-\mathrm{j}2\pi\frac{x_i}{\lambda}\right)\exp\left(\mathrm{j}2\pi\frac{v}{\lambda}t\cos\theta_i\right)s\left(t-\frac{x_i}{c}+\frac{vt\cos\theta_i}{c}\right) \end{aligned} \tag{2.25}$$

简化式(2.25),忽略信号的时延变化量$\dfrac{vt\cos\theta_i}{c}$在 $s\left(t-\dfrac{x_i}{c}+\dfrac{vt\cos\theta_i}{c}\right)$中的影响,因为$\dfrac{vt\cos\theta_i}{c}$的数量级比$\dfrac{x_i}{c}$小得多;但$\dfrac{vt\cos\theta_i}{c}$在相位中不能忽略,则

$$r(t) = \sum_i a_i \exp\left[\mathrm{j}2\pi\left(\frac{v}{\lambda}t\cos\theta_i-\frac{x_i}{\lambda}\right)\right]s\left(t-\frac{x_i}{c}\right)$$

$$
\begin{aligned}
&= \sum_i a_i \exp\left[\mathrm{j}2\pi\left(f_m t\cos\theta_i - \frac{x_i}{\lambda}\right)\right] s(t-\tau_i) \\
&= \sum_i a_i \exp[\mathrm{j}(2\pi f_m t\cos\theta_i - 2\pi f_c\tau_i)] s(t-\tau_i) \\
&= \sum_i a_i s(t-\tau_i)\exp[-\mathrm{j}(2\pi f_c\tau_i - 2\pi f_m t\cos\theta_i)]
\end{aligned} \tag{2.26}
$$

其中,f_m 为最大多普勒频移。

式(2.26)表明了多径和多普勒效应对传输信号 $s(t)$ 施加的影响,$s(t)$ 为复基带传输信号。令

$$\psi_i(t) = 2\pi f_c\tau_i - 2\pi f_m t\cos\theta_i = \omega_c\tau_i - \omega_{D,i}t \tag{2.27}$$

其中,τ_i 代表第 i 条路径到达接收机的信号分量的增量延迟,且随时间变化,此外增量延迟是指实际延迟减去所有分量取平均的延迟。因此 $\omega_c\tau_i$ 表示多径延迟对随机相位 $\psi_i(t)$ 的影响,$\omega_{D,i}t$ 表示多普勒效应对 $\psi_i(t)$ 的影响。在任何时刻 t,随机相位 $\psi_i(t)$ 都可产生对 $r(t)$ 的影响,从而引起多径衰落。

进一步分析式(2.26),可得

$$r(t) = \sum_i a_i s(t-\tau_i)\mathrm{e}^{-\mathrm{j}\psi_i(t)} = s(\tau) * h(t,\tau) \tag{2.28}$$

式中,$s(\tau)$ 为复基带传输信号;$h(t,\tau)$ 为信道的冲激响应;符号 * 表示卷积。图 2.10 表明了式(2.28)中这种等效的冲激响应的信道模型,其中的冲激响应可表示为

$$h(t,\tau) = \sum_i a_i \mathrm{e}^{-\mathrm{j}\psi_i(t)}\delta(\tau-\tau_i) \tag{2.29}$$

式中,a_i、τ_i 分别表示第 i 个分量的实际幅度和增量延迟;相位 $\psi_i(t)$ 包含第 i 个增量延迟内一个多径分量所有的相移;$\delta(\cdot)$ 为单位冲激函数。

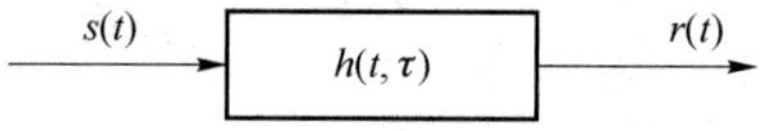

$s(t)$ → [$h(t,\tau)$] → $r(t)$

图 2.10 等效的冲激响应模型

假设信道冲激响应具有时不变性,或者至少在一小段时间间隔或距离内具有时不变性,则信道冲激响应可以简化为

$$h(\tau) = \sum_i a_i \mathrm{e}^{-\mathrm{j}\psi_i(t)}\delta(\tau-\tau_i) \tag{2.30}$$

公式中 $\psi_i(t) = 2\pi f_c\tau_i$。

此冲激响应完全描述了信道特性,研究表明相位 ψ_i 服从[0,2π]的均匀分布,多径信号的个数、每个多径信号的幅度(或功率)以及时延需要进行测试,找出其统计规律。此冲激响应模型在工程上可用抽头延迟线实现。

2.6.4 描述多径信道的主要参数

多径环境和移动台运动等因素的影响,使得移动信道对传输信号在时间、频率和角度上造成了色散。通常用功率在时间、频率以及角度上的分布来描述这种色散,即用功率延迟分布(Power Delay Profile,PDP)描述信道在时间上的色散;用多普勒功率谱密度(Doppler Power Spectral Density,DPSD)描述信道在频率上的色散;用角度谱(Power Azimuth Spectrum,PAS)描述信道在角度上的色散。定量描述这些色散时,常用一些特定参数来描述,即所谓多

径信道的主要参数。

1. 时间色散参数和相关带宽

(1) 时间色散参数

这里讨论的多径信道时间色散特性参数，是用平均附加时延 $\bar{\tau}$ 和均方根(rms)时延扩展 σ_τ 以及最大附加时延扩展 X(单位为 dB)描述的。这些参数是由功率延迟分布 $P(\tau)$ 来定义的。功率延迟分布是一个基于固定时延参考 τ_0 的附加时延 τ 的函数，通过对本地瞬时功率延迟分布取平均得到。

平均附加时延 $\bar{\tau}$ 定义为

$$\bar{\tau}=\frac{\sum_k a_k^2\tau_k}{\sum_k a_k^2}=\frac{\sum_k P(\tau_k)\tau_k}{\sum_k P(\tau_k)} \tag{2.31}$$

rms 时延扩展 σ_τ 定义为

$$\sigma_\tau=\sqrt{E(\tau^2)-(\bar{\tau})^2} \tag{2.32}$$

其中

$$E(\tau^2)=\frac{\sum_k a_k^2\tau_k^2}{\sum_k a_k^2}=\frac{\sum_k P(\tau_k)\tau_k^2}{\sum_k P(\tau_k)} \tag{2.33}$$

最大附加时延扩展(X)定义为多径能量从初值衰落到比最大能量低 X(dB)处的时延。也就是说最大附加时延扩展定义为 $\tau_x-\tau_0$，其中 τ_0 是第一个到达信号的时刻，τ_x 是最大时延值，其间到达的多径分量不低于最大分量减去 X(最强多径信号不一定在 τ_0 处到达)。实际上最大附加时延扩展(X)定义了高于某特定门限的多径分量的时间范围。

在市区环境中常将功率时延分布近似为指数分布，如图 2.11 所示。

其指数分布为

$$P(\tau)=\frac{1}{T}e^{-\frac{\tau}{T}} \tag{2.34}$$

式中，T 是常数，为多径时延的平均值。

为了更直观地说明平均附加时延 $\bar{\tau}$ 和 rms 时延扩展 σ_τ 以及最大附加时延扩展 X 的概念，图 2.12 给出了典型的最强路径信号功率的归一化时延扩展谱。图 2.12 中，T_m 为归一化的最大附加时延扩展 X(dB)；τ_m 为归一化平均附加时延 $\bar{\tau}$；Δ 为归一化 rms 时延扩展 σ_τ。

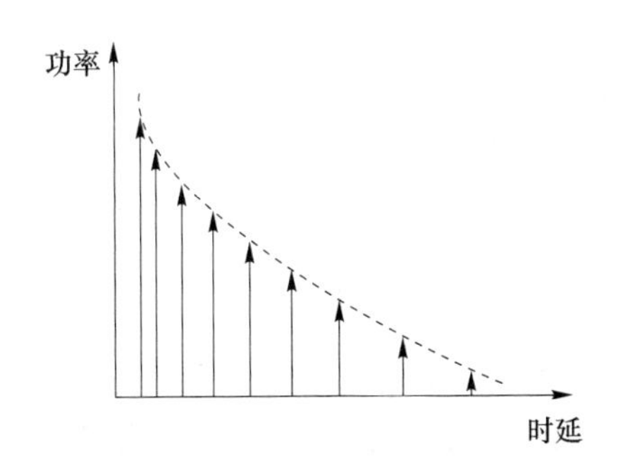

图 2.11　功率时延分布示意图

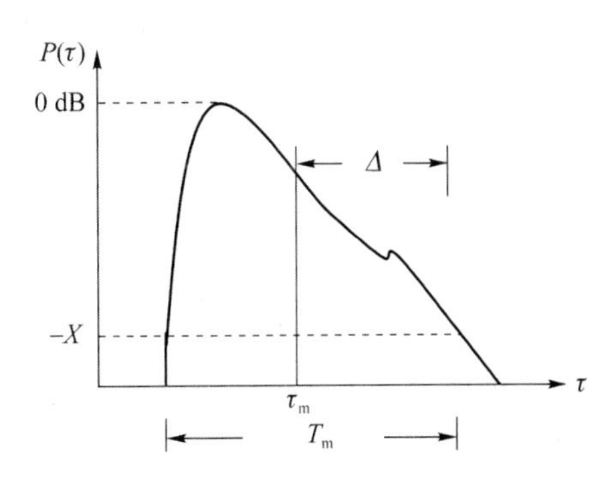

图 2.12　典型的归一化时延扩展谱

(2) 相关带宽

与时延扩展有关的另一个重要概念是相关带宽。当信号通过移动信道时,会引起多径衰落。我们自然会考虑,信号中不同频率分量通过多径衰落信道后所受到的衰落是否相同。频率间隔靠得很近的两个衰落信号存在不同时延,这可使两个信号变得相关,使得这一情况经常发生的频率间隔取决于时延扩展 σ_τ。这一频率间隔称为"相干"(coherence)或"相关"(correlation)带宽(B_c)。

为了便于说明问题,先考虑两径的情况,图 2.13 所示是两条路径信道模型的情况。第一条路径信号没有延时,是直传;第二条路径信号有延时 $\Delta(t)$,并增加 $r=a_2 e^{-j2\pi f_c \Delta(t)}$ 倍,延时 $\Delta(t)$ 为两径延时差。

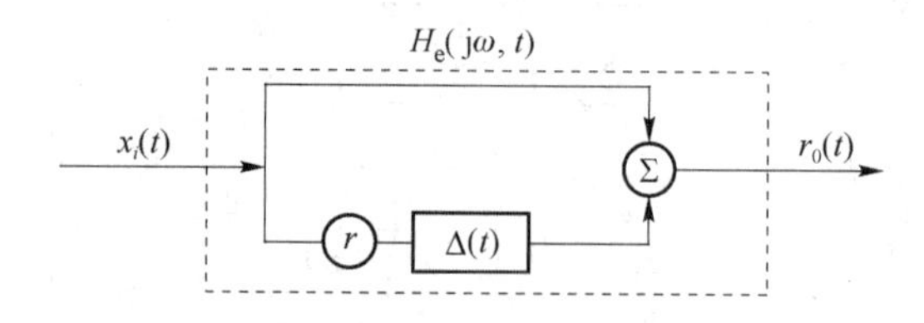

图 2.13　两条路径信道模型

根据式(2.29),此两径信道模型的信道冲激响应为

$$h(t,\tau)=\delta(\tau)+r\delta(\tau-\Delta(t)) \tag{2.35}$$

进而根据傅里叶变换,可以得到此两径信道的等效网络传递函数为

$$H_e(j\omega,t)=1+re^{j\omega\Delta(t)} \tag{2.36}$$

信道的幅频特性为

$$A(\omega,t)=\left|1+r\cos\omega\Delta(t)+jr\sin\omega\Delta(t)\right| \tag{2.37}$$

所以,当 $\omega\Delta(t)=2n\pi$ 时(n 为整数),两径信号同相叠加,信号出现峰点;而当 $\omega\Delta(t)=(2n+1)\pi$ 时,两径信号反相相减,信号出现谷点。幅频特性如图 2.14 所示。

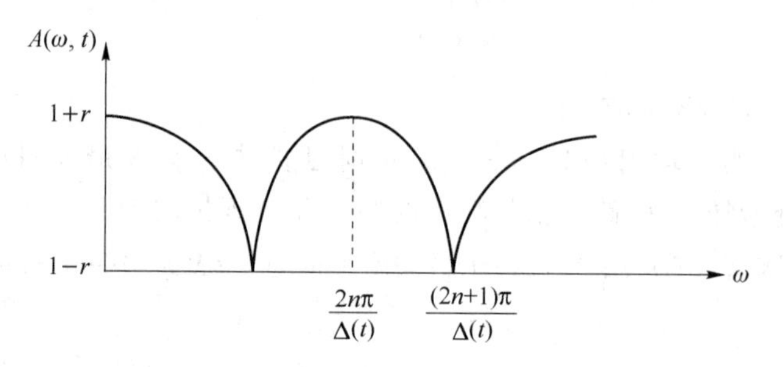

图 2.14　通过两条路径信道的接收信号幅频特性

由图 2.14 可见,相邻两个谷点的相位差 $\Delta\varphi=\Delta\omega\times\Delta(t)=2\pi$,$\Delta\omega=\frac{2\pi}{\Delta(t)}$ 或 $B_c=\frac{\Delta\omega}{2\pi}=\frac{1}{\Delta(t)}$,两相邻场强为最小值的频率间隔是与两径时延差 $\Delta(t)$ 成反比的。

实际上,移动信道中的传播路径通常是多条(不止两条),且由于移动台处于运动状态,因此考虑多径时 $\Delta(t)$ 应为 rms 时延扩展 $\sigma_\tau(t)$。上面从时延扩展出发比较直观地说明了相关带宽的概念,但由于 $\sigma_\tau(t)$ 是随时间变化的,所以合成信号振幅的谷点和峰点在频率轴上的位置也随时间变化,使得信道的传递函数变得复杂,很难准确地分析相关带宽的大小。通常的做法是先考虑两个信号包络的相关性,当多径时其 rms 时延扩展 $\sigma_\tau(t)$ 可以由大量实测数据经过统计处理计算出来，再确定相关带宽，这也说明相关带宽是信道本身的特性参数，与信号无关。

下面来说明考虑两个信号包络的相关性时，推导出的相关带宽。

设两个信号的包络为 $r_1(t)$ 和 $r_2(t)$，频率差为 $\Delta f=|f_1-f_2|$，则包络相关系数为

$$\rho_r(\Delta f,\tau)=\frac{R_r(\Delta f,\tau)-\langle r_1\rangle\langle r_2\rangle}{\sqrt{[\langle r_1^2\rangle-\langle r_1\rangle^2][\langle r_2^2\rangle-\langle r_2\rangle^2]}} \tag{2.38}$$

此处 $R_r(\Delta f,\tau)$ 为相关函数：

$$R_r(\Delta f,\tau)=\langle r_1,r_2\rangle=\int_0^{\infty}\int_0^{\infty} r_1 r_2 p(r_1,r_2)\mathrm{d}r_1\mathrm{d}r_2 \tag{2.39}$$

若信号衰落服从瑞利分布，则可以计算出 $\rho_r(\Delta f,\tau)$ 的近似表达式为

$$\rho_r(\Delta f,\tau)\approx\frac{\mathrm{J}_0^2(2\pi f_m\tau)}{1+(2\pi\Delta f)^2\sigma_\tau^2} \tag{2.40}$$

式中 $\mathrm{J}_0(\cdot)$ 为零阶贝塞尔(Bessel)函数，f_m 为最大多普勒频移。为不失一般性，可令 $\tau=0$，于是式(2.40)简化为

$$\rho_r(\Delta f)\approx\frac{1}{1+(2\pi\Delta f)^2\sigma_\tau^2} \tag{2.41}$$

从式(2.41)可见，当频率间隔增加时，包络的相关性降低。通常，根据包络的相关系数 $\rho_r(\Delta f)=0.5$来测度相关带宽。例如 $2\pi f\sigma_\tau=1$，得到 $\rho_r(\Delta f)=0.5$，相关带宽为

$$\Delta f=\frac{1}{2\pi\sigma_\tau} \tag{2.42}$$

即相关带宽为

$$B_c=\frac{1}{2\pi\sigma_\tau} \tag{2.43}$$

根据衰落与频率的关系，将衰落分为两种：频率选择性衰落和非频率选择性衰落。后者又称为平坦衰落。

频率选择性衰落是指传输信道对信号不同的频率成分有不同的随机响应，信号中不同频率分量衰落不一致，引起信号波形失真。

非频率选择性衰落是指信号经过传输信道后，各频率分量的衰落是相关的，具有一致性，衰落波形不失真。

是否发生频率选择性衰落或非频率选择性衰落要由信道和信号两方面来决定。对于移动信道来说，存在一个固有的相关带宽。当信号的带宽小于相关带宽时，发生非频率选择性衰落；当信号的带宽大于相关带宽时，发生频率选择性衰落。

对于数字移动通信来说，当码元速率较低，信号带宽小于信道相关带宽时，信号通过信道传输后各频率分量的变化具有一致性，衰落为平坦衰落，信号的波形不失真；反之，当码元速率较高，信号带宽大于信道相关带宽时，信号通过信道传输后各频率分量的变化是不一致性的，衰落为频率选择性衰落，引起波形失真，造成码间干扰。

2. 频率色散参数和相关时间

频率色散参数是用多普勒扩展来描述的，而相关时间是与多普勒扩展相对应的参数。与时延扩展和相关带宽不同的是多普勒扩展和相关时间描述的是信道的时变特性。这种时变特性或是由移动台与基站间的相对运动引起的，或是由信道路径中的物体运动引起的。

当信道时变时，信道具有时间选择性衰落，这种衰落会造成信号的失真。这是因为发送信号在传输过程中，信道特性发生了变化。信号尾端的信道特性与信号前端的信道特性发生了

变化,就会产生时间选择性衰落。

(1) 多普勒扩展

假设发射载频为 f_c,接收信号是由许多经过多普勒频移的平面波合成的,即由 N 个平面波合成,当 $N\rightarrow\infty$ 时,接收天线在 $\alpha\sim d\alpha$ 角度内的入射功率趋于连续。

再假设 $P(\alpha)d\alpha$ 表示在 $\alpha\sim d\alpha$ 角度内的入射功率,$G(\alpha)$ 表示接收天线增益,则入射波在 $\alpha\sim d\alpha$ 内的功率为

$$b\cdot G(\alpha)\cdot P(x)\cdot d\alpha \tag{2.44}$$

式中,b 为平均功率。

考虑多普勒频移时,则接收的频率为

$$f(\alpha)=f=f_c+f_m\cos\alpha=f(-\alpha) \tag{2.45}$$

式中,f_c 为载波频率。

用 $S(f)$ 表示功率谱,则

$$S(f)\left|df(\alpha)\right|=b\left|P(\alpha)G(\alpha)+P(-\alpha)G(-\alpha)\right|\cdot\left|d\alpha\right| \tag{2.46}$$

式中,$d\left|f(\alpha)\right|=f_m\left|-\sin\alpha\right|\left|d\alpha\right|$,又由式(2.45)知 $\alpha=\arccos\left(\frac{f-f_c}{f_m}\right)$,则可推导出

$$\sin\alpha=\sqrt{1-\left(\frac{f-f_c}{f_m}\right)^2} \tag{2.47}$$

$$\begin{aligned}S(f)&=\frac{b}{\left|df(\alpha)\right|}\cdot\left[P(\alpha)G(\alpha)+P(-\alpha)G(-\alpha)\right]\cdot\left|d\alpha\right|\\&=\frac{b\left[P(\alpha)G(\alpha)+P(-\alpha)G(-\alpha)\right]}{f_m\sqrt{1-\left(\frac{f-f_c}{f_m}\right)^2}}\qquad\left|f-f_c\right|<f_m\end{aligned} \tag{2.48}$$

对 b 进行归一化,并设 $G(\alpha)=1$,$P(\alpha)=\frac{1}{2\pi}(-\pi\leqslant\alpha\leqslant\pi)$,得到典型的多普勒功率谱,即

$$S(f)=\frac{1}{\pi\sqrt{f_m^2-(f-f_c)^2}}\qquad\left|f-f_c\right|<f_m \tag{2.49}$$

由于多普勒效应,接收信号的功率谱展宽到 $f_c-f_m\sim f_c+f_m$ 范围了。图2.15表示多普勒扩展功率谱,即多普勒扩展。

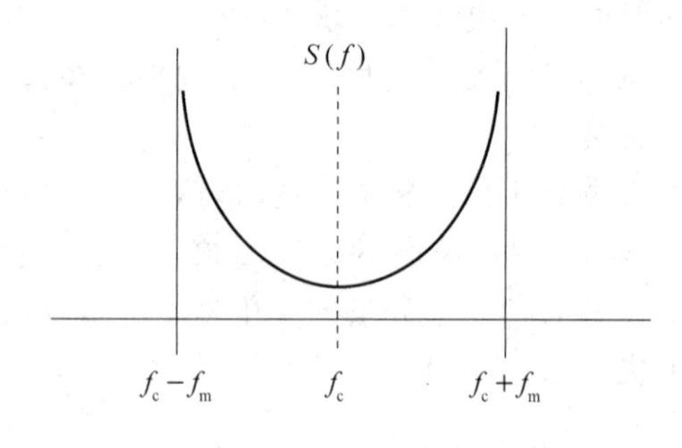

图2.15 多普勒扩展功率谱

在应用多普勒频谱时,通常假设以下条件成立。

① 对于室外传播信道,大量接收信号波到达后均匀地分布在移动台的水平方位上,每个时延间隔的仰角都为0°。假设天线方向图在水平方位上是均匀的。在基站一方,一般来说,到达的接收波在水平方位上处于一个有限的范围内。这种情况的多普勒扩展由式(2.49)表示,称为典型(class)多普勒扩展。

② 对于室内传播信道,在基站一方,对于每个时延间隔,大量到达的接收波均匀地分布在仰角方位和水平方位上。假设天线是短波或半波垂直极化天线,此时天线增益 $G(\alpha)=1.64$。这种情况的多普勒扩展由式(2.50)表示,称为平坦(flat)多普勒扩展:

$$S(f)=\frac{1}{2f_m} \qquad |f-f_c| \ll f_m \tag{2.50}$$

(2) 相关时间

相关时间是信道冲激响应维持不变的时间间隔的统计平均值。也就是说，相关时间是指一段时间间隔，在此间隔内，两个到达信号具有很强的相关性，换句话说，在相关时间内信道特性没有明显的变化。因此相关时间表征了时变信道对信号的衰落节拍，这种衰落是由多普勒效应引起的，并且发生在传输波形的特定时间段上，即信道在时域具有选择性。一般称这种由于多普勒效应引起的在时域产生的选择性衰落为时间选择性衰落。时间选择性衰落对数字信号误码有明显的影响，为了减少这种影响，要求基带信号的码元速率远大于信道相关时间的倒数。

时间相关函数 $R(\Delta\tau)$ 与多普勒功率谱 $S(f)$ 之间是傅里叶变换关系：

$$R(\Delta\tau)\leftrightarrow S(f) \tag{2.51}$$

所以多普勒扩展的倒数就是对信道相关时间的度量，即

$$T_c \approx \frac{1}{f_D} \approx \frac{1}{f_m} \tag{2.52}$$

式中，f_D 为多普勒扩展（有时也用 B_D 表示），即多普勒频移。当入射波与移动台移动方向之间的夹角 $\alpha=0$ 时，式(2.52)成立。

与讨论相关带宽的方法类似，如果将相关时间定义为信号包络相关度为 0.5，则由以下公式求出相关时间。

令式(2.40)中 $\Delta f=0$，则

$$\rho_r(0,\tau) \approx J_0^2(2\pi f_m \tau) \tag{2.53}$$

因此

$$\rho_r(0,T_c) \approx J_0^2(2\pi f_m T_c)=0.5 \tag{2.54}$$

可推出

$$T_c \approx \frac{9}{16\pi f_m} \tag{2.55}$$

式中，f_m 为最大多普勒频移。

由相关时间的定义可知，时间间隔大于 T_c 的两个到达信号受到信道的影响各不相同。例如，移动台的移动速度为 30 m/s，信道的载频为 2 GHz，则相关时间为 1 ms。所以要保证信号经过信道不会在时间轴上产生失真，就必须保证传输的符号速率大于 1 kbit/s。

另外，在测量小尺度电波传播时，要考虑选取适当的空间取样间隔，以避免连续取样值有很强的时间相关性。一般认为，式(2.55)给出的 T_c 是一个保守值，所以可以选取 $\frac{T_c}{2}$ 作为取样值的时间间隔，以此求出空间取样间隔。

在现代数字通信中，比较粗糙的方法是将规定 T_c 为式(2.52)和式(2.55)的几何平均作为经验关系：

$$T_c \approx \sqrt{\frac{9}{16\pi f_m^2}} = \frac{0.423}{f_m} \tag{2.56}$$

3. 角度色散参数和相关距离

无线通信中移动台和基站周围的散射环境不同，使得多天线系统中不同位置的天线经历的衰落不同，从而产生了角度色散，即空间选择性衰落。与单天线的研究不同，在对多天线进

行研究的过程中,不仅要了解无线信道的衰落、时延等变量的统计特性,还需了解有关角度的统计特性,如到达角度和离开角度等,正是这些角度的原因从而引发了空间选择性衰落。角度扩展和相关距离是描述空间选择性衰落的两个主要参数。

(1) 角度扩展

角度扩展(Azimuth Spread,AS)Δ 是用来描述空间选择性衰落的重要参数,它与角度功率谱(PAS)$p(\theta)$有关。

角度功率谱是信号功率谱密度在角度上的分布。研究表明,角度功率谱一般为均匀分布、截断高斯分布和截断拉普拉斯分布。

角度扩展 Δ 等于角度功率谱 $p(\theta)$的二阶中心矩的平方根,即

$$\Delta = \sqrt{\frac{\int_0^{\infty}(\theta-\bar{\theta})^2 p(\theta)\mathrm{d}\theta}{\int_0^{\infty} p(\theta)\mathrm{d}\theta}} \tag{2.57}$$

式中

$$\bar{\theta} = \frac{\int_0^{\infty}\theta p(\theta)\mathrm{d}\theta}{\int_0^{\infty} p(\theta)\mathrm{d}\theta} \tag{2.58}$$

角度扩展 Δ 描述了功率谱在空间上的色散程度,角度扩展在[0,360°]之间分布。角度扩展越大,表明散射环境越强,信号在空间的色散度越高;相反,角度扩展越小,表明散射环境越弱,信号在空间的色散度越低。

(2) 相关距离

相关距离 D_c 指的是信道冲激响应保证一定相关度的空间距离。在相关距离内,信号经历的衰落具有很大的相关性。在相关距离内,可以认为空间传输函数是平坦的,也就是说,如果天线单元放置的空间距离比相关距离小得多,即

$$\Delta x \ll D_c \tag{2.59}$$

信道就是非空间选择性信道。

2.6.5 多径信道的统计分析

这里所述的多径信道的统计分析,主要是讨论多径信道的包络统计特性。一般而言,接收信号的包络根据不同的无线环境服从瑞利分布和莱斯分布。另外,还有一种具有参数 m 的 Nakagami-m 分布,参数 m 取不同的值时对应的分布也不相同,因此更具有广泛性。

1. 瑞利分布

设发射信号是垂直极化,并且只考虑垂直波时,场强为

$$E_z = E_0 \sum_{n=1}^{N} C_n \cos(\omega_c t + \theta_n) \quad (\text{实部}) \tag{2.60}$$

式中,ω_c 为载波频率;$E_0 \cdot C_n$ 为第 n 个入射波(实部)幅度;$\theta_n = \omega_n t + \phi_n$,$\omega_n$ 为多普勒频率漂移,ϕ_n 为随机相位,服从(0~2π)均匀分布。

假设:

- 发射机和接收机之间没有直射波路径;

- 有大量的反射波存在，且到达接收机天线的方向角是随机的，即(0～2π)均匀分布；
- 各个反射波的幅度和相位都是统计独立的。

通常离基站较远、反射物较多的地区是符合上述假设的。

E_z 可以表示为

$$E_z = T_c(t)\cos\omega_c t - T_s(t)\sin\omega_c t \tag{2.61}$$

式中

$$T_c(t) = E_0\sum_{n=1}^{N} C_n\cos(\omega_n t + \phi_n)$$

$$T_s(t) = E_0\sum_{n=1}^{N} C_n\sin(\omega_n t + \phi_n)$$

$T_c(t)$和 $T_s(t)$分别为 E_z 的两个角频率相同的相互正交的分量。当 N 很大时，$T_c(t)$和 $T_s(t)$是大量独立随机变量之和。根据中心极限理论，大量独立随机变量之和接近于正态分布，因而 $T_c(t)$和 $T_s(t)$是高斯随机过程，对应固定时间 t，T_c 和 T_s 为随机变量。T_c、T_s 具有零平均和等方差：

$$\langle T_c^2\rangle = \langle T_s^2\rangle = \frac{E_s^2}{2} = \langle |E_z|^2\rangle \tag{2.62}$$

$\langle |E_z|^2\rangle$是关于 α_n、ϕ_n 的总体平均，C_n、T_s、T_c 是不相关的，$\langle T_s \cdot T_c\rangle=0$。

由于 T_c 和 T_s 是高斯过程，因此其概率密度公式为

$$p(x)=\frac{1}{\sqrt{2\pi\cdot b}}e^{-\frac{x^2}{2b}} \tag{2.63}$$

式中，$b=\dfrac{E_0^2}{2}$为信号的平均功率；$x=T_c$ 或 T_s。

由于 T_s 和 T_c 是统计独立的，则 T_s 和 T_c 的联合概率密度为

$$p(T_s,T_c) = p(T_s)p(T_c) = \frac{1}{2\pi\sigma^2}e^{\frac{T_s^2+T_c^2}{2\sigma^2}} \tag{2.64}$$

其中，$\sigma^2=b=\dfrac{1}{2}E_0^2$。

为了求出接收信号的幅度和相位分布，将 $p(T_s,T_c)$变为 $p(r,\theta)$，即将上式的直角坐标变换为极坐标的形式。

令

$$r=\sqrt{(T_s^2+T_c^2)},\quad \theta=\arctan\frac{T_s}{T_c} \tag{2.65}$$

则

$$T_c=r\cos\theta,\quad T_s=r\sin\theta \tag{2.66}$$

由雅可比行列式：

$$J=\frac{\partial(T_c,T_s)}{\partial(r,\theta)}=\begin{vmatrix}\cos\theta & -r\sin\theta\\ \sin\theta & r\cos\theta\end{vmatrix}=r \tag{2.67}$$

所以

$$p(r,\theta)=p(T_c,T_s)\cdot|J|=\frac{r}{2\pi\sigma^2}e^{-\frac{r^2}{2\sigma^2}} \tag{2.68}$$

对 θ 进行积分，有

$$p(r)=\frac{1}{2\pi\sigma^2}\int_0^{2\pi} r\mathrm{e}^{-\frac{r^2}{2\sigma^2}}\mathrm{d}\theta=\frac{r}{\sigma^2}\mathrm{e}^{-\frac{r^2}{2\sigma^2}} \qquad r\geqslant 0 \tag{2.69}$$

对 r 进行积分,有

$$p(\theta)=\frac{1}{2\pi\sigma^2}\int_0^{\infty} r\mathrm{e}^{-\frac{r^2}{2\sigma^2}}\mathrm{d}r=\frac{1}{2\pi} \tag{2.70}$$

所以信号包络 r 服从瑞利分布,见式(2.69),θ 在(0～2π)内均匀分布。其中,σ 是包络检波之前所接收的电压信号的均方根值(rms),$\sigma^2=\frac{1}{2}E_0^2$ 为接收信号包络的时间平均功率,r 是幅度。

不超过某一特定值 R 的接收信号的包络的概率分布(PDF)由下式给出:

$$p(R)=p_{\mathrm{r}}(r\leqslant R)=\int_0^R p(r)\mathrm{d}r=1-\exp\left(-\frac{R^2}{2\sigma^2}\right) \tag{2.71}$$

瑞利分布的均值 r_{mean} 及方差分别为

$$r_{\mathrm{mean}}=E[r]=\int_0^R rp(r)\ \mathrm{d}r=\sigma\sqrt{\frac{\pi}{2}}=1.253\,3\sigma \tag{2.72}$$

$$\begin{aligned}\mathrm{Var}[r]&=E[r^2]-E^2[r]\\&=\int_0^R r^2\ \mathrm{d}r-\frac{\sigma^2}{2}\\&=\sigma^2\left(2-\frac{\pi}{2}\right)\\&=0.429\,2\sigma^2\end{aligned} \tag{2.73}$$

满足 $p(r\leqslant r_{\mathrm{m}})=0.5$ 的 r_{m} 值称为信号包络样本区间的中值,由式(2.71)可以求出 $r_{\mathrm{m}}=1.177\sigma$。

瑞利分布的概率密度函数如图2.16所示。

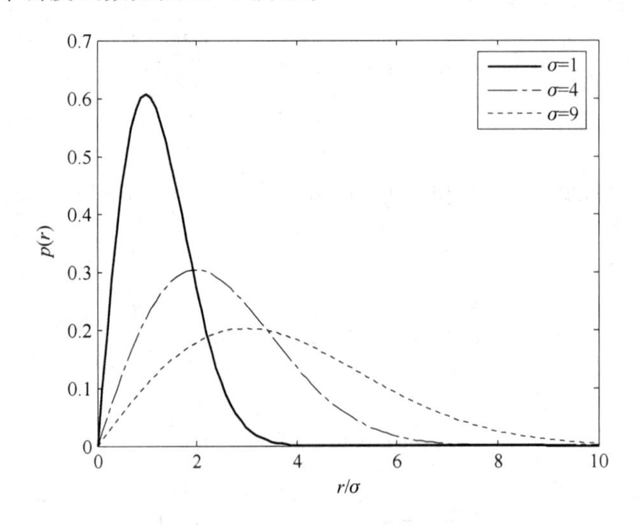

图2.16　瑞利分布的概率密度函数

2. 莱斯分布

当接收信号中有视距传播的直达波信号时,视距信号成为主接收信号分量,同时还有不同角度随机到达的多径分量叠加在这个主信号分量上,这时的接收信号就呈现为莱斯分布,甚至为高斯分布。但当主信号减弱达到与其他多径信号分量的功率一样，即没有视距信号时，混合信号的包络又服从瑞利分布。所以，在接收信号中没有主导分量时，莱斯分布就转变为瑞利分布。

莱斯分布的概率密度表示为

$$p(r)=\frac{r}{\sigma^2}\mathrm{e}^{-\frac{(r^2+A^2)}{2\sigma}}\mathrm{I}_0\left(\frac{A^2}{\sigma^2}\right)\qquad A\geqslant 0,r\geqslant 0 \tag{2.74}$$

$$p(r)=0\qquad r<0 \tag{2.75}$$

式中，A 是主信号的峰值；r 是衰落信号的包络，σ^2 为 r 的方差；$\mathrm{I}_0(\cdot)$是 0 阶第一类修正贝塞尔函数。贝塞尔分布常用参数 K 来描述，$K=\frac{A^2}{2\sigma^2}$，定义为主信号的功率与多径分量方差之比，用 dB 表示，即

$$K(\mathrm{dB})=10\lg\frac{A^2}{2\sigma^2} \tag{2.76}$$

K 值是莱斯因子，完全决定了莱斯分布。当 $A\to 0,K\to-\infty$时，莱斯分布变为瑞利分布。很显然，强直射波的存在使得接收信号包络从瑞利分布变为莱斯分布，当直射波进一步增强$\left(\frac{A}{2\sigma^2}\gg 1\right)$时，莱斯分布将向高斯分布趋近。图 2.17 表示莱斯分布的概率密度函数。

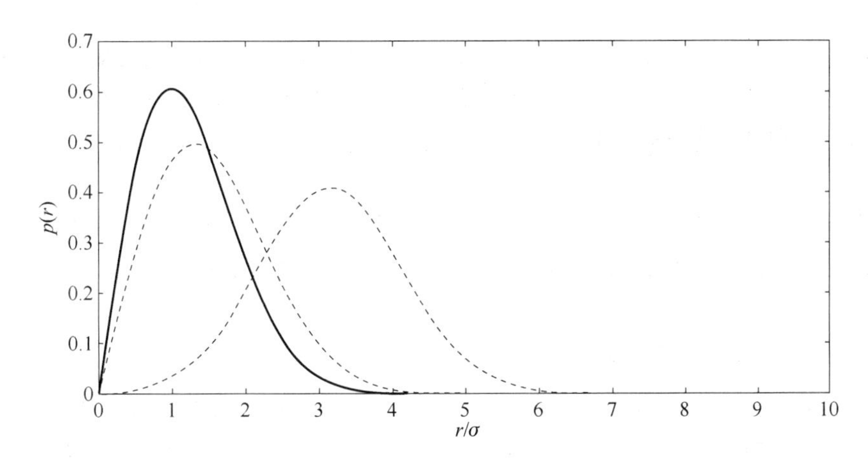

图 2.17　莱斯分布的概率密度函数

注意：莱斯分布适用于一条路径明显强于其他多径的情况，但并不意味着这条路径就是直射径。在非直射系统中，如果源自某一个散射体路径的信号功率特别强，信号的衰落也会服从莱斯分布。

3. Nakagami-*m* 分布

Nakagami-*m* 分布由 Nakagami 在 20 世纪 40 年代提出，通过基于场测试的实验方法，用曲线拟合，达到近似分布。研究表明，Nakagami-*m* 分布对于无线信道的描述具有很好的适应性。

若信号的包络 r 服从 Nakagami-*m* 分布，则其概率密度函数为

$$p(r)=\frac{2m^m r^{2m-1}}{\Gamma(m)\Omega^m}\exp\left(-\frac{mr^2}{\Omega}\right) \tag{2.77}$$

式中，$m=\frac{E^2(r^2)}{\mathrm{var}(r^2)}$，为不小于$\frac{1}{2}$的实数；$\Omega=E(r^2)$；$\Gamma(m)=\int_0^{+\infty}x^{m-1}\mathrm{e}^{-x}\mathrm{d}x$，为伽马函数。

对于功率 $s=\frac{r^2}{2}$ 的概率密度函数,则有

$$p(s)=\left(\frac{m}{\bar{s}}\right)^m \frac{s^{m-1}}{\Gamma(m)}\exp\left(-\frac{ms}{\bar{s}}\right) \tag{2.78}$$

式中,$\bar{s}=E(s)=\frac{\Omega}{2}$ 为信号的平均功率。

当 $m=1$ 时,则

$$p(r)=\frac{2r}{\Omega}\exp\left(-\frac{r^2}{\Omega}\right)=\frac{r}{\bar{s}}\exp\left(\frac{2r^2}{\bar{s}}\right) \tag{2.79}$$

Nakagami-m 分布成为瑞利分布。

另外,Nakagami-m 分布可以用 m(一般称为形状因子)和莱斯因子 K 之间的关系来确定近似,即

$$m=\frac{(K+1)^2}{2K+1} \tag{2.80}$$

当 m 较大时,Nakagami-m 分布接近高斯分布。

2.6.6 多径衰落信道的分类

前面详细地讨论了信号通过无线信道时,所产生的多径时延、多普勒效应以及信号的包络所服从的各种分布等,由此导致了信号通过无线信道时,要经历不同类型的衰落。移动无线信道中的时间色散和频率色散可能产生4种衰落效应,这是由信号、信道以及发送频率的特性引起的。

概括起来这4种衰落效应是:由时间色散导致发送信号产生的平坦衰落和频率选择性衰落;根据发送信号与信道变化快慢程度的比较,也就是频率色散引起的信号失真,分为快衰落和慢衰落。

1. 平坦衰落和频率选择性衰落

如果信道的带宽大于发送信号的带宽,且在带宽范围内有恒定增益和线性相关,则接收信号就会经历平坦衰落过程。在平坦衰落情况下,信道的多径结构使发送信号的频谱特性在接收机内仍能保持不变。所以平坦衰落也称为非频率选择性衰落。平坦衰落信道的条件可概括为

$$B_s \ll B_c \tag{2.81}$$

$$T_s \gg \sigma_\tau \tag{2.82}$$

其中,T_s 为信号周期(信号带宽 B_s 的倒数);σ_τ 是信道的时延扩展;B_c 为相关带宽。

如果信道具有恒定增益且相位的带宽范围小于发送信号带宽,则此信道特性会导致接收信号产生频率选择性衰落。此时,信道冲激响应具有多径时延扩展,其值大于发送信号波形带宽的倒数。在这种情况下,接收信号中包含经历了衰减和时延的发送信号波形的多径波,因而产生接收信号失真。频率选择性衰落是由信道中发送信号的时间色散引起的,这种色散会引起符号间干扰。

对于频率选择性衰落而言,发送信号的带宽大于信道的相关带宽,由频域可以看出,不同频率获得不同增益时,信道就会产生频率选择。产生频率选择性衰落的条件是

$$B_s > B_c \tag{2.83}$$

$$T_s < \sigma_\tau \tag{2.84}$$

通常，若 $T_s \leqslant 10\sigma_\tau$，该信道可认为是频率选择性的，但这一范围依赖于所用的调制类型。

2. 快衰落和慢衰落

当信道的相关时间比发送信号的周期短，且基带信号的带宽 B_s 小于多普勒扩展 B_D时，信道冲激响应在符号周期内变化很快，从而导致信号失真，产生衰落，此衰落为快衰落。所以信号经历快衰落的条件是

$$T_s > T_c \tag{2.85}$$

$$B_s < B_D \tag{2.86}$$

当信道的相关时间远远大于发送信号的周期，且基带信号的带宽 B_s 远远大于多普勒扩展 B_D时，信道冲激响应的变化比要传送的信号码元的周期慢很多，可以认为该信道是慢衰落信道，即信号经历慢衰落的条件是

$$T_s \ll T_c \tag{2.87}$$

$$B_s \gg B_D \tag{2.88}$$

显然，移动台的移动速度（或信道路径中物体的移动速度）及基带信号发送速率决定了信号是经历了快衰落还是慢衰落。

另外，当考虑角度扩展时，会有角度色散，即空间选择衰落。这样可以根据信道是否考虑了空间选择性，把信道分为标量信道和矢量信道。标量信道是指只考虑时间和频率的二维信息信道；而矢量信道是指考虑时间、频率和空间的三维信息信道。

2.6.7　衰落特性的特征量

通常用衰落率、衰落深度、电平通过率、平均衰落持续时间等特征量表示信道的衰落特性。

1. 衰落率和衰落深度

衰落率定义为信号包络在单位时间内以正斜率通过中值电平的次数。简单地说，衰落率就是信号包络衰落的速率。衰落率与发射频率、移动台行进的速度和方向及多径传播的路径数有关。测试结果表明，当移动台行进方向朝着或背着电波传播方向时，衰落最快。频率越高，速度越快，则平均衰落率的值越大。

（1）平均衰落率

$$A = \frac{v}{\lambda/2} = 1.85 \times 10^{-3} vf \tag{2.89}$$

式中，v 为运动速度（km/h）；f 为频率（MHz）；A 为平均衰落率（Hz）。

（2）衰落深度

衰落深度即信号的有效值与该次衰落的信号最小值的差值。

2. 电平通过率和平均衰落持续时间

（1）电平通过率

电平通过率定义为信号包络在单位时间内以正斜率通过某一规定电平值 R 的平均次数，描述衰落次数的统计规律。

衰落信道的实测结果发现，衰落率是与衰落深度有关的。深度衰落发生的次数较少，而浅度衰落发生得相当频繁，电平通过率定量描述这一特征。衰落率只是电平通过率的一个特例，

即规定的电平值为信号包络的中值。

电平通过率为

$$N(R)=\int_0^{\infty}\dot{r}p(R,\dot{r})\mathrm{d}\dot{r} \tag{2.90}$$

式中,$\dot{r}$ 为信号包络 r 对时间的导函数;$p(R,\dot{r})$为 R 和 $\dot{r}$ 的联合概率密度函数。

图 2.18 解释了电平通过率。

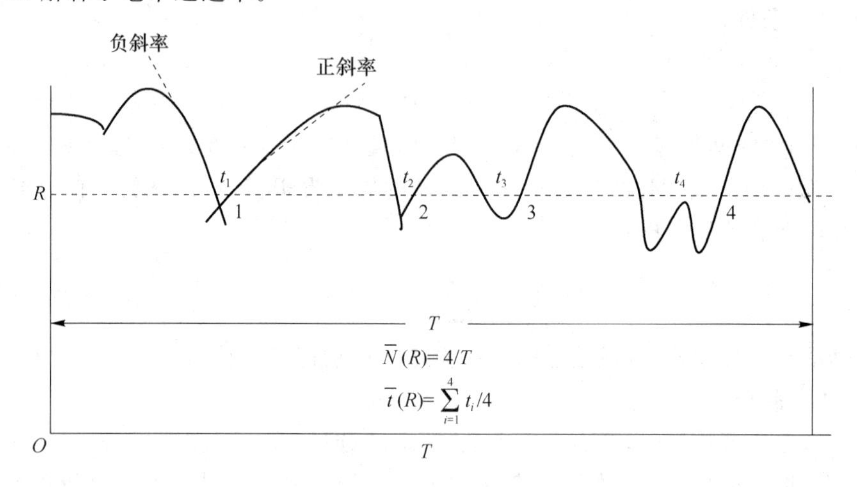

图 2.18 电平通过率和平均衰落持续时间

图 2.18 中 R 为规定电平,在时间 T 内以正斜率通过 R 电平的次数为 4,所以电平通过率为 $4/T$。

由于电平通过率是随机变量,通常用平均电平通过率来描述。对于瑞利分布可以得到

$$N(R)=\sqrt{2\pi}f_{\mathrm{m}}\cdot\rho\mathrm{e}^{-\rho^2} \tag{2.91}$$

式中,f_{m} 为最大多普勒频率;$\rho=\frac{R}{\sqrt{2}\sigma}=\frac{R}{R_{\mathrm{rms}}}$,信号的平均功率 $E(r^2)=\int_0^{\infty}r^2p(r)\mathrm{d}r=2\sigma^2$,$R_{\mathrm{rms}}=\sqrt{2}\sigma$ 为信号有效值。

(2) 平均衰落持续时间

平均衰落持续时间定义为信号包络低于某个给定电平值的概率与该电平所对应的电平通过率之比,由于衰落是随机发生的,所以只能给出平均衰落持续时间为

$$\tau_R=\frac{P(r\leqslant R)}{N_R} \tag{2.92}$$

对于瑞利衰落,可以得出平均衰落持续时间为

$$\tau_R=\frac{1}{\sqrt{2\pi}f_{\mathrm{m}}\rho}(\mathrm{e}^{\rho^2}-1) \tag{2.93}$$

电平通过率描述了衰落次数的统计规律,那么,信号包络衰落到某一电平之下的持续时间是多少,也是一个很有意义的问题。当接收信号电平低于接收机门限电平时,就可能造成话音中断或误比特率突然增大,了解接收信号包络低于某个门限的持续时间的统计规律,就可以判定话音受影响的程度,以及在数字通信中是否会发生突发性错误和突发性错误的长度。

在图 2.18 中,时间 T 内的衰落持续时间为 $t_1+t_2+t_3+t_4$,则平均衰落持续时间为

$$\tau_R=\sum_i\frac{t_i}{N}=(t_1+t_2+t_3+t_4)/4$$

2.6.8　衰落信道的建模与仿真简介

1. 衰落信道的建模

这里主要介绍广泛使用的平坦衰落的 Clarke 信道模型。

Clarke 建立了一个统计模型，其移动台接收信号的场强统计特性是基于散射的。模型假设有一台具有垂直极化的固定发射机。入射到移动天线的电磁场由 N 个平面波组成。这些平面波具有任意载频相位、入射方位角和相等的平均幅度，如图 2.19 所示。

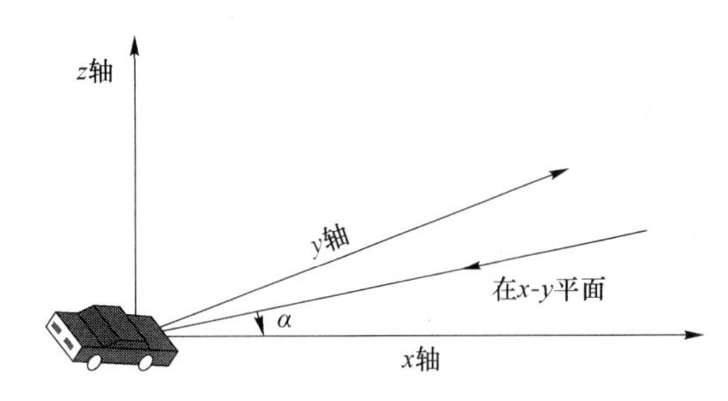

图 2.19　入射角到达平面示意图

对于第 n 个角度 α_n 到达 x 轴的入射波，多普勒频移为

$$f_n=\frac{v}{\lambda}\cos\alpha_n \tag{2.94}$$

到达移动台的垂直极化平面波存在 E 和 H 场强分量，即

$$E_z = E_0\sum_{n=1}^{N}C_n\cos(2\pi f_c t+\theta_n) \tag{2.95}$$

$$H_x =-\frac{E_0}{\eta}\sum_{n=1}^{N}C_n\sin\alpha_n\cos(2\pi f_c t+\theta_n) \tag{2.96}$$

$$H_y =-\frac{E_0}{\eta}\sum_{n=1}^{N}C_n\cos\alpha_n\cos(2\pi f_c t+\theta_n) \tag{2.97}$$

其中，E_0 是本地 E 场(假设为恒定值)的实数幅度；C_n 表示不同电波幅度的实数随机变量；η 为自由空间的固定阻抗(337 Ω)；f_c 是载波频率。第 n 个到达分量的随机相位 θ_n 为

$$\theta_n=2\pi f_n t+\varphi_n \tag{2.98}$$

对场强进行归一化后，有

$$\sum_{n=1}^{N}\overline{C_n^2}=1 \tag{2.99}$$

由于多普勒频移相对于载波频率很小，所以 3 种场分量可用窄带随机过程表示。若 N 足够大，3 种场分量可以近似看成高斯随机变量。设相位角在(0，2π]间隔内有均匀的概率密度函数，则 E 场可用同相和正交分量表示：

$$E_z=T_c(t)\cos(2\pi f_c t)-T_s\sin(2\pi f_c t) \tag{2.100}$$

式中

$$T_c(t) = E_0\sum_{n=1}^{N}C_n\cos(2\pi f_n t+\varphi_n) \tag{2.101}$$

$$T_s(t) = E_0\sum_{n=1}^{N}C_n\sin(2\pi f_n t+\varphi_n) \tag{2.102}$$

高斯随机过程在任意时刻 t 均可独立表示为 T_c 和 T_s。T_c、T_s 具有零平均和等方差：

$$\langle T_c^2\rangle=\langle T_s^2\rangle=\frac{E_s^2}{2}=\langle |E_z|^2\rangle \tag{2.103}$$

式中,$\langle |E_z|^2 \rangle$是关于α_n、φ_n的总体平均,C_n、T_s、T_c是不相关的,$\langle T_s \cdot T_c \rangle = 0$。

接收的E场的包络为

$$|E_z| = \sqrt{T_c^2(t) + T_s^2(t)} = r(t) \tag{2.104}$$

包络服从瑞利分布:

$$p(r) = \frac{1}{2\pi\sigma^2}\int_0^{2\pi} r\mathrm{e}^{-\frac{r^2}{2\sigma^2}}\mathrm{d}\theta = \frac{r}{\sigma^2}\mathrm{e}^{-\frac{r^2}{2\sigma^2}} \qquad r \geqslant 0 \tag{2.105}$$

式中

$$\sigma = \frac{E_0^2}{2} \tag{2.106}$$

2. 衰落信道的仿真

仿真方法和算法有很多,这里只简单介绍Jakes仿真的基本原理。

Jakes仿真器模拟的是在均匀介质散射环境中频率非选择性衰落信道的复低通包络。用有限个(大于等于10个)低频振荡器来近似构建一种可分析的模型。

依据Clarke模型,接收端波形可表示为经历了N条路径的一系列平面波的叠加,即

$$R_D(t) = E_0 \sum_{n=1}^{N} C_n \cos(\omega_c t + \omega_n t + \phi_n) \tag{2.107}$$

$$\omega_n = \omega_m \cos\alpha_n \tag{2.108}$$

式中,E_0是余弦波的幅度;C_n表示第n条路径的衰减;α_n表示第n条路径的到达角;ϕ_n表示经过路径n后附加的相移;ω_c是载波角频率;ω_m是最大多普勒角频移。不同路径的附加相移ϕ_n是相互独立的,且ϕ_n是在$(0,2\pi]$均匀分布的随机变量。

为了方便将$R_D(t)$标准化,使其功率归一化,得

$$\begin{aligned} R(t) &= \sqrt{2}\sum_{n=1}^{N} C_n \cos(\omega_c t + \omega_m t\cos\alpha_n + \phi_n) \\ &= X_c(t)\cos\omega_c t + X_s(t)\sin\omega_c t \end{aligned} \tag{2.109}$$

式中

$$X_c(t) = \sqrt{2}\sum_{n=1}^{N} C_n \cos(\omega_m t\cos\alpha_n + \varphi_n) \tag{2.110}$$

$$X_s(t) = -\sqrt{2}\sum_{n=1}^{N} C_n \sin(\omega_m t\cos\alpha_n + \varphi_n) \tag{2.111}$$

假设平面波有N个入射角,在$(0,2\pi]$均匀分布,且入射能量$p(\alpha)$亦在$(0,2\pi]$内均匀分布,则模型中的参数为

$$\mathrm{d}\alpha = \frac{2\pi}{N} \tag{2.112}$$

$$\alpha_n = \frac{2\pi}{N} \cdot n \qquad (n = 1,2,\cdots,N) \tag{2.113}$$

$$C_n^2 = p(\alpha_n)\mathrm{d}\alpha = \frac{1}{2\pi}\mathrm{d}\alpha = \frac{1}{N} \tag{2.114}$$

$$C_n = \sqrt{\frac{1}{N}} \tag{2.115}$$

$$\omega_n = \omega_m \cos\frac{2\pi}{N}n \tag{2.116}$$

将这些参数代入式(2.109),可得

$$R(t)=\sqrt{\frac{2}{N}}\sum_{n=1}^{N}\cos\left(\omega_{c}t+\omega_{m}t\cos\frac{2\pi}{N}n+\phi_{n}\right) \tag{2.117}$$

由此可得出,描述平坦衰落的随机信号 $R(t)$ 可以用 N 个随机变量(C_n,α_n,ϕ_n)表示,且它们都是相互独立的,所以 $R(t)$ 可以用 N 个低频振荡器来生成。图 2.20 是 Jakes 仿真器的模型。

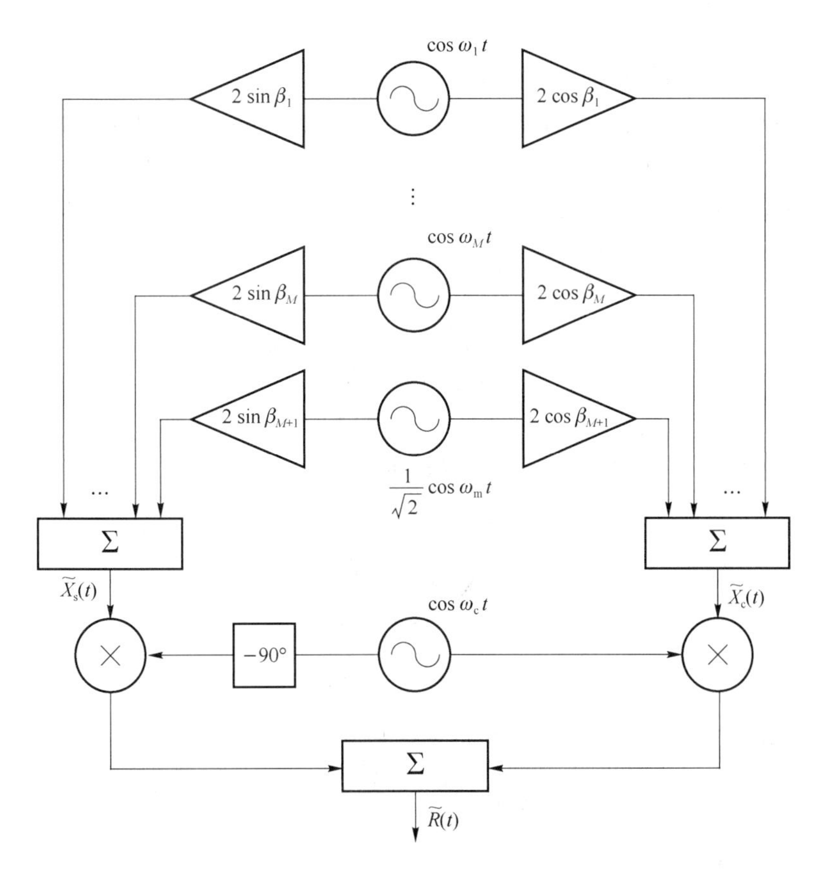

图 2.20　Jakes 仿真器的模型

有关 Jakes 仿真器的模型的统计特性此处不再讨论,请读者参考有关文献。

2.7　MIMO 信道

正如前文所述,移动通信的信道是指基站天线、移动用户天线和两副天线之间的传播路径。当基站端和移动用户端的天线都为一副天线时,可称此时移动通信的信道为单输入单输出(Single Input Single Output,SISO)。相对于 SISO 信道而言,MIMO 信道就是在基站端和用户端都为多副天线。MIMO 信道建模与 SISO 信道建模的不同点在于,MIMO 信道建模要考虑发射天线和接收天线之间的相关性。目前 MIMO 信道建模主要有两种方式:一是分析模型,主要考虑 MIMO 信道的空时特征进行建模;二是物理模型,主要考虑 MIMO 信道的传播特征进行建模。通常分析模型是对基本物理模型的数学抽象,重点考虑空间的相关性,也就是说通过相关矩阵等运算来构建 MIMO 信道矩阵,而不考虑特殊的传播过程。而物理模型基于无线传播的特定参数,例如传播时延扩展、角度扩展、幅度增益以及天线分布等来构建 MIMO 信道矩阵。一般而言,分析模型构造相对简单,主要用于链路级评估,而物理模型构造较为复杂,适合于系统级性能评估。下面对这两种模型的构建进行介绍。

2.7.1 分析模型

下面给出了基本分析模型的构建方法和过程。

假设基站端由 M 个天线阵列构成,移动台由 N 个天线阵列构成,基站端的信号向量可表示为 $\boldsymbol{y}(t)=[y_1(t),y_2(t),\cdots,y_M(t)]^{\mathrm{T}}$,$[\,\cdot\,]^{\mathrm{T}}$ 表示转置;移动台端的信号向量表示为 $\boldsymbol{s}(t)=[s_1(t),s_2(t),\cdots,s_N(t)]^{\mathrm{T}}$,如图 2.21 所示。

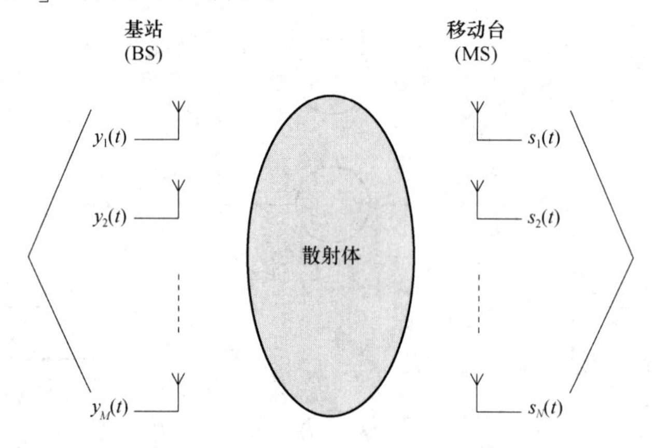

图 2.21 散射环境下多天线示意图

根据这样的假设,可得到 MIMO 信道的冲激响应为

$$\boldsymbol{H}(t)=\sum_{l=1}^{L}\boldsymbol{A}_l\delta(t-\tau_l) \tag{2.118}$$

式中,$\boldsymbol{H}(t)\in\mathbb{C}^{M\times N}$,$\boldsymbol{A}_l$ 为

$$\boldsymbol{A}_l=\begin{bmatrix} a_{11}^{(l)} & a_{12}^{(l)} & \cdots & a_{1N}^{(l)} \\ a_{21}^{(l)} & a_{22}^{(l)} & \cdots & a_{2N}^{(l)} \\ \vdots & \vdots & & \vdots \\ a_{M1}^{(l)} & a_{M2}^{(l)} & \cdots & a_{MN}^{(l)} \end{bmatrix}_{M\times N} \tag{2.119}$$

是每径信道的空时响应矩阵,其中 $a_{mn}^{(l)}$ 表示 BS 端第 m 个天线和 MS 端第 n 个天线之间链路的第 l 径的复衰落系数。

由此可得出 BS 和 MS 信号分别为

$$\boldsymbol{y}(t)=\int\boldsymbol{H}(\tau)\boldsymbol{s}(t-\tau)\mathrm{d}\tau \tag{2.120}$$

和

$$\boldsymbol{s}(t)=\int\boldsymbol{H}(\tau)\boldsymbol{y}(t-\tau)\mathrm{d}\tau \tag{2.121}$$

假设 $a_{mn}^{(l)}$ 服从均值为 0 的复高斯分布,即 $E(a_{mn}^{(l)})=0$,幅度 $|a_{mn}^{(l)}|$ 服从瑞利分布,这样可得

第 l 径的功率 $P_l = E\{|a_{mn}^{(l)}|^2\}$，同时假设不同时延的多径分量不相关，即

$$\rho_{mn}^{l_1 l_2} = \langle |a_{mn}^{(l_1)}|^2, |a_{mn}^{(l_2)}|^2 \rangle = 0 \qquad l_1 \neq l_2 \tag{2.122}$$

其中，$\langle x, y\rangle$ 表示随机变量 x 和 y 的相关系数。

定义 BS 端天线间的相关系数为

$$\rho_{m_1 m_2}^{\mathrm{BS}} = \langle |a_{m_1 n}^{(l)}|^2, |a_{m_2 n}^{(l)}|^2 \rangle \tag{2.123}$$

同样定义 MS 端天线间的相关系数为

$$\rho_{n_1 n_2}^{\mathrm{MS}} = \langle |a_{mn_1}^{(l)}|^2, |a_{mn_2}^{(l)}|^2 \rangle \tag{2.124}$$

这样可得到 BS 端和 MS 端天线间的相关矩阵为

$$\boldsymbol{R}_{\mathrm{BS}} = \begin{pmatrix} \rho_{11}^{\mathrm{BS}} & \rho_{12}^{\mathrm{BS}} & \cdots & \rho_{1M}^{\mathrm{BS}} \\ \rho_{21}^{\mathrm{BS}} & \rho_{22}^{\mathrm{BS}} & \cdots & \rho_{2M}^{\mathrm{BS}} \\ \vdots & \vdots & & \vdots \\ \rho_{M1}^{\mathrm{BS}} & \rho_{M2}^{\mathrm{BS}} & \cdots & \rho_{MM}^{\mathrm{BS}} \end{pmatrix}_{M \times M} \tag{2.125}$$

$$\boldsymbol{R}_{\mathrm{MS}} = \begin{pmatrix} \rho_{11}^{\mathrm{MS}} & \rho_{12}^{\mathrm{MS}} & \cdots & \rho_{1N}^{\mathrm{MS}} \\ \rho_{21}^{\mathrm{MS}} & \rho_{22}^{\mathrm{MS}} & \cdots & \rho_{2N}^{\mathrm{MS}} \\ \vdots & \vdots & & \vdots \\ \rho_{N1}^{\mathrm{MS}} & \rho_{N2}^{\mathrm{MS}} & \cdots & \rho_{NN}^{\mathrm{MS}} \end{pmatrix}_{N \times N} \tag{2.126}$$

另外，为了产生信道矩阵 $\boldsymbol{A}_l$，还需要发射和接收天线之间信道相关性的信息，但 BS 和 MS 的相关矩阵 $\boldsymbol{R}_{\mathrm{BS}}$ 和 $\boldsymbol{R}_{\mathrm{MS}}$ 不能提供 $\boldsymbol{A}_l$ 所需要的所有信息，产生信道增益矩阵 $\boldsymbol{A}_l$ 还需要发射和接收天线对之间的相关系数。可以将由发射和接收两组天线对构成的多径分量间的相关系数表示为

$$\rho_{n_2 m_2}^{n_1 m_1} = \langle |a_{m_1 n_1}^{(l)}|^2, |a_{m_2 n_2}^{(l)}|^2 \rangle \tag{2.127}$$

一般地，多径分量相关系数满足如下关系：

$$\rho_{n_2 m_2}^{n_1 m_1} = \rho_{n_1 n_2}^{\mathrm{MS}} \rho_{m_1 m_2}^{\mathrm{BS}} \tag{2.128}$$

这样可得到 MIMO 信道的相关矩阵为

$$\boldsymbol{R} = \boldsymbol{R}_{\mathrm{MS}} \otimes \boldsymbol{R}_{\mathrm{BS}} = (\rho_{n_2 m_2}^{n_1 m_1})_{MN \times MN} \tag{2.129}$$

其中 $\otimes$ 表示克罗内克(Kronecker)积。

下面讨论相关 MIMO 信道系数的产生。首先需要生成 LMN 个非相关高斯分量，然后通过滤波器获得满足空间相关的空时响应向量，即表示为

$$\widetilde{\boldsymbol{A}}_l = \sqrt{P_l}\boldsymbol{C}\boldsymbol{a}_l \tag{2.130}$$

其中，$\boldsymbol{C}$ 为相关矩阵或对称映射矩阵，P_l 是第 l 条路径的平均功率，即功率延迟分布中定义的第 l 个可分辨径的功率，$\widetilde{\boldsymbol{A}}_l$ 为 $MN \times l$ 的 MIMO 信道向量，即矩阵 $\boldsymbol{A}_l$ 中元素的列矩阵：

$$\widetilde{\boldsymbol{A}}_l = (a_{11}^{(l)}, a_{21}^{(l)}, \cdots, a_{M1}^{(l)}, a_{12}^{(l)}, a_{22}^{(l)}, \cdots, a_{M2}^{(l)}, a_{13}^{(l)}, \cdots, a_{MN}^{(l)})^{\mathrm{T}} \tag{2.131}$$

$\boldsymbol{a}_l$ 为第 l 条路径的 MIMO 衰落信道，表示为

$$\boldsymbol{a}_l = (a_1^{(l)}, a_2^{(l)}, \cdots, a_{MN}^{(l)})^{\mathrm{T}} \tag{2.132}$$

式中，$a_x^{(l)}$ $(x = 1, 2, \cdots, MN)$ 是均值为 0，方差为 1 的独立复高斯分量。

矩阵 $\boldsymbol{C}$ 可以通过乔里斯基(Cholesky)分解，即由式(2.129)分解得到

$$\boldsymbol{R}=\boldsymbol{C}\boldsymbol{C}^{\mathrm{T}} \tag{2.133}$$

根据扩展ITU信道提供的功率时延分布(如表2.2所示),可计算得到式(2.130)中的P_l。另外,$a_i^{(l)}$反映了MIMO信道的时频衰落特性,可以利用Jakes仿真模型来生成。这样就可以得到每个可分辨径的信道转移矩阵$\boldsymbol{A}_l$,接下来,从扩展ITU信道提供的功率时延分布得到各个可分辨径之间的相对时延,再根据L抽头的延迟抽头线模型产生带有相关性的MIMO信道冲激响应,这样可以得到图2.22所示的MIMO信道仿真模型。

表2.2 扩展ITU模型的功率延迟表(适用于LTE系统)

抽头号	EPA(扩展的行人A模型)		EVA(扩展的车辆A模型)		ETU(扩展的典型城市模型)	
	附加抽头时延/ns	相对抽头功率/dB	附加抽头时延/ns	相对抽头功率/dB	附加抽头时延/ns	相对抽头功率/dB
1	0	0.0	0	0.0	0	−1.0
2	30	−1.0	30	−1.5	50	−1.0
3	70	−2.0	150	−1.4	120	−1.0
4	80	−3.0	310	−3.6	200	0.0
5	110	−8.0	370	−0.6	230	0.0
6	190	−17.2	710	−9.1	500	0.0
7	410	−20.8	1 090	−7.0	1 600	−3.0
8	—	—	1 730	−12.0	2 300	−5.0
9	—	—	2 510	−16.9	5 000	−7.0

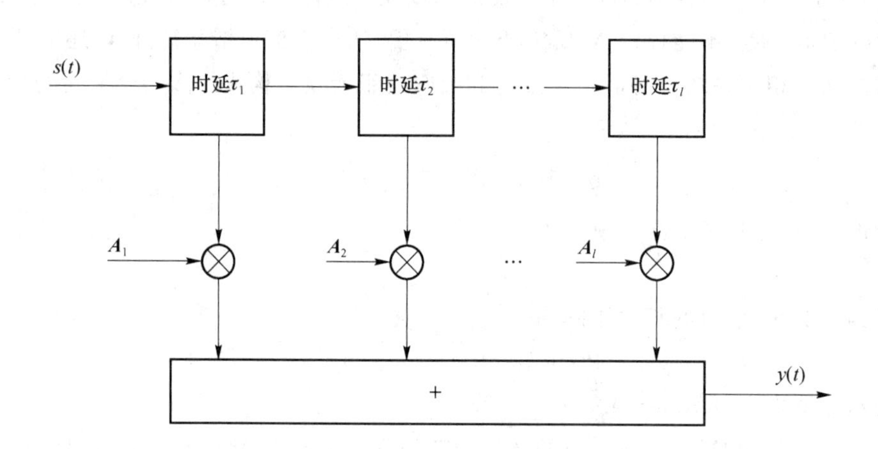

图2.22 时延抽头MIMO信道模型

如果天线间隔距离很小,还需要考虑天线阵列的到达角相位差,这里不再介绍了,读者可参考相关文献。

2.7.2 物理模型

相对于分析模型来说,物理模型较为准确,但计算复杂。一般来说,物理模型更适合于系统级仿真。典型的物理模型就是3GPP协议所给出的基于射线法(或者说基于子径)的空间信道模型(Spatial Channel Model,SCM)。该模型是基于散射随机假设所建立的信道模型,基本原理是利用统计得到的信道特性(如时延扩展、角度扩展等)来构建模型。模型的每条径都有特定角度扩展值，这些空间分布特性产生了每条径在不同天线间的空间相关特性，并且通过引入天线间距得到了信道之间的相关性。每条径(或者说射线)的衰落特性都由 20 条等功率的子径所构成，这些子径角度服从拉普拉斯分布。

SCM 主要定义了 3 种场景，分别为城市宏小区、郊区宏小区和城市微小区。模型构造和仿真方法对于 3 种传播场景来说都相同，但角度、时延等参数的产生过程有所不同。在对 SCM 进行建模之前，先介绍一些必要的假设条件与仿真参数。

1. 一般假设

- 到达角与离开角的值在上下行链路中是一致的。
- 对于 FDD 系统，上下行链路间的子路径随机相位不相关。
- 不同移动台间的阴影衰落不相关。在实际过程中，如果移动台相互之间位置很接近，则该不相关假设是不成立的。但是此处的不相关假设可以使得模型简化。
- 该空间信道模型可适用于不同的天线配置。
- 角度扩展、时延扩展和阴影衰落因子是根据信道应用场景而定的相关参数。扇区间子路径的相位满足随机分布。角度扩展由 6×20 条子径组成，每一条子径都有一个确定的离开角(对应每一个基站天线增益)。天线增益可能引起信道模型中不同基站天线间的角度扩展和时延扩展的改变，同时这种影响与信道模型无关。
- 不考虑海拔的扩展。
- 为比较不同天线场景，单天线的发送功率与总的天线发送功率应保持一致。
- 信道系数的产生过程需要假设天线阵列为线性阵列。

2. 参数定义

移动台处收到的信号由 N 个时延的多径组成，这 N 条路径由功率、时延和角度参数来定义。图 2.23 和表 2.3、表 2.4 给出了参数的定义和描述。

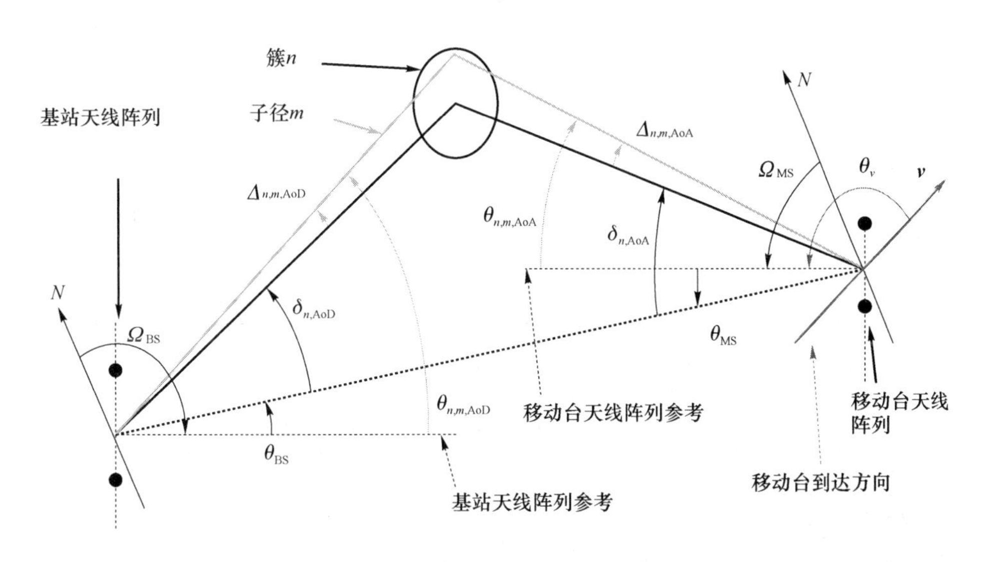

图 2.23　空间信道模型的示意图

表 2.3　参数说明

参数名称	参数含义
Ω_{BS}	基站天线阵列方向
θ_{BS}	直视径与基站天线法线的夹角
$\delta_{n,AoD}$	第 n 条主径的离开角(AoD)与直视径的夹角
$\Delta_{n,m,AoD}$	第 n 条主径的第 m 条子径相对于 $\delta_{n,AoD}$ 的角度偏移
$\theta_{n,m,AoD}$	第 n 条主径的第 m 条子径的绝对离开角
Ω_{MS}	移动台天线阵列方向
θ_{MS}	直视径与移动台天线法线的夹角
$\delta_{n,AoA}$	第 n 条主径的到达角(AoA)与直视径的夹角
$\Delta_{n,m,AoA}$	第 n 条主径的第 m 条子径相对于 $\delta_{n,AoA}$ 的角度偏移
$\theta_{n,m,AoA}$	第 n 条主径的第 m 条子径的绝对到达角
$\boldsymbol{v}$	移动台的速度矢量
θ_v	移动台速度矢量的角度

不同角度扩展下的子径相对主径的角度偏移 $\Delta_{n,m,AoD}$ 与 $\Delta_{n,m,AoA}$ 的取值见表 2.4。

表 2.4　子径角度偏移

子径序号(m)	宏小区、基站角度扩展为 2° 的 $\Delta_{n,m,AoD}$	微小区、基站角度扩展为 5° 的 $\Delta_{n,m,AoD}$	移动台角度扩展为 35° 的 $\Delta_{n,m,AoA}$
1,2	±0.089 4°	±0.223 6°	±1.564 9°
3,4	±0.282 6°	±0.706 4°	±4.944 7°
5,6	±0.498 4°	±1.246 1°	±8.722 4°
7,8	±0.743 1°	±1.857 8°	±13.004 5°
9,10	±1.025 7°	±2.564 2°	±17.949 2°
11,12	±1.359 4°	±3.398 6°	±23.789 9°
13,14	±1.768 8°	±4.422 0°	±30.953 8°
15,16	±2.296 1°	±5.740 3°	±40.182 4°
17,18	±3.038 9°	±7.597 4°	±53.181 6°
19,20	±4.310 1°	±10.775 3°	±75.427 4°

另外,表 2.5 还定义了 SCM 在 3 种传播场景下的各项环境参数。

表 2.5　SCM 在 3 种传播场景下的各项环境参数

传播场景	郊区宏小区	城市宏小区	城市微小区
路径数(N)	6	6	6
子径数(M)	20	20	20
基站处角度扩展均值	$E(\sigma_{AS})=5°$	$E(\sigma_{AS})=8°,15°$	NLOS: $E(\sigma_{AS})=19°$

续 表

传播场景	郊区宏小区	城市宏小区	城市微小区
基站处角度扩展为对数正态随机变量：$\sigma_{AS}=10^{(\varepsilon_{AS}x+\mu_{AS})}$ $x\sim\eta(0,1)$	$\mu_{AS}=0.69$ $\varepsilon_{AS}=0.13$	8°：$\mu_{AS}=0.810$ $\varepsilon_{AS}=0.34$ 15°：$\mu_{AS}=1.18$ $\varepsilon_{AS}=0.210$	LOS：N/A(不适用)
$r_{AS}=\sigma_{AoD}/\sigma_{AS}$	1.2	1.3	N/A
基站每径的角度扩展	2°	2°	5°
基站每径离开角分布	$\eta(0,\sigma_{AoD}^2)$ $\sigma_{AoD}=r_{AS}\sigma_{AS}$	$\eta(0,\sigma_{AoD}^2)$ $\sigma_{AoD}=r_{AS}\sigma_{AS}$	$U(-40°,+40°)$
移动台角度扩展均值	$E(\sigma_{AS,MS})=68°$	$E(\sigma_{AS,MS})=68°$	$E(\sigma_{AS,MS})=68°$
移动台每径角度扩展	35°	35°	35°
移动台每径到达角分布	$\eta(0,\sigma_{AoA}^2(\mathrm{Pr}))$	$\eta(0,\sigma_{AoA}^2(\mathrm{Pr}))$	$\eta(0,\sigma_{AoA}^2(\mathrm{Pr}))$
时延扩展（对数正态分布）$\sigma_{DS}=10^{(\varepsilon_{DS}x+\mu_{DS})}$ $x\sim\eta(0,1)$	$\mu_{DS}=-6.80$ $\varepsilon_{DS}=0.288$	$\mu_{DS}=-6.18$ $\varepsilon_{DS}=0.18$	N/A
RMS 时延扩展均值	$E(\sigma_{DS})=0.17\ \mu s$	$E(\sigma_{DS})=0.65\ \mu s$	$E(\sigma_{DS})=0.251\ \mu s$
$r_{DS}=\sigma_{delays}/\sigma_{DS}$	1.4	1.7	N/A
径时延分布	N/A	N/A	$U(0,1.2\ \mu s)$
对数正态阴影衰落的标准差	8 dB	8 dB	NLOS:10 dB LOS:4 dB

考虑具有 S 个天线单元的发射天线和 U 个天线单元的接收天线，在第 s 根发射天线和第 u 根接收天线之间，第 n 条路径的信道系数可以表示为

$$h_{s,u,n}=\sqrt{\text{第 } n \text{ 条路径的功率}}\sum_{m=1}^{M}\left\{\begin{pmatrix}\text{BS}\\\text{PAS}\end{pmatrix}\cdot(\text{BS 阵列相位})\cdot\begin{pmatrix}\text{MS}\\\text{PAS}\end{pmatrix}\cdot(\text{MS 阵列相位})\right\} \tag{2.134}$$

式中，M 表示每一径内的子径数，括号内的量对应每一径的属性。具体地说，对于单极化场景具有均匀功率的子径，式(2.134)可表示为如下形式：

$$h_{u,s,n}(t)=\sqrt{\frac{P_n\sigma_{SF}}{M}}\sum_{m=1}^{M}\begin{pmatrix}\sqrt{G_{BS}(\theta_{n,m,AoD})}\exp(j[kd_s\sin(\theta_{n,m,AoD})+\Phi_{n,m}])\times\\\sqrt{G_{MS}(\theta_{n,m,AoA})}\exp(jkd_u\sin(\theta_{n,m,AoA}))\times\\\exp jk\|\boldsymbol{v}\|\cos(\theta_{n,m,AoA}-\theta_v)t\end{pmatrix} \tag{2.135}$$

式中的各个变量参数说明如表 2.6 所示。

表 2.6　参数说明

参数名称	参数含义
P_n	每一径的功率
σ_{SF}	对数正态阴影衰落
M	每一径的子路径数
$\theta_{n,m,AoD}$	第 n 径的第 m 子径的离开角相对基站阵列法线的角度
$\theta_{n,m,AoA}$	第 n 径的第 m 子径的到达角相对移动台阵列法线的角度
$G_{BS}(\theta_{n,m,AoD})$	基站天线增益
$G_{MS}(\theta_{n,m,AoA})$	移动台天线增益
j	复数虚部
k	$k=2\pi/\lambda$(λ 为载波波长)
d_s	基站处天线到参考天线的距离(当 $s=1$ 时, $d_1=0$)
d_u	用户处天线到参考天线的距离(当 $u=1$ 时, $d_1=0$)
$\Phi_{n,m}$	第 n 径的第 m 个子径的相位
$\lVert \boldsymbol{v} \rVert$	移动台速度矢量的模
θ_v	移动台速度矢量的角度

接下来讨论如何产生式(2.135)中的相关信道参数。注意:产生信道参数时要区分宏小区和微小区两种场景,由于本书篇幅有限,这里只给出宏小区信道参数的产生方法,关于微小区信道参数的产生方法读者可参考相关文献。

宏小区信道参数的产生可分为如下步骤。

(1) 步骤 1:选择传播场景(城市宏小区或郊区宏小区)。

(2) 步骤 2:确定距离参数和方向参数,主要包括 BS 到 MS 的距离 d 以及 BS 和 MS 的方位角 θ_{BS} 和 θ_{MS}。

(3) 步骤 3:确定时延扩展(DS)、角度扩展(AS)与阴影衰落(SF)。时延扩展 σ_{DS}、角度扩展 σ_{AS} 和阴影衰落 σ_{SF} 的产生步骤具体如下。

① 为保证全相关矩阵是半正定的,小区内 σ_{DS}、σ_{AS} 和 σ_{SF} 的相关性应满足如下要求:

- $\rho_{\alpha\beta}$ = DS 与 AS 的相关系数 = +0.5;
- $\rho_{\gamma\beta}$ = SF 与 AS 的相关系数 = −0.6;
- $\rho_{\gamma\alpha}$ = SF 与 DS 的相关系数 = −0.6。

小区内相关矩阵可表示为如下矩阵 $\boldsymbol{A}$ 的形式:

$$\boldsymbol{A}=\begin{pmatrix} 1 & \rho_{\alpha\beta} & \rho_{\gamma\alpha} \\ \rho_{\alpha\beta} & 1 & \rho_{\gamma\beta} \\ \rho_{\gamma\alpha} & \rho_{\gamma\beta} & 1 \end{pmatrix}$$

除了小区内存在相关性以外,不同小区间也存在相关性,其相关矩阵可表示为如下矩阵 $\boldsymbol{B}$ 的形式:

$$\boldsymbol{B}=\begin{pmatrix} 0 & 0 & 0 \\ 0 & 0 & 0 \\ 0 & 0 & \zeta \end{pmatrix}$$

小区间的相关性包括阴影衰落,其相关系数 $\zeta=0.5$。

② 分别产生 3 个相互独立的高斯随机变量 w_{n1}、w_{n2} 和 w_{n3}，同时对所有的基站产生 3 个相互独立的高斯随机变量 ξ_1、ξ_2 和 ξ_3。因此，具有相关性的高斯随机变量 α_n、β_n 和 γ_n 可以通过如下公式计算得到：

$$\begin{pmatrix}\alpha_n\\ \beta_n\\ \gamma_n\end{pmatrix}=\begin{pmatrix}c_{11} & c_{12} & c_{13}\\ c_{21} & c_{22} & c_{23}\\ c_{31} & c_{32} & c_{33}\end{pmatrix}\begin{pmatrix}w_{n1}\\ w_{n2}\\ w_{n3}\end{pmatrix}+\begin{pmatrix}0 & 0 & 0\\ 0 & 0 & 0\\ 0 & 0 & \sqrt{\zeta}\end{pmatrix}\begin{pmatrix}\xi_1\\ \xi_2\\ \xi_3\end{pmatrix}\tag{2.136}$$

其中，矩阵 $\boldsymbol{C}$ 中的元素 c_{ij} 可由下式表示：

$$\boldsymbol{C}=(\boldsymbol{A}-\boldsymbol{B})^{1/2}=\begin{pmatrix}1 & \rho_{\alpha\beta} & \rho_{\gamma\alpha}\\ \rho_{\alpha\beta} & 1 & \rho_{\gamma\beta}\\ \rho_{\gamma\alpha} & \rho_{\gamma\beta} & 1-\zeta\end{pmatrix}^{1/2}\tag{2.137}$$

③ 根据 α_n、β_n 和 γ_n 分别产生时延扩展 σ_{DS}、角度扩展 σ_{AS} 和阴影衰落 σ_{SF} 的值。时延扩展 σ_{DS} 的计算公式如下：

$$\sigma_{\mathrm{DS},n}=10^{(\varepsilon_{\mathrm{DS}}\alpha_n+\mu_{\mathrm{DS}})}\tag{2.138}$$

其中，α_n 由步骤②已给出，$\mu_{\mathrm{DS}}=E(\lg\sigma_{\mathrm{DS}})$ 表示的是时延扩展的对数平均值，$\varepsilon_{\mathrm{DS}}=\sqrt{E[\lg^2(\sigma_{\mathrm{DS},n})]-\mu_{\mathrm{DS}}^2}$ 表示的则是时延扩展的对数标准差。

同样地，角度扩展 σ_{AS} 的计算公式如下：

$$\sigma_{\mathrm{AS},n}=10^{(\varepsilon_{\mathrm{AS}}\beta_n+\mu_{\mathrm{AS}})}\tag{2.139}$$

其中，β_n 由步骤②已给出，$\mu_{\mathrm{AS}}=E(\lg\sigma_{\mathrm{AS}})$ 表示的是角度扩展的对数平均值，$\varepsilon_{\mathrm{AS}}=\sqrt{E[\lg^2(\sigma_{\mathrm{AS},n})]-\mu_{\mathrm{AS}}^2}$ 表示的则是角度扩展的对数标准差。

最后，阴影衰落的计算公式为

$$\sigma_{\mathrm{SF},n}=10^{(\sigma_{\mathrm{SH}}\gamma_n/10)}\tag{2.140}$$

其中，γ_n 由步骤②已给出，σ_{SH} 表示的是阴影衰落的标准差(单位为 dB)。

(4) 步骤 4：确定 N 条路径各自的随机时延。在宏小区场景下，从表 2.5 可知 $N=6$，进而产生随机变量 $\tau_1',\cdots,\tau_N'$，其中：

$$\tau_n'=-r_{\mathrm{DS}}\sigma_{\mathrm{DS}}\ln z_n,\quad n=1,\cdots,N\tag{2.141}$$

式中，z_n 服从均匀分布 $U(0,1)$，r_{DS} 的值由表 2.5 给出，σ_{DS} 于步骤 3 已产生。对上述 N 条路径的时延按降序进行重新排序，即 $\tau_{(N)}'>\tau_{(N-1)}'>\cdots>\tau_{(1)}'$，并去掉最小值，则第 n 径的时延 τ_n 可用如下公式进行计算：

$$\tau_n=\frac{T_{\mathrm{c}}}{16}\cdot\mathrm{floor}\left(\frac{\tau_{(n)}'-\tau_{(1)}'}{\frac{T_{\mathrm{c}}}{16}}+0.5\right),\quad n=1,\cdots,N\tag{2.142}$$

其中，$\mathrm{floor}(x)$ 为取整函数，T_{c} 为码片间隔(3GPP 中 $T_{\mathrm{c}}=1/(3.84\times10^6)$ s)。

(5) 步骤 5：确定 N 条路径的功率。由于功率时延谱服从指数分布，则功率计算公式为

$$P_n'=\mathrm{e}^{\frac{(1-r_{\mathrm{DS}})\cdot(\tau_{(n)}'-\tau_{(1)}')}{r_{\mathrm{DS}}\cdot\sigma_{\mathrm{DS}}}}\times10^{-\xi_n/10},\quad n=1,\cdots,N\tag{2.143}$$

其中，ξ_n 是独立同分布的高斯随机变量，标准差 $\sigma_{\mathrm{RND}}=3$ dB。考虑在上述功率计算公式中，功率是由时延所确定的，因此在计算平均功率时应对其归一化，具体如下：

$$P_n=\frac{P_n'}{\sum_{j=1}^{N}P_j'}\tag{2.144}$$

(6) 步骤6:确定每一径的离开角。首先产生独立同分布的零均值高斯随机变量 $\delta'_n \sim \eta(0,\sigma^2_{\mathrm{AoD}})$,其中 $\sigma_{\mathrm{AoD}}=r_{\mathrm{AS}}\sigma_{\mathrm{AS}}$($r_{\mathrm{AS}}$的值由表2.5给出),角度扩展 σ_{AS}的取值由步骤3确定。将 δ'_n的绝对值按升序排列,即 $|\delta'_{(1)}|<|\delta'_{(2)}|<\cdots<|\delta'_{(N)}|$,在此基础上,令 $\delta_{n,\mathrm{AoD}}=\delta'_{(n)}$,即确定了每一径离开角的值。

(7) 步骤7:将每一径各自的时延与离开角两个值关联起来。其中时延 τ_n 由步骤4产生,离开角 $\delta_{n,\mathrm{AoD}}$由步骤6产生。

(8) 步骤8:确定基站处 N 条径中20条子径的功率、相位和离开角偏移值。每条径的20条子径都有相同的功率($P_n/20$),且独立同分布相位 $\Phi_{n,m}$服从0°~360°的均匀分布。第 m 条子径相对主径的角度偏移值 $\Delta_{n,m,\mathrm{AoD}}$由表2.4以确定值的形式给出,以产生相应的每径角度扩展(宏小区基站端角度扩展为2°,微小区基站端角度扩展为5°)。

(9) 步骤9:确定每一径的到达角。到达角AoA为独立同分布高斯随机变量,服从如下分布:

$$\delta_{n,\mathrm{AoA}} \sim \eta(0,\sigma^2_{n,\mathrm{AoA}}),\quad n=1,\cdots,N \tag{2.145}$$

其中 $\sigma_{n,\mathrm{AoA}}=104.12[1-\exp(-0.2175|10\lg(P_n)|)]$,$P_n$ 即步骤5中所产生的 N 条路径的随机平均功率。

(10) 步骤10:确定移动台处 N 条径中20条子径的到达角偏移值。与步骤8产生基站处的子径离开角偏移值的方法类似,在本步骤中20条子径的到达角偏移值由表2.4以确定值的形式给出,以产生相应的每径角度扩展(移动台处角度扩展为35°)。

(11) 步骤11:关联基站端和移动台端的路径和子路径。首先,将基站端的第 n 条路径(由其时延 τ_n、功率 P_n 和离开角 $\delta_{n,\mathrm{AoD}}$定义)与移动台处的第 n 条路径(由其时延 τ_n、功率 P_n 和离开角 $\delta_{n,\mathrm{AoD}}$定义)相关联。接下来,对于第 n 对路径,从基站端的 M 条子径(由其角度偏移 $\Delta_{n,m,\mathrm{AoD}}$定义)和移动台端的 M 条子径(由其角度偏移 $\Delta_{n,m,\mathrm{AoA}}$定义)中分别随机选出一条子径来进行关联。每一对子径这样的关联方式则可对应产生步骤8中所提及的服从0°~360°均匀分布的独立同分布相位 $\Phi_{n,m}$。为简化相关表达方式,将对移动台端的每一条子径的编号进行重新编号,使其编号为该条子径刚刚关联上的基站端那条子径的编号。也就是说,如果基站端的第1条子径与移动台端的第6条子径相关联,则可用 $\Delta_{n,1,\mathrm{AoA}}$来替换关联之前的 $\Delta_{n,6,\mathrm{AoA}}$。

(12) 步骤12:确定基站端和移动台端各条子径的天线增益,这些子径的天线增益同时也是其到达角和离开角的函数。

对于第 n 条路径,它的第 m 条子径的离开角为

$$\theta_{n,m,\mathrm{AoD}}=\theta_{\mathrm{BS}}+\delta_{n,\mathrm{AoD}}+\Delta_{n,m,\mathrm{AoD}} \tag{2.146}$$

同样,对于第 n 条路径的第 m 条子径,其到达角为

$$\theta_{n,m,\mathrm{AoA}}=\theta_{\mathrm{MS}}+\delta_{n,\mathrm{AoA}}+\Delta_{n,m,\mathrm{AoA}} \tag{2.147}$$

由式(2.146)和式(2.147)可知,天线增益的计算依赖于子径的离开角与到达角的值,可表示为 $G_{\mathrm{BS}}(\theta_{n,m,\mathrm{AoD}})$与 $G_{\mathrm{MS}}(\theta_{n,m,\mathrm{AoA}})$。

(13) 步骤13:将所得出的路径损耗(基于步骤2的相关距离参数)和阴影衰落(由步骤3所确定)作为大尺度参数作用于信道模型的每条子径,以产生信道系数。

3GPP在TR 25.996中提出的SCM是为载频为2 GHz、带宽为5 MHz的系统设计的,而对于LTE系统,需要最高可支持20 MHz的信道模型,因此欧洲的WINNER组织对SCM做了一些改变,形成了SCME(SCM Extension),其可以工作在2 GHz和5 GHz的载频上,并支持最高达20 MHz的带宽,改进后的SCME保持了模型的简单性,对SCM向下兼容,并沿用

了 SCM 中信道系数的生成方法。另外，为了评估 IMT-Advanced 无线空中接口的技术，ITU-R的 R-REP-M.2135 协议给出了 IMT-A 信道模型，以在不同应用场景下模拟实际的传播环境。SCME 和 IMT-A 信道模型是 SCM 的扩展，其基本方法是相同的。

2.8　电波传播预测模型

研究建立大尺度预测模型，亦即电波传播预测模型的目的是在无线移动通信网络设计时，很好地掌握在基站周围所有地点处接收信号的平均强度及其变化特点，以便为网络覆盖的研究以及整个网络设计提供基础。

无线传播环境决定了电波传播的损耗，然而由于传播环境极为复杂，所以在研究建立电波传播预测模型时人们常常根据测试数据分析归纳出基于不同环境的经验模型，在此基础上对模型进行校正，以使其更加接近实际，更准确。

确定某一特定地区传播环境的主要因素有：

- 自然地形（如高山、丘陵、平原、水域等）；
- 人工建筑的数量、高度、分布和材料特性；
- 该地区的植被特征；
- 天气状况；
- 自然和人为的电磁噪声状况。

另外，还要考虑系统的工作频率和移动台运动等因素。

电波传播预测模型通常分为室外传播模型和室内传播模型。室外传播模型相对于室内传播模型来说比较成熟，所以这里重点介绍室外传播模型，对室内传播模型只做简单的介绍。

2.8.1　室外大尺度传播模型

常用的几种电波传播预测模型有 Okumura-Hata 模型、COST-231 Hata 模型、CCIR 模型、LEE 模型以及 COST-231-Walfisch-Ikegami 模型。

Hata 模型是被广泛使用的一种中值路径损耗预测的传播模型，适用于宏蜂窝（小区半径大于 1 km）的路径损耗预测，根据应用频率的不同，Hata 模型又分为：

① Okumura-Hata 模型，适用的频率范围为 150～1 500 MHz，主要用于 900 MHz；

② COST-231 Hata 模型，是 COST-231 工作委员会提出的将频率扩展到 2 GHz 的 Hata 模型扩展版本。

1. Okumura-Hata 模型

Okumura-Hata 模型是根据测试数据统计分析得出的经验公式，应用频率在 150～1 500 MHz，适用于小区半径大于 1 km 的宏蜂窝系统，基站有效天线高度为 30～200 m，移动台有效天线高度为 1～10 m。

Okumura-Hata 模型路径损耗计算的经验公式为

$$L_{\mathrm{p}}(\mathrm{dB})=69.55+26.16\lg f_{\mathrm{c}}-13.82\lg h_{\mathrm{te}}-\alpha(h_{\mathrm{re}})+(44.9-6.55\lg h_{\mathrm{te}})\lg d+C_{\mathrm{cell}}+C_{\mathrm{terrain}} \tag{2.148}$$

式中,f_c 为工作频率(单位为 MHz);h_{te} 为基站天线有效高度(单位为 m),定义为基站天线实际海拔高度与基站沿传播方向实际距离内的平均地面海拔高度之差,即 $h_{te}=h_{BS}-h_{ga}$;h_{re} 为移动台有效天线高度(单位为 m),定义为移动台天线高出地表的高度;d 为基站天线和移动台天线之间的水平距离(单位为 km);$\alpha(h_{re})$ 为有效天线修正因子,是覆盖区大小的函数,即

$$\alpha(h_{re})=\begin{cases}\text{中小城市} & (1.11\lg f_c-0.7)h_{re}-(1.56\lg f_c-0.8)\\ \text{大城市、郊区、乡村} & \begin{cases}8.29(\lg 1.54h_{re})^2-1.1 & f_c\leqslant 300\text{ MHz}\\ 3.2(\lg 11.75h_{re})^2-4.97 & f_c>300\text{ MHz}\end{cases}\end{cases} \tag{2.149}$$

C_{cell} 为小区类型校正因子:

$$C_{cell}=\begin{cases}0 & \text{城市}\\ -2\left[\lg\left(\frac{f_c}{28}\right)\right]^2-5.4 & \text{郊区}\\ -4.78(\lg f_c)^2-18.33\lg f_c-40.98 & \text{乡村}\end{cases} \tag{2.150}$$

$C_{terrain}$ 为地形校正因子。

地形分为水域、海、湿地、郊区开阔地、城区开阔地、绿地、树林、40 m 以上高层建筑群、20～40 m规则建筑群、20 m 以下高密度建筑群、20 m 以下中密度建筑群、20 m 以下低密度建筑群、郊区乡镇以及城市公园。地形校正因子反映一些重要的地形环境因素对路径损耗的影响,如水域、树木、建筑等,合理的地形校正因子取值通过传播模型的测试和校正得到,也可以人为设定。

2. COST-231 Hata 模型

COST-231 Hata 模型是 EURO-COST 组成的 COST 工作委员会开发的 Hata 模型的扩展版本,应用频率为 1 500～2 000 MHz,适用于小区半径大于 1 km 的宏蜂窝系统,发射有效天线高度在 30～200 m,接收有效天线高度在 1～10 m。

COST-231 Hata 模型路径损耗计算的经验公式为

$$L_{50}(\text{dB})=46.3+33.9\lg f_c-13.82\lg h_{te}-\alpha(h_{re})+(44.9-6.55\lg h_{te})\lg d+C_{cell}+C_{terrain}+C_M \tag{2.151}$$

式中,C_M 为大城市中心校正因子:

$$C_M=\begin{cases}0\text{ dB} & \text{中等城市和郊区}\\ 3\text{ dB} & \text{大城市中心}\end{cases} \tag{2.152}$$

COST-231 Hata 模型和 Okumura-Hata 模型主要的区别是频率衰减的系数不同,其中 COST-231 Hata 模型的频率衰减因子为 33.9,Okumura-Hata 模型的频率衰减因子为 26.16。另外 COST-231 Hata 模型还增加了一个大城市中心校正因子 C_M,大城市中心地区路径损耗增加3 dB。

3. CCIR 模型

CCIR 模型给出了反映自由空间路径损耗和地形引入路径损耗联合效果的经验公式:

$$L_{50}(\text{dB})=69.55+26.16\lg f_c-13.82\lg h_{te}-\alpha(h_{re})+(44.9-6.55\lg h_{te})\lg d-B \tag{2.153}$$

该公式为 Hata 模型在城市传播环境下的应用,其校正因子为

$$B=30-25\lg(\text{被建筑物覆盖区域的百分比})$$

例如,15%的区域被建筑物覆盖时,则

$$B=30-25\lg 15\approx 0\ \text{dB}$$

图 2.24 给出了 Hata 和 CCIR 路径损耗公式的对比，从图中可以看出，CCIR 公式中的简单校正因子 B 和 Hata 模型中复杂一些的校正因子 C_{cell} 所起的效果是一样的，都是为了在公式与建筑物密度之间建立一种联系，即路径损耗随建筑物密度的增加而增大。

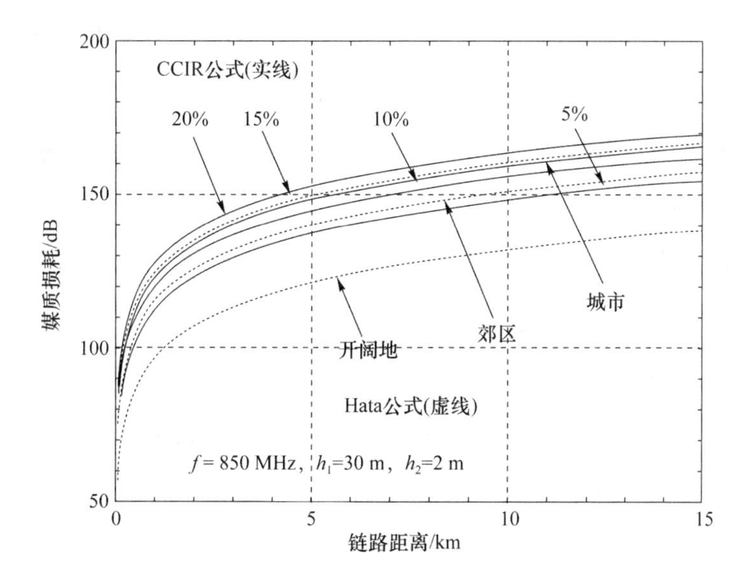

图 2.24　Hata 和 CCIR 路径损耗公式的对比

4. LEE 模型

LEE 模型应用广泛，主要原因是模型中的主要参数易于根据测量值调整，适合本地无线传播环境，模型准确性大大提高。另外，路径损耗预测算法简单，计算速度快，很多无线通信系统（AMPS、DAMPS、GSM、IS-95、PCS 等）采用这种模型进行设计。

(1) LEE 宏蜂窝模型

有两个因素决定移动台接收信号的大小，一个是人为建筑物，另一个是地形地貌。LEE 模型的基本思路是先把城市当成平坦的，只考虑人为建筑物的影响，在此基础上再把地形地貌的影响加进来。LEE 模型将地形地貌的影响分成 3 种情况计算：无阻挡的情况、有阻挡的情况以及水面反射的情况。

① 无阻挡的情况

考虑地形的影响，采用有效天线高度进行计算：

$$\Delta G = 20\lg\left(\frac{h_1'}{h_1}\right) \qquad (\text{dB}) \tag{2.154}$$

式中，h_1' 为天线有效高度；h_1 为天线实际高度。若 $h_1' > h_1$，ΔG 是一个增益；若 $h_1' < h_1$，ΔG 是一个损耗。

$$P_{\text{r}} = P_{\text{r1}} - \gamma\lg\frac{r}{r_0} + \alpha_0 + 20\lg\frac{h_1'}{h_1} - n\lg\frac{f}{f_0} \tag{2.155}$$

式中，r_0 取 1 英里（1 英里＝1 609.344 m）或 1 km；f_0＝850 MHz；$n=\begin{cases}20 & f<f_0\\ 30 & f>f_0\end{cases}$。

② 有阻挡的情况

$$P_r = P_{r1} - \gamma \lg \frac{r}{r_0} + \alpha_0 + L(v) - n \lg \frac{f}{f_0} \tag{2.156}$$

式中，$L(v)$为由山坡等地形阻挡物引起的衍射损耗。

计算单个刃形边的衍射损耗如下。r_1、r_2 和 h_p 如图 2.25 所示，同时定义一个无量纲的参数 v，$v = -h_p \sqrt{\frac{2}{\lambda}\left(\frac{1}{r_1} + \frac{1}{r_2}\right)}$，考虑两种情况：①如图 2.25(a)所示，电波被阻挡，h_p 为负，v 为正，接收功率(单位为 W)衰减系数 $F \geqslant 0.5$；②如图 2.25(b)所示，h_p 为正，v 为负，$0 \leqslant F \leqslant 0.5$。

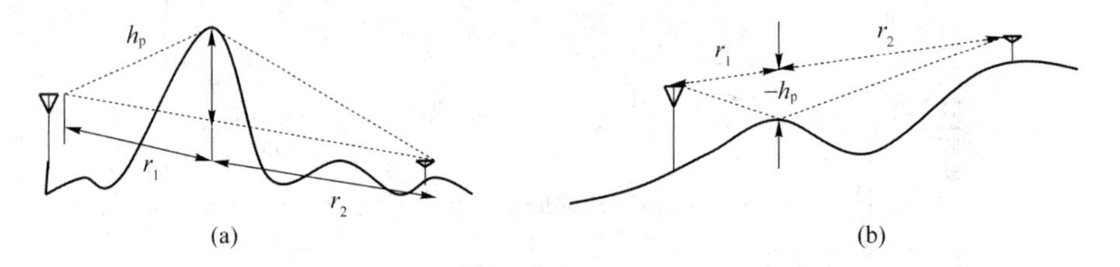

图 2.25　山坡等地形阻挡物引起的衍射损耗

计算单个刃形边衍射损耗 L_r：

$$\begin{cases} L_{r0} = 0 & 1 \leqslant v \\ L_{r1} = 20\lg(0.5 + 0.62v) & 0 \leqslant v \leqslant 1 \\ L_{r2} = 20\lg(0.5e^{0.95v}) & -1 \leqslant v \leqslant 0 \\ L_{r3} = 20\lg\left(0.4 - \sqrt{0.1184 - (0.1v + 0.38)^2}\right) & -2.4 \leqslant v \leqslant -1 \\ L_{r4} = 20\lg\left(-\frac{0.225}{v}\right) & v < -2.4 \end{cases}$$

③ 水面反射的情况

$$P_r = \alpha \cdot P_0 \cdot \left(\frac{\lambda}{4\pi d}\right)^2 \tag{2.157}$$

式中，α 为由移动无线通信环境引起的衰减因子($0 \leqslant \alpha \leqslant 1$)，比如，移动台接收天线通常低于周围物体而引入的衰减因子；$P_0 = P_t G_t G_m$，P_t 为基站发射功率，G_t、G_m 分别为基站和移动台的天线增益。

(2) LEE 微蜂窝模型

LEE 微蜂窝小区路径损耗预测公式为

$$L(\text{dB}) = L_{los}(d_A, h_t) + L_B \tag{2.158}$$

式中，$L_{los}(d_A, h_t)$是基站天线有效高度 h_t，距离基站 d_A 处的直射波路径损耗，是一个双斜率模型。

$L_{los}(d_A, h_t)$的理论值为

$$L_{los}(d_A, h_t) = \begin{cases} 20\lg \frac{4\pi d_A}{\lambda}(\text{自由空间传播损耗}) & d_A < D_f \\ 20\lg \frac{4\pi D_f}{\lambda} + \gamma \lg \frac{d_A}{D_f} & d_A > D_f \end{cases} \tag{2.159}$$

式中，$D_f = \frac{4h_t h_r}{\lambda}$为菲涅耳区的距离。

式(2.158)中 L_B 是由建筑物引起的损耗。L_B 的值可以这样得到,首先按图 2.26 所示,计算从基站到 A 点的穿过街区的总的阻挡长度 B,$B=a+b+c$,再根据 B 查找曲线,曲线如图 2.27 所示,可得 L_B 值。

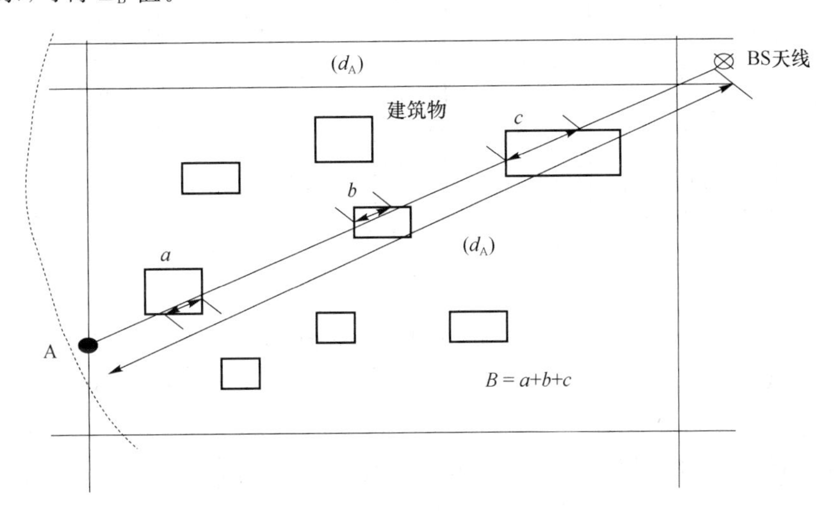

图 2.26 计算街区建筑物引入的损耗

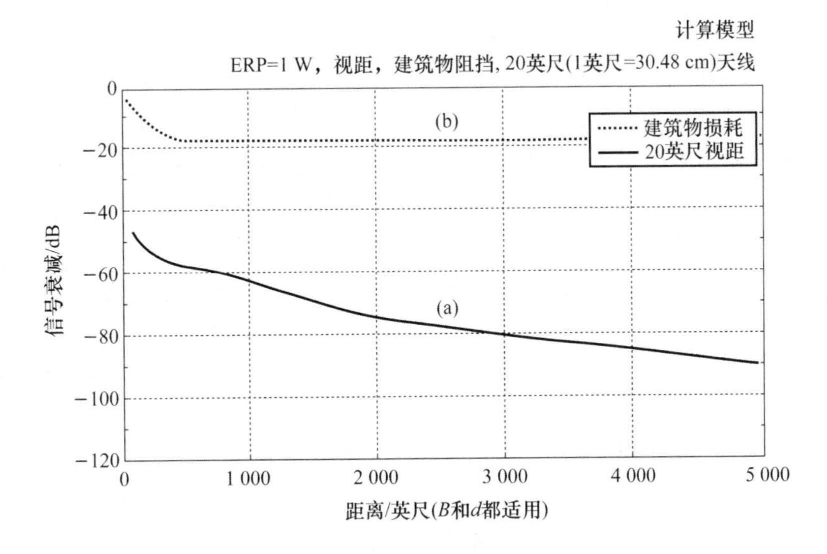

图 2.27 微小区参数

5. COST-231-Walfisch-Ikegami 模型

COST-231-Walfisch-Ikegami 模型基于 Walfisch-Bertoni 模型和 Ikegami 模型,被广泛地用于建筑物高度近似一致的郊区和城区环境,经常在移动通信系统(GSM/PCS/DECT/DCS)的设计中使用。在高基站天线情况下采用理论的 Walfisch-Bertoni 模型计算多屏绕射损耗,在低基站天线情况下采用测试数据计算损耗。这个模型也考虑了自由空间损耗、从建筑物顶到街面的损耗以及受街道方向影响的损耗。因此,可以计算基站发射天线高于、等于或低于周围建筑物等不同情况的路径损耗,如图 2.28 所示。

COST-231-Walfisch-Ikegami 模型使用的有效范围是 800 MHz$\leqslant f \leqslant$2 000 MHz,4 m$\leqslant h_B \leqslant$50 m,1 m$\leqslant h_m \leqslant$3 m,0.02 km$\leqslant d \leqslant$5 km。

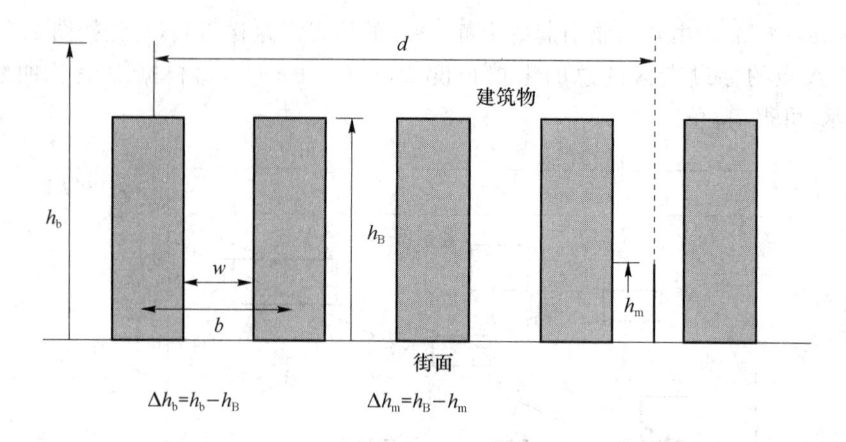

图 2.28 COST-231-Walfisch-Ikegami 模型参数

COST-231-Walfisch-Ikegami 模型分视距传播(LOS)和非视距传播(NLOS)两种情况近似计算路径损耗。

① 视距传播情况,路径损耗(类似于自由空间传播损耗)为

$$L = 42.6 + 26\lg d + 20\lg f \tag{2.160}$$

② 非视距传播情况,路径损耗为

$$L = L_0 + L_1 + L_2 \tag{2.161}$$

式中,L_0 为自由空间损耗;L_1 为由屋顶下沿最近的衍射引起的衰落损耗:

$$L_1 = -16.9 - 10\lg w + 10\lg f + 20\lg(h_R - h_m) + L_{11}(\phi) \tag{2.162}$$

式中,w 为接收机所在的街道宽度(单位为 m);h_R 为建筑物的平均高度(单位为 m);h_m 为接收天线的高度,且

$$L_{11}(\phi) = \begin{cases} -10 + 0.3571\phi & 0 < \phi < 35° \\ 2.5 + 0.075(\phi - 35°) & 35° \leqslant \phi < 55° \\ 4 - 0.1114(\phi - 55°) & 55° \leqslant \phi \leqslant 90° \end{cases}$$

其中,ϕ 为街区轴线与连接发射机和接收机天线的夹角;L_2 为沿屋顶的多重衍射(除了最近的衍射)。

$$L_2 = L_{21} + k_a + k_d \lg d + k_f \lg f - 9\lg b \tag{2.163}$$

式中:

$$L_{21} = \begin{cases} -18\lg(1 + h_B - h_R) & h_B \geqslant h_R \\ 0 & h_B < h_R \end{cases}$$

$$k_a = \begin{cases} 54 & h_B \geqslant h_R \\ 54 - 0.8(h_B - h_R) & h_B < h_R \quad 并且 \quad d \geqslant 0.5\ \text{km} \\ 54 - 0.4d(h_B - h_R) & h_B < h_R \quad 并且 \quad d < 0.5\ \text{km} \end{cases}$$

$$k_d = \begin{cases} 18 & h_B \geqslant h_R \\ 18 - \dfrac{15(h_B - h_R)}{h_R} & h_B < h_R \end{cases}$$

$$k_f = -4 + \begin{cases} 0.7\left(\dfrac{f}{925} - 1\right) & 中等城市和郊区 \\ 1.5\left(\dfrac{f}{925} - 1\right) & 大城市 \end{cases}$$

上面各式中，h_B 为发射天线高度，b 为相邻行建筑物中心的距离。

6. 传播模型的使用

上述常用的 5 种传播模型〔Hata 模型（有 2 种）、LEE 模型、CCIR 模型和 COST-231-Walfisch-Ikegami 模型〕适用范围不同，计算路径损耗的方法和需要的参数也不相同。在使用时，应该根据不同预测点的位置、从发射机到预测点的地形地物特征、建筑物高度和分布密度、街道宽度和方向差异等因素选取适当的传播模型。如果传播模型选取不当，使用不合理，将影响路径损耗预测的准确性，并影响链路预算、干扰计算、覆盖分析和容量分析。

（1）传播模型的适用范围

要在复杂多变的无线传播环境下选取适当的传播模型，灵活地运用各种模型，准确地预测路径损耗，需要研究各种传播模型的特点、适用范围、路径损耗计算的原理以及模型中各个参数的含义。Hata 模型、LEE 模型、CCIR 模型和 COST-231-Walfisch-Ikegami 模型（WIM）的适用范围见表 2.7。

表 2.7　5 种传播模型的适用范围

传播模型		宏蜂窝（＞1 km） 微蜂窝（＜1 km）	频率/MHz	天线高度/m	城区/郊区/乡村
Hata	Okumura-Hata	宏蜂窝	150～1 500	基站：30～200 移动台：1～10	城区、郊区、乡村
	COST-231 Hata	宏蜂窝	1 500～2 000	基站：30～200 移动台：1～10	城区、郊区、乡村
CCIR		宏蜂窝	150～2 000	基站：30～200 移动台：1～10	城区、郊区
LEE		宏蜂窝	450～2 000	基站：30～200 移动台：1～10	城区、郊区、乡村
		微蜂窝， 分 LOS 和 NLOS	450～2 000	基站：30～200 移动台：1～10	城区、郊区
WIM		0.02～5 km， 分 LOS 和 NLOS	800～2 000	基站：4～50 移动台：1～3	城区、郊区

（2）传播模型的应用方法

当基站和移动台之间的水平距离大于 1 km 时，应该采用宏蜂窝模型，如 Hata 模型、CCIR 模型、LEE 宏蜂窝模型和 WIM 模型。此时，对于距离比较远的情况（大于 5 km），一般采用 Hata 模型或 CCIR 模型，距离近时（小于 5 km），采用 WIM 模型，有实测数据并得到 LEE 模型中参数 P_{r1}（1 km 处接收功率）和距离衰减因子 γ 时，建议采用 LEE 模型。

当基站和移动台之间的水平距离小于 1 km 时，应该采用微蜂窝模型，如 LEE 微蜂窝模型和 WIM 模型。一般采用 WIM 模型，有实测数据时，可采用 LEE 模型。

传播模型的具体使用及评价如下。

① Hata 模型

路径损耗计算公式中的参数（如工作频率、天线有效高度、距离、覆盖区类型等）容易获得，因此模型易于使用，这是 Hata 模型被广泛使用的主要原因。

但是，Hata 模型把覆盖区简单分成 4 类：大城市、中小城市、郊区和乡村。这种分类方法过于简单，尤其是在城市环境中，建筑物的高度和密度、街道的分布和走向是影响无线电波传播的主要因素。Hata 模型中没有反映这些因素的参数,因此该模型计算出的路径损耗难以反映这些因素,所以预测计算值和实际值的误差较大。

② CCIR 模型

CCIR 模型是 Hata 模型在城市传播环境下的应用,和 Hata 城市模型相比,CCIR 模型粗略地考虑了建筑物密度对路径损耗的影响,模型中除了需要 Hata 模型的参数外,还需要地理信息数据给出被建筑物覆盖区域的百分比参数,这个参数定义为覆盖区域内被建筑物覆盖的面积与总面积的比值,反映了建筑物的密度,这个参数从地理数据中不难获得。

③ LEE 模型

LEE 模型中的主要参数 P_{r0}(距离基站 r_0 处断点的接收功率)和路径损耗的斜率 γ 易于根据测量值调整,适合本地无线传播环境,这种情况下,模型准确性大大提高,另外,LEE 模型预测算法简单,计算速度快,因此,在有测试数据时,建议采用这种模型进行设计。

④ COST-231-Walfisch-Ikegami 模型

WIM 模型被广泛用于建筑物高度近似一致的郊区和城区环境,高基站天线时模型采用理论的 Walfisch-Bertoni 模型计算多屏绕射损耗,低基站天线时采用测试数据,模型也考虑了自由空间损耗、从建筑物顶到街面的损耗以及街道方向的影响。因此,发射天线可以高于、等于或低于周围建筑物。

由于在实际应用中,建筑物的高度和间距不是规则的,所以在使用该模型时,路径损耗计算公式中的两个主要参数(建筑物的平均高度 h_R 和相邻建筑物中心的距离 b)计算如下:

- 根据收发天线的第一菲涅耳区判断产生绕射的建筑物;
- 将这些发生绕射的建筑物的高度及其间距平均,得出建筑物的平均高度 h_R 和相邻建筑物中心的距离 b。

2.8.2 室内传播模型

室内无线信道与传统无线信道相比,具有两个显著的特点:其一,室内覆盖面积小得多;其二,收发机间的传播环境变化更大。研究表明,影响室内传播的因素主要是建筑物的布局、建筑材料和建筑类型等。

室内的无线传播同样受到反射、绕射、散射3种主要传播方式的影响,但是与室外传播环境相比,条件却大大不同。实验研究表明建筑物内部接收到的信号强度随楼层高度的增加而增加,在建筑物的较低层,由于都市群的原因有较大的衰减,使穿透进入建筑物的信号电平很小,在较高层,若存在 LOS 路径的话,会产生较强的直射到建筑物外墙处的信号。因而对室内传播特性的预测,需要使用针对性更强的模型。这里将简单介绍几种室内传播模型。

1. 对数距离路径损耗模型

很多研究表明,室内路径损耗遵从公式:

$$\mathrm{PL}_{[\mathrm{dB}]} = \mathrm{PL}(d_0) + 10\gamma\lg\left(\frac{d}{d_0}\right) + X_{\sigma[\mathrm{dB}]} \tag{2.164}$$

式中,γ 依赖于周围环境和建筑物类型,X_σ 是标准偏差为 σ 的正态随机变量。这个模型实质上就是阴影衰落模型,见2.5节模型公式(2.18)。

2. Ericsson 多重断点模型

Ericsson 多重断点模型有4个断点,并考虑了路径损耗的上下边界,模型假定在 $d_0 = 1$ m

处衰减为 30 dB，这对于频率为 900 MHz 的单位增益天线是准确的。Ericsson 多重断点模型没有考虑对数正态阴影部分，它提供特定地形路径损耗范围的确定限度。图 2.29 是基于 Ericsson 多重断点模型的室内路径损耗图。

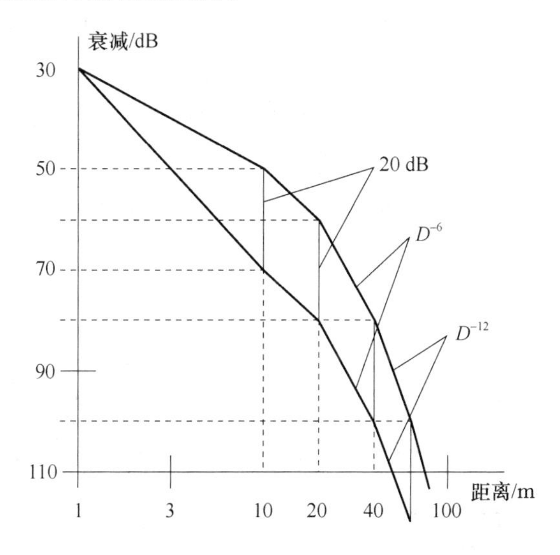

图 2.29　多重断点室内路径损耗模型

3. 衰减因子模型

适用于建筑物内传播预测的衰减因子模型包含建筑物类型影响以及阻挡物引起的变化。这一模型灵活性很强，预测路径损耗与测量值的标准偏差约为 4 dB，而对数距离模型的偏差可达 13 dB。衰减因子模型为

$$\overline{\mathrm{PL}}(d)_{[\mathrm{dB}]}=\overline{\mathrm{PL}}(d_0)_{[\mathrm{dB}]}+10\gamma_{\mathrm{SF}}\lg\left(\frac{d}{d_0}\right)+\mathrm{FAF}_{[\mathrm{dB}]} \tag{2.165}$$

其中，γ_{SF}表示同层测试的指数值（同层指同一建筑楼层）。这里的 γ_{SF} 和附加楼层衰减因子（Floor Attenuation Factor，FAF）可查表获得，具体表格可参见本章参考文献[1]中表 3.4 到表 3.6等相关表格。或者在式（2.165）中，FAF 由考虑多楼层影响的指数所代替，即

$$\overline{\mathrm{PL}}(d)_{[\mathrm{dB}]}=\overline{\mathrm{PL}}(d_0)_{[\mathrm{dB}]}+10\gamma_{\mathrm{MF}}\lg\left(\frac{d}{d_0}\right) \tag{2.166}$$

其中，γ_{MF}表示基于测试的多楼层路径损耗指数。

室内路径损耗等于自由空间损耗加上附加损耗因子，并且随着距离的增加呈指数增长。对于多层建筑物，修改式（2.165）得到：

$$\overline{\mathrm{PL}}(d)_{[\mathrm{dB}]}=\overline{\mathrm{PL}}(d_0)_{[\mathrm{dB}]}+20\lg\left(\frac{d}{d_0}\right)+\alpha d+\mathrm{FAF}_{[\mathrm{dB}]} \tag{2.167}$$

其中，α 为信道衰减常数，单位为 dB/m。

2.9　电波传播实测与模型校正

本章前几节详细地介绍了大尺度和小尺度传播模型的建模方法和模型分类。可以看出传播模型最终可归结为通过参数配置的数学公式，而这些参数的具体取值针对不同场景的模型

必然不同,这是因为不同场景的无线传播环境存在差异,因此,面向不同场景的大小尺度传播模型参数的取值是大小尺度传播模型的关键。这些模型参数通常在相关的标准协议中有默认的参数值,这些默认的参数值通常是提出模型的学者通过外场实测并进行参数拟合获取的。通常情况下,这些大小尺度传播模型在实际工程应用中,针对不同确定性场景依然需要进行实测,并对参数进行修正。

如上所述,针对确定场景下的电波传播模型需要通过实测进行参数的修正。针对小尺度预测模型和大尺度预测模型的实测系统方案也有区别。通常情况下,用于修正大尺度预测模型的测量平台只需要收发端采用偶极子天线,发送端发送单载波信号,接收端采用频谱仪等接收设备进行接收点的接收功率统计即可,如图2.30所示。

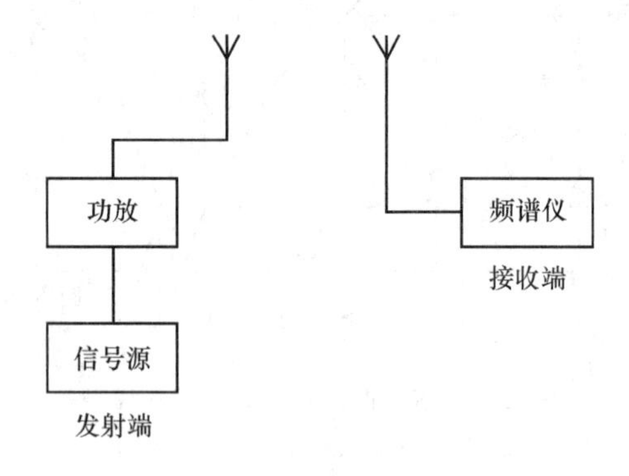

图2.30 大尺度预测模型测量平台示意图

利用上述大尺度预测模型的测量平台,在外场进行数据采集后,再对数据进行最小二乘拟合,即可修正传播模型中的衰减因子等参数。图2.31给出了外场采集的路损数据和基于实测数据拟合的大尺度传播模型。

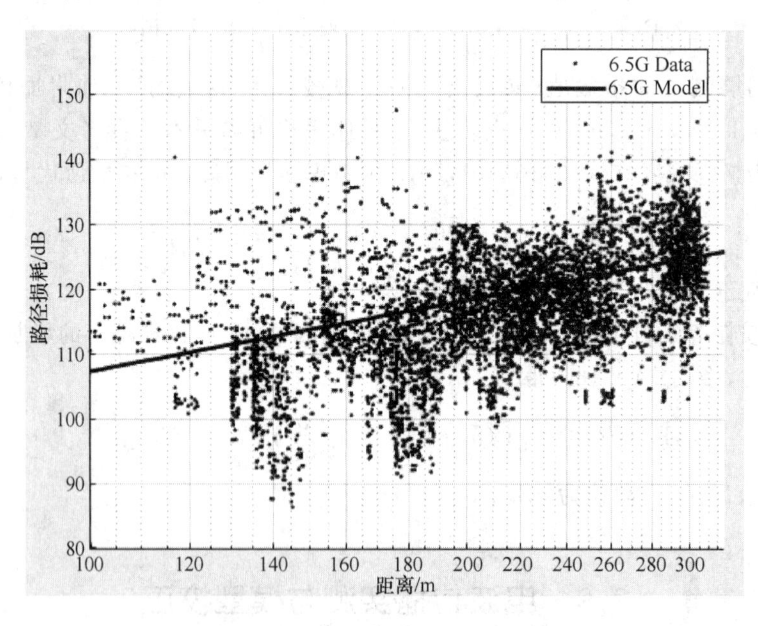

图2.31 大尺度实测数据和拟合模型

无线信道小尺度模型的实测由于涉及无线信道的多径时延、角度等多维信息,所以小尺度信道测量平台比大尺度传播模型测量平台要复杂。如图2.32所示,首先,小尺度信道测量平台的收发端均配置有天线阵列，目的是通过阵列天线的空间采样，进行无线信道多径角度信息的提取；其次，发射端需要发送宽带信号，进行无线信道频域特征的采集；最后，收发端需要通过 GPS 和同步时钟保证时序同步。

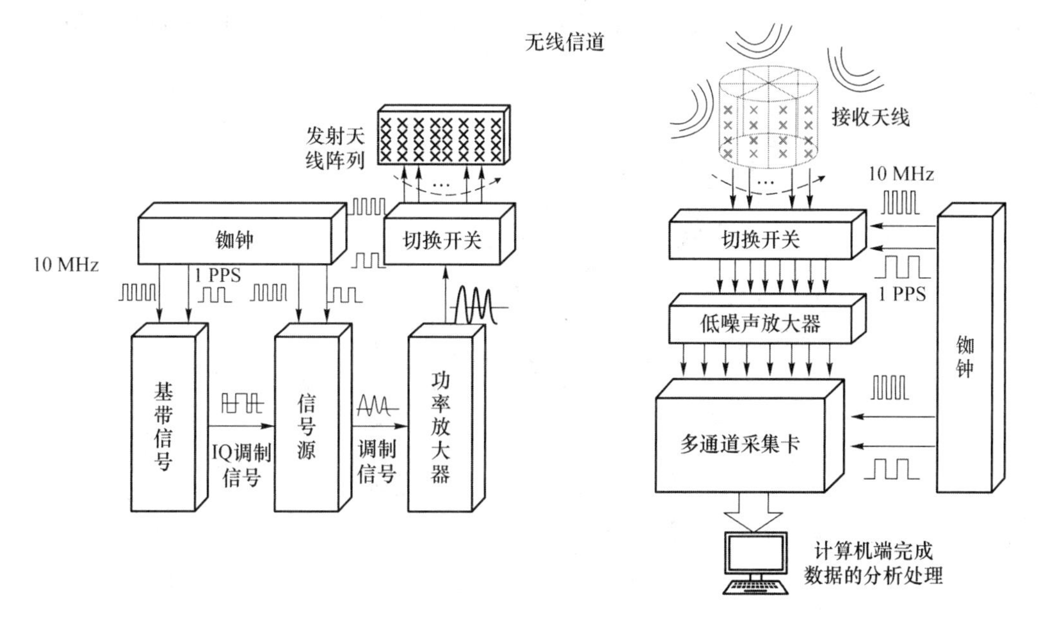

图 2.32　小尺度信道测量平台示意图

基于小尺度信道测量平台，可针对 2.7.2 节中的物理模型参数进行修正。例如，2.7.2 节中表 2.5 给出的 3GPP 的 SCM 参数即对各家公司利用外场实测所得数据进行信道参数提取和建模后得到的结果。

基于外场实测来构建无线传播大尺度和小尺度模型，需要构建硬件测试平台，还需要大量的外场数据进行模型拟合，虽然是最准确获取信道模型的方式，但成本较高，相对成本较低的方式是通过电磁场计算仿真的方式。图 2.33 所示是利用射线追踪方法进行无线传播模型仿真的示意图。该仿真方法的大致流程是：首先，需要输入具体仿真环境的数字地图信息，包括建筑物分布、高度、植被和地形情况（山脉、河流等）以及收发机的公共参数，如位置信息、高度、天线朝向、倾角、天线方向图数据；其次，使用这些输入参数，进行基于几何光学的射线追踪和电磁场计算；最后，计算出接收位置上的接收功率信息、信道多径参数信息。

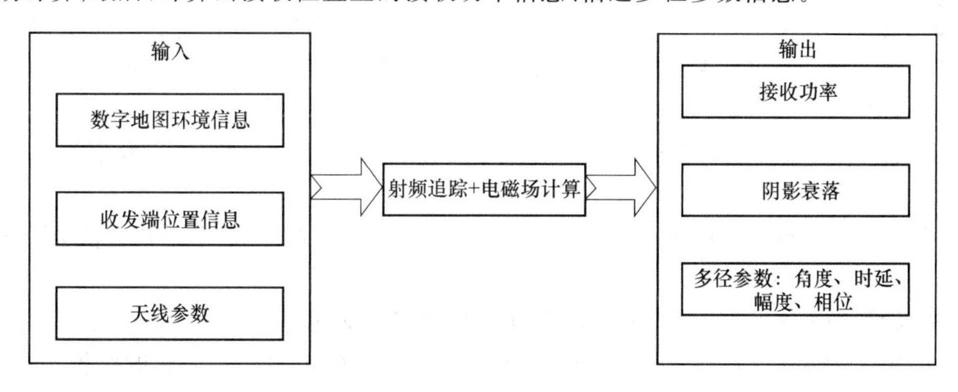

图 2.33　基于射线追踪的无线传播模型仿真示意图

图2.34给出了利用射线追踪软件仿真得到的无线信道多径的实际传播分布，可以看出射线追踪仿真可以直接给出收发信机之间的无线信道多径的空间分布、功率强度等信息，具有很好的直观性，效率也很高。当然，由于受限于输入地图的精度以及仿真算法的算力，基于射线追踪这类物理模型构建的电波传播模型相比实测结果，精度依然是一个瓶颈，在实际应用中需要采用一些实测数据进行相应的校正才可以使用。

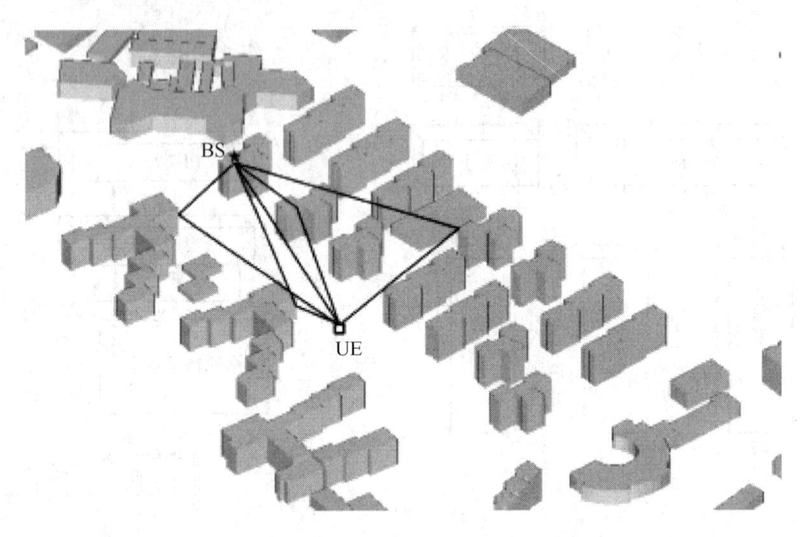

图2.34 射线追踪仿真的无线信道多径的实际传播分布示意图

习题与思考题

2.1 说明多径衰落对数字移动通信系统的主要影响。

2.2 若某发射机的发射功率为100 W，请将其换算成dBm和dBW。如果发射机的天线增益为单位增益，载波频率为900 MHz，求出在自由空间中距离天线100 m处的接收功率为多少dBm?

2.3 若载波 $f_0=800$ MHz，移动台速度 $v=60$ km/h，求最大多普勒频移。

2.4 说明时延扩展、相关带宽和多普勒扩展、相关时间的基本概念。

2.5 设载波频率 $f_c=1\,900$ MHz，移动台的运动速度 $v=50$ m/s，问移动10 m进行电波传播测量时需要多少个样值？进行这些测量需要多少时间？信道的多普勒扩展为多少？

2.6 若 $f=800$ MHz，$v=50$ km/h，移动台沿电波传播方向行驶，求接收信号的平均衰落率。

2.7 已知移动台的速度 $v=60$ km/h，$f=1\,000$ MHz，求对于信号包络均方值电平 R_{rms} 的电平通过率。

2.8 设基站天线的高度为40 m，发射频率为900 MHz，移动台天线的高度为2 m，通信距离为15 km，利用Okumura-Hata模型分别求出城市、郊区和乡村的路径损耗(忽略地形校正因子的影响)。

本章参考文献

[1] RAPPAPORT T S. Wireless Communications Principles and Practice(影印版). 北京：电子工业出版社，1998.

[2] 郭梯云,杨家玮,李建东. 数字移动通信. 北京:人民邮电出版社，1995.

[3] 啜钢,王文博,常永宇,等. 移动通信原理与系统. 4 版. 北京:北京邮电大学出版社,2019.

[4] 吴志忠. 移动通信无线电波传播. 北京:人民邮电出版社,2002.

[5] 杨大成,等. 移动传播环境:理论基础、分析方法与建模技术. 北京:机械工业出版社,2003.

[6] LEE W C Y. 移动通信工程理论和应用. 宋维模,姜焕成,李明,等译. 2 版. 北京:人民邮电出版社,2002.

[7] PEDERSEN K I, ANDERSEN J B, KERMOAL J P, et al. A stochastic multiple-input multiple-output radio channel model for evaluation of space-time coding algorithms. Proc//IEEE Vehi. Tech. Conf.. Boston: IEEE, 2000: 893-897.

[8] 牛凯,吴伟陵. 移动通信原理. 3 版. 北京:电子工业出版社,2022.

[9] 3GPP TS. 25. 201 v8. 3. 0. Physical layer—general description (Release 8). 2009.

[10] Zhang Jianhua. Review of wideband MIMO channel measurement and modeling for IMT-advanced systems. Chinese Science Bulletin, 2012.

[11] 3GPP TR 25. 996 v8. 0. 0. Spatial channel mode for Multiple Input Multiple Output (MIMO) simulations(Release8),2008.

[12] 3GPP Technical Specification 36. 814. Further advancements for E-UTRA physical layer aspects (Release 9). www. 3gpp. org.

[13] AMENT W S. Toward a Theory of Reflection by a Rough Surface. Proceedings of the IRE, 1953,41(1):142-146.

[14] GOLDSMITH A. 无线通信. 杨鸿文,李卫东,郭文彬,等译. 北京:人民邮电出版社,2007.

第3章　移动通信中的信源编码和调制解调技术

学习重点和要求

本章首先介绍在蜂窝移动通信系统中对信源编码、信道编码和调制解调技术的要求；之后介绍信源编码的基本概念和移动通信中常用的信源编码技术；接着介绍蜂窝移动通信系统中实用的信道编码技术；进而介绍常用的几种数字调制方式、软解调和正交频分复用技术，以及它们在移动通信系统中的应用。

要求：

- 了解移动通信对信源编码、信道编码、调制解调技术的要求；
- 了解信源编码的目的、原理与应用；
- 了解信道编码的目的，掌握常用信道编码的编码与解码原理；
- 掌握 BPSK、π/2-BPSK 和 QPSK 信号的特点和功率谱特性；
- 掌握高阶调制原理与误码率，以及软解调技术；
- 掌握正交频分复用的原理与应用技术。

3.1　概　　述

信源编码、信道编码和调制解调技术对移动通信系统的有效性和可靠性均有直接的影响。

1. 信源编码

信源编码指将信源中的冗余信息进行压缩，减少传递信息所需的带宽资源，这对于频谱有限的移动通信系统而言具有重大意义。从数字化的 2G 开始，信源编码就在其中得到充分应用并不断发展，例如，语音编码有 GSM 系统中的全速率(FR)、半速率(HR)、增强全速率(EFR)，GPRS/WCDMA 系统中的自适应多速率(AMR)，IS-95 系统中使用的码激励线性预测(CELP)编码，以及 cdma2000 演进系统中使用的可选择模式语声编码(SMV)，它们都能够以 10 kbit/s 左右甚至更低的平均速率实现和普通 64 kbit/s PCM 话音可懂度相当的性能，从而提高无线频谱的利用效率。

由于移动通信环境中的各种不利因素和一些特有的问题，例如，衰落和干扰的影响、终端电池受限制等，使得信源编码除了满足有效性的目标之外，还需要对差错具有较好的容忍程度，并且具有较低的编译码复杂度等特点，这些都使得移动通信中的信源编码设计更具有挑战性。

2. 信道编码

信道编码的目的是尽量减小信道中噪声或干扰的影响，以改善通信链路的可靠性。其基本思想是通过在发送端引入可控冗余比特，使信息序列中各码元和添加的冗余码元间存在相关性。在接收端信道译码器根据这种相关性对接收到的序列进行检查，从中发现或纠正错误。对某种调制方式，在给定信噪比的情况下无法达到误码率要求时，增加信道编码是一种提高可靠性的方法。

3. 调制解调技术

调制就是对消息源信息进行编码的过程，其目的就是使携带信息的信号与信道特性相匹配以及有效地利用信道。1G蜂窝移动电话系统（如AMPS、TACS等）是模拟系统，其话音采用模拟调频方式（信令用数字调制方式），2G是数字系统（如GSM、DAMPS和CDMA/IS-95等），其话音和信令均用数字调制方式。3G、4G、5G都采用数字调制方式。

移动信道存在的多径衰落和多普勒频率扩展都会对信号传输的可靠性产生影响，另外，日益增加的用户数目、无线信道频谱的拥挤，要求系统有比较高的频谱效率，即在有限的频率资源情况下，应尽可能多地容纳用户，所有这些因素对调制方式的选择都有重大的影响，这表现在以下几个方面。

（1）频带利用率

为了容纳更多的移动用户，要求移动通信网有比较高的频带效率。移动通信系统从1G向2G的过渡，很重要的一个原因就是2G的数字系统比1G的模拟系统有更高的频带效率，其中调制方式起重要的作用。在现有的频谱资源情况下，2G可以提供更多的无线信道。例如，AMPS每信道占用带宽30 kHz，而在DAMPS中，30 kHz可以提供3个信道。在数字调制中，常用带宽效率$\eta_b = R_b/B$来表示频谱资源的利用效率，其中R_b为比特速率，B为无线信号的带宽。当采用M进制调制方式时，$R_b = R_s \log_2 M$（R_s为码元速率）在同样的信号带宽条件下，可以有较高的频带效率，因此常常为移动通信所采用。例如，GSM采用GMSK调制方式，带宽效率为$\eta_b = 1.3\ \text{bit} \cdot \text{s}^{-1} \cdot \text{Hz}^{-1}$，而DAMPS采用的$\pi/4$-QPSK调制方式带宽效率可以达到$\eta_b = 1.6\ \text{bit} \cdot \text{s}^{-1} \cdot \text{Hz}^{-1}$，后者的效率更高，但技术也复杂。

（2）功率效率

功率效率是指保持信息精确度的情况下所需的最小信号功率（或者说最小信噪比），功率越小效率就越高。对模拟信号，表现为在满足一定的输出信噪比条件下，所要求的输入信噪比越低，功率效率就越高。例如，FM信号的功率效率就可以比AM高许多。对数字信号，表现在噪声功率一定的情况下，为达到同样的误码率（P_b），已调信号功率越低，功率效率就越高。不同的调制解调方式，功率效率也不相同，例如，PSK一般来说比FSK高；相干解调比非相干解调高。

（3）已调信号恒包络

具有恒包络特性的信号对放大器的非线性不敏感，功率放大器可以使用C类放大器而不会导致频谱带外辐射的明显增加。这样的放大器直流-交流转换效率高，可以节省电源，这也是高功率效率的另一种表现。功率效率对电源供给不受限制的基站来说不是一个重要的问题，但对使用电池的移动设备（如手机）来说有重要意义：它可以延长手机工作时间，或者可以减小设备的体积（或质量）。而且非线性功率放大器成本也比较低，有利于移动设备的普及。另外，恒包络信号所承载的信息不在幅度上，可以使用限幅器来减小瑞利衰落的影响。

（4）易于解调

对已调信号的解调，根据调制方式的不同，可以采用不同的解调方法：相干解调和非相干解调。例如,2FSK信号可以采用滤波和包络检波的非相干解调方法,也可以采用相干解调方法。相干解调方法有较好的误码性能,但要求在接收端产生一个和接收信号同频同相的相干载波,这在移动信道上是不容易做到的。非相干解调方法由于不用提取相干载波,技术上比较简单;对信道衰落的影响也不那么敏感,误码性能相对来说下降不严重。所以,在信道衰落强度较大的移动通信系统中,常常用非相干解调方法。

(5) 带外辐射

移动通信系统是一个多用户同时工作的系统,许多用户在同一时间和空间发射无线信号。为了减小相互之间(特别是相邻信道之间)的干扰,每个用户的信号频谱必须严格控制在规定的带宽内。这就要求已调信号的功率谱副瓣很小,使超出带宽外的信号功率降低到规定以下,一般要求达到−70～−60 dB。对于不同的调制方式,信号的功率谱也不同,一般来说线性调制比非线性调制有更好的功率谱特性;同时,为减小带外辐射,常常对基带信号进行预滤波,使已调信号的带外辐射控制在允许的范围内。

在移动通信系统中,采用何种调制方式,要综合考虑上述各种因素。实际上没有一种调制方式能同时满足上述的要求。例如,采用QAM调制方式就比采用BPSK调制方式有更高的带宽效率,但为了保持应有的误码率,就需要提高QAM发射信号的功率。这就是说,频谱效率可以牺牲功率效率来获得;反过来也可以用频谱效率来换取功率效率。

3.2 信源编码

3.2.1 信源编码概述

1. 信源编码的概念

在数字通信系统中,信源编码位于从信源到信宿的整个传输链路中的第一个环节,其基本目的就是通过压缩信源产生的冗余信息,降低信息传递的开销,从而提高整个传输链路的有效性。在这个过程中,对冗余信息的界定和处理是信源编码的核心问题,那么首先需要对这些冗余信息的来源进行分析,接下来才能够根据这些冗余信息的不同特点设计和采取相应的压缩处理技术,以及进行高效的信源编码。

信息的冗余来自两个主要方面:首先是信源的相关性和记忆性,其次是信宿对信源失真具有一定的容忍程度。

(1) 信源的相关性和记忆性

根据信息论中有关信源统计特性的结论,无记忆信源比有记忆信源具有更大的信息熵,而现实中的信源通常都是具有一定相关性和记忆特性的,这两种特性就为信源压缩编码带来了空间。例如,人们经常使用的缩写和简称,就可以看成一种压缩编码;在一段话中某一个词组反复出现时,相当于这段话的内容前后具有了一定的记忆特性,对这个特定的词组使用缩写,就可以大大减少篇幅,同时不影响原有信息的准确传递。针对这种类型的冗余,信源编码的主要处理是减少信源编码输出的相关性和记忆特性,或对相关性高和记忆性高的信息采用低速率的编码。这类编码的典型例子有预测编码、变换编码等,具体可以参考信息论方面的书籍。

（2）信宿对信源失真具有一定的容忍程度

由于信宿本身的局限，如受接收机的灵敏度、分辨率等的限制，或是受感官分辨信息精度的限制，信源具有的信息量不可能被信宿完全接收或处理，这些无法被接收或处理的信息量就可以看成冗余。举例来说，速率超过每秒25帧左右的连续画面对于人的视觉而言就没有什么分别，因此电影放映的速率没有必要做得比这个更高，这对于人们观看电影没有影响。也就是说，在这个过程中，对信源的处理将带来一些失真，但这些失真只要是在可接受的范围之内，那么就是可以利用的，通过省去对这些无法接收或处理的信息的传递，从而提高有效性。这类编码的直接应用有很大一部分是在对模拟信源的量化上，或连续信源的限失真编码，具体可参考信息论方面的有关书籍。

值得注意的是，虽然在信源编码中对冗余的界定和处理是核心内容，但不能忽略压缩处理的最重要前提是对信息传递质量的保障。该前提是经过信源编码和解码信息的失真在允许的范围内，其隐含的意思是，可以将信源编码看成在有效性和传递的信息完整性（质量）之间的一种折中手段。

2．移动通信中信源编码的特点

信源编码目前在几乎所有的有线和无线通信系统中都有不同程度的应用，因为无论是有线的还是无线的通信系统，都需要用信源编码对信息传输的有效性进行更好的保障，从而提升系统的整体性能。

然而，与有线通信系统中不同的是，在无线通信系统特别是移动通信系统中，其通信的参与方具有移动性，使用的传输媒介是无线频谱，因此，移动通信系统的容量或传输速率受到无线频谱带宽有限的限制，其通信距离或覆盖范围则受到无线电波衰减和发信机功率的限制，而其通信的质量或可靠性受到无线信道衰落和干扰等不理想因素的影响。而在有线通信系统中，若不考虑成本，带宽、传输距离和质量相对而言都非常理想。更为重要的一点是，在移动通信系统中，容量、覆盖和质量这些指标之间相互密切关联，而在有线通信中一般不是这样的。因此，移动通信中的信源编码，除了考虑保障有效性这一基本目标之外，还会涉及与系统覆盖和质量的相互平衡，下面举例说明。

以GSM系统中普通的全速率和半速率话音编码来说，其速率分别为13 kbit/s和6.5 kbit/s，前者的话音质量好于后者，但占用的系统资源是后者的两倍左右。当系统的覆盖不是限制因素时，使用半速率编码可以牺牲质量换取倍增的容量，即提高系统的有效性。而当系统的容量相对固定时，可以通过使用半速率编码来牺牲质量换取覆盖的增加，因为半速率编码对于接收信号质量的要求降低了。

除了上面这些指标之间的平衡与折中外，移动通信中信源编码的设计与实现还要考虑其他一些因素。由于移动终端通常由电池供电，其运算处理能力有限，因此在移动终端上要求信源编码和解码在保证质量的前提下具有尽可能低的复杂度，以减小功耗，降低处理时延。例如，用于移动多媒体广播的H.264协议设计，其基站侧的图像压缩编码处理较为复杂，但在终端侧的接收解码处理则相对简单。另外，考虑终端信宿处理能力的差异，如不同档次终端其屏幕分辨率不同，信源编码应该具有内在的可扩展性，即编码后的数据流包含不同质量等级的信息，以适应不同的终端应用需求。考虑移动信道的差错特性和一些话音、多媒体业务的实时性，这类业务通常要求移动通信中的信源编码能够容忍一定的差错而无须复杂的重传。这可能涉及在发端联合考虑信源编码和信道编码，对重要的信息（如画面的布局）进行重点保护，而对一些不重要的信息（如相对静止的画面细节）降低保护程度；或者在收端当出现差错时采取差错隐藏技术,如用已经收到的画面和预测信息替代当前丢失的画面等。接下来将对一些常见的移动通信中的信源编码进行介绍,读者可以从中进一步体会上述这些特点。

3.2.2 移动通信中的信源编码

1. 话音信源编码

(1) 话音信源编码的分类

在数字系统中,用于话音信号的基本编码方式主要有波形编码、参数编码和混合编码。

① 波形编码

它是直接将时域信号变成数字代码的一种编码方式。由于在信号抽样和量化过程中需考虑人的听觉特征,因此要使编码信号与原输入信号基本保持一致。波形编码主要采用脉冲编码调制(PCM),即以奈奎斯特抽样定理为基准,考虑滤波器等电话特性,抽样频率为话音最高频率的2.5倍左右,将频带宽度为300～3 400 Hz的语音信号变换成64 kbit/s(8 kHz抽样,8位量化)的数字信号。进而还有较高压缩率的差值PCM(DPCM)、自适应DPCM(ADPCM)和自适应预测编码(APC)等编码方式。

其特点是在高速码条件(16～64 kbit/s)下,可获得高质量的语音信号;然而当编码传输速率低于16 kbit/s时,语音质量迅速下降。

② 参数编码

它是以发音机制模型为基础的。发音机制模型是用一套模拟声带频谱特性的滤波器参数和若干声源参数来描述的,参数编码就是将其变换为数字代码的一种编码方式。由于参数编码的压缩比很高,计算量又大,因而通常语音质量只能达到中等水平。如数字移动通信系统中和卫星移动通信系统中使用的线性预测编码(LPC)及其改进型,传输速率可压缩到2～4.8 kbit/s,甚至更低。

③ 混合编码

它是一种综合编码方式,吸取了波形编码和参数编码的优点,使编码数字语音中既包括语音特征参量,又包括部分波形编码信息,如多脉冲激励线性预测编码(MPLP)系统、正规脉冲激励编码(RPE)系统、码激励线性预测编码(CELP)系统等。混合编码可将速率压缩至4～16 kbit/s,在此范围内能够获得良好的语音效果。

语音质量常从客观与主观的角度进行评价。客观度量的指标包括信噪比、误码率、误帧率,相对简单可行;主观度量是由人耳主观特性来判断,比客观度量复杂。目前国际上常采用的主观评判方法称为MOS方法。

(2) 话音信源编码举例

各通信系统中话音采用的语音编码主要如下。在2G中,有码激励线性预测编码(CELP)、规则脉冲激励长期预测(REP-LTP)、窄带自适应多速率(NB AMR);在3G中,有增强型变速率编解码(EVRC)、窄带自适应多速率、宽带自适应多速率(WB AMR);在4G和5G中,采用宽带自适应多速率、增强型语音服务(EVS)、标准正在制定中的沉浸式音视频服务(IVAS)。

下面仅对LTE/NR系统中的增强型语音服务编码(EVS)进行介绍。

EVS是3GPP于2014年在Release-12版本中推出的新一代VoLTE的话音编码,是继宽带AMR编码后对话音编码技术的又一次改进。改进内容具体包括:提高窄带和宽带语音服务的质量和编码效率；引入超宽带和全带宽语音服务，提高通信质量；增强通话过程中音乐信号和混合内容的质量；具备防止数据丢包和延迟抖动的能力；后向兼容 AMR 编码。

如表 3.1 所示，EVS 支持 8 kHz、16 kHz、32 kHz 和 48 kHz 采样率和 4 种编码频率（窄带、宽带、超宽带和全带），编码速率从 5.9 kbit/s 到 128 kbit/s 共 13 种。

表 3.1　EVS 不同带宽下的采样率和编码速率

编码频率	采样率/kHz	编码速率/(kbit · s^{-1})
窄带(NB)	8	5.9、7.2、8.0、9.6、13.2、16.4、24.4
宽带(WB)	16	5.9、7.2、8.0、9.6、13.2、16.4、24.4、32、48、64、96、128
超宽带(SWB)	32	9.6、13.2、16.4、24.4、32、48、64、96、128
全带(FB)	48	16.4、24.4、32、48、64、96、128

在编码方面，EVS 支持基于代数码激励线性预测（ACELP）的时域编码、基于修改型离散余弦变换（MDCT）的频域编码和不活动音频编码的混合编码方案。由于语音信号相对音乐信号来说，频率范围更窄，分辨率的需求也更低，因此 ACELP 主要用于低比特速率语音编码。当输入的音频信号不是语音，或者编码比特率大于 48 kbit/s 时，编码器会自动选择基于 MDCT 变换的频域编码策略；当输入检测为静音或噪声时，编码器会自动选择不活动音频的编码策略。EVS 是 3GPP 迄今为止性能和质量最好的音频编码，不仅对于语音和音乐信号都能够提供非常高的音频质量，还具有很强的抗丢帧和抗延时抖动的能力，可以为用户带来更好的通话体验。

2. 图像信源编码

（1）图像信源编码的分类

图像分为静止图像和活动图像（视频）。如表 3.2 所示，总共有两种图像编码标准，即第一代图像编码标准和第二代图像编码标准。第一代图像编码标准常采用客观的度量指标进行压缩编码效果的衡量；而第二代图像编码标准则以主观度量指标进行压缩编码效果的衡量。

表 3.2　图像或视频编码标准分类

两种图像编码标准	静止图像	活动图像（视频）
第一代图像编码标准	JPEG	MPEG1.0/2.0，H.261
第二代图像编码标准	JPEG2000	MPEG4，H.264

① 第一代图像编码标准

对于静止图像而言，JPEG 有两类编码方案：无失真编码、限失真编码。无失真编码采用 DPCM 技术（是一类预测编码），其压缩倍数较低，可用于高保真图片压缩编码。限失真编码压缩倍数较高，主要采用离散余弦变换（DCT）的方法。具体来说，将图片划分为像素块，逐块进行 DCT 变换，保留低频分量并扔掉高频分量，然后对保留 DCT 系数进行量化，考虑量化后 0 和 1 比特分布不等概，从而进行熵编码以解除信源统计分布上的冗余。

以 H.261 为例，其共采用了 5 个关键技术：①利用帧间预测来消除图像在时间域内的相关性，例如仅传奇数帧，偶数帧利用前后帧进行预测；②通过 DCT 消除图像在空间域内的相关性，如仅保留中低频系数；③利用人眼的视觉特性进行可变步长及自适应量化；④利用变长编码（VLC）匹配信源统计特性，如 Huffman 编码；⑤利用输入输出的缓存实现平滑数据流传输。MPEG(Moving Picture Experts Group)有很多标准,如MPEG1和MPEG2,MPEG1是VCD1.0采用的标准,MPEG2是VCD2.0采用的标准,MPEG4是DVD的标准。MPEG1的设计思想与H.261类似,也采用了5类关键技术,但视频对象结构分为I/P/B/D帧。其中,I帧为帧内编码帧;P帧为预测编码帧,采用前向运动补偿预测和误差的DCT编码,由前面的I帧或P帧进行预测;B帧为双向预测编码帧,采用双向运动补偿预测和误差的DCT编码;D帧为直流编码器,只包含每个块的直流分量。

② 第二代图像编码标准

第一代视频编码技术以像素块为单位进行编码,容错性较差,且没有考虑人的主观感受。第二代视频编码技术则以人的主观感受为指标进行编码。

以JPEG2000为例,利用小波变换代替了DCT变换,并采用渐进传输技术,给人的感受为图像的轮廓先出现,然后逐渐出现细节文理特征。与视频编码标准H.261或MPEG1/2不同,MPEG4主要将视频帧分解为文理、轮廓和运动。文理主要是帧的高频部分;轮廓是帧的低频分量;运动则涉及时间上的相关性。MPEG4进行帧分解后再进行编码,以适应传输速率或人的主观感受。

(2) 视频信源编码举例

移动通信中的视频业务开始于3G,在4G时代得到蓬勃发展。对于移动通信中的视频信源编码,主要是由国际标准化组织及国际电工委员会ISO/IEC旗下的动态图像专家组(MPEG)和国际电信联盟电信标准化部门ITU-T旗下的视频编码专家组(VCEG)制定的视频编码标准系列,该系列标准包括H.262/MPEG-2、H.264/AVC(Advanced Video Coding)、H.265/HEVC(High Efficiency Video Coding)、H.266/VVC(Versatile Video Coding)。

以H.264为例介绍4G移动通信中的视频信源编码。H.264标准相比于之前的H.263、MPEG-4 SP(Simple Profiles)等版本降低了50%的码率,节省了带宽,实现了更高的压缩比、更高的视频质量以及更好的网络适应性。由于传输带宽、移动终端处理能力和屏幕尺寸的限制,3G视频应用中的图像格式一般采用QCIF(Quarter Common Intermediate Format,176×144)或CIF(Common Intermediate Format,352×288)。

H.264从某种程度上看是MPEG的扩展。MPEG中编码后的帧有3类:I帧、B帧和P帧。I帧只使用帧内压缩,包含的是静态画面的重要信息;B帧为双向帧间编码,压缩前后两帧图像间的差异;P帧为前向预测编码,只考虑与最近的帧之间的差别并进行压缩。在H.264中,一幅图像可编码成一个或者若干个片(slice,此处与帧的含义相同),每个slice都包含整数个MB(Macro Block),相当于一个完整图像中的不同区域,编码片(slice)共有5种不同的类型,包括I片、B片、P片、SP片、SI片,SP和SI介于I与P之间,但考虑了更多数据片之间的相关性,进一步压缩了数据速率。

H.264/AVC在系统层面上提出了视频编码层(Video Coding Layer,VCL)和网络自适应层(Network Adaptive Layer,NAL),VCL对视频编码信息进行有效的描述,尽可能独立于网络而进行高效的编码,而NAL负责将VCL产生的比特流进行打包封装并通过特定网络将编码视频信息进行传输。NAL的工作模式分为孤立片模式(Single Slice Mode,SSM)和数据分区模式(Data Partition Mode,DPM),如图3.1所示。在SSM中,属于同一数据片的所有编码信息在一个实时传输协议(Real-time Transport Protocol,RTP)数据包中通过网络进行传输。在DPM中,每个slice中的MB间彼此联系,利用相邻MB存在空间相关性来进行帧内预测编码。将图像数据分成动态矢量数据(即基本层,需要更好的差错保护)以及剩余的信息。每个数据片的编码视频信息首先被分割成三部分并分别放到 A、B、C 数据分区中，每个数据分区中包含的信息被分别封装到相应的 RTP 数据包中并通过网络进行传输。其中，Part A 包含最重要的 slice 头信息、MB 头信息，以及动态矢量信息；Part B 包含帧内和 SI 片宏块的编码残差数据，能够阻止误码继续传播；Part C 包含帧间宏块的编码残差数据、帧间编码数据块的编码方式信息和帧间变换系数。在传输过程中根据每个数据分区重要性的差异进行不均等差错保护。

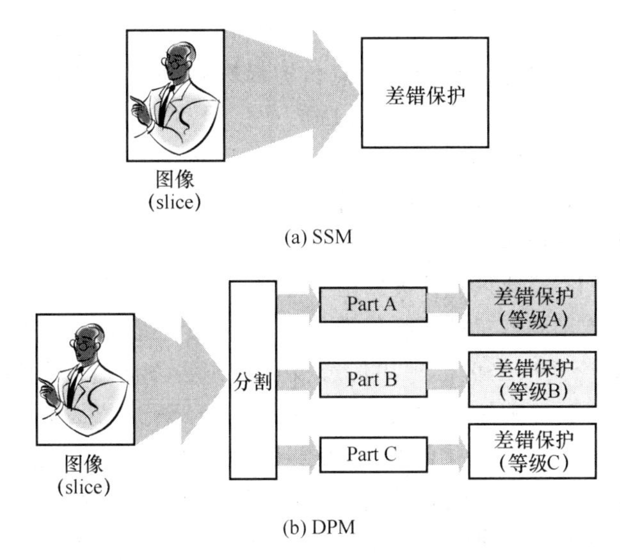

图 3.1 H.264 网络自适应层工作模式示意图

在解码端采用差错隐藏技术解码。传输错误会导致信息丢失，从而引起解码中断，为了保证解码过程的连续性，采用差错隐藏技术来掩盖错误产生的影响，降低用户感受到的视频质量恶化程度。这里利用了空时维上图像的相关性，通过已经接收到的正确帧或部分正确帧，重构替代用的图像。差错隐藏技术包括帧内拷贝技术、帧间拷贝技术以及动态补偿技术。

3.3 信道编码与交织

3.3.1 信道编码概述

信道编解码包括分组码、卷积码、级联码等多种类型，这些码在移动通信中都得到了广泛的应用。早期的信道编码为尽量接近 Shannon 信道容量的理论极限，需要增加线性分组码的长度或卷积码的约束长度，长度的增加会使最大似然估计译码器的计算复杂度呈指数级增加，最后复杂到译码器无法实现。

20 世纪 90 年代出现的 Turbo 码在接近理论极限方面开辟了新的途径。在 1993 年于日内瓦举行的 IEEE 国际通信学会上，两位法国电机工程师 Claude Berrou 和 Alain Glavieux 提出了一种新的编码方法，并声称该方法在误比特率为 10^{-5} 的情况下，和 Shannon 限的距离缩小到 0.5 dB 以内。该方法对纠错编码具有革命性的影响。Turbo 码已经获得了许多成果并用在了第三代和第四代移动通信中。

低密奇偶校验(Low Density Parity Check, LDPC)码是一种具有优异性能的线性分组码。1963年,Shannon的学生Robert G. Gallager博士首先提出了LDPC码,但受限于当时的硬件水平并且缺乏简单有效的译码方案,LDPC码被"遗忘"了30多年,直到1996年David Mackay等人证明了基于置信传播(Belief Propagation,BP)的迭代译码方案具有逼近Shannon限的性能,LDPC码才被"重发现",并迎来一段高速发展时期。1997年,Luby等人首次提出了非规则LDPC码,获得了比规则LDPC码更好的性能,随后,2001年,Richardson等人提出了密度进化方法,该方法可以有效地分析消息传递译码中LDPC码的容量,并据此设计出了距离Shannon限仅有0.004 5 dB的非规则LDPC码。受益于其优异的性能,LDPC码在理论分析、设计、编译码算法以及硬件实现等各方面均取得了爆发式的进展,其在纠错性能、译码吞吐率和低功耗等方面显示出了巨大的潜力和优势,并被广泛应用于Wi-Fi、存储、光通信、微波通信、卫星通信以及深空通信等领域。

2008年,Arikan在ISIT会议上发表的论文提出了信道极化现象,即先进行信道联合再进行信道分裂后,可以得到不同容量的分裂信道,它们的容量一部分趋近于1,一部分趋近于0。一年后,Arikan又发表论文指出可以利用信道极化的方法去构造一种能够被严格证明达到Shannon容量的信道编码,这种编码方式叫做极化(Polar)码。Polar码具有特定的显式编码结构,它的基本思想是通过信道极化的方法,在容量趋近于1的子信道上发送承载信息的比特,在容量趋近于0的子信道上发送收发端都已知的固定比特。译码时,注意到信道极化时前后比特具有依赖关系,采用串行抵消(Successive Cancellation, SC)译码;而为改善有限码长SC译码算法性能不佳的问题,Tal和Vardy提出了SC-List(SCL)译码算法,显著地提升了Polar码短码的性能。

而在移动通信中,2G系统主要采用了卷积码、费尔码(一种循环码)、费尔码和卷积码组成的级联码;3G系统采用了卷积码、Turbo码;4G系统采用了卷积码(采用咬尾方式)、Turbo码(采用新的内交织器,更适合并行译码),卷积码和Turbo码分别用于控制信道和数据信道的编码;5G系统采用Polar码、LDPC码,LDPC码和Polar码分别为5G数据信道和控制信道的编码。

本节后续主要对分组码、Polar码和LDPC码的原理和应用做一些介绍。

3.3.2 分组码

1. 分组码的基本描述

二进制分组码编码器的输入是一个长度为k的信息矢量$\boldsymbol{a}=(a_1,a_2,\cdots,a_k)$,它通过一个线性变换,输出一个长度等于$n$的码字$\boldsymbol{c}$,即

$$\boldsymbol{c}=\boldsymbol{aG} \tag{3.1}$$

式中$\boldsymbol{G}$为$k\times n$的矩阵,称作生成矩阵。$R_c=k/n$称作编码率。长度等于k的输入矢量有2^k个,因此编码得到的码字也是2^k个。这个码字的集合称作线性分组码,即(n,k)分组码。分组码的设计任务就是要找到一个合适的生成矩阵$\boldsymbol{G}$。

若生成矩阵具有下述的形式:

$$\boldsymbol{G}=[\boldsymbol{I}|\boldsymbol{P}] \tag{3.2}$$

式中 $\boldsymbol{I}$ 为 k 阶单位矩阵；$\boldsymbol{P}$ 为 $k\times(n-k)$ 的矩阵，则式(3.2)生成的分组码就称作系统码。其码字的前 k 位比特就是信息矢量 $\boldsymbol{a}$，后面的 $n-k$ 位则是校验位。

对一个分组码的生成矩阵 $\boldsymbol{G}$，存在一个 $(n-k)\times n$ 的矩阵 $\boldsymbol{H}$ 满足

$$\boldsymbol{G}\boldsymbol{H}^{\mathrm{T}}=\boldsymbol{O} \tag{3.3}$$

上式中 $\boldsymbol{O}$ 为一个 $k\times(n-k)$ 的全零矩阵。$\boldsymbol{H}$ 称作校验矩阵，它也满足

$$\boldsymbol{c}\boldsymbol{H}^{\mathrm{T}}=\boldsymbol{o} \tag{3.4}$$

上式中 $\boldsymbol{o}$ 为一个 $1\times(n-k)$ 的全零行矩阵。式(3.4)可以用来校验所接收到的码字是否有错。

通常码字 $\boldsymbol{c}_i$ 中 1 的个数称作 $\boldsymbol{c}_i$ 的重量，表示为 $w\{\boldsymbol{c}_i\}$。两个分组码字 $\boldsymbol{c}_i$ 和 $\boldsymbol{c}_j$ 对应位不同的数目称作 $\boldsymbol{c}_i$ 和 $\boldsymbol{c}_j$ 的汉明距离，表示为 $d\{\boldsymbol{c}_i,\boldsymbol{c}_j\}$。任意两个码字之间汉明距离的最小值称作码的最小距离，表示为 $d_{\min}$。由于对线性分组码来说，任何两个码字之和都是另一个码字，所以码的最小距离等于非零码字重量的最小值。$d_{\min}$ 是衡量码的抗干扰能力(检、纠错能力)的重要参数，$d_{\min}$ 越大，码字之间的差别就越大，即使传输过程产生较多的错误，也不会变成其他的码字，因此码的抗干扰能力就越强。理论分析表明：

① (n,k)线性分组码能纠正 t 个错误的充分条件是

$$d_{\min}=2t+1$$

或

$$t=\left\lfloor\frac{d_{\min}-1}{2}\right\rfloor \tag{3.5}$$

式中 $\lfloor x \rfloor$ 表示对 x 取整数部分。

②(n,k)线性分组码能发现接收码字中 l 个错误的充分条件是

$$d_{\min}=l+1 \tag{3.6}$$

③ (n,k)线性分组码能纠正 t 个错误并能发现 $l(l>t)$个错误的充分条件是

$$d_{\min}=t+l+1 \tag{3.7}$$

译码是编码的反变换。译码器根据编码规则和信道特性，对所接收到的码字进行判决，这一过程就是译码。可通过译码纠正码字在传输过程中产生的错误，从而求出发送信息的估值。设发送的码字为 $\boldsymbol{c}$，接收到的码字 $\boldsymbol{r}=\boldsymbol{c}+\boldsymbol{e}$，其中 $\boldsymbol{e}$ 为错误图样，它指示码字中错误码元的位置。当没有错误时，$\boldsymbol{e}$ 为全零矢量。因为码字符合式(3.4)，也可以利用这种关系检查接收的码字是否有错。定义接收码字 $\boldsymbol{r}$ 的伴随式(或校验子)为

$$\boldsymbol{s}=\boldsymbol{r}\boldsymbol{H}^{\mathrm{T}} \tag{3.8}$$

若 $\boldsymbol{s}=\boldsymbol{0}$，则 $\boldsymbol{r}$ 是一个码字；若 $\boldsymbol{s}\neq\boldsymbol{0}$，则传输一定有错。但任意两个码字的和是另外一个码字，所以 $\boldsymbol{s}=\boldsymbol{0}$ 不等于没有错误发生，而是未能发现这种错误的图样有 2^k-1 个。由于

$$\boldsymbol{s}=\boldsymbol{r}\boldsymbol{H}^{\mathrm{T}}=(\boldsymbol{c}+\boldsymbol{e})\boldsymbol{H}^{\mathrm{T}}=\boldsymbol{c}\boldsymbol{H}^{\mathrm{T}}+\boldsymbol{e}\boldsymbol{H}^{\mathrm{T}}=\boldsymbol{e}\boldsymbol{H}^{\mathrm{T}} \tag{3.9}$$

可见伴随式仅与错误图样有关，与发送的具体码字无关；不同的错误图样有不同的伴随式，它们有一一对应的关系，据此可以构造伴随式与错误图样关系的译码表。(n,k)线性码对接收码字的译码步骤如下：

① 计算伴随式 $\boldsymbol{s}=\boldsymbol{r}\boldsymbol{H}^{\mathrm{T}}$；

② 根据伴随式检出错误图样 $\boldsymbol{e}$；

③ 计算发送码字的估值 $\hat{\boldsymbol{c}}=\boldsymbol{r}\oplus\boldsymbol{e}$。

这种译码方法可以用于任何线性分组码。

2. 分组码的举例

(1) 汉明码

汉明码是最早(1950年)出现的纠一个错误的线性码。由于它的编码简单,因此在通信和数据存储系统中有广泛的应用。其主要参数如下。

- 码长:$n=2^m-1$,其中 m 为校验位的个数。
- 信息位数:$k=2^m-m-1$。
- 监督位数:$n-k=m\ (m\geqslant 3)$。
- 最小距离:$d_{\min}=3$。

(2) 循环码

上述介绍的译码步骤适用于所有的线性分组码。但在求错误图样 e 时,需要使用组合逻辑电路,当 $n-k$ 比较大时,电路将变得复杂而不实际。由于循环码可以使用线性反馈移位寄存器很容易地实现编码和伴随式的计算,其译码方法简单,因此得到了广泛的应用。

如果(n,k)线性分组码的每个码字经过任意循环移位后仍然是一个分组码的码字,则称该码为循环码。为便于讨论,通常把码字 $c=(c_{n-1},c_{n-2},\cdots,c_1,c_0)$的各个分量看作一个多项式的系数,即

$$C(x)=c_{n-1}x^{n-1}+c_{n-2}x^{n-2}+\cdots+c_1x+c_0 \tag{3.10}$$

$C(x)$称作码多项式。循环码可以由一个 $n-k$ 阶生成多项式 $g(x)$产生。$g(x)$的一般形式为

$$g(x)=x^{n-k}+g_{n-k-1}x^{n-k-1}+\cdots+g_1x+1 \tag{3.11}$$

$g(x)$是 $1+x^n$ 的一个 $n-k$ 次因式。设信息多项式为

$$m(x)=m_{k-1}x^{k-1}+\cdots+m_1x+m_0 \tag{3.12}$$

循环码的编码步骤为:

① 计算 $x^{n-k}m(x)$;

② 计算 $x^{n-k}m(x)/g(x)$得余式 $r(x)$;

③ 得到码字多项式 $C(x)=x^{n-k}m(x)+r(x)$。

循环码的译码基本上是按照上述分组码的译码步骤进行的。由于采用了线性反馈移位寄存器,译码电路变得十分简单。

循环码特别适合误码检测,在实际应用中许多用于误码检测的码都属于循环码。当码字满足 $c(x)/g(x)=0$ 时,该码字 $c(x)$可以在接收端用于误码检测,因此称为循环冗余校验(Cyclic Redundancy Check,CRC)码;但 CRC 码不一定是循环码,这是因为用于 CRC 码的生成多项式 $g(x)$没有必要一定是 x^n+1 的因式,即码字不满足循环封闭性。

3. 分组码在移动通信中的应用

GSM 和 CDMA 系统都使用了 CRC 码。在 CDMA 蜂窝移动通信的系统中,下行链路和上行链路的消息在信道中是以帧的形式来传送的。帧结构随信道类型(如同步信道、寻呼信道、接入信道和业务信道等)的不同和数据率的不同而变化。

例 3.1 图 3.2 是全速率(9 600 bit/s)下行业务信道的帧结构。帧持续时间为 20 ms,可以发送 192 个比特。这 192 个比特由 172 个信息比特、12 个帧质量指示比特和 8 个拖尾比特组成。帧质量指示比特用于循环冗余编码的系统检错。由于信息比特为帧的一部分,因此确定一个帧是否正确接收非常重要。所以在全速率下行业务链路的帧中都有一个帧质量指示器(FQI),以便在接收端确定帧是否发生了错误。CRC 比特是对帧中除 FQI 本身和拖尾比特(用于其后的卷积编码)以外所有其他比特的校验,所以是一个$(n,k)=(172+12,172)=(184,172)$分组码,其生成多项式为 $g(x)=x^{12}+x^{11}+x^{10}+x^9+x^8+x^4+x+1$。而半速率下

行业务信道为 $g(x)=x^8+x^7+x^4+x^3+x+1$。除了业务信道，下行链路的同步信道、寻呼信道和其他逻辑信道都使用了 CRC 编码。

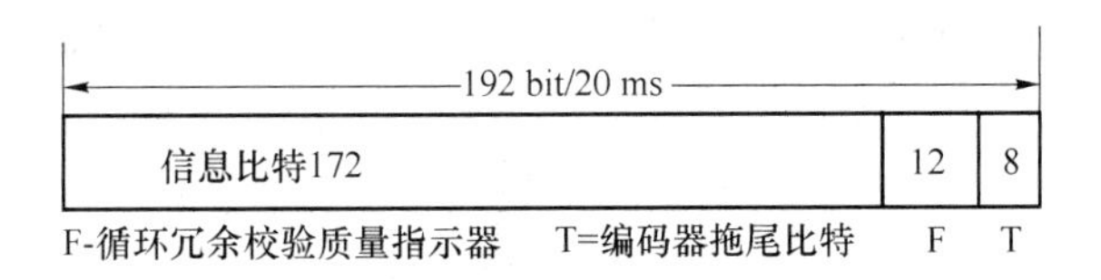

图 3.2　CDMA/IS-95 全速率下行信道的帧结构

3.3.3　LDPC 码

1. LDPC 码概述

(1) 校验矩阵

LDPC 码的校验矩阵是稀疏矩阵，其中非零元素的占比极小，因此通常采用校验矩阵来表示 LDPC 的码字，编码和译码操作也是基于校验矩阵进行的。定义信息比特长度为 k，编码输出长度为 n，那么 LDPC 校验矩阵 $\boldsymbol{H}$ 的维度为 $(n-k)\times n$，对应的码字 $\boldsymbol{v}$ 可以由校验矩阵定义为 $\boldsymbol{v}\in\{\boldsymbol{v}\mid\boldsymbol{H}\boldsymbol{v}^{\mathrm{T}}=\boldsymbol{0},\boldsymbol{v}\in\{0,1\}^n\}$。例如，一个 $k=5,n=10$ 的 LDPC 码校验矩阵如下：

$$
\begin{array}{c}
\quad v_0\ \ v_1\ \ v_2\ \ v_3\ \ v_4\ \ v_5\ \ v_6\ \ v_7\ \ v_8\ \ v_9 \\
\boldsymbol{H}=\left\{\begin{array}{cccccccccc}
1 & 1 & 1 & 0 & 0 & 0 & 1 & 0 & 0 & 0 \\
1 & 0 & 0 & 0 & 1 & 1 & 1 & 0 & 0 & 0 \\
0 & 1 & 0 & 0 & 1 & 0 & 0 & 1 & 1 & 0 \\
0 & 0 & 1 & 1 & 0 & 0 & 1 & 0 & 0 & 1 \\
0 & 0 & 0 & 1 & 0 & 0 & 0 & 1 & 1 & 1
\end{array}\right\}\begin{array}{c} c_0 \\ c_1 \\ c_2 \\ c_3 \\ c_4 \end{array}
\end{array}
\tag{3.13}
$$

在校验矩阵 $\boldsymbol{H}$ 中，每列对应 LDPC 码的一个比特，又被称作变量节点，每行对应一个校验方程，又被称作校验节点，校验矩阵中的非零元素 $h_{i,j}$ 表示第 i 个校验节点和第 j 个变量节点相连。由于校验矩阵是稀疏的，因此节点间的连接关系也比较稀疏，每一行中的非零元素个数(行重，又称校验节点的度)和每一列中的非零元素个数(列重，又称变量节点的度)都比较小。如果一个矩阵所有行的行重和所有列的列重都相等，那么该矩阵对应的 LDPC 码为规则码，否则就是非规则码。上述给出的矩阵行重为 4，列重为 2，是一个规则 LDPC 码的校验矩阵。

(2) Tanner 图

LDPC 码不仅可以采用校验矩阵表示，还可以采用图模型形式表示。Tanner 图是一种常见的图模型表示方法，它的图形不仅非常简单，还能够直观地反映节点间的连接关系。上述矩阵对应的 Tanner 图如图 3.3 所示，图中每个节点连接的边数对应该节点的度。

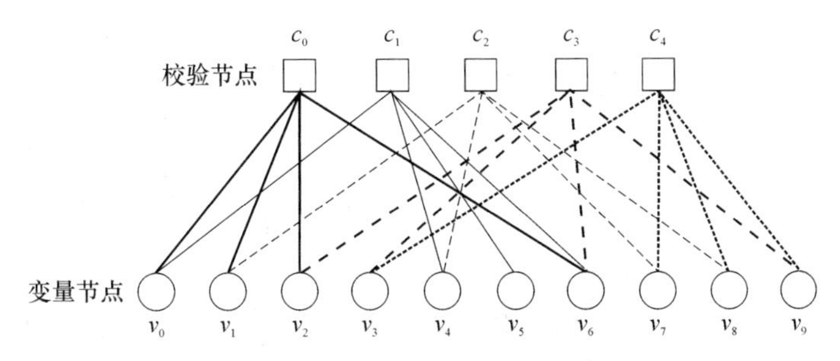

图 3.3　LDPC 码的 Tanner 图表示

(3) QC-LDPC码

当LDPC码的码长较长时,节点数可能会达到几千甚至几万,此时对应的校验矩阵维度就变得非常庞大,难以直接表示。为了简化矩阵表达,可以引入一些结构特征,最典型的就是准循环(Quasi-Cyclic,QC)LDPC码。准循环LDPC码采用准循环结构,可以大幅地简化矩阵表达。具体地,它采用一个$m_b \times n_b$的基矩阵来表达一个$(m_b z) \times (n_b z)$维度的校验矩阵,基矩阵中每个元素的含义为循环移位系数,可以扩展成一个$z \times z$的矩阵,其中循环移位系数为-1的部分对应$z \times z$的全零矩阵,大于等于0的系数对应$z \times z$单位阵的循环移位矩阵,系数的取值表示循环移位次数。例如,当$z=4$时,简单的示例如下。

$$-1 \to \begin{bmatrix} 0 & 0 & 0 & 0 \\ 0 & 0 & 0 & 0 \\ 0 & 0 & 0 & 0 \\ 0 & 0 & 0 & 0 \end{bmatrix}, 0 \to \begin{bmatrix} 1 & 0 & 0 & 0 \\ 0 & 1 & 0 & 0 \\ 0 & 0 & 1 & 0 \\ 0 & 0 & 0 & 1 \end{bmatrix}, 1 \to \begin{bmatrix} 0 & 1 & 0 & 0 \\ 0 & 0 & 1 & 0 \\ 0 & 0 & 0 & 1 \\ 1 & 0 & 0 & 0 \end{bmatrix}, 2 \to \begin{bmatrix} 0 & 0 & 1 & 0 \\ 0 & 0 & 0 & 1 \\ 1 & 0 & 0 & 0 \\ 0 & 1 & 0 & 0 \end{bmatrix} \tag{3.14}$$

准循环结构不仅能大幅地简化校验矩阵的表达维度,并且由于$z \times z$矩阵均为全零阵或者单位阵的循环移位阵,内部节点间不会直接交互信息,实现时可以方便地并行处理,从而还支撑高吞吐率译码。

2. 二进制LDPC码的编码

下面介绍LDPC码的编码,并着重介绍一些编码非常简单的典型矩阵结构。

将LDPC码字记作$\boldsymbol{v}=[\boldsymbol{s},\boldsymbol{p}]$,其中$\boldsymbol{s}$为已知的信息比特,$\boldsymbol{p}$为待求解的校验比特,编码的过程就是根据校验矩阵$\boldsymbol{H}$和信息比特$\boldsymbol{s}$,按照$\boldsymbol{H}\boldsymbol{v}^{\mathrm{T}}=\boldsymbol{0}$的关系解方程求得校验比特$\boldsymbol{p}$的过程;此外还可以根据校验矩阵$\boldsymbol{H}$和生成矩阵$\boldsymbol{G}$之间的关系$\boldsymbol{G}\boldsymbol{H}^{\mathrm{T}}=\boldsymbol{0}$恢复出生成矩阵$\boldsymbol{G}$,然后将信息向量与生成矩阵相乘得到完整码字$\boldsymbol{v}=\boldsymbol{s}\cdot\boldsymbol{G}$。不过对一个随机的矩阵,这两种方法都比较复杂,为了使编码简单易行,学术界提出了下三角、双对角等具有一定结构特征的QC-LDPC,下面来进行介绍。

(1) 下三角结构

LDPC的校验矩阵可以分为两部分,即$\boldsymbol{H}=[\boldsymbol{H}_s\boldsymbol{H}_p]$,其中$\boldsymbol{H}_s$对应系统位,$\boldsymbol{H}_p$对应校验位。下三角结构的LDPC校验矩阵$\boldsymbol{H}_p$部分为下三角阵,编码时按照$\boldsymbol{H}\boldsymbol{v}^{\mathrm{T}}=\boldsymbol{0}$求解校验位。一个简单的校验矩阵如式(3.15)所示,编码时第一行的方程为$s_0+s_1+s_2+p_0=0$,可以直接求得p_0,然后根据第二行方程$s_0+s_4+p_0+p_1=0$,可以求出p_1,这样依次求解出所有的校验位,便可完成编码。

$$\begin{matrix} & s_0 & s_1 & s_2 & s_3 & s_4 & p_0 & p_1 & p_2 & p_3 & p_4 \end{matrix}$$
$$\boldsymbol{H}=\begin{Bmatrix} 1 & 1 & 1 & 0 & 0 & 1 & 0 & 0 & 0 & 0 \\ 1 & 0 & 0 & 0 & 1 & 1 & 1 & 0 & 0 & 0 \\ 0 & 1 & 0 & 0 & 1 & 0 & 0 & 1 & 0 & 0 \\ 0 & 0 & 1 & 1 & 0 & 0 & 1 & 0 & 1 & 0 \\ 0 & 0 & 0 & 1 & 0 & 0 & 0 & 1 & 1 & 1 \end{Bmatrix} \tag{3.15}$$

(2) 双对角结构

双对角结构是另一种常用的校验矩阵结构,校验矩阵$\boldsymbol{H}_p$为双对角结构,示意如下。

$$\boldsymbol{H}_{\mathrm{p}}=\begin{bmatrix}1 & 1 & 0 & 0 & 0 & \cdots & 0\\ x & 1 & 1 & 0 & 0 & \cdots & 0\\ \ddots & \ddots & \ddots & \ddots & \ddots & \ddots & \vdots\\ x & x & x & 1 & 1 & \ddots & 0\\ x & x & x & x & 1 & \ddots & 0\\ \ddots & \ddots & \ddots & \ddots & \ddots & \ddots & 1\\ x & x & x & x & 1 & x & 1\end{bmatrix},\ x\in\{0,1\} \tag{3.16}$$

例 3.2　某双对角校验矩阵如式(3.17)所示，编码时根据 $\boldsymbol{H}\boldsymbol{v}^{\mathrm{T}}=\boldsymbol{0}$ 可以得到 5 个校验方程，将它们相加可以消去 p_1 到 p_4，这样即可求得 p_0；然后将 p_0 的值带入第一个方程就可以求出 p_1，依次就可以得到所有校验位，就完成了双对角矩阵的编码过程。

$$\begin{matrix} & s_0 & s_1 & s_2 & s_3 & s_4 & p_0 & p_1 & p_2 & p_3 & p_4 \end{matrix}$$

$$\boldsymbol{H}=\begin{Bmatrix}1 & 1 & 1 & 0 & 0 & 1 & 1 & 0 & 0 & 0\\ 1 & 0 & 0 & 0 & 1 & 0 & 1 & 1 & 0 & 0\\ 0 & 1 & 0 & 0 & 1 & 1 & 0 & 1 & 1 & 0\\ 0 & 0 & 1 & 1 & 0 & 0 & 0 & 0 & 1 & 1\\ 0 & 0 & 0 & 1 & 0 & 1 & 0 & 0 & 0 & 1\end{Bmatrix} \tag{3.17}$$

3. 二进制 LDPC 的译码

LDPC 译码可以分为硬判决译码和软判决译码两种。硬判决译码在译码过程中传递单比特信息，复杂度低，但性能较差；软判决译码在译码过程中传递 LLR 信息，复杂度相对更高，但性能好，在通信系统中更为常用，因此下面重点针对软判决译码进行介绍。

软判决译码算法中最经典的是 BP 算法。该算法通过变量节点和校验节点间的消息交替传递来完成译码，传递的消息是概率信息。在每次迭代中，校验节点根据校验方程来修正传递给变量节点的信息；变量节点对来自不同方程的信息进行合并；最终得到能满足所有校验方程的码字，并将其作为译码结果，如果达到一定的迭代次数仍无法满足校验方程，则译码失败。

(1) BP 译码引理与 Gallager 定理

BP 译码算法的推导需要用到如下引理。

引理　长为 K 的独立二进制序列 $\boldsymbol{a}=[a_1,a_2,\cdots,a_K]$，其中 $P(a_k=1)=p_k$，则 $\boldsymbol{a}$ 中包含偶数个 1 的概率是 $\frac{1}{2}+\frac{1}{2}\prod\limits_{k=1}^{K}(1-2p_k)$；$\boldsymbol{a}$ 中包含奇数个 1 的概率是 $\frac{1}{2}-\frac{1}{2}\prod\limits_{k=1}^{K}(1-2p_k)$。

证明：考虑函数 $\prod\limits_{k=1}^{K}(1-p_k+p_kt)$，将其展开为关于 t 的多项式，则 t^i 的系数正好是长为 $\boldsymbol{K}$ 的独立二进制序列 $\boldsymbol{a}$ 中包含 i 个 1 的概率；再考虑函数 $\prod\limits_{k=1}^{K}(1-p_k-p_kt)$，将其展开为关于 t 的多项式，则 t^i 的系数正好是长为 $\boldsymbol{K}$ 的独立二进制序列 $\boldsymbol{a}$ 中包含 i 个 1 的概率乘 $(-1)^i$。上面 2 个函数的区别在于，t 的偶数次幂项的系数完全相同，t 的奇数次幂项的系数正好互为正负。将这 2 个函数相加，就可以消去 t 的奇数次幂项，只保留 t 的偶数次幂项(系数会是原来的 2 倍)。

再令 $t=1$，就可以得到 t 的偶数次幂项系数之和，再除以 2 就是长为 $\boldsymbol{K}$ 的独立二进制序列 $\boldsymbol{a}$ 中包含偶数个 1 的概率，即

$$\frac{1}{2}\left[\prod_{k=1}^{K}(1-p_k+p_kt)+\prod_{k=1}^{K}(1-p_k-p_kt)\right]\Bigg|_{t=1}=\frac{1}{2}+\frac{1}{2}\prod_{k=1}^{K}(1-2p_k) \tag{3.18}$$

相应地,长为 $\boldsymbol{K}$ 的独立二进制序列 $\boldsymbol{a}$ 中包含奇数个1的概率:

$$1-\left(\frac{1}{2}+\frac{1}{2}\prod_{k=1}^{K}(1-2p_k)\right)=\frac{1}{2}-\frac{1}{2}\prod_{k=1}^{K}(1-2p_k) \tag{3.19}$$

■

Gallager 定理 发送码字 $\boldsymbol{v}$ 通过调制映射为调制向量 $\boldsymbol{x}$,$\boldsymbol{x}$ 经过信道后到达接收端,变为向量 $\boldsymbol{y}$,假设 $P_i=P\{v_i=1|\boldsymbol{y}\}$ 表示已知接收 $\boldsymbol{y}$ 后 $v_i=1$ 的概率,$P(v_i=0|\boldsymbol{y},S)$ 或 $P(v_i=1|\boldsymbol{y},S)$ 表示已知接收码字后 $v_i=0$ 或 $v_i=1$ 满足所有校验方程的概率,$P_{i'j}$ 为第 j 个校验方程中第 i' 个比特为1的概率,则有

$$\frac{P(v_i=0\mid \boldsymbol{y},S)}{P(v_i=1\mid \boldsymbol{y},S)}=\frac{1-P_i}{P_i}\frac{\prod\limits_{j\in C_i}\left(1+\prod\limits_{i'\in V_j\backslash i}(1-2P_{i'j})\right)}{\prod\limits_{j\in C_i}\left(1-\prod\limits_{i'\in V_j\backslash i}(1-2P_{i'j})\right)}\triangleq\frac{1-P_i}{P_i}\frac{\prod\limits_{j\in C_i}\boldsymbol{r}_{ji}(0)}{\prod\limits_{j\in C_i}\boldsymbol{r}_{ji}(1)} \tag{3.20}$$

进而有第 i 个变量节点给第 j 个校验节点传递的外信息为

$$q_{ij}(0)=(1-P_i)\prod_{j'\in C_i\backslash j}\boldsymbol{r}_{j'i}(0),\quad q_{ij}(1)=P_i\prod_{j'\in C_i\backslash j}\boldsymbol{r}_{j'i}(1) \tag{3.21}$$

其中,V_j 是与校验节点 j 相连的变量节点集合;C_i 是与变量节点 i 相连的校验节点集合。

(2) LDPC 译码算法

① BP 译码算法

根据 Gallager 定理,LDPC 概率 BP 译码如下。

BP 译码算法

1. 初始化

$$q_{ij}^{(0)}(0)=P_i(0),\quad q_{ij}^{(0)}(1)=P_i(1)$$

2. 迭代处理

步骤1:校验节点消息处理

$$r_{ji}^{(l)}(0)=\frac{1}{2}+\frac{1}{2}\prod_{i'\in V_j\backslash i}(1-2q_{i'j}^{(l-1)}(1)),\quad r_{ji}^{(l)}(1)=\frac{1}{2}-\frac{1}{2}\prod_{i'\in V_j\backslash i}(1-2q_{i'j}^{(l-1)}(1))$$

步骤2:变量节点消息处理

$$q_{ij}^{(l)}(0)=K_{ij}^{(l)}P_i(0)\prod_{j'\in C_i\backslash j}r_{j'i}^{(l)}(0),\quad q_{ij}^{(l)}(1)=K_{ij}^{(l)}P_i(1)\prod_{j'\in C_i\backslash j}r_{j'i}^{(l)}(1)$$

步骤3:译码判决

$$q_i^{(l)}(0)=K_i^{(l)}P_i(0)\prod_{j'\in C_i}r_{j'i}^{(l)}(0),\quad q_i^{(l)}(1)=K_i^{(l)}P_i(1)\prod_{j'\in C_i}r_{j'i}^{(l)}(1)$$

其中 $K_{ij}^{(l)}$ 和 $K_i^{(l)}$ 为归一化因子,保证0和1的概率之和为1。

若 $q_i^{(l)}(0)>0.5$,则 $\hat{v}_i=0$,否则 $\hat{v}_i=1$。

3. 终止

若 $\boldsymbol{H}\hat{\boldsymbol{v}}^{\mathrm{T}}=\boldsymbol{0}$ 或者达到最大迭代次数,则运算结束;否则回到步骤1继续迭代。

② Log-BP 译码算法

在概率域 BP 译码过程中需要用到大量的乘法计算，为了对其进行简化，通常在 LLR 域上进行，将乘法转变为 Log 域加法，因此有了 Log-BP 译码算法。

Log-BP 译码算法
1. 初始化 $$L^{(0)}(q_{ij})=\ln\frac{q_{ij}^{(0)}(0)}{q_{ij}^{(0)}(1)}=\ln\frac{P_i(0)}{P_i(1)}=L(P_i)$$
2. 迭代处理 步骤 1：校验节点消息处理 利用 $$\tanh x=\frac{e^x-e^{-x}}{e^x+e^{-x}},\tanh\left(\frac{1}{2}\ln\frac{1-p_1}{p_1}\right)=1-2p_1$$ 则有 $$\begin{aligned}L^{(l)}(r_{ji})&=\ln\frac{r_{ji}^{(l)}(0)}{r_{ji}^{(l)}(1)}\\&=2\tanh^{-1}(1-2r_{ji}^{(l)}(1))\\&=2\tanh^{-1}\left(\prod_{i'\in V_j\backslash i}(1-2q_{i'j}^{(l-1)}(1))\right)\\&=2\tanh^{-1}\left(\prod_{i'\in V_j\backslash i}\tanh\left(\frac{1}{2}\ln\frac{q_{i'j}^{(l-1)}(0)}{q_{i'j}^{(l-1)}(1)}\right)\right)\\&=2\tanh^{-1}\left(\prod_{i'\in V_j\backslash i}\tanh\left(\frac{1}{2}L^{(l-1)}(q_{i'j})\right)\right)\end{aligned}$$ 步骤 2：变量节点消息处理 $$L^{(l)}(q_{ij})=\ln\frac{q_{ij}^{(l)}(0)}{q_{ij}^{(l)}(1)}=\ln\frac{P_i(0)}{P_i(1)}+\sum_{j'\in C_i\backslash j}\ln\frac{r_{j'i}^{(l)}(0)}{r_{j'i}^{(l)}(1)}=L(P_i)+\sum_{j'\in C_i\backslash j}L^{(l)}(r_{j'i})$$ 步骤 3：译码判决 $$L^{(l)}(q_i)=\ln\frac{q_i^{(l)}(0)}{q_i^{(l)}(1)}=\ln\frac{P_i(0)}{P_i(1)}+\sum_{j'\in C_i}\ln\frac{r_{j'i}^{(l)}(0)}{r_{j'i}^{(l)}(1)}=L(P_i)+\sum_{j'\in C_i}L^{(l)}(r_{j'i})$$ 若 $L^{(l)}(q_i)>0$，则 $\hat{v}_i=0$，否则 $\hat{v}_i=1$。
3. 停止 若 $\boldsymbol{H}\hat{\boldsymbol{v}}^{\mathrm{T}}=\boldsymbol{0}$ 或者达到最大迭代次数，则运算结束；否则回到步骤 1 继续迭代。

③ Minsum 算法

尽管 Log-BP 译码算法把乘法都转化为了加法，但它引入了 tanh 的非线性运算，考虑对其进一步简化，因此有了 Minsum 算法。与 Log-BP 译码算法相比，Minsum 算法对步骤 1 进行了简化，简化后的处理为

$$L^{(l)}(r_{ji})=\left\{\prod_{i'\in V_j\backslash i}\text{sign}\left[L^{(l-1)}(q_{i'j})\right]\right\}\cdot\min_{i'\in V_j\backslash i}\left\{\left|L^{(l-1)}(q_{i'j})\right|\right\} \tag{3.22}$$

Minsum 算法相比于 Log-BP 译码算法会有一定的性能损失，为了弥补这一损失可以引入归一化(normalized)或者偏置(offset)的修正，使得传递消息的分布逼近 Log-BP 译码算法。假设归一化因子为 α，则归一化修正的处理方式为

$$L^{(l)}(r_{ji})=\alpha\cdot\left\{\prod_{i'\in V_j\backslash i}\text{sign}\left[L^{(l-1)}(q_{i'j})\right]\right\}\cdot\min_{i'\in V_j\backslash i}\left\{\left|L^{(l-1)}(q_{i'j})\right|\right\} \tag{3.23}$$

而假设 β 为偏置因子，偏置修正的处理方式为

$$L^{(l)}(r_{ji})=\left\{\prod_{i'\in V_j\backslash i}\text{sign}\left[L^{(l-1)}(q_{i'j})\right]\right\}\cdot\max\left\{\min_{i'\in V_j\backslash i}\left\{\left|L^{(l-1)}(q_{i'j})\right|-\beta\right\},0\right\} \tag{3.24}$$

(3) 译码算法的调度更新

译码算法确定后，译码的更新顺序也会影响最终的性能，在上述步骤中，步骤1和步骤2间的交替更新有两种常见的模式，即洪水调度更新译码和分层调度更新译码。

① 洪水调度

每次迭代需要先完成所有校验节点的更新，然后再完成所有变量节点的更新。

② 分层调度

分层调度又可以分为按行分层调度和按列分层调度两种方式。按行(按列)分层调度时，迭代过程中逐行(逐列)处理，每完成一层对应的校验节点(变量节点)更新，便将与其相连的变量节点(校验节点)进行更新，之后再更新下一个校验节点(变量节点)，直至所有校验节点(变量节点)更新一轮，视为一次迭代。分层调度更新保证了每次迭代中信息的充分交互传递，因此可以有效地加快译码的收敛速度。

4. 5G 中的 LDPC 码

在无线通信中信道环境多变，为保证系统容量，需要支持物理层重传，这就要求 NR 的 LDPC 码率灵活可变，能够高效地支持 HARQ；同时由于无线业务繁多，不同业务需要传输的数据量有较大差异，这就要求 LDPC 码的码长也能够灵活变化。为了满足这种灵活性，如图 3.4 所示，NR 的 LDPC 码采用了类喷泉码(Raptor-Like，RL)的结构：一方面通过准循环扩展因子 z 的灵活变化来支持码长可变；另一方面通过单列重扩展部分来支持码率可变，即图中的额外校验比特(additional parity bits)间是完全独立的，一个矩阵便可以支持所有码率。灵活的码率使得 HARQ 中基于增量冗余的合并成为可能，通过重传能够获得接近最优的编码增益，从而保证整个系统的频谱效率最大化。

NR LDPC 码的基础矩阵有 5 个部分，其中 $\boldsymbol{A}$ 矩阵和 $\boldsymbol{E}$ 矩阵都是由循环置换矩阵和全零矩阵组成的矩阵阵列，$\boldsymbol{O}$ 矩阵为全零矩阵，$\boldsymbol{I}$ 矩阵为单位矩阵，并且 $\boldsymbol{A}$ 矩阵对应系统信息位，$\boldsymbol{D}$ 矩阵对应校验信息位，矩阵 $\boldsymbol{H}_{\text{core}}=[\boldsymbol{A}\quad\boldsymbol{D}]$ 对应一个高码率的 LDPC 码，矩阵 $[\boldsymbol{E}\quad\boldsymbol{I}]$ 对应支持 IR-HARQ 的扩展冗余比特，其中单位矩阵 $\boldsymbol{I}$ 实际上对应一个度为 1 的单校验比特。所以该结构等价于一个高码率 LDPC 码与多个单校验码串行级联，并且可以随着扩展矩阵行数和列数的增加来得到码率任意低的码率 LDPC 校验矩阵，从而 NR LDPC 码的校验矩阵可以支持 IR-HARQ 与灵活的编码码率。

NR 协议的 LDPC 采用两个基矩阵，分别为 BG1 和 BG2。BG1 用于较大块长、较高码率(矩阵维度为 46×68，$\boldsymbol{H}_{\text{core}}$ 的大小为 4×26，$\boldsymbol{E}$ 的大小为 42×26，最低码率为 1/3，最大信息比

特长度为 8 448)的情况,BG2 用于较小块长、较低码率(矩阵维度为 42×52,$\boldsymbol{H}_{\text{core}}$ 的大小为 4×14,$\boldsymbol{E}$ 的大小为 38×14,最低码率为 1/5,最大信息比特长度为 3 840)的情况。标准确定的 BG2 稍显特殊,可以通过删除 $\boldsymbol{H}_{\text{core}}$ 中的部分列,实现 BG 大小随着信息块大小的变化而变化。具体来说,当信息块小于等于 192 时,$\boldsymbol{H}_{\text{core}}$ 的列数为 10;当信息块大于 192 且小于等于 560 时,$\boldsymbol{H}_{\text{core}}$ 的列数为 12;当信息块大于 560 小于等于 640 时,$\boldsymbol{H}_{\text{core}}$ 的列数为 13;当信息块大于 640 时,$\boldsymbol{H}_{\text{core}}$ 的列数为 14。

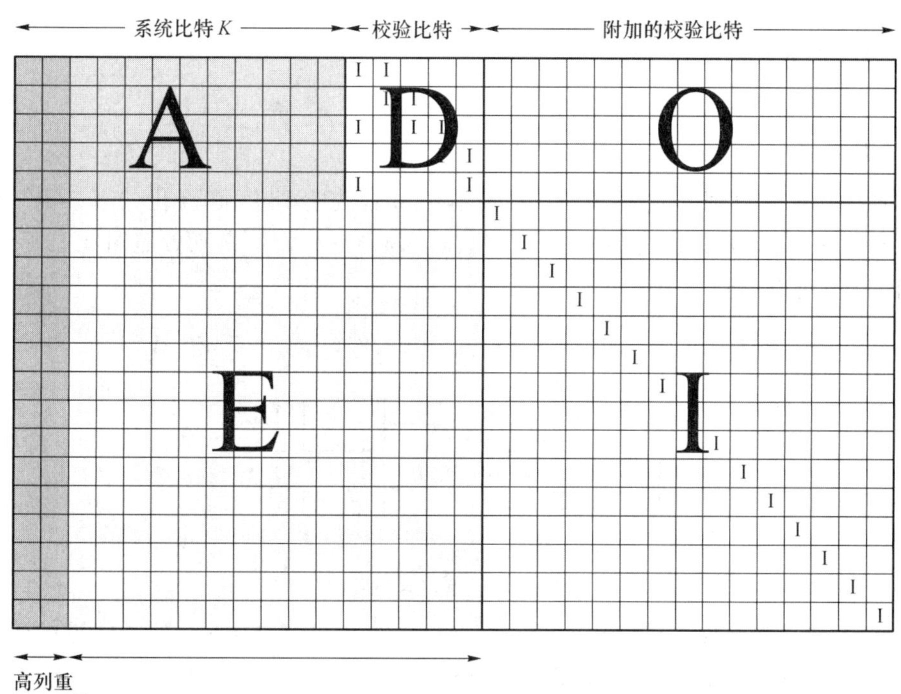

图 3.4 Raptor-Like LDPC 码校验矩阵结构图

为了支持不同的信息块长度,同时考虑描述复杂度和性能的折中,5G NR 根据 $a \in \{2,3,5,7,9,11,13,15\}$ 定义了 8 组扩展因子 $z = a \times 2^j (j=0,1,\cdots,7)$。$z$ 的取值是 $2 \leqslant z \leqslant 384$ 内的正整数。这些值分为 8 个集合,每个集合都对应一个 a。对于每个 a,5G NR 基于每个 BG 都定义了一个 PCM,对应这个集合中最大的 z。BG1 和 BG2 分别对应 8 套奇偶校验矩阵(Parity Check Matrix,PCM)基矩阵,按照扩展因子 z 进行分类。z 的取值范围如式(3.25)所示,每个 PCM 都对应其中一列。

$$z \in \left\{\begin{matrix} 2 & 3 & 5 & 7 & 9 & 11 & 13 & 15 \\ 4 & 6 & 10 & 14 & 18 & 22 & 26 & 30 \\ 8 & 12 & 20 & 28 & 36 & 44 & 52 & 60 \\ 16 & 24 & 40 & 56 & 72 & 88 & 104 & 120 \\ 32 & 48 & 80 & 112 & 144 & 176 & 208 & 240 \\ 64 & 96 & 160 & 224 & 288 & 352 & & \\ 128 & 192 & 320 & & & & & \\ 256 & 384 & & & & & & \end{matrix}\right\} \tag{3.25}$$

在实际系统中,由于不同业务对应的数据长度千差万别,当数据长度超出 LDPC 所能支持的最大长度时,就需要进行码块分割处理,将数据等分割成若干个不超过 LDPC 最大长度的码块,各自独立进行编码操作。编码后需要进行速率匹配操作,以适配实际可用的空口资源,具体地,将数据扣除掉前 $2z$ 长度的打孔比特后送入循环缓存中,依照当前传输的起始位置(重传时会选取不同的起点以优化译码性能)循环地选取需要长度的数据并进行发送即可(且是移位因子 z 的整数倍)。

3.3.4 Polar 码

1. 信道极化

Polar 码的基本原理是信道极化,因此本小节首先介绍信道极化的基本原理。定义 $W(y|x)=p(y|x)$表示信道转移概率,而 $W_2:(u_1,u_2)\rightarrow(y_1,y_2)$,则按照图 3.5 所示的方式合并两个信道,可以得到

$$W_2(y_1,y_2|u_1,u_2)=W(y_1|u_1\oplus u_2)W(y_2|u_2)\triangleq W_2^{(1)}W_2^{(2)} \tag{3.26}$$

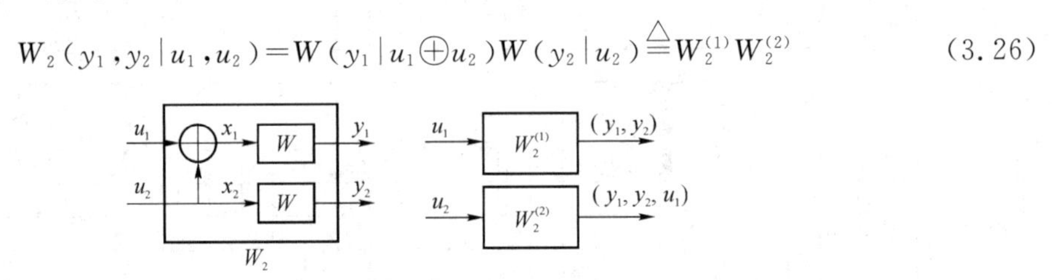

图 3.5　信道分裂示意图

首先考虑二进制对称信道(Binary Symmetric Channel,BSC)下分裂子信道的信道容量,并假设信道擦除概率为 $1-p$。对于图 3.5 所示的 2 个分裂子信道的情况,若无错误传输则有 $y_1=u_1+u_2$,$y_2=u_2$。当有错时,若采用串行干扰消除译码,即先译 u_1 再译 u_2,对于 u_1,只能通过 $u_1=y_1+y_2$ 得到,因此必须保证 y_1 和 y_2 都正确,概率为 $W_2^{(1)}=p^2$;由于采用串行译码,对于 u_2,可以通过 $u_2=y_1+u_1$(假定 u_1 已知)或者 $u_2=y_2$ 其中的任意一者得到,也就是只要 y_1 或者 y_2 至少有一个正确就能得到,因此 u_2 正确译码的概率为 $W_2^{(2)}=1-(1-p)^2=2p-p^2$。

根据上述分析可知:

① 当 $N=2$ 时,若$(W,W)\rightarrow(W_2^{(1)},W_2^{(2)})$,则有

$$\begin{aligned} &I(W_2^{(1)})+I(W_2^{(2)})=2\cdot I(W)\\ &I(W_2^{(1)})\leqslant I(W)\leqslant I(W_2^{(2)}) \end{aligned} \tag{3.27}$$

若 $I(W)=0.5$,那么 $I(W_2^{(1)})=0.5^2=0.25$,$I(W_2^{(2)})=2\times0.5-0.5^2=0.75$。也就是说,$W$ 的信道容量相同,但 $W_2^{(2)}$ 的信道容量比 $W_2^{(1)}$ 的大,这就是信道极化。

② 当 $N=4$ 时,如图 3.6 所示,同理可以得到

$$\begin{cases} I(W_4^{(1)})=I\ (W_2^{(1)})^2\\ I(W_4^{(2)})=2\cdot I(W_2^{(1)})-I\ (W_2^{(1)})^2\\ I(W_4^{(3)})=I\ (W_2^{(2)})^2\\ I(W_4^{(4)})=2\cdot I(W_2^{(2)})-I\ (W_2^{(2)})^2 \end{cases} \tag{3.28}$$

若 $I(W)=0.5$,得到 4 个分裂子信道的信道容量依次为 0.062 5、0.437 5、0.562 5 和 0.937 5。

由此可见，随着分裂子信道的数量变多，信道容量差别进一步变大。

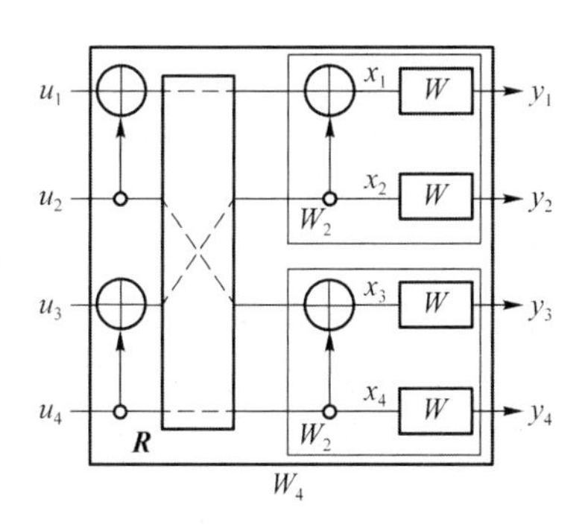

图 3.6　当 $N=4$ 时的传输模型

③ 当 N 逐渐增大时，如图 3.7 所示，N 个分裂信道可以由两组 $N/2$ 个分裂信道递归地得到。置换图 3.7 中矩阵 $\boldsymbol{R}_N$，对输入序列完成奇序元素和偶序元素的分离，就是先排奇序元素，再排偶序元素，即

$$[s_1, s_2, s_3, s_4, \cdots, s_{N-1}, s_N]\boldsymbol{R}_N = [s_1, s_3, \cdots, s_{N-1}, s_2, s_4, \cdots, s_N] \tag{3.29}$$

随着 N 逐渐增大，各个极化信道之间的容量差别越来越大，直至趋向 0 和 1 两个极端。

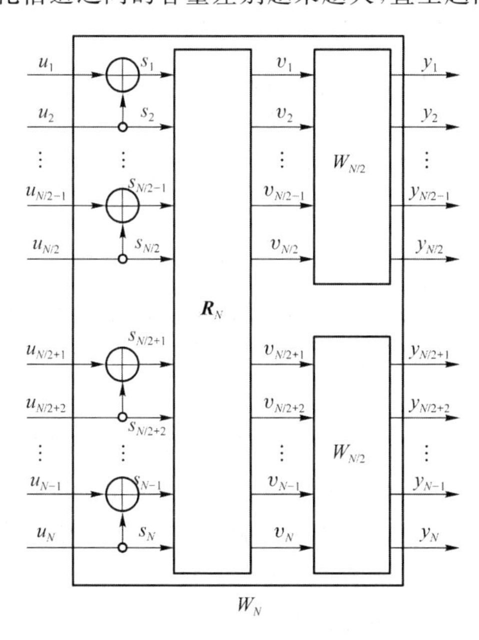

图 3.7　一般情况的传输模型

和 Arikan 论文中原始 Polar 码略有不同的是，在 5G 标准中，采用不通过比特逆序网络的 Polar 码，即 $\boldsymbol{R}_N$ 为直连网络。这样得到的编码结果和 Arikan 的相比，只是编码结果的位置不同，位置互为比特逆序关系。例如，考虑 $N=8$ 的 Polar 码，对于相同的序列进行编码，假设根据 Arikan 论文得到的码字为 $c_0c_1c_2c_3c_4c_5c_6c_7$，那么根据 5G 标准得到的码字为 $c_0c_4c_2c_6c_1c_5c_3c_7$。

利用信道极化原理，Polar 码在容量低的信道上发送已知比特，这些已知比特称作冻结比特，在容量高的信道上发送信息。

2. Polar 码的构造和编码

(1) Polar 码的构造

Polar 码的构造主要问题是确定可靠度排序序列，即信道好坏的排序问题，以便确定信息比特位置 A 和冻结比特位置 A^c。目前：①对于 BEC，可以采用巴氏(Bhattacharya)参数衡量子信道的可靠度；②对于连续信道，可采用密度进化(Density Evolution，DE)的方法计算各极化信道的值；③在二进制加性高斯白噪声信道(AWGN)中，可以将密度进化中 LLR 值的概率密度函数用一族方差为均值 2 倍的高斯分布来近似，从而简化成对一维均值的计算，大大地降低计算量，这种对 DE 的简化计算即高斯近似(Gaussian Approximation，GA)。

在上述方法中，可靠度与噪声方差或信噪比有关。在实际应用时，往往希望可靠度是静态的，避免临时根据信噪比情况计算序列。设计时可以遍历多种信噪比下由高斯近似得到序列对应的性能，然后选出具有最佳性能的序列。而 5G Polar 码的可靠度是基于极化权重(Polarization Weight，PW)序列得到的。PW 序列的特点是采用分裂信道可靠度排序的方法，计算复杂度比较低且不依赖于信噪比的变化，同时能够保持比较好的精度。下面具体阐述该方法。

对于码长为 $N=2^n$ 的 Polar 码，假设 i 的 n 位二进制表示为 $i=B_{n-1}B_{n-2}\cdots B_0$，其中 $B_j\in\{0,1\}$，$j=\{0,1,\cdots,n-1\}$，$i=\{0,1,\cdots,N-1\}$(分裂信道的标号是从 0 开始计数的)，那么计算 $W_i=\sum\limits_{j=0}^{n-1}B_j\times 2^{j/4}$ 并将其作为各分裂信道的可靠度度量，其中 W_i 数值越大表示该分裂信道越可靠。

例 3.3 当 $N=2^4$ 时，假设现在需要计算第 3(注意标号是从 0 开始计数的)个分裂信道的可靠度度量值，那么对于 $i=3=0011$，可以计算出

$$W_3=1\times 2^{0/4}+1\times 2^{1/4}+0\times 2^{2/4}+0\times 2^{3/4}\approx 2.1892$$

采用该方法最终可以得到序列 $\boldsymbol{W}_0^{15}=\{W_0,W_1,\cdots,W_{15}\}$，并对该序列从小到大进行排序，得到分裂信道可靠度依次增加的标号序列 $\boldsymbol{Q}_0^{15}=\{0,1,2,4,8,3,5,6,9,10,12,7,11,13,14,15\}$。

在实际应用时，可以只针对最长码长 $N_{\max}=2^{n_{\max}}$ 计算一次 $\boldsymbol{Q}_0^{N_{\max}-1}$ 并存储下来。当实际码长 $N<N_{\max}=2^{n_{\max}}$ 时，就从 $\boldsymbol{Q}_0^{N_{\max}-1}$ 中找出那些标号小于 N 的元素，这些元素的相对顺序就是当前码长 N 下各个分裂信道的可靠度排序。这样的存储复杂度就是 $cN_{\max}$(c 是一个常系数)，而如果针对所有可能的码长都存储一个排序序列，存储复杂度将是 $c+2c+2^2c+2^3c+\cdots+2^{n_{\max}}c=c(2N_{\max}-1)$，大约是 $cN_{\max}$ 的两倍(当然一些短码比如 2^2 可能根本不会使用到，因此也不需要存储，这里并没有考虑这些特殊情况)。

因此，只需要事先对长度为 $N_{\max}=2^{n_{\max}}$ 的极化码计算其各个分裂信道的可靠度排序序列并存储，便可以针对实际中任意长度 $N=2^n$，取出那些小于 N 的元素，它们的相对顺序就是这 N 个分裂信道的可靠度排序。

例 3.4 假设 $N_{\max}=2^{n_{\max}}=16$，且有 $\boldsymbol{Q}_0^{15}=\{0,1,2,4,8,3,5,6,9,10,12,7,11,13,14,15\}$，那么当实际使用的码长是 $N=2^2$ 时，只需要从 $\boldsymbol{Q}_0^{15}$ 中找出小于 4 的元素并保持它们的原始顺序就可以得到 $\boldsymbol{Q}_0^4=\{0,1,2,3\}$，即此时分裂信道的可靠度排序。

5G 协议的序列在 PW 序列的基础上作了微调，详细可参见 3GPP 38.212 协议。

(2) Polar 码的编码

Polar 码的编码主要分为信息比特映射和极化编码两步。

① 信息比特映射

信息比特映射是长度为 K 的原始信息序列 $\boldsymbol{a}=(a_0,a_1,a_2,\cdots,a_{K-1})$ 扩展到长度为 N 的待编码比特序列 $\boldsymbol{u}=(u_0,u_1,u_2,\cdots,u_{N-1})$（$N=2^n$，$n$ 为正整数）的过程。具体来说：

首先，将待编码比特序列 $\boldsymbol{u}$ 全部设为零值；

其次，将信息序列 $\boldsymbol{a}$ 按照标号由小到大放入 $\boldsymbol{u}$ 中信息比特的位置 A，即 $\boldsymbol{u}_A=\boldsymbol{a}$。以 $N=32$ 和 $K=10$ 为例，原始信息序列 $\boldsymbol{a}=(a_0,a_1,a_2,\cdots,a_9)$，假设放置信息比特的分裂信道标号为 $A=\{11,13,14,19,21,22,23,27,29,30\}$（注：举例假设，实际以协议为准），则映射后序列为 $\boldsymbol{u}=\{0000\ 0000\ 000a_0\ 0a_1a_20\ 000a_3\ 0a_4a_5a_6\ 000a_7\ 0a_8a_90\}$；

最后，序列 $\boldsymbol{u}$ 经过校验（Parity Check，PC）（例如奇偶校验）编码后，得到 $\boldsymbol{u}_{\text{pc}}=(u_{\text{pc}0},u_{\text{pc}1},u_{\text{pc}2},\cdots,u_{\text{pc}(N-1)})$。PC 编码只是改变了 $\boldsymbol{u}$ 序列中 PC 比特的取值，而对于冻结和信息比特的取值并没有任何影响，即 $\boldsymbol{u}_{\text{pc}}$ 和 $\boldsymbol{u}$ 仅在 PC 比特位上的取值不同。

② 极化编码

将 $\boldsymbol{u}_{\text{pc}}$ 输入编码模块，得到编码码字 $\boldsymbol{x}=\boldsymbol{u}_{\text{pc}}\boldsymbol{G}_N$，其中 Polar 编码矩阵 $\boldsymbol{G}_N=\boldsymbol{F}^{\otimes n}$，$\boldsymbol{F}=\begin{bmatrix}1&0\\1&1\end{bmatrix}$，而 $\otimes$ 表示 Kronecker 积。

例 3.5　Kronecker 举例。

$$\boldsymbol{F}^{\otimes 2}=\boldsymbol{F}\otimes\boldsymbol{F}=\begin{bmatrix}1&0\\1&1\end{bmatrix}\otimes\boldsymbol{F}=\begin{bmatrix}\boldsymbol{F}&\boldsymbol{O}\\\boldsymbol{F}&\boldsymbol{F}\end{bmatrix}=\begin{bmatrix}1&0&0&0\\1&1&0&0\\1&0&1&0\\1&1&1&1\end{bmatrix}\tag{3.30}$$

3. Polar 码的译码

Polar 码常见的译码算法可以分为两类：基于 SC 的译码算法和基于 BP 的译码算法。在这些译码算法中，以 SC 译码算法为基础得到的 SCL（SC-List）算法在译码复杂度适中的前提下具有优异的译码性能，为 Polar 译码的主流算法。下面介绍 SC 和 SCL 两种译码算法。

（1）SC 译码算法

SC 译码算法最初是由 Arikan 提出的。对于给定参数为 $(N,K,A,\boldsymbol{u}_{A^c})$ 的 Polar 码，其中集合 A 为信息比特的位置，A^c 表示冻结比特的位置，$\boldsymbol{u}_{A^c}$ 表示冻结比特序列，一般用全零序列表示，待编码信息 $\boldsymbol{u}$ 由 $\boldsymbol{u}_A$ 和 $\boldsymbol{u}_{A^c}$ 组成，Polar 编码后的码字 $\boldsymbol{x}$ 经过信道得到信道输出 $\boldsymbol{y}_0^{N-1}=[y_0,y_1,y_2,\cdots,y_{N-1}]$，则译码问题就是在给定信道输出 $\boldsymbol{y}_0^{N-1}$、固定比特序列 $\boldsymbol{u}_{A^c}$ 和信息比特位置 A 的条件下估算信息比特。

将译码得出的信息视为由 N 个判决单元组成，每个判决单元都对应一个信息比特 u_i，而这 N 个判决单元是按照从 0 到 $N-1$ 的顺序依次被解出的，这就是 SC 译码。若 $i\in A^c$，则对于接收端该信息比特 u_i 是已知的，将该结果直接传递给对应的判决单元；若 $i\in A$，则第 i 个判决单元要根据已经判决出来的序列 $\boldsymbol{u}_0^{i-1}$，计算 u_i。

$$\text{LLR}_i^{(N)}=\ln\left[\frac{P(\boldsymbol{y}_0^{N-1},\boldsymbol{u}_0^{i-1}\mid 0)}{P(\boldsymbol{y}_0^{N-1},\boldsymbol{u}_0^{i-1}\mid 1)}\right]\tag{3.31}$$

对 $\text{LLR}_i^{(N)}$ 进行硬判决得到

$$\hat{u}_i=\begin{cases}0,\text{LLR}_i^{(N)}\geqslant 0\\1,\text{LLR}_i^{(N)}<0\end{cases}\tag{3.32}$$

上述的 $\mathrm{LLR}_i^{(N)}$ 可以通过递归得到，即

$$\begin{cases}\mathrm{LLR}_{2i}^{(N)}(\boldsymbol{y}_0^{N-1},\hat{\boldsymbol{u}}_0^{2i-1})=f(R_\mathrm{a},R_\mathrm{b})=\ln\left(\dfrac{\mathrm{e}^{R_\mathrm{a}+R_\mathrm{b}}+1}{\mathrm{e}^{R_\mathrm{a}}+\mathrm{e}^{R_\mathrm{b}}}\right)\approx\mathrm{sign}(R_\mathrm{a})\mathrm{sign}(R_\mathrm{b})\min(|R_\mathrm{a}|,|R_\mathrm{b}|)\\ \mathrm{LLR}_{2i+1}^{(N)}(\boldsymbol{y}_0^{N-1},\hat{\boldsymbol{u}}_0^{2i})=g(R_\mathrm{a},R_\mathrm{b},\hat{u}_{2i})=(-1)^{\hat{u}_{2i}}R_\mathrm{a}+R_\mathrm{b}\end{cases}\tag{3.33}$$

其中

$$\begin{cases}R_\mathrm{a}=\mathrm{LLR}_i^{(N/2)}(\boldsymbol{y}_0^{N/2-1},\hat{\boldsymbol{u}}_{0,\mathrm{e}}^{2i-1}\oplus\hat{\boldsymbol{u}}_{0,\mathrm{o}}^{2i-1})\\ R_\mathrm{b}=\mathrm{LLR}_i^{(N/2)}(\boldsymbol{y}_{N/2}^{N-1},\hat{\boldsymbol{u}}_{0,\mathrm{o}}^{2i-1})\end{cases}\tag{3.34}$$

其中，$\hat{\boldsymbol{u}}_{0,\mathrm{e}}^{2i-1}$ 表示 $\hat{\boldsymbol{u}}_0^{2i-1}$ 中顺序抽取的偶数序号元素序列，$\hat{\boldsymbol{u}}_{0,\mathrm{e}}^{2i-1}=(\hat{u}_0,\hat{u}_2,\hat{u}_4,\cdots,\hat{u}_{2i-2})$；$\hat{\boldsymbol{u}}_{0,\mathrm{o}}^{2i-1}$ 表示序列 $\hat{\boldsymbol{u}}_0^{2i-1}$ 中顺序抽取的奇数序号元素序列，$\hat{\boldsymbol{u}}_{0,\mathrm{o}}^{2i-1}=(\hat{u}_1,\hat{u}_3,\hat{u}_5,\cdots,\hat{u}_{2i-1})$；$\hat{\boldsymbol{u}}_{0,\mathrm{e}}^{2i-1}\oplus\hat{\boldsymbol{u}}_{0,\mathrm{o}}^{2i-1}$ 为 $\hat{\boldsymbol{u}}_{0,\mathrm{e}}^{2i-1}$ 与 $\hat{\boldsymbol{u}}_{0,\mathrm{o}}^{2i-1}$ 对应位置的比特异或，即 $(\hat{\boldsymbol{u}}_{0,\mathrm{e}}^{2i-1}\oplus\hat{\boldsymbol{u}}_{0,\mathrm{o}}^{2i-1})=(\hat{u}_0\oplus\hat{u}_1,\hat{u}_2\oplus\hat{u}_3,\cdots,\hat{u}_{2i-2}\oplus\hat{u}_{2i-1})$；信道输入端的 LLR 为初始化的值，为 $\mathrm{LLR}_1^{(1)}(y_j)=\ln[W(y_j|0)/W(y_j|1)]$。

例 3.6 以 $N=4$ 为例，Polar 码 SC 译码的步骤如图 3.8 所示。

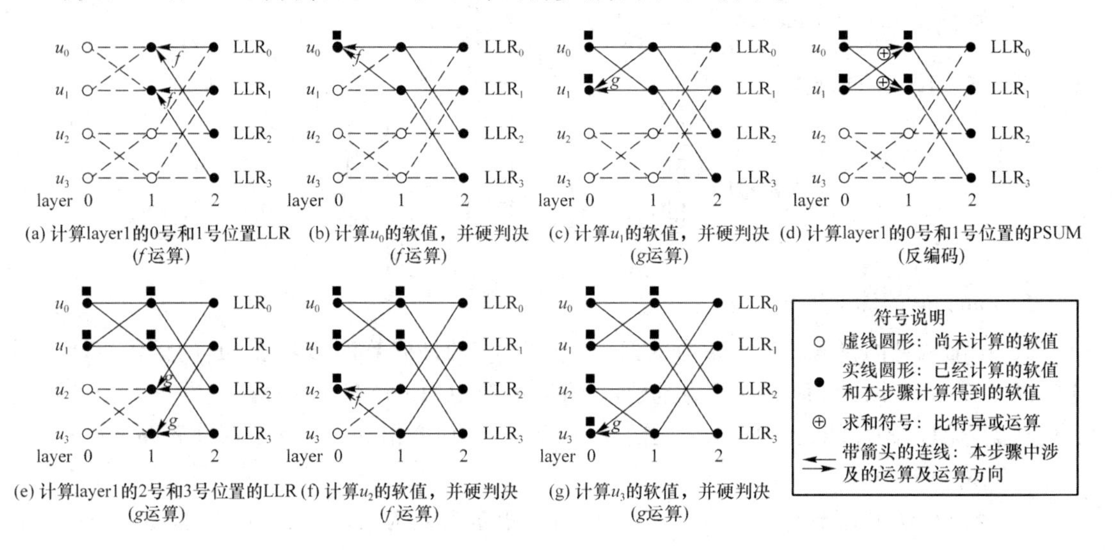

(a) 计算layer1的0号和1号位置LLR（f运算） (b) 计算u_0的软值，并硬判决（f运算） (c) 计算u_1的软值，并硬判决（g运算） (d) 计算layer1的0号和1号位置的PSUM（反编码）

(e) 计算layer1的2号和3号位置的LLR（g运算） (f) 计算u_2的软值，并硬判决（f运算） (g) 计算u_3的软值，并硬判决（g运算）

图 3.8 SC 译码示意图

(2) SCL 译码算法

Polar 码的 List 译码基于 SC 译码之上，不同之处是 SC 译码每次只保留一条候选路径，而 List 译码每次保留 L 条路径，最后会产生 L 组译码结果。

由于 List 译码在每一步计算 LLR_i 时都会保留 $2L$ 个候选路径，根据每条路径的路径度量(PM)选出其中最小的 L 条，作为当前的幸存路径；因此，相对于 SC 译码，List 译码需要增加计算每一步的分支度量(BM)和路径度量的步骤，并且每一步都需要从 $2L$ 个 PM 中选出 L 个最小值。

4. 5G Polar 码

在 5G 协议中，Polar 码有两种：一种是 CA-Polar(CRC-Aided-Polar)码；另一种是 PC-CA-Polar(Parity-Check-CRC-Aided-Polar)码。前者在输入 Polar 编码器前只添加 CRC 比特，是 Polar 码和 CRC 的级联码，后者除添加 CRC 比特外，还添加 PC 比特。对于 CA-Polar 码，其

又可按 CRC 比特的位置分为传统 CA-Polar 和带分布式 CRC 的 CA-Polar 两种。PC-CA-Polar 码在编码时引入了 PC 比特，并在 List 译码过程中根据 PC 比特进行路径筛选。在本节中，为方便描述，将 PC-CA-Polar 码简称为 PC-Polar 码。

在 5G 标准中，上述两类 Polar 码主要用于以下信道。

① 对于 PDCCH 和 PBCH，采用 CA-Polar 码，CRC 长度为 24，并且采用分布式 CRC。

② 对于 PUCCH 和 PUSCH 中的随路上行控制信息（UCI），当信息载荷比特长度 $K_{pay} \geqslant 12$ 时，采用 PC-Polar 码或 CA-Polar 码，CRC 均级联在尾端：当 $12 \leqslant K_{pay} \leqslant 19$ 时采用 PC-Polar 码，其中 CRC 长度为 6，PC 比特个数为 3；当 $K_{pay} \geqslant 20$ 时采用 CA-Polar，其中 CRC 长度为 11。

如图 3.9 所示，首先从编码角度简单对比一下这 3 种情况。在上行的 CA-Polar 编码方案中，CRC 部分总是位于整个序列的尾端并且连续放置（中间可能会穿插冻结比特，但是不会穿插信息比特）。在上行的 PC-Polar 编码方案中，PC 比特散布在不同的位置上，而且会和冻结比特、信息比特穿插在一起，并没有明显的分布规律。在下行的分布式 CRC 方案中，部分 CRC 比特散布在信息比特之间。

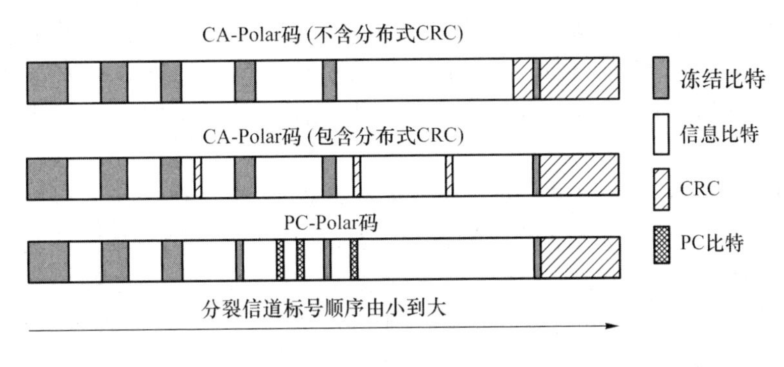

图 3.9　3 种 Polar 码示意图

3.3.5　交织技术

在移动通信这种变参信道上，持续时间较长的深衰落会影响到相继一串的比特，使比特差错常常成串发生。然而，信道编码仅能检测和校正单个差错和不太长的差错串。为了解决成串的比特差错问题，则需要联合使用交织技术。交织技术就是把一条消息中的相继比特分散开的方法，即一条信息中的相继比特以非相继方式发送，这样即使在传输过程中发生了成串差错，恢复成一条相继比特串的消息时，差错也就变成单个（或者长度很短）的错误比特，这时再用信道编码纠正随机差错。

例如，在移动通信中，信道的干扰、衰落等产生较长的突发误码，采用交织技术就可以使误码离散化，接收端用纠正随机差错的编码技术消除随机差错，能够改善整个数据序列的传输质量。

交织器从实现方式上大体可以分为两类：随机交织器和块交织器。

1. 随机交织器

理论上随机交织器具有最佳的交织性能，但是随机交织器生成随机序列的算法开销较大，且随机交织器的交织信息是随机生成的，接收端需要通过无线信道接收这些信息。因此随机交织器没有广泛在实际的数字通信系统中采用。

随机交织器的原理如下:在写入第一个分量编码器时,以信息序列的本来次序写进存储器,然后交织器以随机方式将其重新排列,生成索引数组,存放着 $0\sim N-1$ 之间共 N 个随机数据,以索引数组中的随机数据所指示的顺序输出;而在接收端做相反操作。例如,$N=7$ 的交织方式如图 3.10 所示。

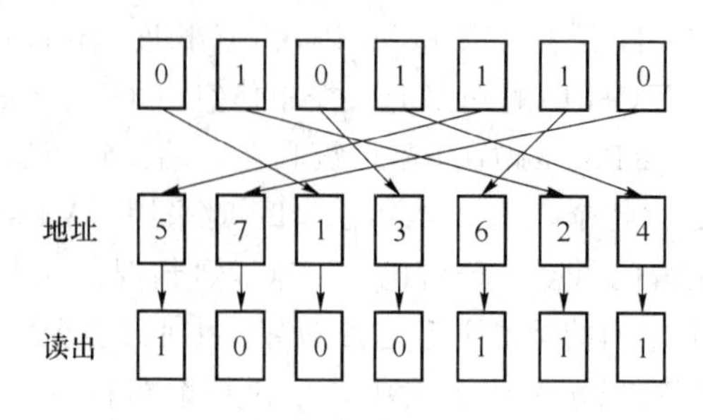

图 3.10 随机交织器

伪随机交织器(或确定性交织器)可以很好地解决随机交织器存在的问题。其交织信息是确定的,但性能十分接近随机交织器的性能,因此伪随机交织器在实际的数字通信系统中得到了广泛应用。伪随机交织器是事先经过随机选择而生成的一种性能较好的交织方式,然后将其做成表的形式存储起来而进行读取使用。伪随机交织器在 Turbo 码中得到了应用。

此外常用的还有半随机交织器,又称 S 随机交织器,也常用在 Turbo 码中。半随机交织器是一种结合随机交织器和非随机交织器特点的交织器,本质上属于确定性交织器。每次在 $1\sim N$(N 是交织深度)范围内随机生成 1 个随机数 $X(1\leqslant X\leqslant N)$,与之前产生的 S 位以内的随机数相比较,如果两者之差的绝对值大于 S,则当前选择的这个随机数 X 符合要求,否则不合符;依此循环直至得到所有 N 个数,该 N 个数即半随机交织器的输出序列。该算法确定的交织器随着 S 的变化而改变,算法的搜索时间也随着 S 的增加而增加,但并不能保证每次都能成功。一般需要满足

$$S\leqslant \sqrt{N/2} \tag{3.35}$$

这时可以在合理的时间内完成交织。

2. 块交织器

块交织技术即在发送端做如下处理:按行写入按列输出,在接收端做相反操作,交织的深度与存储器的大小有关。例如,对于一段长度 $L=M\times N$ 的数据,传统块交织方法如公式(3.36)所示。这种块交织方法在解交织后能将错误码字分散到相隔 $N-1$ 个码字,从而实现将突发错误转换为随机错误。而针对实际应用,在连续读写上也有很多变形,如基于乒乓操作的块交织,在此不再赘述。

$$\xrightarrow{\quad}\ \text{按行写入}$$

$$\text{按列读出}\downarrow\begin{bmatrix} x_1 & x_2 & x_3 & \cdots & x_n \\ x_{1+n} & x_{2+n} & x_{3+n} & \cdots & x_{n+n} \\ x_{1+2n} & x_{2+2n} & x_{3+2n} & \cdots & x_{n+2n} \\ \vdots & \vdots & \vdots & & \vdots \\ x_{1+(m-1)n} & x_{2+(m-1)n} & x_{3+(m-1)n} & \cdots & x_{mn} \end{bmatrix}_{M\times N} \tag{3.36}$$

3. 5G 中的交织器

在 5G 中，为了提升 Polar 码的性能，对 Polar 码交织器进行研究是必要的。而最终采用的 Polar 码交织器是由 Qualcomm 公司提出的三角交织器。三角交织器是一种基于等腰三角形结构的按行存储按列读取的技术。该交织器性能出色，在不同码长和不同高阶调制阶数的任意组合下是相对稳定的。

在具体实现中，需要将输入序列比特表示为 $e_1, e_2, \cdots, e_{E-1}$，其中 E 是序列的比特数。需要注意的是，这种交织器是在打孔之前进行的。交织器计算交织序列地址的方案如下。

① 先计算三角交织器的行列数。由以下公式计算得到整数 P：

$$E \leqslant \frac{P(P+1)}{2} = Q \tag{3.37}$$

② 如果 $Q>E$，则表示存在 $Q-E$ 个空比特填充在三角交织器中。设定 $y_k=e_k$，其中 $k=1,2,\cdots,E-1$，并且当 $k=E+1,E+2,\cdots,Q-1$ 时 $y_k=\langle \text{NULL} \rangle$。如图 3.11 所示，由于交织器的输入序列是从位于交织器第 0 行第 0 列的 y_0 位置开始按行序输入的，因此所有的空比特都集中在交织器的左下角。

③ 交织器的输出序列是从位于交织器第 0 行第 0 列的 y_0 位置开始按列序输出的。将输出序列表示为 $v_0, v_1, v_2, \cdots, v_{E-1}$，其中 v_0 对应 y_0，v_1 对应 y_p，v_{E-1} 对应 y_{p-1}，需要注意的是，空比特 $y_k=\langle \text{NULL} \rangle$ 不读出。

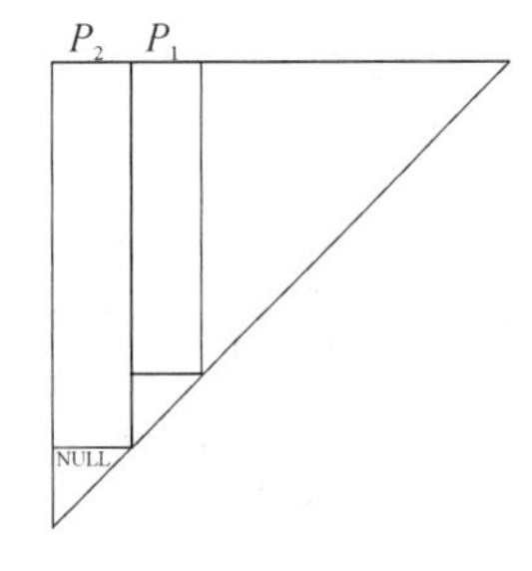

图 3.11　三角交织器

这种三角交织器拥有两个特性。首先，两个位于相同列号的相邻输出元素，从 y_0 与 y_1 开始至 y_{Q-2} 与 y_{Q-1}，它们的行号分别相差了 $P, P-1, P-2, \cdots, 3, 2$；输出的序列虽然不完全，但是近似是随机的。其次，每一行拥有不同的长度，因此每一行的迭代方式都与其他行不相同。这两个特性保证了三角交织器拥有出色的性能。此外，三角交织器的结构保证了它的实现复杂度较低。特别地，它类似于块交织器，只需要插入非常少的空比特。三角交织器的硬件实现相比于随机交织器非常友好，因为三角交织器可以通过并行的方式实现，在此不再赘述。

3.4　数字调制技术

3.4.1　数字调制概述

1. 带通信号的基带表示

在移动通信系统中，为了直观地分析信号的特性，常将带通信号表示为基带的形式。数字基带信号 $b(t)$ 是由编码后的 0 和 1 比特序列 $[\cdots a_{k-1}a_k a_{k+1}\cdots]$ 经过 $2/M$ 转换，变为符号序列 $[\cdots b_{k-1}b_k b_{k+1}\cdots]$（其中一个符号由 $\log_2 M$ 个比特产生），再通过基带成形滤波器 $g(t)$ 而生成的。假设 T_S 为符号间隔，则由第 k 个符号形成的基带信号可以写为

$$b(t)=b_k g(t-kT_S)=I(t)+\text{j}Q(t)=r(t)\exp\{\text{j}\theta(t)\} \tag{3.38}$$

其中,基带信号的实部 $I(t)=\mathrm{Re}\{b(t)\}$,虚部 $Q(t)=\mathrm{Im}\{b(t)\}$;而包络 $r(t)=\sqrt{I^2(t)+Q^2(t)}$,相位 $\theta(t)=\arctan\{Q(t)/I(t)\}$。

进而当载频为 f_c 时,带通信号可以表示为

$$\begin{aligned}s(t)&=\mathrm{Re}\{b(t)\mathrm{e}^{\mathrm{j}2\pi f_c t}\}\\&=r(t)\cos[2\pi f_c t+\theta(t)]\\&=I(t)\cos(2\pi f_c t)-Q(t)\sin(2\pi f_c t)\end{aligned}\tag{3.39}$$

从上式可以看出,带通信号 $s(t)$ 可以通过使用基带信号对频率为 f_c 的一对正交信号进行调制后相加得到。因此,在实际 3G、4G 和 5G 系统中,通常先生成 $I(t)$ 和 $Q(t)$ 两路基带信号,然后使用正交调制的方法将基带信号调制到频率为 f_c 的载波上,得到最终的发送带通信号 $s(t)$,具体如图 3.12 所示。

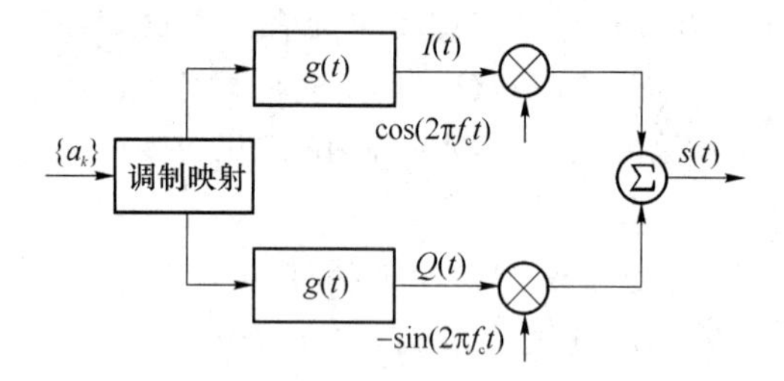

图 3.12　正交调制原理图

由于复基带信号的频率更低,分析和处理更简单,因此通常使用复基带信号代替原始带通信号进行分析与处理。

① 从频域上看,带通信号 $s(t)$ 与基带信号 $b(t)$ 的频谱间满足

$$S(f)=\frac{1}{2}B(f-f_c)+\frac{1}{2}B^*(-f-f_c)\tag{3.40}$$

其中,$S(f)$ 和 $B(f)$ 分别表示 $s(t)$ 和 $b(t)$ 的傅里叶变换。

② 从欧氏距离上看,两个带通信号的欧氏距离与对应复基带信号在复平面上的欧氏距离存在线性关系。令 $s_m(t)=\mathrm{Re}\{b_m g(t)\mathrm{e}^{\mathrm{j}2\pi f_c t}\}$ 和 $s_n(t)=\mathrm{Re}\{b_n g(t)\mathrm{e}^{\mathrm{j}2\pi f_c t}\}$ 分别为调制符号 $b_m,b_n\in X$ 对应的信号,X 为某种调制的符合集合,$g(t)$ 是波形能量为 E_g 的基带成形波形,则这两个信号的欧氏距离可以表示为

$$\begin{aligned}d_{mn}&=\left\{\int_{-\infty}^{\infty}[s_m(t)-s_n(t)]^2\mathrm{d}t\right\}^{\frac{1}{2}}\\&=\sqrt{\frac{1}{2}}\left\{\int_{-\infty}^{\infty}|(b_m-b_n)g(t)|^2\mathrm{d}t\right\}^{\frac{1}{2}}\\&=\sqrt{\frac{1}{2}|b_m-b_n|^2}\left\{\int_{-\infty}^{\infty}|g(t)|^2\mathrm{d}t\right\}^{\frac{1}{2}}\\&=\sqrt{\frac{E_g}{2}}\cdot|b_m-b_n|\end{aligned}\tag{3.41}$$

误码性能的好坏是通过欧氏距离来衡量的。两个调制信号的欧氏距离与调制符号在复平面上的欧氏距离存在线性关系,因此分析调制符号在复平面的欧氏距离可以很简单直观地分析误码性能。调制阶数越高欧氏距离就越小;但由于频率资源的限制,需要考虑采用比较高的调制阶数。例如,在信噪比足够大的情况下,可以采用高阶调制以提高频谱效率和吞吐率。

2. 基带信号的波形

信号的码型$\{b_k\}$和波形$g(t)$决定了最终发送信号，因此决定了信号的带宽和接收端的误码率。一般码型的设计应该使得信号包络起伏比较小，且尽量加大符号间的最小距离；而波形设计决定了信号的时频特性，应该在满足 Nyquist 准则和工程可实现的条件下尽量提高频带利用率。常见的波形包括单载波函数和傅里叶函数两种。

(1) 单载波函数

WCDMA 使用的波形和 LTE 及 NR 中的 DFT-S-OFDM 波形均属于单载波波形。常用的单载波函数包括矩形成形函数和根升余弦函数两种。矩形成形函数是时域持续时长为T_S的方波，即

$$g(t)=\begin{cases}1, & 0\leqslant t\leqslant T_S\\ 0, & \text{其他}\end{cases}\tag{3.42}$$

而根升余弦函数的时频特征如图 3.13 所示。

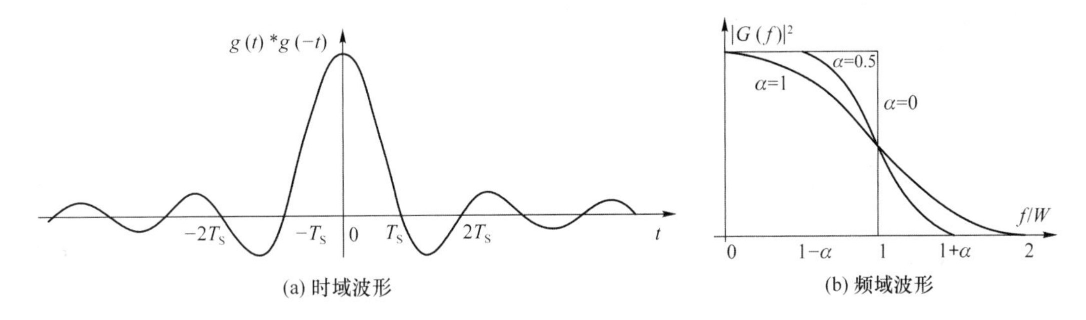

图 3.13　根升余弦时域和频域波形

根升余弦滤波器的时域响应函数$g(t)$在$t=0$时有最大值$g(0)$，占满整个时间轴，这样的波形是物理不可实现的。但注意到$g(t)$在一个区间之外的能量较小，因此可以截取包含绝大部分能量的区间作为实际的时域成形函数，达到物理可实现。

(2) 傅里叶函数

在 4G 和 5G 中使用的是 OFDM 波形，由一组正交傅里叶函数组成，即

$$g_n(t)=g_T(t)e^{j2\pi n\Delta ft}, n=1,2,\cdots;0\leqslant t\leqslant T_S\tag{3.43}$$

其中，$g_T(t)$为窗函数且常采用矩形窗，$\Delta f=1/T_S$保证了函数间的正交性。在 OFDM 系统中，一个正交基称为一个子载波，可以看出每个子载波拥有相同的功率谱形状和不同的中心频率，中心频率分别为$n\Delta f$。因此，n的取值范围决定了 OFDM 信号的带宽。

3. 调制方式的选择

频谱资源是有限而珍贵的，且是不可再生资源。然而一方面随着移动通信各种标准的发展，频谱资源日渐紧缺；另一方面新业务所需要的数据速率越来越高。这对频带利用率提出了更高的要求。例如，LTE 系统的峰值速率达到 1 Gbit/s，而 5G 的峰值速率达到 20 Gbit/s。在这种情况下，对高阶调制的需求就越来越迫切。高阶调制能够在有限带宽下实现高速数据传输，可以在很大程度上提高频谱利用率。另外，线性功放在 1986 年以后取得的突破性进展以及链路自适应技术的应用为高阶调制的使用奠定了技术基础。

调制一般利用载波的幅度、相位或频率来承载信息，并与信道特性相匹配，以更有效地利用信道。M 进制数字调制一般可以分为 MASK、MPSK、MQAM 和 MFSK，它们属于无记忆

调制。如果结合信号的矢量空间表示,不同的调制方式可以理解为采用了不同的正交函数集。一般认为在阶数 $M \geqslant 8$ 时为高阶调制。MASK、MQAM、MPSK 这 3 种调制方式在信息速率和 M 值相同的情况下,频谱利用率相同。MASK 信号对载波的幅度进行调制,由于 MPSK 的抗噪声性能优于 MASK,所以 2PSK(BPSK)、QPSK 获得了广泛应用。在 $M>8$ 时,MQAM 的抗噪声性能优于 MPSK,所以高阶调制一般采用 QAM 形式。在传输高速数据时一般使用的是 8PSK、16QAM、32QAM、64QAM 等形式。而 MFSK 用带宽的增加来换取误码性能的提升,这种方式牺牲了带宽。下面分别介绍目前应用广泛的 MPSK 和 MQAM 数字调制。

3.4.2 二相调制

1. BPSK 调制

(1) 时域波形

在二进制相位调制(Binary Phase Shift Keying,BPSK)中,假设二进制单极性序列为 $a_k \in \{0,1\}$,首先映射为二进制双极性符号:

$$b_k=\frac{1}{\sqrt{2}}[(1-2a_k)+\mathrm{j}(1-2a_k)] \tag{3.44}$$

也可以用相位 φ_k 的不同取值来表示 $b_k=\mathrm{e}^{\mathrm{j}\varphi_k}$,其中 $\varphi_k=\pi/4+a_k\pi$,从而得到 BPSK 带通信号为

$$\begin{aligned} S_{\mathrm{BPSK}}(t) &= \mathrm{Re}\{b(t)\mathrm{e}^{\mathrm{j}2\pi f_c t}\} \\ &= \mathrm{Re}\left\{\sum_k b_k g(t-kT_{\mathrm{S}})\mathrm{e}^{\mathrm{j}2\pi f_c t}\right\} \\ &= \mathrm{Re}\left\{\sum_k \mathrm{e}^{\mathrm{j}\varphi_k} g(t-kT_{\mathrm{S}})\mathrm{e}^{\mathrm{j}2\pi f_c t}\right\} \\ &= \frac{1}{\sqrt{2}}[(1-2a_k)\cos(2\pi f_c t)-(1-2a_k)\sin(2\pi f_c t)],(k-1)T_{\mathrm{S}} \leqslant t \leqslant kT_{\mathrm{S}} \end{aligned} \tag{3.45}$$

其中,最后一个等式中的基带时域成形函数为持续时长为 T_b 的方波。

当基带信号成形波形为方波时,BPSK 信号的波形如图 3.14 所示。

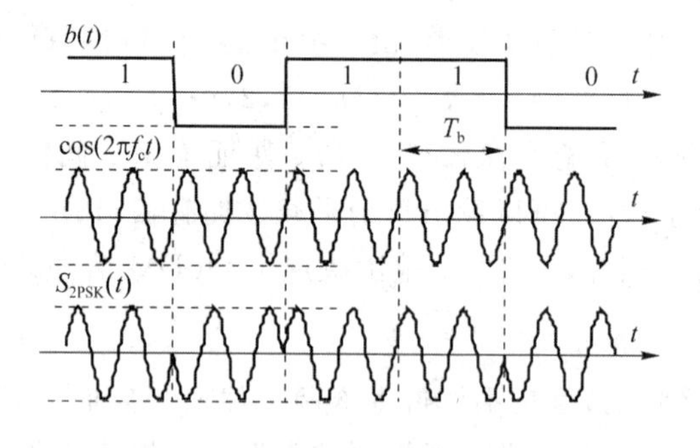

图 3.14 BPSK 波形

(2) 功率谱

BPSK 信号是一种线性调制。当时域成形函数为方波时,其功率谱如图 3.15 所示,主瓣带宽 $B=2R_{\mathrm{S}}=2R_{\mathrm{b}}$,频带效率只有 1/2 Baud/Hz。BPSK 信号有较大副瓣,副瓣的总功率约占信号总功率的 10%,带外辐射严重。对于单载波波形,系统带宽由时域成形函数决定,因此为减小信号带宽,可以使用带宽和副瓣更小的时域成形函数,如使用根升余弦滤波器对应的时域

成形函数 $g(t)$。

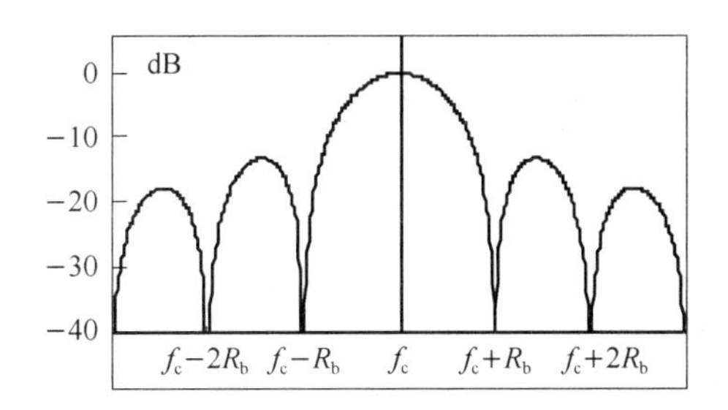

图 3.15　NRZ 基带信号的 BPSK 信号功率谱

2. π/2-BPSK 调制

当时域成形函数为根升余弦滤波对应的冲激响应时，BPSK 信号的功率完全被限制在根升余弦滤波器的通带内。

由根升余弦滤波器冲激响应作为时域成形函数时，形成的基带信号是连续波形，在码元转换时刻，相位跳变±180°时，它以有限的斜率通过零点，因此 BPSK 信号的包络有起伏且最小值为零。具有恒包络特性的信号可以使用非线性(C 类)功率放大器，这种高功率效率放大器对电池容量有限的移动用户设备有重要意义；而非恒包络信号对非线性放大很敏感，它会通过非线性放大而使功率谱的副瓣再生，因此应当设法减小信号包络的波动幅度。从图 3.16 可以看出，信号相位跳变过大导致了包络有起伏且最小值为零，因此需要通过减小信号相位跳变幅度来减小信号包络的波动幅度。

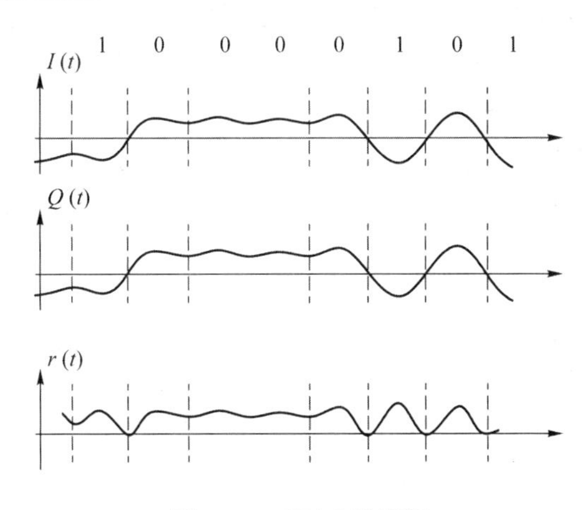

图 3.16　BPSK 波形图

在 π/2-BPSK 中，把 BPSK 在奇数码元上的相位旋转 π/2，在偶数码元上保持原相位，即

$$b_k=\frac{1}{\sqrt{2}}e^{j\frac{\pi}{2}(k \bmod 2)}\left[(1-2a_k)+j(1-2a_k)\right] \tag{3.46}$$

这样在码元转换时刻，相位跳变被限制在±90°，因而可以减小信号包络的波动幅度。

如图 3.17 所示，π/2-BPSK 波形的包络变化幅度要比 BPSK 小，且没有包络零点。与 BPSK 信号相比，π/2-BPSK 信号对放大器的非线性不那么敏感，信号动态范围较小，因此可以有较高的功率效率，且同时不会引起副瓣功率的显著增加。在 NR 系统中，上行引入该种调制方式可以提升上行的覆盖。

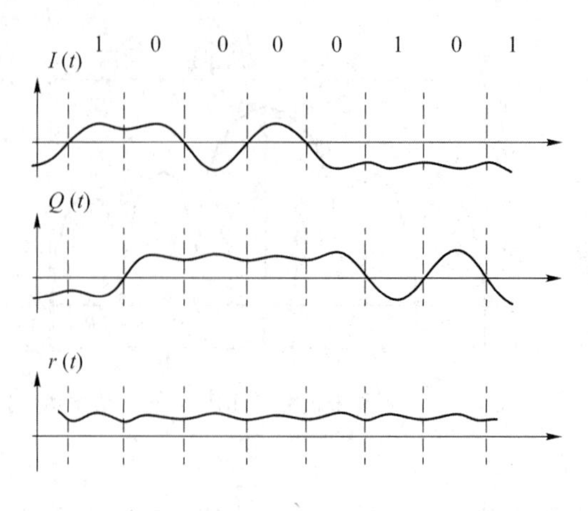

图 3.17　π/2 BPSK 波形图

3.4.3　四相调制

1. QPSK 信号

对于 QPSK 调制,一个调制符号可以承载 2 bit 信息,2 bit 信息共有 4 种状态,分别对应 4 个不同相位 $\varphi_n(n=1,2,3,4)$。2 bit 信息和相位的对应关系可以有许多种,图 3.18 是其中一种,这种对应关系叫做相位逻辑。观察该相位逻辑可知,相邻符号间仅相差 1 bit,此种比特和星座点间的映射关系称为格雷映射;格雷映射方法可以扩展到后文的 MPSK 和 MQAM 等高阶调制中;在误码率相同的情况下,格雷映射有助于降低系统的误比特率。

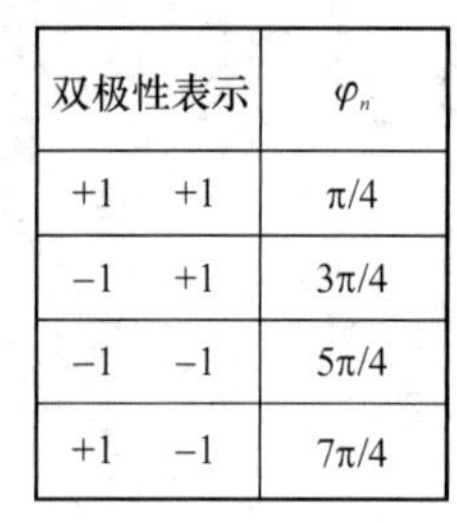

双极性表示		φ_n
+1	+1	π/4
−1	+1	3π/4
−1	−1	5π/4
+1	−1	7π/4

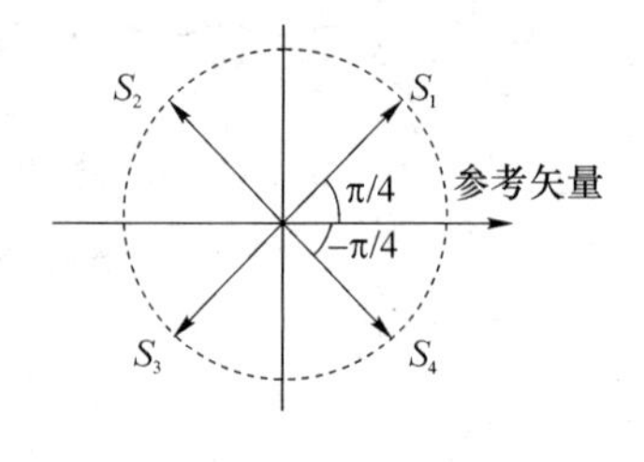

图 3.18　QPSK 的一种相位逻辑

使用图 3.18 中的对应关系,QPSK 信号可以表示为

$$s_{\mathrm{QPSK}}(t)=\mathrm{Re}(b(t)\mathrm{e}^{\mathrm{j}2\pi f_c t})=\mathrm{Re}\left(\sum_k b_k g(t-kT_\mathrm{S})\mathrm{e}^{\mathrm{j}2\pi f_c t}\right) \tag{3.47}$$

其中,符号序列 $\{b_k\}$ 是功率归一化的,且和单极性二进制序列 $\{a_k\}$ 间满足

$$b_k=\frac{1}{\sqrt{2}}[(1-a_{2k})+\mathrm{j}(1-2a_{2k+1})] \tag{3.48}$$

2. QPSK 信号的产生

当时域成形函数为持续时间为 T_S 的方波时,可以把式(3.47)展开为

$$s_{\mathrm{QPSK}}(t)=\frac{1}{\sqrt{2}}[(1-2a_{2k})\cos(2\pi f_c t)-(1-2a_{2k+1})\sin(2\pi f_c t)],T_\mathrm{S}\leqslant t\leqslant(k+1)T_\mathrm{S} \tag{3.49}$$

因此，QPSK 很容易使用正交调制生成，调制器的原理图如图 3.19 所示，调制器的各点波形如图 3.20 所示。

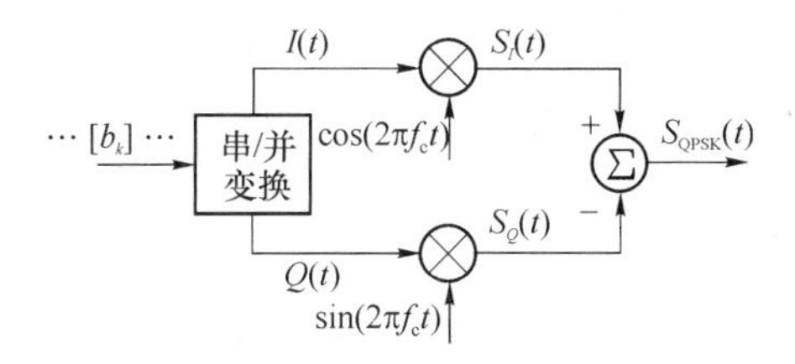

图 3.19　QPSK 正交调制原理图

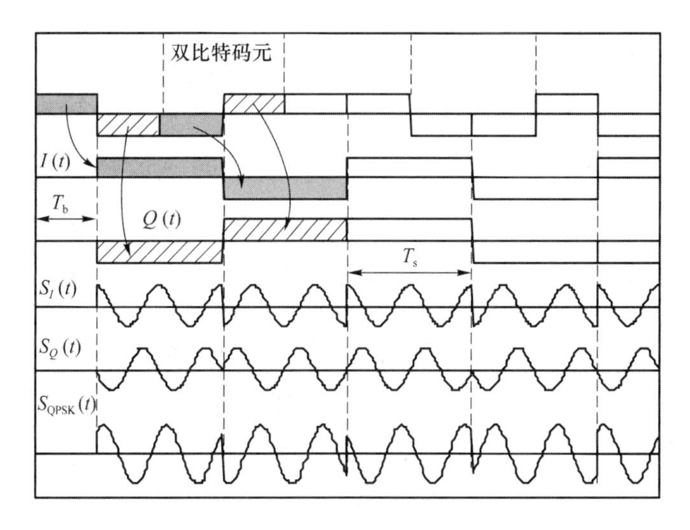

图 3.20　QPSK 调制器的各点波形

3. QPSK 信号的功率谱

正交调制产生 QPSK 信号的方法实际上是把两路 BPSK 信号相加，因此相同时间内，QPSK 传输的比特数是 BPSK 的两倍。由于单载波的功率谱是由时域成形函数决定的，当 BPSK 和 QPSK 使用相同的时域成形函数时，它们功率谱和所占带宽是相同的，此时 QPSK 的频带效率是 BPSK 的两倍。

与 BPSK 调制一样，当时域成形函数为方波时，QPSK 已调信号功率谱副瓣同样很大。为了减小已调信号的带宽，可以采用和 BPSK 调制类似的方法，使用带宽和副瓣更小的时域成形函数，如使用根升余弦滤波器的冲激响应作为时域成形函数。

3.4.4　高阶调制

1. *M* 进制移相键控(MPSK)

(1) 调制

MPSK 使用不同的相位 $2\pi m_k/M, m_k \in \{1,2,\cdots,M\}$ 来表示不同信息，每个 M 进制符号都对应一个相位。MPSK 信号可以表示为

$$\begin{aligned} s_{\mathrm{MPSK}}(t) &= \mathrm{Re}\Big(\sum_k \mathrm{e}^{\frac{\mathrm{j}2\pi m_k}{M}} g(t-kT_{\mathrm{S}})\mathrm{e}^{\mathrm{j}2\pi f_c t}\Big) \\ &= \sum_k g(t-kT_{\mathrm{S}})\left[\cos\left(\frac{2\pi m_k}{M}\right)\cos(2\pi f_c t) - \sin\left(\frac{2\pi m_k}{M}\right)\sin(2\pi f_c t)\right] \end{aligned} \tag{3.50}$$

根据式(3.41),MPSK 相邻符号间的欧氏距离为

$$d_{\min}=\sqrt{\frac{E_{\rm g}}{2}}\min_{m,n\in\{1,2,\cdots,M\}}\left|{\rm e}^{\frac{{\rm j}2\pi m}{M}}-{\rm e}^{\frac{{\rm j}2\pi n}{M}}\right|=\sqrt{E_{\rm g}\left(1-\cos\frac{2\pi}{M}\right)} \tag{3.51}$$

图 3.21 给出了 8PSK 和 16PSK 信号的星座图。

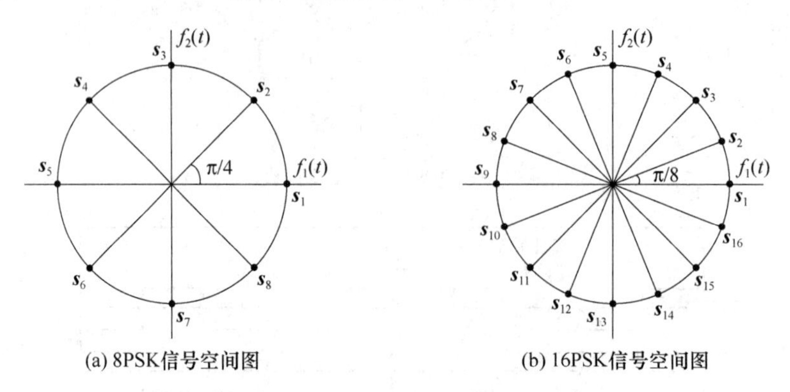

图 3.21　8PSK 和 16PSK 信号的星座图

8PSK 的产生框图如图 3.22 所示。输入的二进制序列$\{a_k\}$每 3 bit 为一组,并转换为八进制,对应 8 个星座点。假设(b_i,b_q)为星座点的坐标,则 b_i 和 b_q 电平间满足一定的关系。将图 3.21(a)中 8PSK 信号空间图旋转 22.5°后,b_i 和 b_q 便为四电平序列。

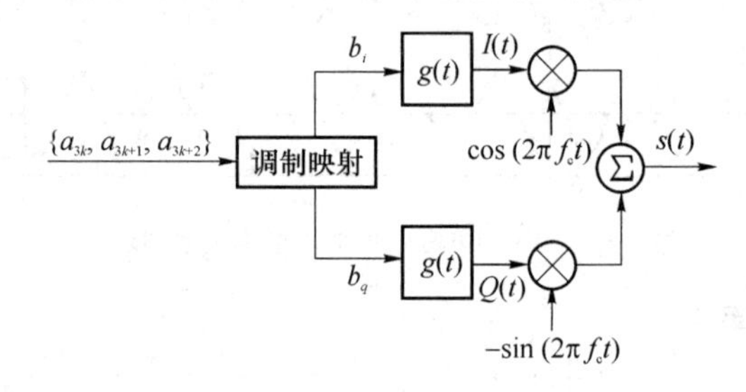

图 3.22　产生 8PSK 信号的原理框图

(2) 解调

在加性白高斯噪声干扰下,MPSK 的最佳接收框图如图 3.23 所示。对于第 k 个 MPSK 调制符号,接收信号可用二维矢量表示为

$$\boldsymbol{r}_k=[r_{k,i},r_{k,q}]=\boldsymbol{c}_k+\boldsymbol{n}_k=\frac{E_{\rm g}}{2}[b_{k,i},b_{k,q}]+[n_{k,i},n_{k,q}] \tag{3.52}$$

其中,$n_{k,i}=\int_0^{T_{\rm S}}n(t)g(t)\cos(2\pi f_{\rm c}t){\rm d}t$ 和 $n_{k,q}=\int_0^{T_{\rm S}}n(t)[-g(t)\sin(2\pi f_{\rm c}t)]{\rm d}t$ 分别为 I 路和 Q 路的等效噪声。

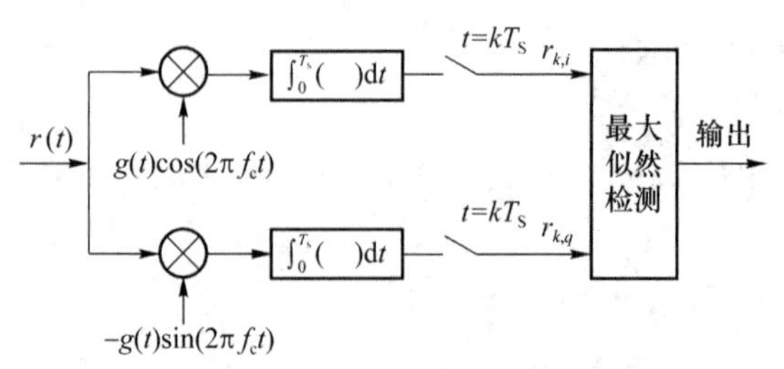

图 3.23　在加性白高斯噪声干扰下 MPSK 最佳接收

在各信号波形先验等概的情况下，最佳接收的判决准则是最大似然准则。根据此判断准则可划分最佳判决域。图 3.24 表示 8PSK 信号空间图及其最佳判决域的划分。MPSK 信号的解调是通过计算观察矢量的相位，判断矢量落在哪个判决区域内来实现的。假设接收矢量的相位为 θ，其条件概率密度函数为 $p(\theta|s_i)$，则发送 $s_i(i=2,\cdots,M)$ 时的错误概率为

$$P(e \mid s_i) = 1 - \int_{[2(i-1)-1]\frac{\pi}{M}}^{[2(i-1)+1]\frac{\pi}{M}} p(\theta \mid s_i)\mathrm{d}\theta \tag{3.53}$$

因此，在先验等概时，MPSK 的平均误码率为

$$P_M = \sum_{i=1}^{M} P(s_i)P(e \mid s_i) \approx 2Q\left(\sqrt{2K\frac{E_\mathrm{b}}{N_0}}\sin\frac{\pi}{M}\right) \tag{3.54}$$

而当 $M=2$ 时，退化为 BPSK 或 $\pi/2$-BPSK，其误码率公式为

$$P_M = Q\left(\sqrt{\frac{2E_\mathrm{b}}{N_0}}\right) \tag{3.55}$$

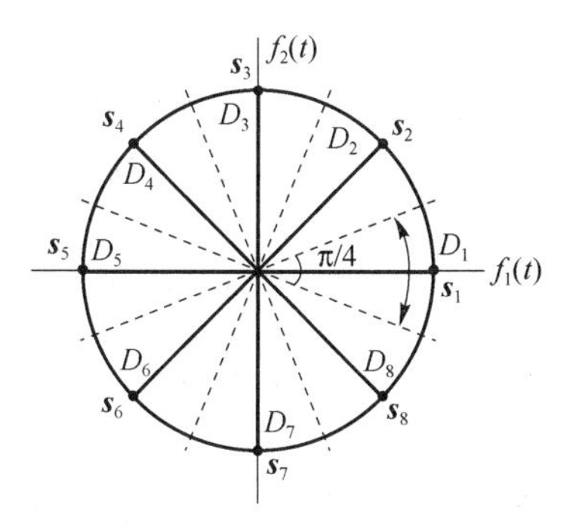

图 3.24　8PSK 的最佳判决域划分

2. 正交幅度调制(QAM)

MASK 信号的矢量空间是一维的，MPSK 信号的矢量空间是二维的。随着调制阶数的增加，符号间的欧氏距离在减小。如果能充分利用二维矢量空间的平面，在不减少欧氏距离的情况下增加星座点数就可以增加频谱利用率，从而引出了联合控制载波幅度和相位的正交幅度调制方式，即 QAM。MQAM 方式是高阶调制中使用最多的。

(1) 调制

MQAM 信号是由相互独立的多电平幅度序列调制的两个正交载波叠加形成的。假设两组互相独立的离散幅度序列为 $\{b_k^i\}$ 和 $\{b_k^q\}$，则 MQAM 信号可以表示为

$$s_{\mathrm{MQAM}}(t) = \mathrm{Re}\left\{\sum_k D_M(b_k^i + \mathrm{j}b_k^q)g(t-kT_\mathrm{S})\mathrm{e}^{\mathrm{j}2\pi f_c t}\right\} \tag{3.56}$$

其中，$D_M = \sqrt{M/\sum_{m=1}^{M}|b_m^i + \mathrm{j}b_m^q|^2}$ 为归一化因子，$b_m^i + \mathrm{j}b_m^q$ 对应 MQAM 复平面上的星座点；而常用的符号映射 $b_k = D_M(b_k^i + \mathrm{j}b_k^q)$ 为

$$b_k = \begin{cases} \frac{1}{\sqrt{10}}\{(1-2a_{4k})[2-(1-2a_{4k+2})] + \mathrm{j}(1-2a_{4k+1})[2-(1-2a_{4k+3})]\}, & M=16 \\ \frac{1}{\sqrt{42}}\left\{\begin{matrix}(1-2a_{6k})[4-(1-2a_{6k+2})[2-(1-2a_{6k+4})]] + \\ \mathrm{j}(1-2a_{6k+1})[4-(1-2a_{6k+3})[2-(1-2a_{6k+5})]]\end{matrix}\right\}, & M=64 \\ \frac{1}{\sqrt{170}}\left\{\begin{matrix}(1-2b_{8k})[8-(1-2b_{8k+2})[4-(1-2b_{8k+4})[2-(1-2b_{8k+6})]]] + \\ \mathrm{j}(1-2b_{8k+1})[8-(1-2b_{8k+3})[4-(1-2b_{8k+5})[2-(1-2b_{8k+7})]]]\end{matrix}\right\}, & M=256 \end{cases} \tag{3.57}$$

MQAM 信号可以展开为

$$s_{\mathrm{MQAM}}(t)=\sum_{k} g(t-kT_{\mathrm{S}})\left[D_M b_k^i \cos(2\pi f_c t)-D_M b_k^q \sin(2\pi f_c t)\right] \tag{3.58}$$

MQAM 信号星座图有圆形和矩形两种，由于矩形星座图实现和解调简单，因此获得了广泛的应用。在矩形星座图中，当满足 $M=4^l, l=2,3,4,\cdots$ 时，即 16QAM、64QAM、256QAM 等，两路离散幅度序列互相对称，且可以分别由 l 个信息比特独立映射得到，因此使用最为广泛。图 3.25 给出了 4QAM 和 16QAM 信号的矩形星座图。根据式(3.41)，图 3.25 中 MQAM 相邻符号间的欧氏距离为

$$d_{\min}=\sqrt{\frac{E_g}{2}}\min_{m,n\in\{1,2,\cdots,M\}}\left|D_M(b_m^i-b_n^i+\mathrm{j}(b_m^q-b_n^q))\right|=D_M\sqrt{2E_g} \tag{3.59}$$

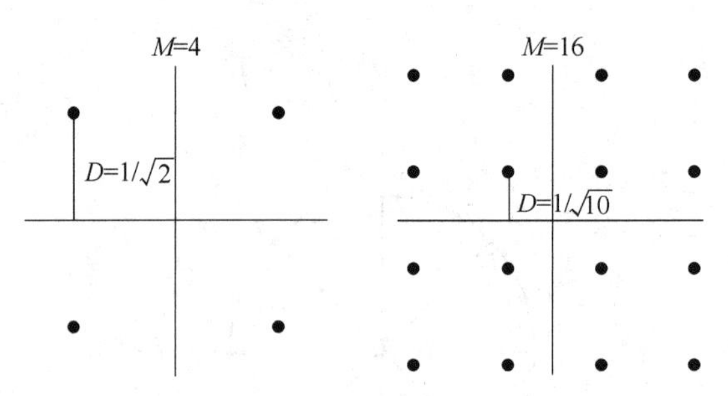

图 3.25　MQAM 信号的矩形星座图

(2) 矩形星座 MQAM 信号的产生

MQAM 信号的产生原理与 MPSK 类似，输入的二进制序列 $\{a_k\}$ 按照每 $\log_2 M$ 比特分为一组，转换为 M 进制，映射到 M 个星座点对应的电平。当 M 满足 $M=4^l, l=2,3,4,\cdots$ 时，I 路和 Q 路的电平可以分别由 l 个信息比特独立映射得到，进而 MQAM 信号的产生可以简化为如图 3.26 所示。

(3) 矩形星座 MQAM 信号最佳接收及其误符率

当 M 满足 $M=4^l$ 时，I 和 Q 两路信号可以独立进行判决检测。在加性白高斯噪声信道条件下，其最佳接收框图如图 3.27 所示。图 3.27 中分别按照同相及正交支路的 $\sqrt{M}$ 进制 ASK 进行解调，在抽样和判决后恢复数据。

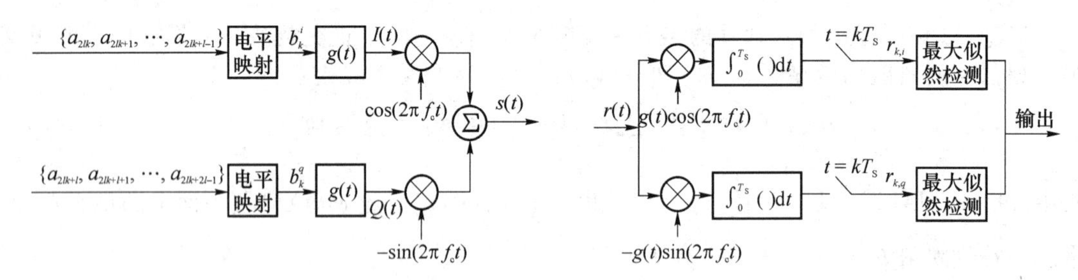

图 3.26　MQAM 信号的矩形星座图　　　图 3.27　矩形星座 MQAM 信号的最佳接收

因此，MQAM 信号的误符率为

$$P_M=1-(1-P_{\sqrt{M}})^2\approx 2P_{\sqrt{M}} \tag{3.60}$$

其中，$P_{\sqrt{M}}$ 是 $\sqrt{M}$ASK 信号的平均误码率，即

$$P_{\sqrt{M}}=2\left(1-\frac{1}{\sqrt{M}}\right)Q\left[\sqrt{\frac{3E_{\mathrm{S}}}{(M-1)N_0}}\right] \tag{3.61}$$

而 E_S 是 T_S 内信号的平均能量，即

$$E_S = \frac{1}{M}\sum_{m=1}^{M} E_m = \frac{1}{M}\sum_{m=1}^{M}\int_0^{T_S} s_m^2(t)\,\mathrm{d}t \tag{3.62}$$

3.4.5 软解调

1. 软解调的概念

在上一节的介绍中，K 个比特信息向量 $\boldsymbol{s}=[s_1,s_2,\cdots,s_K]=\{0,1\}^K$ 通过二进制到多进制的转换，可以将其转化为 $M=2^K$ 进制符号集合中的一个符号。在讨论软解调时，常将发送的调制信号等效为基带符号，抽象为 $\boldsymbol{x}=[x_1,x_Q]\in X$，其中 x_1 和 x_Q 为发送符号的实部和虚部，X 为某种调制的星座点或符号的集合。在不考虑信道衰落的情况下，通过加性高斯白噪声信道后，可以得到接收信号的表达式为

$$\boldsymbol{y}=[r_1,r_Q]=\boldsymbol{x}+\boldsymbol{n}=[x_1,x_Q]+[n_1,n_Q] \tag{3.63}$$

其中，$\boldsymbol{n}=[n_1,n_Q]$ 为等效噪声向量，n_1 和 n_Q 独立同分布，均值都为 0，功率都为 $N_0/2$。

在所有发送符号的先验概率 $p(\boldsymbol{x})$ 相等的情况下，接收端解调的最大后验概率准则等效为最大似然准则，即将发送符号判决为使得似然函数值最大的符号，也就是

$$\hat{\boldsymbol{x}}=\max_{x\in X}\{p(\boldsymbol{y}|\boldsymbol{x})\} \tag{3.64}$$

即硬解调的判决结果 $\hat{\boldsymbol{x}}$ 是标准的星座点，可以唯一映射到发射的比特序列上，可表示为

$$\hat{\boldsymbol{s}}=\{0,1\}^K \tag{3.65}$$

然而对于性能较高的 Turbo 码、LDPC 码、Polar 码等译码，常常采用的是软信息，即每个比特为 0 或 1 的概率信息，或该概率的单调函数。一般为简化译码器的操作，常使用对数似然比(LLR)，即每个比特为 1 的概率与为 0 的概率之比，再取自然对数，公式可以表示为

$$L(s)=\ln\frac{p(s=1)}{p(s=0)} \tag{3.66}$$

从接收信号中，得到发送每个比特为 0 或为 1 的概率信息(或其似然比信息)的过程，称为软解调。

在基于软信息的信道译码后，一般输出的仍然是每个比特的软信息，根据软信息进行判决发送的比特可以写为

$$s=\begin{cases}1, & L(s)>0\\ 0, & L(s)<0\end{cases} \tag{3.67}$$

2. 软解调的原理

(1) 对数似然比算法(精确算法)

基于前述模型假设，解调输出每个比特的对数后验概率比可以写为

$$L(s_k|\boldsymbol{y})=\ln\frac{p(s_k=1|\boldsymbol{y})}{p(s_k=0|\boldsymbol{y})},k=1,2,\cdots,K \tag{3.68}$$

根据 Bayes 公式，可以得到

$$p(s_k=1|\boldsymbol{y})=\frac{p(\boldsymbol{y}|s_k=1)\cdot p(s_k=1)}{p(\boldsymbol{y})} \tag{3.69}$$

$$p(s_k=0\mid \boldsymbol{y})=\frac{p(\boldsymbol{y}\mid s_k=0)\cdot p(s_k=0)}{p(\boldsymbol{y})} \tag{3.70}$$

在没有任何先验信息时,假设先验概率 $p(s_k=1)=p(s_k=0)=1/2$,则上述最大后验概率等价于似然函数,进而取对数可以得到对数后验概率比或对数似然比:

$$L(s_k\mid \boldsymbol{y})=\ln\frac{p(s_k=1\mid \boldsymbol{y})}{p(s_k=0\mid \boldsymbol{y})}=\ln\frac{p(\boldsymbol{y}\mid s_k=1)}{p(\boldsymbol{y}\mid s_k=0)} \tag{3.71}$$

假设 $X_{s_{k=1}}$ 为第 k 个比特取值为 1 的星座点集合,$X_{s_{k=0}}$ 为第 k 个比特取值为 0 的星座点集合,则有 $X_{s_k=1}\cap X_{s_k=0}=\varnothing$和 $X_{s_k=1}\cup X_{s_k=0}=X$。进而可得全概率公式为

$$p(\boldsymbol{y}\mid s_k=1)=\sum_{\boldsymbol{x}\in X_{s_{k=1}}}p(\boldsymbol{y}\mid \boldsymbol{x}) \tag{3.72}$$

$$p(\boldsymbol{y}\mid s_k=0)=\sum_{\boldsymbol{x}\in X_{s_{k=0}}}p(\boldsymbol{y}\mid \boldsymbol{x}) \tag{3.73}$$

将上式带入式(3.71),可得基于对数似然比的软解调公式为

$$L(s_k\mid \boldsymbol{y})=\ln\frac{\sum_{\boldsymbol{x}\in X_{s_{k=1}}}p(\boldsymbol{y}\mid \boldsymbol{x})}{\sum_{\boldsymbol{x}\in X_{s_{k=0}}}p(\boldsymbol{y}\mid \boldsymbol{x})} \tag{3.74}$$

从上式可以看出,软解调器需要穷举调制的所有星座点,并计算对应的概率值,进而根据每个比特值的不同将其分组累加,最终计算每个比特的对数似然比。由于上述方法的计算量很大,尤其在星座图较大时,其复杂度较高,因此出现了软解调的 Max 算法。

(2) MAX 算法(简化算法)

一方面,在加性高斯白噪声信道下,有

$$p(\boldsymbol{y}\mid \boldsymbol{x})=\frac{1}{\pi N_0}\exp\left\{-\frac{\|\boldsymbol{y}-\boldsymbol{x}\|^2}{N_0}\right\} \tag{3.75}$$

另一方面,考虑近似计算公式 $\ln(\mathrm{e}^x+\mathrm{e}^y)\approx\max\{x,y\}$,上面求得的精确对数似然比公式可以近似为

$$L(s_k\mid \boldsymbol{y})=\frac{1}{N_0}\left[\min_{\boldsymbol{x}\in X_{s_{k=0}}}\{\|\boldsymbol{y}-\boldsymbol{x}\|^2\}-\min_{\boldsymbol{x}\in X_{s_{k=1}}}\{\|\boldsymbol{y}-\boldsymbol{x}\|^2\}\right] \tag{3.76}$$

上式即软解调的 MAX 算法。可以看出采用 MAX 算法后,软解调过程的计算复杂度将大大降低。

3. 软解调举例

例 3.7 假设 QPSK 的星座点如图 3.28 所示,接收信号 $\boldsymbol{y}=[y_1,y_2]$,归一化因子 $D=1/\sqrt{2}$,求其软解调公式。

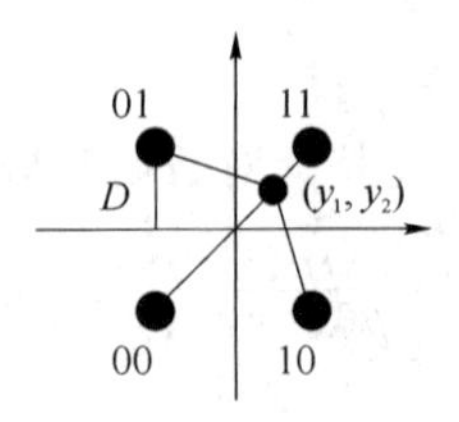

图 3.28 QPSK 的软解调示意图

解:由软解调的 MAX 算法可以得到第一个比特的软信息为

$$L_1 = \frac{1}{N_0}\{\| \boldsymbol{y}-\boldsymbol{x}(0,1) \|^2 - \| \boldsymbol{y}-\boldsymbol{x}(1,1) \|^2\}$$

$$= \frac{1}{N_0}\{[(y_1+D)^2+(y_2-D)^2]-[(y_1-D)^2+(y_2-D)^2]\}$$

$$= \frac{1}{N_0}\cdot 4D \cdot y_1 \tag{3.77}$$

同理可以推导得到第二个发送比特的软信息为

$$L_2 = \frac{1}{N_0}\cdot 4D \cdot y_2 \tag{3.78}$$

3.4.6　移动通信中调制技术的应用

高阶调制在高速数据传输系统中的应用是相当多的。为了提高频谱效率,人们在 LTE、HSPA、802.11n 等宽带无线通信系统中广泛采用了高阶调制。这些调制技术与信道编码结合,构成自适应调制编码(AMC)方案,成为 B3G、4G 和 5G 移动通信的关键技术。下面从移动通信标准应用方面介绍各个调制方式。

表 3.3 列出了 2G～5G 中几种代表性系统所采用的调制方式。2G 标准的 GSM 采用 GMSK 调制方式。GMSK 是一种恒包络调制,具有极低的旁瓣能量,可使用高效率的 C 类高功率放大器。1986 年以后,由于实用化的线性高功放已取得突破性进展,人们又重新对简单易行的 BPSK 和 QPSK 予以重视。EDGE 作为 GSM 的演进采用了 8PSK 调制方式。3G 标准的 cdma2000 1x、WCDMA、TD-SCDMA 均采用了 QPSK,其中 TD-SCDMA 还引入了 8PSK。随着差错控制技术的发展,当演进到 HSPA 阶段时,无论是 TDD 系统还是 FDD 系统都引入了高阶的 16QAM、64QAM 调制方式。cdma2000 1x 演进到 EV-DO 阶段,也引入了 8PSK、16QAM、64QAM 等高阶调制方式。LTE 作为 B3G 的主流标准,为提高频谱利用率,数据信道引入了 16QAM、64QAM 调制方式,控制信道采用 BPSK、QPSK 调制方式。而到了 5G NR 阶段,调制阶数达到 256QAM。

表 3.3　几种代表性系统所采用的调制方式

系统类型	调制方式	
	上行	下行
GSM	GMSK	GMSK
EDGE	8PSK	8PSK
IS-95/cdma one	BPSK	QPSK
cdma2000 1x	OQPSK	QPSK
WCDMA	双通道 QPSK	QPSK
TD-SCDMA	QPSK、8PSK	QPSK、8PSK
cdma2000 1x EV-DO	BPSK、QPSK、8PSK	QPSK、8PSK、16QAM、64QAM
HSPA/HSPA+	BPSK、QPSK、16QAM、64QAM	QPSK、16QAM、64QAM
LTE/LTE-A	QPSK、16QAM、64QAM	BPSK、QPSK、16QAM、64QAM
5G NR	QPSK、16QAM、64QAM、256QAM	QPSK、16QAM、64QAM、256QAM

3.5 OFDM 技术

3.5.1 OFDM概述

为对抗多径中的码间干扰并提高系统的频率效率,人们提出了正交频分复用(Orthogonal Frequency Division Multiplexing,OFDM)技术。如图3.29所示,在FDM技术中,将可用频带B划分为N个带宽为$2\Delta f$的子信道;把N个串行码元变换为N个并行码元,分别调制到这N个子信道载波上进行同步传输;若子信道的码元速率$1/T_S \leqslant 2\Delta f$,则各子信道可看作平坦信道,从而避免码间干扰。进一步,若相邻子信道允许重叠,则还可以避免FDM导致的频谱效率损失;若$\Delta f = 1/T_S$,则可以保证子信道载波间正交,即可得到OFDM调制。

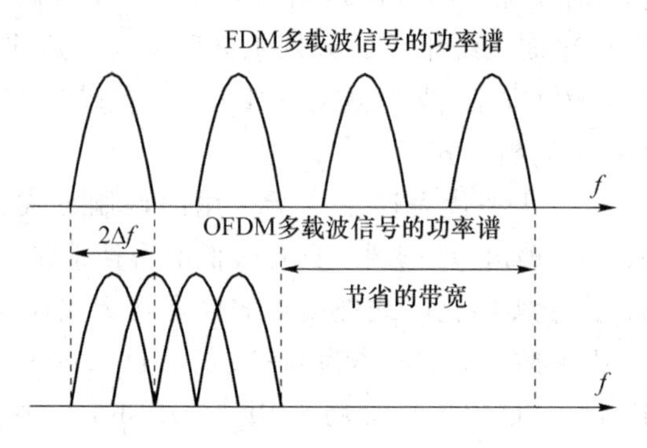

图3.29 FDM和OFDM带宽的比较

3.5.2 OFDM的原理

1. 发送与接收

假设串行的N个M进制码元符号$x_n = a_n + \mathrm{j}b_n (n=1,2,\cdots,N)$的码元周期为$t_S$,经过串并变换后码元符号长度为$T_S = Nt_S$。将这$N$个码元分别调制到如下的$N$个子载波上:

$$f_n = f_c + n\Delta f \quad (n=0,1,2,\cdots,N-1) \tag{3.79}$$

式中,$\Delta f = 1/T_S$为子载波的间隔。进一步把这N个并行支路的已调子载波信号相加,则可以得到OFDM的信号:

$$x(t) = \mathrm{Re}\left\{\sum_{n=0}^{N-1} x_n g_T(t) \mathrm{e}^{\mathrm{j}2\pi n\Delta ft} \mathrm{e}^{\mathrm{j}2\pi f_c t}\right\} = \mathrm{Re}\{x_L(t)\mathrm{e}^{\mathrm{j}2\pi f_c t}\} \tag{3.80}$$

其中,$g_T(t)$为矩形滤波器,$x_L(t) = \sum_{n=0}^{N-1} x_n g_T(t) \mathrm{e}^{\mathrm{j}n2\pi\Delta ft} = x_I(t) + \mathrm{j}x_Q(t)$为OFDM的基带信号,并且

$$\begin{aligned} x_I(t) &= \mathrm{Re}(x_L(t)) = \sum_{n=0}^{N-1} [a(n)g_T(t)\cos(n2\pi\Delta ft) - b(n)g_T(t)\sin(n2\pi\Delta ft)] \\ x_Q(t) &= \mathrm{Im}(x_L(t)) = \sum_{n=0}^{N-1} [b(n)g_T(t)\cos(n2\pi\Delta ft) + a(n)g_T(t)\sin(n2\pi\Delta ft)] \end{aligned} \tag{3.81}$$

由上式可知，OFDM 可以由图 3.30 所示的框图来实现；此外，各子载波是两两正交的，即

$$\int_0^{T_S} e^{-jm2\pi\Delta ft} e^{jn2\pi\Delta ft} dt = 0, m \neq n \tag{3.82}$$

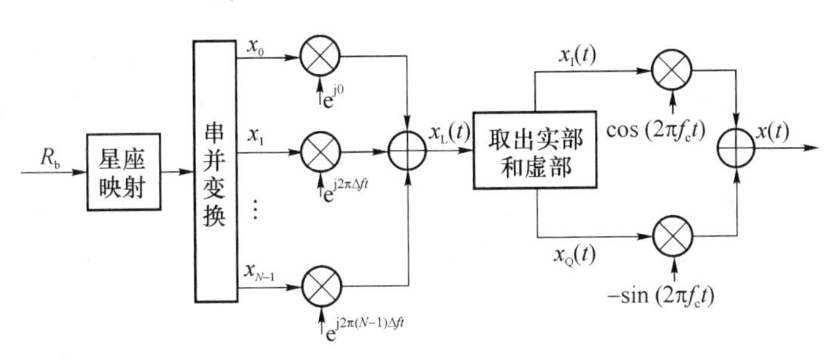

图 3.30　OFDM 系统

在接收端，若不考虑噪声，接收的信号同时进入 N 个并联支路，分别与 N 个子载波相乘和积分（相干解调），便可以恢复各并行支路的数据：

$$\hat{x}_n = \frac{1}{T_s}\int_0^{T_s} x(t)\cdot e^{-j2\pi(f_c+n\Delta f)t} dt = \frac{1}{T_s}\int_0^{T_s} x_L(t)\cdot e^{-j2\pi n\Delta ft} dt = x_n \tag{3.83}$$

2. 功率谱密度与频谱效率

当子信道的脉冲为矩形脉冲时，各子路信号具有 sinc 函数形式的频谱，即

$$g_T(t) \Leftrightarrow G_T(f) = T_s \mathrm{sinc}(T_s f) e^{-j\pi T_s f} \tag{3.84}$$

进而可以得到 OFDM 的频谱为

$$X(f) = \frac{1}{2}\sum_{n=0}^{N-1} x_n [G_T(f-f_n) + G_T(f+f_n)] \text{ 或 } X_L(f) = \sum_{n=0}^{N-1} x_n G_T(f-n\Delta f) \tag{3.85}$$

当发送符号均为 1 时，$N=4$ 和 $N=32$ 的 OFDM 功率谱如图 3.31 所示。

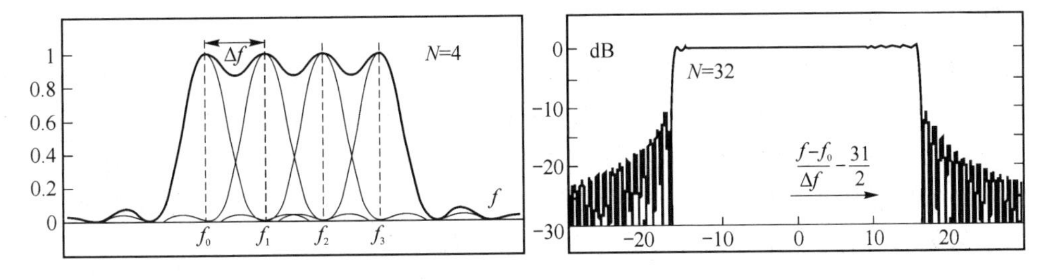

图 3.31　OFDM 功率谱举例

OFDM 信号的带宽可以表示为

$$B = f_{N-1} - f_0 + 2\delta = (N-1)\Delta f + 2\delta \approx N\Delta f \tag{3.86}$$

式中，δ 为子载波信道带宽的一半。设每个支路采用 M 进制调制，因此频谱利用率为

$$\eta = \frac{NR_s \log_2 M}{(N-1)\Delta f + 2\delta} \approx \log_2 M \tag{3.87}$$

3.5.3　OFDM 的 DFT 实现

1. OFDM 的实现

若对基带信号 $x_L(t)$ 以奈奎斯特采样间隔 $T_c = 1/B \approx T_S/N$（即当 N 很大时，频带信号带

宽 $B=N\Delta f$;基带信号的带宽为 $B/2$)进行抽样,并假设 $\boldsymbol{x}=[x_0,x_1,\cdots,x_{N-1}]^{\mathrm{T}}$,则可得到

$$x_{\mathrm{L}}(m)=\sum_{n=0}^{N-1}x_n\mathrm{e}^{\mathrm{j}n2\pi\Delta f\cdot mT_{\mathrm{c}}}=\sum_{n=0}^{N-1}x_n\mathrm{e}^{\mathrm{j}2\pi nm/N}=\mathrm{IDFT}\{\boldsymbol{x}\} \tag{3.88}$$

而 $x_{\mathrm{L}}(m)$经过低通滤波(D/A 变换)后,用得到的模拟信号对载波进行调制便可得到所需的 OFDM 信号。在接收端,进行相反的过程,把解调得到的基带信号经过 A/D 变换,得到 $\hat{x}_n$,再经过并串变换输出。

因此,如图 3.32 所示,实际中常用离散傅里叶变换(DFT)来实现 OFDM;而当 N 比较大且 N 是 2 的整数次幂时,可以采用高效率的 IFFT(FFT)算法。在 OFDM 系统中 $\{x_n\}$与 $\{x_L(m)\}$分别被称为频域符号与时域符号。

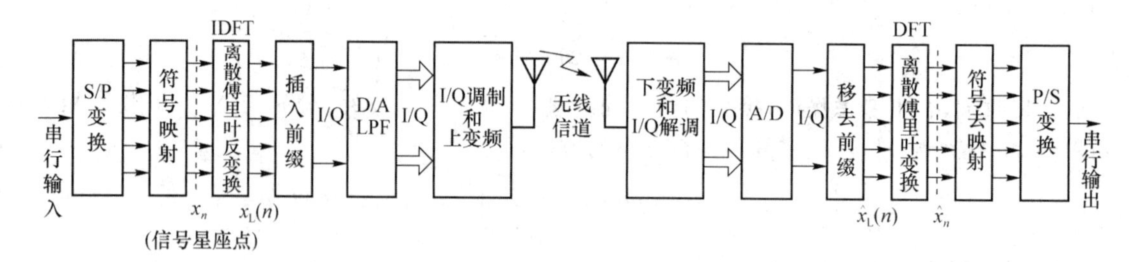

图 3.32 OFDM 的 DFT 实现

需要说明的是:①在发送 OFDM 信号时,直流(DC)子载波有可能受到很强的干扰,在接收侧也可能因为模数转换(AD)存在一个非零的偏移,因此直流子载波不用于承载数据,在接收侧可以将直流子载波上接收到的信号忽略;②虽然此处采用 FFT(IFFT)的点数为 N,但在实际中承载数据的子载波小于 N,数据一般居中放置,两边子载波并不占用,同时在实际中需要有保护子载波,避免和其他载波间的干扰。

2. OFDM 的前缀

为克服前后两个 OFDM 符号间的干扰,采取插入保护间隔方法;保护间隔长度 T_{g} 要比信道的最大多径时延 τ 大,这样才能消除符号间干扰。如图 3.33 所示,通常为不引起载波间干扰,T_{g} 以循环前缀(CP)的形式存在,而不是会引起载波间干扰的空白前缀(或零前缀,ZP);这些前缀由 OFDM 信号的尾部 N_{g} 个样值构成,因此发送的符号样值序列长度增加到 $N+N_{\mathrm{g}}$。在接收端,需要舍弃保护间隔,然后再进行 DFT 及后续操作。

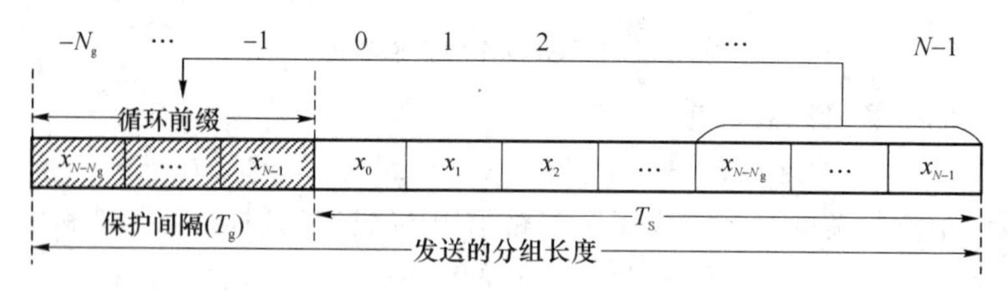

图 3.33 循环前缀

保护间隔的存在会使得 OFDM 的频谱效率小于$\log_2 M$。而在采用循环前缀时,假设多径时延为 τ,则接收到的时延为 0 的载波 m 和时延为 τ 的载波 n 间仍满足正交关系,即

$$\int_0^{T_{\mathrm{s}}}\mathrm{e}^{-\mathrm{j}m2\pi\Delta ft}\,\mathrm{e}^{\mathrm{j}n2\pi\Delta f(t-\tau)}\,\mathrm{d}t=\mathrm{e}^{-\mathrm{j}n2\pi\Delta f\tau}\int_0^{T_{\mathrm{s}}}\mathrm{e}^{-\mathrm{j}m2\pi\Delta ft}\,\mathrm{e}^{\mathrm{j}n2\pi\Delta ft}\,\mathrm{d}t=0,m\neq n \tag{3.89}$$

而空白前缀则无法满足上式。

3. OFDM的时频关系

如图3.34所示，假设带有CP的OFDM符号经过L径信道，信道增益值可以表示为$\tilde{\boldsymbol{h}}=[\tilde{h}_0,\tilde{h}_1,\cdots,\tilde{h}_{L-1}]^{\mathrm{T}}$，则接收端去掉循环前缀后，某个等效基带符号采样值可以写为

$$\underbrace{\begin{bmatrix}\tilde{y}_0\\ \tilde{y}_1\\ \vdots\\ \tilde{y}_{N-1}\end{bmatrix}}_{\tilde{\boldsymbol{y}}}=\underbrace{\begin{bmatrix}\tilde{h}_0 & 0 & \cdots & 0 & \tilde{h}_{L-1} & \cdots & \tilde{h}_2 & \tilde{h}_1\\ \tilde{h}_1 & \tilde{h}_0 & 0 & \cdots & 0 & \tilde{h}_{L-1} & \cdots & \tilde{h}_2\\ \vdots & \vdots & \vdots & \vdots & \vdots & \vdots & \vdots & \vdots\\ \tilde{h}_{L-1} & \cdots & \tilde{h}_2 & \tilde{h}_1 & \tilde{h}_0 & 0 & \cdots & 0\\ 0 & \tilde{h}_{L-1} & \cdots & \tilde{h}_2 & \tilde{h}_1 & \tilde{h}_0 & 0 & \cdots\\ \cdots & 0 & \tilde{h}_{L-1} & \cdots & \tilde{h}_2 & \tilde{h}_1 & \tilde{h}_0 & 0\\ 0 & \cdots & 0 & \tilde{h}_{L-1} & \cdots & \tilde{h}_2 & \tilde{h}_1 & \tilde{h}_0\end{bmatrix}}_{\boldsymbol{H}}\underbrace{\begin{bmatrix}x_{\mathrm{L}}(0)\\ x_{\mathrm{L}}(1)\\ \vdots\\ x_{\mathrm{L}}(N-1)\end{bmatrix}}_{\boldsymbol{x}_{\mathrm{L}}}+\underbrace{\begin{bmatrix}\tilde{n}_0\\ \tilde{n}_1\\ \vdots\\ \tilde{n}_{N-1}\end{bmatrix}}_{\tilde{\boldsymbol{n}}} \tag{3.90}$$

也就是

$$\tilde{\boldsymbol{y}}=\boldsymbol{H}\boldsymbol{x}_{\mathrm{L}}+\tilde{\boldsymbol{n}}=\tilde{\boldsymbol{h}}\otimes\mathrm{IDFT}[\boldsymbol{x}]+\tilde{\boldsymbol{n}} \tag{3.91}$$

其中，$\otimes$表示循环卷积，$\tilde{n}_i(n=0,2,\cdots,N-1)\sim\mathrm{CN}(0,\sigma^2)$为加性高斯白噪声，$\sigma^2$为噪声方差。

进而进行DFT操作后，可以得到

$$\boldsymbol{y}=\mathrm{diag}\{\boldsymbol{x}\}\boldsymbol{h}+\boldsymbol{n} \tag{3.92}$$

其中，$\boldsymbol{y}=\mathrm{DFT}\{\tilde{\boldsymbol{y}}\}$，$\boldsymbol{h}=\mathrm{DFT}\{\tilde{\boldsymbol{h}}\}$，而$\boldsymbol{n}=\mathrm{DFT}\{\tilde{\boldsymbol{n}}\}$。

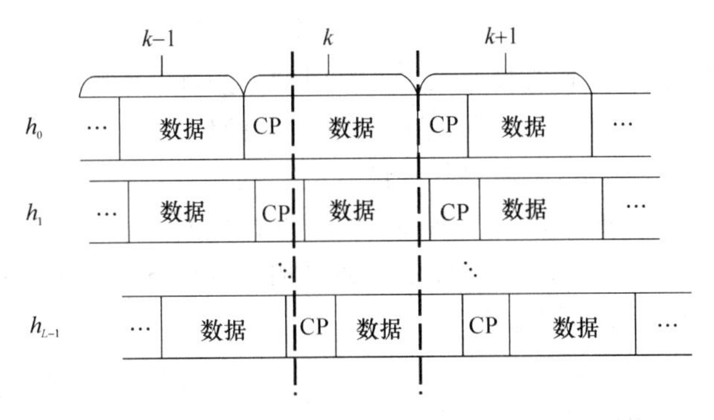

图3.34　OFDM经过多径信道

从上面的讨论可知，接收端每个OFDM子载波上接收到的频域基带符号y_n等于发送端对应子载波上的基带符号x_n乘以对应的子载波频域基带信道h_n，也就是$y_n=h_nx_n+n_n$。

3.5.4　OFDM的信道估计

1. OFDM信道估计概述

(1) 信道估计分类

信道估计算法一般可以分为盲估计和非盲估计两大类。盲估计算法基于信道的统计特

性,需要大量数据才能够获得较好的性能,常用于慢变信道;在快衰落信道中,其收敛性会急剧恶化,系统性能较差。其主要停留在理论分析阶段,在实际系统中很少采用。

而非盲估计算法又可以分为数据辅助算法和判决指导算法。在数据辅助算法中,OFDM符号的整体或部分用于导频数据传输,利用导频数据进行信道频域响应的估计;该方法的信道估计性能较好,但增加了系统的时频资源开销,降低了OFDM的频谱利用率。判决指导算法类似于后文中的判决反馈均衡,可以降低系统的开销,提高系统的频谱效率;但其复杂度较高,且当信道状态剧烈变化时,会导致信道估计性能下降。因此,在实际中常采用数据辅助算法,也就是基于导频的信道估计算法。

(2) 基于导频的信道估计步骤

基于导频的OFDM信道估计方法分为两步:第一步是根据收发两端已知的导频符号进行导频位置的信道估计;第二步是根据估算出的导频位置信道进行插值,以得到数据符号位置的信道,进而用于数据的均衡和解调等。

此处首先假设导频符号位置的信道已经得到,简单介绍数据符号位置信道的插值方法,之后再详细介绍导频图样的设计原则和导频符号位置的信道估计方法。

一般插值方法可以分为线性插值、多项式插值、AI插值。线性插值是以增大导频开销来提高信道估计性能的;而采用多项式插值,则有可能减少导频开销。随着机器学习的兴起,一些典型的神经网络方法(如卷积操作)也被用于插值,以提高数据符号位置的信道精度或用来减少导频开销。所有这些插值方法都可以等效为不同的低通滤波器。

2. 导频图样的设计

在基于导频的信道估计方法中,如图3.35所示,插入导频的方法一般有两种:导频符号、导频子载波。在两种导频图样示意图中,横轴为时域或OFDM时域符号索引,纵轴为频域或OFDM子载波索引。在导频符号中,整个OFDM符号的所有子载波都是导频,导频与数据间是时分的;在导频子载波中,导频符号的位置是在时域与频域间隔插入的。导频信号可以用于信道估计或者用于对信道的测量。不同应用场景对导频信号的具体设计有不同的需求。例如,用于数据信道解调的信道估计,需要导频信号的密度达到解调需要的信道估计性能要求,且导频信号占用的时频资源的信道状态能够反映调度的数据占用的时频资源的信道状态。又例如,用于对信道响应测量的导频信号,接收机通过测量这些导频信号,获得时间和频率资源上信道的衰落信息,通常可以比较稀疏。

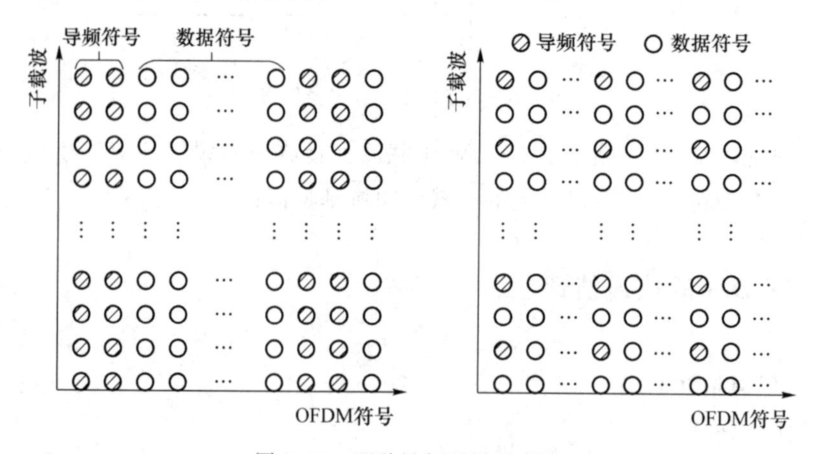

图3.35 两种导频图样示意图

导频序列的功率和时频位置是影响信道估计的主要因素。导频符号的总功率应该达到信道估计性能的需求。对于导频符号插入位置的间隔可以视为采样问题。为了无失真恢复信道在整个时频资源上的波形，插入导频即在时频二维空间进行抽样。因此，插入导频的密度需要满足时频二维 Nyquist 采样定理，即假设 $\tau_{\max}$ 是最大多径时延，f_d 是最大多普勒频移，则有

$$N_F \leqslant \frac{1}{\tau_{\max}\Delta f} \text{且} N_T \leqslant \frac{1}{2f_d(T_s+T_g)} \tag{3.93}$$

对于频域，上式表明在一个相干带宽中，至少需要分配一个子载波用于传输导频符号；而在一个时域相干时间中，至少要有两个符号用于传输导频符号。在实际系统中，导频密度要比采样定理要求的密集得多。若再考虑 MIMO 系统，在不同天线间发送的信号中，放置的导频是需要正交的，故此时还需要考虑空间的 Nyquist 采样定理。

3. 基于导频的信道估计

常采用的 OFDM 信道估计方法主要有最小二乘(Least Square，LS)、线性最小均方误差(Linear Minimum Mean Square Error，LMMSE)和 PDP 等。在介绍具体的信道估计算法前，我们首先给出评价信道估计算法好坏的性能指标，即信道估计的均方误差

$$\text{MSE}=\frac{1}{N}\boldsymbol{E}[(\boldsymbol{h}-\hat{\boldsymbol{h}})^{\mathrm{H}}(\boldsymbol{h}-\hat{\boldsymbol{h}})] \tag{3.94}$$

其中，$\hat{\boldsymbol{h}}$ 为估计得到的信道，N 为信道向量的维度。

在下面的信道估计算法中假设发送的导频符号为 $\boldsymbol{x}$，其传输模型仍然满足式(3.92)。

(1) LS 信道估计

根据最小二乘准则，可以得到其优化的目标函数为

$$\begin{aligned} J &= \|\boldsymbol{y}-\hat{\boldsymbol{y}}\|^2 \\ &= (\boldsymbol{y}-\mathrm{diag}\{\boldsymbol{x}\}\hat{\boldsymbol{h}})^{\mathrm{H}}(\boldsymbol{y}-\mathrm{diag}\{\boldsymbol{x}\}\hat{\boldsymbol{h}}) \\ &= \boldsymbol{y}^{\mathrm{H}}\boldsymbol{y}-\boldsymbol{y}^{\mathrm{H}}\mathrm{diag}\{\boldsymbol{x}\}\hat{\boldsymbol{h}}-\hat{\boldsymbol{h}}^{\mathrm{H}}\mathrm{diag}^{\mathrm{H}}\{\boldsymbol{x}\}\boldsymbol{y}+\hat{\boldsymbol{h}}^{\mathrm{H}}\mathrm{diag}^{\mathrm{H}}\{\boldsymbol{x}\}\mathrm{diag}\{\boldsymbol{x}\}\hat{\boldsymbol{h}} \end{aligned} \tag{3.95}$$

为了使得该目标函数取得最小值，对其求导并令其等于 0 可以得到

$$\frac{\partial J}{\partial \hat{\boldsymbol{h}}}=-2\,\mathrm{diag}^{\mathrm{H}}\{\boldsymbol{x}\}\boldsymbol{y}+2\,\mathrm{diag}^{\mathrm{H}}\{\boldsymbol{x}\}\mathrm{diag}\{\boldsymbol{x}\}\hat{\boldsymbol{h}}=\boldsymbol{0} \tag{3.96}$$

通过整理可以得到

$$\hat{\boldsymbol{h}}=\mathrm{diag}^{-1}\{\boldsymbol{x}\}\boldsymbol{y}=\left(\frac{y_1}{x_1},\frac{y_2}{x_2},\cdots,\frac{y_N}{x_N}\right) \tag{3.97}$$

根据求得的结果，LS 信道估计的 MSE 可以写为

$$\begin{aligned} \text{MSE} &= \frac{1}{N}E[\|\boldsymbol{h}-\hat{\boldsymbol{h}}\|^2] \\ &= \frac{1}{N}E\{[\boldsymbol{h}-\mathrm{diag}^{-1}(\boldsymbol{x})\boldsymbol{y}]^{\mathrm{H}}[\boldsymbol{h}-\mathrm{diag}^{-1}(\boldsymbol{x})\boldsymbol{y}]\} \\ &= \frac{1}{N}E\{[\mathrm{diag}^{-1}(\boldsymbol{x})\boldsymbol{n}]^{\mathrm{H}}[\mathrm{diag}^{-1}(\boldsymbol{x})\boldsymbol{n}]\} \\ &= \frac{\sigma^2}{p} \end{aligned} \tag{3.98}$$

其中，p 为导频符号的平均功率，而 σ^2 为加性高斯白噪声的功率。

LS 信道估计的缺点是没有利用不同子载波信道响应的相关性，估计的信道响应信噪比

较低。

(2) LMMSE信道估计

在LMMSE中,假设信道估计为接收信号的线性形式,即 $\hat{\boldsymbol{h}}=\boldsymbol{W}\boldsymbol{y}$,并使得均方误差最小,即使得下式取最小值:

$$\begin{aligned}\text{MSE}&=E[(\boldsymbol{h}-\hat{\boldsymbol{h}})(\boldsymbol{h}-\hat{\boldsymbol{h}})^{\text{H}}]\\&=E[(\boldsymbol{h}-\boldsymbol{W}\boldsymbol{y})(\boldsymbol{h}-\boldsymbol{W}\boldsymbol{y})^{\text{H}}]\\&=E[\boldsymbol{h}\boldsymbol{h}^{\text{H}}-\boldsymbol{h}\boldsymbol{y}^{\text{H}}\boldsymbol{W}^{\text{H}}-\boldsymbol{W}\boldsymbol{y}\tilde{\boldsymbol{h}}^{\text{H}}+\boldsymbol{W}\boldsymbol{y}\boldsymbol{y}^{\text{H}}\boldsymbol{W}^{\text{H}}]\end{aligned}\tag{3.99}$$

与LS求解方法相同,求上式偏导并令其等于0,可以得到

$$\frac{\partial\text{MSE}}{\partial\boldsymbol{W}}=-2\boldsymbol{R}_{\boldsymbol{h}\boldsymbol{y}^{\text{H}}}+2\boldsymbol{W}\boldsymbol{R}_{\boldsymbol{y}}=0\tag{3.100}$$

化简上式可以得到

$$\boldsymbol{W}=\boldsymbol{R}_{\boldsymbol{h}\boldsymbol{y}^{\text{H}}}\boldsymbol{R}_{\boldsymbol{y}}^{-1}\tag{3.101}$$

其中,两个相关函数为

$$\boldsymbol{R}_{\boldsymbol{h}\boldsymbol{y}^{\text{H}}}=E[\boldsymbol{h}\boldsymbol{y}^{\text{H}}]=E[\boldsymbol{h}(\text{diag}\{\boldsymbol{x}\}\boldsymbol{h}+\boldsymbol{n})^{\text{H}}]=\boldsymbol{R}_{\boldsymbol{h}}\text{diag}^{\text{H}}\{\boldsymbol{x}\}\tag{3.102}$$

$$\boldsymbol{R}_{\boldsymbol{y}}=E[\boldsymbol{y}\boldsymbol{y}^{\text{H}}]=\text{diag}\{\boldsymbol{x}\}\boldsymbol{R}_{\boldsymbol{h}}\text{diag}^{\text{H}}\{\boldsymbol{x}\}+\sigma^2\boldsymbol{I}\tag{3.103}$$

进而估计所得到的信道为

$$\hat{\boldsymbol{h}}=\boldsymbol{R}_{\boldsymbol{h}\boldsymbol{y}^{\text{H}}}\boldsymbol{R}_{\boldsymbol{y}}^{-1}\boldsymbol{y}=\boldsymbol{R}_{\boldsymbol{h}}[\boldsymbol{R}_{\boldsymbol{h}}+\sigma^2\,\text{diag}^{-2}\{|x_1|,\cdots,|x_N|\}]^{-1}\text{diag}^{-1}\{\boldsymbol{x}\}\boldsymbol{y}\tag{3.104}$$

当导频符号为恒模(如常用的QPSK调制)时,则 $|x_n|^2=p(n=1,2,\cdots,N)$,进而有

$$\hat{\boldsymbol{h}}=\boldsymbol{R}_{\boldsymbol{h}}\left[\boldsymbol{R}_{\boldsymbol{h}}+\frac{1}{\text{SNR}}\boldsymbol{I}\right]^{-1}\text{diag}^{-1}\{\boldsymbol{x}\}\boldsymbol{y},\quad \text{SNR}=\frac{p}{\sigma^2}\tag{3.105}$$

在LMMSE信道估计中,需要知道频域信道的自相关函数,在实际中可以采用PDP进行估算。根据LMMSE的求解过程可知,其MSE无疑是最小的。

3.5.5 峰均比与载波间干扰

1. 峰均比

(1) 峰均比的定义

信号功率的峰值与均值之比,称为信号的功率峰均比(PAPR),简称“峰均比”。信号的峰均比对功率放大器的效率有很大的影响,因此一般要求信号具有较低的峰均比,尤其是对性能受限的终端设备更为重要。假设OFDM的带通信号为 $x(t)$ 或其采样值 $x(n)$,则其峰均比可以表示为

$$\text{PAPR}=\frac{\max\limits_{0\leqslant t\leqslant L(T_s+T_g)}|x(t)|^2}{\dfrac{1}{L(T_s+T_g)}\displaystyle\int_0^{L(T_s+T_g)}|x(t)|^2\text{d}t}\ \text{或}\ \text{PAPR}=\frac{\max\limits_{0\leqslant m\leqslant L(N+N_g)-1}|x(m)|^2}{\dfrac{1}{L(T_s+T_g)}\displaystyle\sum_{m=0}^{L(N+N_g)-1}|x(m)|^2}\tag{3.106}$$

如图3.36所示,OFDM信号为多个子载波信号的叠加,其信号峰均比较高。因此在4G和5G移动通信系统中,下行采用OFDMA的方式,而为降低对终端功率放大器性能的需求,上行则可以采用SC-FDMA,以降低信号的峰均比。

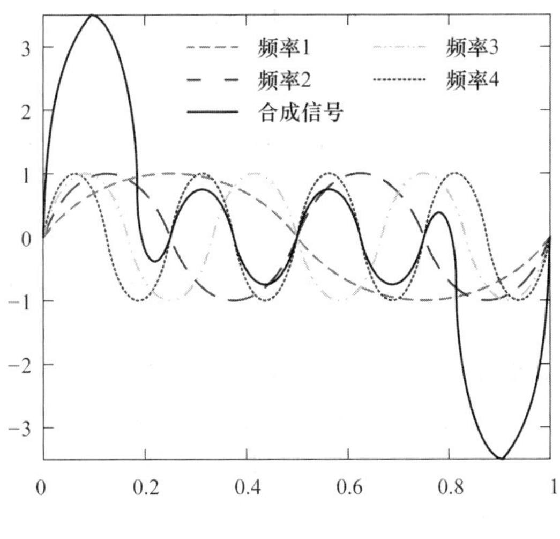

图 3.36　OFDM 信号示意图

(2) 降低峰均比的方法

在系统设计之初,可以考虑在发射方式上降低发送信号的峰均比。例如,可以考虑采用 SC-FDMA;又例如,对于 OFDM 系统中的参考信号,可以考虑采用低峰均比的序列。另外一类降低峰均比的方法是通过实现的方式,不需要接收机做相应的处理。例如,在 OFDM 系统中,可以采用限幅技术来降低发射的峰均比,因为不需要接收机做相应的处理,这类技术需要保证对接收侧性能的影响较小。

2. 载波间干扰

由于 OFDM 要求各子载波间满足式(3.82)中的正交关系,接收端才能利用式(3.83)中的关系进行正确解调,因此子载波频率的精度严重影响系统的性能。若不同子载波或子载波组分配给不同用户使用,则要求不同用户的频率要保持一致,否则将产生载波间干扰(Inter-Carrier Interference,ICI)。

即使发送端发送信号时,不同用户的载波频率保持一致,但由于终端用户、环境、无人机基站或卫星的移动,不同子载波也会产生不同的多普勒频移;因此接收端接收到的不同子载波会产生不同大小的频率偏移,进而不再满足式(3.82)中的正交关系,影响系统的解调性能。一般而言,载波频率偏移 f_s 包含整数偏移部分 $k\Delta f$ 和小数偏移部分 f_f,即

$$f_s = k\Delta f + f_f \tag{3.107}$$

若想采用 OFDMA 方式,则首先需要解决不同用户间的频率同步问题,其次在高速移动场景中,需要解决由于高速移动带来的载波偏移问题。

3.5.6　OFDM 的优缺点

由上述讨论可知,OFDM 有很多优点,总结如下。

① OFDM 系统在多径时延不超过 CP 长度,以及一个 OFDM 符号内信号的时变特性可以忽略的假设下,不同子载波不同 OFDM 符号上传输的信号经过多径信道后,仍然保持正交。

② 可以支持多个用户设备的信道频分复用,可以支持更宽系统带宽的有效使用。

③ 可以支持频率选择性调度,使得不同用户使用衰落较小的信道,获得多用户调度增益。

④ 可以采用快速傅里叶变换实现OFDM信号的发送和接收,极大地简化了系统的硬件结构。

⑤ 接收机可以采用简单的单抽头频域均衡器。

OFDM的这些特点使得它在有线信道和无线信道的高速数据传输中得到了广泛的应用。但在应用OFDM时,也有一些问题需要认真考虑,主要如下。

① OFDM的发射信号PAPR过大的问题。过大的PAPR会使发射机的功率放大器饱和,造成发射信号的互调失真。降低发射功率会使信号工作在线性放大范围,可以减小或避免这种失真,但这样又降低了功率效率。

② OFDM信号对频率偏移十分敏感。OFDM的性能是以子载波间正交为基础的;在实际中,一方面采用不同子载波的用户间频率可能存在失步,另一方面通信双方或反射环境可能在移动,会使得不同子载波产生不同的多普勒频移,造成载波间干扰。因此,载波同步和频偏是限制OFDM在高速移动通信中应用的重要因素。

③ CP会降低OFDM的频谱效率。

④ 信道估计中参考信号的开销问题。在衰落信道中,为了解调不同子载波上的信息,需要估计出每个子载波上信道的衰落,以去除信道在不同频率上的不同影响。OFDM常采用插入参考信号的方法进行频域信道估计,参考信号占用了系统资源。

习题与思考题

3.1 信源编码的目的是什么?

3.2 H.264中图像数据被分成了哪几部分?

3.3 什么是码字的汉明距离?码字1101001和0111011的汉明距离等于多少?一个分组码的汉明距离为32时能纠正多少个错误?

3.4 若(7,4)循环码采用生成多项式 $g(x)=x^3+x^2+1$,则信息1010进行编码得到的码字为什么?接收端错误的漏检率约为多少?

3.5 假设发送信息 $s=[10101]$,利用式(3.15)和式(3.17)中的两种LDPC校验矩阵,写出各自编码后的码字。

3.6 当Polar码的码长 $N=2^3$ 时,基于极化权重的方法计算可靠度序列。若选择最低的4个位置作为冻结比特,且不考虑校验位,则当发送信息为 $a=[1010]$ 时,写出其编码码字。

3.7 在移动通信中对调制有哪些考虑?

3.8 $\pi/2$-BPSK和BPSK信号相位跳变在信号星座图上的路径有什么不同?

3.9 QPSK信号以9 600 bit/s速率传输数据,若基带信号采用具有升余弦特性的脉冲响应,滚降系数为0.5,信道应有的带宽和传输系统的带宽效率为多少?若改用8PSK信号,带宽效率又等于多少?

3.10 请画出数字通信系统中16PSK信号最佳判决域的划分。在白高斯信道下,已知MPSK符号的能量为 E_s,噪声功率为 σ^2,请推导在发端先验等概、收端采用最佳接收时16PSK信号的误码率。

3.11 在白高斯信道下,已知噪声功率为 σ^2,计算MQAM软解调时的比特对数似然比。

3.12 什么是OFDM信号?为什么它可以有效地抵抗频率选择性衰落?

3.13　OFDM 系统是如何利用 IFFT 数字信号处理技术实现的？

3.14　在 OFDM 中循环前缀的作用是什么？

3.15　OFDM 发送的频域符号和接收的频域符号间的关系是什么？

本章参考文献

[1]　RYAN W E, LIN S. Channel Codes. New York: Cambridge University Press, 2009.

[2]　王映民，孙韶辉，等. 5G 移动通信系统设计与标准详解. 北京：人民邮电出版社，2020.

[3]　ARIKAN E. Channel Polarization: A Method for Constructing Capacity-Achieving Codes for Symmetric Binary-Input Memoryless Channels. IEEE Transactions on Information Theory, 2009, 55(7):3051-3073.

[4]　周炯槃，庞沁华，续大我，等. 通信原理. 4 版. 北京：北京邮电大学出版社，2020.

[5]　RAPPAPORT T S. Wireless Communications Principles & Practice(影印版). 北京：电子工业出版社，1998.

[6]　赫金. 通信系统. 4 版. 宋铁成，徐平平，徐智勇，等译. 北京：电子工业出版社，2018.

[7]　PROAKIS J G, SALEHI M. 通信系统工程. 2 版. 叶芝慧，赵新胜，等译. 北京：电子工业出版社，2002.

[8]　LEON W C. Digital and Analog Communication System. Upper Saddle River: Prentice Hall, Inc., 1997.

[9]　ZIEMER R E, TRANTER W H. Principles of Communications: System, Modulation and Noise[M]. 北京：高等教育出版社，2003.

[10]　FAGERVIK K, JEANS T G. Low complexity bit by bit soft output demodulator. LETTERS, 1996, 32(11): 1-4.

[11]　PROAKIS J. Digital Communications. 3rd ed. New York: McGraw-Hill, 1995.

[12]　刘聪锋. 高效数字调制技术及其应用. 北京：人民邮电出版社，2006.

[13]　关清三. 数字调制解调基础. 崔炳哲，张岩，译. 北京：科学出版社，2002.

[14]　杨大成，等. 现代移动通信中的先进技术. 北京：机械工业出版社，2005.

[15]　华为 WLANLAB，埃兹里，希洛. MIMO-OFDM 技术原理. 北京：人民邮电出版社，2021.

第4章　抗衰落和链路增强技术

学习重点和要求

本章介绍移动通信中常用的抗衰落技术，包括分集技术、均衡技术、扩频技术、多天线技术及链路自适应技术。

要求：

- 掌握分集技术的基本思想；掌握获得多个独立衰落信号的常用方法，即频率分集、时间分集和空间分集；掌握独立衰落信号的合并方式（选择合并、最大比值合并和等增益合并），以及它们的性能。
- 掌握信道均衡的基本原理与分类；掌握线性均衡、非线性均衡、自适应均衡的基本原理。
- 掌握扩频通信的理论基础；掌握扩频序列的生成；掌握直接序列扩频、跳频、跳时等技术的原理；掌握直接序列扩频的抗窄带干扰与抗多径的原理。
- 掌握多天线系统的模型与性能衡量指标；掌握空间复用、空间分集和预编码或波束赋形技术的基本原理与性能分析；了解大规模 MIMO、3D MIMO 和毫米波 MIMO。
- 掌握 AMC 和 HARQ 两种链路自适应的基本原理。

4.1　概　　述

移动信道中的多径传播及多普勒频移使接收信号受到严重的衰落；路径损耗和阴影效应会使接收信号过弱而造成通信中断；信道中存在的噪声和干扰也会使接收信号失真而造成误码。因此，在移动通信中需要采取一些信号处理技术来改善接收信号的质量。分集技术、均衡技术、信道编码技术、扩频技术、多天线技术和链路自适应技术是最常见的抗衰落技术，根据信道的实际情况，它们可以独立或联合使用。

分集技术的基本思想是先分后集。利用一定的方法在接收端首先获得多个独立衰落的信号，再把接收到的多个独立衰落信号加以利用，以改善接收信号的质量。分集技术通常用来减小衰落信道上接收信号的衰落深度和衰落持续时间。分集技术充分利用接收信号的能量，因此无须增加发射信号的功率而使得接收信号质量得到改善。

信道编码的目的是尽量减小信道中噪声或干扰的影响，以改善通信链路的可靠性。其基本思想是通过在发送端引入可控冗余比特，使信息序列中各码元和添加的冗余码元之间存在相关性；在接收端信道译码器根据这种相关性对接收到的序列进行检查，从中发现或纠正错误。对某种调制方式，在给定信噪比下无法达到误码率要求时，信道编码是一种提高可靠性的方法。信道编码技术已经在第3章中介绍过了，在此不再赘述。

当传输信号带宽大于无线信道的相关带宽时，信号会产生频率选择性衰落，接收信号就会产生失真，在时域表现为接收信号的码间干扰。所谓信道均衡就是在接收端设计一个称为均衡器的网络，以补偿信道引起的失真。这种失真是不能通过增加发射信号的功率来减小的。由于移动信道的时变特性，均衡器的参数必须能跟踪信道特性的变化而自行调整，因此均衡器应当是自适应的。

为了保证通信的隐蔽性，抵抗窄带干扰并提高系统的容量，扩频技术出现了。发送端采用扩频技术极大地扩展了信息的传输带宽；不同频率信号在经历了不同的衰落后到达接收端并对其加以利用，因此扩频技术具有频率分集的特点。例如，在直接序列扩频系统的接收端，可以利用扩频码的相关性把携带相同信息的多径信号分离出来并进行合并，以改善接收信号的质量。扩频技术是克服多径衰落的有效手段，是第三代移动通信中无线传输的主流技术。

MIMO 技术是在收发两端采用多天线配置，充分利用空间自由度，大幅度提高信道容量或可靠性的一种技术。研究表明，随着发送天线数的增加，信道容量也相应增加，由此推动了无线通信领域对 MIMO 技术研究的热潮。多天线分集接收技术可以算作 MIMO 的一种特例(即 SIMO)，它是一种抗衰落的传统技术；而基于多天线发射分集的空时编码可以在不同天线发射的信号间引入时域和空域相关，使得接收端可以进行分集接收，从而提高信号质量。此外，利用收发两端的信道信息，在发送端利用预编码或波束赋形可以改善接收信号的质量。

由于无线信道的复杂性，因此包含了时、频、空三维的衰落。如果能够根据信道的衰落特性自适应地调整传输速率，在信道条件好时提高传输速率，在信道条件差时降低传输速率，那么就可以有效地提高系统平均吞吐量。本章将具体介绍 AMC 和 HARQ 两种链路自适应技术。

4.2　分集技术

4.2.1　分集技术概述

1. 分集技术思想

在移动通信中，为应对抗信道衰落对接收信号产生的影响，分集技术是常采用的有效措施之一。在移动环境中，通过不同途径所接收到的多路信号衰落情况不同，也可近似为独立衰落。设接收信号中某一信号分量的强度低于检测门限的概率为 p，则所有 M 路信号分量的强度都低于检测门限的概率为 p^M，远低于 p。因此，综合利用各信号分量，就有可能明显地改善接收信号的质量，这就是分集技术的基本思想。分集技术的代价是增加了接收机的复杂度，因为要对各路信号进行跟踪，并及时对多路信号分量进行处理；但它可以提高通信性能，因此被广泛地用于移动通信。

分集技术对信号的处理包含两个过程，首先是要在接收端获得 M 个相互独立的多路信号分量，然后对它们进行处理，以获得信噪比的改善，这就是合并技术。本小节将讨论与这两个过程有关的基本问题。

2. 分集技术分类

从不同的角度，可以将分集技术进行不同的分类。

(1) 宏观分集与微观分集

移动无线信号的衰落包括两个方面:一个来自因地形地物造成的阴影衰落,它使接收信号的平均功率(或者信号中值)在一个比较大(长)的空间(或时间)内发生波动,这是一种宏观的信号衰落;而多径传播使得信号在一个短距离内(或一短时间内)强度发生急剧的变化(但信号的平均功率不变),这是一种微观的信号衰落。针对这两种不同的衰落,常用的分集技术可以分为宏观分集和微观分集。

① 宏观分集

如图 4.1 所示,为了消除阴影区域的信号衰落,可以在两个不同地点设置两个基站,这两个基站可以同时接收移动台的信号。由于这两个基站接收天线相距甚远,所接收到的信号衰落是相互独立、互不相关的,因此用这样的方法我们可以获得两个衰落独立、携带同一信息的信号。

由于传播路径不同,所得到的两路信号强度(或平均功率)一般是不等的。设基站 A 接收到的信号中值为 m_A,基站 B 接收到的信号中值为 m_B,它们都服从对数正态分布。若 $m_A > m_B$,则确定用基站 A 与移动台通信;若 $m_A < m_B$,则确定用基站 B 与移动台通信。如图 4.1 所示,移动台在 B 路段运动时,可以和基站 B 通信;而在 A 路段则和基站 A 通信。从所接收到的信号中选择最强信号,这是宏观分集中所采用的信号合并技术。

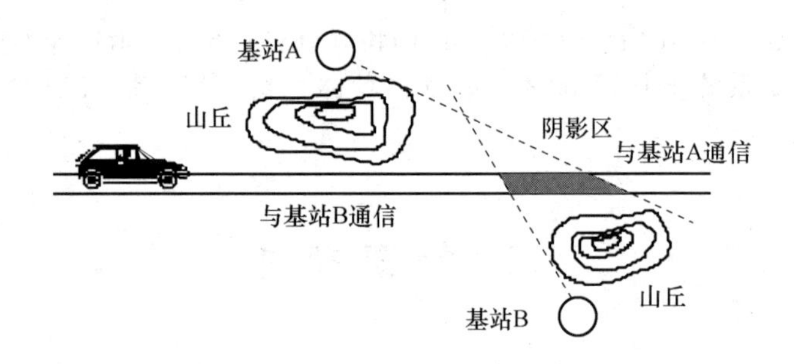

图 4.1 宏观分集

宏观分集所设置的基站数可以不止一个,视需要而定。宏观分集也称作多基站分集。

② 微观分集

微观分集(也就是通常所说的分集技术)可以从获得多路独立衰落信号的方法和接收端多路信号的合并方法两个方面进行分类。从获得多路独立衰落信号的角度,微观分集可以分为时间分集、频率分集和空间分集;而从接收端多路信号的合并方式角度,微观分集可以分为最大比合并(MRC)、等增益合并(EGC)与选择合并(SC)。后面将详细介绍微观分集。

(2) 显分集与隐分集

一般通过增加硬件设备来实现的分集增益称为显分集;而不靠增加硬件设备,靠优化信号体制或信号处理的算法(如发端的编码、调制,接收端的译码、检测算法等)换来的分集增益称为隐分集。例如,通过增加天线个数获得的分集增益属于显分集;而扩频通信通过优化收发两端的信号和算法而获得的分集增益则属于隐分集。一般显分集增益较大,但需要付出设备成本代价;隐分集增益适中,仅需增加算法复杂度,因此在实际系统中两者都不可偏废,应该组合使用。

4.2.2　独立衰落信号的获取

若在一个局部地区（一个短距离上）接收移动无线信号，信号衰落所呈现的独立性是多方面的，如时间、频率、空间（包括角度以及极化方向）等。利用这些特点采用相应的方法可以得到来自同一发射机的多个独立衰落信号，这就有多种分集技术。这里只讨论目前移动通信中常见的几种分集方式。

1. 时间分集

在移动环境中，信道的特性随时间变化。当移动的时间足够长（或移动的距离足够远），大于信道的相干时间时，则这两个时刻（或地点）的无线信道衰落特性是不同的，可以认为是独立的。可以在不同的时间段发送同一信息，接收端则在不同的时间段接收这些独立衰落的信号。时间分集要求在收发信机都有存储器，这使得它更适合于移动数字传输。时间分集只需使用一部接收机和一副天线。若信号发送 M 次，则接收机重复使用以接收 M 个衰落独立的信号。此时称系统为 M 重时间分集系统。要注意的是，因为 $f_{\mathrm{m}}=v/\lambda$，当移动速度 $v=0$ 时，相干时间会变为无穷大，所以时间分集不起作用。

2. 频率分集

在无线信道中，若两个载波的间隔大于信道的相干带宽，则这两个载波信号的衰落是相互独立的。例如，信道的时延扩展为 $\Delta=0.5\ \mu\mathrm{s}$，相干带宽为 $B_{\mathrm{c}}=1/(2\pi\Delta)=318\ \mathrm{kHz}$，为了获得独立衰落的信号，两个载波的间隔应大于此带宽。实际上为了获得完全的不相关，信号的频率间隔还应当更大（比如 1 MHz）。所以为了获得多路频率分集信号，直接在多个载波上传输同一信息，所需的带宽就很宽，这对频谱资源短缺的移动通信来说，代价是很大的。

在实际的应用中，一种实现频率分集的方法是采用跳频扩频技术。如图 4.2 所示，它把调制符号在频率快速改变的多个载波上发送。采用跳频方式的频率分集很适合采用 TDMA 接入方式的数字移动通信系统。如图 4.3 所示，由于瑞利衰落和频率有关，在同一地点，不同频率的信号衰落情况是不同的，所有频率同时产生严重衰落的可能性很小。当移动台静止或慢速移动时，通过跳频获取频率分集的好处是明显的；当移动台高速移动时，跳频没什么帮助，也没什么危害。数字蜂窝移动电话系统 GSM 在业务密集的地区常常采用跳频技术，以改善接收信号的质量。

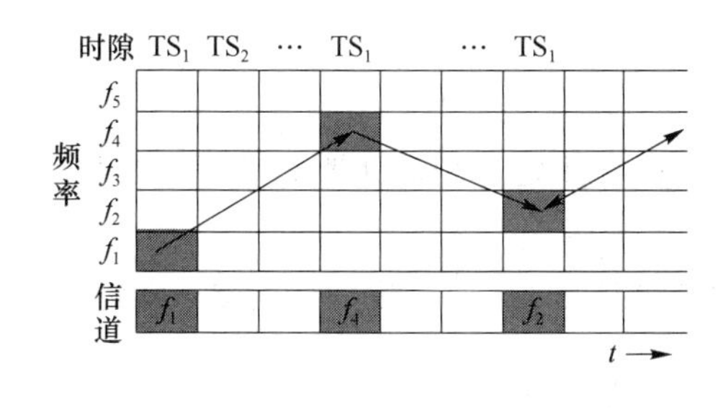

图 4.2　跳频图案

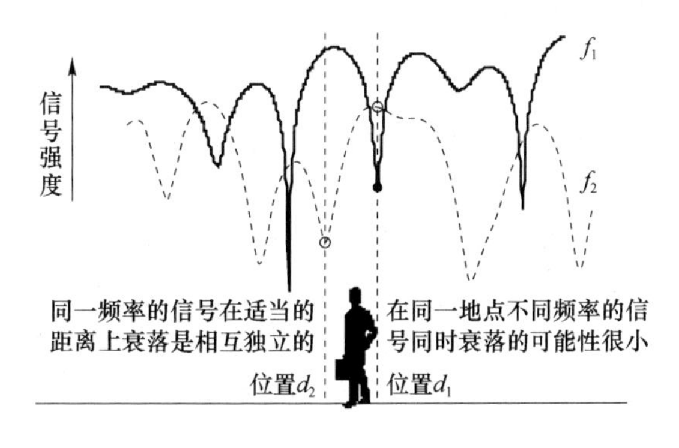

图 4.3　瑞利衰落引起信号强度随地点、频率变化

3. 空间分集

由于多径传播的影响,在移动信道中不同地点的信号衰落情况是不同的。在相隔足够远的距离上,信号的衰落是相互独立的,若在此距离上设置两副接收天线,它们所接收到的来自同一发射机发射的信号就可以认为是不相关的。这种分集方式也称作天线分集。使接收信号不相关的两副天线间的距离,因移动台天线和基站天线所处的环境不同而有所区别。

一般移动台附近的反射体、散射体比较多,移动台天线和基站天线间直线传播的可能性比较小,因此移动台接收的信号包络多是服从瑞利分布的。理论分析表明,移动台两副垂直极化天线的水平距离为 d 时,接收信号的相关系数与 d 的关系为

$$\rho(d)=\mathrm{J}_0^2\left(\frac{2\pi}{\lambda}d\right) \tag{4.1}$$

式中,$\mathrm{J}_0(x)$为第一类零阶贝塞尔函数。$\rho(d)$-d 的特性如图 4.4 所示。

由图 4.4 可以看出,随着天线距离的增加,相关系数呈现波动衰减。在 $d=0.4\lambda$ 时,相关系数为零。实际上只要相关系数小于 0.2,这两个信号就可以认为是互不相关的。实际测量表明,通常在市区取 $d=0.5\lambda$,在郊区可以取 $d=0.8\lambda$。

如图 4.5 所示,对基站的天线来说,两路接收信号的相关系数 ρ 和天线高度 h、天线距离 d 以及移动台相对于基站天线的方位角 θ 有关,当然和工作波长 λ 也有关。对它的理论分析是比较复杂的,可以通过实际测量来确定。实际测量结果表明,h/d 越大,相关系数 ρ 就越大;h/d一定时,$\theta=0°$相关性最小,$\theta=90°$相关性最大。在实际的工程设计中,比值约为 10,天线一般高几十米,天线的距离有几米,相当于十多个波长或更多。

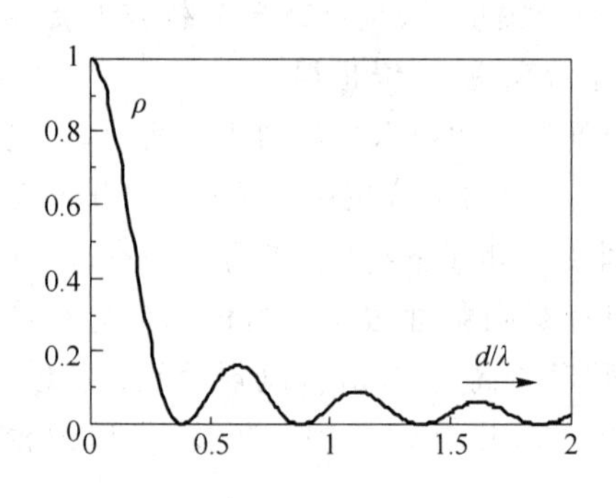

图 4.4　相关系数 ρ 与 d/λ 的关系

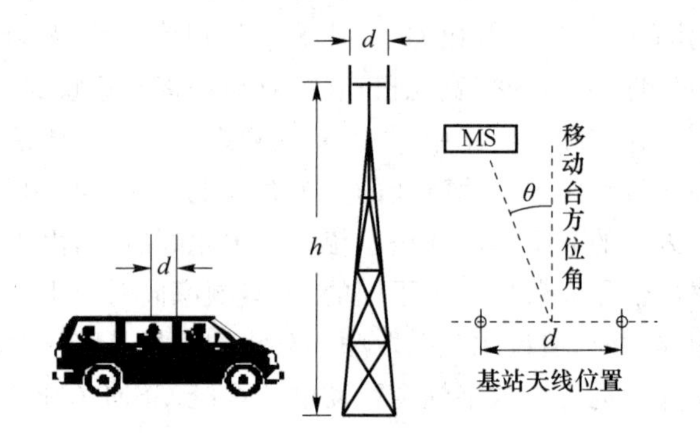

图 4.5　分集接收天线的距离

4.2.3　分集合并方式及性能

分集在获得多个独立衰落的信号后,需要对它们进行合并处理。合并器的作用就是把经过相位调整和时延后的各分集支路信号加权相加。

对大多数通信系统而言,可以假设发送端发送的基带信号为 $s(t)$,接收到的第 m 路基带信号为

$$f_m(t)=h_m(t)s(t)+n_m(t),m=1,2,\cdots,M \tag{4.2}$$

其中 $h_m(t)=h_{mI}(t)+\mathrm{j}h_{mQ}(t)$为第 m 支路的复信道,$n_m(t)$为第 m 支路的基带噪声。

M 重分集对这些信号的处理可以概括为 M 支路信号的线性叠加:

$$f(t)=\alpha_1(t)f_1(t)+\alpha_2(t)f_2(t)+\cdots+\alpha_M(t)f_M(t)=\sum_{m=1}^{M}\alpha_m(t)f_m(t) \tag{4.3}$$

其中 $\alpha_m(t)$为第 m 支路信号的加权因子。信号合并的目的就是要使它的信噪比有所改善,因此对合并器的设计及性能分析都是围绕其输出信噪比进行的。分集的效果常用分集改善因子或分集增益来描述,也可以用中断概率来描述。可以预见,分集合并器输出信噪比的均值将大于任何一支路输出的信噪比均值。最佳的分集就在于最有效地减小信噪比低于正常工作门限信噪比的时间。信噪比的改善和加权因子有关,对加权因子的选择方式不同,就形成了 3 种基本合并方式:最大比值合并、等增益合并和选择合并。

在下面的讨论中,考虑数字通信系统,单个码元内发送的基带信号可以写为 s,功率为 $p=|s|^2$,并假设:

① 每支路的基带噪声都与信号无关,为零均值、功率恒定的加性噪声,即 $n_m\sim \mathrm{CN}(0,\sigma_m^2)$;

② 基带信号幅度的变化是由于信号的衰落,其衰落的速率比信号的最低调制频率低许多,即 $h_m(t)$在一个码元间隔内可以视为常数 h_m;

③ 各支路信号相互独立,服从瑞利分布,即假设 $h_m\sim \mathrm{CN}(0,b_m^2)$或其包络 $r_m=|h_m|$服从

$$P(r_m)=\frac{2r}{b_m^2}\exp\left\{-\frac{r^2}{b_m^2}\right\},\quad r>0 \tag{4.4}$$

由此假设可以知道加权因子 α_m 在一个码元内与时间无关,即可以写为 α_m。

1. 最大比值合并

最大比值合并利用所有支路信号的功率,最大化线性合并器的输出信噪比,可以明显改善合并器输出信号的质量。

(1) 最大比值合并系数

根据式(4.2),可以求得第 m 路接收信号的信噪比,可以表示为

$$\xi_m=\frac{p\,|h_m|^2}{\sigma_m^2} \tag{4.5}$$

将式(4.2) 代入式(4.3),可以计算合并器输出的有用信号为 $r_{\mathrm{MRC}}=\sum_{m=1}^{M}\alpha_m h_m s$,而输出的噪声功率等于各支路输出噪声功率之和,即 $\sigma_{\mathrm{MRC}}^2=\sum_{m=1}^{M}\alpha_m^2\sigma_m^2$,于是可以求得合并器输出信号的信噪比为

$$\xi_{\mathrm{MRC}}=\frac{|r_{\mathrm{MRC}}|^2}{\sigma_{\mathrm{MRC}}^2}=\frac{\left|\sum_{m=1}^{M}\alpha_m h_m\right|^2|s|^2}{\sum_{m=1}^{M}\alpha_m^2\sigma_m^2}=\frac{p\left|\sum_{k=1}^{M}\alpha_k\sigma_m\cdot h_k/\sigma_m\right|^2}{\sum_{m=1}^{M}\alpha_m^2\sigma_m^2} \tag{4.6}$$

最大比值合并输出的目标是使得输出信噪比最大,而根据施瓦茨不等式有

$$\left|\sum_{m=1}^{M}\alpha_m\sigma_m\cdot\frac{h_m}{\sigma_m}\right|^2\leqslant\sum_{m=1}^{M}|\alpha_m\sigma_m|^2\sum_{m=1}^{M}\left|\frac{h_m}{\sigma_m}\right|^2 \tag{4.7}$$

其中等号成立的条件为

$$\frac{\alpha_1\sigma_1^2}{h_1^*}=\frac{\alpha_2\sigma_2^2}{h_2^*}=\cdots=\frac{\alpha_M\sigma_M^2}{h_M^*}=C(\text{复常数}) \tag{4.8}$$

因此,当式(4.7)取等号时,就可以得到最大比值合并的加权系数

$$\alpha_m\propto C\frac{h_m^*}{\sigma_m^2}\propto\frac{h_m^*}{\sigma_m^2},\quad k=1,2,\cdots,M \tag{4.9}$$

将式(4.9)代入式(4.6),可以得到最大比值合并器输出的信噪比

$$\xi_{\text{MRC}} = \frac{p\left|\sum_{k=1}^{M}\alpha_k\sigma_m \cdot h_k/\sigma_m\right|^2}{\sum_{m=1}^{M}\alpha_m^2\sigma_m^2} = \sum_{k=1}^{M}\frac{p\,|h_k|^2}{\sigma_m^2} = \sum_{m=1}^{M}\xi_m \tag{4.10}$$

由于第 m 路信号中信道包络 $r_m=|h_m|$ 服从瑞利分布,可以证明其功率 $r_m^2=|h_m|^2$ 服从负指数分布,即 $P(x)=\mathrm{e}^{-x/b_m^2}/b_m^2\ (x>0)$,因此最大比值合并输出的平均信噪比可以写为

$$\bar{\xi}_{\text{MRC}} = E[\xi_{\text{MRC}}] = \sum_{m=1}^{M}E[\xi_m] = \sum_{m=1}^{M}\frac{p}{\sigma_m^2}E[|h_m|^2] = \sum_{m=1}^{M}\frac{pb_m^2}{\sigma_m^2} \triangleq \sum_{m=1}^{M}\bar{\xi}_m \tag{4.11}$$

(2) 最大比值合并的理解

基于式(4.9)和式(4.10)可知,若第 k 支路的加权系数 α_k 和该支路信道衰落共轭 h_m^* 成正比,和噪声功率 σ_m^2 成反比,则合并器输出的信噪比有最大值,且等于各支路信噪比之和。此外,当各路信号噪声功率相等($\sigma_m^2=\sigma^2$)时,最大比值合并系数可以写为 $\alpha_m=h_m^*$;此时,最大比值合并可以等效为先对各路信号相位进行调整,使之同相,然后以信道包络 $r_m=|h_m|$ 为权值加权相加。

例 4.1 一个 $M=2$ 的例子如图 4.6 所示,而 ξ_{MRC} 随时间变化的例子如图 4.7 所示,其中两路信号的平均信噪比均假设为 $\bar{\xi}$;由式(4.11),容易得到 $\bar{\xi}_{\text{MRC}}=2\bar{\xi}$,换算为 dB 值后为 $\bar{\xi}_{\text{MRC}}(\text{dB})\approx\bar{\xi}(\text{dB})+3\ \text{dB}$,也就是说两重最大比值合并后信号的信噪比是没有分集时信噪比的 2 倍,即增加了 3 dB。

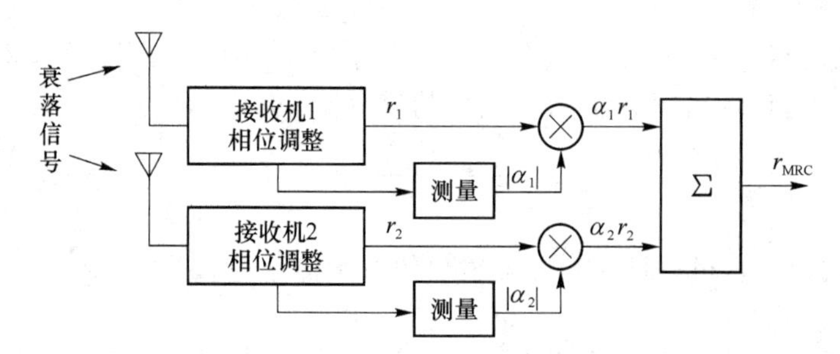

图 4.6 二重分集最大比值合并

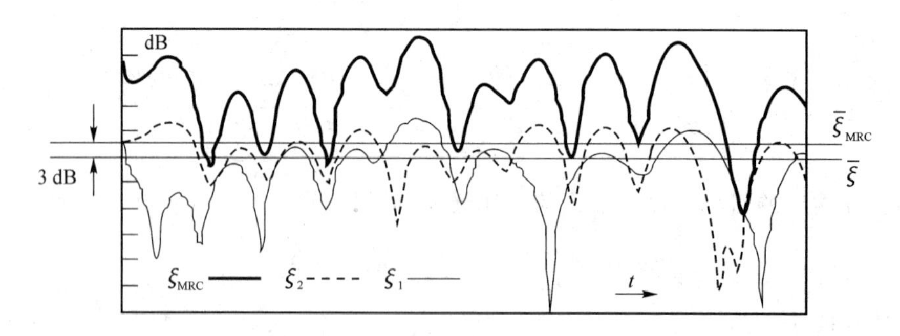

图 4.7 二重分集最大比值合并的信噪比

(3) 中断概率分析

通信中接收信号的质量可以用中断概率或可通率来衡量。中断概率定义为接收信号的信噪比小于给定门限 x(接收机正常工作的门限)的概率,而可通率定义为接收信号信噪比高于

给定门限 x 的概率。下面对最大比值合并后输出信号的中断概率进行分析。

当各路信号中信道平均功率和噪声功率都相等时，即 $b_m^2=b^2$ 和 $\sigma_m^2=\sigma^2$，各支路信号有相同的平均信噪比 $\bar{\xi}=E[\xi_m]=pb^2/\sigma^2$，可以证明最大比值合并输出信噪比的概率密度函数为

$$p(\xi_{\mathrm{MRC}})=\frac{1}{(M-1)!\,(\bar{\xi})^M}(\xi_{\mathrm{MRC}})^{M-1}\mathrm{e}^{-\xi_{\mathrm{MRC}}/\bar{\xi}} \tag{4.12}$$

因此，信噪比 ξ_{MRC} 小于等于给定值 x 的概率，即中断概率为

$$F(x)=P(\xi_{\mathrm{MRC}}\leqslant x)=\int_0^x\frac{\xi_{\mathrm{MRC}}^{M-1}\mathrm{e}^{-\xi_{\mathrm{MRC}}/\bar{\xi}}}{(\bar{\xi})^M(M-1)!}\mathrm{d}\xi_{\mathrm{MRC}}=1-\mathrm{e}^{-x/\bar{\xi}}\sum_{k=1}^{M}\frac{(x/\bar{\xi})^{k-1}}{(k-1)!} \tag{4.13}$$

中断概率 $F(x)\sim x$ 的特性如图 4.8 所示。由图 4.8 可以看出，对给定中断概率 10^{-3}，随着 M 的增加，所需的信噪比在减小：相对于没有分集，$M=2$ 时所需信噪比减小了 30－13.5＝16.5 dB，$M=3$ 时减小了 30－7.2＝22.8 dB，$M=4$ 时减小了 30－3.7＝26.3 dB。

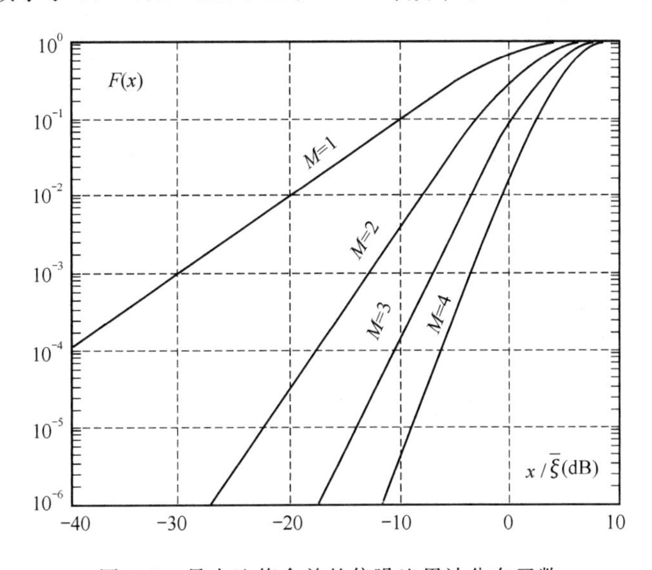

图 4.8　最大比值合并的信噪比累计分布函数

2. 等增益合并

虽然最大比值合并有最好的性能，但它要求有准确的加权系数，实现的电路比较复杂。等增益合并的性能虽然比它差些，但实现起来要容易得多。等增益合并仅对各路信号中衰落信道的相位进行调整并使其统一，再以各路加权系数均为 1 进行合并，即

$$\alpha_m=\exp\{-\mathrm{j}(\angle h_m+\phi)\},\quad m=1,2,\cdots,M \tag{4.14}$$

其中统一的相位为 $\phi\in[0,2\pi]$，一般取为 0。此时，各路接收信号中的噪声功率仍为 $|\alpha_m|^2\sigma_m^2=\sigma_m^2$，进而合并器输出的信噪比为

$$\xi_{\mathrm{EGC}}=\frac{\left(\sum\limits_{m=1}^{M}|h_m|\right)^2p}{\sum\limits_{m=1}^{M}\sigma_m^2}=\frac{\left(\sum\limits_{m=1}^{M}r_m\right)^2p}{\sum\limits_{m=1}^{M}\sigma_m^2}\overset{\text{若}\sigma_m^2=\sigma^2}{=}\frac{p}{M\sigma^2}\left(\sum_{k=1}^{M}r_k\right)^2 \tag{4.15}$$

根据式(4.15)，可以求得等增益合并后输出信号的信噪比均值 $\bar{\xi}_{\mathrm{EGC}}$ 如下：

$$\bar{\xi}_{\mathrm{EGC}}=\frac{p}{M\sigma^2}E\left[\left(\sum_{k=1}^{M}r_k\right)^2\right]=\frac{p}{M\sigma^2}\left(\sum_{m=1}^{M}E[r_m^2]+\sum_{n,m=1,n\neq m}^{M}E[r_mr_n]\right) \tag{4.16}$$

因为各支路的信道衰落相互独立,所以有 $E[r_n r_m]=E[r_n]E[r_m](m\neq n)$;对瑞利分布有 $E[r_m^2]=b_m^2$ 和 $E[r_k]=b_m\sqrt{\pi/4}$,把这些关系代入式(4.16),便得到

$$\bar{\xi}_{\mathrm{EGC}}=\frac{p}{M\sigma^2}\left(\sum_{m=1}^{M}b_m^2+\frac{\pi}{4}\sum_{n,m=1,n\neq m}^{M}b_m b_n\right)\overset{若 b_m=b}{=}\left[1+(M-1)\frac{\pi}{4}\right]\bar{\xi} \tag{4.17}$$

其中最后一个等式是假设各路信号中衰落信道功率均为 b^2 得到的,而 $\bar{\xi}=pb^2/\sigma^2$ 为每路信号的平均信噪比。

例 4.2 在二重分集($M=2$)中,等增益合并的例子如图 4.9 所示,对两路信号的相位进行调整对齐后,直接相加输出;而合并后的信噪比 ξ_{EGC} 随时间变化的例子如图 4.10 所示。例如,当 $M=2$ 时,根据式(4.17),有 $\bar{\xi}_{\mathrm{EGC}}=\bar{\xi}(1+\pi/4)\approx1.79\ \bar{\xi}$,即有分集时的平均信噪比等于没有分集时的平均信噪比的约 1.79 倍,或信噪比提高了约 10 lg1.79≈2.5 dB。

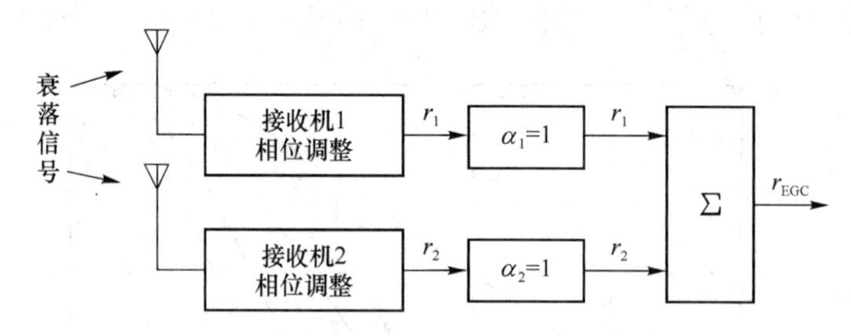

图 4.9 二重分集等增益合并

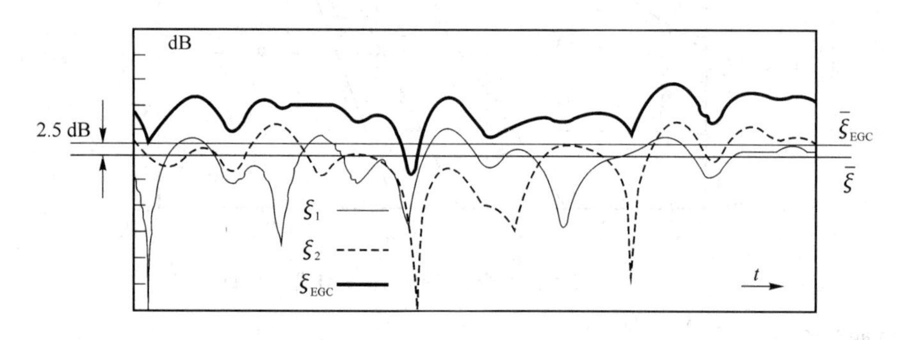

图 4.10 二重分集等增益合并的信噪比

对于 $M>2$ 的情况,要求得 ξ_{EGC} 的累积分布函数和概率密度函数是比较困难的,可以用数值方法求解,但 $M=2$ 时其累积分布函数或中断概率为(推导过程略):

$$F(x)=P(\xi_{\mathrm{EGC}}\leqslant x)=1-\mathrm{e}^{-2x/\bar{\xi}}-\sqrt{\frac{\pi x}{\bar{\xi}}}\cdot\mathrm{e}^{-x/\bar{\xi}}\cdot\mathrm{erf}\left(\sqrt{\frac{x}{\bar{\xi}}}\right) \tag{4.18}$$

概率密度函数为

$$p(\xi_{\mathrm{EGC}})=\frac{1}{\bar{\xi}}\cdot\mathrm{e}^{-2\xi_{\mathrm{EGC}}/\bar{\xi}}-\sqrt{\pi}\cdot\mathrm{e}^{-\xi_{\mathrm{EGC}}/\bar{\xi}}\cdot\left(\frac{1}{2\sqrt{\xi_{\mathrm{EGC}}\bar{\xi}}}-\frac{1}{\bar{\xi}}\sqrt{\frac{\xi_{\mathrm{EGC}}}{\bar{\xi}}}\right)\cdot\mathrm{erf}\left(\sqrt{\frac{\xi_{\mathrm{EGC}}}{\bar{\xi}}}\right) \tag{4.19}$$

对于等增益合并,其中断概率 $F(x)$ 的特性如图 4.11 所示。

3. 选择合并

选择合并是所有合并方法中最简单的一种。在所接收的多路信号中,合并器选择信噪比最高的一路输出,这相当于在 M 个系数 $\alpha_m(t)$ 中,只有一个等于 1,其余的为 0。这种选择可以在解调(检测)前的 M 个射频信号上进行,也可以在解调后的 M 个基带信号上进行。

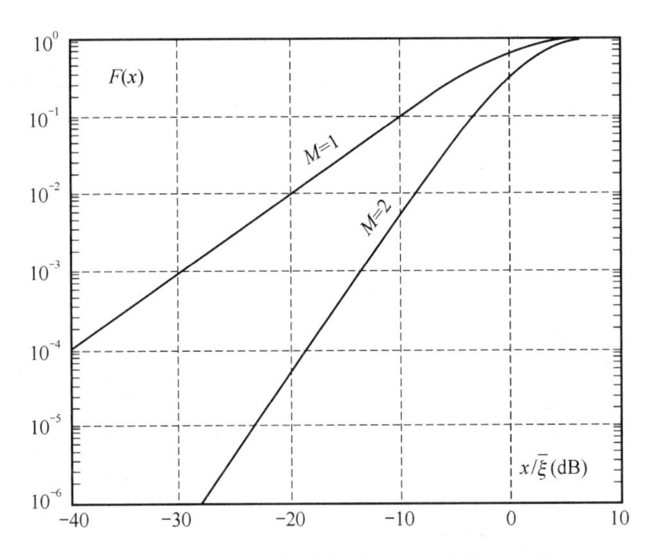

图 4.11　等增益合并信噪比的累计分布函数

由上可知,选择合并器的输出信噪比为

$$\xi_{SC}=\max\{\xi_m, m=1,2,\cdots,M\} \tag{4.20}$$

仍假设各路信号中信道平均功率和噪声功率都相等,即 $b_m^2=b^2$ 和 $\sigma_m^2=\sigma^2$。因此,所有支路的信噪比 ξ_k 独立且都服从以平均信噪比 $\bar{\xi}=E[\xi_m]=pb^2/\sigma^2$ 为参数的负指数分布。由于 M 个支路的衰落是独立的,因此所有支路的 ξ_k 同时小于某个给定值 x 的概率或中断概率为

$$F(x)=(1-\mathrm{e}^{-x/\bar{\xi}})^M \tag{4.21}$$

而至少有一路信噪比超过 x 的概率就是系统的可通率,即

$$1-F(x)=1-(1-\mathrm{e}^{-x/\bar{\xi}})^M \tag{4.22}$$

根据分布函数 $F(x)$ 可得选择合并输出信噪比 ξ_{sc} 的概率密度函数,即对 $F(x)$ 求导得

$$p(\xi_{SC})=\left.\frac{\mathrm{d}F(x)}{\mathrm{d}x}\right|_{x=\xi_{SC}}=\frac{M}{\bar{\xi}}(1-\mathrm{e}^{-\xi_{SC}/\bar{\xi}})^{M-1}\mathrm{e}^{-\xi_{SC}/\bar{\xi}} \tag{4.23}$$

进一步求得 ξ_{sc} 的均值为

$$\bar{\xi}_{SC}\doteq\int_0^\infty \xi_{SC}\,p(\xi_{SC})\mathrm{d}\xi_{SC}=\bar{\xi}\sum_{m=1}^{M}\frac{1}{m} \tag{4.24}$$

选择合并后的中断概率 $F(x)\sim x$ 的关系如图 4.12 所示。由图 4.12 可以看出,当给定一个中断概率 $F(x)$ 时,有分集($M>1$)与无分集($M=1$)时所要求的 $x/\bar{\xi}$ 值是不同的。例如,当 $F=10^{-3}$ 时,无分集时要求 $(x/\bar{\xi})_{\mathrm{dB}}=-30$ dB,即要求支路接收信号的平均信噪比高出门限 30 dB;而有分集时,比如 $M=2$,这一数值为 15 dB。就是说,采用二重分集,在保证中断概率不超过给定的该值的情况下,所需支路接收信号的平均信噪比下降了 30－15＝15 dB;采用三重分集时,信噪比则下降了 30－10＝20 dB;采用四重分集时,信噪比则下降了 30－7＝23 dB。由此可以看出,在给定门限信噪比的情况下,随着分集支路数的增加,所需支路接收信号的平均信噪比在下降,这意味着采用分集技术可以降低对接收信号的功率(或者说降低对发射信号的功率)要求,而仍然能保证系统所需的通信概率,这就是采用分集技术带来的好处。

例 4.3　当 $M=2$ 时,即有两个分集支路的例子如图 4.13 所示。合并器实际上就是一个开关,在各支路噪声功率相同的情况下,系统把开关置于最大信号功率的支路,输出的信号就

有最大的信噪比。而当 $M=2$ 时，ξ_{SC} 的选择情况如图 4.14 所示。根据式(4.24)，可以得到二重分集时的平均信噪比为 $\bar{\xi}_{SC}=\bar{\xi}(1+1/2)=1.5\bar{\xi}$，它等于没有分集的平均信噪比的 1.5 倍，或提高了 10lg(1.5)=1.76 dB。

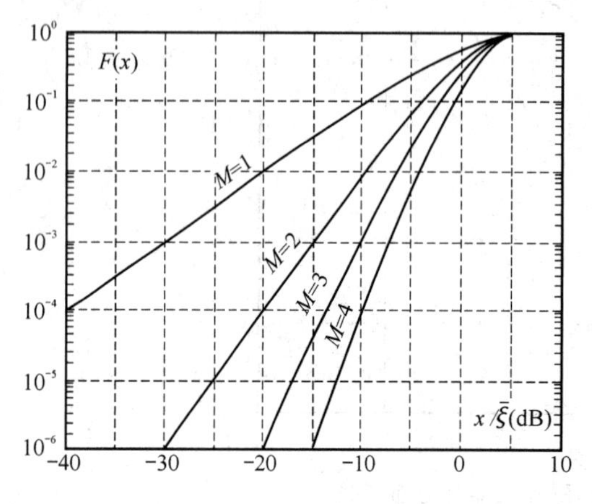

图 4.12　选择合并的 x 的累计分布函数

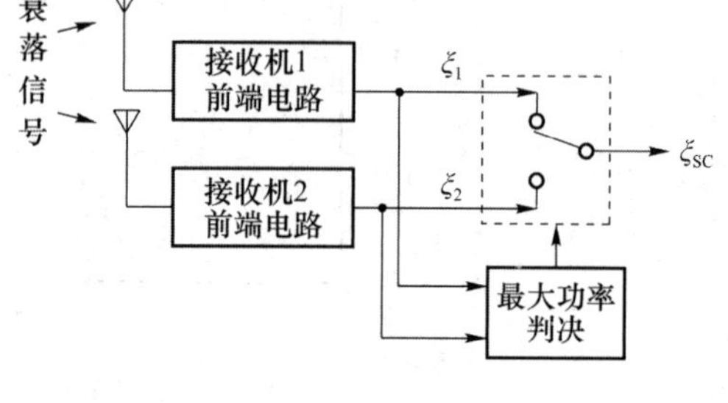

图 4.13　二重分集的选择合并

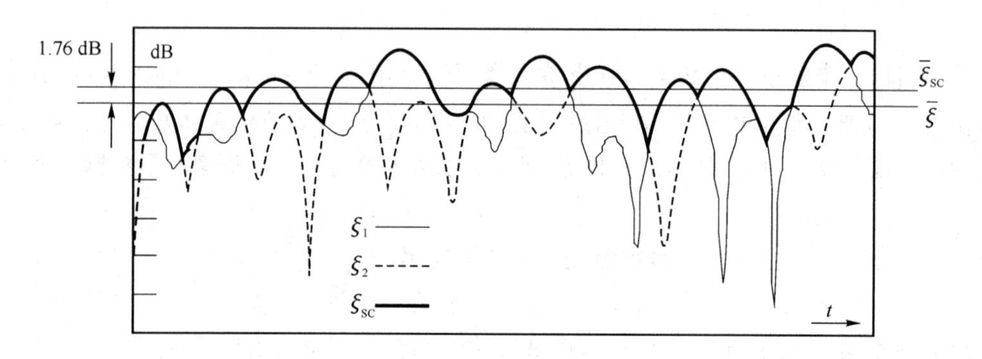

图 4.14　二重分集选择合并的信噪比

4.2.4　分集合并的性能比较

在分集技术中，除了用接收信号的中断概率进行其性能分析外，还可以从接收信号的平均信噪比改善情况和解调误码率降低情况进行分析。

1. 改善因子

接收信号的信噪比改善情况，可以用改善因子(D)表示，定义为分集合并器输出平均信噪比与没有分集时的平均信噪比之比。下面仍假设各路信号中信道平均功率和噪声功率都相等，即 $b_m^2=b^2$ 和 $\sigma_m^2=\sigma^2$。

① 对最大比值合并，由式(4.11)可得改善因子为

$$D_{MRC}=\frac{\bar{\xi}_{MRC}}{\bar{\xi}}=M \tag{4.25}$$

② 对等增益合并，由式(4.17)可得改善因子为

$$D_{EGC}=\frac{\bar{\xi}_{EGC}}{\bar{\xi}}=1+(M-1)\frac{\pi}{4} \tag{4.26}$$

③ 对选择合并方式，由式(4.24)可得改善因子为

$$D_{SC}=\frac{\bar{\xi}_{SC}}{\bar{\xi}}=\sum_{m=1}^{M}\frac{1}{m} \tag{4.27}$$

通常改善因子用 dB 表示，即 $D(\mathrm{dB})=10\lg D$，图 4.15 给出了各种 $D(\mathrm{dB})$-M 的关系曲线。由图 4.15 可见，信噪比的改善随着分集的重数增加而增加，在 $M=2\sim3$ 时，增加速度很快，但随着 M 的继续增加，改善的速率放慢，特别是选择合并。考虑随着 M 的增加，电路复杂程度也增加，实际的分集重数一般最高为 3～4。在 3 种合并方式中，最大比值合并改善最多，其次是等增益合并，最差的是选择合并。这是因为选择合并在每个时刻仅利用其中一路信号的功率，而前两者利用了所有支路信号的功率。

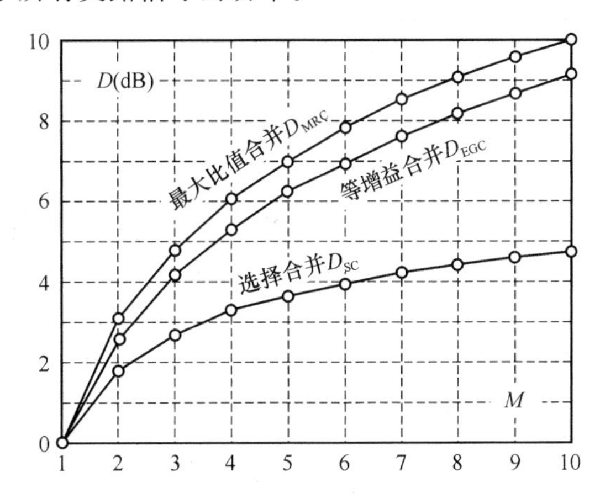

图 4.15　各种合并方式的改善

2. 误码率

在加性高斯白噪声信道中，数字传输的错误概率 P_e 取决于信号的调制解调方式及信噪比 ξ。在数字移动信道中，信噪比是一个随机变量。前面对各种分集合并方式的分析，得到了在瑞利衰落时的信噪比概率密度函数。可以把 P_e 看作衰落信道中给定信噪比 ξ 的条件概率。为确定所有可能值的平均错误概率 $\bar{P}_e$，可以计算下面的积分：

$$\bar{P}_e=\int_0^{\infty}P_e(\xi)\cdot p_M(\xi)\mathrm{d}\xi \tag{4.28}$$

式中 $p_M(\xi)$ 即 M 重分集时输出信噪比的概率密度函数。

下面以二重分集为例说明分集对二进制数字传输误码的影响。由于差分相干解调 DPSK 误码率的表达式是比较简单的指数函数，这里以它为例来分析多径衰落环境下各种分集的误码特性。DPSK 的差分相干解调误码率为 $P_b=\mathrm{e}^{-\gamma}/2$。

利用式(4.28)的积分可以计算出各种合并器输出信号的误码率(推导过程略)。

(1) 采用最大比值合并器的 DPSK 误码特性

$$\bar{P}_b=\int_0^{\infty}\frac{1}{2}\mathrm{e}^{-\xi_{MRC}}\cdot p(\xi_{MRC})\mathrm{d}\xi_{MRC}=\frac{1}{2(1+\bar{\xi})^M} \tag{4.29}$$

(2) 采用等增益合并器的 DPSK 误码特性

由 $M=2$ 时等增益合并的输出信噪比概率密度函数，可以求得平均误码率为

$$\bar{P}_b=\int_0^{\infty}\frac{1}{2}\mathrm{e}^{-\xi_{EGC}}\cdot p(\xi_{EGC})\mathrm{d}\xi_{EGC}=\frac{1}{2(1+\bar{\xi})}-\frac{\bar{\xi}}{2\left(\sqrt{1+\bar{\xi}}\right)^3}\mathrm{arccot}\left(\sqrt{1+\bar{\xi}}\right) \tag{4.30}$$

(3) 采用选择合并器的 DPSK 误码特性

$$\bar{P}_b = \int_0^{\infty} \frac{1}{2}e^{-\xi_{SC}} \cdot p(\xi_{SC})\mathrm{d}\xi_{SC} = \frac{M}{2}\sum_{m=0}^{M-1} C_{M-1}^{m}(-1)^m \frac{1}{1+m+\bar{\xi}} \tag{4.31}$$

式中 C_m^n 为二项式系数,等于 $m!/(m-n)!n!$。

上述各积分计算也可以用数值计算的方法。图 4.16 给出了 $M=2$ 时,3 种合并方式的平均误码特性。由图 4.16 可见,二重分集对无分集误码特性有了很大的改善,而 3 种合并方式的差别不是很大。

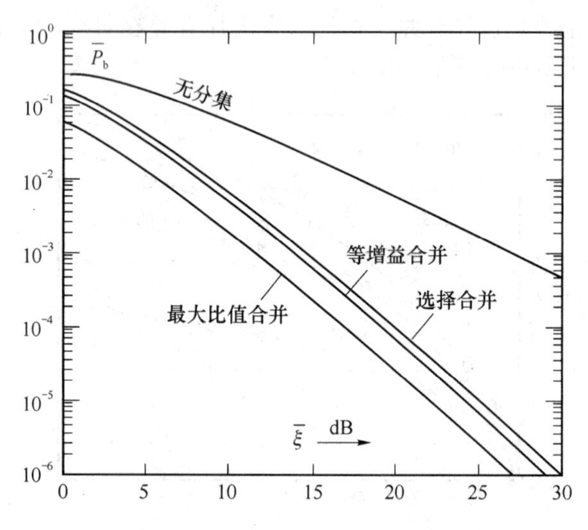

图 4.16 $M=2$ 时各种合并方式 DPSK 的平均误码率

4.3 均衡技术

4.3.1 基本原理与分类

在数字传输系统中,一个无码间干扰的理想传输系统,在没有噪声干扰的情况下其冲激响应 $h(t)$应当具有图 4.17 所示的波形。它除了在指定的时刻对接收码元的抽样不为零外,在其余的抽样时刻抽样值应当为零。如图 4.18 所示的冲击响应 $h_d(t)$,由于实际信道(这里指包括一些收发设备在内的等效信道)的传输特性并非理想,冲激响应的波形失真是不可避免的,信号的抽样在多个抽样时刻不为零。这就造成了样值信号之间的干扰,即码间干扰(ISI)。严重的码间干扰会使信息比特的判决出错。为了提高信息传输的可靠性,必须采取适当的措施来克服这种不良的影响,方法就是采用信道均衡技术。

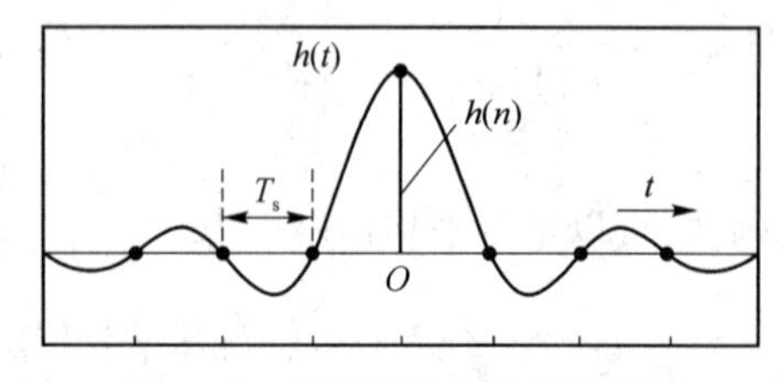

图 4.17 无码间干扰的样值序列

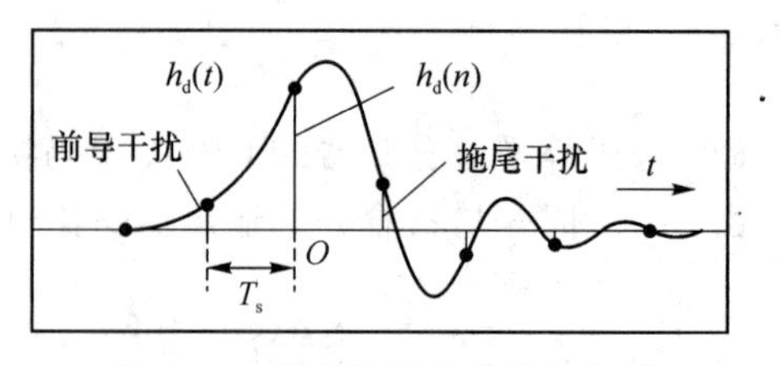

图 4.18 有码间干扰的样值序列

如图 4.19 所示，在数字通信系统中常采取的方法就是在接收端加入均衡器，用来补偿信道特性，从而减少接收端采样时刻的码间干扰。为了突出均衡器的作用，这里暂时不考虑信道噪声的影响。假设从发送端到接收端的等效信道冲击响应及传递函数分别为 $h(t)$ 和 $H(f)$；接收端均衡器的冲击响应和传递函数分别为 $e(t)$ 和 $E(f)$。此时 $h(t)$ 和 $H(f)$ 不满足无码间干扰的奈奎斯特时域和频域条件；而希望 $g(t)=h(t)*e(t)$ 和 $G(f)=H(f)E(f)$ 尽量满足无码间干扰的奈奎斯特时域和频域条件，即

$$g(nT_s)=\begin{cases}1, & n=0\\ 0, & n\neq 0\end{cases},\quad \sum_{n=-\infty}^{\infty}G\left(f+\frac{n}{T_s}\right)=T_s \tag{4.32}$$

其中 T_s 为码元周期。

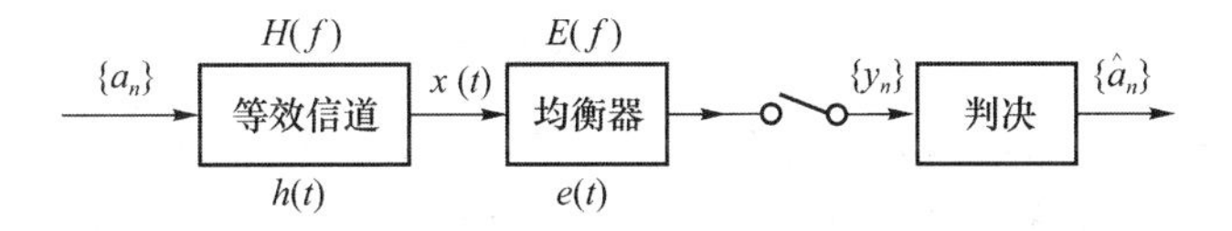

图 4.19　具有均衡器的数字基带传输系统

根据上述讨论，一般可以从时间响应和频域响应两个角度来考虑设计信道均衡器，分别称作时域均衡和频域均衡。在模拟通信系统中，常采用频域均衡器来补偿信道的非理想特性，但其性能受限于模拟电路的能力；在 2G 和 3G 的数字通信系统中，常采用时域均衡器，然而高速数据传输时时域均衡器的抽头个数越来越多，导致复杂度上升，且收敛性和稳定性也会变差；而在 4G 和 5G 的数字通信系统中，采用基于 FFT 的 OFDM 技术，使得时域卷积可以变换为简单的频域乘积，因此数字频域均衡器得以发展。

信道均衡技术可以分为两大类：线性均衡器和非线性均衡器。若信道幅频特性在信号带宽内不为常数，但比较平坦，引起的码间干扰不太严重，可以采用线性均衡；而最大似然序列估计器（Maximum Likelihood Sequence Estimation equalizer，MLSE）及判决反馈均衡器（Decision Feedback Equalization，DFE）则属于非线性均衡，分别为最优和次优的均衡器，主要用于信道失真严重，尤其是在信道频率特性有传输零点的情况下。而考虑信道的时变特性，所采用的均衡器必须能够跟踪信道的变化，无论是线性均衡器还是非线性均衡器，均应及时调整其滤波器的参数，以补偿信道的非理想特性。下面就分别介绍线性均衡器、非线性均衡器和自适应均衡器。

4.3.2　线性均衡器

1. 线性均衡器的实现

考虑用一个线性滤波器来实现均衡器。采用 z 变换分析一个线性离散系统是方便的。设等效信道的输入序列 $\{a_n\}$ 的 z 变换为 $A(z)$，它是一个有限长的 z^{-1} 的多项式，等效信道冲激响应的 z 变换为 $H(z)$，经过信道后接收端的序列为 $\{x_n\}$ 且其 z 变化为 $X(z)$。均衡器 $\{e_n\}$ 的传输函数为 $E(z)$。理想均衡器输出序列 $\{\hat{a}_n\}$ 的 z 变换则为 $Y(z)=A(z)$，则有

$$Y(z)=G(z)A(z)=E(z)X(z)=E(z)H(z)A(z)=A(z) \tag{4.33}$$

因此在等效信道特性给定的情况下，对均衡器传输函数的要求是

$$E(z)=\frac{1}{H(z)} \tag{4.34}$$

由此可见，均衡器是等效信道的逆滤波。根据 $E(z)$ 就可以设计所需要的均衡器。

最基本的均衡器结构就是横向滤波器。它的结构如图 4.20 所示。它由 $2N$ 个延迟单元(z^{-1})、$2N+1$ 个加权支路和一个加法器组成。e_n 为各支路的加权系数,即均衡器的系数。由于输入的离散信号从串行的延迟单元之间抽出,经过横向路径集中叠加后输出,故称横向均衡器。这是一个有限冲激响应(FIR)滤波器。

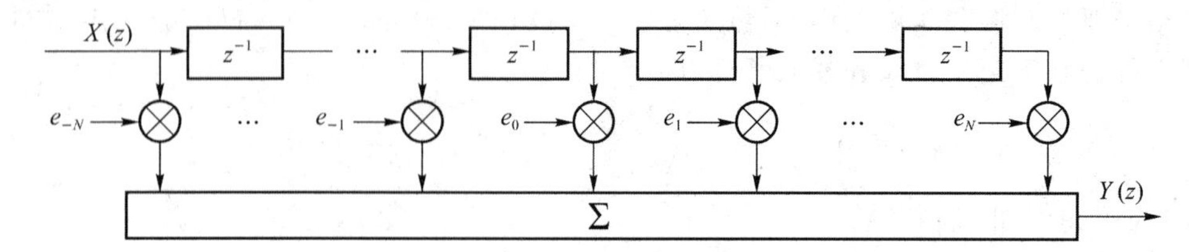

图 4.20　横向滤波器的结构

对于给定的广义信道 $H(z)$,适当设计均衡器的系数,就可以对输入序列进行均衡。

例 4.4　如图 4.21(a)所示,有 $H(z)$的抽头系数$\{h_n\}=(1/4,1,1/2)$。现设计一个两抽头(即二阶)均衡器 $E(z)$,系数为$(e_{-1},e_0,e_1)=(-1/3,4/3,-2/3)$。对应等效信道和均衡器的传输函数分别为

$$H(z)=\frac{1}{4}z+1+\frac{1}{2}z^{-1}$$

和

$$E(z)=\frac{-1}{3}z+\frac{4}{3}+\frac{-2}{3}z^{-1}$$

于是系统的总传输函数为

$$G(z)=H(z)E(z)=\frac{-1}{12}z^2+1+\frac{-1}{3}z^{-2}$$

对应的抽样序列为$(g_n)=(-1/12,0,1,0,-1/3)$,如图 4.21(b)所示。由图 4.21 可以看出,输出序列的码间干扰情况有了改善,但还不能完全消除码间干扰,如 g_{-2}、g_2 均不为零,这是残留的码间干扰。可以预期若增加均衡器的抽头数,均衡的效果会更好。事实上,当 $H(z)$为一个有限长的多项式时,用长除法展开式(4.43),$E(z)$将是一个无穷多项式,对应横向滤波器的无数个抽头。不同的设计结果所得到的残留的码间干扰是不同的。我们总是希望残留的码间干扰越小越好。

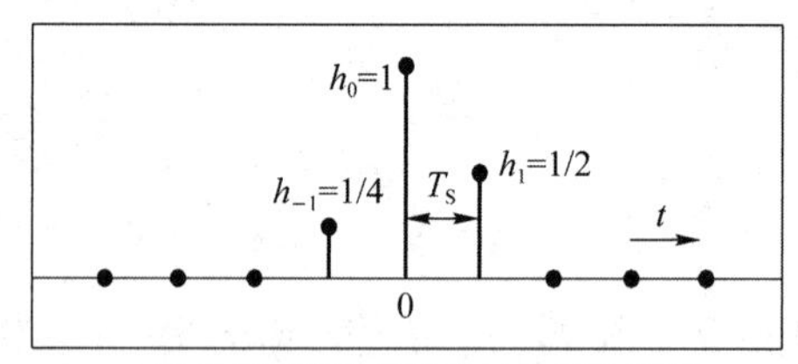

(a) 均衡前等效信道的抽头系数系列

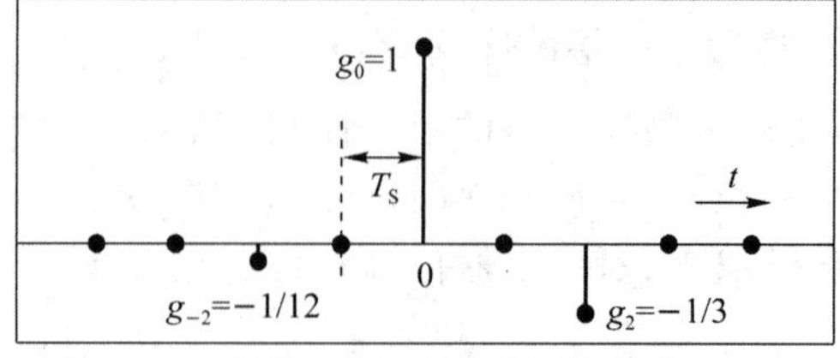

(b) 均衡后总传输函数系数序列

图 4.21　二阶均衡前后系统传输函数系数序列

线性均衡器除了横向均衡器外，还有线性反馈均衡器，它是一种无限冲激响应（IIR）滤波器。在要求相同的残留码间干扰情况下，线性反馈均衡器所需元件较少。但由于有反馈回路，因此存在稳定性问题，实际使用的线性均衡器多是横向均衡器。

评价一个均衡器的性能通常有两个准则：最小峰值准则和最小均方误差准则。根据这两个准则可以通过迫零（ZF）算法和最小均方误差（MMSE）算法来获取线性均衡器的系数。

2. 时域线性均衡算法

（1）迫零算法

峰值畸变定义为

$$D=\frac{1}{|g_0|}\sum_{n=-\infty,n\neq 0}^{\infty}|g_n| \tag{4.35}$$

所谓峰值畸变准则就是在已知$\{h_n\}$的情况下，调整均衡器系数$\{e_n\}$使$g_0=1$，同时迫使$D=0$，因此也称为迫零算法。

Lucky 对$D(e_k)$作了充分研究，指出$D(e_k)$是一个凸函数，其最小值就是全局最小值。采用数值方法可以求得此最小值，例如最优算法中的最速下降法。他同时指出有一种特殊但很重要的情况：若在均衡前系统峰值畸变（称初始畸变）D_0满足

$$D_0=\frac{1}{|h_0|}\sum_{n=-\infty,n\neq 0}^{\infty}|h_n|<1 \tag{4.36}$$

则$D(e_k)$的最小值必定发生在$g_n=0(n\neq 0)$的情况。

基于上述结论，并考虑实际中常使用截短的横向滤波器，假设共有$2N+1$个滤波器的抽头系数，则g_n可以写为

$$g_n=\sum_{k=-N}^{N}e_k h_{n-k}=\begin{cases}1, & n=0\\ 0, & n=\pm 1,\pm 2,\cdots,\pm N\end{cases} \tag{4.37}$$

进而可以建立$2N+1$个方程：

$$\underbrace{\begin{bmatrix}h_0 & \cdots & h_{-N} & \cdots & h_{-2N}\\ \vdots & & \vdots & & \vdots\\ h_N & \cdots & h_0 & \cdots & h_{-N}\\ \vdots & & \vdots & & \vdots\\ h_{2N} & \cdots & h_N & \cdots & h_0\end{bmatrix}}_{\boldsymbol{H}}\underbrace{\begin{bmatrix}e_{-N}\\ \vdots\\ e_0\\ \vdots\\ e_N\end{bmatrix}}_{\boldsymbol{e}}=\underbrace{\begin{bmatrix}g_{-N}\\ \vdots\\ g_{-1}\\ g_0\\ g_1\\ \vdots\\ g_N\end{bmatrix}}_{\boldsymbol{g}}=\begin{bmatrix}0\\ \vdots\\ 0\\ 1\\ 0\\ \vdots\\ 0\end{bmatrix} \tag{4.38}$$

假定$\boldsymbol{H}$为列满秩矩阵，可以得到ZF算法中的$2N+1$个系数，即

$$\boldsymbol{e}=(\boldsymbol{H}^{\mathrm{H}}\boldsymbol{H})^{-1}\boldsymbol{H}^{\mathrm{H}}\boldsymbol{g}=\boldsymbol{H}^{-1}\boldsymbol{g} \tag{4.39}$$

在迫零算法中，当等效信道的幅频特性在某频率上衰减很大时，均衡器会在此频点有很大的幅度增益；而在实际信道中存在加性噪声，因此迫零均衡器会放大系统的输出噪声，导致系统输出的信噪比下降。而最小均方误差算法则可以克服迫零算法的这个缺点。

（2）最小均方误差算法

均方误差定义为

$$L=E[(a_n-\hat{a}_n)^2] \tag{4.40}$$

所谓最小均方误差准则就是在已知$\{h_n\}$的情况下，调整均衡器系数e_k使L有最小值。

使得 L 最小必定发生在偏导为零处，即

$$\frac{\partial L}{\partial e_k}=-2E\left[(a_n-\hat{a}_n)\frac{\partial \hat{a}_n}{\partial e_k}\right]=0, k=0,\pm 1,\pm 2,\cdots \tag{4.41}$$

也就是

$$E[(a_n-\hat{a}_n)x_{n-k}]=0, k=0,\pm 1,\pm 2,\cdots \tag{4.42}$$

对支路数为有限值 $2N+1$ 的横向均衡器，式中 $\hat{a}_n$ 为

$$\hat{a}_n=\sum_{m=-N}^{N} e_m x_{n-m} \tag{4.43}$$

将式(4.43)代入式(4.42)，整理后可得

$$E[a_n x_{n-k}]=\sum_{m=-N}^{N} e_m E[x_{n-m} x_{n-k}] \tag{4.44}$$

这样求解式(4.44)的 $2N+1$ 个联立方程便可以求得均衡器的 $2N+1$ 个系数。定义 $R_{ax}(k)=E[a_n x_{n-k}]$ 和 $R_x(m-k)=E[x_{m-i} x_{m-k}]$ 为相关系数，这样可以通过发送端发送导频序列并进行训练得到。

实际由于信道参数经常是随时间变化的，均衡器的系数也必须随时调整。系数的确定不采用一般解线性方程组求解的方法，而采用迭代的方法。迭代的方法相对于解方程的方法，可以使均衡器更快地收敛到最佳状态。由此根据对均衡器实际的要求而产生了许多不同的迭代算法。由于篇幅关系这里不再讨论。

3. 频域线性均衡算法

上述时域均衡的方法计算复杂度高，在通信系统中对设备处理能力有着较高的要求。为了能够降低均衡的复杂度，在采用 OFDM 技术的移动通信系统中，如 4G/5G 系统，接收端通常采用频域均衡的方式进行处理。

根据第 3 章内容可知，假设接收端 OFDM 解调后频域为 $\boldsymbol{y}=[y_0,y_1,\cdots,y_{N-1}]^{\mathrm{T}}$($y_n$ 表示第 n 个子载波上接收的信号)，则 $\boldsymbol{y}=\mathrm{diag}\{\boldsymbol{x}\}\boldsymbol{h}+\boldsymbol{n}$($\boldsymbol{x}=[x_0,x_1,\cdots,x_{N-1}]^{\mathrm{T}}$，$x_n$ 表示第 n 个子载波上发送的信号，$\boldsymbol{h}=[h_0,h_1,\cdots,h_{N-1}]^{\mathrm{T}}$ 表示频域信道响应，$\boldsymbol{n}=[n_0,n_1,\cdots,n_{N-1}]^{\mathrm{T}}$ 表示等效频域噪声)。

接收端需要根据 $\boldsymbol{y}$ 恢复发送端发送信号 $\boldsymbol{x}$ 中的每一个元素，即恢复每个子载波上发送的信号。当接收端提前利用参考信号对信道的频域响应进行估计并获取后，可以对每个子载波上的信号进行单独均衡操作。当采用 ZF 准则时，可以求得第 n 个子载波均衡后为

$$\hat{x}_n=\frac{h_n^* y_n}{\| h_n \|}, n=0,1,\cdots,N-1 \tag{4.45}$$

其中，$\hat{x}_n$ 表示对第 n 个子载波上的信号进行均衡后的信号，h_n^* 表示 h_n 的共轭。

可以看出，对于 OFDM 系统，在频域上进行均衡操作可以对每个子载波进行单独操作，直接通过复数乘法即可达到均衡的目的，其计算复杂度相比于时域均衡能够大大地降低。

4.3.3 非线性均衡器

线性均衡器一般用在信道失真不严重的场合。要使均衡器在失真严重的信道上有比较好

的抗噪声性能，可以采用非线性均衡器，例如判决反馈均衡器（DFE）、最大似然估计均衡器（MLSE）。

1. 判决反馈均衡器

判决反馈均衡器的结构如图 4.22 所示。它由两个横向滤波器〔前馈滤波器（Feed Forward Filter，FFF）、反馈滤波器（FeedBack Filter，FBF）〕和一个判决器构成。

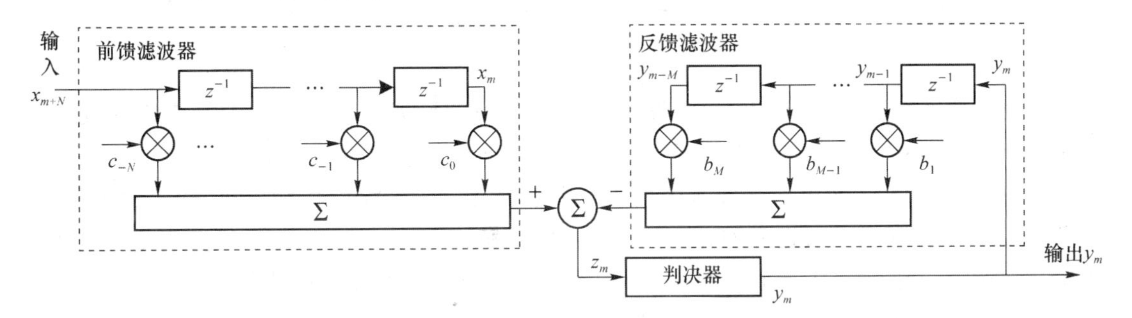

图 4.22　判决反馈均衡器的结构

判决反馈均衡器的输入序列也是前馈滤波器的输入序列$\{x_n\}$。反馈滤波器的输入则是均衡器已检测到并经过判决输出的序列$\{y_n\}$。这些经过判决输出的数据，若是正确的，它们经反馈滤波器的不同延时和适当的系数相乘，就可以正确计算对其后面待判决的码元的干扰（拖尾干扰）。前馈滤波器的输出（当前码元的估值）减去这拖尾干扰，就是判决器的输入，等于

$$z_m = \sum_{n=-N}^{0} c_n x_{m-n} - \sum_{i=1}^{M} b_i y_{m-i} \tag{4.46}$$

式中，c_n 是前馈滤波器的 $N+1$ 个支路的加权系数；b_i 是后向滤波器的 M 个支路的加权系数。z_m 就是当前判决器的输入，y_m 是输出。y_{m-1}，y_{m-2}，…，y_{m-M} 则是均衡器的前 M 个判决输出。第一项是前馈滤波器的输出，是对当前码元的估值；第二项则表示 y_{m-1}，y_{m-2}，…，y_{m-M} 对该估值的拖尾干扰。

应当指出，由于均衡器的反馈环路包含判决器，因此均衡器的输入与输出再也不是简单的线性关系，而是非线性关系。判决反馈均衡器是一种非线性均衡器。对它的分析要比线性均衡器复杂得多，这里不再进一步讨论。

和横向均衡器比较，判决反馈均衡器的优点是在相同的抽头数情况下，残留的码间干扰比较小，误码率也比较低。特别是在信道特性失真十分严重的信道，其优点更为突出。所以，这种均衡器在高速数据传输系统中得到了广泛的应用。

2. 最大似然估计均衡器

首先把 MLSE 用于均衡器的是 Forney（1973 年）。它的基本思想就是把多径信道等效为一个 FIR 滤波器，利用维特比算法在信号路径网格图上搜索最可能发送的序列，而不是对接收到的符号逐个进行判决。MLSE 可以看作对一个离散有限状态机状态的估计。实际 ISI 的响应只发生在有限的几个码元。因此在接收滤波器输出端观察到的 ISI 可以看作数据序列$\{a_n\}$通过系数为$\{h_n\}$的 FIR 滤波器的结果。如图 4.23 所示，T 表示一个码元长度的时延，时延的单元可以看作一个寄存器，共有 $L=L_1+L_2$ 个。由于它的输入$\{a_n\}$是一个离散信息序列（二进制或 M 进制），滤波器的输出可以表示为叠加上高斯噪声的有限状态机的输出$\{y_n\}$。在没有噪声的情况下，滤波器的输出$\{x_n\}$可以由有 M^L 个状态的网格图来描述。滤波器各系数

应当是已知的,或者通过某种算法预先测量得到。

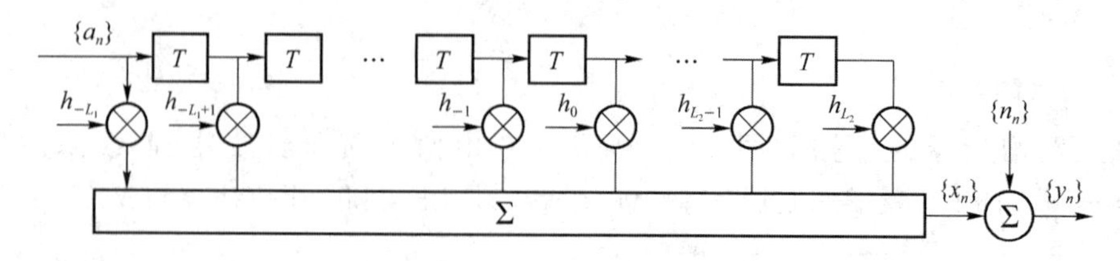

图 4.23　信道模型

设发送端连续输出 N 个码 a_n,接收端收到 N 个 y_n 后,要以最小的错误概率判断发送的是哪一个 $a_1,a_2,\cdots,a_N$ 序列。就是要计算 M^N 种可能发送序列的后验概率 $P(a_1,a_2,\cdots,a_N|y_1,y_2,\cdots,y_N)$,然后比较哪一个发送序列的概率最大,该序列就被判为发送端输出的码序列。假设 $P(a_1,a_2,\cdots,a_N)$ 是发送序列 $a_1,a_2,\cdots,a_N$ 的概率,$P(y_1,y_2,\cdots,y_N|a_1,a_2,\cdots,a_N)$ 是在发送 $a_1,a_2,\cdots,a_N$ 的条件下,接收序列为 $y_1,y_2,\cdots,y_N$ 的概率,则有后验概率

$$P(a_1,a_2,\cdots,a_N|y_1,y_2,\cdots,y_N)=\frac{P(a_1,a_2,\cdots,a_N)P(y_1,y_2,\cdots,y_N|a_1,a_2,\cdots,a_N)}{P(y_1,y_2,\cdots,y_N)} \tag{4.47}$$

若各种序列以等概率发送,接收端可改为计算似然概率 $P(y_1,y_2,\cdots,y_N|a_1,a_2,\cdots,a_N)$,对应似然概率最大的序列就作为发送的码序列的估计。因此,该检测方法称作最大似然序列检测。

随着时间的推移,寄存器的状态 $u_n=\{a_{n-N+1},a_{n-N+2},\cdots,a_n\}$ 随发送序列的变化而变化,其中 u_n 表示寄存器在 nT 时刻的状态,整个滤波器的状态共有 M^L 种。当 a_n 独立等概取 M 种值时,滤波器的 M^L 种状态也以等概率出现。当状态 u_{n-1} 给定时,根据输入的码元 a_n,便可以确定一个输出 x_n。接收机事先并不知道发送端状态序列的变化情况,因此要根据接收到的 y_n 序列,从可能的路径中搜索出最佳路径,使 $P(y_1,y_2,\cdots,y_N|u_0,u_2,\cdots,u_{N-1},a_n)$ 最大。因为 x_n 只与 u_{n-1} 和 a_n 有关,在高斯白噪声情况下,y_n 也只与 u_{n-1} 和 a_n 有关,所以

$$P(y_1,y_2,\cdots,y_N \mid u_0,u_2,\cdots,u_{N-1},a_n)=\prod_{n=1}^{N}P(y_n \mid u_{n-1},a_n) \tag{4.48}$$

两边取自然对数,则

$$\ln P(y_1,y_2,\cdots,y_N \mid u_0,u_2,\cdots,u_{N-1},a_n)=\sum_{n=1}^{N}[A-B(y_n-x_n)^2] \tag{4.49}$$

其中 A 和 B 是常数,x_n 是与 $(a_n,u_{n-1})\to u_n$ 对应的值。因此求式(4.47)的最大概率值便归结为在网格图中,搜索最小平方欧氏距离的路径,即

$$\min\left\{\sum_{n=1}^{N}(y_n-x_n)^2\right\} \tag{4.50}$$

例 4.5　当 ISI 信道模型为 3 抽头时,设传输信号为二进制序列,即 $a_n=\pm1$,信道系数为 $\boldsymbol{h}=(1,1,1)$,即滤波器有两个延时单元,可以画出它的状态图,如图 4.24 所示。经过信道后无噪声输出序列为 $x_n=a_0h_0+a_{-1}h_1+a_{-2}h_2$。设信道模型的初始状态为 $(a_{-1},\ a_{-2})=(-1,-1)$,当信道输入信息序列为 $\{a_n\}=(-1,+1,+1,-1,+1,+1,-1,-1,\cdots)$ 时,则无噪声时接收序列为 $\{x_n\}=(-3,-1,+1,+1,+1,+1,+1,-1,\cdots)$;假设有噪声时的接收序列为 $\{y_n\}=(-3.2,-1.1,+0.9,+0.1,+1.2,+1.5,+0.7,-1.3,\cdots)$,据图 4.24 可以画出相应的网格图。根据 y_n 在网格图中计算每一支路的平方欧氏距离 $(y_n-x_n)^2$,并在每一状态上累加,然后根据累加结果的最小值确定幸存路径。最终得到的路径如图 4.25 所示。图 4.25

中还给出了每一状态累加的平方欧氏距离。这一路径在网格图上对应的序列即$\{x_n\}$。

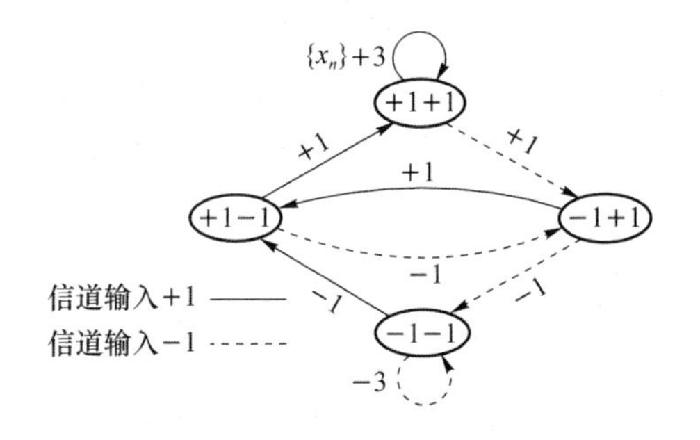

图 4.24 3抽头ISI信道的二进制信号状态图

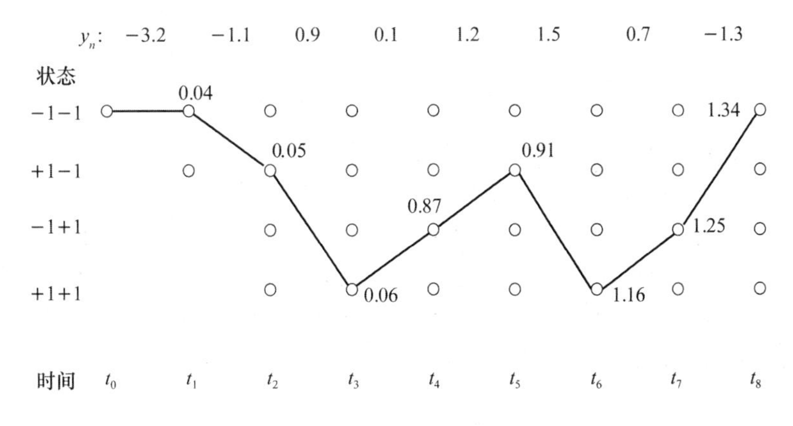

图 4.25 维特比算法的最后幸存路径

在上述计算中，当M和L比较大时计算工作量是很大的，因此一般适用于$M=2\sim4$和$L\leqslant5$的情况，此时采用维特比算法可以提高计算效率。MLSE算法的关键是要知道信道模型的参数，即滤波器系数。这就是信道的估计问题，这里不再介绍。

4.3.4 自适应均衡器

从原理上，在信道特性已知的情况下，均衡器的设计就是要确定一组系数，使基带信号在抽样的时刻消除码间干扰。若信道的传输特性不随时间变化，这种设计通过解一组线性方程或用最优化求极值方法求得均衡器的系数就可以了。然而实际信道特性往往是不确定的或随时间变化的。例如，每次电话呼叫所建立的信道，在整个呼叫期间，传输特性一般可以认为不变，但每次呼叫建立的信道其传输特性不会完全一样。而对移动电话，特别是在移动状态下进行通信，所使用的信道其传输特性每时每刻都在发生变化，而且传输特性十分不理想。因此实际的传输系统要求均衡器能够基于对信道特性的测量随时调整自己的系数，以适应信道特性的变化。自适应均衡器就具有这样的能力。

为了获得信道参数的信息，接收端需要对信道特性进行测量。为此，如图4.26所示，自适应均衡器工作在两种模式：训练模式和跟踪模式。在发送数据前，发送端发送一个已知的序列（称作训练序列），接收端的均衡器开关置1，也产生同样的训练序列。由于传输过程的失真，接收到的训练序列和本地产生的训练序列必然存在误差$e(n)=a(n)-y(n)$。将$e(n)$和$x(n)$作为某种算法的参数，可以把均衡器的系数c_k调整到最佳，使均衡器满足峰值畸变准则或均方畸变准则。此阶段均衡器的工作方式就是训练模式。在训练模式结束后,发送端发送数据,均衡器转入跟踪模式,开关置2。由于此时均衡器达到一个最佳状态(均衡器收敛),判决器以很小的误差概率进行判决。均衡器系数的调整实际上多是按均方畸变最小来调节的。与按峰值畸变最小的迫零算法比较,它的收敛速度快,同时在初始畸变比较大的情况下仍然能够收敛。

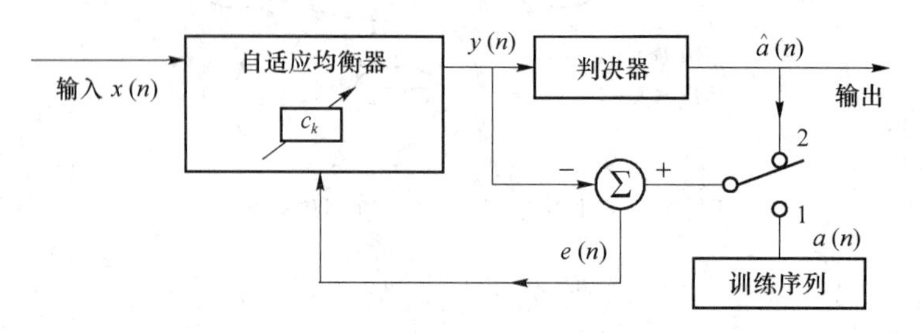

图 4.26 自适应均衡器

时分多址的无线系统常是以固定时隙长度定时发送数据的,特别适合使用自适应均衡技术。它的每一个时隙都包含一个训练序列,它可以安排在时隙的开始处,如图 4.27 所示。此时,均衡器可以按顺序从第一个数据抽样到最后一个进行均衡;也可以利用下一时隙的训练序列对当前的数据抽样进行反向均衡;或者在采用正向均衡后再采用反向均衡,比较误差信号大小,输出误差小的正向或反向均衡的结果。训练序列也可以安排在数据的中间,如图 4.28 所示。此时训练序列对数据作正向和反向均衡。

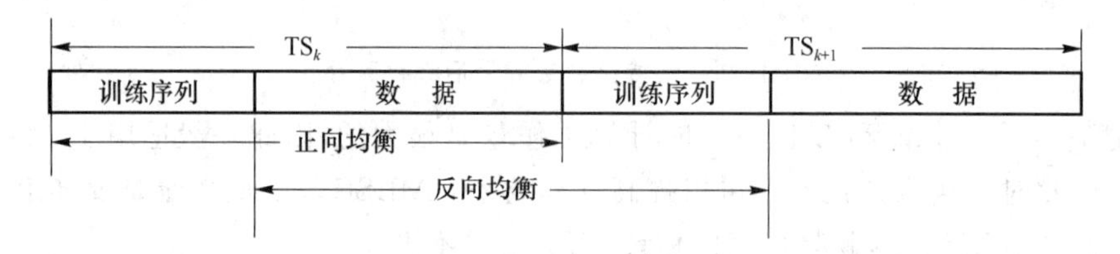

图 4.27 训练序列置于时隙的开始位置

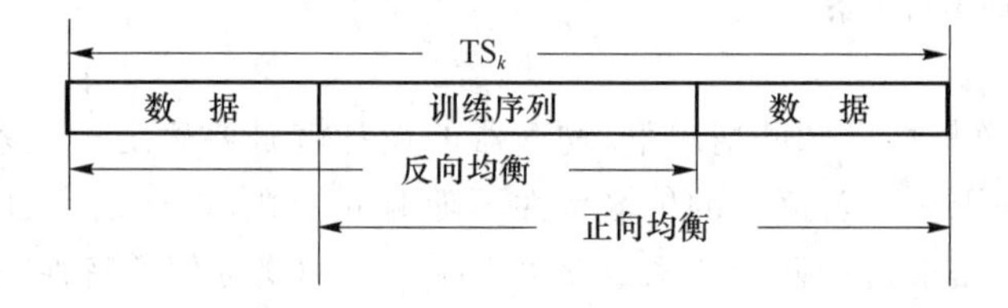

图 4.28 训练序列置于时隙的中间位置

4.4 扩频通信

本节介绍扩展信号频谱(简称扩频)的调制技术。它和前面介绍的调制技术有根本的差别。扩频通信最突出的优点是它的抗干扰能力和通信的隐蔽性,它最初用于军事通信,后来由于它的高频谱效率带来的高经济效益而被应用到民用通信中。在移动通信中,3G移动通信系统的3个标准都采用的是码分多址(CDMA),码分多址方式建立在扩频通信的基础上。本节首先介绍扩频通信的理论基础；然后给出扩频中常采用的扩频序列；最后介绍 3 种典型的扩频方法〔直接序列(DS)扩频、跳频(FH)、跳时(TH)〕，以及它们的抗干扰、抗衰落能力。

4.4.1 扩频通信基础

1. 概述

扩频通信技术是一种信息传输方式，用来传输信息的信号带宽远远大于信息本身的带宽。在发送端带宽的扩展由独立于信息的扩频码来实现，在接收端则用相同的扩频码进行相关解调，实现解扩和恢复所传输的信息数据。该项技术称为扩频调制，而传输扩频信号的系统称为扩频系统。

长期以来，所有调制和解调技术都争取在静态加性高斯白噪声信道中达到更好的功率效率和(或)带宽效率。因此，调制方案的一个主要设计思想就是最小化传输带宽，以提高频带利用率；然而，与之相反的方向是采用宽带调制技术，即以信道带宽来换取信噪比。

2. 理论基础

扩频通信技术的理论基础是香农定理。香农定理描述了信道容量 C、信号带宽 W、持续时间 T 与信噪比 S/N 之间的关系，即

$$C=WT\log_2\left(1+\frac{S}{N}\right)=WT\log_2\left(1+\frac{S}{N_0W}\right) \tag{4.51}$$

其中，信号功率为 S，噪声功率为 $N=N_0W$，而 N_0 为噪声功率谱密度。

如图 4.29 所示，由信号带宽 W、持续时间 T 与信噪比 S/N 组成的立方体体积就是信道容量 C。在总体积不变的条件下，三轴上的自变量或通信资源间可以互换，根据各维度资源的情况互相取长补短。用频率资源换取功率资源，就是现代扩频通信的基本原理。如果通信中功率或信噪比受限，而带宽资源有富裕，就可以用大带宽提升信噪比，以提高通信的可靠性；即使带宽没有富裕，但是为了保证可靠性也要牺牲带宽，确保信噪比。

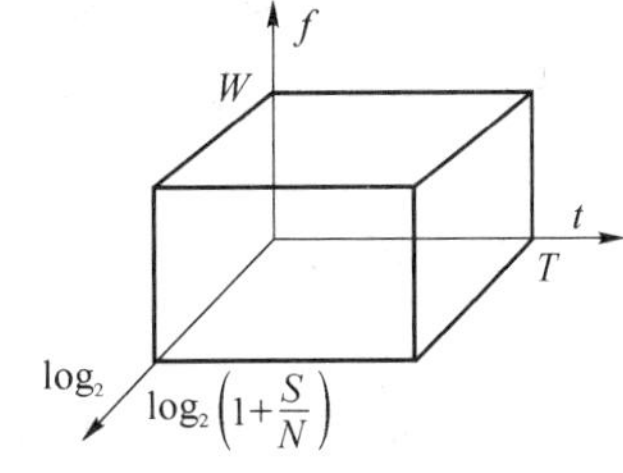

图 4.29　信道容量与信号带宽、持续时间以及信噪比间的关系

但用带宽换取信噪比存在极限容量，不能一味地牺牲带宽来换取信噪比上性能的提高。根据香农公式，单位时间内($T=1$)信道容量为

$$C=\frac{TW}{\ln 2}\ln\left(1+\frac{S}{N}\right)^{T=1}=1.44\times W\ln\left(1+\frac{S}{N_0W}\right) \tag{4.52}$$

假设信号功率受限(即 S 不变)，对于干扰环境(等效为噪声功率谱 N_0 变大)或带宽无限大($W\to\infty$)时，有 $\frac{S}{N_0W}\to 0$，则有 $\ln\left(1+\frac{S}{N_0W}\right)\to\frac{S}{N_0W}$，进而可得

$$C=1.44\times W\,\frac{S}{N_0W}=\frac{1.44S}{N_0} \tag{4.53}$$

由于 $C(W)$ 为单调增函数，因此上式即带宽无限大时的极限最大容量，也就是用带宽换取信噪比的极限容量。

3. 扩频的方法

扩频的方法有很多种，如：直接序列扩频(Direct Sequence Spread Spectrum，DSSS)，简称

直接扩频或直扩(DS);跳变频率扩频(Frequency Hopping Spread Spectrum,FHSS),简称跳频(FH);跳变时间扩频(Time Hopping Spread Spectrum,THSS),简称跳时(TH);宽带线性调频(Chirp Modulation),简称Chirp;以及它们的混合方式扩频,如跳频/直扩系统、跳时/直扩系统等。本小节主要介绍前3种。

(1) 直接序列扩频

这种方法就是直接用具有高码率的扩频码序列在发端去扩展信号的频谱。而在接收端,用相同的扩频码序列去进行解扩,把展宽的扩频信号还原成原始的信息。

(2) 跳变频率扩频

这种方法则是用较低速率编码序列指令去控制载波的中心频率,使其离散地在一个给定宽频带内跳变,形成一个宽带的离散频率谱。

(3) 跳变时间扩频

与跳频相似,跳时即使发射信号在时间轴上跳变。首先把时间轴分成许多时片。在一帧内哪个时片发射信号由扩频码序列去控制。可以把跳时理解为:用一定码序列进行选择的多时片时移键控。由于简单的跳时抗干扰性不强,因此很少单独使用。

4. 扩频通信的特点

扩频通信具有以下一些特点:

- 能实现频谱共享,即码分多址(CDMA);
- 信号的功率谱密度低,因此信号具有隐蔽性且功率污染小;
- 有利于数字加密、防止窃听;
- 抗窄带干扰性强,可在较低的信噪比条件下,保证系统传输质量;
- 抗衰落能力强,具有频率分集的作用。

上述特点的性能指标取决于具体的扩展频谱方法、编码形式及扩展带宽。

4.4.2 扩频序列

在扩频通信中,用到的扩频序列包括伪噪声(Pseudo-Noise,PN)序列和正交序列两种。PN序列具有类似随机噪声的一些统计特性,但和真正的随机信号不同,它可以重复产生和处理,故称作伪随机噪声序列。PN序列有多种,其中最基本、最常用的一种是最长线性反馈移位寄存器序列,也称作m序列;而Gold序列是另一种PN序列,由m序列派生而得,在相同长度下,Gold序列的个数远大于m序列。下面分别介绍其生成原理、性质及应用。

1. *m*序列

(1) m序列的产生

通常m序列由反馈移位寄存器产生。由m级寄存器构成的线性移位寄存器如图4.30所示,通常把m称作该移位寄存器的长度,寄存器中存储值为0或1,而图4.30中的加号为模2加。每个寄存器的反馈支路都乘以C_i,当$C_i=0$时,表示该支路断开;当$C_i=1$时,表示该支路接通。显然,长度为m的移位寄存器有2^m种状态,除了全零序列,能够输出序列的最大周期为$N=2^m-1$。此序列便称作最长线性移位寄存器序列,简称m序列。

在研究m序列的生成及其性质时,常用一个m阶多项式$f(x)$来描述它的反馈结构,称作移位寄存器的特征多项式,可以写为

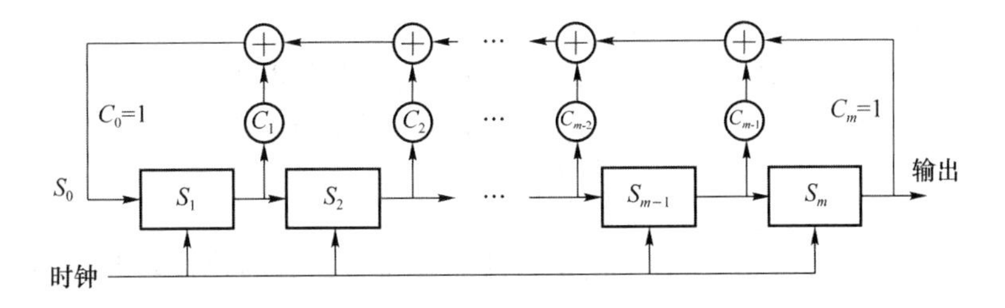

图 4.30　m 序列发生器的结构

$$f(x)=C_0+C_1x+C_2x^2+\cdots+C_mx^m \tag{4.54}$$

式中，$C_0\equiv1$，$C_m\equiv1$。例如，对 $m=4$，移位寄存器的特征多项式可以写为

$$f(x)=C_0+C_1x+C_4x^4=1+x+x^4 \tag{4.55}$$

为了获得一个 m 序列，反馈抽头不能是任意的。能够产生 m 序列的充分必要条件是其特征多项式是本原多项式。不同长度 m 序列的抽头系数如表 4.1 所示。

表 4.1　m 序列的特征多项式

m	抽头位置
3	[1,3]
4	[1,4]
5	[2,5][2,3,4,5][1,2,4,5]
6	[1,6][1,2,5,6][2,3,5,6]
7	[3,7][1,2,3,7][1,2,4,5,6,7][2,3,4,7][1,2,3,4,5,7][2,4,6,7][1,7][1,3,6,7][2,5,6,7]
8	[2,3,4,8][3,5,6,8][1,2,5,6,7,8][1,3,5,8][2,5,6,8][1,5,6,8][1,2,3,4,6,8][1,6,7,8]

(2) m 序列的随机性质

m 序列的主要随机特性(证明略)包括：

① 平衡特性

在 m 序列的一个完整周期 $N=2^m-1$ 内，1 的总数比 0 的总数多 1 个。

② 游程特性

在每个周期内，符号 1 或 0 连续相同的一段子序列称作一个游程。连续相同符号的个数称作游程的长度。m 序列的游程总数为$(N+1)/2$。其中，长度为 1 的游程数等于游程总数的 1/2，长度为 2 的游程数等于游程总数的 1/4，长度为 3 的游程数等于游程总数的 1/8，…，最长的游程是 m 个连 1(只有一个)，最长连 0 的游程长度为 $m-1$(也只有一个)。

③ 移位相加特性

一个 m 序列 M_p 与其移位序列 M_r 模 2 加，得到的序列 M_s 仍是 M_p 的移位序列(移位数与 M_r 不同)。

④ 相关特性

两个序列 a、b 的对应位模 2 加，所得结果序列中 0 比特的数目为 A，1 比特的数目为 D，则序列 a、b 的互相关系数就等于

$$R_{a,b}=\frac{A-D}{A+D}=\frac{A-D}{N} \tag{4.56}$$

当序列循环移动 n 位时，随着 n 的取值不同，互相关系数也在变化，这时式(4.56)就是 n 的函

数,称作序列a、b的互相关函数。若两个序列相等,即$a=b$,$R_{a,b}(n)=R_{a,a}(n)$称作自相关函数。m序列的自相关函数是周期的二值函数。可以证明,对长度为N的m序列有

$$R_{a,a}(n)=\begin{cases}1, & n=l\cdot N, l=0,\pm1,\pm2,\cdots\\ -\dfrac{1}{N}, & \text{其余 } n\end{cases} \tag{4.57}$$

上式中n和$R_{a,a}(n)$都取离散值,用直线段把这些点连接起来,就可以得到关于n的自相关函数曲线。$N=7$时的自相关函数曲线如图4.31所示。显然它是以$N=7$为周期的周期函数。

若把m序列表示为一个双极性NRZ信号,用-1脉冲表示逻辑"1",用$+1$脉冲表示逻辑"0",得到一个周期性脉冲信号。每个周期有N个脉冲,每个脉冲称作码片(chip),码片的长度为T_c,周期为$T=NT_c$。此时,m序列就是连续时间t的函数$m(t)$,这是移位寄存器实际输出的波形。此时,其自相关函数定义为

$$R_{a,a}(\tau)=\frac{1}{T}\int_{-T/2}^{T/2}m(t)m(t+\tau)\mathrm{d}t \tag{4.58}$$

式中,τ是连续时间的偏移量,$R_{a,a}(\tau)$是τ的周期函数,在一个周期$[-T/2,T/2]$内,它可以表示为

$$R_{a,a}(\tau)=\begin{cases}1-\dfrac{N+1}{N}\dfrac{|\tau|}{T_c}, & |\tau|\leqslant T_c\\ -\dfrac{1}{N}, & \text{其他 } \tau\end{cases} \tag{4.59}$$

当$N=7$时,m序列的波形如图4.31所示。它在nT_c时刻的抽样就是$R_{a,a}(n)$,只有两种数值。由式(4.59)可知,当序列的周期很大时,m序列的自相关函数波形变得十分尖锐而接近冲激函数$\delta(t)$,这正是高斯白噪声的自相关函数。

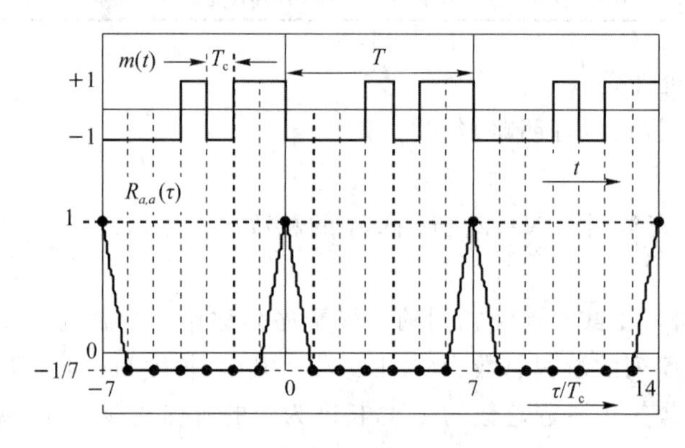

图4.31 m序列的自相关特性

(3) m序列的功率谱

从移位寄存器输出的m序列波形是一个周期信号,所以其功率谱是一个离散谱,理论分析(过程略)可以给出m序列的功率谱为

$$P(f)=\frac{1}{N^2}\delta(f)+\frac{1+N}{N^2}\sum_{\substack{n=-\infty\\ n\neq0}}^{\infty}\mathrm{sinc}^2\left(\frac{n}{N}\right)\delta\left(f-\frac{n}{NT_c}\right) \tag{4.60}$$

图4.32(a)给出了$N=7$时$m(t)$的功率谱特性。图4.32(b)给出了一些功率谱包络随N变化的情况。可以看出,在序列周期T保持不变的情况下,随着N的增加,$m(t)$的码片$T_c=T/N$变短,脉冲变窄,频谱变宽,谱线变短。上述情况表明,随着N的增加,$m(t)$的频谱变宽且功率

谱密度也在下降，接近高斯白噪声的频谱。这也从频域说明了 $m(t)$ 具有随机信号的特征。

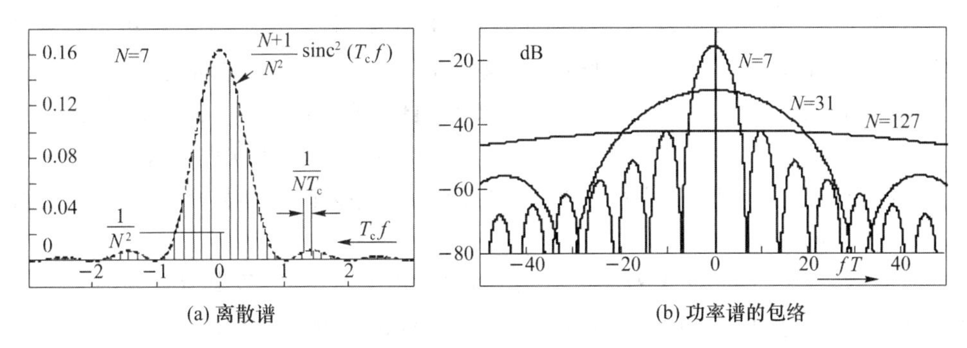

图 4.32　$m(t)$ 的功率谱特性

2. Gold 序列

R. Gold 于 1967 年提出了一种基于 m 序列优选对的码序列，称为 Gold 序列。它由 m 序列优选对逐位模 2 加得到。Gold 序列已经不是 m 序列，但它具有与 m 序列类似的自相关和互相关特性，而且构造简单，产生的序列数多，因而获得广泛的应用。

(1) Gold 序列的生成

一对周期为 $N=2^m-1$ 的 m 序列 $\{a_n\}$ 和 $\{b_n\}$，若其周期性互相关函数仅取值为如下 3 个数，则为 m 序列优选对：

$$R_{a,b}(n)=\begin{cases}\dfrac{t(m)-1}{N}\\[2ex] -\dfrac{1}{N}\\[2ex] -\dfrac{t(m)+1}{N}\end{cases},t(m)=\begin{cases}2^{(m+1)/2}, & m\text{ 为奇数}\\ 2^{(m+2)/2}, & m\text{ 为偶数，但不为 4 的倍数}\end{cases}\tag{4.61}$$

若 $\{a_n\}$ 和 $\{b_n\}$ 为 m 序列优选对，$\{a_n\}$ 与其后移 $\tau(\tau=0,1,\cdots,N-1)$ 位的 $\{b_{n+\tau}\}$ 逐位模 2 加所得的序列 $\{a_n+b_{n+\tau}\}$ 都是不同的 Gold 序列。

Gold 序列的产生电路一般模式如图 4.33 所示。图 4.33 中 m 序列发生器 1 和 2 产生的 m 序列是 m 序列优选对，m 序列发生器 1 的初始状态固定不变，调整 m 序列发生器 2 的初始状态，在同一时钟脉冲的控制下，产生两个 m 序列，经过模 2 加后可得到 Gold 序列，通过设置 m 序列发生器 2 的不同初始状态，可以得到不同的 Gold 序列。

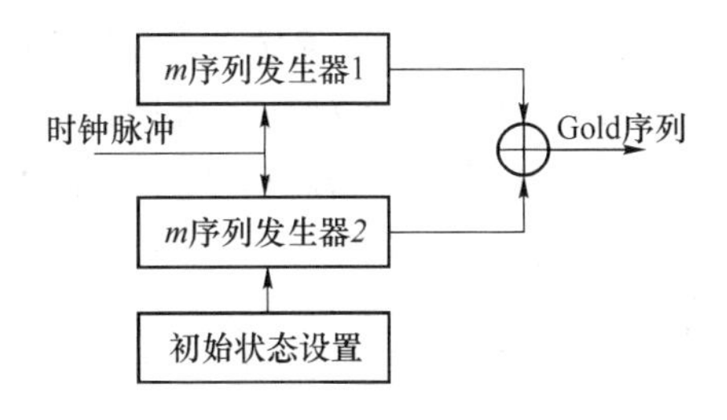

图 4.33　Gold 序列的产生电路

(2) Gold 序列的特性

在实际工程中，Gold 序列的特性主要有如下 3 点。

① 相关特性

对于周期 $N=2^m-1$ 的 m 序列优选对生成的 Gold 序列,其具有与 m 序列优选对相类同的自相关和互相关特性。Gold 序列的自相关函数 $R_a(\tau)$ 在 $\tau=0$ 时与 m 序列相同,具有尖锐的自相关峰;当 $1\leqslant\tau\leqslant N-1$ 时,与 m 序列有所差别,自相关函数值不再是 $-1/N$,而是 m 序列优选对互相关函数中的 3 个值;不同 Gold 序列的互相关函数也为 m 序列优选对互相关函数中的三值。而相同长度、不同 m 序列优选对产生的 Gold 序列间互相关函数不再是三值函数。

② Gold 序列的数量

对于周期 $N=2^m-1$ 的 m 序列优选对生成的 Gold 序列,由于其中一个 m 序列不同的移位都产生新的 Gold 序列,所以共有 $N=2^m-1$ 个不同的相对移位,加上原来两个 m 序列本身,总共有 2^m+1 个 Gold 序列。随着 m 的增加,Gold 序列数以 2 的 m 次幂增长,因此 Gold 序列数比 m 序列数多得多。

③ 平衡的 Gold 序列

平衡的 Gold 序列是指在一个周期内"1"码元数比"0"码元数仅多一个。平衡的 Gold 序列在实际工程中作平衡调制时有较高的载波抑制度。对于周期 $N=2^m-1$ 的 m 序列优选对生成的 Gold 序列,当 m 是奇数时,2^m+1 个 Gold 序列中有 $2^{m-1}+1$ 个 Gold 序列是平衡的,约占 50%;其余的或者是"1"码元数太多,或者是"0"码元数太多,这些都不是平衡的 Gold 序列。当 m 是偶数(不是 4 的倍数)时,有 $2^{m-1}+2^{m-2}+1$ 个 Gold 序列是平衡的,约占 75%,其余的都是不平衡的 Gold 序列。

因此,只有约 50%(m 是奇数)或 75%(m 不为 4 的倍数的偶数)的 Gold 序列可以用到码分多址通信系统中。在 WCDMA 系统中,下行链路采用 Gold 码区分小区和用户,上行链路采用 Gold 码区分用户。

3. 扩频序列的应用

在扩频通信系统中,伪随机序列和正交编码十分重要。伪码码型将影响码序列的相关性,序列的码元长度将决定扩展频谱的宽度。所以,伪码的设计直接影响扩频系统的性能。地址码的选择直接影响 CDMA 系统的容量、抗干扰能力、接入和切换速度等,所选地址码应能提供足够多的数量,其相关函数具有尖锐特性,这样才能使得解扩后的信号具有较高的信噪比。

直接扩频任意选址的通信系统对地址码有如下 3 个要求:

- 伪码的比特率应能满足扩展带宽的需要;
- 伪码应具有尖锐的自相关特性,正交编码应具有尖锐的互相关特性;
- 伪码应具有近似噪声的频谱性质,即近似连续谱,且均匀分布。

通常采用的伪码有 m 序列、Gold 序列等多种伪随机序列。在移动通信的数字信令格式中,伪码常被用作帧同步编码序列,利用相关峰来启动帧同步脉冲,以实现帧同步。

4.4.3 直接序列扩频

在直接序列扩频通信系统(以下简称"直扩系统")中,扩展数据信号带宽的一个方法是用 PN 序列和它相乘。所得到的宽带信号可以在基带传输系统中传输,也可以进行各种载波数字调制,例如 BPSK、QPSK 等。下面以 BPSK 为例,说明直接序列扩频通信系统的原理和抗干扰能力。

1. 直扩系统的基本原理

采用BPSK调制的直接序列扩频通信系统如图4.34所示。图4.34中$b(t)$为二进制数字基带信号，$c(t)$为m序列发生器输出的PN码序列信号，它们的波形都是取值±1的双极性NRZ码，这里逻辑“0”表示为$+1$，逻辑“1”表示为-1。通常，$b(t)$的一个比特长度T_b等于PN序列$c(t)$的一个周期，即$T_b=NT_c$，其中N为PN序列的周期长度。可设信号$b(t)$的带宽为$B_b=R_b=1/T_b$，PN序列波形$c(t)$的带宽为$B_c=R_c=1/T_c$。对应图4.34，图4.35给出了其相应的时域波形，下面分别对发送端扩频和接收端解扩进行阐述。

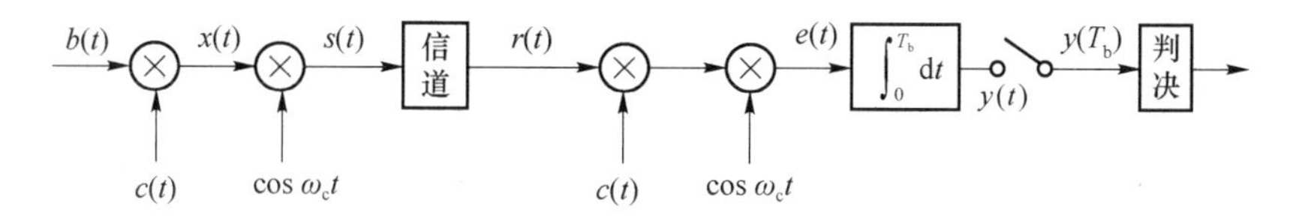

图4.34　直接序列扩频通信系统

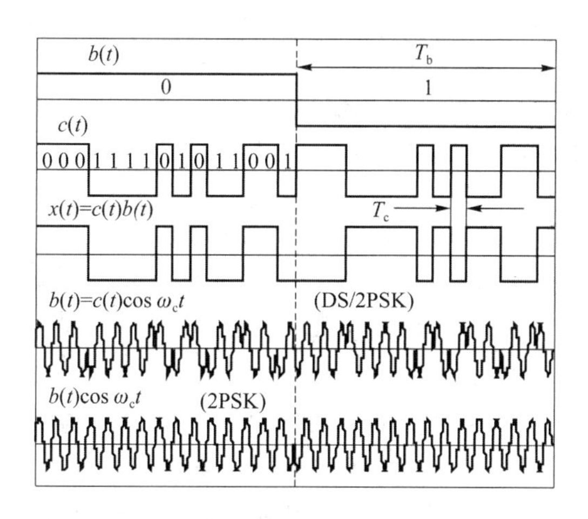

图4.35　直接序列扩频通信系统的波形图

(1) 发送端

发射机对基带信号$b(t)$处理的第一步就是扩频，即用$c(t)$和$b(t)$相乘得到

$$x(t)=b(t)c(t) \tag{4.62}$$

所以$x(t)$的频谱等于$b(t)$的频谱与$c(t)$的频谱相卷积。实际中，基带信号带宽B_b远小于PN序列带宽B_c，因此基带信号$b(t)$的带宽被扩展近似为$c(t)$的带宽B_c，扩展的倍数就约等于PN序列的一个周期码片数，即

$$N=\frac{B_c}{B_b}=\frac{T_b}{T_c} \tag{4.63}$$

而信号的功率谱密度下降到原来的$1/N$。如图4.36所示，为了表示方便，这里简单地用矩形谱$B(f)$和$C(f)$来表示$b(t)$和$c(t)$的频谱，而扩频后信号$x(t)$的频谱为$X(f)$。从图4.36中可以看出，基带信号的频谱被展宽，因此上述的处理过程就是扩频。$c(t)$在这里起着扩频的作用，称为扩频码。这种扩频方式就是直接序列扩频(DSSS)。

扩频后的基带信号进行BPSK调制，得到信号

$$s(t)=x(t)\cos\omega_c t=b(t)c(t)\cos\omega_c t \tag{4.64}$$

为了和一般的BPSK信号区别，把$s(t)$称作DS/BPSK。调制后信号$s(t)$的带宽为$2B_c$。由于

扩频和BPSK调制这两步操作都是信号相乘，原理上也可以把上述信号处理次序调换，此时基带信号首先调制成为窄带的BPSK信号，信号带宽为$2R_b$，然后再与$c(t)$相乘被扩频到$2B_c$。

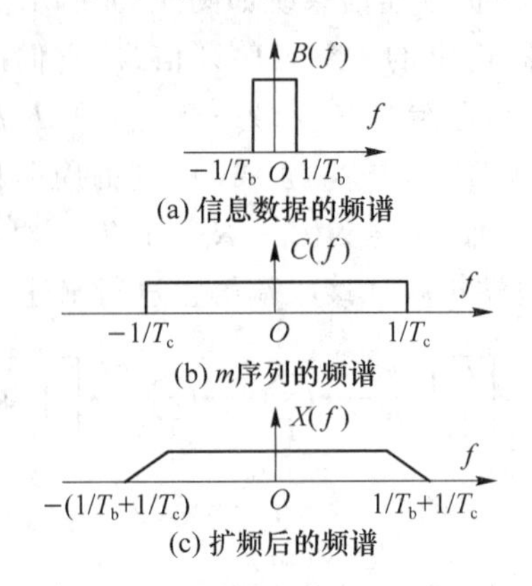

图 4.36　直接序列扩频信号

(2) 接收端

接收机接收到的信号$r(t)$一般是有用信号和噪声及各种干扰信号的混合。为了突出解扩的概念，这里暂时不考虑干扰的影响，即$r(t)=s(t)+n(t)$。接收机将收到的信号首先和本地产生的PN码$c(t)$相乘，由于$c^2(t)=(\pm 1)^2=1$，所以有

$$\begin{aligned} r(t)c(t) &= s(t)c(t)+n(t)c(t) \\ &= b(t)c(t)\cos\omega_c t\cdot c(t)+n(t)c(t) \\ &= b(t)\cos\omega_c t+n(t)c(t) \end{aligned} \tag{4.65}$$

如图4.37所示，若不考虑噪声，相乘所得的信号显然恢复为一个带宽为$2R_b$的窄带BPSK信号，这一操作过程就是解扩。需要注意的是，解扩要求本地PN码序列和发射机PN码序列严格同步，否则所接收到的就是一片噪声。而解扩后的噪声项$n(t)c(t)$与解扩前$n(t)$的频谱特性基本保持一致，因此与非扩频系统的BPSK调制相比，扩频系统没有抗噪声增益。

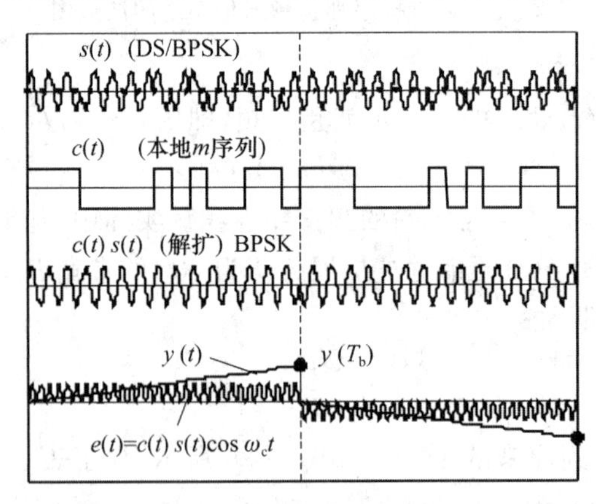

图 4.37　DS/BPSK信号的解扩解调

解扩后所得到的窄带BPSK信号可以采用一般BPSK解调的方法解调。此处采用相关解调的方法。BPSK信号和相干载波相乘后进行积分，在T_b时刻抽样。对抽样值$y(T_b)$进行判决：若$y(T_b)>0$判为"0"，若$y(T_b)<0$判为"1"。相关解调的波形如图4.37所示。

综上所述，直接序列扩频通信系统在发送端直接用高码率的扩频码去展宽数据信号的频

谱，而在接收端则用同样的扩频序列进行解扩，把扩频信号还原为原始的窄带信号。扩频后的信号带宽比原来扩展了 N 倍，功率谱密度下降到原来的 $1/N$，这是扩频信号的特点。扩频码与所传输的信息数据无关，和一般的正弦载波信号一样，不影响信息传输的透明性。扩频码序列仅起扩展信号频谱带宽的作用。

2. 直扩系统的抗窄带干扰能力

前文已经提到，在信号传输过程中，总会存在各种干扰和噪声。相对于携带信息的扩频信号带宽，干扰可以分为窄带干扰和宽带干扰。与一般的窄带传输系统相比，扩频系统的一个重要特点就是抗窄带干扰能力。忽略接收端的噪声，直扩系统的抗窄带干扰模型如图 4.38 所示。图中设 $i(t)$ 为一窄带干扰信号，其频率接近信号的载波频率。

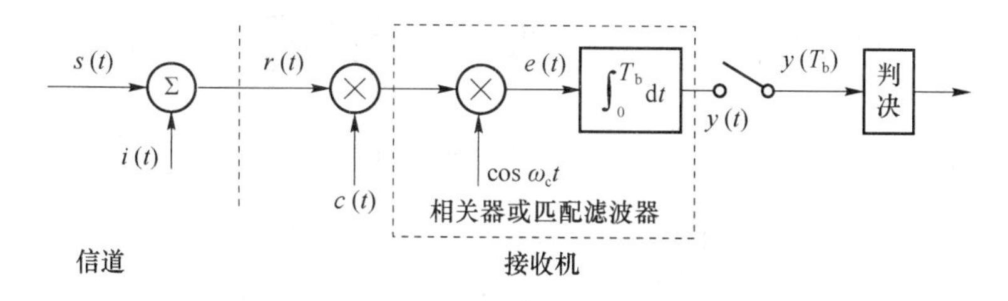

图 4.38　扩频信号的接收

接收机的输入信号为

$$r(t)=s(t)+i(t) \tag{4.66}$$

与本地 PN 序列相乘后，输出的有用信号和干扰为

$$r(t)c(t)=b(t)\cos \omega_c t+i(t)c(t) \tag{4.67}$$

其中，窄带干扰信号 $i(t)$ 和 $c(t)$ 相乘后，其带宽被扩展到 $W=2B_c$。设输入干扰信号的功率为 P_i，则 $i(t)c(t)$ 就是一个带宽为 W，功率谱密度为 $P_i/W=T_cP_i/2$ 的干扰信号。于是落入信号带宽的干扰功率等于

$$P_o=\frac{2}{T_b}\frac{P_i}{2/T_c}=\frac{P_i}{T_b/T_c}=\frac{P_i}{N} \tag{4.68}$$

最终扩频系统的输出干扰功率是输入干扰功率的 $1/N$，而定义扩频系统的处理增益为

$$G_p=\frac{P_i}{P_o}=\frac{T_b}{T_c}=N \tag{4.69}$$

等于扩频系统带宽的扩展因子 N。

信号的解扩和解调以及对窄带干扰的扩频说明如图 4.39 所示。扩频信号对窄带干扰的抑制作用在于接收机对信号解扩的同时，对干扰信号进行了扩频，降低了干扰信号的功率谱密度。扩频后的干扰和载波相乘、积分（相当于低通滤波，滤除有用信号带外的干扰）极大地削弱了它对有用信号的干扰，因此抽样后输出信号受干扰的影响大为减小，输出抽样值信噪比得到提高。

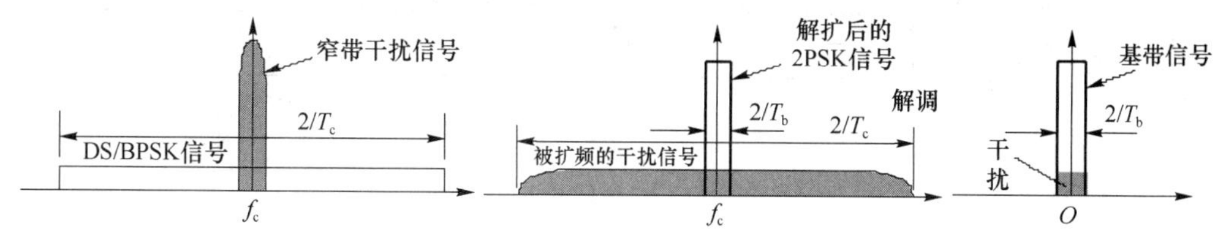

图 4.39　解调前后信号和干扰频谱的变化

实际上,信道还存在各种干扰和噪声,分析它们对扩频信号的影响比较复杂。一般而言,系统的处理增益越大,对各种干扰的抑制能力就越强;但对频谱无限宽的噪声来说,扩频通信系统不起什么作用。

3. 抗多径干扰

在扩频通信系统中,利用PN序列的尖锐自相关特性和很高的码片速率(T_c很小),可以克服多径传播造成的码间干扰。由多径传播所引起的干扰只和它们到达接收机的相对时间有关,因此此处讨论以信号到达接收机的首径时间为参考,其后到达径的相对时间假设为$T_d(i)(i=1,2,\cdots)$。为了讨论简单,假设电波传播只有二径,此时的扩频通信系统如图4.40所示。

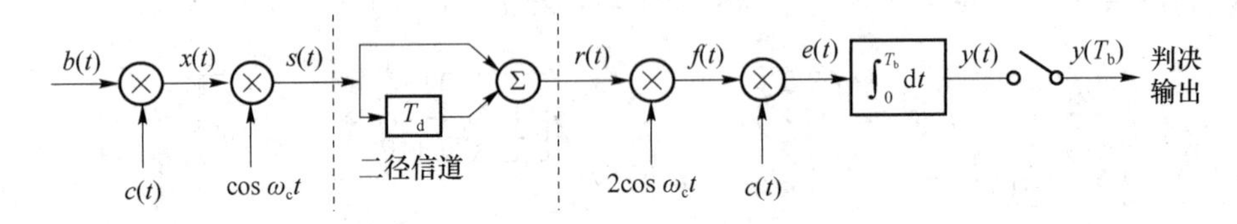

图4.40 二径信道的扩频通信系统

数据信号$b(t)$经过扩频码$c(t)$扩频和载波调制后的发射信号为

$$s(t)=x(t)\cos\omega_c t=b(t)c(t)\cos\omega_c t \tag{4.70}$$

经过二径信道传播,到达接收机的信号为

$$r(t)=a_0 s(t)+a_1 s(t-T_d)=a_0 x(t)\cos\omega_c t+a_1 x(t-T_d)\cos\omega_c(t-T_d) \tag{4.71}$$

式中,T_d为第二径信号相对于第一径信号的时延;a_0、a_1分别为第一和第二路径的衰减,为方便起见,假设它们为$a_0=1$和$a_1<1$的常数。于是接收信号和本地相干载波相乘得

$$\begin{aligned}f(t)&=r(t)\cdot 2\cos\omega_c t\\&=x(t)(1+\cos 2\omega_c t)+a_1 x(t-T_d)[\cos\omega_c T_d+\cos(2\omega_c t-\omega_c T_d)]\end{aligned} \tag{4.72}$$

设本地扩频码$c(t)$和第一径信号同步对齐,$f(t)$与$c(t)$相乘得到积分器的输入为

$$e(t)=f(t)c(t)=b(t)(1+\cos 2\omega_c t)+a_1 x(t-T_d)\cdot c(t)[\cos\omega_c T_d+\cos(2\omega_c t+\omega_c T_d)] \tag{4.73}$$

由于积分器相当于低通滤波器,对$e(t)$滤除高频分量。在$t=T_b$时刻,积分器的输出为

$$y(T_b)=\frac{1}{T_b}\int_0^{T_b}e(t)\mathrm{d}t=\frac{1}{T_b}\int_0^{T_b}b(t)\mathrm{d}t+\frac{k_d}{T_b}\int_0^{T_b}b(t-T_d)c(t-T_d)c(t)\mathrm{d}t \tag{4.74}$$

式中$k_d=a_1\cos\omega_c T_d<1$。设发送的二进制码元为$\cdots b_{-1}b_0\ b_1\ b_2\cdots$。$x(t)$、$x(t-T_d)$和$c(t)$的时序如图4.41所示。要了解上式中多径干扰对信号检测的影响,只需分析其中一个比特的检测就可以了。

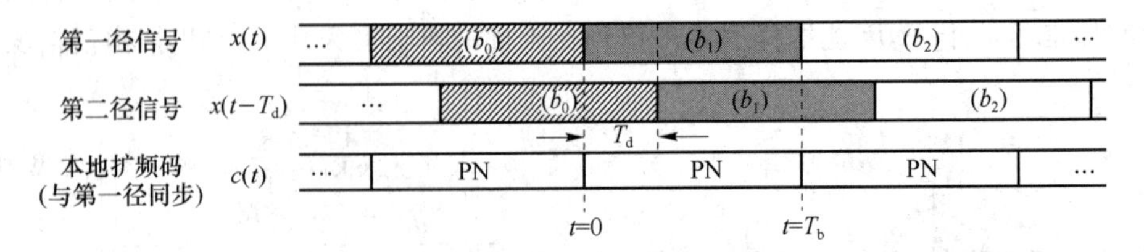

图4.41 二径信号的接收

现在来考察b_1的检测。在$t=T_b$时刻,抽样输出等于

$$\begin{aligned} y(T_b) &= \frac{1}{T_b}\int_0^{T_b} b_1 \mathrm{d}t + k_d \frac{1}{T_b}\int_0^{T_b} b(t-T_d)c(t-T_d)c(t)\mathrm{d}t \\ &= b_1 + k_d b_0 \frac{1}{T_b}\int_0^{T_d} c(t-T_d)c(t)\mathrm{d}t + k_d b_1 \frac{1}{T_b}\int_{T_d}^{T_b} c(t-T_d)c(t)\mathrm{d}t \\ &\triangleq b_1 + k_d[b_0 R_c(-T_d) + b_1 R_c(T_b - T_d)] \end{aligned} \tag{4.75}$$

其中，$R_c(\tau)$为 $c(t)$的局部自相关函数，即

$$R_c(\tau) = \frac{1}{T_b}\int_0^{\tau} c(t)c(t+\tau)\mathrm{d}t \tag{4.76}$$

式(4.75)的后两项就是第二径信号对第一径信号的干扰。当这个干扰比较大时，就会引起判决的错误。但对一个 m 序列来说，当$|\tau|>T_c$ 时，其局部自相关系数的幅度都比较小。正是 PN 序列的这种自相关特性，有效地抑制了与它不同步的其他多径信号分量。

以上仅分析了两径信号的传输情况，不难推广到多径的情况。总之，只有与本地相关器扩频码同步的这一多径信号分量可以被解调，而抑制了其他不同步多径分量的干扰。也就是在混叠的多径信号中，单独分离出与本地扩频码同步的多径分量。

4.4.4　跳频与跳时扩频

1. 跳频扩频系统

直扩系统的处理增益 G_p 越大，扩频系统获得抗干扰的能力就越强，系统的性能就越好。但是直扩系统要求严格的同步，系统定时和同步要求在几分之一的码片内建立。因此，$G_p=N$ 越大，码片 T_c 的长度就越短，实现同步的硬件设备就越难，因为移位寄存器状态的转移和反馈逻辑的计算都需要一定的时间，这实际上限制了 G_p 的增加。一种替代的方法就是采用跳频技术来产生扩频信号。

(1) 跳频的原理与分类

一般数字调制信号在整个通信过程中，其载波是固定的。所谓跳频扩频(FHSS/FH)就是使窄带数字已调信号的载波频率在一个很宽的频率范围内随时间跳变，跳变的规律称作跳频图案。一种慢跳频图案如图 4.42 所示，横轴为时间，纵轴为频率，这个时间与频率的平面称作时间-频率域。它说明载波频率随时间跳变的规律。只要接收机也按照这个规律同步跳变调谐，收发双方就可以建立起通信连接。出于对通信保密(防窃听)或抗干扰、抗衰落的需要，跳频规律应当有很大的随机性，但为了保证双方的正常通信，跳频规律实际上是可以重复的伪随机序列。例如，图 4.42 中有 3 个跳频序列，其中一个序列为 $f_5 \to f_4 \to f_7 \to f_0 \to f_6 \to f_3 \to f_1$。

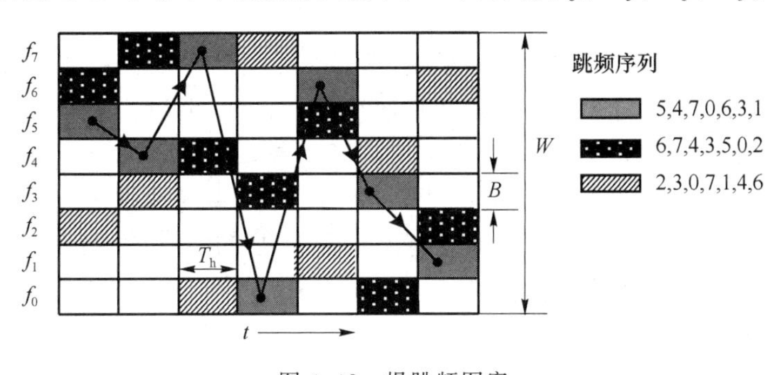

图 4.42　慢跳频图案

跳频信号在每一个瞬间都是窄带的已调信号,信号的带宽为 B,称作瞬时带宽。由于快速的频率跳变形成了宏观的宽带信号,跳频信号所覆盖的整个频谱范围 W 就称作跳频信号的总带宽(或称跳频带宽)。在跳频系统中,系统的跳频处理增益定义为

$$G_{\mathrm{H}}=\frac{W}{B} \tag{4.77}$$

实际上 $G_{\mathrm{H}}=W/B=N$ 就是跳频点数。

跳频信号每一跳持续的时间 T_{h} 称作跳频周期。$R_{\mathrm{h}}=1/T_{\mathrm{h}}$ 称作跳频速率。码片速率 R_{c} 定义为 $R_{\mathrm{c}}=\max\{R_{\mathrm{h}},R_{\mathrm{s}}\}$,因而一个码片的长度为 $T_{\mathrm{c}}=\min\{T_{\mathrm{h}},T_{\mathrm{s}}\}$,也就是信号频率保持不变的最短持续时间。根据调制符号速率 R_{s} 和 R_{h} 的关系,有两种基本的跳频技术:慢跳频和快跳频。

- $R_{\mathrm{s}}=KR_{\mathrm{h}}$($K$ 为正整数)称作慢跳频(Slow Frequency Hopping,SFH),此时在每个载波频率点上发送多个符号。
- $R_{\mathrm{h}}=KR_{\mathrm{s}}$ 称作快跳频(Fast Frequency Hopping,FFH),即在发送一个符号的时间内,载波频率发生多次跳变。

(2) 多用户跳频

跳频信号在每一瞬间系统只占用可用频谱资源的极小一部分,因此可以在其余的频谱安排另外的跳频信号,只要控制频点的跳频序列不发生重叠,即在每个频点上不发生碰撞,就可以共享同一跳频带宽并进行通信而互不干扰。图 4.42 就是具有 3 个跳频序列的跳频图案,它们没有频点的重叠,因此不会引起信号间的干扰。通常把没有频点碰撞的两个跳频序列称为正交的。利用多个正交的跳频序列可以组成正交跳频网。该网中的每个用户利用被分配到的跳频序列,建立自己的跳频图案,就形成了另一种码分多址连接方式。所以跳频系统具有码分多址和频带共享的组网能力。

当给定跳频带宽及信道带宽时,该跳频系统中能同时工作的用户数量就被唯一确定。网内同时工作的用户数与业务覆盖区的大小无关。

(3) 跳频的抗干扰性能

跳频系统可以对抗单频或窄带干扰。和直扩系统不同,跳频系统没有分散窄带干扰信号功率谱密度的能力,而是利用跳频序列的随机性和众多的频率点,使得它和干扰信号的频率发生冲突的概率大为减小,即跳频是靠躲避干扰来获得抗干扰能力的。因此跳频系统的抗窄带干扰能力实际上是指它碰到干扰的概率。在通信的过程中,众多跳频点偶尔有个别频点受到干扰并不会给整个通信造成很大的影响。特别是在快跳频系统中,所传输的码元分布在多个频点上,这种影响会更小。因此,跳频起着频率分集的作用,其抗干扰性能用其跳频处理增益 G_{H} 表示。

在移动通信中采用跳频调制虽然不能完全避免"远-近"效应带来的干扰,但是能大大减少它的影响,因为跳频系统的载波频率是随机改变的。例如,跳频带宽为 10 MHz,若每个信道占 30 kHz 的带宽,则有 333 个信道。当采用跳频调制系统时,333 个信道同时可供 333 个用户使用。若用户的跳变规律相互正交,则可减小网内用户载波频率重叠在一起的概率,从而减弱"远-近"效应的干扰影响。当按蜂窝式构成频段重复使用时,除本区外,应考虑邻区移动用户的"远-近"效应引起的干扰。

2. 跳时扩频系统

与跳频相似,跳时是使发射信号在时间轴上跳变。如图 4.43 所示,首先把时间轴分成不

同的帧,而每一帧又分为许多的时间片。在一帧内哪个时间片发射信号由扩频序列去控制。可以把跳时理解为:用一定码序列进行选择的多时间片的时移键控。由于简单的跳时抗干扰性不强,因此很少单独使用。

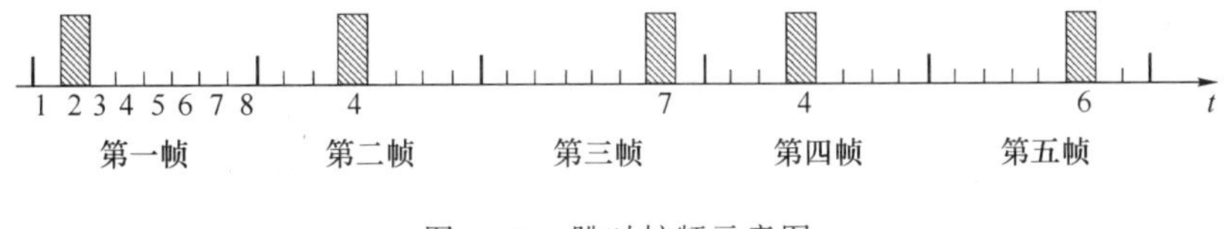

图 4.43 跳时扩频示意图

4.4.5 扩频技术在移动通信中的应用

扩频通信在5G NR中有着诸多应用,包括直接序列扩频、时域扩频及跳频。采用扩频技术的目的也从最早的抗干扰扩展到降低信号峰均比、提升复用能力和获取分集增益等方面。5G NR的上行控制信道PUCCH采用了扩频技术。

在PUCCH的格式0中,采用序列扩频的方式承载上行控制信息(Uplink Control Information,UCI),并通过不同序列来区分UCI比特的不同取值。考虑PUCCH格式0仅用于UCI比特数为1～2的情况,其在时域上占用的符号数仅有1～2个,从而基站接收到的信噪比也只能通过2符号来累积。如图4.44所示,为了保证基站通过处理后的信号有足够高的信噪比,以保证UCI解调的可靠性,因此采用直接序列扩频的方式;同时通过合理优化序列的选择,使得UE发送的PUCCH所在符号有着更低的峰均比,从而UE能够采用更高的功率发送PUCCH格式0。

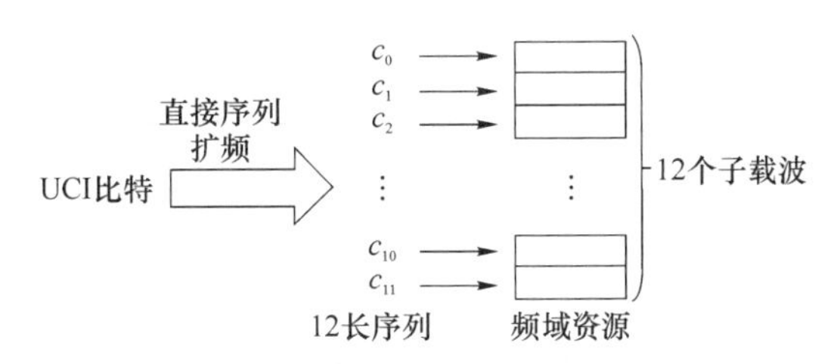

图 4.44 5G NR PUCCH格式0中的直接序列扩频

在PUCCH格式1中,同时采用了频域和时域直接序列扩频。在频域维度,与PUCCH格式0一样,通过不同扩频序列来区分,并实现较低的峰均比;在时域维度,通过正交扩频码进行扩频,提升信号的复用能力。具体如图4.45所示,假设UE需要发送1 bit的UCI信息,先从序列候选集中选取该比特对应的频域序列,该序列长度通常为12;再从时域正交扩频码中选择一个扩频序列,以进行时域扩频;扩频后的信号将承载在连续多个OFDM符号上进行发送,从而进一步提升UE发送该信号的能力。需要说明的是,采用时域正交码在提升发送PUCCH总能量的同时,也获得了一定程度的复用能力;不同UE可以在相同的时频位置发送各自的PUCCH信号,只要UE采用不同的时域正交码,基站都可以将这些UE的信号进行正确解调。

PUCCH格式1在采用直接序列扩频的基础上,还可以进一步采用跳频方式来提升传输可靠性。在5G NR中,PUCCH格式1在频域上仅占用1个频域资源块,所对应的频域带宽较小(典型值为180 kHz或360 kHz);而在频率选择性衰落广泛存在的无线信道中,UE发送

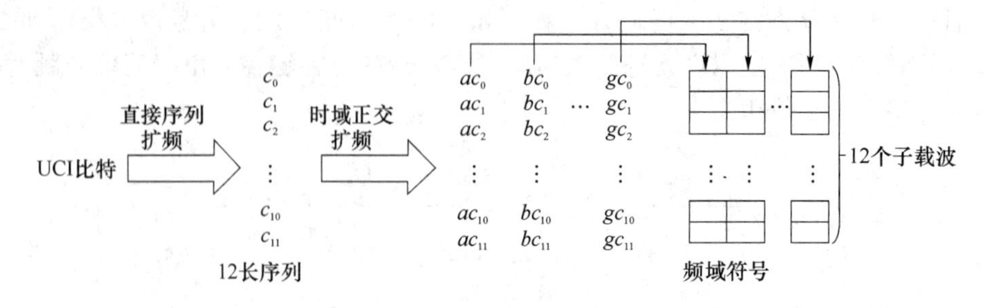

图 4.45　5G NR PUCCH 格式 1 中的时域扩频

PUCCH 格式 1 所在的频域资源可能恰巧陷入深衰落中,传输可靠性大幅度降低。因此,如图 4.46 所示,在频域和时域直接序列扩频的基础上叠加了跳频,即 UE 将时域信号拆成两部分,这两部分分别映射在不同的频域块上并进行发送,两部分资源在频域上相隔较远,以有效对抗频域选择性衰落。

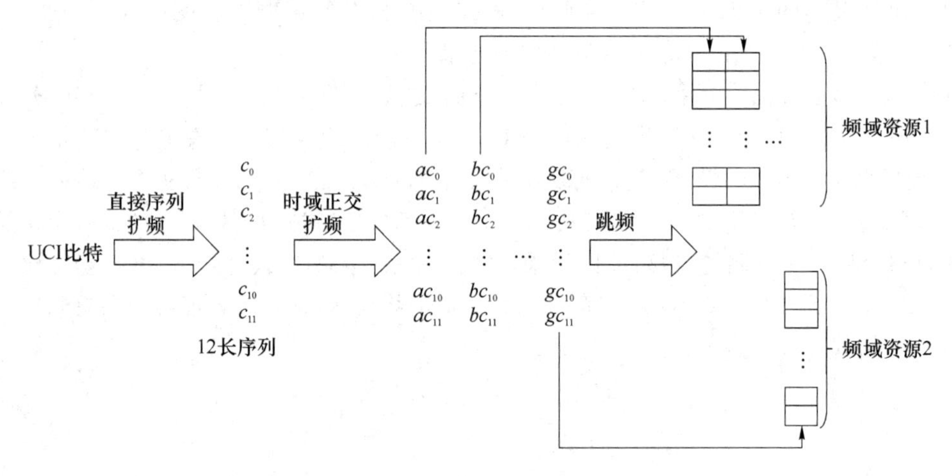

图 4.46　5G NR PUCCH 格式 1 中的跳频

4.5　多天线技术

本节将介绍多天线技术,也就是发送端和接收端均采用多根天线进行通信,形成多输入多输出(Multiple-Input Multiple-Output,MIMO)系统。MIMO 系统可以抑制信道衰落,从而大幅度地提高信道容量或降低系统误码率。MIMO 被认为是开采空间资源的重要手段。在 MIMO 系统中,为了更加充分地利用空间资源,需要在发送端和接收端设计相应的处理方案,以匹配信道条件,来获得频谱利用率的提升或误码率的降低。

4.5.1　MIMO 技术概述

传统的无线通信一般采用单根发送天线和单根接收天线的配置,这样使得信道容量受到了很大的限制。1993 年,Bell 实验室的 E. Telatar 提出了 MIMO,经过几十年的发展,MIMO 已经走向成熟,成为现代无线通信的关键技术之一。

1. MIMO 的系统模型

图 4.47 给出了 MIMO 的系统模型，包含 n_{T} 根发送天线、n_{R} 根接收天线。

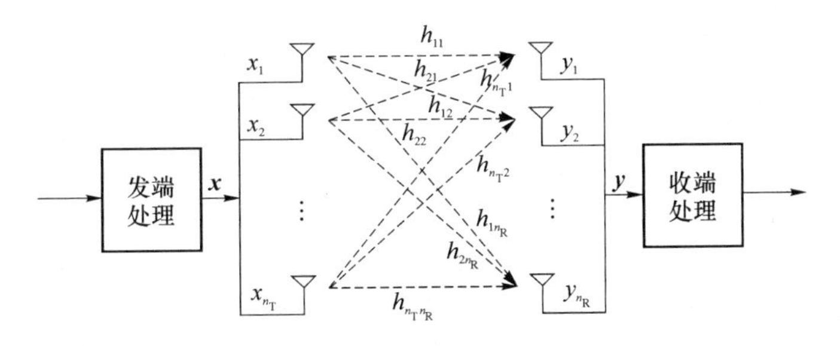

图 4.47　MIMO 的系统模型

为了便于后续分析，假定信道带宽足够窄且传输的符号速率足够高，因此每个子信道上经历的都是平坦慢衰落。令 $h_{ij}(i=1,2,\cdots,n_R;j=1,2,\cdots,n_T)$ 表示从第 j 根发送天线到第 i 根接收天线的信道冲激响应，则系统的总信道响应矩阵为

$$\boldsymbol{H}=\begin{bmatrix} h_{11} & h_{12} & \cdots & h_{1n_{\mathrm{T}}} \\ h_{21} & h_{22} & \cdots & h_{2n_{\mathrm{T}}} \\ \vdots & \vdots & & \vdots \\ h_{n_{\mathrm{R}}1} & h_{n_{\mathrm{R}}2} & \cdots & h_{n_{\mathrm{R}}n_{\mathrm{T}}} \end{bmatrix}_{n_{\mathrm{R}}\times n_{\mathrm{T}}} \tag{4.78}$$

假设系统的总发射功率为 P，第 j 根发送天线上的发射功率为 p_j，则 $\sum_{j=1}^{n_{\mathrm{T}}} p_j = P$。在发送端进行发送端处理后的数据为 $\boldsymbol{x}=[x_1,x_2,\cdots,x_{n_{\mathrm{T}}}]^{\mathrm{T}}$ 且 $E[\boldsymbol{xx}^{\mathrm{H}}]=\boldsymbol{I}_{n_{\mathrm{T}}}$，经过无线信道 $\boldsymbol{H}$ 后，接收端接收的数据可以表示为 $\boldsymbol{y}=[y_1,y_2,\cdots,y_{n_{\mathrm{R}}}]^{\mathrm{T}}$，则 MIMO 系统的数学模型可以表示为

$$\boldsymbol{y}=\boldsymbol{HPx}+\boldsymbol{n} \tag{4.79}$$

其中，$\boldsymbol{P}=\mathrm{diag}^{1/2}\{p_1,p_2,\cdots,p_{n_{\mathrm{T}}}\}$，而 $\boldsymbol{n}=[n_1,n_2,\cdots,n_{n_{\mathrm{R}}}]^{\mathrm{T}}$ 表示每根接收天线上功率为 σ^2 的高斯白噪声。

接收端根据发送端的发送处理，进行对应的接收端处理，即可估计得到发送的调制符号，用于后续的解调解码等。

2. MIMO 技术分类

相对于单发单收（SISO）的传统系统来说，根据收发天线个数的不同，可以将多天线系统分为多发单收（Multiple-Input Single-Output，MISO）、单发多收（Single-Input Multiple-Output，SIMO）和多发多收（MIMO）系统。

当发送端有多根天线时，可以给单个用户发送信息，即 SU-MIMO（Single User MIMO）系统，也可以同时给多个用户发送信息，即 MU-MIMO（Multiple User MIMO）系统。

根据发送端发送处理的不同，各根天线上发送的信息会有差别，据此可以将 MIMO 分为空间复用技术、空间分集技术和预编码（或波束赋形）技术。

（1）空间复用技术

空间复用技术在不同的天线上发射不同的信息，获得空间复用增益，从而大大地提高系统的容量或频谱利用率。研究表明，MIMO 技术相对 SISO 系统而言，随着发送天线个数的增加，信道容量也相应地增加。例如，早期采用的 VBLAST 编码形式就可以增加系统容量。因此,空间复用技术的目的是通过收发两端联合处理,逼近 MIMO 系统的信道容量,提高系统的频谱利用率。

(2) 空间分集技术

空间分集技术利用发送端天线或接收端天线在收发两端形成多条独立的传输路径,传输相同的信息(信号具体形式不一定完全相同),进而在接收端合并处理,以起到抗衰落的作用,提高系统的可靠性。空间分集包括发射分集和接收分集两种。接收分集常用于 SIMO 结构;接收分集利用多根接收天线在接收端获得多条独立的传输信号,而合并方法与 4.2 节所讲的微观分集合并方法相同,不再赘述。发送分集常被用于 MISO 结构,一种典型的发送分集技术是在发送端采用 STBC 编码形式。空时编码技术大部分都是针对空间分集来说的。

(3) 预编码(或波束赋形)技术

预编码(或波束赋形)技术介于空间复用与空间分集两者之间,空间复用与空间分集可以视为预编码或波束赋形的特殊情况。在预编码技术中,系统的空间自由度一部分用于空间复用,一部分用于空间分集,因此可以实现部分复用与部分分集的效果。但在特定系统中,复用与分集两者相互矛盾,最优情况下两个增益是此消彼长的关系。预编码(或波束赋形)实现的主要手段是利用信道信息,在发送端用预编码或波束对发送符号或天线的相位及功率进行调整,配合接收端处理算法来抑制天线与小区间干扰,提高系统性能,如常采用的线性预编码算法有匹配滤波(Matched Filter,MF)、迫零(Zero-Forcing,ZF)、最小均方误差(Minimum Mean Square Error,MMSE)、奇异值分解(Singular Value Decomposition,SVD)等。

3. 性能衡量指标

在相同带宽与总发射功率的前提下,与 SISO 系统相比,通过增加空间信道维数(即增加天线数目)而获得收发总容量的增益、接收端误码率负对数的增益、接收端处理 SNR 的增益,分别称为 MIMO 的复用增益、分集增益和阵列增益。假设 SISO 系统中单根发射天线的发端信噪比为 $\rho=P/\sigma^2$,下面分别给出 3 种增益的数学表达式。

(1) 复用增益

假设 $R(\rho)$ 为单位带宽下 MIMO 的信道容量,则复用增益可以表示为

$$r=\lim_{\rho\to\infty}\frac{R(\rho)}{\lg\rho} \tag{4.80}$$

其中 MIMO 的容量公式 $R(\rho)$ 将在后续章节给出,而公式中 ρ 表征发端总功率和收端单根接收天线的噪声功率与 SISO 系统相同。

一般 MIMO 系统的复用增益不超过 MIMO 信道提供的自由度,即 $r\leqslant\min\{n_T,n_R\}$。

(2) 分集增益

假设接收端对接收信号进行处理后,进行符号解调所得到的误比特率为 $P_e(\rho)$,则分集增益可以表示为

$$d=\lim_{\rho\to\infty}-\frac{\lg P_e(\rho)}{\lg\rho} \tag{4.81}$$

一般 MIMO 系统的分集增益不超过 $n_T\times n_R$。

前文已经提到过,在空间自由度一定的条件下,MIMO 的复用增益与分集增益是一对矛盾量。在 MIMO 的多路信道为瑞利信道时,最优的分集增益与复用增益折中关系为

$$d(r)=(n_T-r+1)\times(n_R-r+1),r\in\{1,2,\cdots,\min\{n_T,n_R\}\} \tag{4.82}$$

(3) 阵列增益

假设 $\bar{\gamma}_S$ 为 SISO 时接收端的平均信噪比，而 $\bar{\gamma}_P$ 表示 MIMO 接收端处理后的平均信噪比，则阵列增益可以表示为

$$AG = 10\lg \frac{\bar{\gamma}_P}{\bar{\gamma}_S} \tag{4.83}$$

从上式可以看出，对于接收分集来说，阵列增益即 4.2.4 节中的分集合并改善因子。

4.5.2 空间复用与检测技术

1. 空间复用理论基础

(1) MIMO 信道容量

Telatar 和 Foschini 对于 MIMO 系统的信道容量进行了分析，奠定了 MIMO 的理论基础。基于前述 MIMO 的系统模型，假设信道 $\boldsymbol{H}$ 的秩为 $r \leqslant \min(n_T, n_R)$，通过奇异值分解可以得到 $\boldsymbol{H}=\boldsymbol{U\Sigma V}^H$，酉矩阵 $\boldsymbol{U}=[\boldsymbol{u}_1, \boldsymbol{u}_2, \cdots, \boldsymbol{u}_{n_R}]$ 和 $\boldsymbol{V}=[\boldsymbol{v}_1, \boldsymbol{v}_2, \cdots, \boldsymbol{v}_{n_R}]$ 分别是 $\boldsymbol{H}$ 的左和右奇异矩阵（满足 $\boldsymbol{U}^H\boldsymbol{U}=\boldsymbol{I}_{n_T}$ 和 $\boldsymbol{V}^H\boldsymbol{V}=\boldsymbol{I}_{n_R}$），$\boldsymbol{\Sigma}$ 是秩为 r 的对角矩阵，对角线前 r 个非零元素为 $\sqrt{\lambda_1}, \sqrt{\lambda_2}, \cdots, \sqrt{\lambda_r}$ 且 $\lambda_1 \geqslant \lambda_2 \geqslant \cdots \geqslant \lambda_r$。进而接收信号可以表示为

$$\boldsymbol{y}=\boldsymbol{U\Sigma V}^H\boldsymbol{x}+\boldsymbol{n} \tag{4.84}$$

对上式左乘矩阵 $\boldsymbol{U}^H$，且令 $\tilde{\boldsymbol{y}}=\boldsymbol{U}^H\boldsymbol{y}$，$\boldsymbol{x}=\boldsymbol{VP}\tilde{\boldsymbol{x}}$，$\boldsymbol{P}=\mathrm{diag}^{1/2}\{p_1, p_2, \cdots, p_{n_T}\}$ 且 $\boldsymbol{E}[\tilde{\boldsymbol{x}}\tilde{\boldsymbol{x}}^H]=\boldsymbol{I}_{n_T}$，$\tilde{\boldsymbol{n}}=\boldsymbol{U}^H\boldsymbol{n}$，可以得到

$$\tilde{\boldsymbol{y}}=\boldsymbol{\Sigma P}\tilde{\boldsymbol{x}}+\tilde{\boldsymbol{n}} \tag{4.85}$$

由于 $\boldsymbol{U}^H$ 为酉矩阵，$\tilde{\boldsymbol{n}}$ 的元素仍是功率为 σ^2 的独立同分布高斯随机变量；由于 $\boldsymbol{\Sigma}$ 和 $\boldsymbol{P}$ 都是对角阵，则 MIMO 信道变换为 r 个相互独立的并联子信道。若 $\tilde{\boldsymbol{x}}$ 中元素为单位方差的独立同分布高斯随机变量，根据香农公式及独立并联信道容量的可加性，可以得到 MIMO 的信道容量为

$$C = B\sum_{i=1}^{r} \log_2\left(1+\frac{\lambda_i p_i}{\sigma^2}\right) \tag{4.86}$$

其中，B 表示 MIMO 信道的带宽。

根据 MIMO 信道容量公式，并令 $\alpha_i = p_i/P$，可以得到其复用增益为

$$r_{\mathrm{MIMO}} = \lim_{\rho\to\infty}\frac{R(\rho)}{\lg\rho} = \lim_{\rho\to\infty}\frac{\sum_{i=1}^{r}\log_2(1+\lambda_i\alpha_i\rho)}{\log_2\rho} = \lim_{\rho\to\infty}\sum_{i=1}^{r}\left(1+\frac{\log_2\lambda_i\alpha_i}{\log_2\rho}\right) = r \leqslant \min\{n_T, n_R\} \tag{4.87}$$

因此，在 SU-MIMO 系统中，最多给单个用户发送 r 流信息；而在 MU-MIMO 系统中，一定有服务的用户个数小于发送端的天线个数 n_T。在实际系统中，由于各根天线间的距离不够远，会使得天线间存在一定的相关性，致使信道的秩或复用增益 r 较小。因此，随着天线间相关性的增强，MIMO 的信道容量也逐渐减小。

(2) 注水定理

基于式(4.86)可知，MIMO 的信道容量与各并联子信道的功率有关。在发送总功率 $\sum_{j=1}^{r} p_j = P$ 一定的条件下，优化各并联子信道的功率 p_j 成为提升信道容量 C 的有效手段。

该问题可以基于 Lagrange 乘子法求解各子信道的功率。该问题的 Lagrange 函数为

$$L=B\sum_{i=1}^{r}\log_2\left(1+\frac{\lambda_i p_i}{\sigma^2}\right)-\mu\left(\sum_{j=1}^{r}p_j-P\right) \tag{4.88}$$

其中,μ 为 Lagrange 乘子。进而可以得到 Lagrange 函数的偏导为

$$\frac{\partial L}{\partial p_j}=\frac{B}{\ln 2}\frac{\lambda_j}{\sigma^2+\lambda_j p_j}-\mu,j=1,2,\cdots,r \tag{4.89}$$

令$\partial L/\partial p_j=0$ 并整理可以得到

$$\frac{\sigma^2}{\lambda_j}+p_j=\frac{B}{\mu\ln 2}\triangleq D \tag{4.90}$$

上式即独立并联信道中的注水定理。其中 D 需要满足 $\sum_{j=1}^{r}p_j=P$。该式表明,信道增益 λ_j/σ^2 大的信道,应该多分配功率;而信道增益小的信道,应该少分配功率,甚至可能不分配功率。

根据上述的注水定理可以得到最优功率分配为

$$p_j=D-\frac{\sigma^2}{\lambda_j} \tag{4.91}$$

将其代入式(4.86),即可得到最优 MIMO 系统容量:

$$C=B\sum_{i=1}^{r}\log_2\left(\frac{\lambda_i D}{\sigma^2}\right) \tag{4.92}$$

而对于求解常数 D,有很多种方法,此处介绍一种简单的迭代算法。

① 首先假设所有信道上分配的功率 $p_j(j=1,2,\cdots,r)$都非零,则根据总功率约束条件

$$\sum_{j=1}^{r}p_j=rD-\sigma^2\sum_{j=1}^{r}\lambda_j^{-1}=P$$

可以得到

$$D=\frac{1}{r}\left(P+\sigma^2\sum_{j=1}^{r}\lambda_j^{-1}\right) \tag{4.93}$$

将式(4.93)代入式(4.91)中得到

$$p_j=\frac{1}{r}\left[P+\sigma^2\sum_{i=1,\neq j}^{r}(\lambda_i^{-1}-\lambda_j^{-1})\right] \tag{4.94}$$

若 $p_r\geqslant 0$,则说明假设成立,按照此功率分配,即可得到最优系统容量;若 $p_r<0$,则说明假设不成立,而此时由于第 r 个信道增益 λ_r 最小,根据注水定理,该信道最不应该分配功率。

② 令 $p_r=0$ 并假设 $p_j>0(j=1,2,\cdots,r-1)$,此时可以得到

$$p_j=\frac{1}{r-1}\left[P+\sigma^2\sum_{i=1,\neq j}^{r-1}(\lambda_i^{-1}-\lambda_j^{-1})\right] \tag{4.95}$$

利用第一步中的方法继续判定 p_{r-1}与 0 的关系。如此反复,直到满足假设为止。

2. 空间复用的发送与接收

通过理论分析,已经得到 MIMO 的信道容量,但在工程实现中发送信号不可能是高斯的,而是标准的调制信号。为了提高接收端的解调性能,需进行发送端方案的设计。分层空时码(Layered Space-Time Code,LSTC)最早是由贝尔实验室的 Foschini 等人提出的。LSTC 描述了空时多维信号的发送结构,并且还可以和不同的编码方式级联。其中最著名的是垂直结构的空时码(VBLAST),其主要原理是将信源数据先分为多个子数据流,然后对这些子数据流进行独立的信道编码和调制,并在不同的天线上发送。如果与编码器级联,还有水平分层空时

码、对角化分层空时码以及螺旋分层空时码等。

在实际使用中,根据信道编码码字个数与发送层数(此处可以认为是天线个数)间的关系,可以将复用方案抽象为图4.48所示的两种方式,一种是码字个数等于天线个数,另一种是码字个数小于天线个数。但无论哪种方案,在讨论接收端检测或解调时,其发送信号都可以写为本节最开始的MIMO信号模型,即

$$\boldsymbol{y}=\widetilde{\boldsymbol{H}}\boldsymbol{x}+\boldsymbol{n} \tag{4.96}$$

此处已经将功率 $\boldsymbol{P}$ 包含在等效信道矩阵 $\widetilde{\boldsymbol{H}}=\boldsymbol{HP}=[\widetilde{\boldsymbol{h}}_1,\widetilde{\boldsymbol{h}}_2,\cdots,\widetilde{\boldsymbol{h}}_{n_\mathrm{T}}]$ 中,而 $\boldsymbol{x}$ 为发送的标准调制符号向量且满足 $E[\boldsymbol{xx}^\mathrm{H}]=\boldsymbol{I}_{n_\mathrm{T}}$,高斯白噪声向量满足 $E[\boldsymbol{nn}^\mathrm{H}]=\sigma^2\boldsymbol{I}_{n_\mathrm{R}}$。

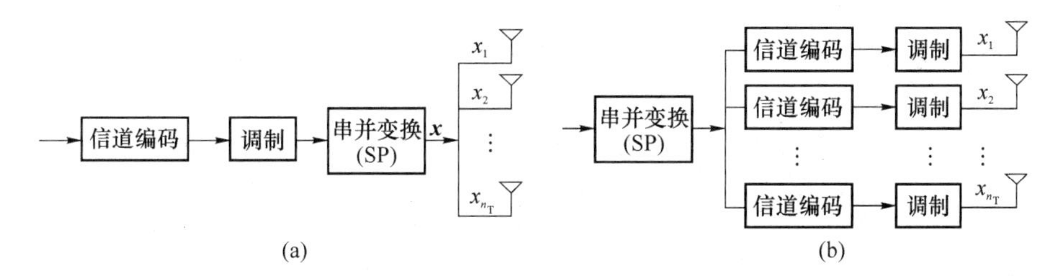

图4.48 空间复用方案发端结构

在接收端,由于每根天线收到的信息是多根发射天线发送信号的加权和,加权值为信道衰落值,因此在进行解调时,一般需要进行信道估计,得到信道 $\widetilde{\boldsymbol{H}}$。在假设信道 $\widetilde{\boldsymbol{H}}$ 已经获得的情况下,目前有多种方式实现MIMO系统中的符号译码,例如最大似然(ML)算法、MMSE算法、ZF算法以及连续干扰消除等。

(1) 最大似然检测算法

在已知 $\boldsymbol{y}$ 和 $\widetilde{\boldsymbol{H}}$ 的情况下判决发送符号向量 $\boldsymbol{x}$ 的最优准则是最大后验概率准则,也就是 $\hat{\boldsymbol{x}}=\arg\max_{\boldsymbol{x}}\{P(\boldsymbol{x}|\boldsymbol{y})\}$。由于 $P(\boldsymbol{x}|\boldsymbol{y})=P(\boldsymbol{y}|\boldsymbol{x})P(\boldsymbol{x})/P(\boldsymbol{y})$ 且在没有先验信息 $P(\boldsymbol{x})$ 的情况下,一般假设发送符号向量 $\boldsymbol{x}$ 的概率相等,因此最大后验概率准则可以等效为似然概率准则,即 $\hat{\boldsymbol{x}}=\arg\max_{\boldsymbol{x}}\{P(\boldsymbol{y}|\boldsymbol{x})\}$。

基于接收信号的表达式(4.96),可以知道 $P(\boldsymbol{y}|\boldsymbol{x})$ 服从高斯分布,即

$$P(\boldsymbol{y}|\boldsymbol{x})=\frac{1}{(2\pi\sigma^2)^{n_\mathrm{R}/2}}\exp\left\{-\frac{1}{2\sigma^2}\|\boldsymbol{y}-\widetilde{\boldsymbol{H}}\boldsymbol{x}\|^2\right\} \tag{4.97}$$

进而最大似然判决准则等价于最小距离准则,即

$$\hat{\boldsymbol{x}}=\arg\min_{\boldsymbol{x}}\{\|\boldsymbol{y}-\widetilde{\boldsymbol{H}}\boldsymbol{x}\|^2\} \tag{4.98}$$

此处由于 $\boldsymbol{x}$ 是调制符号向量,不是连续的向量,因此不能对 $\|\boldsymbol{y}-\widetilde{\boldsymbol{H}}\boldsymbol{x}\|^2$ 求导得到 $\boldsymbol{x}$,只能通过尝试 $\boldsymbol{x}$ 的所有可能,进行比较得到最优的 $\boldsymbol{x}$。

该算法的优点是译码性能较好,可获得最小差错概率;然而如图4.49所示,算法复杂度与天线数以及调制星座点数成指数关系。因此在实际中一般不采用,常将其作为一个性能界以衡量其他译码算法的性能。通常可以通过球译码等检测方法,获得复杂度和性能的折衷。而在实际中常采用线性检测方法,即对接收信号进行线性加权合并输出,再进行解调;根据不同的准则,可以获得不同的线性均衡器 $\boldsymbol{G}=[\boldsymbol{g}_1,\boldsymbol{g}_2,\cdots,\boldsymbol{g}_{n_\mathrm{R}}]$,得到输出信号 $\hat{\boldsymbol{x}}=\boldsymbol{G}^\mathrm{H}\boldsymbol{y}$ 后再进行解调。下面分别介绍几种线性均衡器。

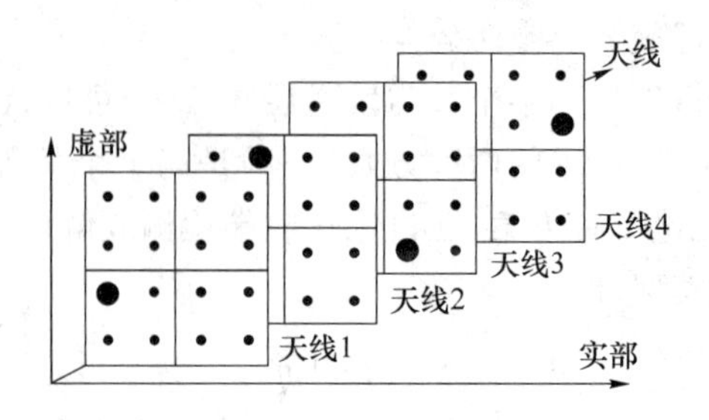

图 4.49　4 天线 16QAM 空间复用

(2) 线性最小均方误差均衡

最小均方误差准则要求检测输出符号 $\hat{\boldsymbol{x}}$ 和发送符号 $\boldsymbol{x}$ 的均方误差最小,即寻找 $\boldsymbol{G}$ 使得 $e(\boldsymbol{G})=E[\|\hat{\boldsymbol{x}}-\boldsymbol{x}\|^2]=\sum_{i=1}^{n_T}E[|\hat{x}_i-x_i|^2]\triangleq\sum_{i=1}^{n_T}e(\boldsymbol{g}_i)$ 最小,其中 $e(\boldsymbol{g}_i)=E[|\hat{x}_i-x_i|^2]$。由于 $e(\boldsymbol{g}_i)$ 非负,因此问题的最优解可以转化为

$$\frac{\mathrm{d}e(\boldsymbol{g}_i)}{\mathrm{d}\boldsymbol{g}_i}=\frac{\mathrm{d}}{\mathrm{d}\boldsymbol{g}_i}E[|\hat{x}_i-x_i|^2]=0, i=1,2,\cdots,n_T \tag{4.99}$$

由于 $E[(\hat{\boldsymbol{x}}-\boldsymbol{x})(\hat{\boldsymbol{x}}-\boldsymbol{x})^H]=\boldsymbol{G}^H(\widetilde{\boldsymbol{H}}\widetilde{\boldsymbol{H}}^H+\sigma^2\boldsymbol{I}_{n_R})\boldsymbol{G}+\boldsymbol{I}_{n_T}-\boldsymbol{G}^H\widetilde{\boldsymbol{H}}-\widetilde{\boldsymbol{H}}^H\boldsymbol{G}$,因此有

$$e(\boldsymbol{g}_i)=\boldsymbol{g}_i^H(\widetilde{\boldsymbol{H}}\widetilde{\boldsymbol{H}}^H+\sigma^2\boldsymbol{I}_{n_R})\boldsymbol{g}_i+\boldsymbol{I}_{n_T}-\boldsymbol{g}_i^H\widetilde{\boldsymbol{H}}-\widetilde{\boldsymbol{H}}^H\boldsymbol{g}_i \tag{4.100}$$

将式(4.100)代入式(4.99)可以得到

$$\boldsymbol{g}_i=(\widetilde{\boldsymbol{H}}\widetilde{\boldsymbol{H}}^H+\sigma^2\boldsymbol{I}_{n_R})^{-1}\widetilde{\boldsymbol{h}}_i \tag{4.101}$$

因此检测矩阵为

$$\boldsymbol{G}=(\widetilde{\boldsymbol{H}}\widetilde{\boldsymbol{H}}^H+\sigma^2\boldsymbol{I}_{n_R})^{-1}\widetilde{\boldsymbol{H}}=\widetilde{\boldsymbol{H}}(\widetilde{\boldsymbol{H}}^H\widetilde{\boldsymbol{H}}+\sigma^2\boldsymbol{I}_{n_T})^{-1} \tag{4.102}$$

基于上述的检测方法,我们下面讨论其性能,包括检测后的均方误差和解调前的信噪比两个方面。将式(4.101)代入式(4.100),可以得到发送的第 i 个符号的均方误差(Mean Square Error,MSE)为

$$e(x_i)=1-\boldsymbol{g}_i^H\widetilde{\boldsymbol{h}}_i, i=1,2,\cdots,n_T \tag{4.103}$$

信噪比为

$$\gamma(x_i)=\frac{1-e(\boldsymbol{g}_i)}{e(\boldsymbol{g}_i)}=\frac{\boldsymbol{g}_i^H\widetilde{\boldsymbol{h}}_i}{1-\boldsymbol{g}_i^H\widetilde{\boldsymbol{h}}_i}, i=1,2,\cdots,n_T \tag{4.104}$$

(3) 迫零均衡

类似于迫零均衡器中所述,迫零检测器在不考虑噪声时,使得检测器输出的调制符号间完全消除干扰,且保证检测输出符号与发送符号完全相等,即 $\boldsymbol{G}^H\widetilde{\boldsymbol{H}}\boldsymbol{x}=\boldsymbol{x}$,因此可以得到检测矩阵为

$$\boldsymbol{G}=(\widetilde{\boldsymbol{H}}\widetilde{\boldsymbol{H}}^H)^{-1}\widetilde{\boldsymbol{H}}=\widetilde{\boldsymbol{H}}(\widetilde{\boldsymbol{H}}^H\widetilde{\boldsymbol{H}})^{-1} \tag{4.105}$$

若 $\widetilde{\boldsymbol{H}}$ 为可逆矩阵,则检测矩阵可以简化为 $\boldsymbol{G}=(\widetilde{\boldsymbol{H}}^{-1})^H$。此外可以看出,迫零检测器是不考虑噪声的最小均方误差检测器,也就是令最小均方误差检测器中的 $\sigma^2=0$,即可得到迫零检测器。

基于检测矩阵 $\boldsymbol{G}$,检测后的输出信号可以写为

$$\hat{\boldsymbol{x}}=\boldsymbol{G}^{\mathrm{H}}\boldsymbol{y}=\boldsymbol{G}^{\mathrm{H}}\widetilde{\boldsymbol{H}}\boldsymbol{x}+\boldsymbol{G}^{\mathrm{H}}\boldsymbol{n}=\boldsymbol{x}+(\widetilde{\boldsymbol{H}}^{\mathrm{H}}\widetilde{\boldsymbol{H}})^{-1}\widetilde{\boldsymbol{H}}^{\mathrm{H}}\boldsymbol{n}\triangleq\boldsymbol{x}+\widetilde{\boldsymbol{n}} \tag{4.106}$$

可以看出检测后信号间干扰完全消除,但噪声可能会被放大;相比之下最小均方误差准则综合考虑干扰和噪声对检测效果的影响,可以提升解调前的信噪比。检测后的噪声协方差矩阵可以写为

$$E[\widetilde{\boldsymbol{n}}\ \widetilde{\boldsymbol{n}}^{\mathrm{H}}]=\boldsymbol{G}^{\mathrm{H}}E[\boldsymbol{n}\boldsymbol{n}^{\mathrm{H}}]\boldsymbol{G}=\sigma^2\ (\widetilde{\boldsymbol{H}}^{\mathrm{H}}\widetilde{\boldsymbol{H}})^{-1} \tag{4.107}$$

因此,第 i 个符号解调前的信噪比可以写为

$$\gamma(x_i)=\frac{1}{\sigma^2\ \|\boldsymbol{g}_i\|^2}=\frac{1}{\sigma^2\ [(\widetilde{\boldsymbol{H}}^{\mathrm{H}}\widetilde{\boldsymbol{H}})^{-1}]_{ii}}=\frac{p_i}{\sigma^2\ [(\boldsymbol{H}^{\mathrm{H}}\boldsymbol{H})^{-1}]_{ii}},i=1,2,\cdots,n_{\mathrm{T}} \tag{4.108}$$

其中,$[\boldsymbol{A}]_{ii}$代表矩阵 $\boldsymbol{A}$ 的第 i 行第 i 列元素。

(4) 串行干扰消除检测

串行干扰消除是基于上述检测准则迭代而形成的。如图 4.50 所示,接收端根据计算得到的检测矩阵 $\boldsymbol{G}$,可以得到处理后的信号 $\hat{\boldsymbol{x}}=\boldsymbol{G}^{\mathrm{H}}\boldsymbol{y}$;依据一定的准则(如检测后 SNR 最大)选择一路处理后的信号进行解调,不妨设为第一路信号,进而得到标准的调制符号 $\bar{x}_1$(由于可能有误码,因此 $\bar{x}_1$ 不一定等于 x_1);从接收信号 $\boldsymbol{y}$ 中减掉当前已解调符号 $\bar{x}_1$ 对其他未解调符号产生的干扰,即令 $\boldsymbol{y}^1=\boldsymbol{y}-\widetilde{\boldsymbol{h}}_1\bar{x}_1$。利用$\widetilde{\boldsymbol{H}}^1=[\widetilde{\boldsymbol{h}}_2,\widetilde{\boldsymbol{h}}_3,\cdots,\widetilde{\boldsymbol{h}}_{n_{\mathrm{T}}}]$计算得到其他符号的检测器,进而得到检测信号$\hat{\boldsymbol{x}}^1=(\boldsymbol{G}^1)^{\mathrm{H}}\boldsymbol{y}^1$,再根据设定的准则从多路信号中选取一路进行解调,例如第 i 路,得到标准的调制符号 $\bar{x}_i$,然后从接收信号中减掉符号 $\bar{x}_i$ 对接收信号的干扰,即令 $\boldsymbol{y}^2=\boldsymbol{y}^1-\widetilde{\boldsymbol{h}}_i\bar{x}_i$;如此反复,直到所有发送符号被解调为止。

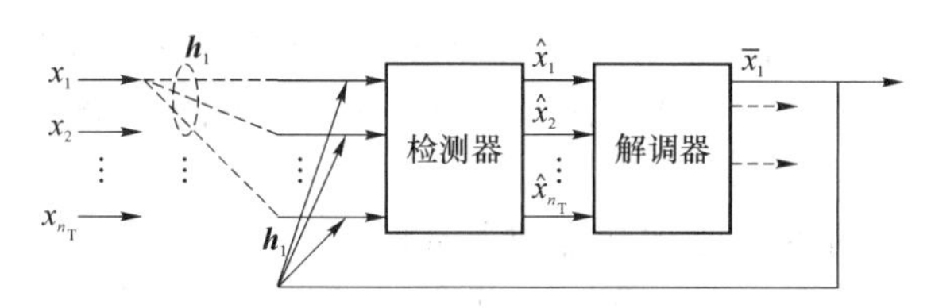

图 4.50　串行干扰消除示意图

若每次迭代中 $\bar{x}_i=x_i$,则可以极大地减少其对后续符号检测和解调的干扰,进而提高检测后的信噪比和解调的正确概率。然而若迭代中某次解调错误,则接下来的干扰消除步骤将变成引入干扰的操作,导致解调再次出错,以此类推造成错误传播的现象。

4.5.3　空间分集技术

空间分集技术包括接收分集和发送分集。在接收分集中,接收端利用多根接收天线获得多路独立信号,进而利用一定的分集合并方法进行信号合并,在此不再赘述。在发送分集中,发送端利用多根天线发送同样的信息(信号具体形式不一定完全相同),进而在接收端合并处理,以起到抗衰落的作用。发送分集包括开环分集和闭环分集两种。若发送端利用收发两端间的信道信息进行发送分集,则称为闭环发送分集;否则称为开环发送分集。闭环发送分集方案可以获得分集增益和阵列增益;而开环发送分集仅能获得分集增益。下面分别进行介绍。

1. 开环发送分集

一般开环发送分集是用空时编码来实现的。空时编码(space-time coding)是无线通信中

的一种编码和信号处理技术,它在不同天线的发射信号之间引入时域和空域相关性,使得在接收端可以进行分集接收,进而大大地改善无线通信系统的可靠性。与不使用空时编码的系统相比,空时编码可以在不牺牲带宽的情况下获得很高的编码增益,在接收机结构相对简单的情况下,空时编码的空时结构可以有效地提高无线系统的传输容量。Tarokh 等人的研究也表明,如果无线信道中有足够的散射,使用适当的编码方法和调制方案可以获得相当大的容量。

一般空时编码分为空时格码(STTC)和空时分组码(STBC)。空时格码是一种考虑了信道编码、调制及收发分集联合优化的空时编码方法,它可以获得完全的分集增益以及非常大的编码增益,同时还能提高系统的频谱效率;但它的实现复杂度较高,实际中应用较为困难,因此不再赘述。空时分组码是由 AT&T 公司的 Tarokh 等人在 Alamouti 的研究基础上提出的。Alamouti 提出了采用两发一收的天线系统可以获得与采用一发两收天线系统同样的分集增益。

空时分组码是指将每 k 个输入字符 $x_k(k=1,2,\cdots,K)$ 映射为一个 $n_{\mathrm{T}}\times p$ 矩阵 $\boldsymbol{c}_{n_{\mathrm{T}}}$,矩阵的每行对应在 p 个不同时间间隔里某根天线上所发送的符号。这种码的速率可以定义为 $r=k/p$。对于 STBC,为了使得各根天线上发送的数据正交,它的编码矩阵需要满足

$$\boldsymbol{c}_{n_{\mathrm{T}}}\cdot\boldsymbol{c}_{n_{\mathrm{T}}}^{\mathrm{H}}=(|x_1|^2+|x_2|^2+\cdots+|x_k|^2)\boldsymbol{I}_{n_{\mathrm{T}}} \tag{4.109}$$

满足上式的编码矩阵在高阶情况下没有唯一解,实际编码方式(也就是矩阵的形式)与参数 k 和 p 有直接联系。虽然分组码提供了发射分集增益,但是它并没有提供相关的编码增益。一般情况下空时分组码提供分集增益,而使用外信道编码提供编码增益。人们对空时分组码的研究主要集中在其码字设计上,即如何设计一种性能更佳的构造码字以及分析其带来的分集增益和信道容量的增加。另外将空时分组码与 OFDM 技术结合使用,对实际系统也有非常重要的作用,如 SFBC(Space Frequency Block Coding)。最初的空时分组码是针对平坦衰落信道提出的,后来有学者将其扩展到频率选择性信道中的分组数据传输,大大地提高了空时分组码的应用范围。

下面仅对实际中常用的 Alamouti 方案进行介绍。

在 Alamouti 方案中,$n_{\mathrm{T}}=2,k=2,p=2$。它的编码矩阵或编码码字可以写为

$$\boldsymbol{c}_2=\begin{pmatrix} x_1 & -x_2^* \\ x_2 & x_1^* \end{pmatrix} \tag{4.110}$$

在某时刻符号 x_1、x_2 分别在天线 1 和 2 上发送,在下个时刻两个天线上发送的符号分别为 $-x_2^*$、x_1^*。

假设接收机采用单根接收天线,并且两根发送天线到接收天线的信道响应 h_1 和 h_2 在相邻两个发射符号间隔内保持不变,则第 1 个和第 2 个发射符号间隔中接收天线接收到的信号可以分别表示为

$$y_1=\sqrt{p_1}h_1x_1+\sqrt{p_2}h_2x_2+n_1 \tag{4.111}$$

$$y_2=-\sqrt{p_1}h_1x_2^*+\sqrt{p_2}h_2x_1^*+n_2 \tag{4.112}$$

其中,加性复高斯白噪声 n_1 和 n_2 相互独立,均值都为 0,方差都为 σ^2。令 $\boldsymbol{y}=[y_1,y_2^*]^{\mathrm{T}}$,$\boldsymbol{x}=[x_1,x_2]^{\mathrm{T}}$,$\boldsymbol{n}=[n_1,n_2^*]^{\mathrm{T}}$,则上述公式可以改写为

$$\boldsymbol{y}=\boldsymbol{HPx}+\boldsymbol{n} \tag{4.113}$$

其中信道矩阵和功率系数矩阵分别为

$$\boldsymbol{H}=\begin{pmatrix} h_1 & h_2 \\ h_2^* & -h_1^* \end{pmatrix},\boldsymbol{P}=\begin{pmatrix} \sqrt{p_1} & 0 \\ 0 & \sqrt{p_2} \end{pmatrix} \tag{4.114}$$

接收端为了估计得到发送端发送的调制符号，首先在式(4.113)的两边同时乘以 $\boldsymbol{H}^{\mathrm{H}}$，并且令 $\tilde{\boldsymbol{y}}=\boldsymbol{H}^{\mathrm{H}}\boldsymbol{y}$ 和 $\tilde{\boldsymbol{n}}=\boldsymbol{H}^{\mathrm{H}}\boldsymbol{n}$，可得

$$\tilde{\boldsymbol{y}}=\boldsymbol{H}^{\mathrm{H}}\boldsymbol{y}=\boldsymbol{H}^{\mathrm{H}}\boldsymbol{H}\boldsymbol{P}\boldsymbol{x}+\boldsymbol{H}^{\mathrm{H}}\boldsymbol{n}=(|h_1|^2+|h_2|^2)\boldsymbol{P}\boldsymbol{x}+\tilde{\boldsymbol{n}} \tag{4.115}$$

其中，$\tilde{\boldsymbol{n}}=\boldsymbol{H}^{\mathrm{H}}\boldsymbol{n}$ 的元素为均值为 0 和方差为 $(|h_1|^2+|h_2|^2)\sigma^2$ 的独立高斯随机变量。进而采用最大后验概率译码准则进行译码，即

$$\hat{\boldsymbol{x}}=\arg\min_{x\in C}\{P(\boldsymbol{x}|\boldsymbol{H}^{\mathrm{H}}\boldsymbol{y})\} \tag{4.116}$$

其中，$\boldsymbol{C}$ 表示所有可能的调制符号对 (x_1,x_2) 的集合。假设发送的不同符号向量 $\boldsymbol{x}$ 独立等概，最大后验概率准则等价于距离准则，即

$$\hat{\boldsymbol{x}}=\arg\min_{x\in C}\{\|\boldsymbol{H}^{\mathrm{H}}\boldsymbol{y}-(|h_1|^2+|h_2|^2)\boldsymbol{P}\boldsymbol{x}\|^2\} \tag{4.117}$$

或

$$\begin{bmatrix}\hat{x}_1\\ \hat{x}_2\end{bmatrix}=\begin{bmatrix}\arg\min\limits_{x_1}\left\{\left|(h_1^* y_1+h_2 y_2^*)-(|h_1|^2+|h_2|^2)\sqrt{p_1}x_1\right|^2\right\}\\ \arg\min\limits_{x_2}\left\{\left|(h_2^* y_1-h_1 y_2^*)-(|h_1|^2+|h_2|^2)\sqrt{p_2}x_2\right|^2\right\}\end{bmatrix} \tag{4.118}$$

从上式可以看出，空时分组码的编码正交性使得联合最大似然译码可以分解为对两个符号 x_1 和 x_2 分别进行最大似然译码，从而极大地降低了接收端译码的复杂度。

例 4.6　若单极性二进制码元 $b_1,b_2\in\{0,1\}$ 通过 BPSK 调制后生成 $x_1,x_2\in\{+1,-1\}$，进而在 Alamouti 方案的发端发送，其余假设与前述 Alamouti 方案相同，则在接收端解调的判决条件可以写为

$$b_1=\begin{cases}1,\mathrm{Re}\{h_1^* y_1+h_2 y_2^*\}>0\\ 0,\mathrm{Re}\{h_1^* y_1+h_2 y_2^*\}<0\end{cases},b_2=\begin{cases}1,\mathrm{Re}\{h_2^* y_1-h_1 y_2^*\}>0\\ 0,\mathrm{Re}\{h_2^* y_1-h_1 y_2^*\}<0\end{cases} \tag{4.119}$$

下面进一步对接收端信号的信噪比进行分析，以获得 MIMO 的相关增益参数。为了理论分析方便，这里假设 $|h_1|$ 和 $|h_2|$ 为单位功率的独立瑞利随机变量，且两根天线间为等功率分配，即 $p_i=P/2(i=1,2)$。根据式(4.115)，可以得到接收信号的信噪比为

$$\gamma_i=(|h_1|^2+|h_2|^2)\frac{P}{2\sigma^2},i=1,2 \tag{4.120}$$

而当采用单根天线时，假设为第一根天线，其信噪比为

$$\gamma_{\mathrm{S}}=|h_1|^2\frac{P}{\sigma^2} \tag{4.121}$$

因此，Alamouti 方案的阵列增益为

$$\mathrm{AG}=10\lg\frac{E[\gamma_i]}{E[\gamma_{\mathrm{S}}]}=10\lg\frac{P/\sigma^2}{P/\sigma^2}=0 \tag{4.122}$$

从上式可以看出，Alamouti 编码没有阵列增益。

而当假设发送端发送的是 BPSK 信号，且接收端采用匹配滤波解调时，其误比特率可以写为

$$p_{\mathrm{e}}=Q(\sqrt{4\gamma_i})=Q\left(\sqrt{x\frac{2P}{\sigma^2}}\right)\to\frac{1}{\sqrt{x\frac{4\pi P}{\sigma^2}}}\exp\left\{-x\frac{P}{\sigma^2}\right\},\frac{P}{\sigma^2}\to\infty \tag{4.123}$$

其中，$x=|h_1|^2+|h_2|^2$，根据式(4.4)可知其概率密度函数为 $p(x)=x\mathrm{e}^{-x}$，经推导可得平均误比特率为

$$\bar{p}_e = \int_0^\infty p(x) Q\left(\sqrt{x \frac{2P}{\sigma^2}}\right) dx \to \frac{1}{4}\left(\frac{\sigma^2}{P}\right)^2, \frac{P}{\sigma^2} \to \infty \tag{4.124}$$

因此,Alamouti 方案的分集增益为

$$D = \lim_{P/\sigma^2 \to \infty} \frac{10\lg(1/\bar{p}_e)}{10\lg(P/\sigma^2)} = \lim_{P/\sigma^2 \to \infty} \frac{10\lg 4(P/\sigma^2)^2}{10\lg(P/\sigma^2)} = 2 \tag{4.125}$$

此外 Alamouti 方案也可以扩展为多天线接收方案,每根天线的接收信号与式(4.115)类似,进而利用本章分集合并方法进行合并即可;可以证明,若接收天线个数为 n_R,且接收端采用最大比值合并,其分集增益变为 $2n_R$,阵列增益为 n_R。

2. 闭环发送分集

与开环发送分集不同,闭环发送分集利用收发两端的信道信息,来加权不同发送天线上的信号(权重为复数,包括幅度和相位),以提高接收的可靠性。在 TDD 系统中,发送端可以通过反向导频估计得到前向信道信息;而在 FDD 系统中,接收端利用前向导频估计得到信道信息后,可以利用反馈链路反馈信道信息给发送端。在 MISO 系统中,假设从发送端的 n_T 根天线到单根接收天线的信道为 $\boldsymbol{h} = [h_1, h_2, \cdots, h_{n_T}]^H$,而假设发送端天线的权重向量为 $\boldsymbol{w} \in \boldsymbol{C}^{n_T}$ 且 $\|\boldsymbol{w}\| = 1$,发送符号为单位功率的 x,则接收信号可以表示为

$$y = \sqrt{P}\boldsymbol{h}^H \boldsymbol{w} x + n \tag{4.126}$$

其中,n 为均值为 0、方差为 σ^2 的加性高斯白噪声。其接收信噪比可以写为

$$\gamma(\boldsymbol{w}) = \frac{P}{\sigma^2}\|\boldsymbol{h}^H \boldsymbol{w}\|^2 = \frac{P}{\sigma^2}\boldsymbol{w}^H \boldsymbol{h}\boldsymbol{h}^H \boldsymbol{w} \tag{4.127}$$

基于上式,一种最优的闭环发送分集方案为 $\boldsymbol{w} = \boldsymbol{h}/\|\boldsymbol{h}\|$,此时 $\gamma(\boldsymbol{w})$ 有最大值,即

$$\gamma(\boldsymbol{w}) = \frac{P}{\sigma^2}\|\boldsymbol{h}\|^2 \tag{4.128}$$

假设 $|h_i|$ $(i=1,2,\cdots,n_T)$ 的功率为 1,且是独立同分布的瑞利随机变量,根据阵列增益的定义,很容易得到此时的阵列增益为 n_T,也可以得到其分集增益为 n_T。因此,发送端闭环发送分集既有分集增益,又有阵列增益;而开环发送分集仅有分集增益,无阵列增益,如 Alamouti 方案。然而闭环发送分集需要获得信道信息,可能会增加系统复杂度。

4.5.4 预编码或波束赋形技术

与闭环发送分集类似,预编码(或波束赋形)实现的主要手段是利用信道信息,在发送端用预编码或波束对发送符号或天线的相位及功率进行预先调整,配合接收端处理算法来抑制天线与小区间干扰,提高系统性能。但与闭环发送分集不同的是,其发送信号可以是多流,即可以实现空间复用的效果。如图 4.51 所示,假设发送的调制符号为 $\boldsymbol{s} = [s_1, s_2, \cdots, s_K]^T \in \boldsymbol{C}^K$,其中 $E[\boldsymbol{s}\boldsymbol{s}^H] = \boldsymbol{I}_K$ 代表发送的每个符号平均功率为 1,$\boldsymbol{C}$ 为某种调制符号的集合;不同符号的加权 $\boldsymbol{P} = \mathrm{diag}\{\sqrt{p_1}, \sqrt{p_2}, \cdots, \sqrt{p_K}\}$ 代表了不同符号的功率分配为 p_k $(k=1,2,\cdots,K)$;预编码矩阵为 $\boldsymbol{W} = [\boldsymbol{w}_1, \boldsymbol{w}_2, \cdots, \boldsymbol{w}_K] \in \boldsymbol{C}^{n_T \times K}$,且 $\|\boldsymbol{w}_k\| = 1$ $(k=1,2,\cdots,K)$ 代表预编码矩阵每列功率归一化;收发两端的信道为 $\boldsymbol{H} = [h_{ij}] \in \boldsymbol{C}^{n_R \times n_T}$;则接收端的接收信号可以表示为

$$\boldsymbol{y} = \boldsymbol{HWPs} + \boldsymbol{n} \tag{4.129}$$

其中,$\boldsymbol{n}$ 为加性复高斯噪声且 $E[\boldsymbol{n}\boldsymbol{n}^H] = \sigma^2 \boldsymbol{I}$。

若接收端可以单独获得 $\boldsymbol{H}$、$\boldsymbol{W}$ 和 $\boldsymbol{P}$,或直接获得 $\boldsymbol{HWP}$,则可以采用空间复用中的各种方法

进行检测和解调。实际中，一般通过在发送符号 $\boldsymbol{s}$ 中插入导频来直接估计 $\boldsymbol{HWP}$，进而进行检测解调，在此不再赘述。遗留的问题就是如何生成预编码矩阵 $\boldsymbol{W}$。

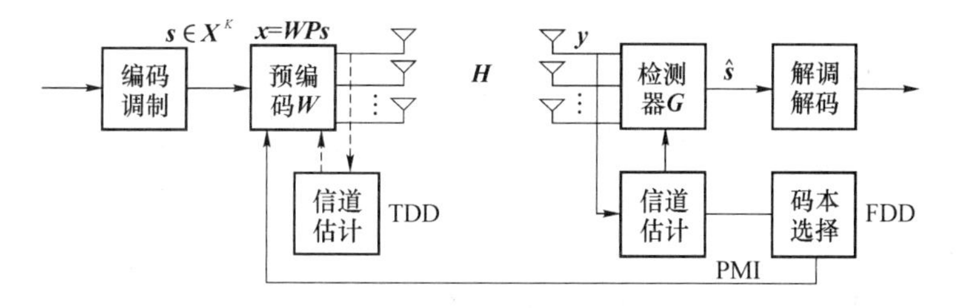

图 4.51　预编码示意图

预编码 $\boldsymbol{W}$ 可以是连续的(非码本的)，即根据实时信道信息 $\boldsymbol{H}$ 生成预编码 $\boldsymbol{W}$ 来使用；也可以是离散的(码本的)，基于当前信道信息 $\boldsymbol{H}$ 在有限的预编码集合 $\Omega=\{\boldsymbol{W}_1,\boldsymbol{W}_2,\cdots,\boldsymbol{W}_M\}$ 中选择性能最优的一个使用。离散预编码可以降低预编码生成的复杂度和预编码索引的反馈开销，但性能也会有所下降。一般在 TDD 系统中，常采用连续的预编码，发送端根据估计所得到的信道信息直接生成预编码并使用；在 FDD 系统中，由于在接收端进行估计信道，若将信道完全反馈给发送端，或接收端生成连续的预编码反馈给发送端，将会造成严重的反馈链路开销，因此常采用离散预编码的方案，接收端只需反馈离散预编码的索引给发送端。下面分别介绍连续预编码和离散预编码集合的生成方法。

1. 连续预编码(非码本的)

连续预编码包括线性预编码和非线性预编码。线性预编码的生成准则有很多，根据不同的准则可以产生不同的预编码，此处仅介绍基于 SVD、迫零和匹配滤波的预编码方案。非线性预编码主要是基于“脏纸编码(Dirty Paper Coding，DPC)”思想的各种方案，例如 THP (Tomlinson-Harashima Precoding)以及矢量预编码(Vector Precoding，VP)。尽管非线性预编码性能非常好，但实现条件要求较高，且计算复杂度极高，因此在实际中很少采用。

(1) SVD 法

一种方法是根据 MIMO 容量的推导公式而得。信道的 SVD 为 $\boldsymbol{H}=\boldsymbol{U\Sigma V}^{\mathrm{H}}$ 且假定 $\boldsymbol{\Sigma}$ 的对角线元素满足 $\lambda_1\geqslant\lambda_2\geqslant\cdots\geqslant\lambda_r$。若同时发送 $K(\leqslant r)$ 路调制符号，则选取 $\boldsymbol{V}$ 的前 K 列特征向量作为预编码矩阵，即

$$\boldsymbol{W}=[\boldsymbol{v}_1,\boldsymbol{v}_2,\cdots,\boldsymbol{v}_K] \tag{4.130}$$

此时接收端采用检测矩阵 $\boldsymbol{G}=\boldsymbol{U}^{\mathrm{H}}$ 即可完成最优线性检测，而发送端功率可以根据注水定理进一步优化。此方法中 $\boldsymbol{H}$ 为 SU-MIMO 中收发两端的信道，若想在 MU-MIMO 中使用 SVD 方法需要额外处理。

(2) 迫零预编码

回顾接收端检测的几种线性算法，一般都可以对称地在发送端实现，形成对应预编码方法。现考虑全复用时的迫零准则，即 $\boldsymbol{H}\widetilde{\boldsymbol{W}}\boldsymbol{s}=\boldsymbol{s}$，其中 $\widetilde{\boldsymbol{W}}\in\boldsymbol{C}^{n_{\mathrm{T}}\times n_{\mathrm{T}}}$，则发送端全复用时迫零预编码矩阵可以写为

$$\widetilde{\boldsymbol{W}}=(\boldsymbol{H}^{\mathrm{H}}\boldsymbol{H})^{-1}\boldsymbol{H}^{\mathrm{H}}\boldsymbol{W}_{\mathrm{N}}=\boldsymbol{H}^{\mathrm{H}}\,(\boldsymbol{H}\boldsymbol{H}^{\mathrm{H}})^{-1}\boldsymbol{W}_{\mathrm{N}} \tag{4.131}$$

其中，归一化矩阵可以写为

$$\begin{aligned}\boldsymbol{W}_{\mathrm{N}}&=\mathrm{diag}^{-1}\{\,\|\tilde{\boldsymbol{w}}_1\|,\|\tilde{\boldsymbol{w}}_2\|,\cdots,\|\tilde{\boldsymbol{w}}_K\|\,\}\\&=\mathrm{diag}^{-1/2}\{[(\boldsymbol{H}\boldsymbol{H}^{\mathrm{H}})^{-1}]_{11},[(\boldsymbol{H}\boldsymbol{H}^{\mathrm{H}})^{-1}]_{22},\cdots,[(\boldsymbol{H}\boldsymbol{H}^{\mathrm{H}})^{-1}]_{KK}\}\end{aligned} \tag{4.132}$$

在实际中根据发送数据维度选取$\boldsymbol{W}=[\tilde{\boldsymbol{w}}_1,\tilde{\boldsymbol{w}}_2,\cdots,\tilde{\boldsymbol{w}}_K]$来使用,并可以结合功率分配算法进一步优化系统性能。此外,相对于SVD方法来说,迫零预编码可以用于MU-MIMO,此时用户间没有干扰。

(3) 匹配滤波预编码

当不考虑接收端各路信号间的干扰时,一种简单的预编码方法为匹配滤波(MF)算法,即

$$\tilde{\boldsymbol{W}}=\boldsymbol{H}^{\mathrm{H}}\boldsymbol{W}_{\mathrm{N}} \tag{4.133}$$

其中,归一化矩阵为

$$\boldsymbol{W}_{\mathrm{N}}=\mathrm{diag}^{-1/2}\{[\boldsymbol{HH}^{\mathrm{H}}]_{11},[\boldsymbol{HH}^{\mathrm{H}}]_{22},\cdots,[\boldsymbol{HH}^{\mathrm{H}}]_{n_{\mathrm{R}}\times n_{\mathrm{R}}}\} \tag{4.134}$$

在实际中根据发送数据维度选取使用,并可以结合功率分配算法进一步优化系统的性能。

此外,对于MU-MIMO系统,假设第k个用户对应的信道矩阵为$\boldsymbol{H}_k$。K个用户构成的联合信道矩阵可以表示为

$$\boldsymbol{H}=[\boldsymbol{H}_1^{\mathrm{H}},\boldsymbol{H}_2^{\mathrm{H}},\cdots,\boldsymbol{H}_K^{\mathrm{H}}]^{\mathrm{H}} \tag{4.135}$$

发送端可以根据式(4.131),基于K个用户对应的完整信道矩阵$\boldsymbol{H}$来计算MU-MIMO对应的迫零预编码矩阵。可以看出,在发送端获知K个用户对应的完整信道矩阵的情况下,也就是在理想的情况下,迫零预编码可以完全消除多用户之间的干扰。

发送端还可以基于每个用户对应信道矩阵的特征向量进行迫零,即特征迫零(Eigen Zero Forcing,EZF)预编码。假设每个终端设备对应的传输流数为L_k,则总传输流数为$L=\sum_{k=1}^{K}L_k$。第k个终端设备的信道矩阵为$\boldsymbol{H}_k=\boldsymbol{U}_k\boldsymbol{\Sigma}_k\boldsymbol{V}_k^{\mathrm{H}}$,其对应的最大$L_k$个特征值所对应的特征向量为$\bar{\boldsymbol{V}}_k=\boldsymbol{V}_k^{[1:L_k]}$,则EZF预编码矩阵可以表示为

$$\boldsymbol{W}=\boldsymbol{V}(\boldsymbol{V}^{\mathrm{H}}\boldsymbol{V})^{-1} \tag{4.136}$$

其中,$\boldsymbol{V}=[\bar{\boldsymbol{V}}_1,\bar{\boldsymbol{V}}_2,\cdots,\bar{\boldsymbol{V}}_K]$且维度为$n_{\mathrm{T}}\times L$。

2. 离散预编码(码本的)

离散预编码集合的设计方法对预编码性能有重要的影响,优化预编码集合的设计应当考虑天线阵列的形式以及信道条件等相关因素。在无记忆独立同分布的Rayleigh信道中,码本的设计可以描述为Grassmannian Subspace Packing问题,即在酉空间中寻找M个矩阵,使其中任意两个预编码矩阵所张成的子空间的最小距离最大化。按照这种原则设计的码本将均匀地分布在整个酉空间中。下面仅介绍基于DFT来构造码本集合的一种方法。例如,$M\times M$的码本集合可以写为

$$\left\{\boldsymbol{W}^g=\left[\mathrm{e}^{\mathrm{j}\frac{2\pi}{M}m\left(n+\frac{g}{G}\right)}\right]_{\substack{m=0,1,\cdots,M-1\\n=0,1,\cdots,M-1}},g=0,1,\cdots,G-1;\boldsymbol{W}^G=\boldsymbol{I}_M\right\} \tag{4.137}$$

其中,$\boldsymbol{W}^G$为单位矩阵,$\boldsymbol{W}^0$为标准的DFT矩阵,而$\boldsymbol{W}^g(g=1,2,\cdots,G-1)$都是基于$\boldsymbol{W}^0$移相构造的;由于$\boldsymbol{W}^0$是酉矩阵,每行中元素改变相同的相位不改变其性质。因此在基于DFT所构造的预编码集合中,所有矩阵都是酉矩阵,每个酉矩阵的不同列或行都满足正交性和功率归一性。

4.5.5 大规模MIMO技术

通过前面MIMO技术的介绍,可知MIMO技术可以用于获得阵列增益、分集增益或复用

增益，以提高系统的谱效、可靠性或覆盖性能。为了进一步提高上述 MIMO 系统的各方面优点，大规模天线技术于 2010 年由 Bell 实验室的 T. L. Marzetta 提出，采用成百上千根天线同时服务几十个用户；在 2012 年 3GPP 演进过程中，为了服务俯仰方向上的用户，人们进一步引进了三维 MIMO(3D MIMO)技术；在 5G 高频段通信中，由于射频链路个数的限制，人们采用了模拟波束来实现毫米波波束赋形。

1. 大规模 MIMO

如图 4.52 所示，大规模天线通信系统利用成百上千根天线同时同频服务几十个用户，即系统采用了大规模 MIMO。系统的天线个数与现有系统的天线个数相比至少增加一个数量级，其能效、谱效、可靠性和安全性将更高。

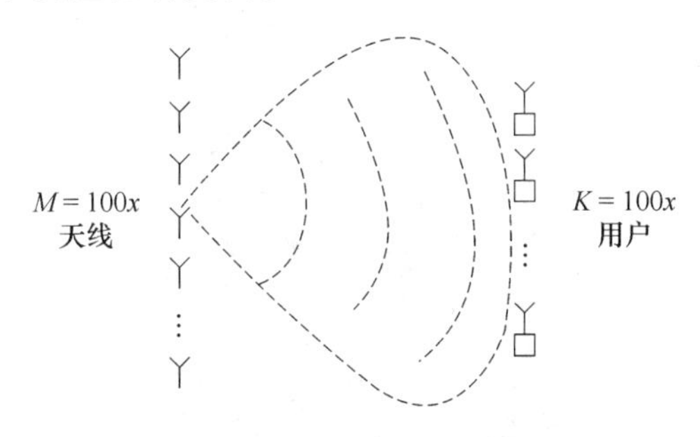

图 4.52 大规模 MIMO 示意图

考虑 K 个单天线终端用户同时同频给配置 M 根天线的基站发送信号，在没有直射径时，基于相关阵的随机模型可以写为

$$\boldsymbol{G}=\boldsymbol{H}\boldsymbol{D}^{1/2} \tag{4.138}$$

其中，$\boldsymbol{D}=\mathrm{diag}\{\beta_1,\beta_2,\cdots,\beta_K\}$是大尺度衰落矩阵且 $\beta_k=\phi d_k^{-\alpha}\xi_k$，$\phi$ 是与天线增益和载波频率有关的常数，d_k 是基站与第 k 个用户之间的距离，ξ_k 是阴影衰落变量且具有对数正态分布，即 $10\ \lg\xi_k \sim N(0,\sigma_{\mathrm{SF}}^2)$。根据快衰落矩阵 $\boldsymbol{H}$ 中元素间的关系不同，有不同的信道建模方法。下面仅介绍理论分析中常用的瑞利信道模型。

当天线之间没有相关性和互耦效应时，式(4.135)可简化为独立瑞利信道模型。此时小尺度矩阵 $\boldsymbol{H}=[\boldsymbol{h}_1,\boldsymbol{h}_2,\cdots,\boldsymbol{h}_K]$且 $\boldsymbol{h}_k=[\boldsymbol{h}_{k1},\boldsymbol{h}_{k2},\cdots,\boldsymbol{h}_{kM}]^{\mathrm{T}}$，其元素为独立同分布的标准复高斯分布，也就是 $\boldsymbol{h}_{km}\sim\mathrm{CN}(0,1)(k=1,2,\cdots,K;m=1,2,\cdots,M)$。根据大数定律，大规模天线通信系统的独立瑞利信道模型有如下特征：

$$\frac{1}{M}\boldsymbol{G}^{\mathrm{H}}\boldsymbol{G}=\boldsymbol{D},M\rightarrow\infty \tag{4.139}$$

也就是不同用户间的信道趋于正交，即信道正交性：

$$\frac{1}{M}\boldsymbol{h}_i^{\mathrm{H}}\boldsymbol{h}_j\rightarrow 0\,(i\neq j),M\rightarrow\infty \tag{4.140}$$

每个用户信道向量的二范数仅与大尺度衰落和天线个数有关，即信道硬化现象：

$$\frac{1}{M}\|\boldsymbol{g}_k\|^2\rightarrow\beta_k\,(k=1,2,\cdots,K),M\rightarrow\infty \tag{4.141}$$

正交性可以缓解用户间干扰，而信道硬化现象可以简化系统的调度策略。在大规模 MIMO 的理论分析中，信道正交性与信道硬化现象是其区别于传统小规模 MIMO 的主要特征，是设计大规模 MIMO 中相关算法的主要手段。

在多小区的大规模 MIMO 系统中，由于正交导频的个数有限，需要在不同小区间进行复用，因此各个小区在信道估计时存在一定的偏差，也就是导频污染问题。导频污染被认为是大规模 MIMO 通信系统的主要性能限制因素。

2. 3D MIMO

如图 4.53 所示,从天线阵列的构造上来讲,大规模 MIMO 技术可以采用线阵、矩形阵、圆柱阵、球面阵和分布阵来实现,只要天线阵列的阵元个数足够多即可;一般只有面阵、圆柱阵和球面阵可以实现三维信号传播。而在大规模 MIMO 的实际使用中,为了节省天线阵列所占用的空间,常采用二维天线阵列(面阵)来实现,就形成了所谓的 3D MIMO。3D MIMO 可以同时在水平和垂直两个维度调整信号的传播路径;而在传统的 MIMO 技术中,由于天线阵列摆放在一个固定维度,信号传播路径仅能在水平维度进行调整。

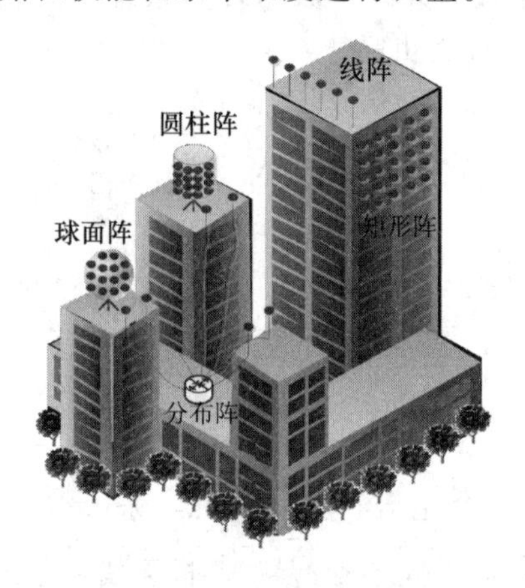

图 4.53 天线构造示意图

如图 4.54～图 4.56 所示,相对于传统 MIMO 技术,3D MIMO 有更好的水平和垂直角度分辨率,能够实现小区分裂、楼宇覆盖和动态小区成形等。

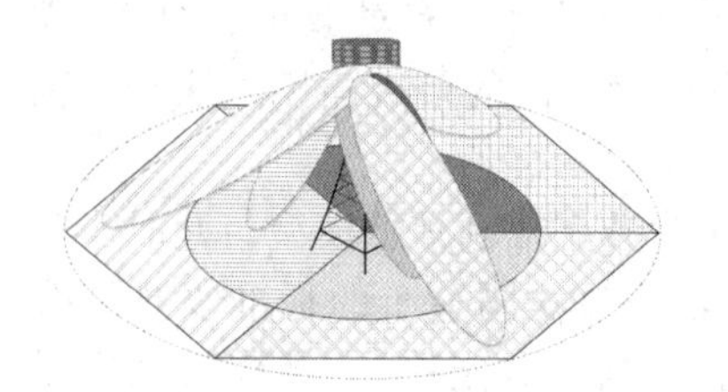

图 4.54 小区分裂

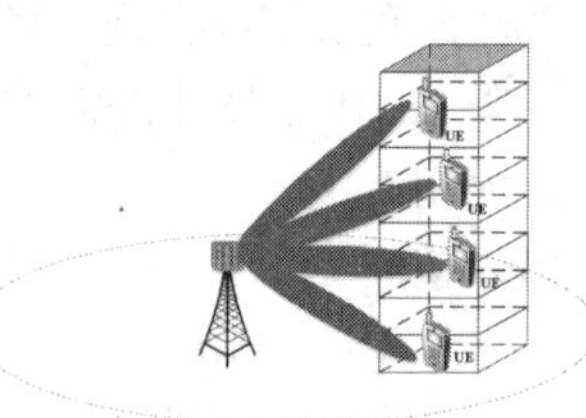

图 4.55 楼宇覆盖

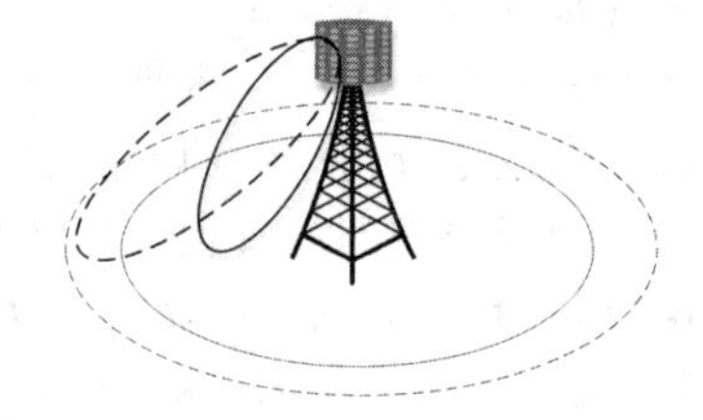

图 4.56 动态小区成形

3. 毫米波 MIMO

在大规模 MIMO 系统中,当系统采用低频传输信号并且保证天线间隔与波长成正比时,其阵列规模将随着天线个数的增加而增加,而毫米波段波长很短,将有效降低阵列大小。根据香农公式,增加系统带宽可以提升系统的容量,毫米波由于频段较高,可以提供很大的带宽,因此备受关注;但高频信号传输将产生严重的信号衰落,有必要与高增益的 MIMO 技术结合来保证信号的覆盖。因此,大规模 MIMO 与毫米波结合成为 5G 通信中的一项关键技术。

(1) 阵列方向图

阵列天线利用电磁波在空间相互干涉的原理,构造不同增益形状来改善信号覆盖或传输性能。一般用辐射方向图描绘天线辐射特性与空间方向坐标的关系。阵列天线波束方向图的影响因素主要包括阵元数目、阵元间距、分布形式、激励相位和幅度等。

如图 4.57 所示,假设第 m 个激励阵源的相位和幅度构成的复加权系数为 $w_m = A_m e^{-j\alpha_m}$,

因此预编码或波束赋形向量为 $\boldsymbol{w}=[w_1,w_2,\cdots,w_M]^{\mathrm{T}}$；假设以原点为参考，其他天线的参考距离为 ΔR_m，第 m 个阵源的方向图为 $f_m(\phi,\theta)$（一般单天线的方向图可以假设为 $f_m(\phi,\theta)=1$），则阵列在方向 (ϕ,θ) 上的导向向量为

$$\boldsymbol{h}=[h_1,h_2,\cdots,h_M]^{\mathrm{T}},h_m=f_m(\phi,\theta)\mathrm{e}^{-\mathrm{j}\frac{2\pi}{\lambda}\Delta R_m} \tag{4.142}$$

进而根据阵列天线的叠加原理，可以得到阵列天线在远区的辐射场强为

$$F(\phi,\theta)=\chi\boldsymbol{h}^{\mathrm{T}}\boldsymbol{w}=\chi\sum_{m=1}^{M}A_m f_m(\phi,\theta)\mathrm{e}^{-\mathrm{j}\left(\alpha_m+\frac{2\pi}{\lambda}\Delta R_m\right)} \tag{4.143}$$

其中，χ 代表路径损耗系数。

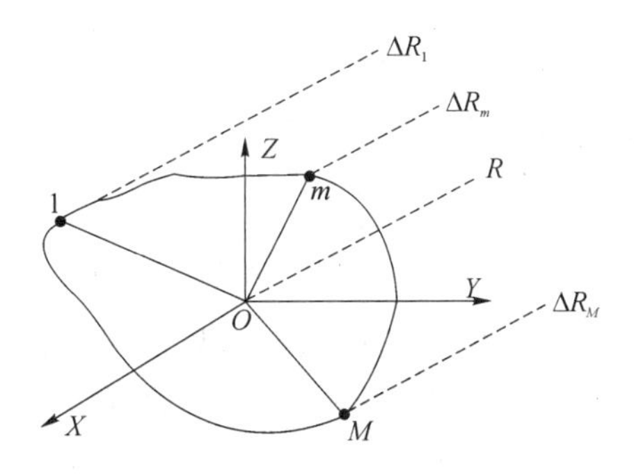

图 4.57　一般阵列示意图

由于在毫米波大规模 MIMO 中，天线个数非常多，若每根天线都与单独一个射频链路相连，设备成本开销很大，因此一般在毫米波大规模 MIMO 中常采用模拟波束赋形。模拟波束赋形仅在模拟域调整天线的相位，而不改变天线的幅度，即假设 $A_m=1/\sqrt{M}$。

例 4.7　如图 4.58 所示，在均匀直线阵列拓扑中，假设 $f_m(\theta_0)=1,A_m=1/\sqrt{M}$。此时目标方向的导向向量或信道为

$$\boldsymbol{h}(\theta_0)=\chi\left[1,\mathrm{e}^{-\mathrm{j}\frac{2\pi}{\lambda}d\sin\theta_0},\mathrm{e}^{-\mathrm{j}\frac{2\pi}{\lambda}2d\sin\theta_0},\cdots,\mathrm{e}^{-\mathrm{j}\frac{2\pi}{\lambda}(M-1)d\sin\theta_0}\right]^{\mathrm{T}} \tag{4.144}$$

令波束的指向为 θ，即波束相位为

$$\alpha_m=\frac{2\pi(m-1)d}{\lambda}\sin\theta,m=1,2,\cdots,M \tag{4.145}$$

则其方向图可以写为

$$F(\theta)=\frac{\chi}{\sqrt{M}}\sum_{m=0}^{M-1}\mathrm{e}^{\mathrm{j}\frac{2\pi}{\lambda}d(m-1)(\sin\theta-\sin\theta_0)} \tag{4.146}$$

而根据推导（推导略）可以得到其方向图的 3 dB 宽度公式：

$$\theta_{\mathrm{BW}}=\frac{k\lambda}{Md\cos\theta} \tag{4.147}$$

其中，k 为波束宽度因子；M 为线性阵元个数；d 为相邻阵元间距；θ 为波束指向方向。由式(4.147)可得：天线口径越大，波束越窄；角度越小，波束越窄；波长越短，波束越窄。

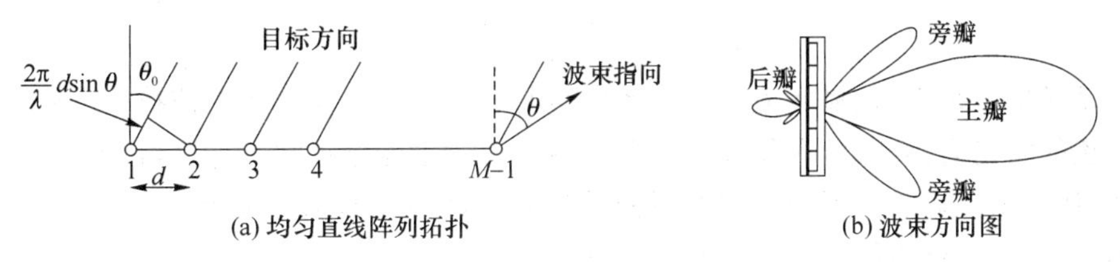

图 4.58　均匀直线阵列

(2) 混合波束赋形

由于模拟波束赋形仅能够指向某一个方向,因此相对于基站来说,当用户方向角较为分散时,难以实现多用户MIMO;但当用户方向角较为集中时,仍可以利用同一波束服务不同的用户。图4.59给出了一种模拟与数字混合方式服务多用户或给单用户传输多流数据的预编码示意图(其他结构自行查阅)。假设系统中有M_{RF}条射频链路,每条射频链路连接一部分天线,为了讨论方便,假设每条射频链路连接L个天线,即$M=LM_{\mathrm{RF}}$。

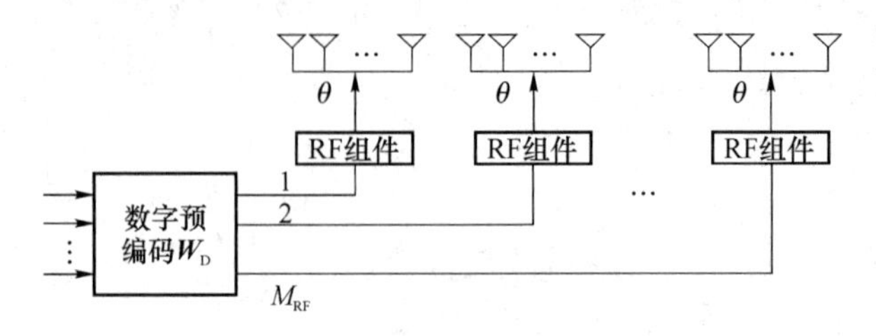

图4.59 模拟与数字混合波束赋形

与前述预编码不同的是,此处的混合波束赋形由数字预编码$\boldsymbol{W}_{\mathrm{D}}$与模拟预编码$\boldsymbol{W}_{\mathrm{A}}$共同组成,即$\boldsymbol{W}=\boldsymbol{W}_{\mathrm{A}}\boldsymbol{W}_{\mathrm{D}}$。由于模拟预编码仅能调整相位,因此可以写为

$$\boldsymbol{W}_{\mathrm{A}}=\begin{bmatrix}\boldsymbol{w}_1 & 0 & \cdots & 0\\ 0 & \boldsymbol{w}_2 & \cdots & 0\\ \vdots & \vdots & & \vdots\\ 0 & 0 & \cdots & \boldsymbol{w}_{M_{\mathrm{RF}}}\end{bmatrix},\ \boldsymbol{w}_m=\begin{bmatrix}\mathrm{e}^{-\mathrm{j}\alpha_1}\\ \mathrm{e}^{-\mathrm{j}\alpha_2}\\ \vdots\\ \mathrm{e}^{-\mathrm{j}\alpha_L}\end{bmatrix}$$

$$\alpha_l=\frac{2\pi[l+(m-1)L]d}{\lambda}\sin\theta,\ m=1,2,\cdots,M_{\mathrm{RF}};l=0,1,\cdots,L-1 \tag{4.148}$$

假设发送端采用的是线性天线阵列,则从发送端到多用户接收端的信道可以表示为$\boldsymbol{H}=[\boldsymbol{h}_1(\theta_1),\boldsymbol{h}_2(\theta_2),\cdots,\boldsymbol{h}_K(\theta_K)]$,其中$\boldsymbol{h}_k(\theta_k)$的表达式为式(4.144),或到单用户多天线的信道可以表示为$\boldsymbol{H}=[\boldsymbol{h}_{\mathrm{R}}(\theta_{\mathrm{R}})\otimes\boldsymbol{h}_{\mathrm{T}}(\theta_{\mathrm{T}})]$,其中$\theta_{\mathrm{T}}$和$\theta_{\mathrm{R}}$分别为发送和接收阵列方向角,则接收端的接收信号可以表示为

$$\boldsymbol{y}=\boldsymbol{HWPs}+\boldsymbol{n}=\boldsymbol{HW}_{\mathrm{A}}\boldsymbol{W}_{\mathrm{D}}\boldsymbol{Ps}+\boldsymbol{n} \tag{4.149}$$

其中,功率系数矩阵$\boldsymbol{P}$、发送符号向量$\boldsymbol{s}$和接收噪声向量$\boldsymbol{n}$与前述预编码章节中的假设相同。

由于在预编码矩阵中$\boldsymbol{W}_{\mathrm{A}}$是$\theta$的函数,而$\boldsymbol{W}_{\mathrm{D}}$需要利用等效信道$\boldsymbol{HW}_{\mathrm{A}}$来求解,一般可以采用迭代的方法来确定模拟和数字预编码;然而对于单用户多流系统来说,信道矩阵$\boldsymbol{H}$的秩为1,发送端仅发1流数据,此时常采用$\theta=\theta_{\mathrm{T}}$的发端模拟波束赋形和$\theta_{\mathrm{R}}$方向的接收波束赋形即可,无须数字预编码。

4.6 链路自适应技术

在移动通信系统中,传播环境和信道特性是非常复杂的。在无线通信技术发展的早期,为了对抗信道的时变衰落特性,即保证在信道衰落最大时也能够正常进行通信,系统采用加大发射机功率、使用低阶调制和冗余较多的纠错码策略。这种策略虽然能够保障在信道处于深衰落时通信正常进行,但不能使系统吞吐量达到最大。为了充分利用无线资源,提高通信效率,链路自适应技术受到越来越广泛的关注。

链路自适应技术能够根据信道情况的变化，自适应地调整发送信号的速率或者功率等，进而可以更充分地利用各种资源。自适应技术在物理层、链路层和网络层都适用。物理层的自适应技术包括自适应调制编码（AMC）、功率控制、速率控制、错误控制等。HARQ 是链路层的自适应技术。网络层的自适应技术包括跨层协作等。

在 3G 系统中广泛采用的链路自适应技术是功率控制技术，在 B3G、4G、5G 中则主要采用 AMC 和 HARQ。下面就重点介绍 AMC 和 HARQ。

4.6.1　自适应调制编码

1. AMC 技术的基本原理

AMC 技术的基本原理是通过信道估计，获得信道的瞬时状态信息，根据无线信道变化选择合适的调制和编码方式，从而提高频带利用效率，使用户达到尽量高的数据吞吐率。当用户处于有利的通信地点时（如靠近基站或存在视距链路），发送端可以采用高阶调制和高码率的信道编码方式，例如 64QAM 和 3/4 编码速率，从而得到高的峰值速率；而当用户处于不利的通信地点时（如位于小区边缘或者信道深衰落），发送端则选取低阶调制方式和低码率的信道编码方案，例如 QPSK 和 1/2 编码速率，来保证通信质量。

采用 AMC 技术的系统结构如图 4.60 所示，当发送的信息经过信道到达接收端时，首先进行信道估计，根据信道估计的结果对接收信号进行解调和解码，同时把信道估计得到的信道状态信息（例如重传次数、误帧率、SNR 等）通过反馈信道发送给发送端。发送端根据反馈信息对信道的质量进行判断，从而选择适当的发送参数来匹配信道。

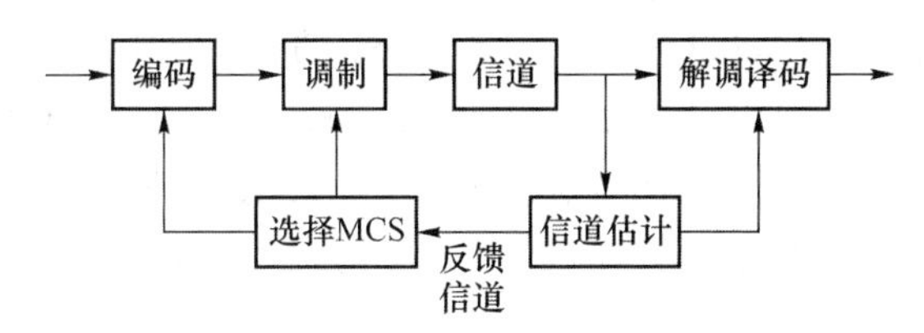

图 4.60　AMC 系统框图

2. AMC 技术的特点

AMC 技术可以同时克服平均路径损耗、慢衰落和快衰落变化的影响。自适应调制编码技术具有以下特点。

① 自适应调制编码技术随信道状态的变化而改变数据传输速率，不能保证数据固定的速率和延时，因此不适用于需要固定数据率和延时的电路交换业务。

② 自适应调制编码技术可以在发射功率保持恒定的条件下使用，信道条件好的用户使用较高的数据率，信道条件差的用户使用较低的数据率，提高了系统平均吞吐量，而用功率控制技术来克服"远近效应"成为可选操作。

③ 自适应调制编码技术在发射功率恒定时，仅随快衰落的变化改变调制编码方案，可以避免用快速功率控制技术时存在的"噪声提升"效应，克服了一个用户对其他用户的干扰变化问题，可以降低网络中的干扰量，从而提高了系统的吞吐量。

④ 自适应调制编码技术和数据包调度算法结合使用时，调度小区内当前载干比最大的用户进行数据传输，从而利用了不同链路间快衰落的不相关性，可以减小用户在快衰落处于"波

谷”时传输数据的概率,增加用户在快衰落的“波峰”时传输数据的概率,不仅不受快衰落的影响,还可以得到一定的快衰落波峰增益。

3. AMC技术的分类与实现

根据反馈的信道状态信息不同,自适应调制编码技术可分为两大类:第一类以误帧率(亦可等效为数据帧的重传次数)为参考度量,由于重传次数基本上能够充分反映误帧率的大小,这类方法不需要进行信道信噪比估计,而是统计每帧数据的重传次数来调整调制编码方案(MCS),因此常被称为探索类(heuristic)自适应调制编码技术;第二类以信道信噪比估计值为参考度量,即接收端根据本帧数据信号幅值的变化以及历史数据信息的变化趋势估计下一帧数据传输时的信道信噪比并将其反馈,信噪比高时多发送信息,信噪比低时少发送信息。第一类实现较为简单,但对信道的变化不能做出迅速的反应;第二类依赖于信道估计的准确性,可对信道信噪比的变化做出迅速反应,从而提高系统吞吐量。第二类AMC方案依据接收端的信道估计信息,灵活地调整发送的MCS,以实现吞吐量的优化;因此,为实现AMC,两类方案都必须保证从收端到发端的反馈信道,而第二类AMC方案还需尽量保证信道估计的精确度。在实际系统中第二类AMC的应用更广泛,例如LTE、IMT-2020等系统都主要采用基于信道信噪比估计的AMC,而4G与5G系统也会以探索类的AMC作为辅助。下面重点介绍第二类AMC。

第二类AMC得到估计的信噪比之后,根据设定的调制编码方案门限选择传输模式。门限值的确定可以采用固定门限算法。该算法将信道质量γ(信噪比)的变化范围划分成若干个区间,每个区间都对应一种可用的调制编码方式。假定系统包含M种MCS_m, $m\in\{1,2,\cdots,M\}$,$R_n=r_n\log_2 M_n$为MCS_n对应的符号速率(每个调制符号能够承载的信息比特数),其中r_n为编码码率,M_n为调制阶数。假设对应M种MCS_n的信噪比区间为$[\gamma_1,\gamma_2)$,$[\gamma_2,\gamma_3)$,…,$[\gamma_M,\gamma_{M+1})$,其中$\gamma_{M+1}=+\infty$。当γ落在区间m($[\gamma_m,\gamma_{m+1})$,$1\leqslant m\leqslant M$)时,就选择MCS_m。显然各区间的切换门限$\{\gamma_1,\gamma_2,\cdots,\gamma_M\}$的优化选择对AMC系统非常重要。传统的门限选择方法有两种:吞吐率最大准则与保证误块率(BLER)准则。

(1) 吞吐率最大准则

该准则以获得最大的吞吐率为原则,而不保证系统误块率,即

$$\mathrm{MCS}(\gamma)=\arg\max\{S_m(\gamma)=R_m[1-\mathrm{BLER}_m(\gamma)],m\in\{1,2,\cdots,M\}\} \quad (4.150)$$

其中$\mathrm{BLER}_m(\gamma)$为MCS_m在信噪比γ时对应的BLER值。如图4.61所示,当给定信噪比γ时,可以计算出M种传输方式的吞吐率,分别记为$\{S_1,S_2,\cdots,S_M\}$,当S_m($1\leqslant m\leqslant M$)最大时,就选择对应的传输方式MCS_m进行传输。根据选择S_m($1\leqslant m\leqslant M$)最大准则,就可以将信噪比区间划分为$[\gamma_1,\gamma_2)$,$[\gamma_2,\gamma_3)$,…,$[\gamma_M,\gamma_{M+1})$。

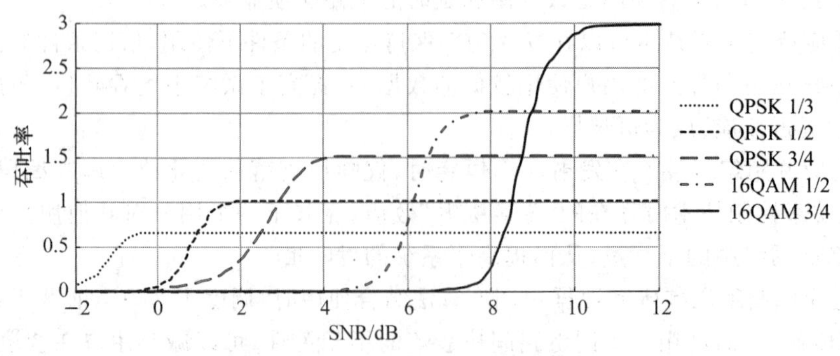

图4.61 吞吐率最大准则示意图

(2) 保证误块率准则

该准则在保证系统 BLER 的要求(如 0.1 或 0.01)下,再以获得吞吐率最大为目标,即

$$\mathrm{MCS}(\gamma)=\arg\max\{R_m[1-\mathrm{BLER}_m(\gamma)]\mid \mathrm{BLER}_m(\gamma)<x\%;m\in\{1,2,\cdots,M\}\} \tag{4.151}$$

其中,$\mathrm{BLER}_m(\gamma)$为 MCS_m 在信噪比γ时对应的 BLER 值。如图 4.62 所示,给定目标误块率 $\mathrm{BLER}_{\mathrm{target}}$,在 AWGN 信道下,需要确定 MCS 达到该误块率所需的最低信噪比,假设分别为$\{\bar{\gamma}_1,\bar{\gamma}_2,\cdots,\bar{\gamma}_M\}$;进而再结合最大吞吐率准则时的区间$[\gamma_1,\gamma_2)$,$[\gamma_2,\gamma_3)$,$\cdots$,$[\gamma_M,\gamma_{M+1})$,确定保证 BLER 准则时 MCS_m 对应的信噪比区间$[\tilde{\gamma}_m,\tilde{\gamma}_{m+1})=[\max\{\gamma_m,\bar{\gamma}_m\},\max\{\gamma_{m+1},\bar{\gamma}_{m+1}\})$,$1\leqslant m\leqslant M$。

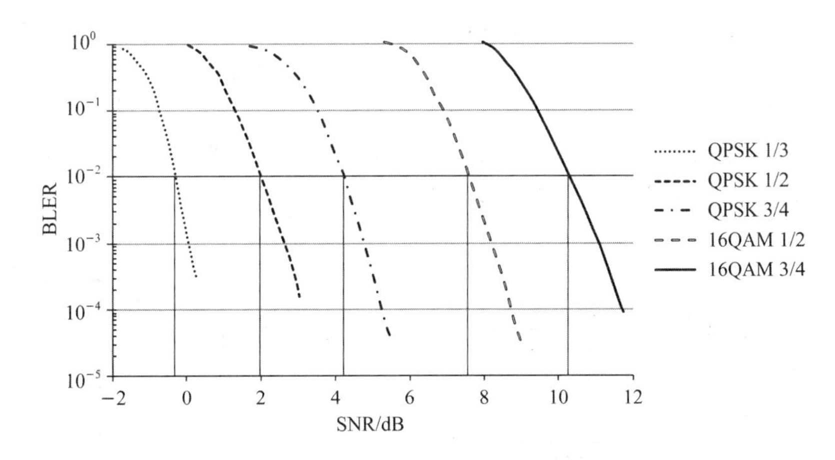

图 4.62　保证误码率准则的最低信噪比示意图

4. AMC 技术的关键问题

(1) 信道预测的准确性

在第二类 AMC 方案中,在信道预测过程中必然存在一定的误差,该误差值对系统平均吞吐量的性能有较大的影响。

(2) 反馈过程中的误差和延时

接收端将信道状态信息反馈给发送端时,在反馈过程中必然存在误差和延时,这些都是影响系统吞吐量性能的重要因素,在实际应用中必须解决。

(3) MCS 切换门限值的确定

MCS 切换门限值是自适应调制编码技术中最关键的问题。切换门限值取得偏大,则系统不能充分利用频谱资源,系统吞吐量不能达到最大;切换门限值取得偏小,则导致误帧率过高,重传次数变大,系统吞吐量也不能达到最大。

4.6.2　混合自动重传

差错控制技术是为了实现高速数据传输下的低误码率性能。发送端根据反馈信道上的链路性能,自适应地发送相应的数据。差错控制技术一般分为 3 类:自动请求重传(ARQ)、前向纠错编码(FEC)、混合自动重传(HARQ)。ARQ 方式是在发送端发送能够检错的码(如 CRC 码),在接收端根据译码结果是否出错,然后通过反馈信道给发送端发送一个应答信号,即正确

(ACK)或者错误(NACK)。发送端根据这个应答信号来决定是否重发数据帧,直到收到ACK或者发送次数超过预先设定的最大发送次数后再发下一个数据帧。FEC方式是发送端采用冗余较大的纠错编码,接收端译码后能纠正一定程度上的误码。这种方式不需要反馈信道,直接根据编码的冗余就能纠正部分错误,也不需要发送端和接收端的配合处理,传输时延小,效率高,控制电路也比较简单。但纠错码比检错码的编码冗余度大,编码效率低,译码复杂度大,并且如果误码在纠错码的纠错能力以外就只能把错误的码组传给用户。HARQ是把两种方式结合起来的一种差错控制技术,它能够使两者优势互补,提高链路性能。

1. HARQ的系统结构

采用HARQ技术的系统结构如图4.63所示。HARQ的基本思想就是发送端发送具有纠错能力的码组,发送之后并不马上删除而是将其存放在缓冲存储器中,接收端接收到数据帧后通过纠错译码纠正一定程度的误码,然后再判断信息是否出错。如果译码正确就通过反馈信道发送一个ACK应答信号,反之就发送一个NACK。当发送端接收到ACK时就发送下一个数据帧,并把缓存器里的数据帧删除;当发送端接收到NACK时,就把缓存器里的数据帧重新发送一次,直到收到ACK或者发送次数超过预先设定的最大发送次数为止,然后再发送下一个数据帧。

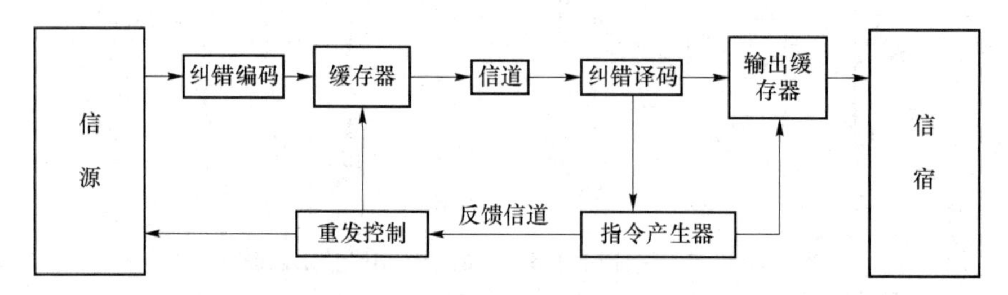

图4.63 HARQ的系统结构

HARQ的种类可以按照重传机制和重传数据帧的构成来划分,下面分别对其重传机制和重传数据帧的结构进行介绍。

2. HARQ的重传机制

(1) 停止等待型(SAW)

SAW方式就是发送端在发送一个数据帧后就处于等待状态,直到收到ACK才发送下一个数据帧或者收到NACK之后发送上一帧数据。SAW的原理如图4.64所示,其中3′、3″表示经过译码发现错误的数据帧。采用这种方式信道就会经常处于空闲状态,传输效率以及信道利用率很低,不过实现简单。

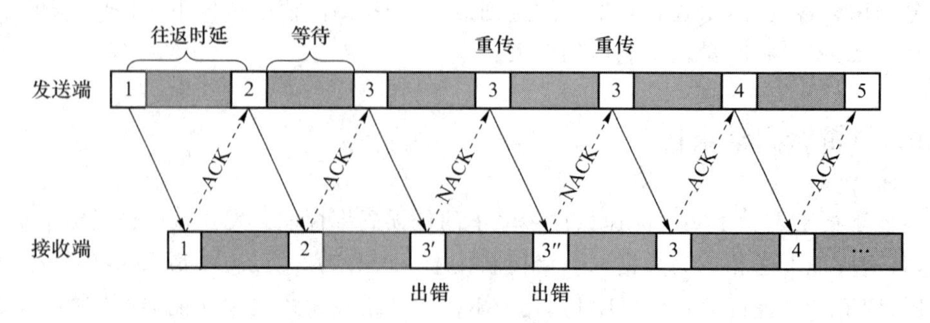

图4.64 SAW重传机制

在信道条件比较恶劣的时候可能出现以下几种情况。

① 接收端无法判别是否收到数据帧，也就不会发送响应帧，发送端就会长时间处于等待状态。

② 发送的响应帧丢失，发送端又会发送原来的数据帧，接收端就会收到同样的数据帧。

这样就需要对数据帧进行编号来解决重复帧问题。在实际中，为了提高 SAW 方式的效率，可以使用 N 个并行子信道重传的方式。在某个子信道等待时，别的子信道可以传输数据。这样就可以克服简单的 SAW 方式在等待过程中造成的信道资源浪费。

(2) 退回 N 步型(GBN)

由于 SAW 方式耗费大量的时间处于空闲状态，造成效率低下。GBN 方式为克服这种缺点而采用连续发送的方式，发送端的数据帧连续发送，接收端的应答帧也连续发送。假设在往返时延内可以传输 N 个数据帧，那么第 i 个数据帧的应答帧会在发送第 $i+N$ 个数据帧之前到达。已发送的 N 个数据并不立即删除，而是存放在存储器中，直到它的 ACK 应答帧到达或者超过最大重传次数为止。很明显收发两端需要的存储器比 SAW 方式的大。如果第 i 个数据帧的应答帧为 ACK，则继续发第 $i+N$ 个数据；如果为 NACK，则退回 N 步发送第 $i,i+1,i+2,\cdots,i+N-1$ 个数据帧。如果第 i 个数据帧出错，那么接收端期望接收的数据就一直保持为第 i 个数据，直到接收到正确的第 i 个数据帧或者超过最大重传次数，即使是第 $i+k(k=1,2,\cdots,N-1)$ 个数据帧的 CRC 校验正确也发送 NACK，因为这些都不是接收端所期望接收的数据。也就是说对出错帧后的 $N-1$ 帧数据做丢弃处理。

假设 $N=5$，GBN 原理如图 4.65 所示，其中 3′、4′表示出错的数据帧。首先对数据帧进行编号，当接收端发现第 3 帧出错后，即使以后收到的数据帧通过 CRC 校验为正确的，同样发送 NACK 应答帧。直到接收端收到 CRC 校验为正确的第 3 帧时才发送 ACK 应答帧。由于发送端和接收端都采用连续发送的方式，信道利用率比较高，但是一旦有传错的帧则会导致退回 N 步重发，即使误帧后的 $N-1$ 帧中有的帧 CRC 校验正确。这必然会导致资源的浪费，降低传输效率。回退数 N 主要由收发双方的往返时间以及设备的处理时延决定，即从发送出数据帧到接收到该数据帧的应答帧之间的时间。

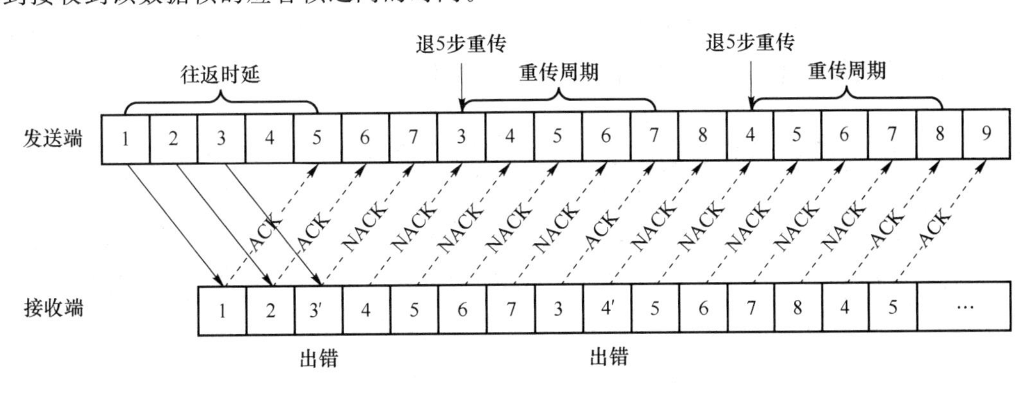

图 4.65 GBN 重传机制

(3) 选择重传型(SR)

由以上的分析可知 GBN 方式虽然实现了连续发送，信道利用率较高，但是会造成很多不必要的浪费，特别是在 N 比较大的时候。如图 4.66 所示，SR 方式做进一步的改进，并不是重传 N 个数据帧，而是选择性地重传，仅重传出错的数据帧。那么就需要对数据帧进行正确的编号,以便在收发端对成功接收或重传的数据帧进行排序。为了保证发生连续错误时存储器仍然不会溢出,这就要求存储器的容量相当大,理论上应该趋于无穷。

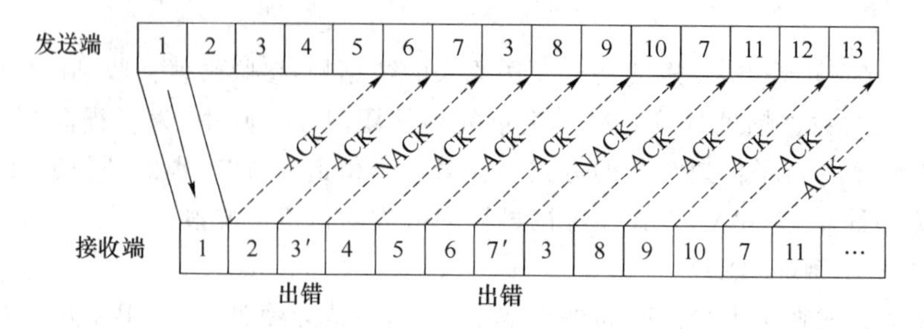

图 4.66 SR 重传机制

3. HARQ 重传数据帧的构成

在发送端需要重传时,传输的数据既可以是同样的数据,也可以是不同的数据。这是因为在编码时会出现信息位和校验位之分,而信息位对于译码来说是最重要的。为了匹配某个确定的编码速率,就需要对校验位进行打孔,就是说放弃传送某些校验比特。那么重传的数据相同就是说每次发送的是相同的信息位和校验位,而重传的数据不同是说可以通过改变打孔的位置来重传不同的校验位。

(1) 重传相同数据的 HARQ

Type-Ⅰ HARQ 就是采用这种方式,它单纯地把 ARQ 和 FEC 相结合,在发送端发送纠错码,在接收端译码并纠正错误,如果错误在纠错码的纠错范围内并成功译码则发送一个 ACK 应答帧,反之则发送一个 NACK 应答帧。发送端在重发时仍然发送相同的数据帧,携带相同的冗余信息,如图 4.67(a)所示。

(2) 重传不同数据的 HARQ

Type-Ⅱ HARQ 和 Type-Ⅲ HARQ 都属于这种方式。这时重传的数据又有全冗余和部分冗余之分。如图 4.67(b)和图 4.67(c)所示,冗余指的是编码带来的校验比特,那么全冗余就是重传的数据帧是与上一帧位置不完全相同的比特,并且可以不再发送信息位,而部分冗余是重发的数据帧既包括信息位,又包括与上一帧位置不完全相同的校验比特。

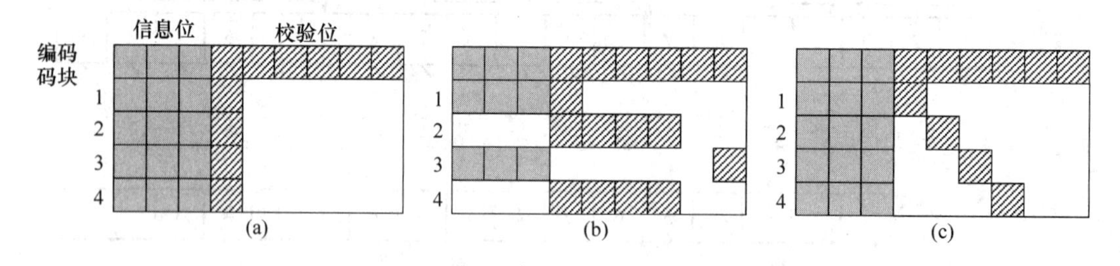

图 4.67 3 种 HARQ 数据帧格式

Type-Ⅱ HARQ 属于全冗余方式的 HARQ,由于重传的数据帧可以都是校验位,那么它的数据帧是非自解码的。对于不能正确译码的数据帧,并不是简单地做丢弃处理而是保留下来,等到重发的数据帧到达时,再把它们合并译码,这样就可以很好地利用这些有效的信息。这种方式相当于获得了时间分集增益,可以提高接收数据的信噪比。冗余的形式因打孔方式的不同而不同,每次重发的都是一种形式的冗余版本,在接收端先进行合并再译码。当然收发两端都需要事先知道第几次重传时发送什么形式的冗余版本，并且每次传送的比特数都是相同的。

Type-Ⅲ HARQ 属于半冗余的 HARQ，就是说重发的数据既包含信息位又包含校验位，因而重传数据帧是自解码的。因为如果传送过程中的噪声和干扰很大，第一次传送的数据被严重破坏，并且信息位对译码又很重要，即使后来增加了正确的冗余信息还是不能正常译码。并且所有版本的冗余形式是互补的，就是说当所有的冗余形式都发送完后，能够保证每个校验比特都被至少发送了一遍。

3G～5G 系统都普遍采用了 AMC 和 HARQ 技术，它们能够在增加一定复杂度的基础上极大地提高链路性能，保证了高速数据速率和高频谱利用率下的低误码传输。

习题与思考题

4.1　分集接收技术的指导思想是什么？

4.2　什么是宏观分集和微观分集？在移动通信中常用哪些微观分集？

4.3　合并方式有哪几种？哪一种可以获得最大的输出信噪比？为什么？

4.4　要求 DPSK 信号的误比特率为 10^{-3} 时，若采用 $M=2$ 的选择合并，要求信号平均信噪比是多少 dB？没有分集时又是多少？采用最大合并时重复上述工作。

4.5　假设发送端发送的 MPSK 基带信号为 u 且 $|u|=1$，接收端接收到 M 路独立的基带信号为

$$s_m=\sqrt{p}r_m e^{j\theta_m}u+n_m, m=1,2,\cdots,M$$

其中，p 为发射功率；信道包络 r_m 服从瑞利分布 $f_{r_m}(r)=2r\exp\{-r^2\}$；信道相位 θ_m 服从 $[0,2\pi]$ 的均匀分布，且相互独立；各路加性高斯白噪声 n_m 相互独立且方差为 σ_m^2。假设接收端采用最大比值合并后输出信号为 $y=\sum_{m=1}^{M}\alpha_m s_m$ 且 $p/\sigma_m^2=1$，则：

① 求信道包络 r_m 的平均功率；

② 求第 m 路信号 s_m 的平均信噪比表达式 $\bar{\xi}_m$；

③ 求信号 y 的平均信噪比表达式 ξ_m；

④ 求使得信号 y 的平均信噪比高于 3 dB 的最少天线个数。

4.6　信道均衡器的作用是什么？为什么支路数有限的线性横向均衡器不能完全消除码间干扰？

4.7　线性均衡器与非线性均衡器相比主要缺点是什么？在移动通信中一般使用它们中的哪一类？

4.8　试说明判决反馈均衡器的反馈滤波器在其中是如何消除信号的拖尾干扰的？

4.9　推导在 MMSE 准则下 OFDM 系统的频域均衡方法。

4.10　假设用户终端发送的独立等概的 BPSK 基带信号序列为 $\boldsymbol{a}=(-1,-1,a_0,a_1,\cdots,a_6=-1,a_7=-1)$，经过多径并叠加高斯白噪声后到达基站的接收信号为

$$y_k=a_kh_0+a_{k-1}h_1+a_{k-2}h_2+n_k, [h_0,h_1,h_2]=[1,-1,1], n_k\overset{\text{i.i.d.}}{\sim}N(0,\sigma^2)$$

① 写出接收端接收序列的最大似然概率 $p(y_0\sim y_7|a_0\sim a_7)$ 的表达式，以及发送信息

$[a_0,a_1,\cdots,a_7]$的最小搜索路径准则表达式。

② 画出ISI信道的二进制信号状态转移图。

③ 假设接收序列如下，利用网格图求最小搜索路径准则下的发送信息序列：

$\{y_k,k=-2,\cdots,7\}=(0.2,-0.1,-1.2,+0.9,-1.1,-0.1,+2.8,-1.5,-0.7,1.3)$

4.11 PN序列有哪些特征使得它具有类似噪声的性质？

4.12 计算序列的相关性：

① 计算序列a=1110010的周期自相关特性并绘图(取10个码元长度)；

② 计算序列b=01101001和c=00110011的互相关系数和各自的周期自相关特性并绘图(取10个码元长度)；

③ 比较上述序列，哪一个最适合用作扩频码？

4.13 简要说明直接序列扩频和解扩的原理。

4.14 为什么扩频信号能够有效地抑制窄带干扰？

4.15 图4.68为m序列发生器，假设移位寄存器的初始状态为$[S_1,S_2,S_3,S_4]=[1,1,1,1]$。

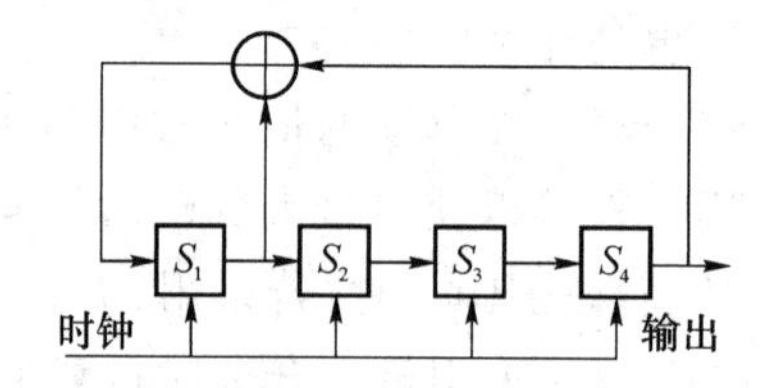

图4.68 m序列发生器

① 写出一个周期长度的m序列，并依次写出寄存器的所有状态。

② 如图4.69所示，若用上述m序列对应波形对发送的窄带有用信号进行扩频，则：

a. 仅考虑高斯白噪声信道，有虚框和无虚框中操作(扩频与解扩)的A点信噪比是否有变化？若有变化，改善多少dB？

b. 信道中叠加与有用信号中心频率相同的窄带干扰时，有虚框和无虚框中操作(扩频与解扩)的A点信干比是否有变化？若有变化，改善多少dB？

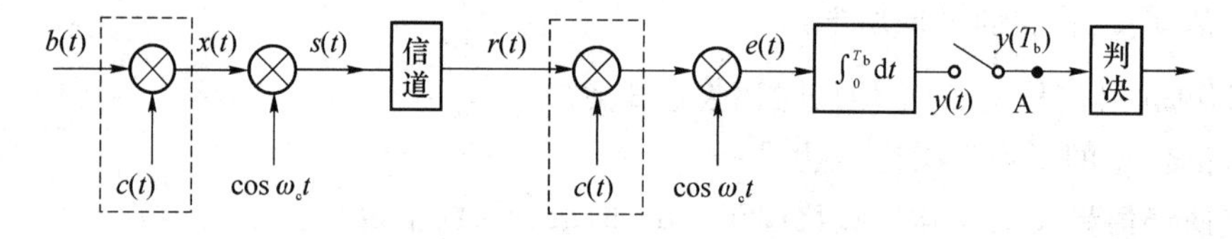

图4.69 直接序列扩频

4.16 MIMO和空时编码技术抗衰落的原理是什么？

4.17 假设发送端发送基带信号x_i且$E[|x_i|]=1(i=1,2)$，通过2发2收的MIMO信道后，接收基带信号向量为

$$\begin{bmatrix}y_1\\y_2\end{bmatrix}=\sqrt{\frac{1}{2}}\begin{bmatrix}1&1\\1&-1\end{bmatrix}\begin{bmatrix}2&0\\0&1\end{bmatrix}\begin{bmatrix}1&0\\0&1\end{bmatrix}\begin{bmatrix}\sqrt{p_1}&0\\0&\sqrt{p_2}\end{bmatrix}\begin{bmatrix}x_1\\x_2\end{bmatrix}+\begin{bmatrix}n_1\\n_2\end{bmatrix}$$

其中$p=p_1+p_2$为总发射功率，接收端噪声$n_i(i=1,2)$的均值为0且方差为$\sigma^2=BN_0$，而B为带宽，N_0为单边功率谱密度。

① 当上式采用等功率分配时，求收发两端的信道容量C_1。

② 当$p_1=p$且$p_2=0$时，求收发两端的信道容量C_2。

4.18　对于采用 QPSK 调制 STBC 编码、2 根发送天线的 MIMO 系统，要发送的信息符号是(2,1,3,0,2)，那么在每根天线上发送的符号是什么？

4.19　推导 MISO 中最优闭环发送分集的阵列增益、分集增益。

4.20　对于采用 LDPC 编码的 HARQ 系统，它有两组校验比特。

① 如果采用 Type-Ⅱ HARQ，第一次发送的数据和重传数据的删除格式如 $\boldsymbol{p}_1$ 和 $\boldsymbol{p}_2$ 所示：

$$\boldsymbol{p}_1=\begin{bmatrix}1&1&1&1&1&1\\1&0&0&0&0&0\\0&0&0&1&0&0\end{bmatrix},\boldsymbol{p}_2=\begin{bmatrix}0&0&0&0&0&0\\0&1&0&1&0&1\\1&1&1&0&1&1\end{bmatrix}$$

矩阵中的第一行表示信息位，后两行都是校验位，矩阵中的元素如果是“1”表示这个比特需要发送，如果是“0”表示这个比特在打孔时被打掉了。请根据合并这两帧的数据，计算接收端译码时的码率。

② 如果采用 Type-Ⅲ HARQ，第一次发送的数据和重传数据的删除格式如 $\boldsymbol{p}_3$ 和 $\boldsymbol{p}_4$ 所示：

$$\boldsymbol{p}_3=\begin{bmatrix}1&1&1&1&1&1\\0&1&0&0&0&0\\0&0&0&0&0&1\end{bmatrix},\boldsymbol{p}_4=\begin{bmatrix}1&1&1&1&1&1\\0&0&0&0&0&1\\0&0&1&0&0&0\end{bmatrix}$$

请根据合并这两帧的数据，计算接收端译码时的码率。

本章参考文献

[1]　王映民，孙韶辉，等. 5G 移动通信系统设计与标准详解. 北京：人民邮电出版社，2020.

[2]　RAPPAPORT T S. 无线通信原理与应用. 蔡涛，李旭，杜振民，译. 北京：电子工业出版社，1999.

[3]　GORDON L S. 移动通信原理. 裴昌幸，聂敏，岳安军，等译. 2 版. 北京：电子工业出版社，2004.

[4]　LEE J S, MILLER L E. CDMA 系统工程手册. 许希斌，周世东，赵明，等译. 北京：人民邮电出版社，2001.

[5]　赫金. 通信系统. 宋铁成，徐平平，徐智勇，等译. 4 版. 北京：电子工业出版社，2018.

[6]　ZHAO L, ZHAO H, ZHENG K, et al. Massive MIMO in 5G Networks: Selected Applications. NY: Springer, 2017.

[7]　TAROKH V, SESHADRI N. Space-time codes for high data rate wireless communications: performance criterion and code construction. IEEE Transactions on Information Theory, 1998, 44(2):744-765.

[8]　ALAMOUTI S M. A simple transmit diversity technique for wireless communications. IEEE Journal on Selected Areas in Communications, 1998, 16(8): 1451-1458.

[9]　STUBER G L. Broadband MIMO-OFDM wireless communications. Proceedings of the IEEE, 2004, 92(2): 271-294.

[10]　NANDA S, BALACHANDRAN K, KUMAR S. Adaptation techniques in wireless

packet data services. IEEE Communications Magazine，2000，38(1)：54-64.

[11] KAMATH K M，GOECKEL D L. Adaptive-modulation schemes for minimum outage probability in wireless systems. IEEE Transactions on Communications，2004，52(10)：1632-1635.

[12] GOLDSMITH A. 无线通信. 杨鸿文，李卫东，郭文彬，等译. 北京：人民邮电出版社，2007.

第5章　蜂窝组网技术

学习重点和要求

本章重点介绍移动通信蜂窝组网的原理和移动通信网络结构，包括频率复用和蜂窝小区、多址接入技术、切换和位置更新、无线资源管理和控制、移动通信网络架构以及移动网络的安全等。

要求：

- 掌握移动通信网的概念和特点；
- 掌握蜂窝小区的原理以及相关技术；
- 掌握多址接入的概念和原理；
- 掌握切换和位置更新的基本原理；
- 理解无线资源管理和控制的基本概念及原理；
- 理解移动网络的组成；
- 理解无线网络安全的基本概念。

5.1　移动通信网的基本概念

移动通信在追求最大容量的同时，还追求最大的覆盖，也就是无论移动用户移动到什么地方，移动通信系统都应覆盖到。当然现今的移动通信系统还无法做到上述的最大覆盖，但是系统应能够在其覆盖的区域内提供良好的语音和数据通信。要实现系统在其覆盖区内良好的通信，就必须有一个通信网支撑，这个通信网就是移动通信网。

一般来说，移动通信网由两部分组成：一部分为空中网络；另一部分为地面网络。

空中网络是移动通信网的主要部分，主要包括以下部分。

(1) 频率复用和蜂窝小区

频率复用和蜂窝小区是一种蜂窝组网的概念，由美国贝尔实验室最早提出，主要解决频率资源限制的问题，并可大大地增加系统的容量。

蜂窝式组网理论的内容如下。

- 无线蜂窝式小区覆盖和小功率发射：蜂窝式组网放弃了点对点传输和广播覆盖模式，将一个移动通信服务区划分成许多以正六边形为基本几何图形的覆盖区域，称为蜂窝小区。一个较低功率的发射机服务一个蜂窝小区，在较小的区域内设置相当数量的用户。
- 频率复用：对于蜂窝系统的基站工作频率，由于传播损耗提供足够的隔离度，在相隔一定距离的另一个基站可以重复使用同一组工作频率，称为频率复用。例如，在用户超过一百万的大城市,若每个用户都有自己的频道频率,则需要极大的频谱资源,且在话务繁忙时也许还可能饱和。采用频率复用大大地缓解了频率资源紧缺的矛盾,增加了用户数目或系统容量。频率复用能够从有限的原始频率分配中产生几乎无限的可用频率,这是使系统容量趋于无限的极好方法。频率复用所带来的问题是同频干扰,同频干扰的影响并不是与蜂窝之间的绝对距离有关,而是与蜂窝间距离和小区半径比值有关。

- 多信道共用:由若干无线信道组成的移动通信系统,为大量的用户共同使用并且仍能保证服务质量的信道利用技术,称为多信道共用技术。多信道共用技术利用信道占用的间断性,使许多用户能够任意地、合理地选择信道,以提高信道的使用效率,这与市话用户共同享有中继线相类似。

(2) 多址接入

在给定的频率资源下,如何提高系统的容量是蜂窝移动通信系统的重要问题。采用何种多址接入方式直接影响到系统的容量,一直是人们研究的热点。

(3) 切换和位置更新

采用蜂窝式组网后,切换技术就是一个重要的问题。事实上,不是所有的呼叫都能在一个蜂窝小区内完成全部接续业务的,为了保证通话的连续性,当正在通话的移动台进入相邻无线小区时,移动通信系统必须具备业务信道自动切换到相邻小区基站的越区切换功能,即切换到新的信道上,从而不中断通信过程。不同多址接入的切换技术也有所不同;位置更新是移动通信所特有的,由于移动用户要在移动网络中任意移动,网络需要在任何时刻联系到用户,以有效地管理移动用户,完成这种功能的技术称为移动性管理。

地面网络部分主要包括:

- 服务区内各个基站的相互连接;
- 基站与固定网络(PTSN、ISDN、数据网等)的相互连接。

5.2 频率复用和蜂窝小区

频率复用和蜂窝小区的设计是与移动网的区域覆盖和容量需求紧密相连的。早期的移动通信系统采用的是大区覆盖,但随着移动通信的发展,这种网络设计已远远不能满足需求了。因而以蜂窝小区、频率复用为代表的新型移动网的设计应运而生,它是解决频率资源有限和用户容量问题的重大突破。

一般来说,移动通信网的区域覆盖方式可分为两类:一类是小容量的大区制;另一类是大容量的小区制。

1. 小容量的大区制

大区制是指一个基站覆盖整个服务区。为了增大单基站的服务区域,天线架设要高,发射功率要大,但是这只能保证移动台可以接收到基站的信号。反过来,当移动台发射时,由于受到移动台发射功率的限制,就无法保障通信了。为解决这个问题,可以在服务区内设若干分集接收点与基站相连,利用分集接收来保证上行链路的通信质量。也可以在基站采用全向辐射天线和定向接收天线,从而改善上行链路的通信条件。大区制只适用于小容量的通信网,如用户数在1 000以下。这种制式的控制方式简单,设备成本低,适用于中小城市、工矿区以及专业部门，是发展专用移动通信网可选用的制式。

2. 大容量的小区制

小区制移动通信系统的频率复用和覆盖有两种：带状服务覆盖区和面状服务覆盖区。

图 5.1 中标有相同数字的小区使用相同的信道组，如 $N=4$ 的示意图中画出了 3 个完整的含有相同数字 1～4 的小区，一般称为簇或区群。在一个小区簇内，要使用不同的频率，而在不同的小区簇间应使用对应的相同频率。小区频率复用的设计指明了在哪使用了不同的频率信道。另外，图 5.1 所示的六边形小区是概念上的，是每个基站的简化覆盖模型。用六边形作覆盖模型，则可用最小的小区数就能覆盖整个地理区域，而且六边形最接近于全向的基站天线和自由空间传播的全向辐射模式。无线移动通信系统广泛使用六边形研究系统覆盖和业务需求。

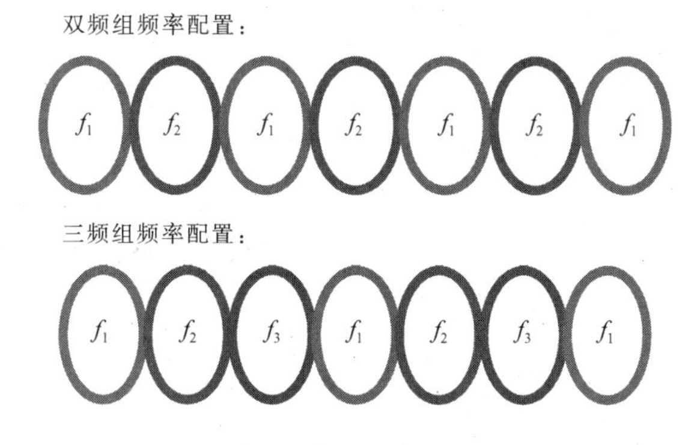

(a) 带状服务覆盖区

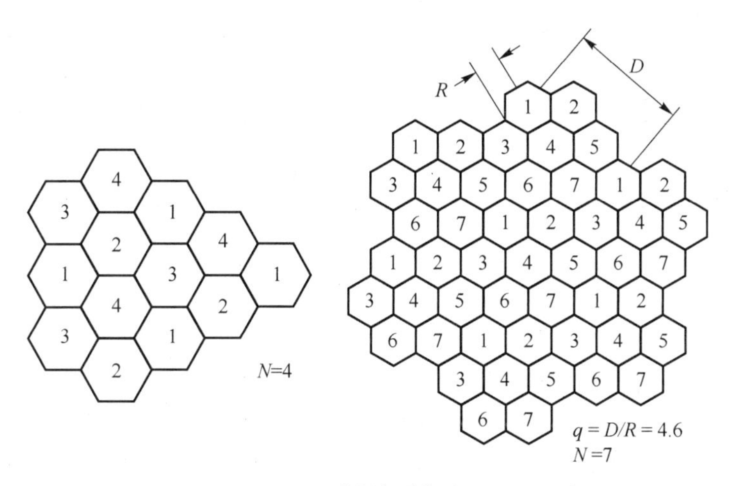

(b) 面状服务覆盖区

图 5.1　蜂窝系统的频率复用和小区面状覆盖图示

实际上，由于无线系统覆盖区的地形地貌不同，无线电波传播环境不同，产生的电波的长期衰落和短期衰落不同，所以一个小区的实际无线覆盖是一个不规则的形状。

当用六边形来模拟覆盖范围时，基站发射机可安置在小区的中心(中心激励小区)，或者安置在 3 个相交的六边形中心顶点上(顶点激励小区)。

考虑一个共有 S 个可用的双向信道的蜂窝系统，如果每个小区都分配 K 个信道($K<S$)，并且 S 个信道在 N 个小区中分为各不相同的、各自独立的信道组，而且每个信道组都有相同

的信道数目,那么可用无线信道的总数为

$$S=KN \tag{5.1}$$

共同使用全部可用频率的 N 个小区称为一簇。如果簇在系统中共同复制了 M 次,则信道的总数 C 可以作为容量的一个度量:

$$C=MKN=MS \tag{5.2}$$

其中,N 称为簇的大小,典型值为 4、7 或 12。如果簇 N 减小而小区的数目保持不变,则需要更多的簇来覆盖给定的范围,从而获得更大的容量。N 的值表现了移动台或基站可以承受的干扰,同时保持令人满意的通信质量。移动台或基站可以承受的干扰主要体现在由于频率复用所带来的同频干扰。考虑同频干扰首先自然想到的是同频距离,因为电磁波的传输损耗是随着距离的增加而增大的,所以干扰也必然减少。

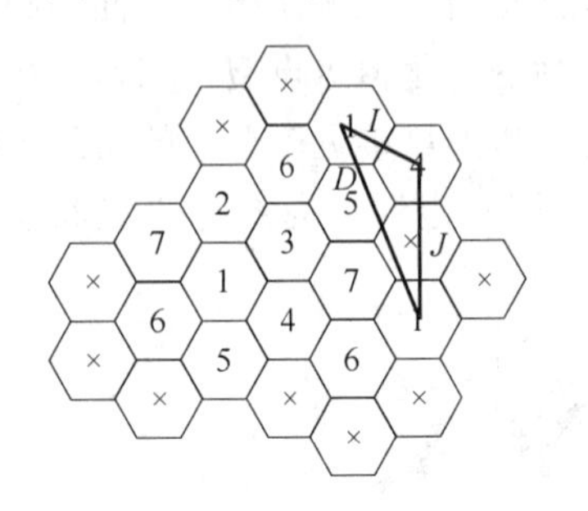

图 5.2　$N=7$ 频率复用设计示例

频率复用距离 D 是指最近的两个同频点小区中心之间的距离,如图 5.2 所示。

在一个小区中心或相邻小区中心作两条与小区的边界垂直的直线,其夹角为 120°。此两条直线分别连接到最近的两个同频点小区中心,其长度分别为 I 和 J,如图 5.2 所示。于是同频距离为

$$D^2=I^2+J^2-2IJ\cos 120°=I^2+IJ+J^2 \tag{5.3}$$

令

$$I=2iH,\quad J=2jH \tag{5.4}$$

式中,$i,j=0,1,2,\cdots$,为小区的位置标记,H 为小区中心到边的距离,即

$$H=\frac{\sqrt{3}}{2}R \tag{5.5}$$

其中,R 是小区的半径。这样,有

$$I=\sqrt{3}iR,\quad J=\sqrt{3}jR \tag{5.6}$$

将式(5.6)代入式(5.3)得

$$D=\sqrt{3N}R \tag{5.7}$$

其中

$$N=i^2+ij+j^2 \tag{5.8}$$

N 称为频率复用因子,也等于小区簇中包含小区的个数。因此当 N 值大时,频率复用距离 D 就大,但频率利用率就降低,因为它需要 N 个不同的频点组。反之,N 小,则 D 小,频率利用率高,但可能会造成较大的同频干扰。所以这是一对矛盾。

在实际蜂窝小区部署时为了进一步提高频率复用,常采用定向天线构成扇形小区。一般建议在建网初期使用 4×3 的复用方式,即 $N=4$,采用定向天线,每基站用 3 个 120°方向性天线构成 3 个扇形小区,如图 5.3 所示。对于业务量较大的地区,根据设备的能力可采用其他的复用方式,如 3×3、2×6、1×3 复用方式等。

下面来看同频干扰的问题。

(1) 全向天线小区

假定小区的大小相同,采用全向天线方式如图 5.1 所示,移动台的接收功率门限按小区的大小调节。若设 L 为同频干扰小区数,则移动台的接收载波干扰比可表示为

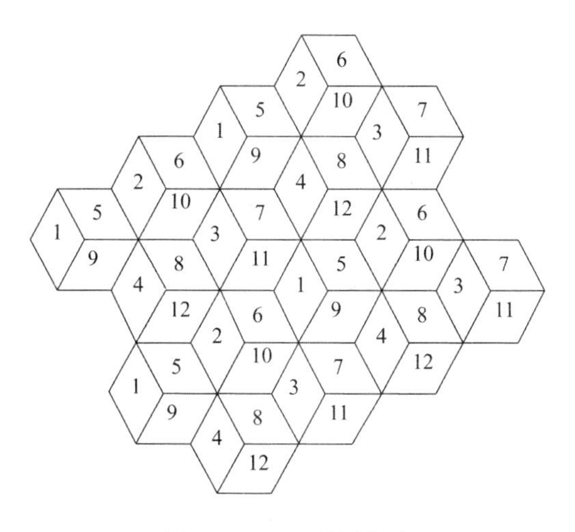

图 5.3　4×3 复用方式

$$\frac{C}{I}=\frac{C}{\sum_{l=1}^{L} I_l} \tag{5.9}$$

式中，C 为最小载波强度；I_l 为第 l 个同频干扰小区所在基站引起的干扰功率。

移动无线信道的传播特性表明，小区中移动台接收到的最小载波强度 C 与小区半径的 R^{-n} 成正比。再设 D_l 是第 l 个干扰源与移动台间的距离，则移动台接收到的来自第 l 个干扰小区的载波功率与 $(D_l)^{-n}$ 成正比。n 为衰落指数，一般取 4。

如果每个基站的发射功率相等，整个覆盖区域内的路径衰落指数也相同，则移动台的载干比可近似表示为

$$\frac{C}{I}=\frac{R^{-n}}{\sum_{l=1}^{L}(D_l)^{-n}} \tag{5.10}$$

通常在被干扰小区的周围，干扰小区有多层，一般第一层起主要作用。现仅考虑第一层干扰小区，且假定所有干扰基站与预设被干扰基站间的距离相等，即 $D=D_l$，则载干比可简化为

$$\frac{C}{I}=\frac{(D/R)^n}{L}=\frac{(\sqrt{3N})^n}{L} \tag{5.11}$$

式(5.11)表明了载干比和小区簇的关系。式中 $D/R=\sqrt{3N}$ 称为同频复用比例，有时也称其为同频干扰因子，一般用 Q 表示，即

$$Q=\frac{D}{R}=\sqrt{3N} \tag{5.12}$$

一般模拟移动系统要求 $C/I>18$ dB，假设 n 取值为 4，根据式(5.11)可得出，簇 N 最小为 6.49，故一般取簇 N 的最小值为 7。在数字移动通信系统中，$C/I=7\sim10$ dB，所以可以采用较小的 N 值。

为了找到某一特定小区的同频相邻小区，必须按以下步骤进行：①沿着任何一条六边形链移动 i 个小区；②逆时针旋转 60°再移动 j 个小区。图 5.4 中 $i=3$，$j=2$（$N=19$）。

(2) 定向天线小区

以三扇区小区为例，显然在理想情况下分成三扇区后，同频干扰小区的个数由原来的 6 减少为 2，干扰减少了，容量自然就增加了。

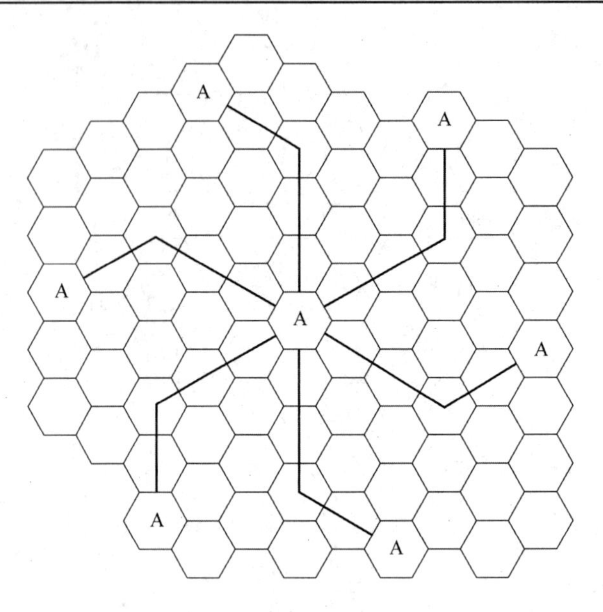

图 5.4　在蜂窝小区中定位同频小区的方法

例如,已知一个蜂窝系统的平均载干比要求为 18 dB,对于全向小区,试求出小区簇 N 为多少?假设采用三扇区,则相对于全向小区干扰小区减少了,问平均载干比改善了多少?如果平均载干比要求不变仍然为 18 dB,则对于三扇区的情况,小区簇 N 为多少?(传播损耗倾斜率或称衰落指数 n 为 4,仅考虑第一层的干扰,且假设所有干扰基站与预设被干扰基站间的距离相等。)

解:

① 全向小区簇 N

由于

$$\frac{S}{I}=\frac{\left(\frac{D}{R}\right)^n}{i_0}=\frac{(\sqrt{3N})^4}{6}=18\ \text{dB}\approx 63.4$$

则求出 $N=7$。

② 在三扇区的情况下,求载干比

因为分成三扇区后,同频干扰小区的个数由原来的 6 减少为 2,则

$$\frac{S}{I}=\frac{\left(\frac{D}{R}\right)^n}{i_0}=\frac{(\sqrt{3\times 7})^4}{2}\approx 23.43\ \text{dB}$$

采用三扇区比全向小区平均载干比改善了 23.43 dB−18 dB=5.43 dB。

③ 在三扇区的情况下小区簇 N

$$\frac{S}{I}=\frac{\left(\frac{D}{R}\right)^n}{i_0}=\frac{(\sqrt{3N})^4}{2}=18\ \text{dB}\approx 63.4$$

则

$$N=\frac{\sqrt{63.4\times 2}}{3}\approx 3.75$$

取 $N=4$。

5.3　多址接入技术

1. 多址接入方式

当以传输信号的载波频率不同来区分信道建立多址接入时，称为频分多址（FDMA）方式；当以传输信号存在的时间不同来区分信道建立多址接入时，称为时分多址（TDMA）方式；当以传输信号的码型不同来区分信道建立多址接入时，称为码分多址（CDMA）方式。

图 5.5 给出了 N 个信道的 FDMA、TDMA 和 CDMA 的示意图。

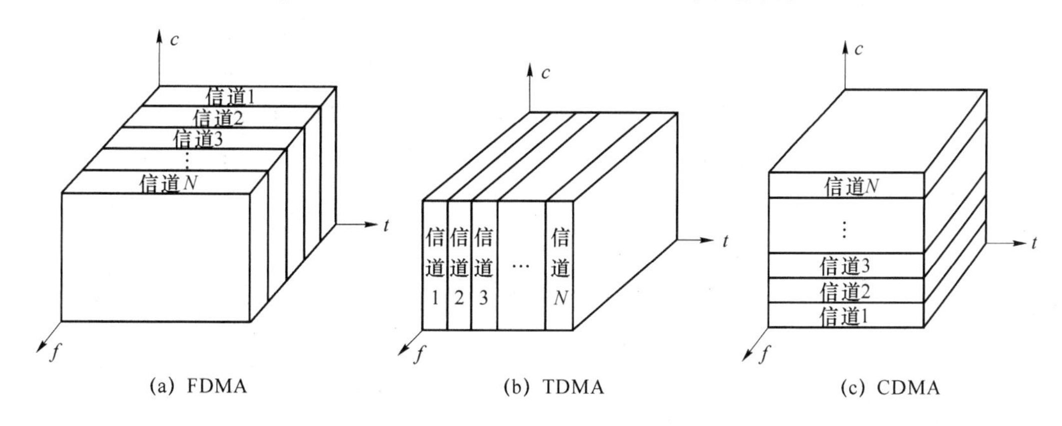

图 5.5　FDMA、TDMA、CDMA 的示意图

目前在移动通信中应用的多址方式有频分多址、时分多址、码分多址以及它们的混合应用等。

2. FDMA 方式

在 FDD 系统中，分配给用户一个信道，即一对频谱。一个频谱用作下行信道（即基站至移动台方向的信道），另一个则用作上行信道（即移动台至基站方向的信道）。这种通信系统的基站必须同时发射和接收多个不同频率的信号。任意两个移动用户之间进行通信都必须经过基站的中转，因而必须同时占用 2 个信道（2 对频谱）才能实现双工通信。

FDMA 的频谱分割如图 5.6 所示。在频率轴上，下行信道占有较高的频带，上行信道占有较低的频带，中间为保护频带。在用户频道之间，设有保护频隙 F_g，以免因系统的频率漂移造成频道间的重叠。

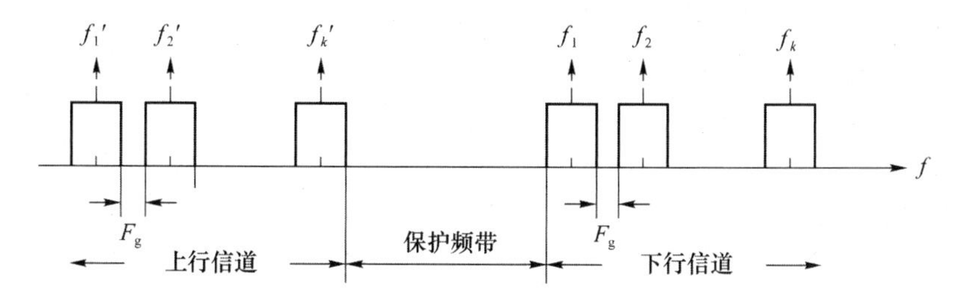

图 5.6　FDMA 系统频谱分割示意图

下行与上行信道的频带分割是实现频分双工通信的要求；频道间隔（如 25 kHz）是保证频

道之间不重叠的条件。

在 FDMA 系统中的主要干扰有:互调干扰、邻道干扰和同频道干扰。

3. TDMA 方式

时分多址是在一个宽带的无线载波上,把时间分成周期性的帧,每一帧再分割成若干时隙(无论帧还是时隙都是互不重叠的),每个时隙就是一个通信信道,分配给一个用户。如图 5.7 所示,系统根据一定的时隙分配原则,使各个移动台在每帧内只能按指定的时隙向基站发射信号(突发信号),在满足定时和同步的条件下,基站可以在各时隙中接收到各移动台的信号而互不干扰。同时,基站发向各个移动台的信号都按顺序安排在预定的时隙中传输,各移动台只要在指定的时隙内接收,就能在合路的信号(TDM 信号)中把发给它的信号区分出来。

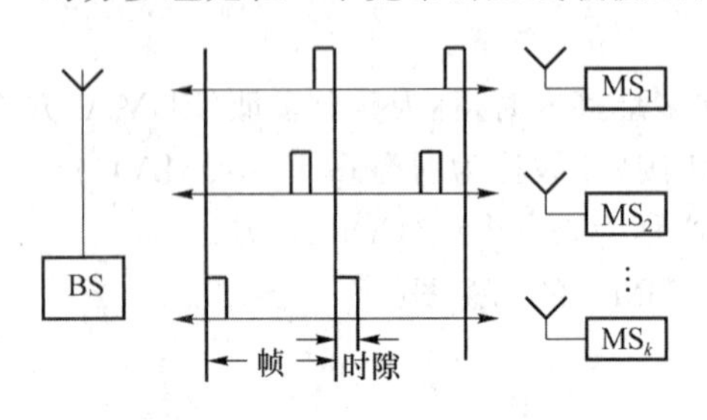

图 5.7　TDMA 系统工作示意图

TDMA 的帧结构如图 5.8 所示。

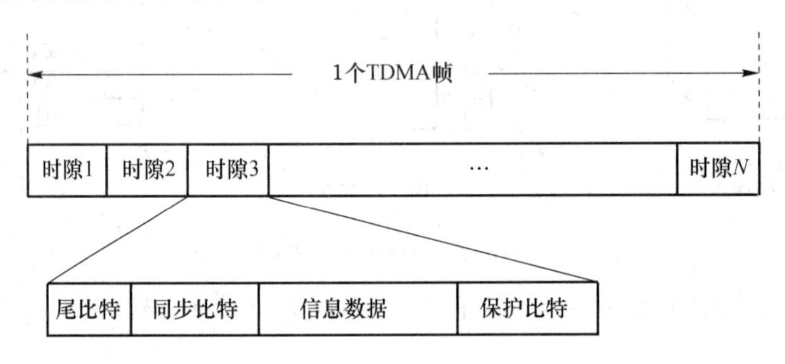

图 5.8　TDMA 帧结构

4. CDMA 方式

码分多址系统为每个用户都分配了各自特定的地址码,利用公共信道来传输信息。CDMA 系统的地址码相互具有准正交性,以区别地址,而在频率、时间和空间上都可能重叠。系统的接收端必须有完全一致的本地地址码,用来对接收的信号进行相关检测。其他使用不同码型的信号因为和接收机本地产生的码型不同而不能被解调。它们的存在类似于在信道中引入了噪声或干扰,通常称为多址干扰。图 5.9 为 CDMA 系统工作示意图。图中($C_1, C_2, \cdots, C_N$)为下行码分信道,($c_1, c_2, \cdots, c_N$)为上行码分信道。

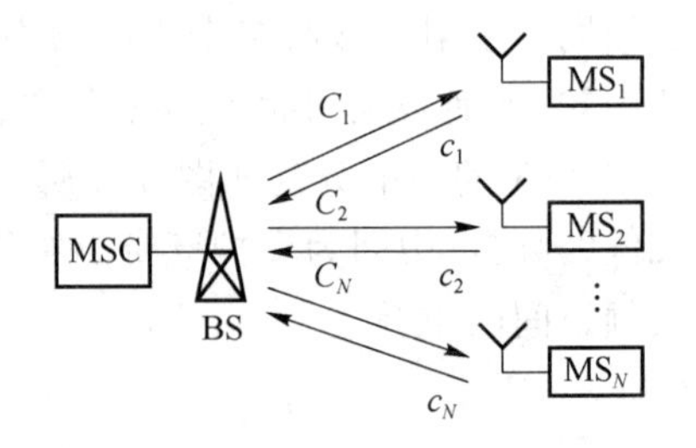

图 5.9　CDMA 系统工作示意图

CDMA 系统存在着两个重要的问题。一个问题是来自非同步 CDMA 网中不同用户的扩频序列不完全是正交的,这一点与 FDMA 和 TDMA 是不同的,FDMA 和 TDMA 具有合理的频率保护带或保护时间,接收信号近似保持正交性,而 CDMA 对这种正交性是不能保证的。这种扩频码集的非零互相关系数会引起各用户间的相互干扰,即多址干扰,在异步传输信道以及多径传播环境中多址干扰将更为严重。另一个问题是“远-近”效应。许多移动用户共享同一信道就会发生“远-近”效应问题。由于移动用户所在的位置处于动态的变化中,基站接收到的各用户信号功率可能相差很大，即使各用户到基站的距离相等，深衰落的存在也会使到达基站的信号各不相同，强信号对弱信号有着明显的抑制作用，会使弱信号的接收性能很差，甚至无法通信。这种现象被称为“远-近”效应。为了解决“远-近”效应问题，在大多数 CDMA 实际系统中使用功率控制。在蜂窝系统中由基站来提供功率控制，以保证在基站覆盖区内的每一个用户都给基站提供相同功率的信号。这就解决了由于一个邻近用户的信号功率过大而覆盖了远处用户信号的问题。基站的功率控制是通过快速抽样每一个移动终端的接收信号强度指示(Received Signal Strength Indication，RSSI)来实现的。尽管在每一个小区内都使用了功率控制，但小区外的移动终端还会产生不在接收基站控制内的干扰。

5. SDMA 方式

SDMA 方式就是通过空间的分割来区别不同的用户。如图 5.10 所示，SDMA 使用定向波束天线来服务于不同的用户。相同的频率(在 TDMA 或 CDMA 系统中)或不同的频率(在 FDMA 系统中)用来服务于被天线波束覆盖的这些不同区域。扇形天线可被看成空分复用接入(Space Division Multiple Access，SDMA)的一个基本方式。在极限情况下，自适应阵列天线具有极小的波束和无限快的跟踪速度，它可以实现最佳的 SDMA。将来有可能使用自适应天线迅速地引导能量沿用户方向发送，这种天线看来是最适合 TDMA 和 CDMA 的。

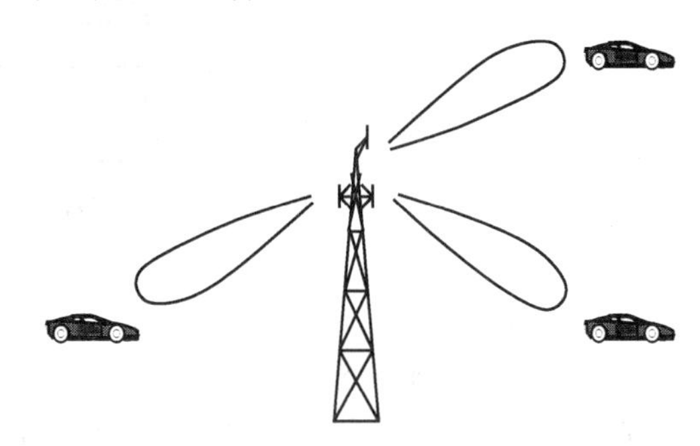

图 5.10　SDMA 系统工作示意图

在蜂窝系统中，一些原因使上行链路困难较多。第一，基站完全控制了在下行链路上所有发射信号的功率。但是，由于每一用户和基站间无线传播路径的不同，从每一用户单元出来的发射功率必须动态控制，以防止任何用户功率太高而影响其他用户。第二，发射受到用户单元电池能量的限制，因此也限制了上行链路上对功率的控制程度。如果为了从每个用户接收到更多能量，通过空间过滤用户信号的方法，即通过空分多址方式反向可以控制用户的空间辐射能量，那么每一用户的上行链路都将得到改善，并且需要更少的功率。

用在基站的自适应天线可以解决上行链路的一些问题。不考虑无穷小波束宽度和无穷大快速搜索能力的限制，自适应天线提供了最理想的 SDMA，提供了在本小区内不受其他用户干扰的唯一信道。在 SDMA 系统中的所有用户，将能够用同一信道在同一时间双向通信。而且一个完善的自适应天线系统应能够为每一用户搜索其多个多径分量，并且以最理想的方式组合它们，来收集从每一用户发来的所有有效信号能量，有效地克服多径干扰和同信道干扰。尽管上述理想情况是不可实现的，它需要无限多个阵元，但采用适当数目的阵元，也可以获得较大的系统增益。

6. 非正交多址接入技术

非正交多址接入(Non-Orthogonal Multiple Access，NOMA)技术通过在相同的时、频以及码资源上给不同用户分配非正交的波形来提高系统的频谱效率和用户的接入数量，结合先进的多用户检测技术，即在接收端对接收到的多用户叠加信号进行连续干扰消除(Successive Interference Cancellation，SIC)，就可以有效地实现解码，区分出不同的用户。显然与正交多址接入相比非正交多址接入增加了系统的复杂度，但提高了系统容量。因此非正交多址接入技术是5G以及后5G系统的关键技术之一。

NOMA技术大致分为功率域NOMA技术、编码域NOMA技术等。

(1) 功率域NOMA技术

功率域NOMA技术的基本思想是:在发送端,采用非正交发送,多个用户在功率域进行复用并一起传输,不同复用用户占用相同的时频资源;在接收端,对接收到的叠加信号进行连续干扰消除,从而恢复出不同用户的信号。虽然对多用户的叠加信号进行检测要求在接收设备上配备连续干扰消除接收机,而且采用连续干扰消除技术的接收机在设备复杂度方面有一定的提高,另外由于连续干扰消除是进行顺序解码,可能会造成解码时延影响通信体验,但是使用这种方法可以较好地提升频谱效率和系统容量。因此功率域NOMA技术的本质是通过提高接收机的复杂度来换取系统频谱效率的提升。图5.11给出了功率域NOMA时频资源分配简图。

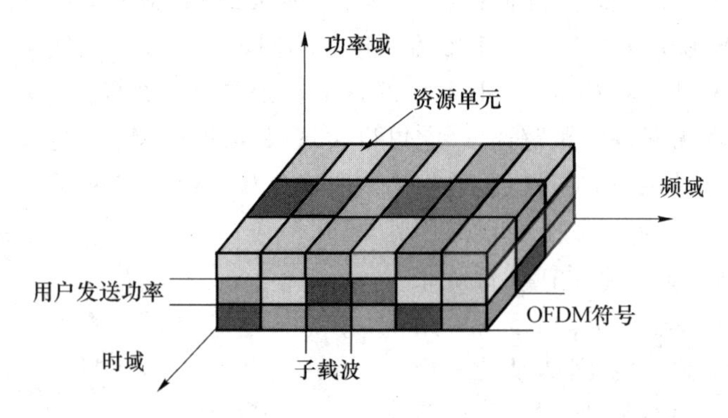

图5.11 NOMA时频资源分配简图

(2) 编码域NOMA技术

编码域NOMA技术的主要思想是设计合理的多用户码本,在发送端采用叠加编码方式发送信号;在接收端基于SIC算法或消息传递算法(Message Passing Algorithm,MPA)的方式进行多用户检测。这种方法的基本原理是将用户信号的分割从一维幅度空间扩展到了多维码本空间,从而扩展了信号的自由度,能够更好地提高系统的容量。主要的编码域NOMA技术包括低密度扩频码多址接入(Low-Density Spreading Code Division Multiple Access, LDS-CDMA)、稀疏编码多址接入(Sparse Code Multiple Access, SCMA)、多用户共享接入(Multi-User Shared Access, MUSA)和图样分割多址接入(Patten Division Multiple Access, PDMA)等。其中,SCMA由华为技术有限公司提出,MUSA由中兴通讯股份有限公司提出,PDMA由中国大唐集团有限公司提出。另外,还有高通公司提出的资源扩频多址接入(Resource Spread Multiple Access,RSMA)技术、三星集团提出的交织图格多址接入(Interleave-Grid Multiple Access,IGMA)技术等。由于篇幅有限这些技术不在这里介绍了,读者可参考相关文献。

7. 随机接入

一般而言,前面讲述的多址接入技术主要应用在语音、视频这类需要连续发送的业务中,面向这样的业务,分配其专用信道可以得到良好的性能。但对于大多数分组数据业务,分组数据随机出现,显然给这样的业务分配一个专用信道效率是极低的,比较理想的就是采用随机接入策略将信道分配给需要传送数据的用户。

采用随机接入就会出现所谓的"碰撞"现象，即当多个用户都企图接入同一个信道时碰撞就会发生。解决的办法可以是在接收端（即基站端）检测接收到的数据，根据信号质量向用户广播发送ACK或NACK信号，用户则根据接收到的ACK或NACK来决定其下一个分组的发送。这种方式简单可行，但问题是：需要使用全反馈，并且可能导致数据业务传输较大的延时。人们对这一问题进行了广泛的研究，通常的技术包括纯ALOHA、时隙ALOHA、载波监听多址接入（Carrier Sense Multiple Access，CSMA）和调度等。

在分组数据业务中，用户的数据由N比特组成的数据分组构成，其中可能包括检错、纠错和控制比特。假设信道的传输速率为R，则一个分组的传输时间为$\tau=N/R$。当不同用户所发送的分组在时间上重叠时，就发生所谓的"碰撞"，此时两个分组都可能在接收时出现错误，人们将分组出错的概率称为分组错误率（Packet Error Rate，PER）。通常假设分组的产生是符合泊松分布的，单位时间内产生的分组数是λ，即λ是任意时间段$[0,t]$内的平均分组数除以t。由于分组的产生假设服从泊松分布，因此在$[0,t]$内到达的分组数$X(t)=k$（k为整数）的概率为

$$P[X(t)=k]=\frac{(\lambda t)^k}{k!}\mathrm{e}^{-\lambda k} \tag{5.13}$$

定义$L=\lambda\tau$为信道业务的负载，其中λ为泊松到达速率，τ为分组传输时间。这里L为在给定的时间内分组到达的情况。当$L>1$时，表明在给定的时间内平均到达的分组数多于在同样的时间内能够发出去的分组数，这样就会引起碰撞，可能导致传输出错，所以此时系统是不稳定的。如果出错时接收端可以通知发送端对错误分组进行重传，则分组到达率λ以及相应的负载计算应该包括新到达的分组和需要重传的分组，这时的L称为总提交负载。

通常用吞吐量T反映随机接入的性能，T定义为在给定时间内平均成功发送的分组速率除以信道的分组传输速率R_ρ，也等于总提交负载乘以成功接收分组的概率。注意，成功接收分组的概率与所用的随机接入协议以及信道特性有关，在某些情况下即使不发生碰撞，由于信道特性也会使分组出错。因此系统要求$T\leqslant L$，即稳定系统要满足$T\leqslant L\leqslant 1$。还要注意的是，有时分组在时间上重叠不一定表示发生碰撞，比如短暂重叠，由于到达接收端的分组有不同的信道增益以及使用纠错编码技术等，导致此时的一个或多个分组在接收端有可能被正确地接收，这种情况称为捕获效应。

接下来简单介绍几种随机接入技术。

（1）纯ALOHA

在纯ALOHA中，用户产生分组后立即发送。不考虑捕获效应，假设没有发生碰撞的分组一定能够正确接收，P为无碰撞的概率，则吞吐量为

$$T=LP=\lambda\tau P \tag{5.14}$$

假设一个用户在时间$[0,\tau]$内发送一个持续时间为τ的分组，而当其他用户在$[-\tau,\tau]$内也发送一个持续时间为τ的分组时，就会发生碰撞。不发生碰撞的概率就是在$[-\tau,\tau]$内没有分组到达的概率，即式(5.13)中$t=2\tau$的概率为

$$P[X(t)=0]=\mathrm{e}^{-2\lambda\tau}=\mathrm{e}^{-2L} \tag{5.15}$$

相应的吞吐量为

$$T=L\mathrm{e}^{-2L} \tag{5.16}$$

（2）时隙ALOHA

时隙ALOHA把时间划分成连续时间为τ的时隙，用户准备发送的分组必须等到下一个

时隙的起点才能开始发送,因此发送的数据分组不会发生局部重叠,而纯 ALOHA 允许用户在任意时刻发送分组,因此增大了发生局部重叠的概率。若一个分组在时间$[0,\tau]$内发送,在这个时间段内没有其他分组发送,就能够正确接收,则无碰撞发生的概率为

$$P[X(t)=0]=\mathrm{e}^{-\lambda\tau}=\mathrm{e}^{-L} \tag{5.17}$$

注意式(5.17)是将 $t=\tau$ 代入式(5.13)得到的。

此时的吞吐量为

$$T=L\mathrm{e}^{-L} \tag{5.18}$$

因此可以看出时隙 ALOHA 的吞吐量比纯 ALOHA 提高了两倍。

(3) 载波监听多址接入

减小碰撞发生概率的另一种方法是采用载波监听多址接入技术,这种技术是在 ALOHA 技术的基础上发展而来的,不同点是载波监听多址接入技术需要用户在发送数据之前监听信道,查看是否有其他用户在此信道上发送数据,如果有则暂不发送数据,推迟发送。采用载波监听多址接入协议需要用户能检测出其他用户是否正在发送数据,同时要求检测出载波所需要的时间和传输延时都必须很小,否则会影响效率。通常当用户发现信道忙时,要等待一段随机时间再发送数据。这种随机退避避免了信道变为空闲后,多个用户同时抢占信道的问题。在无线通信中由于无线信道的特性,用户有可能检测不到其他用户正在发送的情况,这个问题被称为隐藏终端问题,可以采用四方握手或发送忙音的方法解决。

(4) 调度

调度技术是对系统中各用户的信道使用做出安排,即把可用的资源按照时间、频率或码字分成信道,每个节点按照时间表进行发送,其原则是避免相邻节点发生冲突,同时充分地利用信道资源。

5.4 切换、位置更新

5.4.1 切换技术

1. 信道切换原理

当移动用户处于通话状态时,如果出现用户从一个小区移动到另一个小区的情况,为了保证通话的连续,系统要将对该 MS 的连接控制也从一个小区转移到另一个小区。这种将正处于通话状态的 MS 转移到新的业务信道上(新的小区)的过程称为"切换"(Handover)。因此,从本质上说,切换的目的是实现蜂窝移动通信的"无缝隙"覆盖,即当移动台从一个小区进入另一个小区时,保证通信的连续性。切换的操作不仅包括识别新的小区,而且包括分配给移动台在新小区的话音信道和控制信道。通常,由以下两个原因引起一个切换。

- 信号的强度或质量下降到由系统规定的一定参数以下,此时移动台被切换到信号强度较强的相邻小区。
- 由于某小区业务信道容量全被占用或几乎全被占用,这时移动台被切换到业务信道容量较空闲的相邻小区。

由第一种原因引起的切换一般由移动台发起,由第二种原因引起的切换一般由上级实体发起。

切换必须顺利完成，并且尽可能少地出现，同时要使用户觉察不到。为了适应这些要求，系统设计者必须指定一个启动切换的最恰当的信号强度。一旦将某个特定的信号强度指定为基站接收机中可接收的话音质量的最小可用信号（一般在－100～－90 dB_m 之间），那么比此信号强度稍微强一点的信号强度就可作为启动切换的门限。其差值表示为

$$\Delta = P_r(\text{切换}) - P_r(\text{最小可用})$$

其中，P_r(切换)为切换门限，P_r(最小可用)为移动用户移动到小区边缘处还能与基站通信的最小信号强度。Δ不能太小也不能太大。如果Δ太大，就有可能会有不需要的切换来增加系统的负担；如果Δ太小，就有可能会因信号太弱而掉话，而在此之前又没有足够的时间来完成切换。

在决定何时切换的时候，要保证所检测到的信号电平的下降不是因为瞬间的衰减，而是由于移动台正在离开当前服务的基站。为了保证这一点，基站在准备切换之前先对信号监视一段时间。

呼叫在一个小区内没有经过切换的通话时间，叫作驻留时间。某一特定用户的驻留时间受到一系列参数的影响，包括传播、干扰、用户与基站之间的距离，以及其他的随时间而变的因素。

在第一代模拟蜂窝系统中，信号能量的检测是由基站来完成，由移动业务交换中心(Mobile service Switching Center，MSC)来管理的；在使用数字TDMA技术的第二代系统中，是否切换的决定是由移动台来辅助完成的，在移动台辅助切换(Mobile Assisted HandOver，MAHO)中，每个移动台都检测从周围基站中接收的信号能量，并且将这些检测数据连续地回送给当前为它服务的基站。MAHO的方法使得基站间的切换比第一代模拟系统要快得多，因为切换的检测是由每个移动台来完成的，这样MSC就不再需要连续不断地监视信号能量。MAHO的切换频率在蜂窝环境中特别适用。

不同的系统用不同的策略和方法来处理切换请求。一些系统处理切换请求的方式与处理初始呼叫是一样的。在这样的系统中，切换请求在新基站中失败的概率和来话的阻塞是一样的。然而，从用户的角度来看，正在进行的通话中断比偶尔的新呼叫阻塞更令人讨厌。为了提高用户所觉察到的服务质量，人们已经想出了各种各样的办法来实现在分配话音信道的时候，切换请求优先于初始呼叫请求。

使切换具有优先权的一种方法叫作信道监视方法，即保留小区中所有可用信道的一小部分，专门为那些可能要切换到该小区的通话所发出的切换请求服务。监视信道在使用动态分配策略时能使频谱得到充分利用，因为动态分配策略可通过有效的、根据需求的分配方案使所需的监视信道减小到最小值。

对切换请求进行排队，是减小由于缺少可用信道而强迫中断的发生概率的另一种方法。由于接收到的信号强度下降到切换门限以下和因信号太弱而通话中断之间的时间间隔是有限的，因此可以对切换请求进行排队。

2. 切换分类

根据切换发生时，移动台与原基站以及目标基站连接方式的不同，可以将切换分为硬切换与软切换两大类。

(1) 硬切换

硬切换是指在新的通信链路建立之前，先中断旧的通信链路的切换方式，即先断后通。在整个切换过程中移动台只能使用一个无线信道。在从旧的服务链路过渡到新的服务链路时，硬切换存在通话中断，但是时间非常短，用户一般感觉不到。在这种切换过程中，可能存在原有的链路已经断开，但是新的链路没有成功建立的情况，这样移动台就会失去与网络的连接，即产生掉话。

采用不同频率的小区之间只能采用硬切换,所以模拟系统和TDMA系统(如GSM系统)都采用硬切换的方式。

硬切换方式的失败率比较高,如果目标基站没有空闲的信道或者切换信令的传输出现错误,都会导致切换失败。此外,当移动台处于两个小区的交界处,需要进行切换时,由于两个基站在该处的信号都较弱并且会起伏变化,这就容易导致移动台在两个基站之间反复要求切换,即出现“乒乓效应”,使系统控制器的负载加重,并增加通信中断的可能性。根据以往对模拟系统、TDMA系统的测试统计,无线信道上90%的掉话是在切换过程中发生的。

(2) 软切换

软切换是指需要切换时,移动台先与目标基站建立通信链路,再切断与原基站之间的通信链路的切换方式,即先通后断。

软切换只有在使用相同频率的小区之间才能进行,因此模拟系统、TDMA系统不具有这种功能。它是CDMA蜂窝移动通信系统所独有的切换方式。

5.4.2 位置更新

在移动通信系统中,用户可以在系统覆盖范围内任意移动,为了能把分组数据报文传送到随机移动的用户,就必须有一个高效的位置管理系统来跟踪用户的位置变化。位置管理包括两个任务:位置更新和寻呼。位置更新解决的问题是移动用户如何发现位置变化以及何时报告它的当前位置;寻呼解决的问题是如何有效地确定移动用户当前处于哪一个小区。这里以5G系统为例,来说明位置更新的基本过程,如图5.12所示。这里介绍的是移动用户空闲状态时所发生的位置变化引起的位置更新过程。具体而言,当UE处于空闲态移动时,由于UE和无线接入网(Radio Access Network,RAN)节点无连接,核心网无法感知UE处于哪个RAN节点的覆盖范围,这就需要UE检测到位置变化后主动发起位置更新流程。简单地说,通常移动用户处于开机空闲状态时,它被锁定在所在小区的广播信道上,随时接收网络端发来的信息,在这个信息中是包含“位置信息”的。当移动用户检测到原来储存在自身的位置信息与此时接收到的信息中的位置信息不一致时,就会启动位置更新流程。通过这样的位置更新流程核心网就能感知到UE处于哪个跟踪区列表(Tracking Area list,TA list)。当发往UE的分组数据到达核心网后,核心网会向跟踪区列表内所有的RAN节点发送寻呼消息,UE在某个RAN节点下收到寻呼消息后,会和RAN节点建立连接并恢复到连接态来接收分组数据报文。

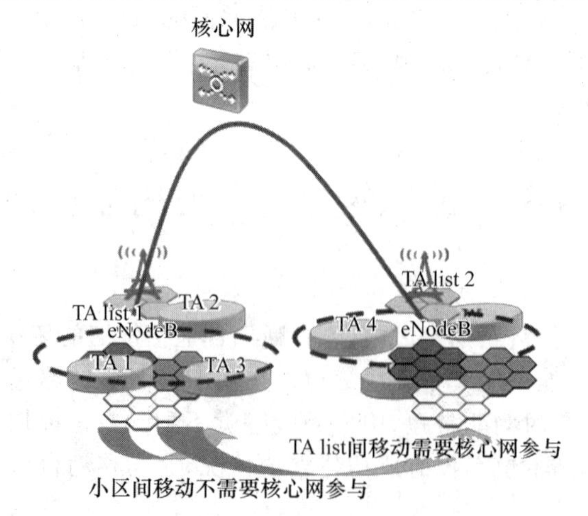

图5.12 位置更新示意图

下面结合图 5.12 举个简单的例子。UE 手机息屏(无数据业务),此时 UE 进入空闲状态。假设在此 UE 进入空闲状态之前,核心网根据 UE 当前所在的小区连接的 RAN 节点,分配跟踪列表 1(TA list 1)给 UE,要注意的是此时 TA list 1 包含多个标识位置信息的跟踪区识别,如 TA 1、TA 3 等。在空闲状态下,UE 会监听基站的广播消息,当 UE 监听到当前基站广播的跟踪区标识为 TA 3 时,表明 UE 接收到的跟踪区识别还属于 TA list 1,UE 没有移动出位置区域,UE 不做任何动作,这时小区间移动不需要核心网参与。然而当 UE 移动到TA 4 时,由于 TA 4 不属于 TA list 1,位置区域发生变化了,UE 通过 RAN 节点向核心网发起注册更新,核心网根据注册更新时的 RAN 节点分配 TA list 2 给 UE。如果此时互联网微信服务器发送一条微信给 UE,这条微信报文的目的 IP 地址为核心网分配给 UE 的地址,根据 IP 地址路由机制,该报文会路由到核心网,由于此时 UE 处于空闲状态,核心网会向 TA list 2 下所有基站(可能有多个)发送寻呼消息,UE 收到某个基站的寻呼消息后,通过基站和核心网建立连接,接收该微信报文,当完成微信交互后,UE 重新进入空闲状态。

需要说明的是,当 UE 移动跨越了归属核心网的服务区域时,则位置更新流程中对 UE 位置列表的寻找更为复杂了。因为此时 UE 已经移动出其归属的核心网服务区域,归属核心网需要与移动台移动到的目标服务区域的核心网交换信息,把此 UE 的注册信息和相关其他必要信息提供给目标核心网,同时归属核心网也从目标核心网得到了 UE 的位置信息,以便当此 UE 被寻呼时,网络可以通过归属核心网找到目标核心网,然后在目标核心网内找到 UE 的位置跟踪列表。通常在这个过程中 UE 是跨越省市或者国家和地区的,人们将这一位置更新过程或状态称为“漫游”。

5.5　无线资源管理技术

5.5.1　概述

所谓无线资源管理(Radio Resource Management,RRM)也称为无线资源控制(Radio Resource Control,RRC)或者无线资源分配(Radio Resource Allocation,RRA),是指通过一定的策略和手段进行管理、控制和调度,尽可能充分地利用有限的无线网络各种资源,保障各类业务满足服务质量(Quality of Service,QoS)的要求,确保达到规划的覆盖区域,尽可能地提高系统容量和资源利用率。无线资源管理的功能是以无线资源的分配和调整为基础展开的,包括控制业务连接的建立、维持和释放,管理涉及的相关资源等。

具体而言,无线资源管理负责的主要是空中接口资源的利用,这些资源包括:频率资源,一般指信道所占用频段(载频、子载波);时间资源,一般指用户业务所占用的时隙;码资源,用于区分小区信道和用户;功率资源,一般指系统利用功率控制来动态分配功率;地理资源,一般指覆盖区及小区的划分与接入;空间资源,一般指采用智能天线/MIMO 技术后,对用户及用户群的位置跟踪以及空间分集和复用;存储资源,一般指空中接口或网络节点与交换机的存储处理能力。不同的系统,因为所采用的空中接口技术不同,因此所利用的资源种类也不完全相同。

无线资源管理的目的一方面是为了提高系统资源的有效利用,扩大通信系统容量;另一方面是为了提高系统的可靠性,保证通信 QoS 性能等。但可靠性和有效性本来就互为矛盾:要有高的可靠性(时延、丢包率等满足业务要求),就很难保证传输的有效性(高的数据速率);反之亦然。无线资源管理等各种技术就是为了在满足各种业务不同的 QoS 需求时,最大限度地提高无线频谱利用率,实现可靠性和有效性矛盾中的统一。

一般来说无线资源管理包括以下内容:接入控制(Admission Control)、负载控制(Load Control)、功率控制(Power Control)以及分组调度(Packet Scheduling)等。

对于 3G、4G 以及 5G 的移动通信系统来说,除了提供传统的(例如语音、短消息和低速数据)业务外,一个关键特性是能够支持宽带移动多媒体数据业务。多媒体数据业务可以分为不同的 QoS 等级,如果不对空中接口资源进行有效的无线资源管理,多媒体数据业务所要达到的 QoS 就无法得到保证。如何在保证足够的小区容量的同时又满足不同业务的时延和速率要求,而且尽可能充分地结合和利用新的无线传输技术的特性,这些都是在新的业务、传播环境下无线资源管理技术需要考虑的问题。因此移动通信无线资源管理除了信道分配、接入控制、负载控制、功率控制、切换控制外,还应考虑分组业务的调度、自适应链路调度和速率控制等。由此可知移动通信系统的无线资源管理是非常复杂的,面临着诸多的挑战。

这里要特别强调的是 LTE 和 5G NR 等移动通信系统采用了 OFDMA、MIMO 等关键技术,使得系统的无线资源管理更为复杂,也更为关键。

5.5.2 接入控制

接入控制是无线资源管理的重要组成部分,其目的是维持网络的稳定性,保证已建立链路的 QoS。当发生下面 3 种情况时就需要进行接入控制:

① UE 的初始建立、无线承载建立;

② UE 发生越区切换;

③ 处于连接模式的 UE 需要增加业务。

接入控制通过建立一个无线接入承载来接受或拒绝一个呼叫请求,当无线承载建立或发生变化时接入控制模块就需要执行接入控制算法。接入控制模块位于无线网络控制器实体中,利用接入控制算法,通过评估无线网络中建立某个承载将会引起负载的增加来判断是否接入某个用户。接入控制对上下行链路同时进行负载增加评估,只有在上下行链路都允许接入的情况下才允许用户接入系统,否则用户会因为给网络带来过量干扰而被阻塞。

接入控制与其他无线资源管理功能的关系如图 5.13 所示。

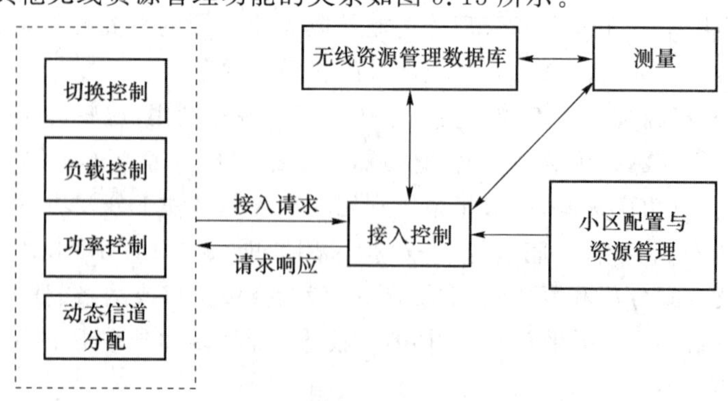

图 5.13 接入控制与其他无线资源管理功能的关系

从图 5.13 中可以看出，接入控制在整个无线资源管理功能中占有非常重要的地位，它联系着其余的各个功能模块。当一个无线接入承载需要建立时，首先通过负载控制模块查询当前链路的负载；在确定最佳接入时隙后，需要向动态信道分配模块申请所需资源，动态信道分配模块根据算法决定是否给用户分配资源；当用户获得信道资源后，接入控制模块需要和功率控制模块进行通信，以确定初始发射功率；无线承载建立后，切换控制模块会更新切换集信息，这时接入控制模块在接入用户的过程中，会根据业务承载情况向切换控制模块发送切换请求。

5.5.3　动态信道分配

对于无线通信系统来说，无线信道数量有限，是极为珍贵的资源，要提高系统的容量，就要对信道资源进行合理的分配，由此产生了信道分配技术。如何确保业务 QoS，如何充分有效地利用有限的信道资源，以提供尽可能多的用户接入是动态信道分配技术要解决的问题。

按照信道分割的不同方式，信道分配技术可分为固定信道分配（Fixed Channel Allocation，FCA）、动态信道分配（Dynamic Channel Allocation，DCA）和混合信道分配（Hybrid Channel Allocation，HCA）。

FCA 指根据预先估计的覆盖区域内的业务负荷，将信道资源分给若干个小区，相同的信道集合在间隔一定距离的小区内可以再次得到利用。FCA 的主要优点是实现简单，缺点是频带利用率低，不能很好地根据网络中负载的变化及时改变网络中的信道规划。在以语音业务为主的 2G 系统中，信道分配大多采用固定分配的方式。

为了克服 FCA 的缺点，人们提出了 DCA 技术。在 DCA 技术中，信道资源不固定属于某一个小区，所有的信道被集中起来一起分配。DCA 将根据小区的业务负荷、候选信道的通信质量和使用率以及信道的再用距离等诸多因素选择最佳的信道，动态地分配给接入的业务。只要能提供足够的链路质量，任何小区都可以将该信道分给呼叫。DCA 具有频带利用率高、无须信道预规划、可以自动适应网络中负载和干扰的变化等优点。其缺点在于，DCA 算法相对于 FCA 来说较为复杂，系统开销也比较大。

动态信道分配包括两个方面的内容：干扰信息收集和通过智能地进行资源分配以极大提高系统的容量。所谓的智能就是根据小区负载大小来动态调节资源。DCA 必须收集有关小区的信息，如小区的负载情况、干扰信息等。同时，为了减小用户的功率损耗及测量的复杂性，在 DCA 中必须减少不必要的下行链路监测。总的来说 DCA 分为两步：收集小区的干扰信息（即监测小区的无线环境）及根据收集到的信息来分配资源。动态信道分配技术一般分为慢速 DCA 和快速 DCA。慢速 DCA 将无线信道分配至小区，用于上下行业务比例不对称时，调整各小区上下行时隙的比例。而快速 DCA 将信道分至业务，为申请接入的用户分配满足要求的无线资源，并根据系统状态对已分配的资源进行调整。无线网络控制器（RNC）管理小区的可用资源，并将其动态分配给用户，具体的分配方式取决于系统的负荷、业务 QoS 要求等参数。

HCA 是固定信道分配和动态信道分配的结合，在 HCA 中全部信道被分为固定和动态两个集合。

5.5.4 负载控制

无线资源管理功能的一个重要任务是确保系统不发生过载。一旦系统过载必然会使干扰增加、QoS下降,系统的不稳定会使某些特殊用户的服务得不到保证,所以负载控制同样非常重要。如果遇到过载,则无线网络规划定义的负载控制功能体将系统迅速并且可控地回到无线网络规划所定义的目标负载值。

负载控制旨在移动通信系统小区管理中达到负载平衡,即将某些"热点小区"的负载分散到周围负载较低的小区中,以提高整体系统的利用率。涉及的技术包括准入控制、小区间负载的平衡、数据调度和拥塞控制等。准入控制涉及负载监测和衡量、负载预测、不同业务的准入策略、不同呼叫类型的准入策略,在特定条件下对于上下行链路需要分别进行准入控制;小区间负载的平衡主要包括同构小区间负载的平衡、异构小区间负载的平衡、潜在用户控制;数据调度是为了提高小区资源的利用率,引入分组调度技术,在小区内的业务速率过大或过小时,降低或增加非实时业务的吞吐率,以控制小区的整体负载在一个稳定的水平;拥塞控制是为了保证系统的绝对稳定引入的技术,其目的是保证系统的负载处于绝对稳定的状态,如可以暂时降低某些低优先级业务的QoS要求以实现系统稳定。

5.5.5 功率控制

功率控制的主要目的是:克服无线信道中阴影衰落带来的慢衰落以及由于多径传播、空间选择性衰落而导致的慢平坦衰落,在满足用户服务质量要求的情况下,尽可能地降低发射功率,减少系统内的干扰。

从通信链路的角度,功率控制可分为下行功率控制和上行功率控制;从功率控制方法的角度,功率控制可分为开环功率控制和闭环功率控制。

(1) 上行功率控制

上行功率控制就是在上行链路进行的功率控制,用于调整移动台的发射功率,使信号到达基站接收机时,信号电平刚刚达到保证通信质量的最小信噪比门限,从而克服远近效应,降低干扰,保证系统容量。上行功率控制可以将移动台的发射功率调整至最合理的电平,从而延长电池的寿命;用于用户的移动性,不同的移动台到基站的距离不同,这导致不同用户之间的路径损耗差别很大,甚至可能相差80 dB,而且不同用户的信号所经历的无线信道环境也有很大的不同。因此上行链路必须采用大动态范围的功率控制方法,快速补偿迅速变化的信道条件。

(2) 下行功率控制

下行功率控制用来调整基站对每个移动台的发射功率,对信道衰落小和解调信噪比较高的移动台分配相对较小的上行发射功率,而对那些衰落较大和解调信噪比低的移动台分配较大的下行发射功率,使信号到达移动台接收机时,信号电平刚刚达到保证通信质量的最小信噪比门限。下行功率控制可以降低基站的平均发射功率,减小相邻小区之间的干扰。

在下行链路中,下行链路所有信道同步发射,而且对于某个移动台来说,下行链路的所有信道所经历的无线环境是相同的。由于多径的影响,在下行链路的解调中,干扰主要是相邻小区的干扰和多径引入的干扰。此外,移动台可以利用基站的导频信道进行相干解调。因此,下行链路的质量要远好于上行链路。与上行链路相比,下行链路对功率控制的要求相对比较低。

(3) 开环功率控制

开环功率控制指移动台(或基站)根据接收到的下行(或上行)链路信号功率大小来调整自己的发射功率。开环功率控制用于补偿信道中的平均路径损耗及慢衰落,所以它有一个很大的动态范围。

开环功率控制的前提条件是假设下行和上行链路的衰落情况是一致的。以上行链路为例,移动台接收并测量下行链路的信号强度,并估计下行链路的传播损耗,然后根据这种估计,调整其发射功率。即接收信号较强时,表明信道环境较好,将降低发射功率;接收信号较弱时,表明信道环境较差,将增加发射功率。

上行开环功率控制是在移动台主动发起呼叫或响应基站的呼叫时开始工作的,要先于上行闭环功率控制。它的目标是使所有移动台发出的信号到达基站时可以有相同的功率值。因为基站是一直在发射下行参考信号(或导频信号)的,且功率保持不变,如果移动台检测接收到的基站的下行参考信号功率小,说明此时前向链路的衰耗大,并由此认为上行链路的衰耗也大,因此移动台应该增大发射功率,以补偿所预测到的衰落。反之,则认为信道环境较差,降低发射功率。

开环功率控制的优点是简单易行,不需要在基站和移动台之间交互信息,可调范围大,控制速度快。开环功率控制对于降低慢衰落的影响是比较有效的。但是,在频分双工的系统中,下行和上行链路所占用的频段相差很大(例如45 MHz以上),远远大于信号的相关带宽,因此下行和上行链路的快衰落是完全独立和不相关的,这会导致在某些时刻出现较大误差。这使得开环功率控制的精度受到影响,只能起到粗控的作用。对于慢衰落,它受信道不对称的影响相对小一些,因此开环功率控制仍在系统中采用。由于无线信道的快衰落特性,开环功率控制还需要更快速、更精确的校正,这由闭环功率控制来完成。

(4) 闭环功率控制

闭环功率控制建在开环功率控制的基础之上,对开环功率控制进行校正。

以上行链路为例,基站根据上行链路上移动台的信号强弱,产生功率控制指令,并通过下行链路将功率控制指令发送给移动台,然后移动台根据此命令,在开环功率控制所选择发射功率的基础上,快速校正自己的发射功率。可以看出,在这个过程中,形成了控制环路,因此称这种方式为闭环功率控制。闭环功率控制可以部分降低信道快衰落的影响。

闭环功率控制的主要优点是控制精度高,其用于通信过程中发射功率的精细调整。但是从功率控制指令的发出到执行,存在一定的时延,当时延上升时,功率控制的性能将严重下降。

要注意的是不同系统所用的功率控制方法略有不同。本书将在第6章介绍5G系统的功率控制方法。

5.5.6　分组调度

分组调度的目标是根据系统的资源保证系统总吞吐量的同时满足每个用户QoS的要求。要达到这样的目标需要针对不同的系统和无线环境等各种因素来设计调度算法。

这里以3G主要业务做一说明,随着网络的演进,网络支持的业务类型大大增加,会有更多的QoS定义。

按照QoS需求的不同,3GPP规定了3G中的4种主要业务。

- 对话类业务(conversational service);

- 流类业务(streaming service);
- 交互类业务(interactive service);
- 背景类业务(background service)。

这4类业务最大的区别在于对时延的敏感程度不同,从上到下依次降低。对话类业务和流类业务对时延的要求比较严格,被称为实时业务;而交互类业务和背景类业务作为非实时业务,对时延不敏感,但具有更低的误码率(Bit Error Rate,BER)要求。和实时业务相比,非实时业务有如下特点。

(1) 突发性

非实时业务的数据传输速率可以由零速率突变为每秒数千比特,反之亦然。而实时业务一旦开始传输,将保持该传输速率直至业务结束,除非发生掉话,否则不会发生速率突变的情况。

(2) 对时延不敏感

非实时业务对时延的容忍度可以达到秒甚至分钟级,而实时业务对时延十分敏感,容忍度基本在毫秒级。

(3) 允许重传

与实时业务不同,非实时业务由于对时延不敏感,在数据包传输错误的时候,可以进行重传,从而在无线链路质量很差时也仍然可以基本保证服务质量,但误帧率会相应增加。

根据上述特点,非实时数据业务可以通过分组调度的方式来传输。分组调度是无线资源管理的重要组成部分,从协议上看它位于L2和L3层,即RLC/MAC层和RRM层。分组调度的任务是根据系统资源和业务QoS要求,对数据业务实施高效可靠的传输和调度控制的过程,其主要功能如下:

① 在非实时业务的用户间分配可用空中接口资源,确保用户申请业务的QoS要求,如传输时延、时延抖动、分组丢失率、系统吞吐量以及用户间公平性等;

② 为每个用户的分组数据传输分配传输信道;

③ 监视分组分配以及网络负载,通过对数据速率的协调配置来对网络负载进行匹配。

通常分组调度器位于接入基站网中,移动台或基站给调度器提供了空中接口负载的测量值,如果负载超过目标门限值,调度器可通过减小分组用户的比特速率来降低空中接口负载;如果负载低于目标门限值,可以增加比特速率来更为有效地利用无线资源。这样,由于分组调度器可以增加或减少网络负载,所以它又被认为是网络流量控制的一部分。

传统的分组调度算法有正比公平(Proportional Fair,PF)算法、轮询(Round Robin,RR)算法和最大载干比(Max Carrier to Interference,MAX C/I)算法。在正比公平算法中,每个用户都有一个相应的优先级,在任意时刻,小区中优先级最大的用户接受服务。轮询算法的基本思想是用户以一定的时间间隔循环地占用等时间的无线资源。假设有K个用户,则每个用户被调度的概率都是$1/K$,也就是说每个用户以相同的概率占用可分配的时隙、功率等无线资源。最大载干比算法的基本思想是对所有移动台按照其接收信号的C/I预测值从大到小的顺序进行服务。

下面给出一个具体的分组调度例子来说明调度的全部过程。

调度从本质上说就是对某些资源的最优分配,在4G/5G系统中资源是无线资源块(Resource Block,RB),因此这里要考虑的就是如何根据无线网络的状况和业务的QoS来最优分配RB。这里以4G(时分双工系统)为例来简单介绍系统调度的原理和技术。

系统的下行是多载波 OFDMA,上行是单载波 SC-FDMA,其物理资源块(Physical Resource Block,PRB)作为空中接口物理资源分配的单位,而为了方便物理信道向空中接口时频域物理资源的映射,人们定义了虚拟资源块(Virtual Resource Block, VRB),以 1 个 VRB 对作为物理资源分配信令的指示单位;为了提供最优化的数据通信能力,对于物理下行共享信道(Physical Downlink Shared CHannel,PDSCH)数据信息的传输,物理层提供了 7 种可供选择的传输模式,需要调度算法根据信道条件和用户需求进行选择。

归纳起来影响无线分组调度的主要因素有以下几个。

(1) 无线链路易变性

无线网络和有线网络之间的最大不同是传输链路的易变性。由于有线网络高质量的传输媒质,所以其分组传输具有极低的错误率。然而,无线链路却极易发生错误并且还受到干扰、衰落和阴影的影响,这使得无线链路的容量具有极高的时变性。在发生严重的突发错误期间,无线链路的性能可能太差,以致没有任何数据分组能够成功传输。

(2) 公平性要求

无线网络的公平性比较复杂。例如,依据特定服务规则或独立于链路状态的公平性规则,一个数据分组被调度到无线链路上进行传输,而该链路在该时刻处于错误状态,此时如果分组被传输,将被损坏并浪费传输资源。在这种情况下,合理的选择是推迟这个分组的传输直到链路从错误状态恢复。因此,受影响的业务流暂时丢失了其用于传输的带宽份额。为确保公平性,链路恢复后应对这个业务流的损失进行补偿,但是决定如何进行补偿并不是一个简单的工作。公平性的力度是另一个影响调度策略的因素。无线调度公平性的含义取决于服务类型、业务类型和信道特性等。

(3) QoS 保证

宽带无线网络将对各种不同 QoS 需求的业务类型提供服务,因此必须支持 QoS 区分和保证。为达到这个目标,应将相应的 QoS 支持机制集成到调度算法中。无线调度的 QoS 支持由业务模型决定。

(4) 数据吞吐量和信道利用率

无线网络最珍贵的资源是带宽。一种高效的无线调度算法应致力于使错误链路上的无效传输最小化,同时使有效服务传输和无线信道利用率最大化。

(5) 功率限制和约束

蜂窝结构的无线网络中的调度算法一般在基站中进行,而基站的电力供给十分充足,因此计算分组服务顺序所需的电能不需要考虑。然而,移动台的电源是受限的,一个好的调度算法应使得与调度相关的控制信令数目最少,这些信息可能包含移动台队列状态、分组到达时间和信道状态。

此外,调度算法不应该太复杂,以对具有严格定时要求的多媒体业务能够进行实时的调度。

按照上面的分析可以得到分组调度器简化模型,如图 5.14 所示。

这里给出了下行主要分组调度模块和处理过程,整个处理过程大致分为如下 5 个步骤:

① 每个 UE 都根据接收到的小区专用参考信号(Cell-specific Reference Signal,CRS)计算信道质量指示(Channel Quality Indication, CQI),并将其上报给 eNodeB;

② eNodeB 根据 CQI、业务的 QoS 需求以及缓冲区状态等信息进行资源分配与调度;

③ 在 AMC 模块选择最好的 MCS(调制编码方式);

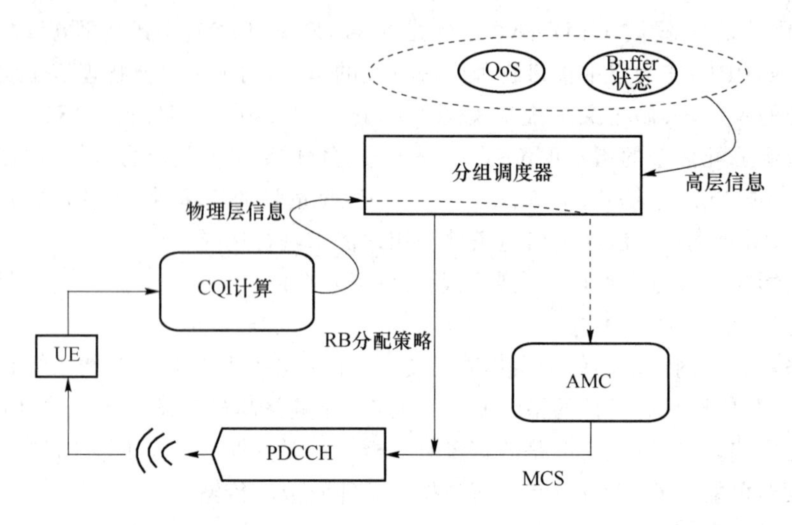

图 5.14　分组调度器简化模型

④ 在物理下行控制信道(Physical Downlink Control CHannel,PDCCH)eNodeB 向所有的 UE 发送资源调度器所给出的信息,包括为每个 UE 分配的时频资源(RB 数),以及 MCS;

⑤ 每个 UE 都根据接收到的信息,调整自己接收数据的方案,然后在物理下行共享信道上接收数据。

要注意的是,在系统中上述过程需要在一个传输时间间隔(Transmission Time Interval ,TTI)内完成。TTI 是 4G 系统中进行资源分配以及传输的最小时间单位,1 个 TTI 长度为 1 个物理层无线帧的子帧,为 1 ms。

在上述过程中调度决策是核心,然而由于调度决策要考虑许多因素,而且要根据实际情况构造灵活的算法才能给出决策结果,因此在具体的协议规范中不会给出具体的调度算法,这也为广大的研究者提供了研究的空间。通常的调度算法流程包括 3 个阶段,即调度检查、时域分组调度和频域分组调度,也称这个流程为三步式分组调度结构,如图 5.15 所示。

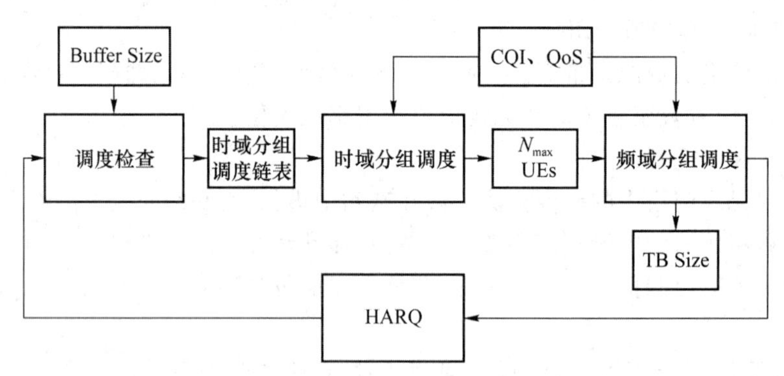

图 5.15　三步式分组调度结构

其中,调度检查根据用于某个用户设备(UE)的混合自动重传请求(Hybrid Automatic Repeat reQuest,HARQ)实体是否有 HARQ 重传数据或是否有空闲进程且数据缓冲区(Buffer)是否有数据,确定可调度的 UE,并将这些 UE 存入时域分组调度链表。

时域调度的主要目的是对时域调度链表中的用户按某种优先级顺序进行排序,选取高优先级的 N_{max}个用户,如果可调度用户数目小于 N_{max},则全部选取,并将这些 UE 存入频域分组调度链表。

频域分组调度模块对频域分组调度链表中的UE进行频域分组调度与资源分配，确定各个UE使用的调制编码方案(Modulation and Coding Scheme，MCS)、传输块(Transport Block，TB)的个数和每个传输块的数据大小(Transport Block Size，TBS)。

在考虑调度算法时通常采用以下评估指标。

(1) 吞吐量

吞吐量包括对单用户所定义的短期吞吐量以及针对整个系统(或小区)定义的长期吞吐量，该参数可以理解为单位时间内成功地传送数据的数量，单位可以是比特、字节或者分组。

一个用户的数据吞吐量被定义为，用户接收到的正确信息比特数除以总的仿真时间。单用户的吞吐量可以用单用户的数据速率来标识，单位为bit/s，第i个用户的吞吐量可以表示为

$$R_{u_i}=\frac{1}{T_{\mathrm{sim}}}\sum_{j=1}^{N_{\mathrm{PCall}}}\sum_{k=1}^{N_{\mathrm{Pac}}}\chi_{i,j,k} \tag{5.19}$$

其中，N_{PCall}表示用户i的分组呼叫(packet call)数量，N_{Pac}表示第j次packet call中的数据包数量，$\chi_{i,j,k}$表示用户i在第j个packet call中的第k个数据包内所能正确接收到的比特数，T_{sim}为窗口时间。

一个小区的数据吞吐量一般用小区总的数据速率来标识，也就是小区中所有用户的单用户吞吐量之和，其单位为bit/(s·cell)。假设扇区中有N_{user}个用户，第i个用户的吞吐量为R_{u_i}，小区数据吞吐量的计算公式为

$$R_{\mathrm{sec}}=\sum_{i=1}^{N_{\mathrm{user}}}R_{u_i} \tag{5.20}$$

(2) 用户间公平性

用户CDF曲线主要反映了系统给各用户接入无线资源的机会，因此通常用所有用户吞吐量的CDF累积函数与特定曲线的比较来作为用户间公平性度量。公平性曲线如图5.16所示。曲线中的3个连线点表示用户公平性的一个准则。例如，(0.1，0.1)表明用户归一化吞吐量为0.1的概率是0.1，也就是说低于10%的平均吞吐量的用户数不能超过总用户数的10%。因此这一公平性准则限制了低吞吐量用户数的比例。按照此准则，所有满足公平性要求的调度算法，其CDF曲线一定在这3点连成直线的右侧，这说明此调度算法避免了因为要给拥有良好信道条件的用户提供高吞吐量而使小区边缘的用户处于不利地位，否则就违反了公平性准则。

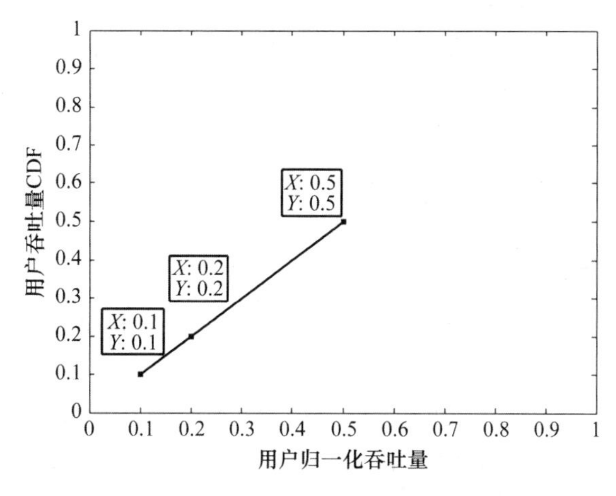

图5.16　调度算法公平性准则示意图

另外,人们定义了一种公平性指数(Fairness Index,FI)来衡量公平性,其计算公式为

$$FI = \frac{1}{N\sum_{i=1}^{N}\chi_i^2}\left(\sum_{i=1}^{N}\chi_i\right)^2 \tag{5.21}$$

其中,χ_i 表示用户 i 所能正确接收到的比特数,N 为用户总数。当 FI=1 时,说明系统分配的资源满足每个用户的需求,系统公平性最好,FI 越小则系统公平性越差,FI 的取值范围为[0, 1]。

还可以用小区边缘用户吞吐量来评价系统的公平性,尤其是对小区边缘用户的公平性。小区边缘用户吞吐量也称为小区覆盖,是用户平均数据吞吐量 CDF 曲线中 5%点所对应的用户平均数据吞吐量。

(3) 峰值频谱效率

峰值频谱效率是指理论上用户能够获得相应链路上资源的最大归一化数据速率,它也是系统需求的一部分,此指标可以刻画系统的需求能不能达到。

(4) 时延

时延是一个重要的 QoS 指标,尤其是对于时延敏感的业务。

现有的一些调度算法大多是对原有的正比公平、轮询和最大载干比等算法的改进和发展,例如子载波分配、功率/速率自适应、比例公平业务特性、请求激活检测(Required Activity Detection,RAD)以及基于效应函数的调度(Utility Based Scheduling,UBS)算法等。

5.6 移动通信网络架构

移动通信网络架构的演进主要有两大驱动力:业务需求和技术发展。

从业务需求的角度来看,早期的移动网络仅需要支持语音、短信等基础能力(短信以其方便、快捷的优势,取代了已使用100多年的电报);进入21世纪,3GPP 提出了构建"移动宽带网络",提供"移动互联网业务"的设想,经过3G网络的探索,终于在4G网络基本实现了这一目标;目前,移动网络正在从满足"人的联接"的"移动互联网"向满足"人-物 / 物-物联接"的"移动物联网"发展,希望能够满足"超高网速""超低时延""超量联接"这三大业务场景演进。

从技术发展的角度来看,随着业务需求的变化,移动网络除了在空中网络部分使用的技术有了本质的变化外,在地面电路部分,主要是核心网络等也与时俱进:从2G仅支持语音业务和低速数据的网络架构,演进到3G的全网IP化、控制和承载分离的架构,进而在4G网络实现了架构扁平化;而面向未来的5G网络架构,将向着网络功能解耦和服务化设计演进,从而真正支持万物互联。

1. 2G 移动网络的基本组成

早期的2G网络仅支持电路域业务,因此大量借鉴了公共电话网络的架构和功能,其网络架构有两个显著的特点:

① 考虑转为无线接入方式后,对于无线资源的分配、调度、质量控制比较复杂,所以,无线资源管理(RRM)功能从交换机中分离出来,成为新网元,即基站控制器(Base Station Controller,BSC),它与基站收发信机(Base Transceiver Station,BTS)共同组成基站子系统

(Base station Sub-System,BSS);

② 交换机只保留连接管理(Connection Management,CM)功能,称为移动业务交换中心(MSC),为了支持用户"移动"时也可以被呼叫到,需要掌握用户的大体位置,因此增加了一个新模块:拜访位置寄存器(Visit Location Register,VLR)。

应用范围最广的 2G 移动网络是全球移动通信系统 GSM 网络,后来演进到通用分组无线系统(General Packet Radio System,GPRS)以支持分组业务。GPRS 网络结构图如图 5.17 所示,由 UE、基站和核心网三部分组成。

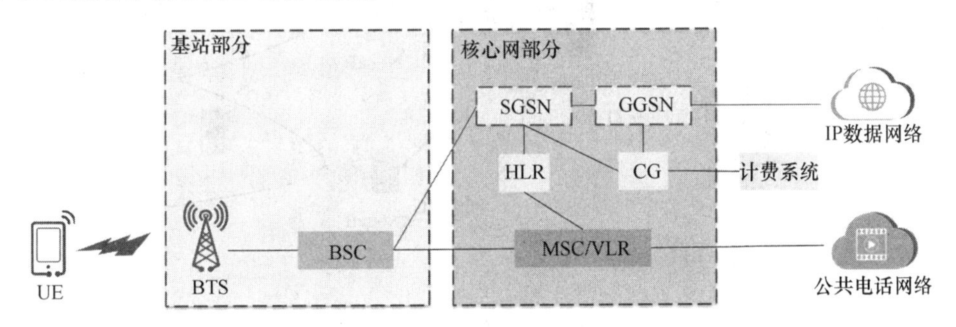

图 5.17　GPRS 网络结构图

用户设备的功能是负责无线信号的收发及处理。

基站部分包括基站收发台(BTS)和基站控制器(BSC)。BTS 通过空口接收 UE 发送的无线信号,然后将其传送给 BSC,BSC 负责无线资源的管理及配置(诸如功率控制、信道分配等),最后将其传送至核心网部分。

核心网部分由 MSC、VLR、HLR、SGSN、GGSN 等功能实体组成,其中:

① 移动业务交换中心负责处理用户电路域语音业务。

② 拜访位置寄存器负责电路域移动性管理。

③ 归属位置寄存器(Home Location Register,HLR)负责用户数据库管理。

④ 服务型 GPRS 支持节点(Service GPRS Supported Node,SGSN)主要是对 UE 进行鉴权、分组移动性管理和路由选择,建立 UE 到 GGSN 的传输通道,接收基站子系统透明传来的数据,进行协议转换后经过 IP 骨干网传给 GGSN(或 SGSN)或反向进行,另外还进行计费和业务统计。

⑤ 网关型 GPRS 支持节点(Gateway GPRS Supported Node,GGSN)是 GPRS 网对外部数据网络的网关或路由器,它提供 GPRS 和外部分组数据网的互联。GGSN 接收 UE 发送的数据,并选择相应的外部网络对数据进行传输,或接收外部网络的数据,根据其地址选择 GPRS 网内的传输通道,传输给相应的 SGSN。此外,GGSN 还有地址分配和计费等功能。

2. 3G 网络架构

在网络架构上 3G 和 2G 网络是向下兼容的,图 5.18 是 3G 网络结构。由这个结构图可以看出,3G 网络架构总体上继承了 2G 网络架构,主要区别有以下几点。

① 核心网(Core Network,CN)电路域引入软交换架构:MSC 拆分成专门处理信令的 MSC Server 和专门处理业务的媒体网关(Media GateWay,MGW)。

② 为了更好地支持数据业务,全网采用了分组交换(IP 交换)方式,替代电路交换方式,即全网 IP 化。

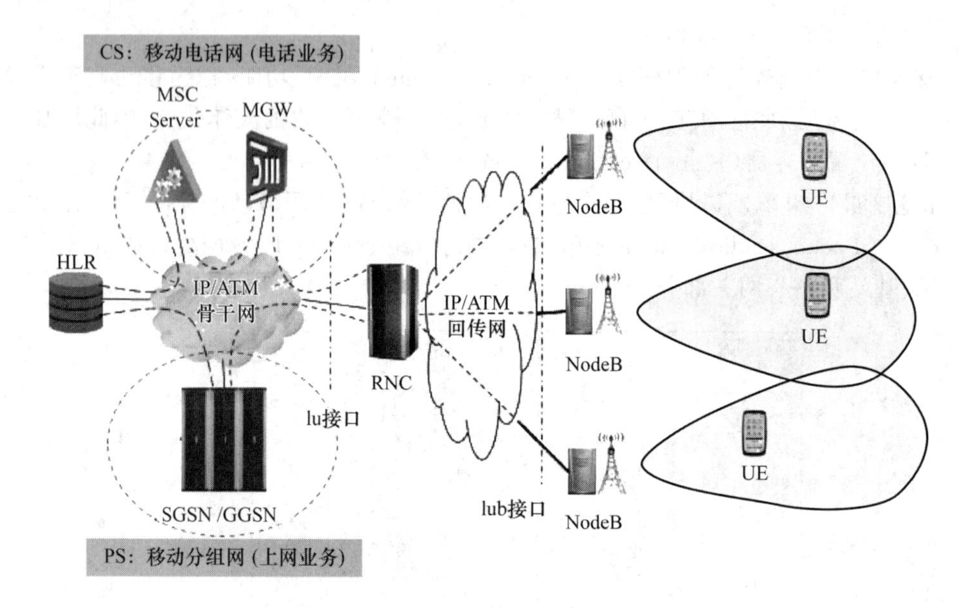

图5.18　3G网络结构

无线接入网(RAN)的功能实体名称有所改变:BSC改名为无线网络控制器(Radio Network Controller,RNC);BTS改名为NodeB。

名称修改是有原因的。3G网络以CDMA技术为基础,相比于2G网络,无线算法的复杂度要高很多,早期基站处理能力又受限于芯片处理能力,所以,在系统设计时做了分工:基站(NodeB)只提供物理层处理功能和部分物理层算法(如快速功率控制),其他L2以上的功能,尤其是大部分的无线网络优化算法,都是由RNC完成的,所以RNC才会被称为无线网络控制器;相对而言,2G BSC的主要工作就是把基站的信号汇聚起来送到核心网去,所以叫基站控制器。

3. 4G网络架构

图5.19所示为4G网络架构,包括演进分组核心网(Evolved Packet Core ,EPC)、无线接入网和用户设备。

① RAN包括UE和eNodeB两个节点,主要负责网络中与无线相关的功能。eNodeB的主要功能包括:无线资源管理,即无线承载控制、无线接入控制、连接和移动性管理;调度和发送控制信息;IP包头压缩和用户数据流加密等。

② EPC包括移动性管理实体(Mobility Management Entity,MME)、服务网关(Serving GateWay,SGW)、分组数据网关(Packet Data network gateWay,PGW)和归属用户服务器节点(Home Subscriber Server,HSS)等。

③ MME是EPC的控制平面节点,负责针对用户终端的承载连接/释放、空闲到激活状态的转移以及安全密钥的管理等。

④ SGW是EPC连接LTE-RAN的用户平面节点,它既是eNodeB间切换的本地锚点,也是3GPP网间切换的锚点,例如GSM/GPRS等,还是非3GPP接入锚点,例如cdma2000的接入锚点;它还具有分组路由和分组转发功能,可以作为移动接入网关,支持移动IP。另外,针对计费所需的信息收集和统计也是由SGW处理的。

⑤ PGW是EPC与其他分组网(IMS、Internet)的网关节点,主要负责为UE分配IP地

址、执行上/下行业务的计费以及网关和速率限制等。

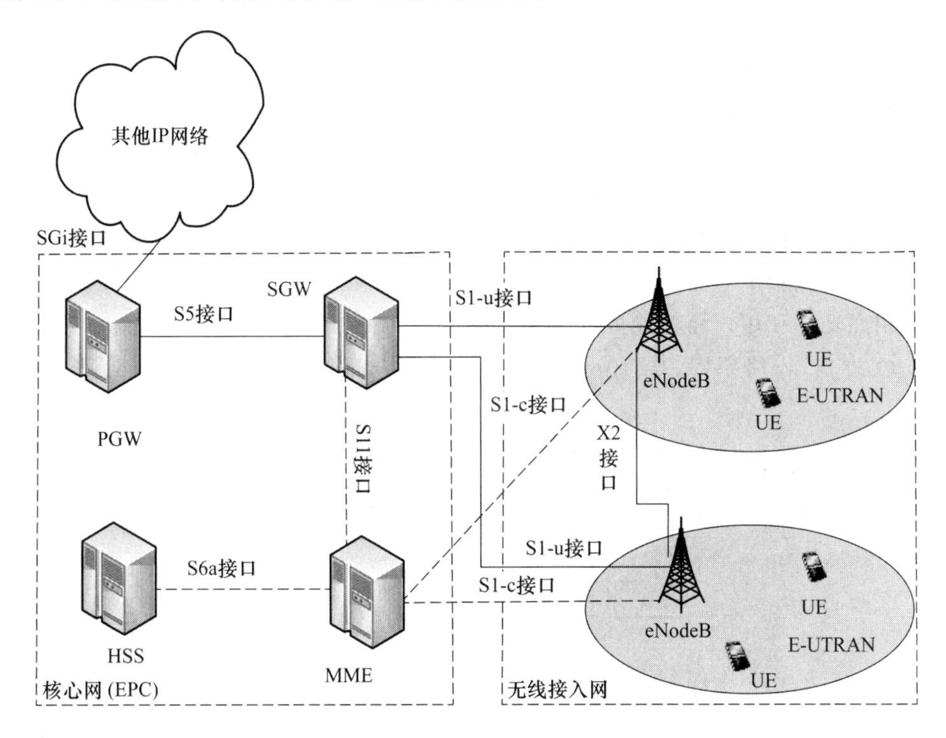

图 5.19　4G 网络架构

另外,EPC 还包括其他类型的节点,如归属用户服务器(HSS)节点等。具体细节请参考其他文献。

值得注意的是,4G 网络构架与 3G 网络构架有了明显的不同,其主要区别在于:4G 对 3G 网络构架进行了优化,采用了扁平化网络结构;无线接入网不再包含 BSC/RNC,只保留了 eNodeB,从而简化了接入网的结构;核心网取消了 3G 网络中的 SGSN 与 GGSN 的等级,改为 SGW/PGW,因此也使网络结构有所简化;取消核心网电路域(MSC Server 和 MGW),语音业务由 IP 承载。

之所以如此设计,主要基于以下理由:

① 如果网络结构层级太多,则很难实现 LTE 设计的时延要求(无线侧时延小于 10 ms);

② VoIP 技术已经很成熟,全网 IP 化成本最低。

总之,LTE 网络在整体上比 3G 网络构架大大简化,从而降低了网络运营成本,提高了系统性能。

4. 5G 网络架构

为了适配不同业务的需求,5G 网络架构在设计上需要更加灵活,容易扩展,为了实现上述目的,5G 网络架构在设计之初借鉴了 IT 的云原生(Cloud Native)理念,进行了两个方面的变革。

一是将控制面功能抽象为多个独立的网络服务,希望以软件化、模块化、服务化的方式来构建网络。其带来了以下优势。

① 模块化便于定制:每个 5G 软件功能都由细粒度的“服务”来定义,便于网络按照业务场景以“服务”为粒度定制及编排。

② 轻量化易于扩展:接口基于互联网协议,采用可灵活调用的API交互。对内降低网络配置及信令开销,对外提供能力开放的统一接口。

③ 独立化利于升级:服务可独立部署、灰度发布,使得网络功能可以快速升级引入新功能。服务可基于虚拟化平台快速部署和弹性扩缩容。

二是控制面和用户面的分离,用户面功能摆脱"中心化"束缚,可以根据业务需求灵活部署在网络中的多个位置,其带来了以下优势:

① 用户面节点可以更接近RAN,减少应用时延;

② 控制面资源和用户面资源可以独立扩缩容;

③ 控制面功能和用户面功能可以独立演进。

图5.20为5G网络架构,其对应的控制面功能以及接口在第6章做具体介绍,这里不再赘述。

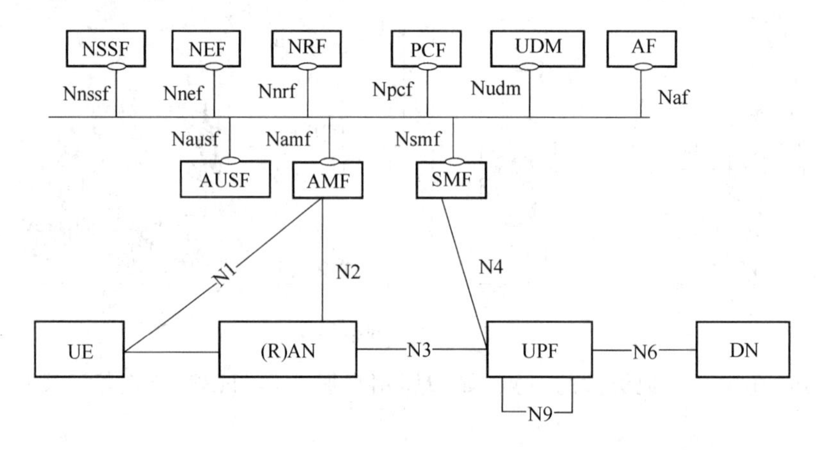

图5.20 5G网络架构

5.7 移动网络安全

移动通信的安全随着网络和业务的演进逐渐成长。最初,1G通信系统是模拟式移动通信系统,有美国的AMPS、英国的TACS、日本NTT的TZ-801,以及DDI公司的JTACS等标准。除设备商配置的设备序列号和运营商分配的身份号外,缺乏有效的身份认证和通信保密机制,也易被窃听。

2G GSM移动通信安全性有了专门的设计,也增加了具有安全保护功能的用户识别(Subscriber Identity Module,SIM)卡,以实现对用户身份信息及密钥的保护。移动通信系统经过2G、3G、4G的发展和增强,安全机制和协议已比较完善,在全球各国的商用实践中也已经受住考验。移动网络安全主要关注接入认证、机密性保护、完整性保护、用户ID隐私保护等。

1. 接入认证

接入认证就是对接入移动网络用户的合法性进行鉴权。当自然人购买移动电信运营商的移动设备和服务时,就要与运营商签订合同,成为使用移动网络的合法或成为授权移动用户。这样当移动用户进行开机或位置更新等活动时,网络要通过接入认证对移动用户进行鉴权,这个鉴权过程是由移动网络和移动用户间的信令交互完成的。授权用户通过接入认证后可以自由使用移动网络，而未通过接入认证的非授权用户就无法使用移动网络。

接入认证过程是基于认证与密钥协商（Authentication and Key Agreement，AKA），并同时生成会话密钥的过程，用户认证采用“挑战-应答”机制，通过网络与用户预先共享的密钥进行操作完成。

2. 机密性保护

机密性保护指的是对移动用户数据和信令的加密保护。机密性是确保信息在存储、使用、传输过程中不会泄露给非授权用户或实体。实现机密性的手段就是加密等安全控制手段等。

移动网络典型加密算法包括：

① A5系列算法，A5/1、A5/2、A5/3算法的密钥长度都是64 bit，由于加密性弱它们不再使用，A5/4算法的密钥长度是128 bit，是2G可使用的密码算法。

② KASUMI算法，与2G的A5/4算法（128 bit密钥）相同，但在3G中将其命名为UEA1（UMTS Encryption Algorithm，UEA）。要说明的是UEA1命名中的数字1与下面的命名UEA2是相对应的。

③ SNOW 3G算法，由欧洲NESSIE（New European Schemes for Signatures，Integrity and Encryption，NESSIE）项目中选出的流密码算法改进而得，128 bit密钥，3G命名为UEA2，4G命名为EEA1（EPS Encryption Algorithm，EEA）。

④ 高级加密标准（Advanced Encryption Standard，AES）算法，128 bit密钥，4G命名为EEA2算法。

⑤ 中国的祖冲之（ZUC）算法，128 bit密钥，4G命名为EEA3。值得注意的是，EEA1、EEA2和EEA3是4G命名的3种加密算法。

3. 完整性保护

所谓完整性是指确保信息在存储、使用、传输过程中不会被非授权用户篡改，同时还要防止授权用户对系统及信息进行不恰当的篡改，保持信息内、外部表示一致。因为考虑性能影响，5G之前完整性保护主要是针对移动通信系统的信令面进行的，而5G系统已经支持信令面、用户数据的完整性，提供完整性保护算法。

典型的完整性保护算法包括以下几种：

① KASUMI算法，3G命名为UIA1（UMTS Integrity Algorithm，UIA）；

② SNOW 3G算法，128 bit密钥，3G命名为UIA2，4G命名为EIA1（EPS Integrity Algorithm，EIA）；

③ AES算法，128 bit密钥，4G命名为EIA2；

④ ZUC算法，128 bit密钥，4G命名为EIA3。

4. 用户ID隐私保护

用户身份信息的隐私保护，从2G开始就有设计上的考虑。每一个SIM卡启用都会绑定全球唯一的国际移动用户识别（International Mobile Subscriber Identity，IMSI），同时在核心网的HLR（VLR）也会有保存。但也因为IMSI是可以识别用户身份的唯一信息，在网络中传输时比较敏感需要加以保护，防止泄露后被恶意定位或跟踪。因此，2G系统引入了临时身份临时移动用户标识（Temporary Mobile Subscriber Identity，TMSI）。当用户接入网络通过认证后，VLR会分配给用户一个TMSI，并在网络协议交互中尽量使用TMSI来代替IMSI，而且定期更新,从而实现用户身份的隐私保护功能。因为IMSI直接传输有隐私暴露风险,4G采用全球唯一临时标识符(Globally Unique Temporary UE Identity,GUTI)用于在无线通信中识别用户。UE连接期间会被网络分配GUTI,并定期更改。

表5.1将2G、3G、4G的安全机制要点进行了对比,可以看出4G的安全机制已较早期有了很大提升,用户和网络的认证、机密性、完整性及隐私保护等都有很成熟的保护机制,使用的密码算法和协议在理论和实践上都被证明可靠安全。

表5.1 2G、3G、4G安全关键要素对比

安全关键要素	2G	3G	4G
临时身份标识	TMSI	TMSI	GUTI
认证模式	网络对终端单向鉴权	网络和终端双向鉴权	网络和终端双向鉴权
密钥结构	Kc	CK/IK	更精细的密钥层级: CK/IK→K_{ASME}→ K_{NASint}/K_{NASenc}/K_{eNB}→ K_{UPenc}/K_{RRCenc}/K_{RRCint}
加密算法	A5/4; (A5/1～3不安全)	UEA1、UEA2	EEA1、EEA2、EEA3
加密内容	NAS信令、UP用户面	NAS信令、UP用户面	NAS信令、RRC信令、UP用户面
完整性算法	无	UIA1、UIA2	EIA1、EIA2、EIA3
完整性保护对象	无	NAS信令	NAS信令、RRC信令
加密/完整性执行主体	CS:BSC PS:SGSN	RNC	NAS:MME UP/RRC:eNB
SIM/USIM	SIM	USIM,兼容SIM	USIM,不兼容SIM

但随着5G网络的部署,并支持更丰富的业务应用形态,5G网络还将面临新的技术挑战和安全威胁。因此,5G网络安全在4G的基础上,进一步增强了安全机制,例如对物联设备安全的防护、对于更开放和服务化架构的防护等,将在第6章详细介绍。

习题与思考题

5.1 说明大区制和小区制的概念,指出小区制的主要优点。

5.2 什么是同频干扰?是如何产生的?如何减少?

5.3 试绘出当单位无线区群的小区个数$N=4$时,3个单位区群彼此邻接时的结构图形。假定小区的半径为r,邻接无线区群的同频小区的中心间距如何确定?

5.4 面状服务区的区群是如何组成的?模拟蜂窝系统同频无线小区的距离是如何确定的?

5.5 阐述多址接入的基本概念,以及正交多址接入和非正交多址接入的优劣。

5.6 简单叙述切换和位置更新的基本概念。

5.7 无线资源管理包括哪些内容?

5.8　分组调度的基本算法有哪些？简述它们的基本原理。

5.9　一般调度算法通常要考虑的评估基本指标有哪些？

5.10　说明移动通信网的基本组成。

5.11　简述移动通信网结构由2G到5G的变化。

5.12　阐述移动网络安全的基本概念。

本章参考文献

[1] RAPPAPORT T S. Wireless communications principles and practice(影印版). 北京：电子工业出版社，1998.

[2] 啜钢，王文博，常永宇，等. 移动通信原理与系统. 4版. 北京：北京邮电大学出版社，2019.

[3] 牛凯，吴伟陵. 移动通信原理. 3版. 北京：电子工业出版社，2022.

[4] DAI L L, WANG B C, DING Z G, et al. A Survey of Non-Orthogonal Multiple Access for 5G. IEEE Communications Surveys and Tutorials, 2018, 20(3): 2294-2323.

[5] CAPOZZI F, PIRO G, GRIECO L A, et al. Downlink Packet Scheduling in LTE Cellular Networks: Key Design Issues and a Survey. IEEE Communications Surveys&Tutorials, 2013, 15(2): 678-700.

[6] MONGHAL G, PEDERSEN K I, KOVÁCS I Z. QoS Oriented Time and Frequency Domain Packet Schedulers for The UTRAN Long Term Evolution//IEEE Vehicular Technology Conference, VTC Spring 2008. Marina Bay, Singapore: IEEE, 2008: 1550-2252.

[7] GALKIN A M, YANOVSKY G G. Resource Allocation in Multiservice Networks Using Fairness Index//IEEE EUROCON 2009. St. Petersburg, Russia: IEEE, 2009: 1810-1814.

[8] MONGHAL G, LASELVA D, MICHAELSEN P-H, et al. Dynamic Packet Scheduling for Traffic Mixes of Best Effort and VoIP Users in E-UTRAN Downlink// Vehicular Technology Conference, 2010 IEEE 71st. Taipei: IEEE, 2010: 1-5.

[9] GOLDSMITH A. 无线通信. 杨鸿文，李卫东，郭文彬，等译. 北京：人民邮电出版社，2007.

[10] 3GPP TS 38.331. NR; Radio Resource Control(RRC) Protocol Specification.

[11] 杨志强，粟栗，杨波，等. 5G安全技术与标准. 北京：人民邮电出版社，2020.

第 6 章 第五代移动通信系统

学习重点和要求

本章介绍第五代移动通信系统，简称 5G，重点介绍 5G 空口技术、网络架构及其协议栈。本章首先介绍 5G 典型应用场景、性能要求和系统架构，在此基础上详细地讲解 5G 空口技术、包括空口协议栈、空口关键物理特性、空口基本参数和无线帧结构、上下行链路信道和参考信号；其次较详细地论述无线接入网架构、核心网架构、网元功能、基本信令流程，给出了 5G 安全机制；最后结合实例介绍 5G 常用的基本通信流程。

要求：

- 理解 5G 业务类型和典型应用场景；
- 掌握 5G 的空口协议栈，以及物理层的基础参数和帧结构；
- 掌握 5G 上下行链路的信道类型、参考信号类型及其作用；
- 理解 5G 网络架构，掌握 5G 的接入网、核心网组成及网元功能；
- 理解 5G 核心网基本信令流程；
- 了解 5G 安全机制；
- 了解 5G 基本通信流程。

6.1 概 述

6.1.1 典型应用场景

根据 ITU 定义的 5G 愿景，5G 的典型应用场景包括增强的移动宽带(enhanced Mobile BroadBand，eMBB)、大规模机器类通信(massive Machine-Type Communications，mMTC)和超高可靠低时延通信(ultra-Reliable Low-Latency Communication，uRLLC) 3 种。其中，eMBB 对应移动宽带上网业务场景，是为了满足人们的无线通信需求，mMTC 和 uRLLC 是机器通信，其中 mMTC 是为了满足海量物联网设备连接，而 uRLLC 则强调业务的低时延和高可靠性。ITU 给出的 IMT-2020 关键应用场景及其具体应用如图 6.1 所示，下面对这 3 种关键场景分别进行介绍。

1. eMBB 应用场景

移动宽带接入提供了多媒体内容和数据接入服务，人们对移动宽带业务的需求将从移动宽带(Mobile Broad Band，MBB)业务不断提升到 eMBB 业务。4G 对网页浏览、文字消息社交、文件共享和音乐下载等 MBB 业务提供了很好的支持，应用非常普及。未来，高数据速率业务诸如超高清视频、3D 视频、增强现实（Augmented Reality，AR）和虚拟现实（Virtual Reality，VR）等 eMBB 应用将成为主流。除上述下行高数据速率业务外，还出现了上行高数据速率通信业务，例如来自用户的视频直播、行业场景下的视频监控等。然而，用户可随时随地享受高速数据业务的同时，这些业务对 eMBB 的发展提出了新的要求。

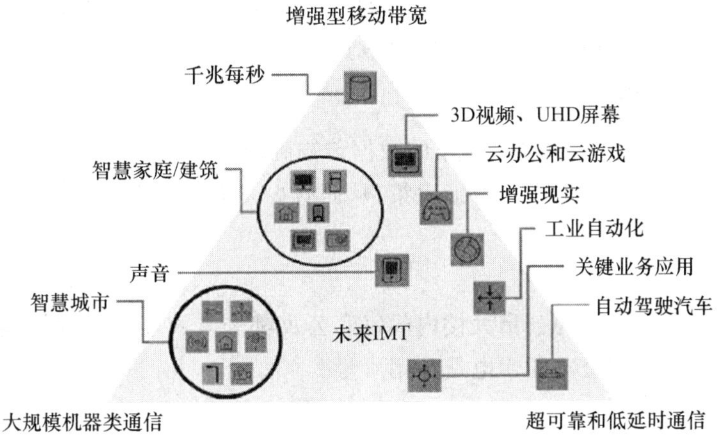

图 6.1　IMT-2020 关键应用场景

（1）超高清视频

表 6.1 给出了下行视频业务的分辨率和数据速率需求。高质量 2D 视频 4K 分辨率需要 75 Mbit/s 的速率，8K 分辨率视频需要接近 300 Mbit/s 的速率。为满足用户体验质量，不同类型视频对应不同速率需求，表 6.1 中以高效视频编码（High Efficiency Video Coding，HEVC）方式为例。

表 6.1　下行 2D 视频业务的不同速率需求

视频类型	视频分辨率/像素	帧速率	解码方法	颜色模式	需求数据速率/(Mbit・s^{-1})
4K	3 840×2 160	50	HEVC	24 位色	10～30
4K	3 840×2 160	50	HEVC	32 位色	13～40
4K	3 840×2 160	50	EVC	32 位色	26～80
8K	7 680×4 320	50	HEVC	32 位色	52～160

注：速率需求＝需要传输的比特速率/压缩率。传输 4K 视频 24 位色需要的数据速率为 3 840×2 160×24×50 bit/s；传输 4K 视频 32 位色需要的数据速率为 3 840×2 160×32×50 bit/s；传输 8K 视频 32 位色需要的数据速率为 7 680×4 320×32×50 bit/s。HEVC 的压缩率为 300～1 000，EVC 的压缩率为 150～500。

（2）视频直播

随着视频社交平台的普及，用户的视频直播、视频共享越来越流行。相关数据显示，2018 年以来，720P 及以上视频业务的占比从 30%增长到 50%。主流平台直播码率的保障带宽要求也随之增加，从 720P 的 1.5 Mbit/s 到 4K 的 13.5 Mbit/s。

（3）面向行业的视频监控

视频监控和机器视觉已经在行业中获得广泛应用，上行速率需求从广域场景的 100 Mbit/s 到局域场景的 10 Gbit/s 之间不等。典型的广域视频监控有道桥巡检、移动警务、智慧交通、智慧急救(上车即入院)等。典型的局域视频监控场景有无人驾驶、智能制造的机器视觉、智慧港口实时视频监控、高空监控、煤矿综采工作面全景视频监控等。

(4) AR/VR

AR/VR应用为eMBB用户带来全新体验。AR通过计算机生成的"增强"视图为用户提供真实环境的交互式体验,VR通过计算机创建的沉浸式环境为用户提供交互式体验。AR和VR将计算机生成的图像及多媒体内容传输给用户,都需要非常高的数据速率和低时延,以确保用户获得流畅体验,达到比物理现实更加梦幻的效果。

2. mMTC应用场景

mMTC通常是指大量传感器将采集的数据传输到云服务器或数据处理中心,之后数据处理中心可以根据采集到的数据做出智能决策,从而减少人工数据收集的成本。mMTC应用场景包括:

(1) 智能水电表

电力公司或自来水公司为公寓大楼内的每套公寓都安装智能电表和智能水表,这些智能水电表能够周期性地上报公寓的用电量和用水量。

(2) 智慧农业

农业设施正逐步实现自动化,可以上报各种传感器数据,如土壤状况和农作物生长情况,以便农民可以远程监控农作物生长状况。

(3) 智能放牧

在牛羊身上安装传感器以及回传装置,牧主可以随时查看牛羊的位置以及健康状况,从而实现大规模远端放牧。

mMTC业务的特点是采用众多无线连接的终端,每个终端都传输相对少量的数据,而且这种数据传输对时延不敏感。终端的成本相对较低,耗电量极低,其电池生命周期长。

3. uRLLC应用场景

uRLLC业务具有严格的速率、时延和可靠性要求,uRLLC在工业中的应用是使能工业互联网的重要手段之一,例如工业制造中的无线控制或生产数据处理、远程医疗手术、智能电网的自动配电和故障隔离、物流安全应用等。当前uRLLC在工业场景的应用,根据场景需求的不同可以分为3个层级。

① 层级1:远程控制类应用。如港口的轮胎吊、钢铁的远程天车,主要是解决恶劣工作环境下对人的需求,通过机器监控、上传信息到远程操作室,利用下行低时延高可靠的控制网络实现对机器的远程作业。

② 层级2:机器控制。主要是机器间协同、I/O控制两类应用,要求达到4 ms时延并实现99.999 9%的可靠性要求。机器控制主要应用在汽车制造领域的机器人、机械臂的协作。

③ 层级3:运动控制。可编程逻辑控制器与伺服器的逻辑控制,要求达到1 ms时延并实现99.999 9%的可靠性要求。

6.1.2 性能需求

不同业务对网络和终端的需求如图6.2所示,业务需求驱动5G网络必须实现"三高两低"。

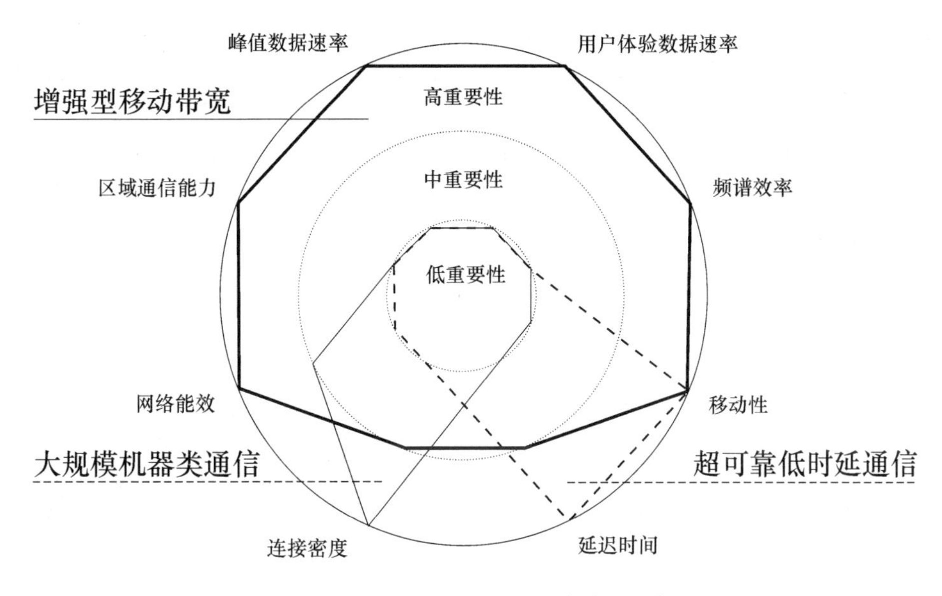

图 6.2　不同业务对网络和终端的需求

第一"高"是高速率(1 Gbit・s^{-1}/用户)。视频业务特别是高清视频业务是这一需求的主要动力。

第二"高"是高连接密度(海量连接)。一方面用户使用手机的时间越来越长,另一方面更重要的是满足未来海量物联网设备"永久在线"的连接需求。

第三"高"是高可靠性(99.999 9%)。对于"人"的通信需求而言,掉话、断网一般不会有太大影响,重新接续即可;但是,对于"物"的连接,尤其是工业物联网、自动驾驶等应用场景,掉线可能导致停产,甚至危及生命! 因此,5G 需要突破一直以来"无线通信不如有线通信可靠"的传统观念,提供一个"确定性的网络",实现"无线、宽带、稳定"的连接。

第一"低"是低延时。2G/3G 的延时是 100 ms 量级,对于语音业务已经足够。4G 网络能够做到端到端延时 50 ms,可以满足绝大部分的数据业务需求。对于在线实时对战游戏和高帧率的 VR 而言,20～30 ms 的端到端延时才能保证较好的体验。如果考虑未来的低延时、高可靠性业务,空口的延时需要降到 1～5 ms,整个端到端延时要降到 10 ms,甚至更低,这需要整个网络的架构重构和技术革新。

第二"低"是低成本,即上述所有能力必须具有低成本,满足"提速、降费"的要求。在 ICT 行业,这也是一个基本规律,通常被称为"数据业务悖论":数据速率越高,每比特收益越低。

另外,5G 需要使能千行万业,需要对行业应用有更好的支持。3GPP 为 5G 引入了一系列的关键技术,来支撑 5G 行业应用的性能需求。

6.1.3　系统架构

5G 系统包括 UE、无线接入网(Next generation-Radio Access Network,Ng-RAN)和 5G 核心网(5G Core network,5GC)3 个部分,如图 6.3 所示。Ng-RAN 和 5GC 一起为 UE 提供了移动通信网络的通信和管理功能,并实现了与数据网络的连接。

UE 与 Ng-RAN 之间的接口称为空口(Uu),5G 的空口技术包括新空口(New Radio,NR)

和演进的通用陆基无线接入(Evolved Universal Terrestrial Radio Access,E-UTRA)。相应地,Ng-RAN的节点包括5G NR基站(gNB)和增强型LTE基站(ng-eNB),其中gNB向UE提供NR空口,ng-eNB向UE提供E-UTRA空口。5GC包括多个功能实体:接入和移动性管理功能(Access and Mobility management Function,AMF)、用户面功能(User Plane Function,UPF)和会话管理功能(Session Management Function,SMF)。其中AMF、UPF和SMF与Ng-RAN之间通过Ng接口连接。

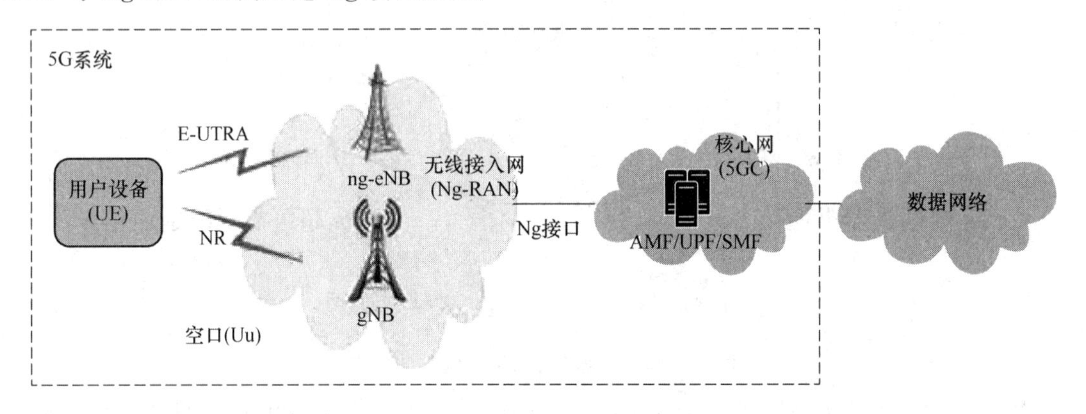

图6.3 5G系统架构示意图

Ng-RAN和5GC有不同的功能,如图6.4所示,相关功能可以分为两类:控制面功能和用户面功能。用户面功能是指和数据传输相关的功能,控制面功能是指Ng-RAN和5GC对用户进行管理和控制的功能。下面对相关节点的功能进行简单介绍。

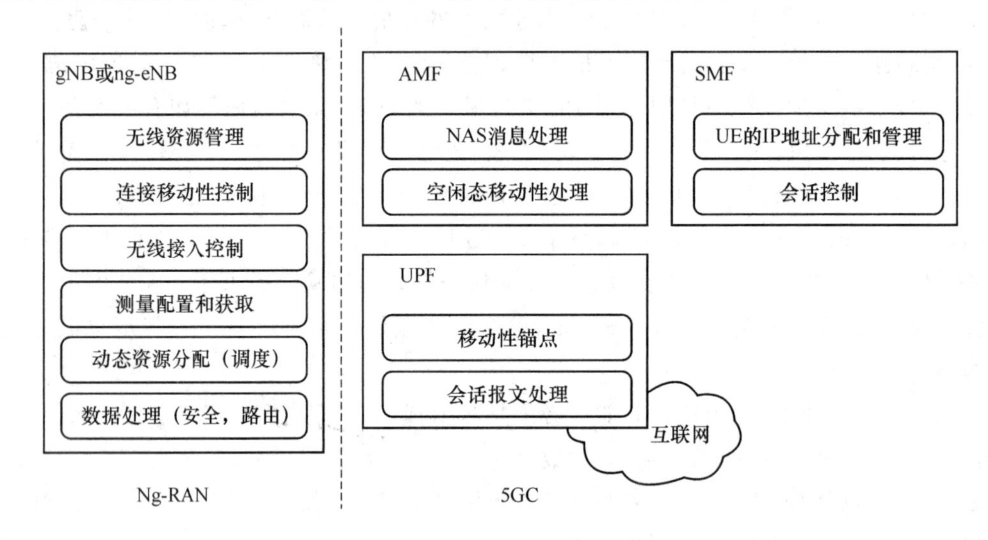

图6.4 接入网和核心网的功能划分

gNB和ng-eNB的主要功能如下。

① 无线资源管理:提供空中接口的无线资源管理功能,目的是能够提供一些机制保证空中接口无线资源的有效利用,实现最优的资源使用效率,从而满足系统所有定义的无线资源相关的需求;负责对所有无线资源的管理,如参考信号资源、数据传输资源确定等,可参考6.2节中各种资源位置的分配。

② 连接移动性控制:负责UE在移动时,驻留小区或服务小区发生变化的情况下,无线资源如何使用,例如控制连接态的UE进行系统内切换、同频切换、异频切换,或者跨系统切换。

③ 无线接入控制：负责判断接收还是拒绝一个新建立的无线承载的申请，判断过程中需要考虑整个基站的资源状况、QoS 需求、优先等级等，目的是确保高效率地利用无线资源，保证已有接入的 QoS 不受影响。将在 6.4.2 节对 QoS 管理给出详细说明，在 6.6.10 节介绍几种 5G 常见的接入控制手段。

④ 测量配置和获取：负责为 UE 配置各种测量并接收 UE 发送的测量结果，例如：配置物理层测量以便于检测小区的质量或维持波束关系等；配置网络层的服务小区测量、同频邻区测量、异频测量或异系统测量等，以便于基站快速判断目标切换小区。

⑤ 动态资源分配：也可以称为调度，调度就是无线资源的分配方式，在什么时间、哪些子载波上，用什么样的天线传输方式，以多大功率、用什么样的调制解调方式为一些用户发送业务数据。调度需要考虑 UE 的业务需求，同时还需要考虑 UE 之间的公平性。

⑥ 数据处理：既包括对数据包的 IP 或以太网包头进行头压缩，并进行加密和完整性保护，又包括为 UE 的数据传输到 UPF 提供路由等。

AMF 的主要功能如下。

① 非接入层(Non-Access Stratum，NAS)消息处理：包括 NAS 信令的生成、接收和处理，以及 NAS 信令的安全。

② 空闲态移动性处理：包括 UE 的移动性管理、可达性管理等，详细内容见 6.4.2 节。

③ 其他 AMF 的功能：包括用户接入认证、接入层(Access Stratum，AS)安全控制、对网络切片的支持等。

UPF 的主要功能如下。

① 移动性锚点：UE 在移动过程中，服务的基站会进行切换，但是 UPF 作为 UE 数据进出数据网络的锚点一般不会改变，除非触发特殊的信令流程。

② 会话报文处理：UE 在建立会话后，UPF 作为与数据网络互联的外部 PDU 会话点，负责数据包的路由和转发，下行数据包缓存和触发下行数据到达通知、用户面的 QoS 处理，包括包的过滤、门控和上下行速率的执行等。

SMF 的主要功能如下。

① UE 的 IP 地址分配和管理：为 UE 分配 IP 地址并进行管理。

② 会话控制：根据 UE 的业务需求为 UE 建立相应的会话，并选择相应的 UPF 进行服务。

UE 的内部结构如图 6.5 所示，UE 包括两个部分：移动设备(Mobile Equipment，ME)和全球用户身份模块(Universal Subscriber Identity Module，USIM)。ME 由一个或多个终端功能模块(Terminal Equipments，TE)以及一个或多个移动功能模块(Mobile Termination，MT)组成，其中 TE 允许端到端高层应用，MT 负责完成无线接收和发送、无线传输信道管理、移动性管理、语音编解码、用户数据的速率自适应以及数据格式调整等相关功能，TE 和 MT 之间可以通过各种物理方式实现连接(如 USB、高速同步串行接口等)。USIM 是手机卡上用于接入移动网络获取服务的功能模块，USIM 存储的内容一般包括移动网络运营商识别用户的标识信息以及密钥信息，相关信息的使用将在 6.5 节详细介绍。

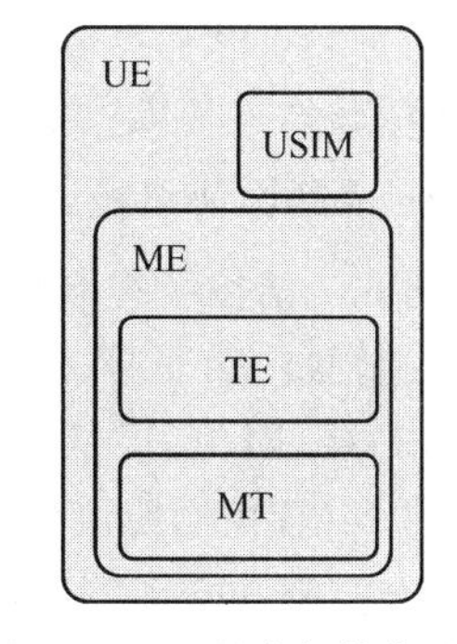

图 6.5　UE 的内部结构示意

本书将在 6.4 节对核心网架构及核心网网元进行详细介绍，并通过基本信令流程介绍相关功能。

6.2 新空口

6.2.1 空口协议栈和功能划分

NR空口协议栈包括两个平面:用户面和控制面。其中用户面负责数据的传输,完成数据的头压缩、加/解密、QoS保障等功能,控制面负责控制信令的传输,完成连接管理、UE资源配置、移动性管理和系统信息广播等功能。

1. 用户面协议栈

图6.6给出了用户面协议栈的示意图。

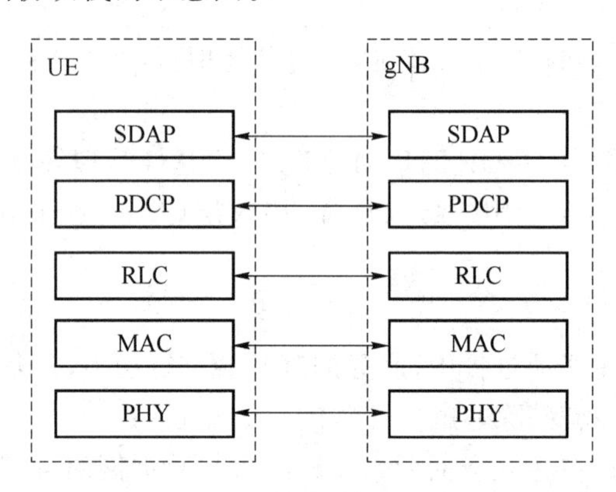

图6.6 用户面协议栈

用户面包括业务数据适配协议(Service Data Adaptation Protocol,SDAP)层、分组数据汇聚协议(Packet Data Convergence Protocol,PDCP)层、无线链路控制(Radio Link Control,RLC)层、媒体接入控制(Media Access Control,MAC)层和物理层(Physical Layer,PHY)。其中:

① SDAP层负责将不同业务流映射到空口的不同无线承载上;

② PDCP层负责数据包的头压缩/解压缩、排序、加密/解密、完整性保护/验证,以及数据包分流/复制等功能;

③ RLC层负责PDCP层包的分割、自动重传请求(Automatic Repeat reQuest,ARQ)等功能,一个PDCP实体和一个或多个RLC实体构成一个无线承载;

④ MAC负责逻辑信道和传输信道的映射、不同逻辑信道数据包的复用和解复用、调度信息上报、混合自动重传请求(HARQ)、优先级处理等。

2. 控制面协议栈

图6.7给出了控制面协议栈的示意图。

控制面包括非接入层(NAS)、无线资源控制(Radio Resource Control,RRC)层、PDCP层、RLC层、MAC层、PHY,其中:

① NAS控制协议(网络侧终止于AMF)执行NAS的控制功能,例如身份验证、移动性管理、安全控制和会话管理等;

② RRC层(网络侧终止于gNB)执行接入层的无线控制功能;

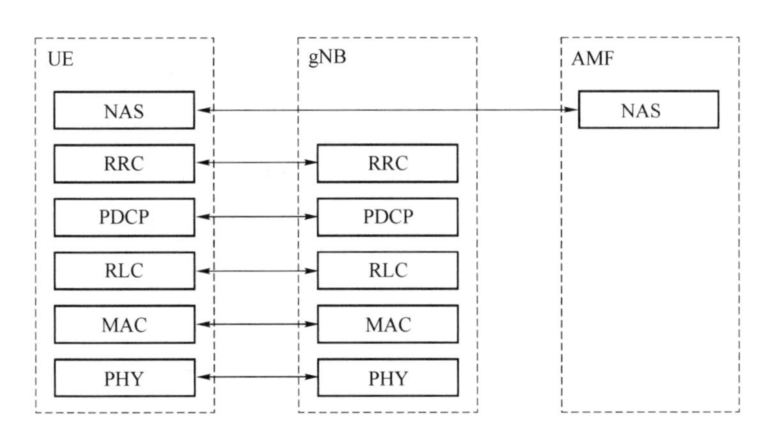

图 6.7　控制面协议栈

③ PDCP 层、RLC 层和 MAC 子层(网络侧终止于 gNB)执行控制面信令传输功能。

空口控制面协议完成 UE 的 RRC 连接管理、UE 资源配置、移动性管理和系统信息广播等功能。NAS 消息需要封装成 RRC 消息，通过 AS 的控制面消息实现在 AMF 和 UE 之间的传递。

物理层提供用户面和控制面信息的传输媒介，对上层信息进行编码调制、波束赋型等处理，然后将其在无线信道上发送。

6.2.2　空口关键物理特性

1. 带宽配置

在带宽方面，NR 在 FR1(410 MHz～7.125 GHz)和 FR2(24.25 GHz～52.6 GHz)频段内分别支持 100 M 和 400 M 带宽。在系统带宽为大带宽的通信系统中，从前向兼容角度，考虑 UE 的成本以及 UE 的业务量，UE 支持的带宽可能小于系统带宽。UE 支持的带宽越大，UE 的处理能力越强，数据传输速率可能越高，设计成本可能越高。举例来说，在 5G 系统中，系统带宽最大可能为 100 MHz，UE 的带宽能力可能为 20 MHz、50 MHz 或 100 MHz 等。

资源块(Resource Block，RB)是频域的基本调度单位，即资源分配粒度，包括 12 个子载波(详细说明见 6.2.3 节)。表 6.2 所示是 FR1 系统带宽下最大可以使用的 RB 个数。以 100 MHz 带宽为例，在子载波间隔(Subcarrier Spacing，SCS)为 30 kHz 的情况下，可使用的最大 RB 个数为 273 个，也就是说可用于信号传输的带宽为 273×12×30 kHz＝98.28 MHz，其频谱利用率大于 98％。

表 6.2　FR1 不同带宽下的 RB 数目

SCS/kHz	5 MHz	10 MHz	15 MHz	20 MHz	25 MHz	30 MHz	40 MHz	50 MHz	60 MHz	80 MHz	90 MHz	100 MHz
	N_{RB}	N_{RB}	N_{RB}	N_{RB}	N_{RB}	N_{RB}	N_{RB}	N_{RB}	N_{RB}	N_{RB}	N_{RB}	N_{RB}
15	25	52	79	106	133	160	216	270	N/A	N/A	N/A	N/A
30	11	24	38	51	65	78	106	133	162	217	245	273
60	N/A	11	18	24	31	38	51	65	79	107	121	135

表 6.3 所示是 FR2 系统带宽下最大可以使用的 RB 个数。在系统带宽为大带宽的通信系统中，由于 UE 的带宽能力小于系统带宽，基站可以从系统频率资源中为 UE 配置部分带宽

(BandWidth Part,BWP),即载波内的一段带宽用于 UE 和基站间的通信,该 BWP 的带宽小于等于 UE 的带宽能力。当 UE 和基站进行通信时,基站将为 UE 配置的 BWP 中的部分或全部资源分配给 UE,用于进行基站和 UE 间的通信。

表 6.3 FR2 不同带宽下的 RB 数目

SCS/kHz	50 MHz	100 MHz	200 MHz	400 MHz
	N_{RB}	N_{RB}	N_{RB}	N_{RB}
60	66	132	264	N/A
120	32	66	132	264

2. 波形设计

NR 支持多种业务特性(低时延、大连接、高效频谱利用率),基于滤波的 OFDM 和基于加窗的 OFDM 等关键技术能够实现近似零的保护频带,使得多种业务在系统中共存,更加高效,滤波或者加窗都是为了降低目标频段对其他相邻频段的干扰。

(1) 基于滤波的 OFDM(filtered-OFDM,f-OFDM)

NR 支持混合基础参数(Numerology)的频分复用,在同一个 OFDM 符号中的不同频率上使用不同的子载波间隔,以达到极致的频谱利用率。在这些场景下,f-OFDM 可以减小需要的保护带宽,降低不同基础参数子带之间的干扰。图 6.8 给出了一个典型的 f-OFDM 的发射机和接收机实现框图。相对于未滤波的 OFDM 系统,f-OFDM 引入了子带滤波操作,滤波操作可以有效减小子带之间的干扰,在极端情况下可以做到近乎零保护带宽。在系统中存在多种子载波间隔并行传输的情况下,滤波的主要作用是减小保护频带,并满足邻道泄漏功率比(Adjacent Channel Leakage power Ratio,ACLR)、频谱模板等约束。f-OFDM 的核心技术问题是滤波器的设计,例如滤波器长度及其抽头系数的确定。图 6.8 中不同子带采用了不同的子载波间隔,因此在没有任何措施的情况下,不同子带之间的子载波是不正交的,会造成一定的干扰,从而降低系统的频谱利用率,为了尽量降低不同子带之间的干扰,在每个子带上加入滤波器,对干扰进行滤波,从而保证不同子带之间的干扰在可接受的范围内,减小不同子带之间的保护间隔,提升频谱利用效率。现有的 FIR 滤波器设计方法都可以用于 f-OFDM 的滤波器设计,比如窗函数法、最优化滤波器设计(等波纹滤波器)等。如图 6.8(a)所示,Windowed-SINC 滤波器基于窗函数法设计,具有形式简单、易于在线生成的特点。它首先在时域用一个 sinc 函数$\left(\text{sinc}(x)=\dfrac{\sin(\pi x)}{\pi x}\right)$和一个平滑窗函数(如 Hanning 窗)相乘,再归一化得到时域滤波器系数。从信号处理的角度来讲,发送信号与滤波器的时域冲击响应卷积,实际上是该发送信号的频率域带外泄露受到了滤波器的抑制,从而降低了发送信号频段外部的泄露对其他频带的干扰。

(2) 基于加窗的 OFDM

基于加窗的 OFDM 波形采用时域非矩形窗使连续 OFDM 符号之间的过渡更加平滑,具有较低的处理复杂度;但是部分循环前缀用于加窗,导致有效循环前缀长度缩短,进而可能影响 OFDM 的整体性能,因此加窗参数的设计要考虑实际多径的多少和每个子径的功率等因素。图 6.9 所示的加窗效果,在 OFDM 符号的边界处不再是矩形窗,而是具有一定形状的窗函数。整体来看,加窗方法对不同的 OFDM 符号间的过渡进行了平滑,从而降低了高频分量,以及对其他频带的干扰。而从信号处理的角度,发送信号与窗函数相乘相当于在频率域的发送信号与窗函数的频率冲击响应卷积,从而改变了子载波的形状,而该窗函数可以设计成使得子载波的形状不再是 sinc 函数，而是一种滚降更快的形状，从而降低频带边界处对其他频带的干扰。

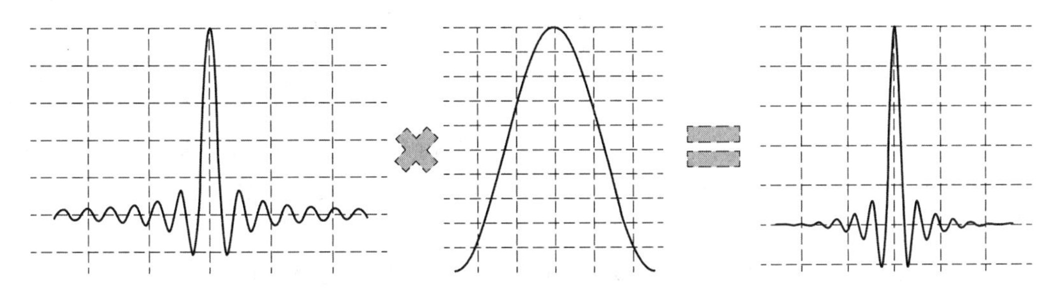

(a) Windowed-SINC滤波器设计示意图

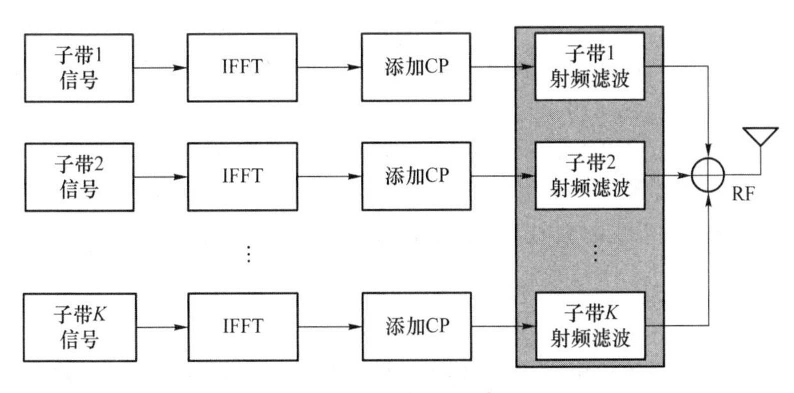

(b) f -OFDM通用处理过程

图 6.8　f-OFDM 通用架构和滤波器设计

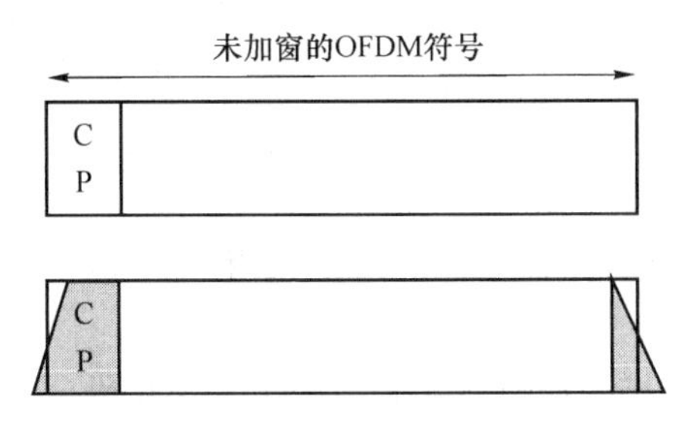

图 6.9　基于加窗的 OFDM 符号

3. 双工方式

双工方式是频谱如何使用的一个关键因素，不同的频谱类型需要不同的双工方式。当前系统中主要有两种频谱类型，即成对频谱和非成对频谱。频分双工（Frequency Division Duplexing，FDD）和时分双工（Time Division Duplexing，TDD）是两种主要的双工模式，分别用于成对频谱和非成对频谱，FDD 模式为上下行分别在不同的频段上进行传输，并且上下行能够同时发送和接收，而 TDD 模式为上下行时分方式，在一个给定的时间段内（一个时间段可以为一个时隙，或者符号，或者子帧等）只能进行上行传输或者下行传输。FDD 在以往的 2G 和 3G 电信系统中更为成熟，其频谱主要位于 3 GHz 以下的低频范围内。因为频点较低，所以低频范围内的频率资源非常有限，因此 FDD 频谱的带宽通常非常有限。而 TDD 不需要成对频谱，上下行传输可以在同一段频谱上进行时分传输，而在当前频谱分配中，中高频频谱多为非成对频谱，且带宽更大，因此 TDD 在更高频率和大带宽应用中更为成功，用于支持更高速率的数据传输。

在TDD的双工方式中,实际的系统为了避免上下行之间的干扰,不同的小区之间往往使用相同的上下行配比,也就是说在同一个时刻,全网的基站都在发送或者都在接收,不存在基站间上下行之间的干扰。这种固定配比的TDD模式避免了基站间的上下行干扰,但也造成了上下行不灵活,对于不同的上下行业务的比例不能够灵活地适配,有时候会造成频谱资源低效利用,以及业务时延加大。因此,NR还引入了灵活TDD的双工方式,在固定TDD上下行配比的基础上,某个时隙可以灵活地用于上行传输或者下行传输,因此能够灵活地适配不同比例的上下行业务。

除FDD和TDD之外,NR还引入了其他双工方式,例如辅助下行(Supplementary DownLink,SDL)和辅助上行(Supplementary UpLink,SUL)双工方式。在SDL双工方式中,由于只有下行链路而不存在与之配对的上行链路,因此SDL的频谱只能通过载波聚合的方式与其他具有上下行链路的成对载波联合使用。而SUL只有上行链路,因此也只能与其他具有上下行链路的成对载波联合使用。

在以上的各种双工方式中,上下行链路均使用了正交时频资源。同时同频全双工(Full Division,FD)技术是更极致的频谱使用方式,上行和下行传输能够同时使用相同的频谱资源。结合先进的接收机技术、干扰测量技术、干扰抑制技术等,FD可大幅地提升频谱效率,降低业务传输时延。

4. 多址方式

从不同用户资源使用的角度可以将多址技术分为不同的类型,如正交多址和非正交多址。按照不同类型的资源,正交多址又可以划分为频分多址、码分多址、时分多址和空分多址等正交多址方式。在NR中,上述正交多址方式都有所使用。

NR采用了基于OFDM的空口设计,因此能够很容易地将不同的用户调度在不同的子载波上,不同的用户分配不同的频率资源,这种频分正交多址的方式实现简单,在系统中业务量不大的情况下经常使用,但FDMA方式频谱效率较低,采用FDMA方式不足以支撑大量用户同时接入网络。

不同的用户也可以被基站调度在不同的时隙或者OFDM符号上进行信号的发送或者接收,实现多用户间的时分多址。

在NR中,码分多址最常见的使用方式是不同用户导频码分多址复用,不同的用户发送的导频信号为正交的码字,在接收端具有较好的信道估计性能,另外码分多址常见的应用是上行的控制信道,不同用户的控制信息调制在不同的正交码字上,以达到码分复用降低控制信道开销的目的。正交码分多址还用于上行物理随机接入信道(Physical Random Access Channel,PRACH)的前导码序列,不同的用户可以采用同一个序列的不同循环移位进行上行发送,请求上行同步和接入。

NR引入了大规模天线技术,这为使用空分多址提供了极大的方便,大规模天线技术能够将空间域划分成多个区域,处于不同区域的用户进行信号传输时,他们之间的干扰相对较小,因此不同的用户可以同时使用相同的时频码资源进行数据传输,从而大大地提升了系统的吞吐率和能够支持的连接数。而降低用户间的干扰在很大程度上依赖于准确的信道状态信息(Channel State Information,CSI)的获取,因此,在空分多址中如何获取基站和用户之间的无线信道是一个关键的问题,NR支持多种CSI获取的方案,如基于码本的信道获取方案以及基于上行测量信号的信道获取方案等。

6.2.3　空口基础参数

为了进一步理解 NR 中的上下行传输，首先需要明确空口上可以用于数据传输的资源，以及传输格式和参数。这里主要从空口基础参数的概念出发介绍 NR 的空口资源。

基础参数主要指子载波间隔(SubCarrier Spacing，SCS)，以及与之对应的符号长度、循环前缀(Cyclic Prefix，CP)长度等参数。SCS 指的是子载波之间的频域间隔长度。CP 是将 OFDM 符号尾部的信号复制到头部得到的，通常有正常循环前缀(Normal Cyclic Prefix，NCP)和扩展循环前缀(Extended Cyclic Prefix，ECP)两种模式。在 OFDM 符号之间插入 CP，主要用来解决多径传播带来的符号间干扰(ISI)和信道间干扰(Inter-Channel Interference，ICI)问题。

NR 中物理层资源的最小粒度为资源单元(Resource Element，RE)，其表示时域上的一个 OFDM 符号及频域上的一个子载波，如图 6.10 所示。资源块是频域的基本调度单位，定义为一个 OFDM 符号中频域上的 12 个连续子载波，子载波编号从 0 到 11。以 15 kHz 的子载波间隔为例，一个载波频域宽度为 15 kHz，一个 RB 频域宽度为 12×15 kHz=180 kHz，其他子载波间隔依此类推。

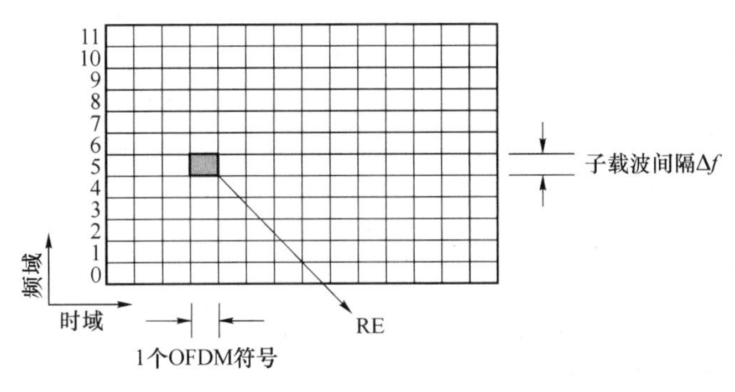

图 6.10　时频网络资源示意图

符号长度为 T 的子载波，在频域上是一个 sinc 函数，在 $1/T$ 处过零。在 OFDM 系统中，如果要满足正交性，各个子载波的峰值应该对应于其他子载波的过零点。所以子载波间隔与符号长度之间的关系为

$$\Delta f=\frac{1}{T} \tag{6.1}$$

以 15 kHz 的子载波间隔为例，对应 OFDM 的符号长度是 1/15 kHz≈66.7 μs，如图 6.11 所示。

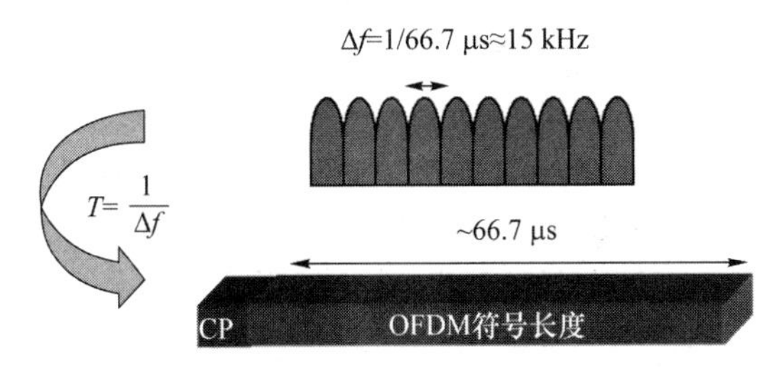

图 6.11　子载波间隔和 OFDM 符号长度的对应关系

NR 支持多种参数的灵活配置，具体配置如表 6.4 所示。其中 240 kHz 子载波间隔仅可以用于同步信号块(Synchronization Signal Block，SSB)的传输，FR1 频段中的数据传输可使

用的子载波间隔为15 kHz、30 kHz、60 kHz,而FR2频段中的数据传输可使用的子载波间隔为60 kHz和120 kHz。这是因为,FR1为低频段,带宽较窄,覆盖范围广,因此需要更长的CP,而过大的子载波间隔会造成OFDM符号较短,从而大幅地增加CP的开销,另外FR1频段中相位噪声影响较小,使用较小的子载波间隔不会受到相位噪声大的影响。而FR2频段,就是所谓的毫米波,频率高,相位噪声大,覆盖距离短,因此CP可以较短,使用相对大的子载波间隔,不会造成CP开销的加大,并且能够降低相位噪声的影响。

表6.4 NR基础参数

μ	$\Delta f=2^{\mu}\cdot 15$[kHz]	OFDM符号长度	循环前缀模式
0	15	~66.7 μs	NCP
1	30	~33.3 μs	NCP
2	60	~16.7 μs	NCP、ECP
3	120	~8.33 μs	NCP
4	240	~4.17 μs	NCP
5	480	~2.08 μs	NCP

注:~代表有一定取值范围。

在数字移动通信系统中需要定义对模拟信号进行采样的采样间隔,根据奈奎斯特采样定理,不同带宽信号所要求的采样间隔不同。4G空口固定采用15 kHz的子载波间隔,而5G NR有多种选择。4G空口定义了基本时间单位T_s,$T_s=1/(\Delta f_{ref}N_{f,ref})=1/(15\times10^3\times2\,048)\approx$ 32.552 ns,对应子载波间隔$\Delta f_{ref}=15$ kHz,$N_{f,ref}=2\,048$。5G NR则定义了两个基本时间单位T_s和T_c,其中T_c为5G NR中的最小时间单位,$T_c=1/(\Delta f_{max}N_f)=1/(480\times10^3\times4\,096)\approx$ 0.509 ns,对应5G定义的最大子载波间隔$\Delta f_{max}=480$ kHz,$N_f=4\,096$。

由上述分析可知,OFDM符号的长度随着子载波间隔的变大而减小,在5G通信系统设计中,OFDM符号添加CP后的总长度$T^{\mu}_{symb,l}$包含有用符号N^{μ}_{u}个和CP符号$N^{\mu}_{CP,l}$个,其中下标u和CP分别表示有用符号部分和CP部分。对于不同的子载波间隔和CP类型,OFDM符号添加CP后的总长度可通过式(6.2)~式(6.4)计算得到:

$$T^{\mu}_{symb,l}=(N^{\mu}_{u}+N^{\mu}_{CP,l})T_c \tag{6.2}$$

$$N^{\mu}_{u}=2\,048\kappa\cdot2^{-\mu} \tag{6.3}$$

$$N^{\mu}_{CP,l}=\begin{cases}512\kappa\cdot2^{-\mu} & \text{ECP}\\ 144\kappa\cdot2^{-\mu}+16\kappa & \text{NCP},l=0\text{ 或 }l=7\cdot2^{\mu}\\ 144\kappa\cdot2^{-\mu} & \text{NCP},l\neq0\text{ 和 }l\neq7\cdot2^{\mu}\end{cases} \tag{6.4}$$

其中,l表示一个时隙内的符号索引,常数$\kappa=T_s/T_c=64$。以15 kHz的子载波间隔为例,一个时隙中包含14个符号,第一个和第七个OFDM符号的CP长度与其他OFDM符号的CP长度不同,这是由时隙格式和OFDM参数确定的。由式(6.2)~式(6.4)可计算出第一个符号和第七个符号的CP长度为$160T_s(10\,240T_c)$,其余符号的CP长度为$144T_s(9\,216T_c)$,有用符号的长度为$2\,048T_s(131\,072T_c)$,因此,一个时隙共$30\,720T_s$,对应时长是1 ms。由式(6.2)和式(6.3)可得有用OFDM符号的长度为$2\,048T_s$,对应表6.4和图6.11中的66.7 μs。

NR通过CP设计减少ISI和信道间干扰,并确保不同SCS间的符号对齐;NR中的CP设计具有以下特点。

① 出于对不同覆盖和传播环境的考虑定义了两种CP类型:正常循环前缀(NCP)和扩展循环前缀(ECP)。其中ECP以更大的CP开销为代价获得更大范围的覆盖。

② 考虑ECP的开销相对较大,与其带来的好处相比在大多数场景下不成对比,ECP目前

仅支持 60 kHz SCS，而 NCP 支持所有 SCS。

③ 对于 NCP，每 0.5 ms 内的首个符号的 CP 长度要长于其他符号，除了第一个符号的 CP 长度外，其他符号的 CP 长度相等。对于 ECP，每个符号的 CP 长度相同。

NR 中子载波间隔以 15 kHz 的 2 的幂次方倍进行扩展，方便不同子载波间隔的 OFDM 符号在时域上实现符号对齐，即较小子载波间隔的符号边界与较大子载波间隔的符号边界对齐，如图 6.12 所示。NR 中符号对齐可以有更好的前向兼容性，比如不同子载波间隔可以进行符号级的时分复用。

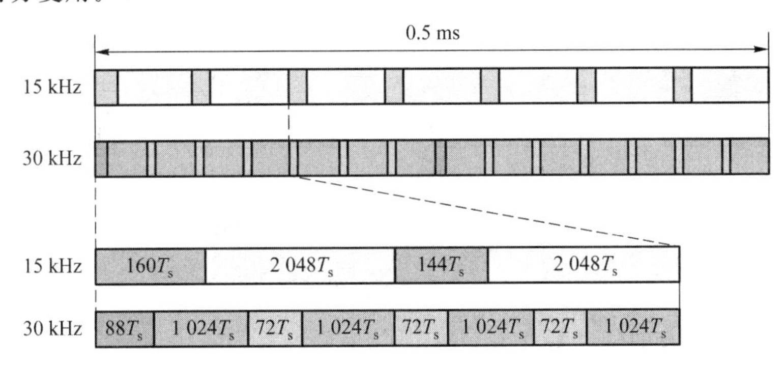

图 6.12　不同 NCP SCS 之间符号对齐

NR 引入多种基础参数的主要原因包括：

① 频段间载波带宽差异较大，单一基础参数无法满足不同频段的带宽大小，比如 6 GHz 以上频段最大支持 400 MHz 的载波带宽，使用小子载波间隔会导致 RB 数过多和 FFT 规模过大，增加了 UE 实现的复杂度；

② 考虑 NR 多种业务对子载波间隔大小的不同需求，比如使用大子载波间隔（符号长度短）满足 uRLLC 业务的短时延需求，使用小子载波间隔（CP 长）满足 eMTC 业务大覆盖的需求，使用大子载波间隔满足超高速业务抗多普勒频移的需求以及满足抗相噪的需求。

6.2.4　空口无线帧结构

NR 采用 10 ms 的帧结构长度，一个帧中包含 10 个 1 ms 的子帧。每个帧都被分成两个大小相等的半帧，半帧由 5 个子帧组成，半帧 0 由子帧 0～4 组成，半帧 1 由子帧 5～9 组成。一个子帧内包含的符号个数 $N_{\text{symb}}^{\text{subframe},\mu}=N_{\text{symb}}^{\text{slot}}\cdot N_{\text{slot}}^{\text{subframe},\mu}$。NR 的帧结构以时隙为基本配置单元，$N_{\text{symb}}^{\text{slot}}$ 为一个时隙内包含的符号个数，$N_{\text{slot}}^{\text{subframe},\mu}$ 为一个子帧内包含的时隙个数。表 6.5 和表 6.6 给出了不同子载波间隔和 CP 类型时，一个时隙内包含的符号个数以及一个帧和子帧内包括的时隙个数，其中 $N_{\text{slot}}^{\text{frame},\mu}$ 为一个帧内包含的时隙个数。

表 6.5　正常 CP 长度、时隙长度、帧和子帧包含的时隙个数

μ	$N_{\text{symb}}^{\text{slot}}$	$N_{\text{slot}}^{\text{frame},\mu}$	$N_{\text{slot}}^{\text{subframe},\mu}$
0	14	10	1
1	14	20	2
2	14	40	4
3	14	80	8
4	14	160	16

表 6.6　扩展 CP 长度、时隙长度、帧和子帧包含的时隙个数

μ	N_{symb}^{slot}	$N_{slot}^{frame,\mu}$	$N_{slot}^{subframe,\mu}$
2	12	40	4

NR存在下面3种基本类型的时隙结构,即仅下行(DL-only)时隙、仅上行(UL-only)时隙、混合时隙。其中混合时隙类型又可以分为下行业务为主(DL-centric)的时隙和上行业务为主(UL-centric)的时隙,如图6.13所示。

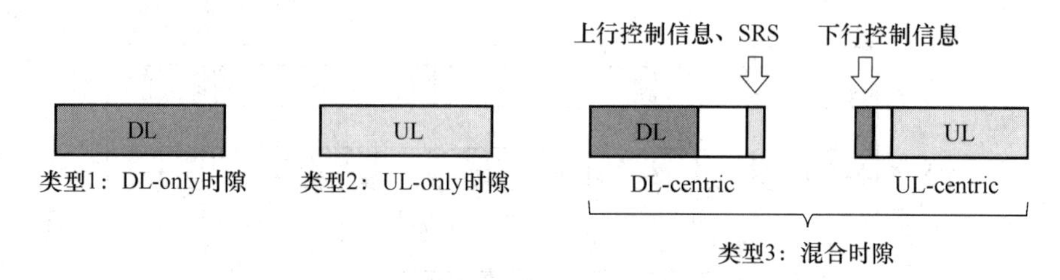

图 6.13　时隙类型

NR中每个时隙包含的符号被分为3类:

①下行符号(标记为D);

②上行符号(标记为U);

③灵活符号(标记为F)。

UE在下行符号中接收下行数据,在上行符号中发送上行数据,在灵活符号中根据配置情况可以进行下行信号的接收,也可以进行上行数据的发送。

NR的帧结构配置采用半静态配置和动态配置相结合的方式,上下行帧结构使得NR空口可以适配不同时间、不同地域、不同特征业务(如大速率的eMBB传输、低时延的uRLLC)的传输需求;另外,这种帧结构配置使得NR可以配置出与LTE相同的上下行帧结构,在NR与LTE同频或邻频共存时可以避免系统间的干扰。

1. 帧结构配置

NR支持半静态帧结构配置和动态帧结构配置,其中,通过RRC信令进行的配置,一般称为半静态配置,通过动态信令指示的配置称为动态指示、动态配置或动态调度,下面依次介绍。

1) 半静态帧结构配置

半静态帧结构配置是通过RRC信令实现的,其中包括两种RRC配置信令,第一种是小区公共的RRC配置信令,叫做上下行公共配置信息,第二种是UE专用的RRC配置信令,叫做上下行专用配置信息。

(1) 上下行公共配置信息

上下行公共配置信息对小区中的所有UE都生效,其指示的传输方向具有最高的优先级。任何被上下行公共配置信息指示为上行或下行的符号不能被其他信令改写成灵活符号或其他方向符号。上下行公共配置信息包含一个参考子载波间隔参数(μ_{ref})和一套时隙格式参数。这套时隙参数由5个参数组成,分别是上下行传输周期(P)、下行时隙数(d_{slots})、下行符号数(d_{sym})、上行时隙数(u_{slots})、上行符号数(u_{sym})。这些参数共同定义一个周期的帧结构配置,如下所述:

① 由μ_{ref}和P可以计算出该上下行传输周期中包含的时隙个数。在前文的基础参数中已

经讲到，一个 1 ms 的子帧包含 $2^{\mu_{ref}}$ 个时隙，因此可以计算出，一个上下行传输周期 P 包含 $S=P\cdot 2^{\mu_{ref}}$ 个时隙。P 可以在{0.5，0.625，1，1.25，2，2.5，5，10}中取值。考虑周期 P 内必须包含整数个参考时隙，每个 P 会对应一个有效的参考子载波间隔参数集合，比如周期 0.625 ms 仅适用于 $\mu_{ref}=3$，周期 1.25 ms 仅适用于 $\mu_{ref}=2$ 或 $\mu_{ref}=3$，周期 2.5 ms 仅适用于 $\mu_{ref}=1$ 或 $\mu_{ref}=2$ 或 $\mu_{ref}=3$。

② 在这 S 个时隙中，从起始位置开始的连续 d_{slots} 个时隙中的符号全部都是下行符号，另外，在这 d_{slots} 个时隙之后的 d_{sym} 个符号也都是下行符号。

③ 在这 S 个时隙中，在结束位置之前的连续 u_{slots} 个时隙中的符号全部都是上行符号，另外，在这 u_{slots} 个时隙之前的 u_{sym} 个符号也都是上行符号。

④ 除了上述已经明确配置好的上下行符号之外，这个上下行传输周期中的其他 $(S-d_{slots}-u_{slots})\cdot N_{symb}^{slot}-d_{sym}-u_{sym}$ 个符号都是灵活符号。

由以上所述，时隙参数定义一个周期的帧结构配置，对应第一套时隙格式参数称为图样 1。例如，当 $P=2.5$ ms 并且 $\mu_{ref}=1$ 时，一个上下行传输周期包含 $S=5$ 个时隙，图 6.14 给出了一种这 5 个时隙的上下行配置示例。

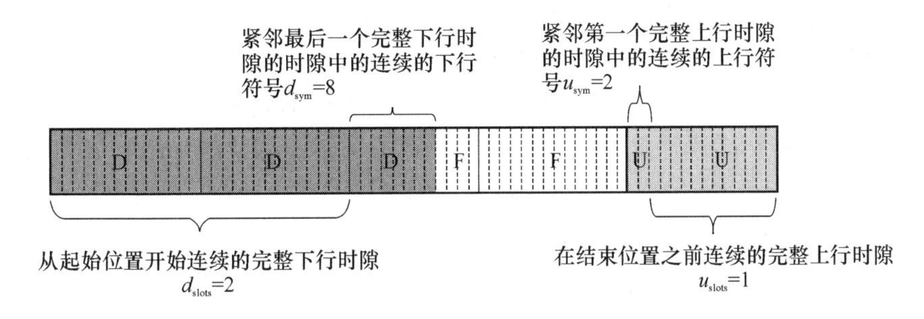

图 6.14　上下行公共配置信息示例

为了提供更灵活的周期组合和上下行资源配置组合，上下行公共配置信息中还包含第二套时隙格式参数，称为图样 2。与图样 1 类似，图样 2 也由以下 5 个参数组成：上下行传输周期（P_2）、下行时隙数（$d_{slots,2}$）、下行符号数（$d_{sym,2}$）、上行时隙数（$u_{slots,2}$）、上行符号数（$u_{sym,2}$）。这些参数的定义与图样 1 中相应参数的定义相同。

上述两套时隙格式参数图样 1 和图样 2 定义了两个上下行传输周期，即 P 和 P_2。当上下行公共配置信息中只包含图样 1 时，帧结构的配置按照图样 1 周期性地进行。当上下行公共配置信息中同时包含图样 1 和图样 2 时，帧结构的配置按照双周期进行。具体来说，这两种不同上下行配比的传输周期串联在一起，组成一个大的时隙配置周期，该时隙配置周期的长度是 $P+P_2$，包含前半段 $S=P\cdot 2^{\mu_{ref}}$ 个时隙和后半段 $S_2=P_2\cdot 2^{\mu_{ref}}$ 个时隙。例如，当 $\mu_{ref}=1$，$P=1$ ms，$P_2=0.5$ ms 时，一种上下行配置示例如图 6.15 所示。

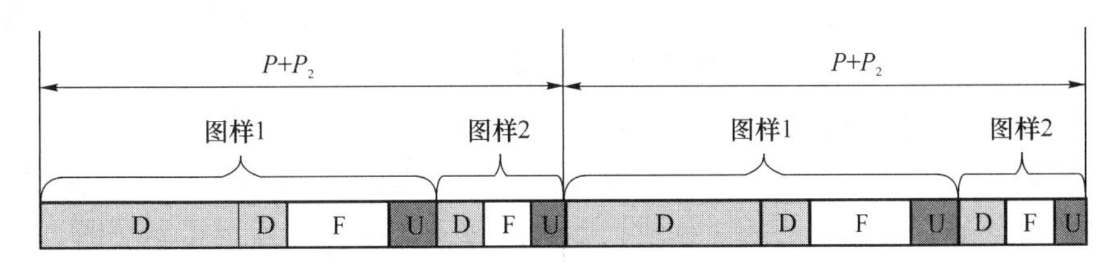

图 6.15　双周期上下行公共配置信息示例

需要注意的是，上下行公共配置信息中所述的时隙和符号是参考时隙和参考符号。上下行公共配置信息中包含的参考子载波间隔配置参数 μ_{ref} 小于等于系统实际配置的子载波间隔配置参数 μ。在前文的基础参数中已经讲到，子载波间隔越小，其对应的时隙和符号越长。因此，μ_{ref} 对应的参考时隙和参考符号比 μ 对应的实际时隙和实际符号长度要长，具体来说，一个参考符号的长度是一个实际符号的长度的 $2^{\mu-\mu_{ref}}$ 倍。图样 1 或图样 2 中给出的一个参考时隙的配置适用于连续 $2^{\mu-\mu_{ref}}$ 个实际时隙，一个上行、下行或灵活参考符号对应连续 $2^{\mu-\mu_{ref}}$ 个上行、下行或灵活实际符号。

(2) 上下行专用配置信息

上下行专用配置信息包含一组时隙配置信息，每组时隙配置信息都包含一个时隙号和一组符号配置信息，分别记为 slotIndex 和 symbols。一个时隙号表示的是上下行公共配置信息中确定的一个上下行传输周期中的时隙位置，取值为 $\{0,1,\cdots,S-1\}$，S 为上下行传输周期。对于时隙号所指示的一个时隙，UE 采用相应的一组符号配置信息所定义的时隙格式，一个时隙内的时隙格式配置包括以下 3 种情况。

① 当 symbols = allDownlink 时，这个时隙中的所有符号都是下行符号；

② 当 symbols = allUplink 时，这个时隙中的所有符号都是上行符号；

③ 当 symbols = explicit 时，这个时隙中的前 nrofDownlinkSymbols 个符号是下行符号，最后 nrofUplinkSymbols 个符号是上行符号，其余符号是灵活符号。当 nrofDownlinkSymbols 或 nrofUplinkSymbols 缺省时，相应的符号数目为 0。

2) 动态帧结构配置

动态帧结构配置是通过下行控制信息(Downlink Control Information，DCI)实现的，其中包括两种实现方式，第一种是通过 DCI 格式 2_0 中的时隙格式指示(Slot Format Indication，SFI)信息直接指示，第二种是通过 DCI 格式 0_0/0_1/1_0/1_1 等上下行调度 DCI 直接实现。

(1) SFI

UE 需要周期性地检测包含 SFI 信息的 DCI 格式 2_0，并根据 SFI 信息和基站通过高层信令配置的信息确定在一个上下行周期内各时隙和符号的传输方向。高层信令配置的信息至少包含以下信息。

① SFI-RNTI：用于 DCI 格式 2_0 加扰的无线网络临时标识符(Radio Network Temporary Identifier，RNTI)，NR 系统中定义了多种不同的 RNTI，用于标识不同的 UE 信息。

② DCI-PayloadSize：DCI 格式 2_0 的负载大小。

③ servingCellId：服务小区的 ID。

④ positionInDCI：用于告知 UE 该小区相关的 SFI 信息对应的字段在 DCI 中的位置。DCI 格式 2_0 是一个 UE 组级的 DCI，通常 DCI 格式 2_0 中包含多个小区中的 SFI 信息，因此 UE 需要获知 DCI 中时隙指示字段与小区的对应关系。

⑤ slotFormatCombination：多组时隙格式组合。具体地，每个时隙格式组合都包含一个时隙格式组合序号和一组单时隙格式索引。一个时隙格式组合包含若干个时隙，这些时隙的上下行配置与所述一组单时隙格式索引所指示的上下行配置一一对应。

⑥ slotFormats：包含一个或多个时隙格式。每个时隙格式都为一个 8 bit 的索引(0～255)，

代表了某个时隙格式。

DCI 格式 2_0 中的 SFI-index 字段指示了一个时隙格式组合序号，对应于 slotFormatCombination 的索引，从而 UE 确定从检测到 DCI 格式 2_0 的时隙开始，以时隙格式组合中指示的时隙个数为周期的帧结构配置。

（2）DCI 调度

通过 DCI 进行动态调度并不是去改变帧结构，而是通过 DCI 调度的上行传输或者下行传输隐式地给出被调度符号的方向。

2. 帧结构确定过程

1）多级指示

如前文所述，NR 中的帧结构既可以由 RRC 信令进行半静态配置，也可以由 DCI 进行动态配置，换句话说，NR 中的帧结构可能被多种配置信息修改。如图 6.16 所示，由上下行公共配置信息确定的灵活时隙和符号可由上下行专用配置信息进一步指示修改；由半静态配置的灵活时隙和符号可由动态配置信令进一步指示修改，其中动态配置信令包括 DCI 格式 2_0 中的 SFI 和 DCI 调度，如图 6.17 所示。多级指示过程可总结如下：

第 1 步，先通过 Cell-specific RRC 信令进行半静态配置；

第 2 步，可选的，通过 UE-specific RRC 信令进一步指示步骤 1 中剩余灵活时隙和符号；

第 3 步，可选的，通过 SFI 指示步骤 2 以后剩余的灵活时隙和符号；

第 4 步，可选的，通过 DCI 调度指示步骤 3 以后剩余的灵活时隙和符号。

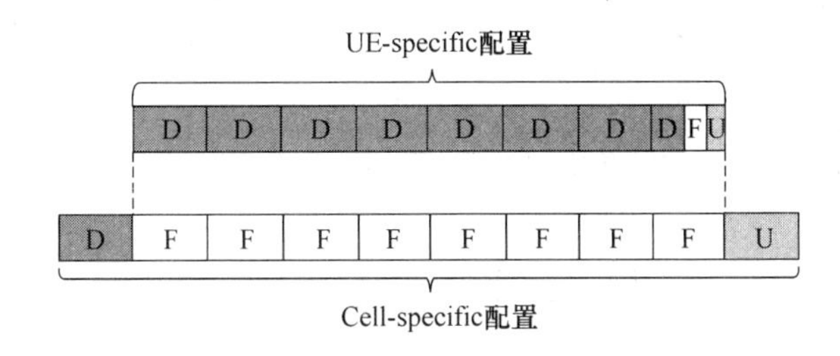

图 6.16　半静态帧结构配置

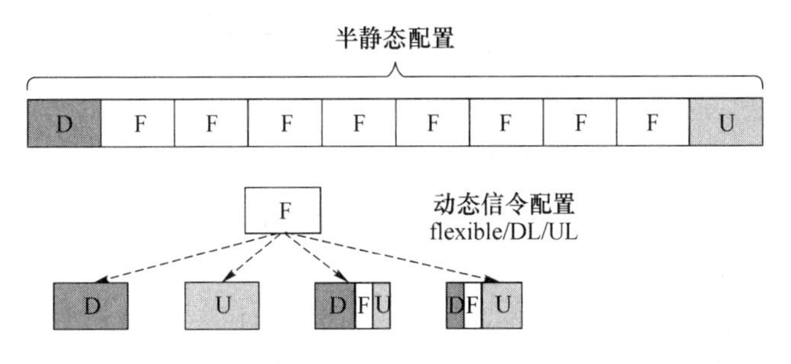

图 6.17　动态帧结构配置

2）冲突解决

当多种帧结构配置信息同时存在时，如果不加以约束，就会发生冲突。因此，需要设计一些规则，定义各种配置信息的优先级，使得多种配置信息存在时，只有一种优先级最高的配置信息能够生效。配置优先级如表 6.7 所示。

表 6.7　配置优先级

配置方案	配置优先级
第一层:Cell-specific 配置	资源配置优先级最高,即 Cell-specific 确定为 D 或者 U 的部分,其他层的配置不能修改
第二层:UE-specific 配置	资源配置优先级较高,即可以对 Cell-specific 配置中确定为 F 的部分做进一步配置,但该层配置中确定为 D 或者 U 的部分,第三层和第四层的配置不能修改
第三层:SFI 配置	资源配置优先级较低,即可以对第一层或第二层配置中确定为 F 的部分做进一步配置,但该层配置中确定为 D 或者 U 的部分,第四层的配置不能修改
第四层:DCI 调度配置	资源配置优先级低,即只能对第一层、第二层或第三层配置中确定为 F 的部分做进一步配置

从上述优先级关系可以看出,DCI 级别的配置可以在半静态配置的基础上进行进一步的灵活设计,基站可以通过 SIF 和 DCI 调度等方式实现更多符号的动态使用。

6.2.5　下行链路

图 6.18 为 NR 物理信道和参考信号分类。用户设备使用下行链路接收下行信号,下行信号按照其功能分为下行物理信道和下行参考信号。

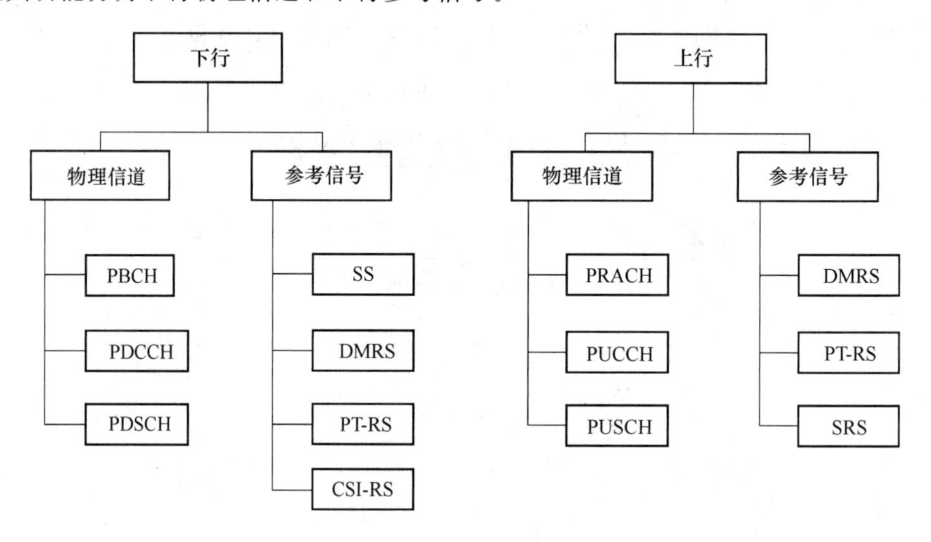

图 6.18　NR 物理信道和参考信号分类

下行物理信道包括:

① 物理下行共享信道(Physical Downlink Shared CHannel,PDSCH);

② 物理下行控制信道(Physical Downlink Control CHannel,PDCCH);

③ 广播信道(Physical Broadcast CHannel,PBCH)。

下行参考信号包括:

① 解调参考信号(DeModulation Reference Signal,DM-RS);

② 信道状态信息参考信号(Channel State Information Reference Signal,CSI-RS);

③ 相位跟踪参考信号(Phase Tracking Reference Signal,PT-RS);

④ 下行同步信号(Synchronization Signal,SS)。

下行物理信道与参考信号的功能如表 6.8 所示。

表 6.8　下行物理信道与参考信号的功能

下行物理信道与参考信号的名称		功能简介
PDSCH	Physical Downlink Shared CHannel/下行分享信道	用于承载下行用户数据
PDCCH	Physical Downlink Control CHannel/下行控制信道	用于上下行调度、功控等控制信令的传输
PBCH	Physical Broadcast CHannel/广播信道	用于承载系统广播消息
DMRS	DeModulation Reference Signal/解调参考信号	用于下行数据解调、时频同步等
PT-RS	Phase Tracking Reference Signal/相噪跟踪参考信号	用于下行相位噪声跟踪和补偿
CSI-RS	Channel State Information Reference Signal/信道状态信息参考信号	用于下行信道测量、波束管理、SS/PBCH/Block 无线链路测量、精细化时频跟踪等
SS	Synchronization Signal/同步信号	用于时频同步和小区搜索

1. 下行物理信道和参考信号

1) PDSCH

PDSCH 是用于下行数据传输的物理信道,将从 MAC 层接收到的传输块通过一系列处理,转化为天线端口发射的无线信号。PDSCH 对接收到的 MAC 层信息的处理流程如图 6.19 所示。

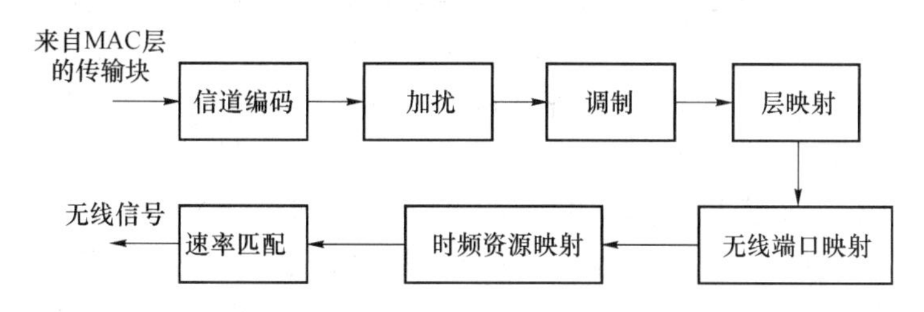

图 6.19　PDSCH 处理流程图

① 信道编码:对承载的原始比特信息进行 CRC 添加。

② 加扰:编码后的比特流在比特域上进行加扰,扰码序列由无线网络临时标识符(Radio-Network Temporary Identifier,RNTI)和小区 ID 决定,会变为随机化加扰序列。

③ 调制:加扰后的比特序列将被转化为调制符号。下行调制方式包括 QPSK、16QAM、64QAM 和 256QAM。

④ 层映射:通过层映射,调制符号按顺序依次被循环地置于各层上进行传输,NR 支持最多 8 个层的同时传输。

⑤ 天线端口映射:获取各层调制符号后,通过预编码矩阵将其映射至一组天线端口。对于 PDSCH 传输,由于 DM-RS 和 PDSCH 采用相同的预编码,因此对于用户设备是透明的。

⑥ 时频资源映射:该步骤将发往各个天线端口的调制符号映射到不同时频资源块上。在调度的时频资源块上,依照先频后时的顺序将调制符号映射到时频资源上。

⑦ 速率匹配:对于一定数量的待传调制符号,通过速率匹配将其匹配到被调度的传输资源上。速率匹配不仅与被分配的时频资源有关,还受到诸如参考信号、控制信道等占用资源数量的影响。从前向兼容性的角度,NR 还引入了基于资源块的 OFDM 符号级别的速率匹配图

样,同时支持基于 LTE CRS 的速率匹配图样。

2) PDCCH

PDCCH 是用于承载 DCI 的物理信道。根据被携带的 DCI 功能的不同,可将其划分为几种格式,包括上行调度授权、下行调度分配、用户属性参数指示等。

① 上行调度授权:其功能为调度用户的 PUSCH,具体可以包括 PUSCH 的资源分配、调制编码方式和多天线等信息。上行调度授权包括两种 DCI 格式,分别为回退格式(格式 0_0)和非回退格式(格式 0_1)。DCI 格式 0_0 基于单流调度和紧凑资源分配,因此信令开销要小于 DCI 格式 0_1,一般用于 RRC 连接建立前的 PUSCH 调度。DCI 格式 0_1 支持多流传输和非连续灵活资源分配,一般用于 RRC 连接态下的 PUSCH 调度。

② 下行调度分配:其功能为调度用户的 PDSCH。与上行调度授权类似,下行调度分配也分为两种具体格式,分别为回退格式(格式 1_0)和非回退格式(格式 1_1),具体的功能和作用可参考上述上行调度授权的描述。

③ 用户属性参数指示的功能及其对应的 DCI 格式:时隙指示格式(格式 2_0)用于指示一组用户设备的上下行时隙格式;下行打孔指示(格式 2_1)用于向一组用户设备指示不被用于向其传输信息的物理资源块和 OFDM 符号;上行功率控制命令(格式 2_2)发送针对 PUCCH 和 PUSCH 的传输功率控制指示;信道侦听参考信号(Sounding Reference Signal,SRS)控制命令(格式 2_3)对一个或多个用户设备发送 SRS 的传输功率控制指示。

PDCCH 承载的调度信息称为净荷,经过编码、加扰、调制后,需要映射到控制资源集合(Control Resource Set,CORESET)中,一个 CORESET 占用连续的时频资源集合,具体包括一定数量的 RB 和 1~3 个 OFDM 符号长度。CORESET 分为初始 BWP 内的 CORESET,称为 CORESET#0,以及连接态 BWP 内的 CORESET。前者由初始接入过程中的 PBCH 通知,后者由 RRC 专有信令通知。CORESET 包括多个控制信道单元(Control Channel Element,CCE),CCE 为承载 PDCCH 的基本资源单位。PDCCH 使用 QPSK 调制,具体支持 1 个、2 个、4 个、8 个和 16 个 CCE,用于 PDCCH 的链路自适应。一个 CCE 由多个资源单元组(Resource Element Group,REG)组成,一个 REG 包括一个 OFDM 符号上的一个 RB。上述 PDCCH、CORESET、CCE、REG、RB 的关系如图 6.20 所示。PDCCH 最终以 REG 束的形式在 CORESET 内以先时后频的方式映射到时频资源上,具体包括非交织映射和交织映射,前者采用 REG 束的大小为 6,顺序映射,后者 REG 束可以为 2、3 或 6,采用交织的方式映射以获得频率分集增益,其中,REG 束表示时域或频域的连续多个 REG。

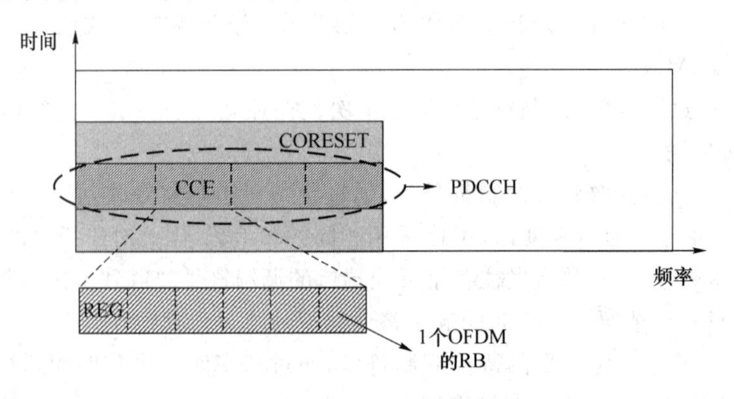

图 6.20 PDCCH 结构示意图

CORESET 所在的时域配置由搜索空间定义，搜索空间包括监测 PDCCH 的时隙周期、时隙偏移以及时隙内的符号位置。因此，用户设备是在搜索空间规定的时域位置上的 CORESET 内进行 PDCCH 监测的。搜索空间分为初始 BWP 内的搜索空间(称为搜索空间 #0)，以及连接态 BWP 内的搜索空间。前者由初始接入过程中的物理广播信道(Physical Broadcast CHannel，PBCH)通知，后者由 RRC 专有信令通知。多个搜索空间配置可以关联相同的 CORESET 配置。

此外，搜索空间还规定了在 CORESET 内监测 PDCCH 的 CCE 位置，避免用户设备盲检测所有 CCE 造成功耗浪费。搜索空间规定的 CCE 位置对于不同 CCE 聚合等级的 PDCCH 是独立的。从 CCE 的角度搜索空间还分为公共搜索空间和用户设备特定搜索空间，前者跟用户设备 ID 无关，后者跟用户设备 ID 即小区无线网络临时标识(Cell-Radio Network Temporary Identifier，C-RNTI)相关，以便于错开不同用户设备的 CCE 位置，提升调度灵活性。

3) PBCH

PBCH 用于承载广播信息，固定占用载波信道中间的 6 个 RB。PBCH 的结构和处理流程在 6.6.3 节描述。

UE 通过检测 PBCH 得到以下信息：

① 小区的下行系统带宽、链路层控制信道配置、系统帧号；

② 小区特定天线端口的数目；

③ 用于物理层及链路层控制信号的分集传输模式。

4) 下行参考信号

参考信号具有同步、频偏估计和信道估计等多种功能。其中，CSI-RS 可以在时频域低密度传输，适合周期性传输。DM-RS 在端口分配方面非常灵活和可扩展。

(1) PDSCH DM-RS

DM-RS 用于 PDSCH 解调时的信道估计。DM-RS 的序列生成式为

$$r(n)=\frac{1}{\sqrt{2}}(1-2\cdot c(2n))+\mathrm{j}\,\frac{1}{\sqrt{2}}(1-2\cdot c(2n+1)) \tag{6.5}$$

其中 $c(i)$ 为 Gold 伪随机序列，协议定义了该 Gold 序列的生成式及产生器初始化参数。

下面从不同的维度来介绍 DM-RS 的不同类型。

从频域来看，DM-RS 有两种类型，分别记为 Type 1 和 Type 2。不同的类型支持的最大端口数不同。其中 Type 1 单符号最大支持 4 端口，双符号支持 8 端口。Type 2 单符号最大支持 6 端口，双符号支持 12 端口。具体采用哪种类型可以通过网络设备指示。各端口可以通过频分或码分来复用。

从 DM-RS 时域映射位置来看，也可以将 DM-RS 分为两种类型，记为 Type A 和 Type B。Type A 的 DM-RS 从一个时隙第 3 或第 4 个符号开始映射。而 Type B 位于 PDSCH 的第一个符号，因此 Type B 的 DM-RS 映射可以根据 PDSCH 所在的位置调整。

进一步地，DM-RS 还包括前置 DM-RS 和额外 DM-RS。可以简单理解，在高速场景中，移动速度导致的信道变化较快，因此需要在时域上添加额外的 DM-RS 来增强信道估计的准确性。

(2) PDCCH DM-RS

针对 PDCCH，也有专门用于其解调的 DM-RS。其基本特征和 PDSCH 的 DM-RS 类似，

是为了在解调 PDCCH 时,进行信道估计。相比较于 PDSCH 的 DM-RS,PDCCH 的 DM-RS 有如下区别:只支持单端口发射,而 PDSCH 的 DM-RS 为了支持多用户 MIMO 传输,可以从多个端口中配置 DM-RS 端口,PDCCH 仅支持非正交 DM-RS 的 MU MIMO 传输。此外,PDCCH DM-RS 的频域密度跟 PDSCH DM-RS 有所不同,PDCCH DM-RS 在一个资源块中占用 3 个 RE。

(3) CSI-RS

CSI-RS 主要用于信道质量测量、干扰测量、波束测量、无线资源管理测量和时频精同步等,具体分为零功率(Zero-Power,ZP)CSI-RS 和非零功率(Non-Zero-Power,NZP)CSI-RS。其中,ZP-CSI-RS 资源上的功率为零,主要用于测量干扰。

CSI-RS 采用的序列生成式为

$$r(m)=\frac{1}{\sqrt{2}}(1-2\cdot c(2m))+\mathrm{j}\,\frac{1}{\sqrt{2}}(1-2\cdot c(2m+1))$$

其中,$c(i)$为 Gold 伪随机序列,该 Gold 序列不同于 PDSCH DM-RS 的 Gold 序列,其生成式与 PDSCH DM-RS 的 Gold 序列生成式相同,但产生器初始化参数不同。

CSI-RS 是根据用户设备特性来配置的。多个端口对应的 CSI-RS 通过码分、频分和时分来复用。16 端口的 CSI-RS 图样如图 6.21 所示,其中横轴表示 OFDM 符号,纵轴为子载波。16 个端口的 CSI-RS 采用时分、频分和码分来复用,图中不同图案表示的是不同的码分组,每个码分组都包括 4 个端口。

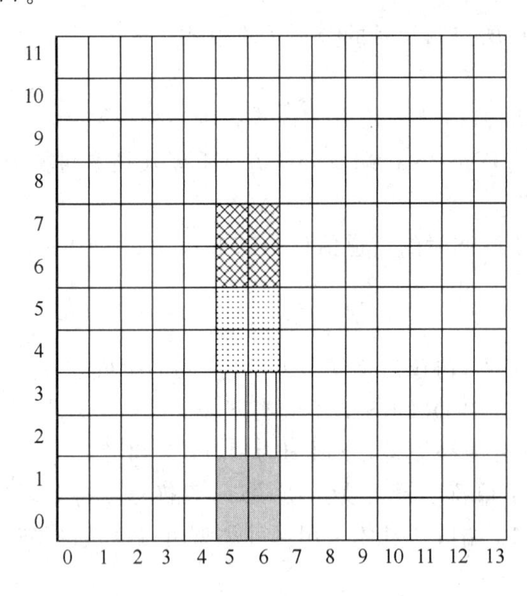

图 6.21 16 端口 CSI-RS 示意图

(4) PT-RS

PT-RS 用于跟踪相位噪声的变化,主要用于高频段,用于接收端进行相位补偿算法的设计。

PT-RS 的序列生成方式和 DM-RS 一致,可参照上述 DM-RS 的相关介绍。

PT-RS 的时域密度可以为{1,2,4}个符号,频域密度可以为{2,4}个资源块,具体由网络设备指示。在进行资源映射时,从调度 PDSCH 的第一个符号开始映射,需要避开 DM-RS 所在的位置。具体示例如图 6.22 所示。

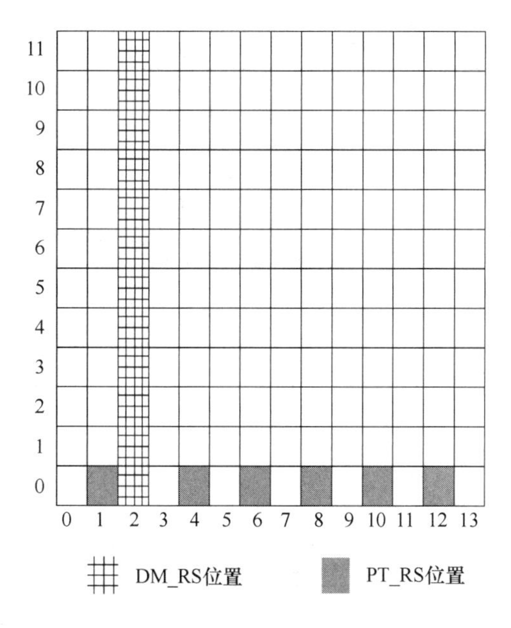

图 6.22　PT_RS 映射示意图

(5) SS

SS 用于时频同步和小区搜索。其中:主同步信号(Primary Synchronization Signal,PSS)用于符号时间对准、频率同步以及部分小区的 ID 侦测;从同步信号(Secondary Synchronization Signal,SSS)用于帧时间对准、CP 长度侦测及小区组 ID 侦测。

SS 的传输流程见 6.6.3 节。

2. 下行链路自适应

下行调度分配包括包含 PDSCH 的关于链路自适应的调度信息,比如时频资源分配、调制编码方式等。

1) 下行资源分配

时频资源分配包括时域资源分配和频域资源分配,前者是分配哪些 OFDM 符号用于 PDSCH 传输,后者是分配哪些虚拟资源块用于 PDSCH 传输。

(1) 时域资源分配

首先,网络可以预先通过 RRC 信令配置时域资源分配表格,表格中的每一行都包括时隙偏移量、起始 OFDM 符号以及数据占据的 OFDM 符号数量、时域资源分配类型。其中,时隙偏移量指示下行调度分配的 PDCCH 到 PDSCH 之间的时隙间隔,起始符号和符号数量用于指示具体时隙中的符号位置。时域资源分配类型包括类型 A 和类型 B,前者对应的起始符号只能位于时隙中的前四个符号,符号数量支持 3～14;后者对应的起始符号可以位于时隙中的前 12 个符号,符号数量只支持 2、4 和 7。此外,协议也定义几种默认的时域资源分配表格,如图 6.23 所示。

然后,下行调度分配的 DCI 包括时域资源分配指示域,指示上述表格中的某一行,通过这种联合指示方式用户可以获取时域资源分配信息。相比较于独立指示每一行中的各种参数,该联合指示方式可以节省下行调度分配中的比特开销。

(2) 频域资源分配

协议定义了两种频域资源分配类型,即类型 0 和类型 1。具体如图 6.24 所示。

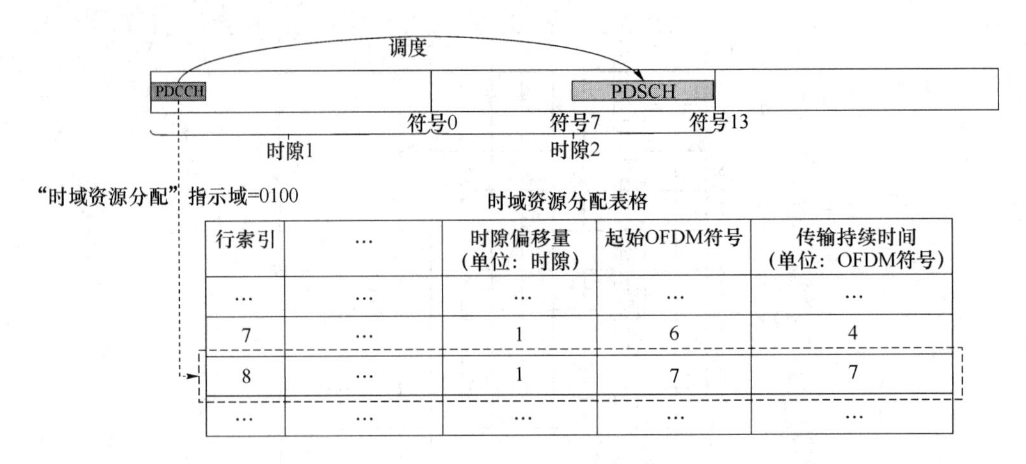

行索引	…	时隙偏移量(单位：时隙)	起始OFDM符号	传输持续时间(单位：OFDM符号)
…	…	…	…	…
7	…	1	6	4
8	…	1	7	7
…	…	…	…	…

图 6.23　下行数据的时域资源分配

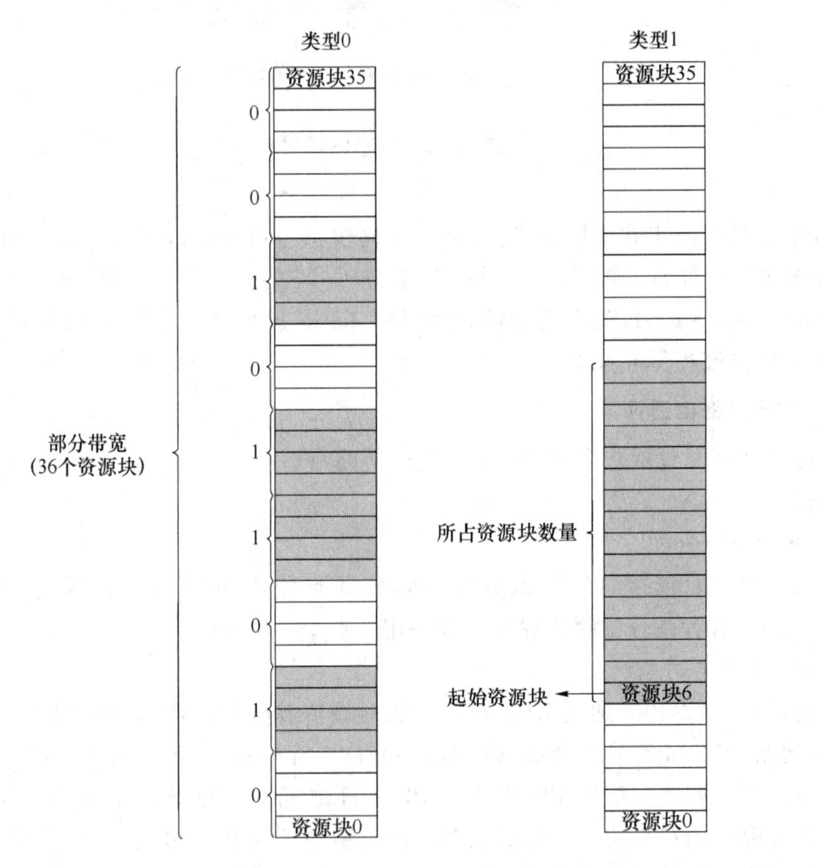

图 6.24　下行数据的频域资源分配

对于类型 0,频域资源分配基于比特位图映射,指示粒度为资源块组,资源块组的大小跟 BWP 带宽相关,比特位图中的每一比特都代表对应的资源块组是否被分配。类型 0 可以使网络灵活分配连续或者非连续的资源块组,但开销相比于类型 1 较大。

对于类型 1,频域资源分配直接指示起始资源块和连续的资源块数量,该类型由于只能分配连续的一段资源块,因此灵活性不如类型 0,但是可以降低比特开销。

上述频域资源分配的资源块均为虚拟资源块,而实际上下行数据的传输是在物理资源块上承载的,因此从资源分配阶段到真实的数据传输阶段之间存在虚拟资源块到物理资源块的映射。频域资源分配类型为 0，只支持虚拟资源块到物理资源块的直接映射；频域资源分配类型为 1，DCI 中可以指示直接映射，还可以指示交织映射，具体映射方式由 DCI 的“虚拟资源块到物理资源块的映射”指示域确定。

DCI 中还包括“BWP 指示符”，通过这个比特域可以从多个 BWP 中指示一个激活 BWP，即网络可以指示用户设备在多个 BWP 之间动态切换。相应地，上述类型 0 和类型 1 的频域资源分配只会在上述激活 BWP 内进行。

2）调制编码方式

下行调度分配的 DCI 还包括 PDSCH 的调制编码方式（MCS）指示信息 I_MCS，即 MCS 是通过 DCI 中的字段 I_MCS 来查表指示的。

协议中定义了 3 张 MCS 表格，分别对应正常码率、高码率和低码率。I_MCS 在 DCI 中为 5 比特字段意味着每个表格最多有 32 行，其中一些行中规定了调制阶数、编码速率和频谱效率，还有一些行是预留的，只包括调制阶数，主要用于重传调度。I_MCS 会指示 MCS 表格中的某一行，用户可以根据指示确定 PDSCH 所采用的 MCS。

作为示例，表 6.9 给出了协议中的第一张 MCS 表格。Q_m 表示调制阶数，调制阶数 2、4、6、8 分别对应 QPSK、16QAM、64QAM、256QAM。第一张 MCS 表格对应的频谱效率范围为 0.234 4～5.554 7 bit/(s·Hz)，最高调制阶数为 6，对应 64QAM。第二张 MCS 表格对应的频谱效率范围为 0.234 4～7.406 3 bit/(s·Hz)，最高调制阶数为 8，对应 256QAM。第三张 MCS 表格对应的频谱效率范围为 0.058 6～4.523 4 bit/(s·Hz)，最高调制阶数为 6，对应 64QAM，但相对于第一张 MCS 表格，降低了频谱效率，主要用于 uRLLC 业务。同一种调制方式还对应有不同的打孔方式，对应不同的编码速率。编码速率 R 表示编码前比特数与编码后比特数的比值；频谱效率代表每资源单位上承载的原始比特数，具体值为 RQ_m。

编码速率 R ＝编码前比特数/编码后比特数
＝传输块中信息比特数/物理信道总比特数
＝信息比特数/（物理信道总符号数×调制阶数）
＝频谱效率/调制阶数

表 6.9　协议中的第一张 MCS 表格

索引 I_{MCS}	调制阶数 Q_m	编码速率 R ×[1 024]	频谱效率
0	2	120	0.234 4
1	2	157	0.306 6
2	2	193	0.377 0
3	2	251	0.490 2
4	2	308	0.601 6
5	2	379	0.740 2
6	2	449	0.877 0
7	2	526	1.027 3
8	2	602	1.175 8
9	2	679	1.326 2
10	4	340	1.328 1
11	4	378	1.476 6
12	4	434	1.695 3

续 表

索引 I_{MCS}	调制阶数 Q_m	编码速率 R ×[1 024]	频谱效率
13	4	490	1.914 1
14	4	553	2.160 2
15	4	616	2.406 3
16	4	658	2.570 3
17	6	438	2.566 4
18	6	466	2.730 5
19	6	517	3.029 3
20	6	567	3.322 3
21	6	616	3.609 4
22	6	666	3.902 3
23	6	719	4.212 9
24	6	772	4.523 4
25	6	822	4.816 4
26	6	873	5.115 2
27	6	910	5.332 0
28	6	948	5.554 7
29	2	预留	
30	4	预留	
31	6	预留	

3）传输块指示

用户设备确定了PDSCH的时频资源分配信息和MCS之后，可以进一步确定PDSCH中传输的传输块大小。具体如图6.25所示，包括如下步骤。

第1步：确定PDSCH占用的资源单元的总数N_{RE}。

步骤1-1：确定一个资源块上可以传输数据的资源单元的个数N'_{RE}：

$$N'_{RE}=N_{sc}^{RB}\cdot N_{symb}^{sc}-N_{DMRS}^{PRB}-N_{oh}^{PRB}$$

其中，N_{sc}^{RB}为一个资源块包括的子载波个数，N_{symb}^{sc}为PDSCH在时域上所占的OFDM符号个数，N_{DMRS}^{PRB}为一个资源块上DM-RS占据的资源单元个数，N_{oh}^{PRB}为其他一些资源单元的开销，包括资源块中的CSI-RS、CORESET等所占的资源单元个数。N_{DMRS}^{PRB}和N_{oh}^{PRB}也可以理解为无法用于传输下行数据的资源单元个数。

步骤1-2：根据PDSCH所占资源块数目以及每个资源块上可用的资源单元个数N'_{RE}，得到PDSCH占用资源单元的总数N_{RE}。

第2步：计算中间信息比特数N_{info}：

$$N_{info}=N_{RE}\cdot R\cdot Q_m\cdot \upsilon \tag{6.5}$$

其中，N_{RE}为步骤1得到的占用的资源单元的总数，R为上述在编码调制表格中确定的编码速率，Q_m为上述在编码调制表格中确定的调制阶数，υ为传输的层数。

第3步：量化、查表得到传输块大小。将中间信息比特数进行量化，并根据量化后的信息比特数，在网络有关传输块大小的配置表格中查找，得到最接近但不小于量化后的信息比特数的传输块大小。

量化信息比特数 N'_{info}：

$$N'_{\text{info}}=\begin{cases}\max\left(24, 2^n\cdot\left\lfloor\dfrac{N_{\text{info}}}{2^n}\right\rfloor\right), n=\max(3,\lfloor\log_2(N_{\text{info}})\rfloor-6), N_{\text{info}}\leqslant 3\,824\\ \max\left(3\,840, 2^n\times\text{round}\left(\dfrac{N_{\text{info}}-24}{2^n}\right)\right), n=\lfloor\log_2(N_{\text{info}}-24)\rfloor-5, N_{\text{info}}>3\,824\end{cases}\tag{6.6}$$

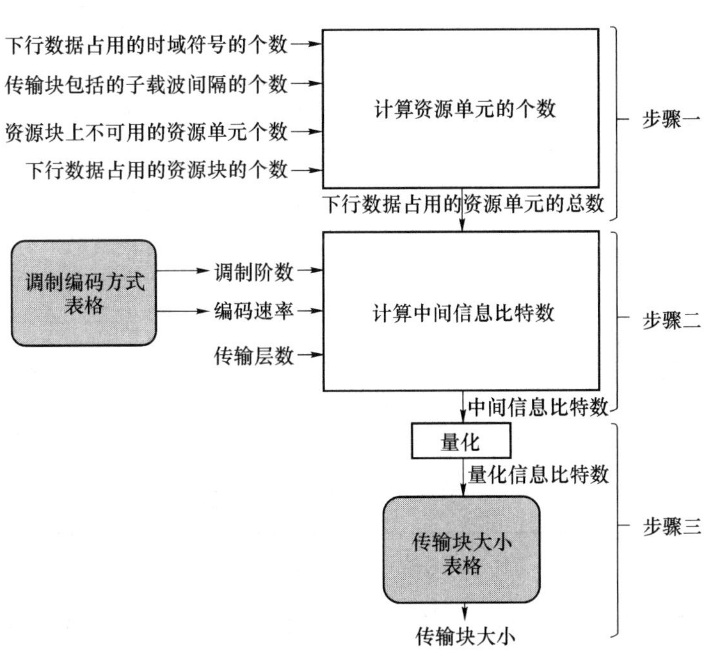

图 6.25　传输块大小的确定

3. 下行调度

1）动态调度

动态调度是指网络通过 DCI 通知用户设备如何进行 PDSCH 接收。具体下行调度分配的 DCI 格式 1-0 和格式 1-1 的字段描述如表 6.10 所示。

表 6.10　DCI 格式 1-0、格式 1-1 字段和比特数

字　段	DCI 格式 1-0	DCI 格式 1-1
DCI 格式识别	1	1
载波指示	/	0 或 3
BWP 指示	/	0～2
频域资源分配指示	带宽相关	带宽相关
时域资源分配指示	4	0～4
VRB-to-PRB 映射	1	0 或 1
PRB 捆绑大小指示	/	0 或 1
速率匹配指示	/	0～2
零功率 CSI-RS 触发	/	0～2
MCS，TB1	5	5
NDI，TB1	1	1

续 表

字　段	DCI 格式 1-0	DCI 格式 1-1
RV,TB1	2	2
MCS,TB2	/	5
NDI,TB2	/	1
RV,TB2	/	2
HARQ 进程号	4	4
下行分配指示	2	0,2,4,6
PUCCH 功控参数	2	2
PUCCH 资源指示	3	3
PDSCH 到 HARQ 反馈定时	3	0～3
天线端口	/	4～6
传输配置指示	/	0 或 3
SRS 请求	/	2 或 3
CBG 传输信息	/	0,2,4,6,8
CBG 清空消息	/	0 或 1
DM-RS 序列初始化	/	1

2）半持续调度

与使用 DCI 进行动态调度和资源分配不同，半持续调度(Semi-Persistent Scheduling，SPS)传输由高层 RRC 信令配置，提前预留和分配周期性的时频资源，经常用于语音等固定周期、固定业务量的典型业务。虽然这种调度方式不够灵活，但是好处在于节省 DCI 开销，不需要每次都发送动态信令。SPS 的配置主要通过 RRC 信令配置 PDSCH 的周期、HARQ 进程数等信息，然后用 DCI 进行激活和释放。

3）下行编码块组传输

由于 NR 协议可以支持发送非常大的传输块，因此会分段成非常多的编码块。但 HARQ 反馈是基于传输块的，因此一旦少量编码块解码错误，用户设备还是会针对该传输块反馈 NACK，进而网络需要对整个传输块进行重传，造成重传效率降低。因此，协议引入了基于编码块组(Code-Block Group，CBG)的 HARQ 反馈机制，即将传输块包括的多个编码块进行分组，HARQ 反馈基于每个 CBG。此时，某个 CBG 解码错误，网络只需要重传该错误的 CBG，从而提高了重传的传输效率。具体如图 6.26 所示，一个传输块(Transport Block，TB)分为 4 个 CBG 编码传输，如果用户设备只正确接收 CBG2 和 CBG3，那么基站只需要重传 CBG1 和 CBG4，不需要重传 CBG2 和 CBG3。

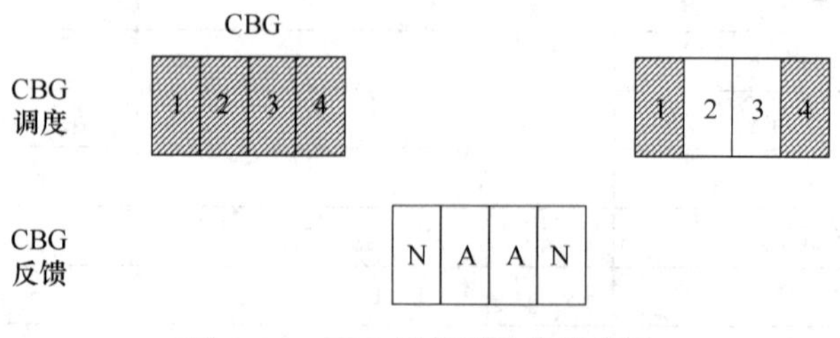

图 6.26　CBG 反馈及重传示意图

4）下行打孔指示

打孔指示也称作抢占指示。uRLLC 业务和 eMBB 业务共存时，为了优先传输突发 uRLLC 业务，以保障 uRLLC 业务对时延的要求，在 uRLLC 业务到来时将会打孔已经分配给 eMBB 的资源。uRLLC PDSCH 对 eMBB PDSCH 已分配的资源进行打孔，导致 eMBB PDSCH 的解码性能受损。因此，在 eMBB PDSCH 传输之后，网络会发送该打孔指示，指示 eMBB 用户设备之前的 eMBB PDSCH 中的哪些时频资源被打孔了。这样用户设备解码该 eMBB PDSCH 时可以将相应位置的软信息置零，或者在 HARQ 重传合并时，对于有打孔指示的资源位置的信息不做软合并。该打孔指示由 DCI 格式 2_1 指示，具体以 OFDM 符号为粒度进行指示，如图 6.27 所示。

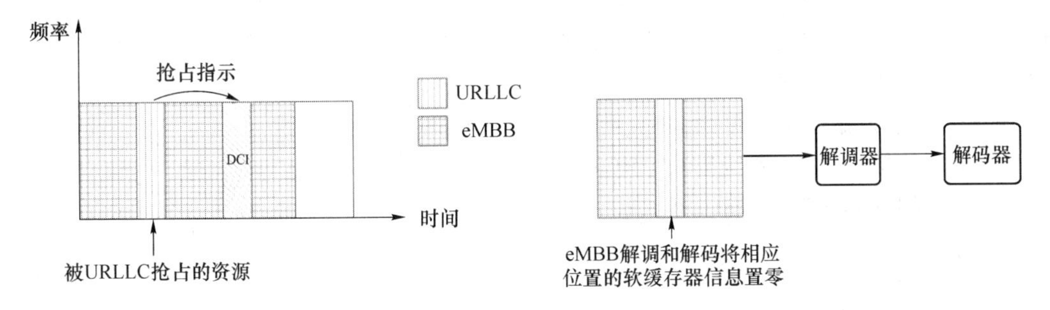

图 6.27　打孔指示示意图

6.2.6　上行链路

UE 使用上行链路向 gNB 发送上行信号，按照其功能分为上行物理信道和上行参考信号。

上行物理信道包括：

① 物理上行共享信道(Physical Uplink Shared CHannel，PUSCH)；

② 物理上行控制信道(Physical Uplink Control CHannel，PUCCH)；

③ 随机接入信道(Physical Random Access CHannel，PRACH)。

上行参考信号包括：

① 解调参考信号(DeModulation Reference Signals，DM-RS)；

② 相位跟踪参考信号(Phase-Tracking Reference Signals，PT-RS)；

③ 信道侦听参考信号(Sounding Reference Signal，SRS)。

上行物理信道与参考信号的功能如表 6.11 所示。

表 6.11　上行物理信道与参考信号的功能

上行物理信道与参考信号的名称		功能简介
PUSCH	Physical Uplink Shared CHannel/上行共享数据信道	用于承载上行用户数据
PUCCH	Physical Uplink Control CHannel/上行公共控制信道	用于 HARQ 反馈、CQI 反馈、调度请求指示等 L1/L2 控制信令
PRACH	Physical Random Access CHannel/随机接入信道	用于用户随机接入请求信息
DMRS	DeModulation Reference Signal/解调参考信号	用于上行数据解调、时频同步等
PT-RS	Phase Tracking Reference Signal/相噪跟踪参考信号	用于上行相位噪声跟踪和补偿
SRS	Sounding Reference Signal/测量参考信号	用于上行信道测量、时频同步、波束管理等

1. PUSCH

物理上行共享信道主要用于承载由 MAC 层产生的公共控制信道(Common Control CHannel,CCCH)、专用控制信道(Dedicated Control CHannel,DCCH)和专用业务信道(Dedicated Traffic CHannel,DTCH)。其中,UE 在无 RRC 连接时使用公共控制信道向 gNB 传输控制信息,而在有 RRC 连接时 UE 使用专用控制信道点对点地向 gNB 传输控制信息。UE 通过专用业务信道向 gNB 点对点地传输用户业务数据。

针对没有严格时延要求的 eMBB 业务,gNB 可以使用 DCI 动态调度 UE 传输 PUSCH。在 NR Release 15 中为了满足 uRLLC 的低时延需求,同时为了降低 NR 语音(Voice over NR,VoNR)之类的周期性小包业务的调度信令开销,UE 还可以在 gNB 半静态配置或者半持续调度的上行时频资源上自主地发送 PUSCH,分别被称为第一类配置授权 PUSCH 传输和第二类配置授权 PUSCH 传输。

PUSCH 的传输模型如图 6.28 所示,包括以下步骤:

① 追加传输块 CRC 和编码块 CRC;

② 信道编码和速率匹配;

③ 加扰;

④ 数据调制;

⑤ 层映射、变换预编码、空间预编码;

⑥ 物理资源和天线端口映射。

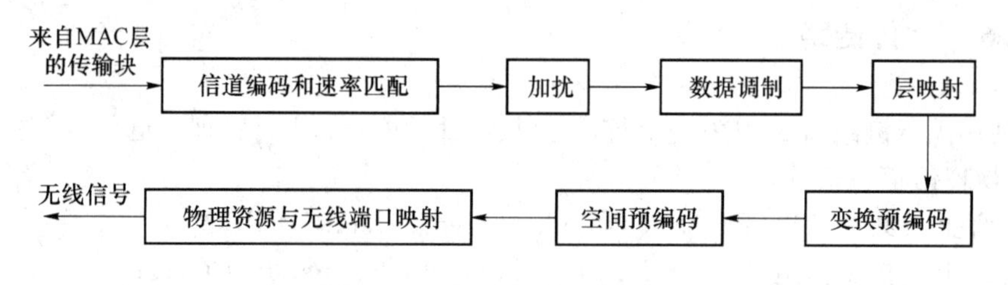

图 6.28 PUSCH 处理流程图

1) 上行资源分配

NR 的上行资源分配分为时域资源分配和频域资源分配。

(1) 时域资源分配

上行时域资源分配包括配置 PUSCH 所在的时隙、PUSCH 的时域长度以及在时隙中的起始 OFDM 符号索引。UE 根据 PDCCH DCI 中的时域资源配置信息域的索引值 m,从标准定义的默认时域分配表格或者高层信令中的一个分配表格索引号为 $m+1$ 的行内获取 PUSCH 的时域位置信息。UE 可以从分配表格中获取如下的时域位置信息。

① 时隙偏移值 K_2:如果 UE 在时隙 n 接收到调度 DCI,那么该 DCI 所调度的 PUSCH 在时隙 $n\cdot\left\lfloor\frac{2^{\mu_{\mathrm{PUSCH}}}}{2^{\mu_{\mathrm{PDCCH}}}}\right\rfloor+K_2$ 中传输,其中 μ_{PUSCH} 和 μ_{PDCCH} 分别为 PUSCH 和 PDCCH 的子载波间隔配置信息。

② 起始和长度指示值(Start and Length Indicator Value,SLIV):UE 可以根据 SLIV 得到 PDSCH 在时隙中的起始 OFDM 符号的索引值 S 及 PDSCH 的时域长度 L。

图 6.29 给出了在使用相同子载波间隔时,DCI 调度上行 PUSCH 时的时序关系。

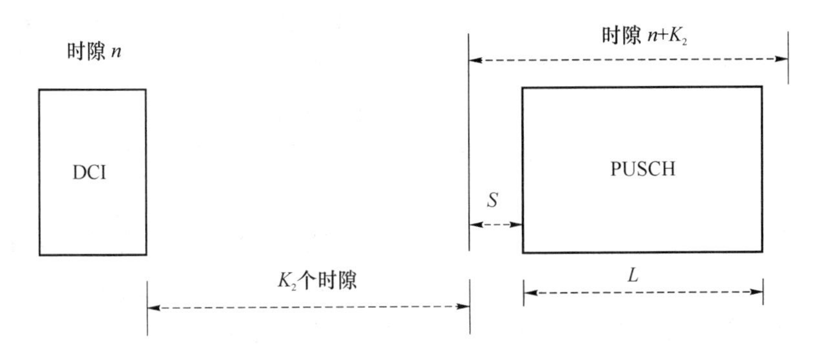

图 6.29　PUSCH 调度示意图

(2) 频域资源分配

NR 中物理上行共享信道支持两种类型的频域资源分配：类型 0(Resource Allocation Type 0)和类型 1(Resource Allocation Type 1)。类型 0 支持非连续频域资源分配，因此需要更多的信令开销和更大的调度颗粒度。在类型 0 的上行资源分配中，gNB 通过资源块组(Resource Block Group，RBG)的比特位图来指示调度给 UE 使用的频域资源。RBG 是由连续虚拟资源块的集合组成的，每个 RBG 都由若干个 RB 组成，其大小根据部分带宽(BWP)的带宽大小和高层信令配置得到。每个 RBG 都对应比特位图中的一个比特。类型 1 仅用于连续频域资源分配，因此指示信令开销更小。通常 gNB 会通过高层信令半静态地指示 UE 使用的频域资源分配类型。在类型 1 的上行资源分配中，频域资源块分配信息由资源指示值(RIV)携带。RIV 由分配给 PUSCH 的起始虚拟资源块(RB_{start})和连续分配的资源块个数(L_{RBs})组成。当采用 DFT-S-OFDM 作为上行波形时，只能采取类型 1 的资源分配，以保证发送波形具有低峰均值比(Peak to Average Power Ratio，PAPR)的特征。

2) 免调度传输和重复传输

通常为了完成基于动态调度的 PUSCH 传输，gNB 和 UE 之间需要完成以下 5 步握手，如图 6.30 所示。由于在传输 PUSCH 之前需要交互多次信令，因此会造成较长的时延。

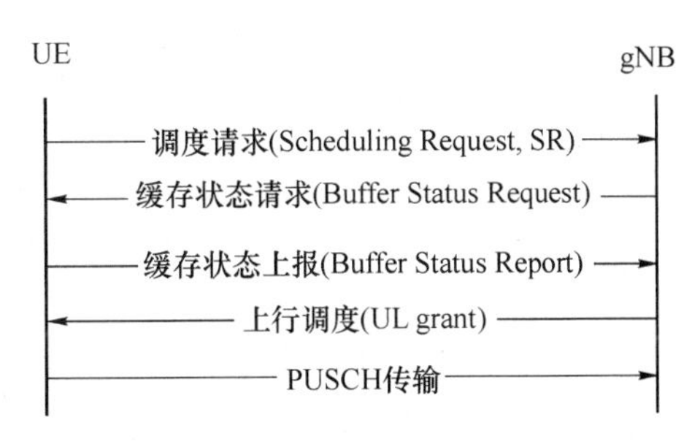

图 6.30　基于调度的 PUSCH 传输过程

NR 支持两类上行免调度传输：第一类配置授权 PUSCH 传输和第二类配置授权 PUSCH 传输。在第一类配置授权的 PUSCH 传输中，由高层参数 ConfiguredGrantConfig 配置包括时域资源、频域资源、DM-RS、开环功控、MCS、波形、冗余版本(Redundancy Version，RV)、重复次数、跳频、HARQ 进程数等在内的全部传输资源和传输参数。UE 接收到该高层参数配置后，可立即使用所配置的传输参数在配置的时频资源上进行 PUSCH 传输。在第二类配置授权 PUSCH 传输中，采用两步的资源配置方式。首先，由高层参数 ConfiguredGrantConfig 配置包括时域资源的周期、开环功控、波形、冗余版本、重复次数、跳频、HARQ 进程数等在内的传输资源和传输参数。此时 UE 不能立即使用该高层参数配置的资源和参数进行 PUSCH 传输,而必须检测由 CS-RNTI 加扰的 DCI 激活第二类配置授权 PUSCH 传输,以进一步获得包括时域资源、频域资源、DM-RS、MCS 等在内的其他传输资源和传输参数之后,才能进行 PUSCH 传输。

为提高传输的可靠性,上行免调度 PUSCH 支持重复传输,重复传输的次数 $K=\{1,2,4,8\}$由高层参数 repK 配置。当 $K>1$ 时,UE 在 K 个传输机会上重复发送 K 次,其中 K 个传输机会位于一个免调度配置周期内连续的 K 个时隙。每个时隙上只有一个传输机会,不同的传输机会在时隙中使用符号的位置和数量相同。UE 进行 K 次重复发送所使用的 RV 序列由高层参数 repK-RV 配置。UE 在第 n 个传输机会发送的 PUSCH 所使用的 RV 由所配置的 RV 序列中的第 $\bmod(n-1,4)+1$ 个值确定。

3) 跳频

为了便于 UE 在发送占用 RB 数较小的 PUSCH 时也能获得频率分集增益,gNB 可以通过高层信令配置 UE 在发送 PUSCH 时采用跳频模式。跳频模式只会在采用第一类资源分配方式(连续 RB 分配)时使用。NR 支持如下两种跳频模式,如图 6.31 所示。

① 时隙内跳频:在一个时隙中的 PUSCH 分成前后两个分段,每一分段的 PUSCH 都可以使用 BWP 中预先定义的不同的 RB 资源进行传输。时隙内跳频可以应用于单 PUSCH 传输,也可以应用于多 PUSCH 传输。

② 时隙间跳频:在免调度 PUSCH 传输时配置大于 1 的重复次数,或者在 UE 被配置了 PUSCH 聚合因子时,UE 会在多个时隙内重复传输 PUSCH。此时在不同时隙内重复的 PUSCH 可以按照预先定义的规则采用不同的连续 RB 进行传输。

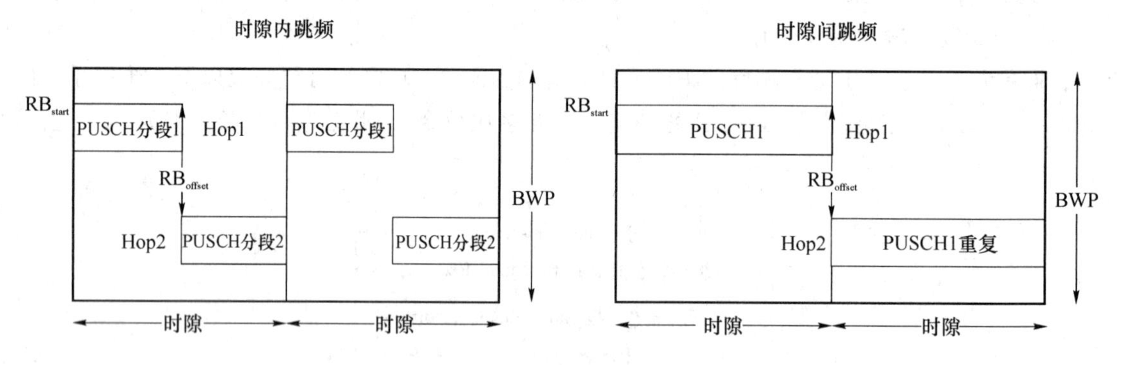

图 6.31 PUSCH 时隙内跳频和时隙间跳频

通常 UE 会被配置多个跳频偏移值(Frequency Hopping Offset,RB_{offset})。对于使用动态调度或者第二类免调度 PUSCH 传输的 UE,gNB 会通过调度或激活 DCI 的频域资源分配域中最高的 1 或者 2 个比特指示跳频偏移值。对于采用第一类免调度 PUSCH 传输的 UE,跳频偏移值会通过 RRC 配置下发。

4) 功率控制

在无线通信中,gNB 可以通过控制 UE 的上行发射功率以提高信道容量,缓解小区内不同 UE 的远近效应,同时降低小区之间的干扰。在 NR 中,PUSCH 的上行功率控制如式(6.7)所示,其中主要包括开环功率控制、闭环功率控制以及其他一些调整量。

$$P_{\mathrm{PUSCH},b,f,c}(i,j,q_{\mathrm{d}},l)=\min\left\{\begin{array}{c}P_{\mathrm{CMAX},f,c}(i)\\ P_{\mathrm{O\_PUSCH},b,f,c}(j)+10\lg(2^{\mu}\cdot M_{\mathrm{RB},b,f,c}^{\mathrm{PUSCH}}(i))+\\ \alpha_{b,f,c}(j)\cdot \mathrm{PL}_{b,f,c}(q_{\mathrm{d}})+\Delta_{\mathrm{TF},b,f,c}(i)+f_{b,f,c}(i,l)[\mathrm{dBm}]\end{array}\right. \tag{6.7}$$

其中，下标 b,f,c 分别代表 PUSCH 所在的 BWP、载波、服务小区的序号；i 表示 PUSCH 传输机会的序号；q_{d} 代表估计路径损耗使用的参考信号为 SSB 或者 CSI-RS；j,l 表示不同参数配置集合以及功率调整状态的序号。式中 $P_{\mathrm{CMAX},f,c}(i)$ 表示 UE 根据标准配置的最大输出功率，以确保 UE 根据公式计算获得的发射功率在自身发射功率的允许范围之内。$P_{\mathrm{O\_PUSCH},b,f,c}(j)+\alpha_{b,f,c}(j)\cdot \mathrm{PL}_{b,f,c}(q_{\mathrm{d}})$ 为开环功率控制部分，主要用于补偿由于路径损耗等大尺度衰落造成的传播损耗。其中，$P_{\mathrm{O\_PUSCH},b,f,c}(j)$ 是由 gNB 通过高层信令配置的开环目标接收功率值；$\mathrm{PL}_{b,f,c}(q_{\mathrm{d}})$ 为 UE 根据测量 SSB 或 CSI-RS 估计得到的路径损耗；$\alpha_{b,f,c}(j)$ 为部分路径损耗补偿因子，gNB 可以通过配置该参数来同时兼顾小区间干扰以及小区内的频谱效率。$f_{b,f,c}(i,l)$ 表示闭环功率控制。gNB 可以通过 DCI 动态地对 UE 发送 PUSCH 的功率进行微调，以应对信道的小尺度变化和干扰环境。闭环功率控制命令可以通过调度 PUSCH 的 DCI 携带，也可以通过由 TPC-PUSCH-RNTI 加扰 CRC 的 DCI format 2-2 携带。$M_{\mathrm{RB},b,f,c}^{\mathrm{PUSCH}}(i)$ 表示传输 PUSCH 所使用的 RB 个数。$\Delta_{\mathrm{TF},b,f,c}(i)$ 是与 PUSCH 传输所使用 MCS 相关的调整量。

5）MIMO 传输模式

PUSCH 的传输分为两种模式：基于码本的传输和非码本的传输。基于码本的传输通常会用于信道不具有互异性的 FDD 系统中。gNB 会测量 UE 发送的上行参考信号，以获得上行信道信息并对其进行量化，随后通过调度 PUSCH 的 DCI 中的预编码指示和层数域通知 UE。在 NR 协议中，该量化的信道信息被表示为传输预编码矩阵序号（Transmitted Precoding Matrix Indicator，TPMI）。UE 会根据 gNB 的指示，从预先定义的码本中选取发送预编码矩阵。非码本的传输通常会用于具有上下行信道互异性的 TDD 系统。在这种情况下，UE 可以通过测量下行 CSI-RS 获得上行信道估计，并据此为上行 SRS 传输分配计算预编码矩阵，从而不需要额外的下行控制开销，即不需要经由下行控制信道发送预编码信息指示 DCI。gNB 根据 UE 发送的上行 SRS 信道估计确定优选预编码矩阵，通过上行调度 DCI 中携带的 SRS 资源指示（SRS Resource Indication，SRI）通知 UE 发送 PUSCH 使用的预编码矩阵。当 UE 采用 CP-OFDM 波形发送上行 PUSCH 时，UE 可将一个码字最多映射到 4 空间层，采用闭环空分复用的方式同时进行发送，从而充分利用收发多天线来提高传输的频谱效率。为了提高 UE 上行覆盖，当 UE 采用 DFT-S-OFDM 波形来发送 PUSCH 时只支持一个空间层。

2. PUCCH

物理上行控制信道用于 UE 向基站发送上行控制信息（Uplink Control Information，UCI）。PUCCH 承载的 UCI 包括以下信息。

① ACK/NACK 反馈：用于下行数据信道接收的 HARQ-ACK 信息。

② 调度请求（Scheduling Request，SR）：用于上行数据信道调度的资源请求。

③ CSI：信道状态信息测量的上报反馈信息，包括信道质量指示（Channel Quality Indication，CQI）、预编码矩阵标识（Precoding Matrix Indication，PMI）等。

1）格式和资源配置

NR 支持 5 种不同格式的 PUCCH，如表 6.12 所示。占用符号大于两符号的长格式

PUCCH(format 1/3/4)和不超过两符号的短格式PUCCH(format 0/2)均支持时隙内跳频。PUCCH format 3/4需要应用变换预编码操作。用于UCI的信道编码如表6.13所示。

表6.12 不同PUCCH格式的基本信息

PUCCH格式	占用符号数	比特数量
format 0	1～2	≤2
format 1	4～14	≤2
format 2	1～2	>2
format 3	4～14	>2
format 4	4～14	>2

UCI的信道编码如表6.13所示。

表6.13 UCI的信道编码

UCI大小(包括CRC)	信道编码
1	Repetition码
2	Simplex码
3～11	Reed Muller码
>11	Polar码

PUCCH format 0是一种短格式PUCCH，占用1～2个符号，频域上只占用1个RB，承载不超过2 bit的UCI净荷。PUCCH format 0的UCI承载是通过序列的不同循环移位实现的，不同UE之间PUCCH的复用也是通过序列的循环移位实现的。由于序列长度为12，因此当UCI载荷为1 bit时，1个RB内最多支持6个UE复用；当UCI载荷为2 bit时，1个RB内最多支持3个UE复用。

PUCCH format 1是一种长格式PUCCH，占用4～14个符号，频域上只占用1个RB，承载不超过2 bit的UCI净荷。PUCCH format 1的UCI承载是通过序列调制实现的，利用调制符号承载UCI信息并参与序列生成过程。PUCCH format 1具有很强的多用户复用能力，PUCCH format 1除了利用NR定义的低PAPR序列的不同循环移位支持码本复用外，调制后的序列还要经过扩频，即通过不同正交扩频序列来区分不同用户，从而实现多用户PUCCH format 1的复用。当给PUCCH format 1配置了14符号时，理论上最多可以在相同物理资源块(Physical Resource Block，PRB)上同时复用84个用户(对应12个循环移位和7个正交序列)。

PUCCH format 2是一种短格式PUCCH，占用1～2个符号，频域上可以占用一个或多个RB，承载大于2 bit的UCI载荷，不支持UE复用。PUCCH format 2的UCI经过UE加扰后进行QPSK调制，再按照先频域后时域的方式映射到OFDM时频域资源单元上。映射时UCI不会映射到DM-RS的资源单元上。

PUCCH format 3和PUCCH format 4都是长格式PUCCH，占用4～14个符号。PUCCH format 3在频域占用RB数需要满足$M_{RB}^{PUCCH,3}=2^{\alpha_2}\cdot 3^{\alpha_3}\cdot 5^{\alpha_5}$，以便于在生成PUCCH时使用DFT进行变化预编码，降低PAPR。对于PUCCH format 4，在NR中支持$M_{RB}^{PUCCH,4}=1$个RB。PUCCH format 3和PUCCH format 4可以承载大于2 bit的UCI载荷。

PUCCH format 3 和 PUCCH format 4 的大致处理过程如下。

① 进行 UCI 加扰。

② 使用 QPSK 或 π/2-BPSK 调制。

③ 块扩频。由于 PUCCH format 3 不支持复用，因此不需要进行扩频。而 PUCCH format 4 支持复用，因此需要进行扩频，扩频因子取值为 2 或 4，不同扩展因子有不同的正交序列与之对应，因此可以在相同的 RB 资源上复用 2 个或者 4 个 UE 的 PUCCH。

④ 变换预编码处理。

2）HARQ_ACK/SR/CSI 反馈

PUCCH 承载的 UCI 可以包括 HARQ_ACK 反馈、调度请求、信道状态信息测量的上报反馈信息。通常一个单独的 UCI 并不要求包含所有 3 类信息，而是根据不同情况确定 UCI 包含的内容。一些情况下，UE 只通过 PUCCH 进行单独的 HARQ-ACK 信息上报，或者单独的 SR 上报，或者单独的 CSI 上报；另外一些情况下，多种类型的 UCI 可以进行组合上报，例如，UE 通过 PUCCH 同时进行 CSI 和 HARQ-ACK 的上报等。值得注意的是，SR 只能通过 PUCCH 上报。

UE 通常需要对动态调度和 SPS PDSCH 数据传输进行 HARQ-ACK 反馈，以便于 gNB 确定是否需要对 PDSCH 进行重传。UE 也会对用于释放 SPS PDSCH 的 PDCCH 传输进行 HARQ-ACK 反馈，以完成去激活的流程。通常情况下，PDSCH 中承载的 TB 由一系列的码块（Code Block，CB）组成。每个码块都会进行独立的信道编码和 CRC 校验，HARQ-ACK 会针对整个传输块进行反馈。当突发干扰造成部分码块译码失败时，基于传输块的 HARQ-ACK 反馈会导致传输块中的所有码块进行重传。因此，NR 支持基码块组（Code Block Group，CBG）的 HARQ-ACK 反馈和重传，以降低 HARQ 重传导致的开销。

3）上行控制信息复用 PUSCH

当 UE 发送 PUCCH 的资源和发送 PUSCH 的资源在时域上有重合时，为了避免由于同时传输 PUCCH 和 PUSCH 而导致的 PAPR 升高，NR 支持将 UCI 和 PUSCH 承载的 TB 复用到一起，共同使用 PUSCH 的时频资源进行传输。可以与 PUSCH 复用的 UCI 包括 ACK/NACK 和 CSI。UE 可以根据协议定义偏移值确定在原本传输 PUSCH 的资源中，用于承载 HARQ-ACK 信息所占的资源和用于承载 CSI 报告所占的资源。偏移值可以通过 DCI 或高层信令发给 UE。偏移值体现了复用的 UCI 占用 PUSCH 资源的比例，用于 UCI 的速率匹配处理过程中。UCI 只在不传输 DM-RS 的 OFDM 符号上传输。复用操作与 HARQ-ACK 比特数有关，当 HARQ-ACK 比特数不超过 2 bit 时，通过打孔方式实现复用，其他情况通过速率匹配实现复用。

4）跳频和重复传输

PUCCH 通常在频谱上占用的带宽有限。为了克服无线信道的频率选择性衰落，UE 可以采用时隙内跳频，将在一个时隙内发送的 PUCCH 在时域上近似等分成两段，分别映射到不同的 RB 资源上，来提高 PUCCH 传输的鲁棒性。为了保证初始接入时候传输的可靠性，UE 在发送 PUCCH 时需要采用时隙内跳频，把 PUCCH 的两个分段分别映射到初始 BWP 的两端，如图 6.32 所示。当 RRC 连接建立之后，gNB 可以通过配置 PUCCH-ResourceSet 来配置 UE 是否使用时隙内跳频以及跳频时 PUCCH 分段所在的频域位置。对于所有 PUCCH 格式都可以使用时隙内跳频。

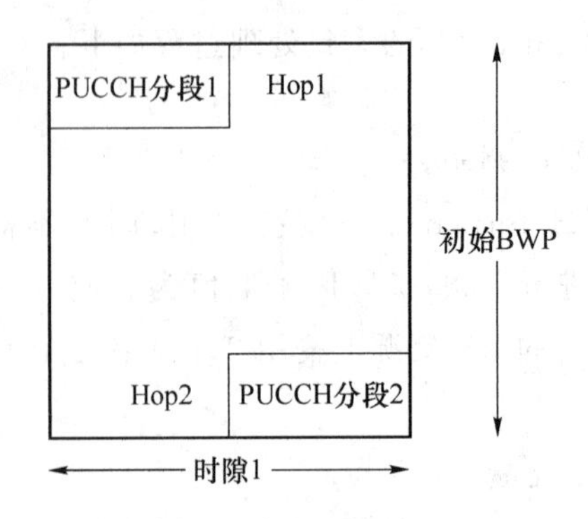

图6.32　初始接入时PUCCH时隙内跳频示意图

为了提升PUCCH传输的鲁棒性,对于长格式PUCCH(PUCCH格式1/3/4)可以配置时隙间的重复传输。在重复发送PUCCH的每个时隙中,PUCCH传输起始符号数和持续符号数都相同。如果UE确定在某个时隙中没有足够的PUCCH传输资源,则PUCCH将在下一个满足资源条件的时隙中进行重复传输。当PUCCH被配置了重复之后,还可以进一步通过时隙间跳频传输获得频率分集增益。UE在配置了时隙间跳频时,不会再配置时隙内跳频。时隙间跳频的图案在标准中制定了。从PUCCH重复传输的第一个时隙开始,到最后一个时隙结束,偶数时隙PUCCH传输的频域位置由起始RB索引(startingPRB)确定,奇数时隙由第二跳起始RB索引(secondHopPRB)确定,如图6.33所示。

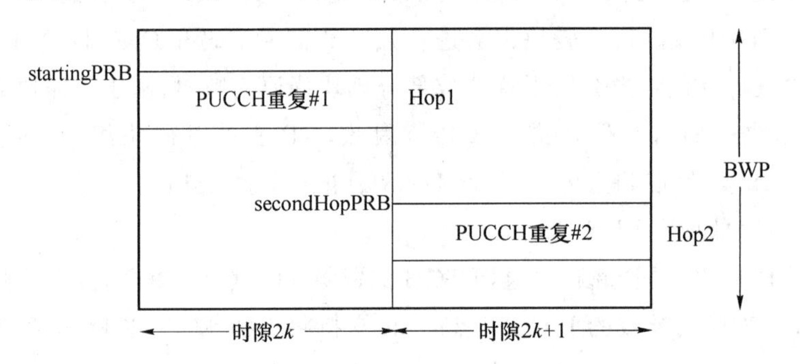

图6.33　PUCCH时隙间跳频示意图

5)功率控制

PUCCH功控是基站调整UE在PUCCH上的上行发射功率的过程,主要用于保证PUCCH传输性能,以及减少对邻区的干扰。PUCCH的功控与PUSCH的功控的一个区别在于PUCCH功控要补偿完整的路径损耗,这不同于PUSCH功控中存在路径补偿分数因子;另一个区别在于PUCCH的闭环功控指示承载在下行传输的DCI format 0_1和DCI format 1_1中,因为对PUCCH反馈的HARQ-ACK信息是下行传输,而下行传输通常可关联到用于下行调度的PDCCH,这样在其中包含功控信息可以用于在发送HARQ-ACK前调整PUCCH发送功率。

3. PRACH

UE在进行随机接入过程中,会使用PRACH来传输随机接入前导码(Preamble)。gNB可以通过接收PRACH来区分不同用户发送的前导码,并估计gNB和UE之间的双向传输时延(Round Trip Time,RTT)。

在初始接入时，UE 会从可用的集合中随机选择一个发送。为了避免不同用户选择相同前导码发生的冲撞，因此要求前导码的序列设计能够提供足够多具有良好互相关特性的序列。前导码序列的长度决定了在一个物理随机接入机会（PRACH Occasion，RO）中可用的序列数目。NR Release 15 支持两种长度的 premable 序列，对于 1.25 kHz 和 5 kHz 子载波间隔的前导码采用长度为 $L_{RA}=839$ 的 Zadoff-Chu 序列，而对于 15 kHz、30 kHz、60 kHz 和 120 kHz 子载波间隔的前导码采用 $L_{RA}=139$ 的 Zadoff-Chu 序列，分别如式（6.8）、式（6.9）所示。gNB 通过检测不同的根序号 u 和循环移位 C_v 来区分不同的前导码序列。

$$x_{u,v}(n)=x_u((n+C_v)\ \mathrm{mod}\ L_{RA}) \tag{6.8}$$

$$x_u(i)=\mathrm{e}^{-\frac{\pi u i(i+1)}{L_{RA}}},i=0,1,\cdots,L_{RA}-1 \tag{6.9}$$

通常对于低速移动的场景，协议对于循环移位 C_v 的使用没有限制。但是对于高速公路和高速铁路等具有高多普勒频偏的场景，部分 C_v 的使用会造成检测性能的下降，因此协议对 C_v 的使用进行了限制。

由于 UE 在发送前导码时尚未完成上行同步，从而不同的传播时延导致用户发送的前导码到达 gNB 的时刻有先有后。因此为了克服小区内远近用户 RTT 的差异，协议在前导码序列之前加上循环前缀（CP），并在前导码序列之后预留保护时间（Guard Time，GT）。PRACH 格式中 CP/GT 的持续时间通常需要大于小区覆盖范围内所有用户之间的 RTT 差异，从而决定了小区覆盖。gNB 通常只能使用非相干检测来接收 PRACH。为了满足小区覆盖的需求，协议定义了具有前导码序列重复的 PRACH 格式，通过足够的时域能量累积来达到虚警和误检的性能。图 6.34 中给出了子载波间隔为 15 kHz 的 PRACH 格式 B1 的接收时序示意图。

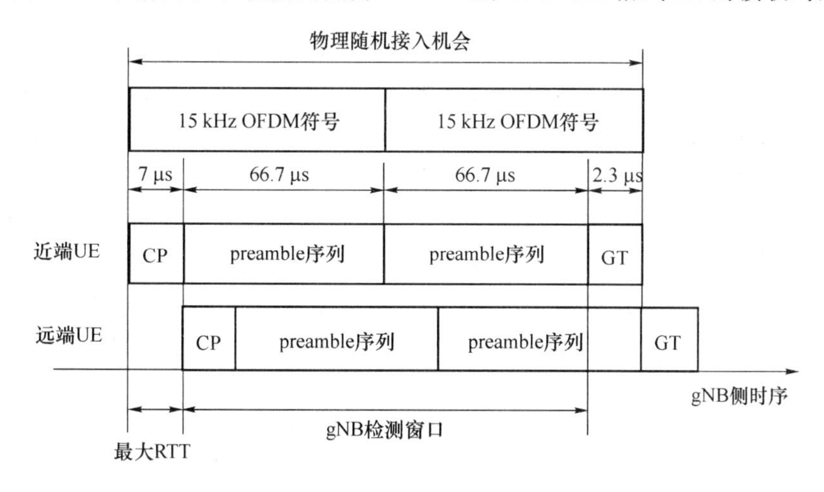

图 6.34　PRACH 格式 B1 的接收时序示意图

gNB 会通过高层信令 RACH-ConfigGeneric 配置 UE PRACH 发送机会的配置参数，其主要包括：

① 时域资源指示，通过 prach-ConfigurationIndex 指示 PRACH 发送机会所在的系统帧号（System Frame Number，SFN）和子帧时隙号、子帧中 PRACH 时隙的个数、PRACH 时隙中 PRACH 发送机会的起始符号以及持续符号数。

② 频域资源指示，msg1-FDM 指示在同一时刻支持的频分复用的 PRACH 发送机会个数；msg1-FrequencyStart 指示频域最低 PRACH 发送机会的起始 RB 序号。

③ 功率控制配置，preambleReceivedTargetPower 指示 gNB 侧 PRACH 的目标接收功

率,UE根据下行参考信号估计的下行路径损耗,来调整PRACH发送功率,以达到此目标接收功率;如果UE没有在随机接入响应窗口中接收到对应的随机接入响应(Random Access Response,RAR),UE可以根据功率爬升(Power Ramping)计数器逐步提升发射功率,功率爬坡的步长由powerRampingStep配置。

④ 其余配置,包括声明PRACH发送失败前的最大PRACH次数、RAR接收窗口的长度以及PRACH序列零相关配置等。

当gNB发送多个SSB进行波束扫描时,UE可以根据SSB和PRACH发送机会之间的对应关系,通过在与所选SSB index对应的PRACH发送机会上发送PRACH的方式,告知gNB自己期望的SSB波束方向。gNB可以通过ssb-perRACH-OccasionAndCB-PreamblesPerSSB配置SSB索引和时域PRACH发送机会的对应关系。

4. 上行参考信号

1) SRS

为了进行上行信道探测,基站可以给终端设备配置SRS。SRS主要有两方面的用途:第一方面,用于上行信道质量的估计,从而用于上行调度、波束管理等;第二方面,在TDD系统上下行信道互易的情况下,利用信道的对称性,可以估计下行信道质量,例如下行SU/MU MIMO中的权值计算等。

为了提高终端设备的功率放大器效率,NR为SRS设计了具有低立方度量(Cubic Metric)或低PAPR特征的序列。具体地,当SRS序列长度小于36时,SRS序列是通过计算搜索得到的有良好时域包络性质的平坦谱序列;当SRS序列长度大于等于36时,SRS序列是扩展Zadoff-Chu序列。SRS最多支持4个天线端口。当一个SRS支持大于一个天线端口时,不同的天线端口共享相同的资源集合和相同的SRS序列。不同的相位旋转用于区分不同的天线端口。一般来说,SRS在时域位于一个时隙的最后6个符号中,且占用一个/两个/四个连续的OFDM符号。在频域,SRS具有梳状结构,每两个/四个子载波上具有一个频域资源,分别得到comb-2和comb-4结构。SRS传输支持不同UE的频域复用。对于comb-2结构,频域最多可以复用两个SRS;对于comb-4结构,频域最多可以复用四个SRS。

SRS可以被配置为周期性传输、半静态传输、非周期性传输。对于周期性SRS传输,基站需要配置一个周期和一个周期内的时隙偏移值。对于半静态SRS传输,基站同样需要配置一个周期和一个周期内的时隙偏移值,但是实际的SRS传输需要根据MAC层信令激活或者去激活。对于非周期性SRS传输,只发生在下行控制信息触发的情况下。

2) DM-RS

(1) PUSCH DM-RS

gNB可以根据测量DM-RS获得的上行信道信息,对PUSCH进行相干接收解调,以提高数据解调的性能。对于采用CP-OFDM波形的PUSCH,为便于在网络中灵活配置上下行,NR协议采用上下行对称设计,此时上行的DM-RS图样、序列和时频码复用方式和下行的PDSCH DM-RS一致。

DFT-S-OFDM波形通常只在覆盖受限的场景下应用,此时PUSCH只支持单流传输。为了降低发送信号的PAPR,从而提高功放的效率,采用DFT-S-OFDM波形时的DM-RS设计也不同于CP-OFDM波形。为了保证PUSCH的单载波特性,在时域上PUSCH DM-RS符号和数据符号仅采用时分复用的方式。在频域上因为只需要支持单流传输,所以每隔一个子载波映射一个 DM-RS 子载波(DM-RS Configuration Type 1)。为了确保 PUSCH 频域均衡的性能,同时降低时域 DM-RS 符号的 PAPR,人们在协议中定义了一类低 PAPR 的序列 $r_{u,v}^{(\alpha,\delta)}(n)$。对于序列长度不短于 36 的序列采用 Zadoff-Chu 序列(简称 ZC 序列):

$$x_q(m)=\mathrm{e}^{-\mathrm{j}\frac{\pi q m(m+1)}{N_{\mathrm{ZC}}}}$$

式中,N_{ZC}表示序列长度,q 表示 ZC 序列的根序号。该序列在时频域都具有恒模特性。ZC 序列除了可以通过配置不同的根序号,还可以通过对频域信号进行不同的线性相位旋转来产生额外的序列,从而 gNB 可以同时提供足够多的 DM-RS 序列,以避免不同小区中用户 DM-RS 的相互干扰。图 6.35 给出了 DFT-S-OFDM 波形下单符号前置 DM-RS 的图样。

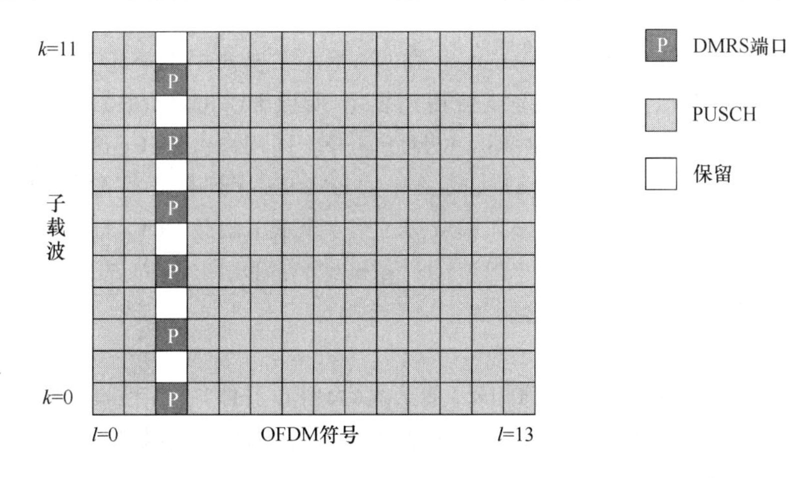

图 6.35　DFT-S-OFDM 波形中单符号前置 PUSCH DM-RS 图样示例

当 PUSCH 采用时隙内跳频以提高频率分集增益时,需要保证一个 PUSCH 在时隙内的两个跳频分段中都包含 DM-RS,以便 UE 针对不同的跳频段进行信道估计。如图 6.36 所示,当采用 A 类 PUSCH 映射时,PUSCH 的第一跳频分段中前置 DM-RS 位于时隙中第 3 或者第 4 个符号,第二跳频分段中前置 DM-RS 位于跳频分段的第 1 个符号。对于 B 类 PUSCH 映射,前置 DM-RS 在时隙内 PUSCH 分段中的第一个符号。对于高移动性场景,为了跟踪信道的时域变化而配置了附加 DM-RS 时,在每个跳频分段中附加 DM-RS 和前置 DM-RS 间隔 3 个符号。

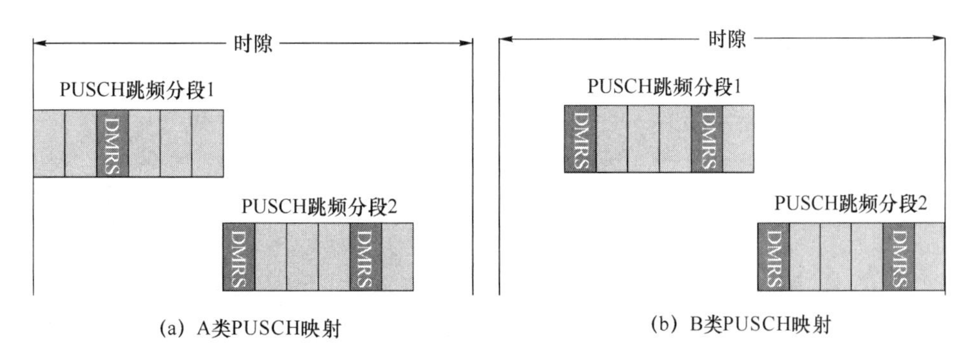

图 6.36　PUSCH 时隙内跳频 DM-RS 符号时域图样

(2) PUCCH DM-RS

PUCCH format 0 是短格式 PUCCH,通过序列构造,无 DM-RS。PUCCH format 2 也是

短格式 PUCCH,但是它的 UCI 与 DM-RS 通过频分复用。对于长格式,PUCCH format 1/3/4 的 UCI 和 DM-RS 通过时分复用。

PUCCH format 1 的 DM-RS 序列根据 NR Release 15 定义的低 PAPR 序列 $r_{u,v}^{(\alpha,\delta)}(n)$和正交序列 $w_i(m)$确定。正交序列可以用于区分不同用户,从而支持 PUCCH format 1 的用户复用特性。PUCCH format 1 的 DM-RS 在时域的偶数符号上进行映射,在时域呈梳状结构,在频域连续映射。

PUCCH format 2 的 DM-RS 序列根据 NR 定义的基于 Gold 序列的伪随机序列确定。PUCCH format 2 的 DM-RS 在频域映射到子载波索引满足 $k=3m+1$ 的位置,m 为整数,在频域呈梳状结构。

PUCCH format 3 和 PUCCH format 4 的 DM-RS 序列根据 NR 定义的低 PAPR 序列 $r_{u,v}^{(\alpha,\delta)}(n)$确定。由于 PUCCH format 4 支持用户复用,所以 PUCCH format 4 的 DM-RS 序列可以通过所述低 PAPR 序列的不同循环移位用于区分不同用户。PUCCH format 3 不支持用户复用。PUCCH format 3 和 PUCCH format 4 的 DM-RS 序列长度与对应 PUCCH 格式所占 RB 数正相关。由于 PUCCH format 4 频域只占用 1 个 RB,因此 PUCCH format 4 的 DM-RS 序列长度为 12。PUCCH format 3 和 PUCCH format 4 的 DM-RS 时域位置由 PUCCH 的时域长度、是否使能跳频,以及是否包含附加 DM-RS 确定。

3) PT-RS

相位噪声(Phase Noise,PN,简称相噪)是系统(如射频器件)在各种噪声(随机性白噪声、闪烁噪声)的作用下引起的信号的相位发生随机变化。相噪的存在会影响接收端的解调性能,限制了高阶星座调制的使用,影响系统容量。基于此,NR 为了便于 gNB 对于 PUSCH 的检测,也引入了相位噪声参考信号(PT-RS),用于跟踪相位噪声的变化,进行相噪估计和补偿,提升系统性能。

PT-RS 资源分配是频域稀疏、时间密集的。针对 CP-OFDM 和 DFT-S-OFDM 两种波形有不同的配置。对于 CP-OFDM 波形,PT-RS 和下行设计完全一致。对于 DFT-S-OFDM 波形,相位噪声对时域信号的影响是对时域星座图乘上 $e^{j\varphi}$,从而让星座点发生旋转。相位噪声对高阶星座的直观影响可以从图 6.37 中看出,相位噪声的存在会使得星座点发生相位旋转。为了保证 DFT-S-OFDM 波形的低 PAPR 特性,PT-RS 的序列也采用具备低 PAPR 性能的 $\pi/2$-BPSK序列,且 DFT-S-OFDM 波形的 PT-RS 在 transform precoding 前进行资源映射。相应地,接收侧同样需要在时域(IDFT 变换后)进行相噪估计和处理。

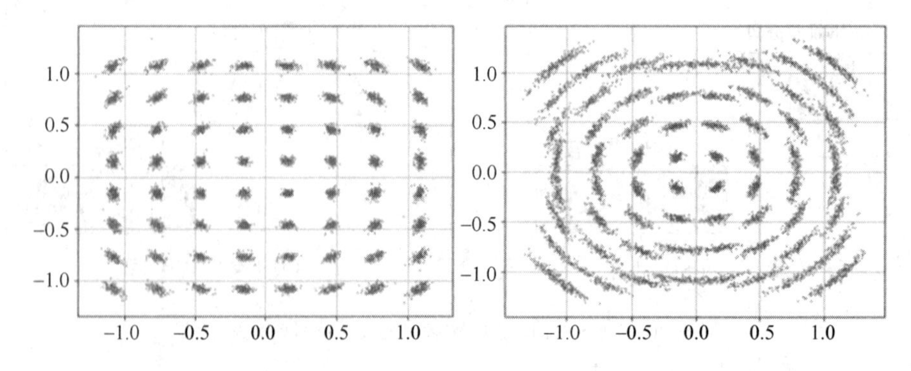

图 6.37 相噪使 DFTS-OFDM 64QAM 高阶星座发生旋转

6.3　无线接入网架构

无线接入网为 UE 提供接入移动通信网络的通信和管理功能。具体地，无线接入网为 UE 提供网络连接以实现数据传输，通过用户面协议保证数据传输的 QoS 和安全。为了保证数据传输的 QoS，引入了数据报头压缩、自动重传请求（Automatic Retransmission on Request，ARQ）、HARQ、数据包分段/级联和数据包复制（Dulplication）传输等功能。为了保证数据传输的安全，引入了空口数据和消息的加解密和完整性保护功能。同时，在管理功能方面，无线接入网辅助 UE 进行小区选择/重选，并与 UE 共同完成接入控制、无线连接建立、无线连接监测/恢复、UE 连接状态管理、移动性管理，以及 UE 在省电模式下的寻呼可达性管理等功能。无线接入网的管理功能将在 6.6 节详细介绍。

6.3.1　非独立组网-独立组网架构

目前 5G 制定了两种组网架构：非独立（Non-StandAlone，NSA）组网和独立（StandAlone，SA）组网。下面分别介绍。

① NSA 组网：使用现有的 4G 基础设施，进行 5G 网络的部署，即 5G 基站作为辅助基站，辅助 4G 基站进行数据传输，核心网统一使用 4G 核心网，即演进分组核心网（Evolved Packet Core，EPC）。基于 NSA 架构的 5G 空口仅承载用户数据，其控制信令仍通过 4G 空口传输。典型的 NSA 组网架构如图 6.38 所示。

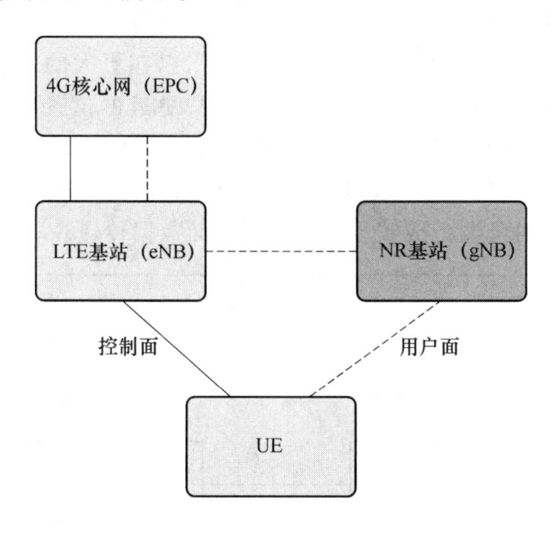

图 6.38　NSA 组网架构

② SA 组网：由 5G 独立组网，即新建 5G 网络，使用新的 5G 基站和 5G 核心网。SA 组网的 5G 网络能够充分支持波束赋型、按需系统信息广播、5G 的切片和精细化 QoS 等特定功能。典型的 SA 组网架构如图 6.39 所示。

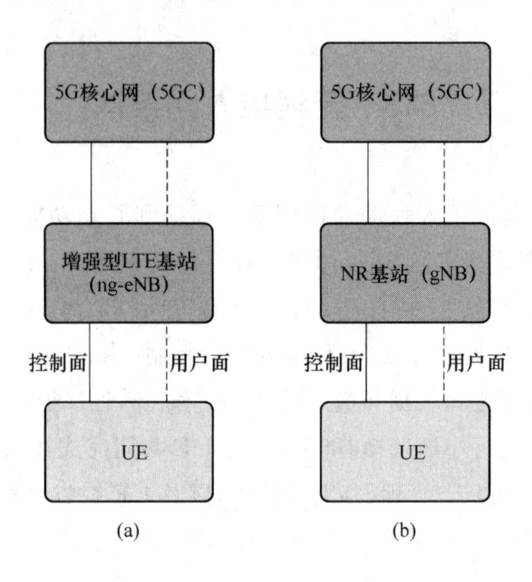

图 6.39　SA 组网架构

6.3.2　中心单元-分布式单元架构

Ng-RAN 的总体架构如图 6.40 所示。5G 支持对 gNB 进行功能分割，由中心单元(Centralized Unit，CU)和分布式单元(Distributed Unit，DU)两部分共同组成 gNB。从空口协议栈看，CU 和 DU 的切分是将 RRC 层、SDAP 层以及 PDCP 层部署在 CU，其余的 RLC 层、MAC 层以及 PHY 部署在 DU。CU 和 DU 之间通过 F1 接口连接。CU 代表 gNB 通过 Ng 接口和核心网连接，CU 代表 gNB 通过 Xn 接口和其他 gNB 连接，CU 还可以代表 gNB 通过 X2 口和 eNB 连接，执行双连接操作。CU/DU 切分是为了实现灵活部署。控制面和时延不敏感的用户面功能可以部署在距离用户更远的位置，以在更大的地理区域进行统一协调和数据汇集，而对时延敏感的用户面功能部署在距离用户更近的位置，以实现低时延传输，保障数据传输的 QoS。CU 可以进一步分离成中心单元控制面(Centralized Unit Control Plane，CU-CP)和中心单元用户面(Centralized Unit User Plane，CU-UP)。这样做是为了方便空口用户面锚点下沉，支持低时延业务或实现灵活的用户面数据传递。

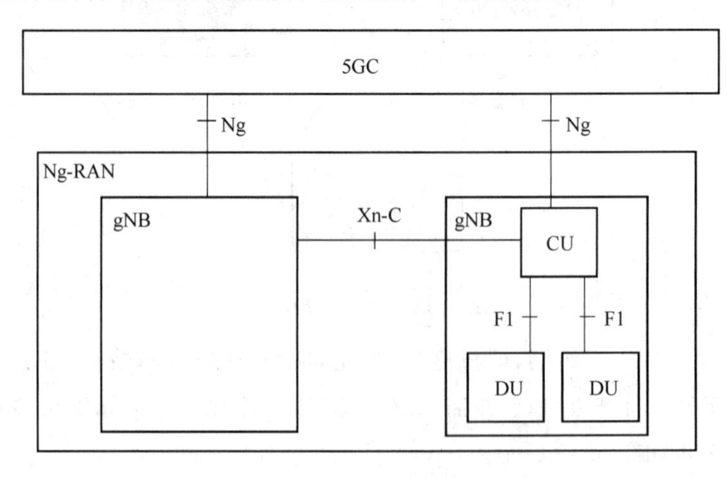

图 6.40　Ng-RAN 的总体架构

Ng-RAN 内既可以有一体化的 gNB，也可以有 gNB-CU 和 gNB-DU 两部分组成的 gNB。一个 gNB-DU 只能连接到一个 gNB-CU，而一个 gNB-CU 可以连接到多个 gNB-DU。gNB-CU 和它连接的 gNB-DU 在其他 gNB 和 5GC 看来就是一个 gNB。gNB-DU、gNB-CU-CP 和 gNB-CU-UP 的连接关系如图 6.41 所示。

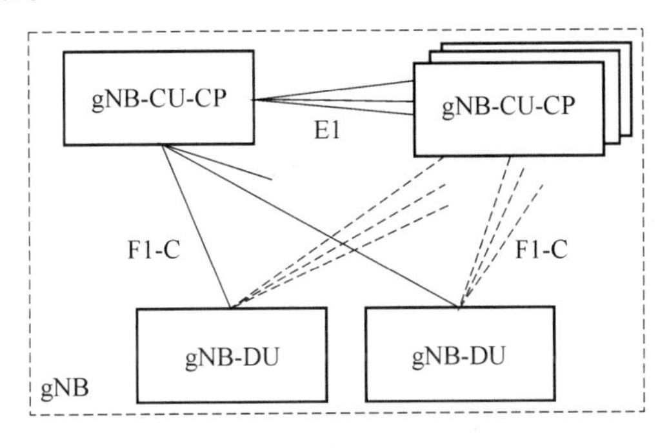

图 6.41　gNB 分离架构连接关系

图 6.42 是 gNB 有 CU/DU 切分和 gNB-CU，进一步有 CP/UP 分离情况下的空口协议栈分布示意图。可见，RLC、MAC 和 PHY 等协议层在 gNB-DU 中实现，而 PDCP 及以上协议层在 gNB-CU 中实现。

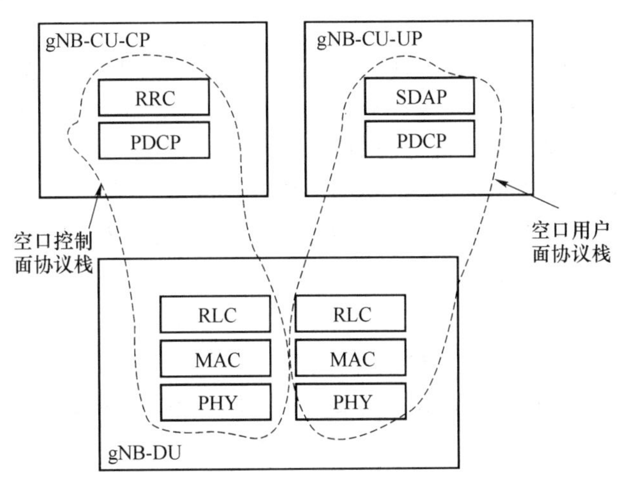

图 6.42　gNB 分离架构下的空口协议栈划分

在实际网络部署中，gNB-DU 的功能可能存在进一步的切分，即将空口协议栈中的部分物理层功能拉远，常见的是射频拉远。射频拉远将基带和中频保留在 gNB-DU，而射频功能部署在远端的远端射频头(Remote Radio Head，RRH)中。射频拉远可以进一步实现网络灵活部署，同时降低运营商的资产成本和运营成本，但也可能存在受限于前传光纤布线困难的情况。

6.4　核心网架构和基本信令流程

6.4.1　核心网架构

3GPP 标准定义了 5G 网络架构。5G 网络架构按照网络的基础功能分为用户面网络功能和控制面网络功能两个部分。其中,用户面网络功能负责对用户报文进行转发和处理,主要包含基站的转发功能和一个或者多个用户面功能(User Plane Function,UPF)。控制面网络功能负责对UE执行接入鉴权、移动性管理、会话管理、策略控制等各类控制。在非漫游场景下以服务化形式表示的5G网络架构如图6.43所示。

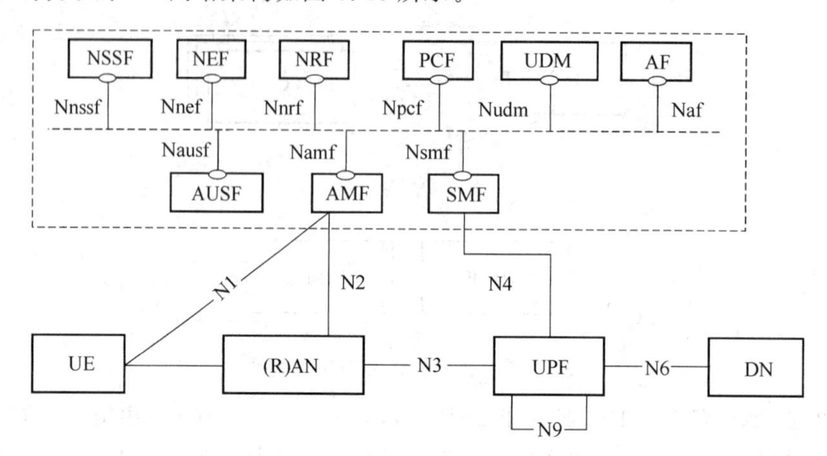

图6.43 非漫游场景的5G网络架构

5G系统的主要网元与功能如下。

① 接入与移动性管理功能(AMF)网元:执行注册、连接、可达性、移动性管理。

② 会话管理功能(Session Management Function,SMF)网元:负责隧道维护、IP地址分配和管理、UP功能选择、策略实施和QoS中的控制、计费数据采集、漫游等。

③ 用户面功能网元:分组路由转发、策略实施、流量报告、Qos处理。

④ 认证服务器功能(AUthentication Server Function,AUSF)网元:实现3GPP和非3GPP的接入认证。

⑤ 策略控制功能(Policy Control Function,PCF)网元:统一的策略框架,提供控制平面功能的策略规则,包括UE接入策略和QoS策略。

⑥ 统一数据管理(Unified Data Management,UDM)网元:生成3GPP AKA鉴权凭据,管理服务终端的网络功能注册,处理用户标识,管理短消息等。

⑦ 网络存储功能(Network Repository Function,NRF)网元:提供网络功能注册和发现,可以使网络功能相互发现并通过API进行通信。

⑧ 网络切片选择功能(Network Slice Selection Function,NSSF)网元:根据UE的切片选择辅助信息、签约信息等确定UE允许接入的网络切片实例。

⑨ 网络开放功能(Network Exposure Function,NEF)网元:对外提供各网络功能的能力,转换内外部信息。

⑩ 应用功能(Application Function,AF)网元:代表应用与5G网络其他控制网元进行交互,包括提供业务QoS策略需求、路由策略需求等。

5G核心网将控制面的网络功能进行解耦,相同的功能以网元的形式呈现,各网元摒弃了传统的点对点通信方式,采用了基于服务的接口(Service Based Interface,SBI)协议,其传输层统一采用了HTTP/2协议,应用层携带不同的服务消息,如图6.44所示。

应用到每个网络功能之上即服务化接口,也是5G网络架构图中提到的Nxxx接口(例如,AMF提供服务化接口Namf,SMF提供服务化接口Nsmf,等等)。因为底层的传输方式相同,所有的服务化接口就可以在同一总线(见图 6.43 中的虚线)上进行传输,这种通信方式可以理解为总线通信方式。所谓的“总线”在实际部署中是一台或几台路由器。5G 服务化架构中的控制面“总线”只进行基于 IP 协议的转发,而不会感知 IP 协议层之上的协议。

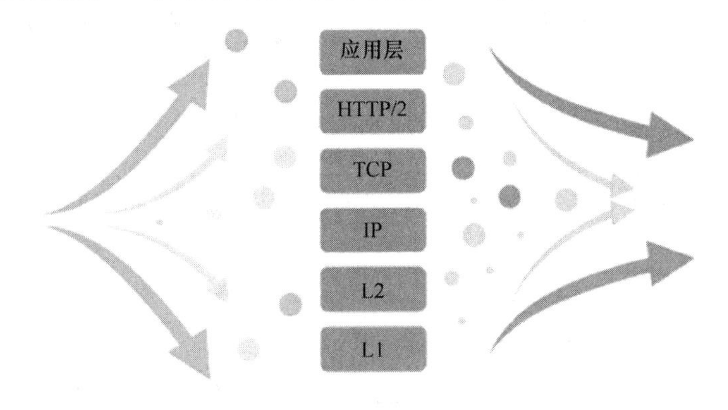

图 6.44　SBI 接口

3GPP 为了细化管理,每个网络功能在控制平面上又可以提供不同的服务。通过串联不同网络功能服务(Network Function Service,NFS),最终实现注册、可达性管理、会话管理、移动性管理等端到端的移动网络信令流程。每个网络功能都会有各自的 NFS,以 AMF 为例,它又包含 4 个 NFS(通信服务、被叫服务、事件开放、位置服务),最终实现接入控制等功能。目前 5G 核心网有几十个 NFS,后面可能会更多,为了解决多 NFS 维护的问题,3GPP 定义了 NRF 来负责所有 NFS 的自动化管理,包括注册、发现、状态检测。网络功能上电后会主动向 NRF 上报自身的 NFS 信息,并通过 NRF 来找到对应的对端 NFS。

6.4.2　核心网基本信令流程

为了满足移动互联网的各种业务需求,核心网定义了很多信令流程,有些流程是和具体业务相关的,比如定位流程、短消息流程,而有些流程是通用的,和具体业务无关,本小节仅介绍一些通用的基本信令流程,这些流程是大多数终端都会用到的。

1. 注册与移动性管理

在移动通信系统中,UE 一般处于不断移动的状态。移动性管理是指 5GC 根据 UE 的业务进行情况转换 UE 的状态,并保证 UE 在移动过程中的数据传输连续性。在 5GC 中,主要由 AMF 网元负责 UE 的注册与移动性管理功能,包括 UE 的注册和去注册、移动性限制和移动性模式管理等。UE 注册到 5GC 网络的目的在于网络能够认证用户并对用户数据业务进行授权,UE 注册到网络后,网络可以跟踪 UE 的位置并保障 UE 可达性。

如图 6.45 所示,5G 网络定义了 UE 的两种注册状态,分别是已注册状态以及去注册状态。在 UE 尚未注册到网络时,处于去注册状态,此时 UE 无法在网络中传输业务数据。在 UE 准备发送或接收业务数据之前,需要先完成到网络的注册,此时 UE 变为已注册状态。而当 UE 因为手机关机等从网络中注销时,会变成去注册状态。UE 的注册状态会保存在 UE 本地和 AMF 处。

图 6.46 为基本注册流程,即 UE 开机后发生的第一个和核心网交互的流程。

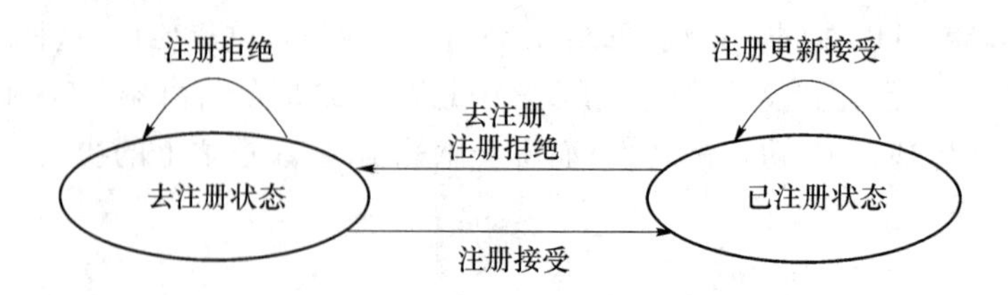

图 6.45 注册管理状态模型

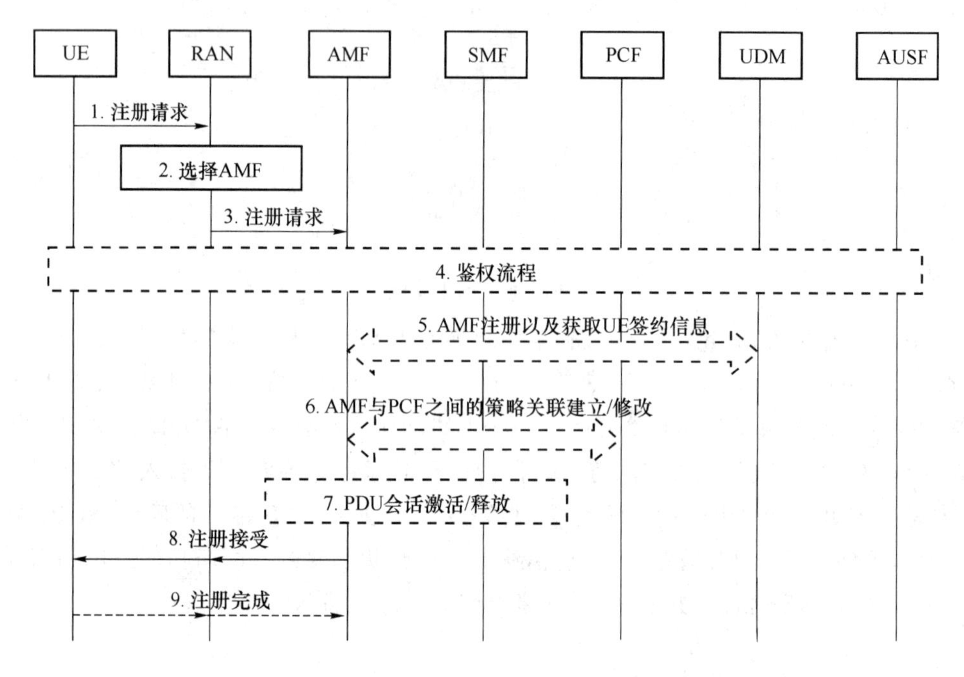

图 6.46 基本注册流程

① UE 向 RAN 发送接入网(Access Network,AN)消息,消息中包含 AN 参数和注册请求参数。AN 参数包括公共陆地移动网(Public Land Mobile Network,PLMN)标识、切片信息等,注册请求参数包括注册类型、UE 标识、UE 请求接入的网络切片以及安全参数等。

② RAN 根据 AN 参数选择 AMF,即 RAN 根据 AN 参数中的 PLMN 标识以及切片信息,选择该 PLMN 内支持该切片信息的 AMF。如果 RAN 无法选择合适的 AMF,则将注册请求转发给 RAN 中已配置的 AMF。

③ RAN 向 AMF 发送 N2 接口消息,消息中包含 N2 参数、注册请求参数。其中,N2 参数中包括 PLMN 标识、UE 驻留位置(如 Cell ID)等。

④ AMF 解析注册请求参数,其中:注册类型为初始注册;UE 标识包括用户永久标识(SUbscription Permanent Identifier,SUPI),即用户从运营商处购买的 USIM 卡标识符或者用户隐藏标识(SUbscription Concealed Identifier,SUCI),可以理解为加密的 SUPI(参考 6.5 节);AMF 可以通过调用 AUSF 服务发起针对 SUPI 或者 SUCI 的鉴权流程,目的是完成 UE 和网络之间的双向鉴权认证,检查彼此是否安全合法。鉴权成功后,AUSF 会向 AMF 发送 UE 的安全相关信息,如果是针对 SUCI 的鉴权,则 AUSF 会向 AMF 返回 SUPI。

⑤ AMF 选择 UDM,并根据需要完成到 UDM 的注册,在此过程中,UDM 需要存储服务于该 UE 的 AMF 信息。如果 AMF 没有 UE 的签约信息,则会通过 SUPI 向 UDM 获取,其中,签约信息包括接入与移动性签约数据、SMF 选择签约数据等。

⑥ AMF 选择 PCF,并发起接入与移动性管理(Access and Mobility management,AM)策略关联建立/修改流程,用于获取与 UE 相关的接入和移动性策略信息(如服务区域限制)。

⑦ 如果步骤 1 的注册请求中包含待激活的 PDU 会话列表,则 AMF 会向与 PDU 会话关联的 SMF 发送请求,以激活这些 PDU 会话的用户面连接。当 UE 侧释放了 PDU 会话或者网络侧不再支持相应的 PDU 会话时,则 AMF 会向 SMF 触发这些与 PDU 会话相关的网络资源的释放流程。

⑧ AMF 向 UE 发送注册接受消息,指示注册请求已被接受,消息中携带了网络侧为 UE 分配的相关参数(包括注册区域、移动性限制、PDU 会话状态以及允许接入的网络切片等)。

⑨ 如果 UE 在步骤 8 中接收到了特定的配置指示,则当 UE 更新成功后,会向 AMF 发送注册完成消息。

需要说明的是,初始注册流程里的 SUPI 并不是用户的电话号码,用户的电话号码仅作为签约数据存储于 UDM,用于网络生成针对电话号码的计费信息,如统计电话号码使用的流量。

除了初始注册,注册流程还用于移动性注册更新和周期性注册更新。当 UE 处于连接态或空闲态并移动到 UE 的注册区域之外,或者当 UE 需要更新其在注册过程中协商的能力或协议参数时,会发起移动性注册更新。当 AMF 提供给 UE 的周期性注册更新计时器超时后,会发起周期性注册更新,其作用是 5GC 可以确定 UE 处于可达状态(参考 6.4.2 节的可达性管理)。这些注册流程和初始流程在执行步骤和具体参数上都有所差异,这里不再详细描述。

当 UE 注册到网络后,如果 UE 关机或者进入飞行模式,UE 可以主动发起去注册流程告知网络其不再需要接入 5G 系统,同样网络也可以发起去注册流程告知 UE 无法再次接入网络,具体的原因包括因欠费引起的 UE 签约信息改变等。

2. 可达性管理

可达性管理主要通过寻呼 UE 和跟踪 UE 的位置来检测 UE 是否可达(也就是说网络能够找到用户并可以建立连接)。核心网负责对空闲态(也称为 CM-IDLE 态)UE 的可达性进行管理,Ng-RAN 负责对连接态(也称为 CM-CONNECTED 态)UE 的可达性进行管理。

当 UE 处于空闲态时,核心网对于 UE 位置的感知范围为跟踪区列表(Tracking Area List),当核心网收到下行数据或者信令时,通过寻呼 UE 使其进入连接态。当 UE 处于连接态时,核心网对 UE 位置的感知范围为 RAN 节点的覆盖范围,当网络收到下行数据或者信令后,可以直接通过该小区对应的 RAN 节点向 UE 发送。3GPP 标准定义了注册区(Registration Area,RA)来管理在网络中注册的 UE 的区域范围。跟踪区(Tracking Area,TA)是核心网管理的最小位置区域,网络为每个 UE 配置的注册区域为一个或者多个跟踪区,称为跟踪区列表。

UE 的可达性管理包括时间和空间两个维度。

从时间维度看,对于空闲态 UE,AMF 会为其配置周期性注册定时器。在周期性注册定时器超时后,UE 进行周期性注册,以向 AMF 表明其可达。在 AMF 侧,即网络侧,当处于注册状态的 UE 变为空闲态时,AMF 为 UE 运行一个移动可达定时器,其时长略大于分配给 UE 的周期性注册定时器的值。当移动可达定时器到期后,因为不知道 UE 是否由于移动到了信号覆盖不好的地方而短暂地不可达,AMF 不会立即去注册 UE,而是启动隐式去注册定时器,在隐式去注册定时器启动时,网络不会再寻呼用户。若 UE 在隐式去注册定时器超时后仍未连接网络进入连接态,AMF 会发起对 UE 的隐式去注册,UE 此时处于去注册状态。

从空间维度看,如果空闲态UE在网络配置的区域范围内,那么UE可以自由移动,而不需要与网络进行信息交互。一旦UE移出网络配置的区域范围外就需要向网络再次发起注册请求(移动性注册更新)。UE在注册过程中,会得到来自AMF的注册区域信息,从而当UE由连接态变为空闲态时,AMF仍可以通过注册区域的维度来获知UE的位置信息。如果由于UE位置移动,超出了注册区域的范围,UE就会再次进行移动性注册的流程。由于UE已不在原来的注册区域,所以AMF会基于UE此时更新后的位置信息,来分配新的注册区域。

在UE处于空闲态时,如果网络有需要发送的数据或者信令,AMF则会在注册区域内对UE进行寻呼,具体寻呼流程如图6.47所示。

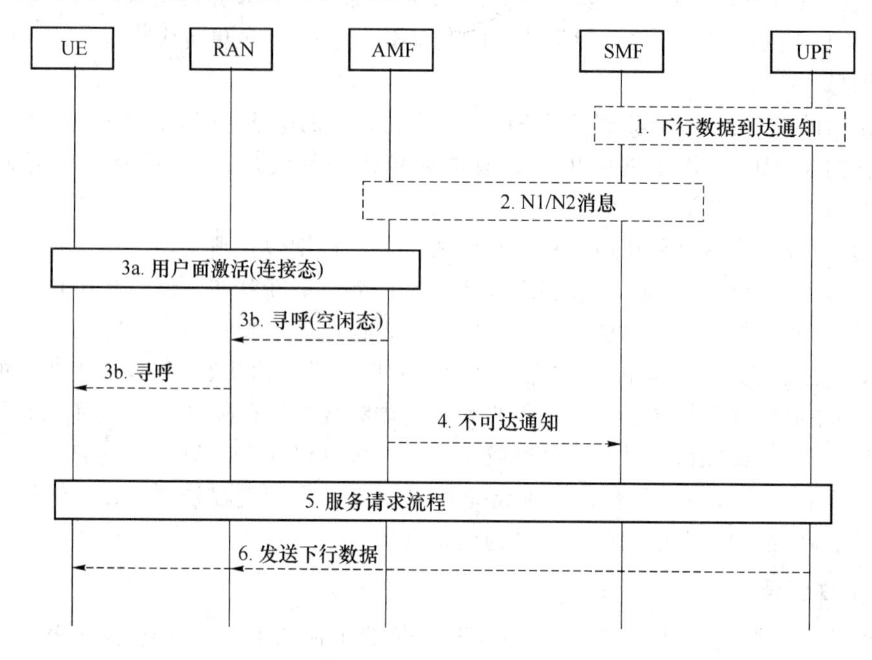

图6.47 寻呼流程

① UPF收到来自PDU会话的下行数据包,UPF缓存下行数据并向SMF发送数据通知消息。

② SMF接收到UPF发送的数据通知消息后,调用AMF提供的N1/N2接口消息传输请求服务,传输请求中包含会话信息、QoS信息以及UPF侧的用户面GPRS隧道协议(General packet radio service Tunneling Protocol for the User plane,GTPU)隧道信息。

③ AMF收到来自SMF的传输请求后,会先行判断UE的状态:如果UE是连接态(对应图6.47中的3a),则会直接向RAN节点发送会话和QoS信息,用于建立无线承载(参考6.4.2节QoS管理);如果UE是IDLE态(对应图6.47中的3b),AMF向UE注册区域内的所有RAN节点发送寻呼的消息,然后RAN节点开始寻呼UE。

④ 如果AMF启动了寻呼,会设置一个定时器,如果在定时器设置的期限里没有收到UE的回应,AMF会通知SMF UE不可达。

⑤ 当IDLE的UE收到寻呼请求后,会发起服务请求流程。AMF从注册区域内的某个RAN节点收到UE发起的服务请求,确定该UE处于连接态,则向RAN节点发送会话和QoS信息,用于建立无线承载。

⑥ RAN节点建立无线承载后,向AMF返回RAN侧的GTPU隧道信息。AMF收到信息后将其转发给SMF,SMF指示UPF将之前缓存的数据通过GTPU隧道发送给RAN节点

并由 RAN 节点通过无线承载发送给 UE。

3. QoS 管理

QoS 的目的是在资源有限的情况下,“按需定制”,为业务提供差异化服务质量的网络服务。QoS 通常有两种含义,一是服务质量怎么样,即表征 QoS 的具体指标(参数);二是如何保证这些指标,即实现 QoS 的机制。

如果把 5G 数据通信看作交通运输,那么用户面就是道路,业务数据就是道路上运输的乘客或物资。不同的运输需求可以使用不同的道路来实现,如一般车辆运输使用普通公路,公交车可以使用公交车专用车道。根据运输业务的需求铺设、分配道路的过程就是数据通信中的信令过程。相应地,QoS 就是运输得怎么样,能不能把必要的物资在必要的时间内运送到目的地,也就是满不满足客户的需求。

在移动网络中,要传输业务数据,首先要有“数据通路”,在 5G 中称之为 QoS Flow。QoS Flow 是端到端 QoS 控制的最小粒度,即相同 QoS Flow 上的所有数据流将获得相同的 QoS 保障,不同的 QoS 保障需要不同的通路来提供。一个终端最多可以建立 64 个 QoS Flow。终端建立会话时会有默认的 QoS Flow,当默认的 QoS Flow 不能满足业务需求时会建立专有的 QoS Flow。

有了 QoS Flow 之后,还需要发送数据包的一方首先进行业务识别,即判断给定数据包来自哪种业务,比如微信、淘宝或者优酷;然后再进行业务分流,即根据不同的业务类型,把数据包放到不同的 QoS Flow 上去,一般 TCP/IP 网络用五元组(源 IP 地址、目的 IP 地址、源端口、目的端口、协议号)来识别一个业务。5G 中在下行方向(UPF→UE)UPF 使用转发规则执行业务流到数据通道的绑定,在上行方向(UE→UPF)终端使用 QoS 规则执行业务流到数据通道的绑定。需要注意的是,5G 系统采用了两级映射机制,第一级是业务到 QoS Flow 的绑定,第二级是 QoS Flow 到无线承载的映射。第二级映射下行方向是由 RAN 执行的,上行方向是由终端执行的。两级映射机制使 CN 和 RAN 实现功能解耦,由 RAN 自主决策空口如何承载 QoS Flow,这就使得 5G CN 可以适配各种接入技术(如固网接入、Wi-Fi 接入等)。上述 QoS Flow、业务识别、两级映射等概念如图 6.48 所示。

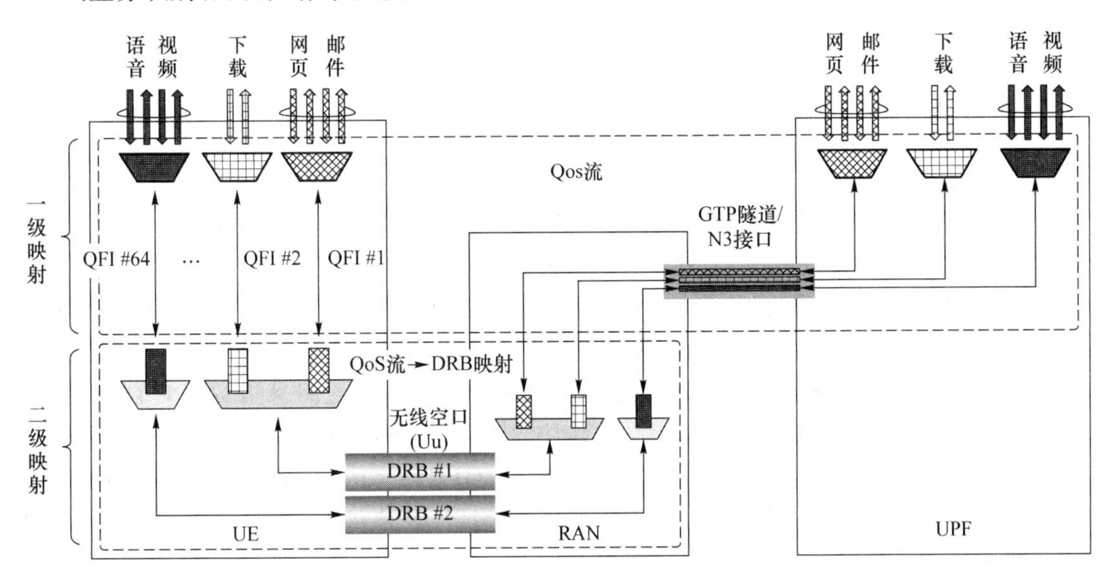

图 6.48　QoS 模型

5G QoS参数可以从ARP、5QI、xBR 3个维度评价,具体如下。

- ARP:5G使用分配保留优先级(Allocation and Retention Priority,ARP)来标识业务获取通路(主要是空口)的能力,也就是用ARP来控制QoS Flow建立、修改的优先级。在资源不足时,高优先级的数据通路会抢占低优先级的数据通路。
- 5QI:5G的QoS等级标识(5G QoS Identifier,5QI)是业务质量的索引,代表了资源类型、优先级、错包率、时延预算等一组参数的取值集合。其中,资源类型表示该数据通路是不是保障带宽的,时延预算标识该数据通路允许的最大时延,优先级表示当出现拥塞时优先调度哪个通路,每个5QI一般对应一组典型业务QoS需求,如5QI=1对应交互类语音,其时延预算为100 ms,错包率为1%,资源类型为保障带宽,优先级为20(较高)。定义了索引之后,核心网不需要传递全部参数,只传递索引值就可以将一组QoS信息通知无线侧,减少了网元间的参数传递。
- xBR:5G的通路都可以分为3种资源类型,即保证比特速率(Guaranteed Bit Rate,GBR)通路、非保证比特速率(Non-Guaranteed Bit Rate,Non-GBR)通路和时延敏感GBR通路。3种通路的带宽保障不同。对GBR通路,每条通路都有自己的带宽参数,定义该通路"保证的带宽"和"可能的最大带宽"。对Non-GBR通路,每条通路都没有自己的带宽参数,而是一组Non-GBR通路共用一个最大带宽,称为聚合最大比特率(Aggregate Maximum Bit Rate,AMBR)。时延敏感GBR是为适应5G物联网的低时延场景而定义的,其中对物联网低时延场景的最大数据突发的字节数(即缺省最大数据突发量)进行了规定。

4. 会话管理

为了与数据网络进行通信,UE首先需要建立一个或多个PDU会话。在这个过程中,5G网络为该PDU会话分配用户面传输资源,以建立数据通道、传递数据包并保证业务端到端的传输质量。终端可以连接不同类型的数据网络,比如Internet、企业专网、运营商自建的IP多媒体子系统网络(IP Multimedia Subsystem,IMS)等。为了满足包括垂直行业在内的更多场景的会话管理(Session Management,SM)需求,5G网络支持多种PDU会话类型。

- IPv4:此类会话用于承载IPv4协议报文。
- IPv6:此类会话用于承载IPv6协议报文。
- IPv4v6:此类会话用于承载IPv4或IPv6协议报文。
- Ethernet:此类会话用于承载以太网帧报文,主要用于工业、局域网等场景。
- Unstructured:此类会话用于承载非结构化报文,包括非标准化协议或对于5G网络来说协议未知的协议报文,主要用于物联网等场景。

用于PDU会话报文传输的用户面协议栈如图6.49所示。终端与5G AN之间的协议栈已在6.2.1节介绍,不同接入网采用的协议栈是不同的,比如3GPP接入网络和非3GPP接入网络要采用不同的协议栈。AN与UPF之间以及UPF与UPF之间采用GTPU隧道协议。所谓隧道协议,指的是使用一种网络协议(发送协议)将另一种网络协议封装到负载部分并进行发送。具体到GTPU,其发送协议是GTPU,采用3GPP定义的GTPU协议头,其负载部分封装的是UE使用的PDU层协议。GTPU承载在UDP/IP协议上,使用AN/UPF的IP地址作为源或者目的地址,这样当终端移动到另一个AN时,只需要修改GTPU的IP地址即可,PDU层报文不需要感知移动性。终端与AN间的协议栈及核心网GTPU之上承载UE到锚点UPF的PDU层,PDU层协议可以是IPv4、IPv6、以太网或非结构化用户报文。AN与锚点 UPF 之间可能存在一个或多个中间 UPF，如在 MEC 场景下可以插入一个 local UPF 用于本地分流，将在 7.1.7 节介绍。

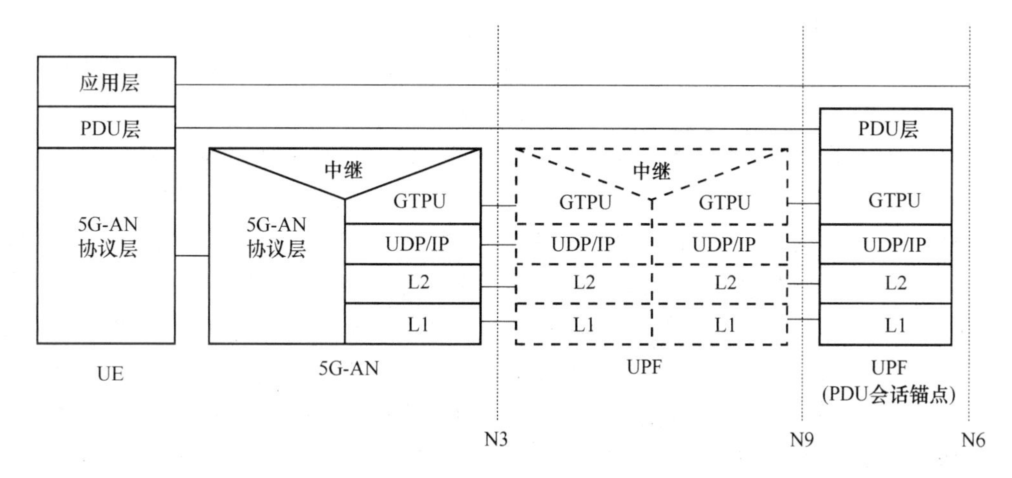

图 6.49　用户面协议栈

在 5G 网络中，业务场景更加多样，为了满足不同业务对连续性的不同要求，PDU 会话和标识它的 IP 地址锚定在 PDU 会话锚点（PDU Session Anchor，PSA）。5G 系统用户面（User Plane，UP）支持图 6.50 所示的 3 种会话连续性模式（SSC Mode）。

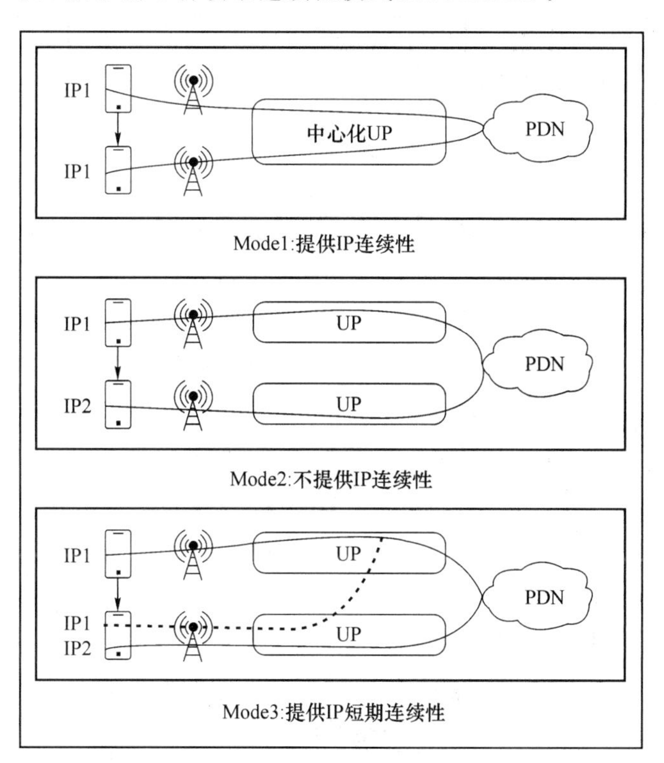

图 6.50　SSC Mode 场景示意图

- SSC Mode1：提供 IP 连续性。对于 SSC Mode1 的 PDU 会话，网络提供给终端的 IP 地址与为 UE 选择的锚点 UPF 保持不变，如果 UE 的移动范围很大，当前接入的 AN 无法直接连接锚点 UPF，则会在路径上插入中间 UPF。SSC Mode1 适用于 IMS 语音等对IP连续性有高要求的应用。

- SSC Mode2:不提供IP连续性。当SMF确定提供服务的UPF需要改变时,如当前用户面路径不是最优路径,SMF会请求终端释放原PDU会话,重新建立一个新的到相同数据网络的PDU会话,为重新建立的PDU会话选择新的UPF(先断后连),可以根据用户、网络以及应用的实时情况动态地选择最优的数据路径,提高网络效率。SSC Mode2适用于缓存类的视频业务等对于业务连续性要求不高,允许业务出现短暂中断的应用。
- SSC Mode3:提供IP短期连续性。当SMF决定需要切换会话路径时,如UE移动导致原会话的用户面路径不是最优路径,SMF会请求UE重新建立一个新的到相同数据网络的PDU会话,为重新建立的PDU会话选择新的UPF,并在定时器到时或与该数据网络相关的业务流已转移到新会话上后,请求UE释放原PDU会话(先连后断)。该模式适用于支持多径TCP(MPTCP)的终端,这些终端可以在两个PDU会话间切换多径子流来维持业务层的连续性。

一个PDU会话的SSC Mode在该会话的生命周期里保持不变。当已有PDU会话的SSC Mode不满足应用要求时,终端需要为应用建立新的PDU会话。

PDU会话(简称"会话")建立流程用于为UE创建一个新的PDU会话,并分配UE与锚点UPF之间端到端的用户面连接资源。会话建立流程如图6.51所示。

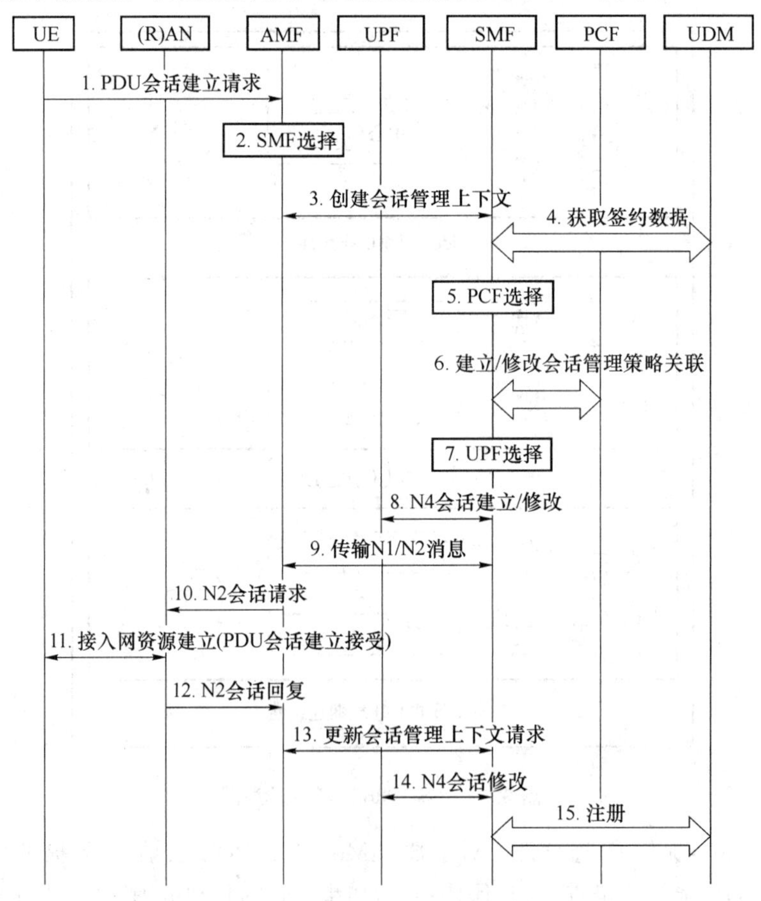

图6.51　会话建立流程

① UE 向 AMF 发送会话建立请求消息。会话建立请求消息包含会话标识、会话类型、数据网络名称(Data Network Name,DNN)、SSC Mode、单一网络切片辅助选择信息(Single Network Slice Selection Assistance Information,S-NSSAI)等会话建立所需参数。其中会话类型表示该会话使用的 PDU 层协议,DNN 表示该会话请求连接的外部网络。

② AMF 根据 DNN、S-NSSAI、签约数据等为会话选择合适的 SMF。如果终端针对同一个切片和数据网络建立了多个会话,AMF 会优先选择同一个 SMF 服务该终端的多个会话。

③ AMF 调用选择的 SMF 会话创建服务,以触发会话建立。

④ SMF 从 UDM 中获取会话管理签约数据,包括用户允许的会话类型、SSC Mode 等。

⑤ SMF 为该会话选择 PCF。

⑥SMF 与 PCF 之间建立会话管理策略连接,并获取会话策略规则。会话策略包括授权会话的最大带宽以及缺省 QoS flow 对应的 5QI 和 ARP(参考 6.4.2 节 QoS 管理)。

⑦ SMF 根据 SSC Mode 以及是否部署了移动边缘计算等因素选择 UPF。

⑧ SMF 配置 UPF 的转发规则,分配 GTPU 隧道信息(UPF 侧),包括 IP 地址和隧道端点标识。由于此时 UPF 还没有获取 AN 侧的隧道信息,收到针对终端的下行报文后,需要将其缓存到本地。

⑨ SMF 向 AMF 传递 N1/N2 消息,其中包含发送给终端的会话建立接受消息(N1)以及发送给基站的会话信息(N2)。N1 会话建立响应消息,包含分配给终端的 IP 地址、允许的 SSC Mode、会话的最大带宽、网络提供给终端的其他参数(如 DNS 服务器地址、IMS 网络呼叫代理服务器地址等),N2 会话信息包含发送给基站的 UPF 侧隧道信息、QoS 配置文件等参数。

⑩ AMF 向 AN 发送 N2 会话请求,包含步骤 9 的会话建立接受信息。

⑪ AN 向终端发送会话建立接受消息,基于 N2 会话信息里的 QoS 模板等参数建立无线资源,并分配 GTPU 隧道信息(AN 侧)。由于此时 AN 已经获取 UPF 侧隧道信息,在收到终端的上行报文后,可以直接将其发送给 UPF,由 UPF 发送给数据网络。

⑫ AN 向 AMF 返回会话应答消息,包含 AN 侧分配的 GTPU 隧道信息。

⑬ AMF 调用 SMF 的更新会话上下文服务。

⑭ AMF 更新 UPF 的转发规则,提供 AN 侧的隧道信息,UPF 收到下行报文后,将其发送给对应的 AN 节点,端到端用户面连接建立完成。

⑮ SMF 把自己和 UE 的绑定关系注册到 UDM。

会话建立完成后,会话的属性可能发生修改并触发会话修改流程。最典型的会话修改流程包括增加、修改或者删除 QoS Flow 等。当 UE 发起一个新的业务后,如果当前会话的 QoS Flow 不能满足该业务的 QoS 需求,则该业务对应的服务器会向网络的 PCF 提供业务需求,如所需的带宽等。PCF 根据 UE 的签约信息确定是否接受该需求,如果接受则生成新的 QoS 规则,PCF 下发 QoS 规则给 SMF。SMF 将根据 QoS 规则,确定 QoS Flow 信息(QoS Flow 标识、业务和 QoS Flow 的映射关系、QoS 参数等),并通过将 QoS Flow 的相关信息分别知会 UPF/RAN/UE,指示其如何处理数据包。

一般情况,终端完成业务后并不会释放会话,当终端关闭数据连接后,其才会主动发起会话释放流程。网络也可以指示终端发起会话释放,比如对于 SSC Mode 2 会话,当会话的用户面路径不是最优路径时,SMF 可以触发会话释放。

6.5 5G安全机制

6.5.1 5G网络安全域

5G核心网架构包含SA与NSA两种组网架构,标准上5G基于4G安全架构演进增强。5G核心网负责用户身份认证,保护用户签约信息。5G安全域与4G安全域基本一致,因为5G采用了服务化架构(Service-Based Architecture,SBA),所以有一个新的SBA域安全(Ⅴ)。同时,5G还增强了UE归属域环境(Home Environment,HE)和服务域网络(Serving Network,SN)之间的漫游安全,5G安全架构如图6.52所示。HE是包含用户配置文件、标识符和订阅信息的数据库,SN是UE可以接入的通信网络(例如基站的无线网络),可以是归属地网络,也可以是访问地网络。

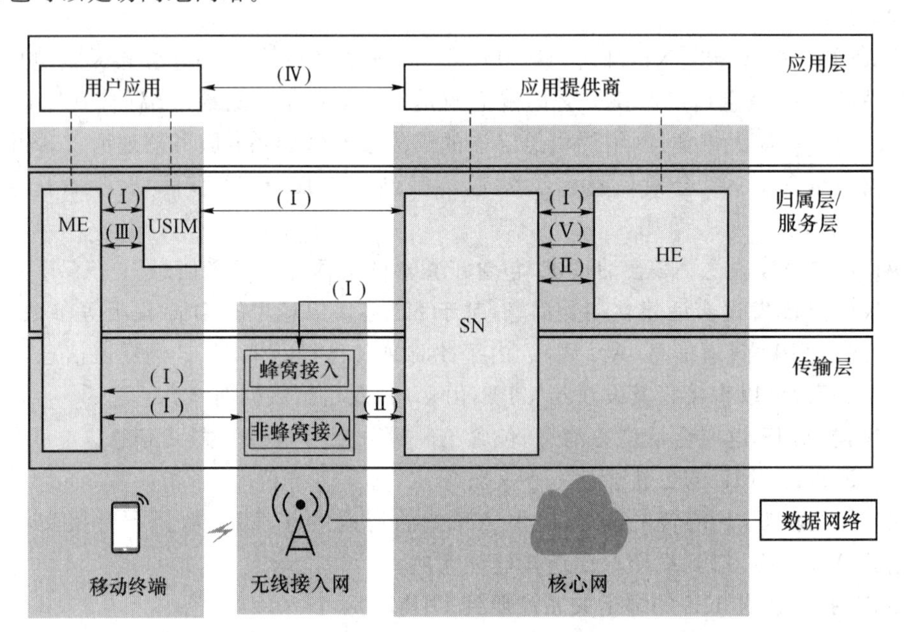

图6.52 5G安全架构

移动网络按照分层分域的原则来设计网络的安全架构,5G的安全架构主要分成如下几个域。

① 网络接入安全(Ⅰ):一组安全特性,使UE安全地通过网络进行认证和业务接入,包括3GPP接入和非3GPP接入,特别是保护对(空中)接口的攻击。它包括从服务网络到接入网络的安全上下文的传递,以实现接入安全性。具体的安全机制包括双向接入认证、传输加密和完整性保护等。

② 网络域安全(Ⅱ):一组安全特性,用于使网络节点能够安全地交换信令数据、用户面数据。网络域安全定义了接入网和核心网之间接口的安全特性,以及服务网络到归属网络之间接口的安全特性。5G接入网和核心网分离,边界清晰,接入网和核心网之间的接口可采用安

全机制(如 IPSec)等,实现安全分离和安全防护。

③ 用户域安全(Ⅲ):一组安全特性,让用户安全地访问移动设备。终端内部通过 PIN 码等安全机制来保护终端和 USIM 卡之间的安全。

④ 应用域安全(Ⅳ):一组安全特性,使用户域(终端)的应用和提供者域(应用服务器)的应用能够安全地交换消息。本域的安全机制对整个移动网络是透明的,需应用提供商进行保障。

⑤ SBA 安全(Ⅴ):一组安全特性,使 SBA 架构的网络功能能够在服务网络域内以及在服务网络域和其他网络域间安全地通信。这些特性包括网络功能注册、发现、授权安全等方面,以及保护服务化的接口。这是 5G 新增的安全域。5G 核心网使用 SBA 架构,需要相应的安全机制保证 5G 核心网 SBA 网络功能之间的安全。该域主要的安全机制包括传输层安全性协议(TLS)、开放式授权(OAUTH)等。

⑥ 安全可视化和可配置(Ⅵ):一组安全特性,使用户获知安全性能是否在运作中。注:安全可视化和可配置在图 6.52 中不可见 。5G 安全架构又可分为应用层(Application Stratum)、归属层(Home Stratum)、服务层(Serving Stratum)与传输层(Transport Stratum),这四层间是安全隔离的。

- 传输层:最底层的传输层安全敏感度较低,包含终端部分功能、全部的基站功能和部分的核心网功能(如 UPF),基站和这部分的核心网功能不接触用户敏感数据,如用户永久标识、用户的根密钥等,仅管理密钥架构中的低层密钥,如用户接入密钥。低层密钥可以根据归属与服务层的高层密钥进行推导、替换和更新,而低层密钥不能推导出高层密钥。
- 服务层:服务层安全敏感度略高,包括运营商服务网络的部分核心网功能,如 AMF、NRF(网络注册功能)、SEPP(安全保护代理)、NEF 等。这部分的核心网功能不接触用户的根密钥,仅管理密钥架构中的中层衍生密钥,如 AMF 密钥。中层衍生密钥可以根据归属层的高层密钥进行推导、替换和更新,而中层密钥不能推导出高层密钥。这一层的安全架构不涉及基站。
- 归属层:归属层安全敏感度较高,包含终端的 USIM 卡和运营商归属网络的核心网 AUSF、UDM 功能,因此包含的数据有用户敏感数据(如用户永久标识)、用户的根密钥和高层密钥等。这一层的安全架构不涉及基站和核心网的其他部分功能。
- 应用层:应用层和业务提供者强相关,和运营商网络弱相关。对安全性要求较高的业务,除了传输安全保障之外,应用层也要做端到端的安全保护。

5G 系统架构引入了新的安全功能逻辑网元。

① 认证服务器功能(AUthentication Server Function,AUSF):统一处理所有 3GPP 接入和非 3GPP 接入的认证请求,仅在认证成功后将 SUPI 提供给服务网络,将认证结果通知给 UDM。

② 认证凭证存储和处理功能(Authentication credential Repository and Processing Function,ARPF):存储所有 UE 的身份信息和认证凭证,并基于 UE 的身份和凭证生成相应的认证向量。

③ 用户标识去隐藏功能(Subscription Identifier De-concealing Function,SIDF):根据 SUCI 中的加密信息,解密出 SUPI 用户明文信息;存储与 SUCI 解密相关的私钥等参数。

④ 安全锚点功能(SEcurity Anchor Function,SEAF):通过服务网络中的AMF提供认证功能,支持使用SUCI的主认证。

⑤ 安全保护代理(SEcurity Protection Proxy,SEPP):在漫游体系结构中,保护属地和拜访网络间的控制平面通信。

6.5.2 5G网络认证机制

UE在接入网络获取服务时,网络需要对UE进行认证。UE对接入的网络也需要执行认证,保证接入的网络为合法的。为了支持UE与网络的双向认证,5G为3GPP接入和非3GPP接入的认证方法提供了统一的认证架构,以适应不同UE类型和不同网络接入类型。5G系统必须支持5G AKA和EAP-AKA′的认证方法,详细如表6.14所示。在实际应用中,运营商可以根据自己的策略选择所需的认证方法。

表6.14 5G网络认证机制

认证方法	简 介	适用接入类型	认证网元	认证向量
5G AKA	EPS AKA的增强,增加了归属网络认证确认流程	3GPP	AMF和AUSF	四元组包含RAND、AUTN、XRES*、K_{AUSF}
EAP-AKA′	基于USIM的EAP认证方式	3GPP和非3GPP	AUSF	五元组包含RAND、AUTN、XRES、CK′、IK′

对表6.14中的认证向量参数说明如下。

① 随机数(Random Challenge,RAND):是网络提供给UE的不可预知的随机数。

② 鉴权令牌(Authentication Token,AUTN):作用是提供信息给UE,使UE可以用它来对网络进行鉴权。

③ 预期响应(Expected Response,XRES):是期望的UE鉴权响应参数,用于和UE产生的RES(或RES+RES_EXT)进行比较,以决定鉴权是否成功。

④ K_{AUSF}:用于AUSF认证过程的密钥,通过ME和ARPF内的CK和IK推导而来。K_{AUSF}作为来自ARPF的5G HE AV的一部分由AUSF接收。

⑤ CK′、IK′:EAP-AKA′鉴权流程中推演出来的密钥。

根据5G切换认证标准中的定义,5G网络认证向量的生成过程如下:首先产生序列号SQN和随机值RAND,之后利用加解密函数 $f_1 \sim f_5$ 计算消息鉴别码(Message Authentication Code,MAC)及密钥,包括CK、IK、认证哈希值(XRES)等,随后利用相关定义式计算出AUTN、K_{AUSF}以及CK′、IK′,最终得到一个认证四元组向量(AUTN、XRES*、RAND、K_{AUSF})或五元组向量(AUTN、XRES、RAND、CK′、IK′)。

1. 5G AKA认证流程

5G AKA用于3GPP接入的认证,在4G EPS AKA的基础上增加了归属网络认证确认流程,以防欺诈攻击。相较于4G EPS AKA由MME完成认证功能,5G AKA由AMF和AUSF共同完成认证功能,AMF负责服务网络认证,AUSF负责归属网络认证。

5G AKA认证流程如图6.53所示。

① 将认证流程分为获取认证数据、UE和服务网络双向认证、归属网络认证确认3个子流程。

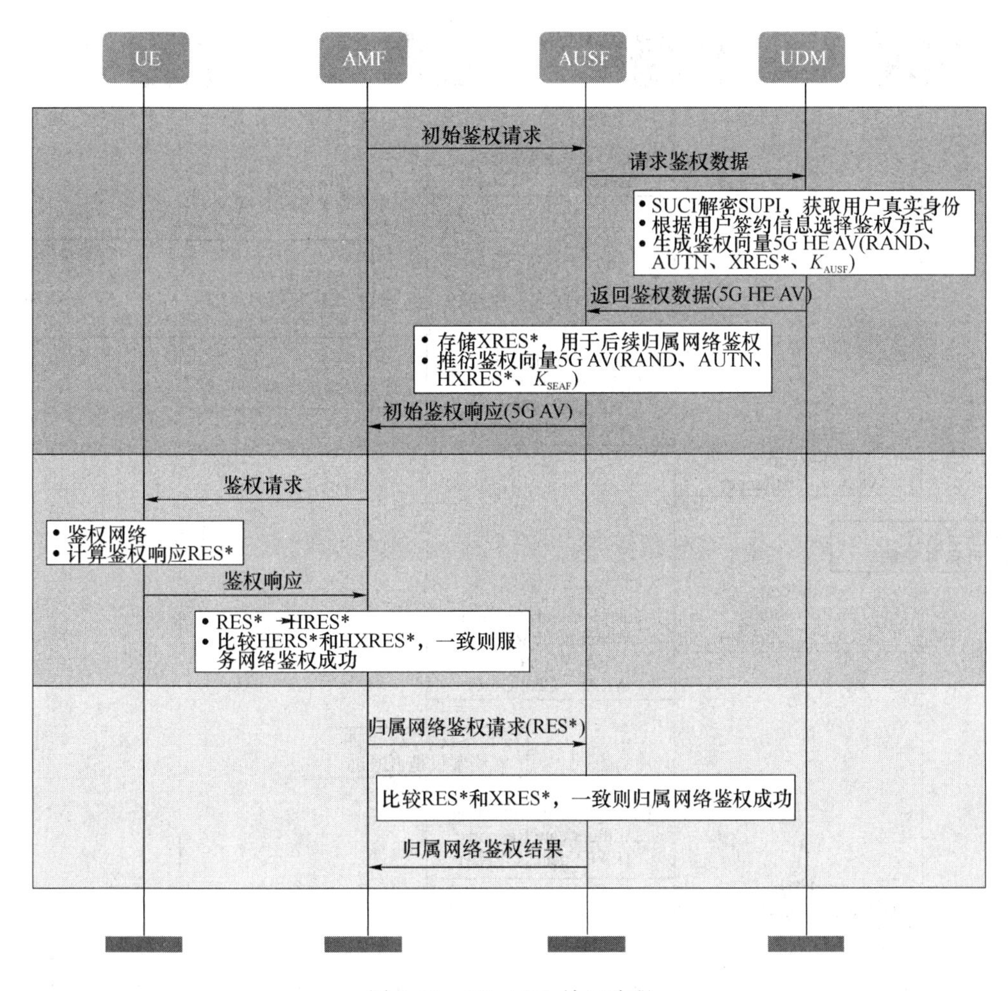

图 6.53　5G AKA 认证流程

② 获取认证数据：在 5G 中，AMF 首先向 AUSF 发起初始认证请求，AUSF 向 UDM 请求认证数据。UDM 完成 SUCI→SUPI 解密，根据用户签约信息选择认证方式并生成对应的认证向量。在 5G AKA 认证中一次只能获取一个认证向量，且 AUSF 会做一次推衍转换。

③ UE 和服务网络双向认证：

a. UE 根据 AUTN 认证网络，验证通过后计算认证响应并将其发送给核心网；

b. 服务网络认证 UE，AMF 验证 UE 返回的认证响应并判断服务网络认证是否通过。

④ 归属网络认证确认：5G 新增流程，AMF 将 UE 的认证响应发给 AUSF，AUSF 验证 UE 的认证响应并给出归属网络认证确认结果。

2. EAP-AKA′认证流程

EAP-AKA′是一种基于 USIM 的扩展认证协议（Extensible Authentication Protocol，EAP）方式，用于 3GPP 接入和非 3GPP 接入的认证。相较于 5G AKA 方式，在 EAP-AKA′认证流程中由 AUSF 承担鉴权职责，AMF 只负责推衍密钥和透传 EAP 消息。

EAP-AKA′认证流程如图 6.54 所示。

① AMF 首先向 AUSF 发起初始鉴权请求，AUSF 向 UDM 请求鉴权数据。UDM 完成 SUCI→SUPI 解密，根据用户签约信息选择鉴权方式并生成对应的鉴权向量，下发给 AUSF。

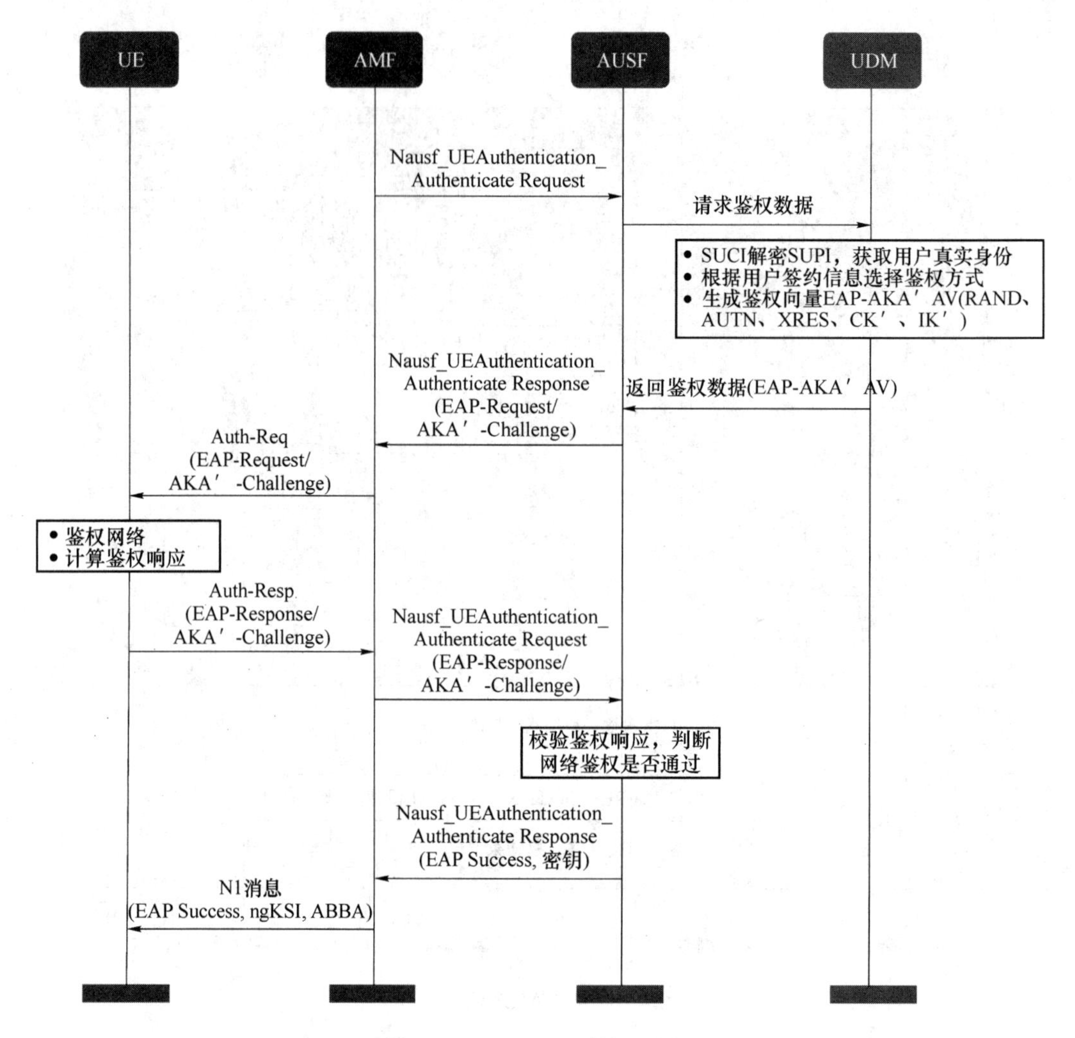

图 6.54 EAP-AKA′认证流程

② AUSF 内部处理后下发 EAP-Challenge 消息，携带 AT-RAND、AT-AUTN、AT-MAC(保护 EAP 消息的完整性)。

③ AMF 透传 EAP 消息给 UE。

④ UE 根据 AT-MAC 验证消息的完整性，根据 AT-AUTN 验证网络。验证通过后，计算鉴权响应 RES 和 AT-MAC(保护响应消息)。

⑤ AMF 透传 EAP 消息给 AUSF。

⑥ AUSF 根据 AT-MAC 验证消息的完整性，比较 RES 和 XRES 并验证 UE 的合法性，如果验证通过，则鉴权通过。AUSF 下发 EAP-Success 消息，消息中包含根密钥。

⑦ AMF 使用根密钥推导后续 NAS 和空口密钥，以及非 3GPP 接入使用的密钥。

6.5.3 5G 网络密钥架构和推衍机制

1. 密钥分层派生架构

① 图 6.55 中的 4 个密钥(K_{RRCint}、K_{RRCenc}、K_{UPint}、K_{UPenc})为空口加密和完整性保护的密钥，

由根密钥 K 分层派生而来，其分类说明如表 6.15 所示。

② 图 6.55 左侧为网络侧，由归属的公共陆地移动通信网络（Home Public Land Mobile Network，HPLMN）和服务网络（Serving Network）组成。

③ 图 6.55 右侧为 UE 侧，由 USIM 和 ME 组成，USIM 提供用户身份识别，ME 提供应用和服务。

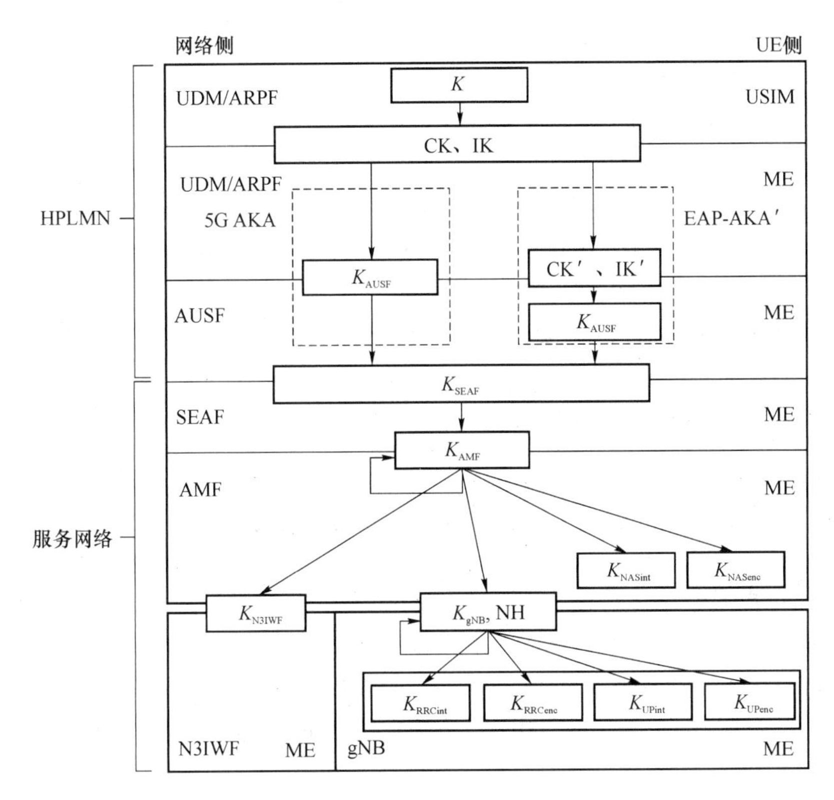

图 6.55　密钥分层派生架构

2. 密钥分层派生说明

当加密和完整性保护密钥更新频率较高时，如果直接使用根密钥作为加密和完整性保护的密钥，则用根密钥加密的密文会频繁地出现在不安全的环境中，攻击者可以通过分析大量密文破解出根密钥。为降低根密钥泄露风险，需进行密钥分层派生。加密和完整性保护使用不同密钥，信令面和用户面也使用不同密钥，密钥分层派生，以提高密钥管理的安全性。

密钥分类说明如表 6.15 所示。

表 6.15　密钥分类说明

密　钥	说　明
K	根密钥。保存在 UE 的 USIM 和运营商的 UDM 中。这个密钥不会在网络中或者 UE 内部传输，每个用户唯一，通过国际移动用户标识（International Mobile Subscriber Indentity，IMSI）或移动设备标识符（Mobile Equipment IDentifier，MEID）计算得到
CK、IK	鉴权流程中产生的中间密钥。CK 即 Cipher Key，IK 即 Integrity Key。通过 USIM 和 UDM，在一次认证过程中，由鉴权随机数和 K 通过一定算法运算产生，因此会随时更新

续表

密　钥	说　明
CK′、IK′	EAP-AKA′鉴权流程中推演出来的中间密钥
K_{AUSF}	在 EAP-AKA′的情况下,由 ME 和鉴权服务功能 AUSF 从 CK′、IK′派生 在 5G AKA 的情况下,由 ME 和认证凭证存储与处理功能 ARPF 从 CK、IK 派生
K_{SEAF}	SEAF 为安全锚点功能,K_{SEAF}为锚点密钥,由 ME 和 AUSF 从 K_{AUSF}派生,由 AUSF 提供给服务网络中的安全锚点功能 SEAF
K_{AMF}	由 ME 和 SEAF 从 K_{SEAF}派生出来的密钥
K_{NASint}、K_{NASenc}	NAS 的完整性保护密钥和加密密钥 • K_{NASint}:由 ME 和 AMF 从 K_{AMF}派生,用于对 NAS 信令进行完整性保护 • K_{NASenc}:由 ME 和 AMF 从 K_{AMF}派生,用于对 NAS 信令进行加密
K_{gNB}	接入层密钥。由 ME 和 AMF 从 K_{AMF}派生
NH	NH(Next Hop)由 UE 和 AFM 从 K_{AMF}和上次使用的 NH 派生,用于移动切换时的垂直密钥派生
K_{RRCint}	RRC 信令完整性保护密钥
K_{RRCenc}	RRC 信令加密密钥
K_{UPint}	用户面完整性保护密钥
K_{UPenc}	用户面加密密钥

3. 初始接入密钥生成流程

图 6.56 给出了初始接入密钥生成流程。具体说明如下。

① UE 初始接入并在 Registration Request 中使用。通过 5G AKA 认证后,UE 和 UDM 根据鉴权向量 CK、IK 生成 K_{AUSF}。UE 和 AUSF 根据 K_{AUSF} 派生出锚点密钥 K_{SEAF}。UE 和 SEAF 根据 K_{SEAF}派生出 K_{AMF}。

② 采用 EAP-AKA′认证方式时,AUSF 从 ARPF 接收鉴权向量 CK′和 IK′,UE 和 AUSF 根据 CK′和 IK′生成 K_{AUSF}。

③ 在 NAS SMC(Security Mode Command)阶段,UE 和 AMF 根据 K_{AMF}派生出 NAS 的完整性保护密钥 K_{NASint}和加密密钥 K_{NASenc}。UE 和 AMF 根据 K_{AMF}派生出 K_{gNB},并将其发送给 gNB。

④ AMF 在初始连接建立时不向 gNB 发送 NH 值,gNB 收到 AMF 下发的 NgAP Initial Context Setup Request 消息后,将 NH 链路计数器(Next hop Chaining Counter,NCC)初始化为零。

⑤ 在 AS SMC 阶段,gNB 派生出信令面加密密钥 K_{RRCenc}和完整性保护密钥 K_{RRCint}。UE 收到 SMC 消息,确定加密和完整性保护算法,并派生出 K_{RRCint}、K_{RRCenc}。

⑥ gNB 通过 AS SMC 消息向 UE 发送安全算法选择结果。AS SMC 和 AS SMC Complete 消息通过 SRB1 发送,分别由 gNB 和 UE 进行完整性保护,没有加密保护。

⑦ AMF 通过 PDU Session Request 消息向 gNB 发送安全策略结果,安全策略包含加密和完整性保护的生效指示。PDU Session 建立完成后,用户面安全策略激活,gNB 和 UE 根据 K_{gNB}派生用户面加密密钥 K_{UPint}和完整性保护密钥 K_{UPenc}。

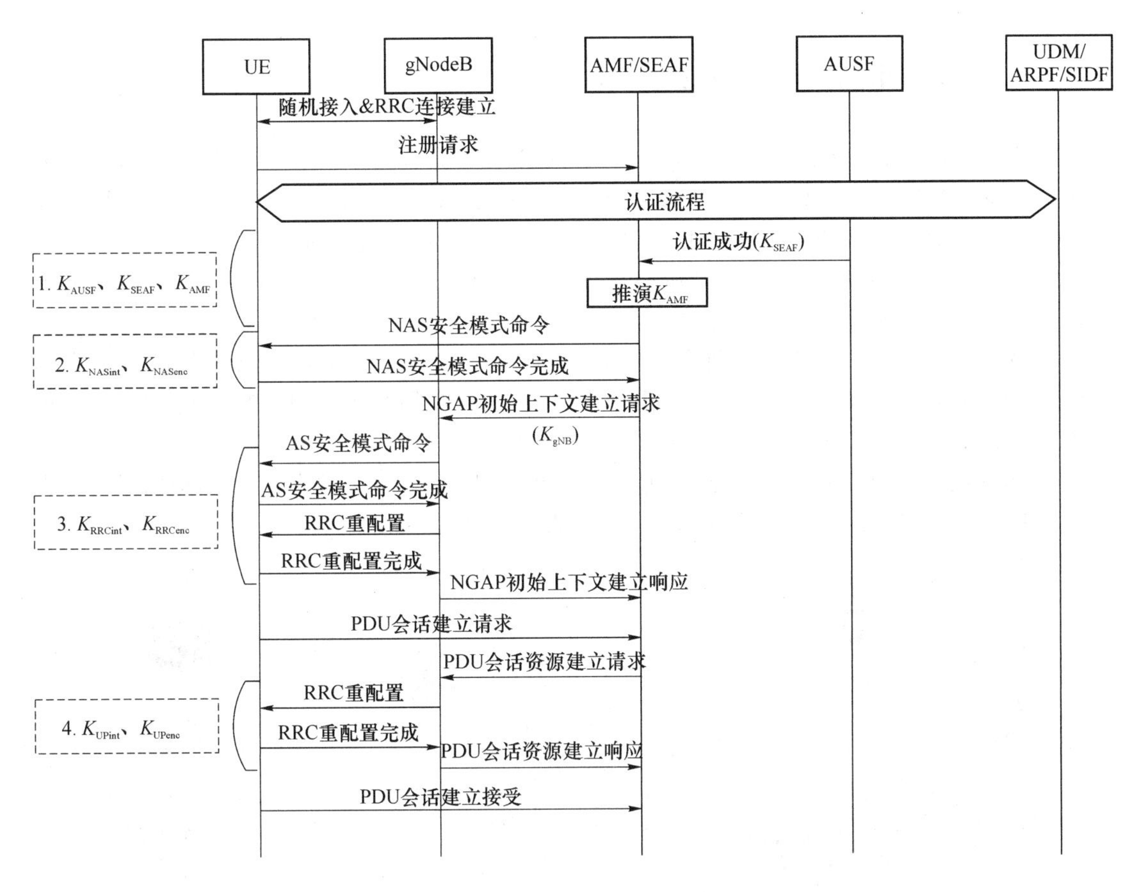

图 6.56　初始接入密钥生成流程

4. 加密和完整性保护算法

5G 空口加密和完整性保护算法有 SNOW 3G、高级加密标准(Advanced Encryption Standard,AES)、祖冲之(ZUC)算法,如表 6.16 所示。

表 6.16　5G 加密和完整性保护算法

算法名称	加密算法编号	完整性保护算法编号
NULL	NEA0	NIA0
SNOW 3G	NEA1	NIA1
AES	NEA2	NIA2
ZUC	NEA3	NIA3

注:NULL 表示不进行加密和完整性保护。

SNOW 3G、AES、ZUC 均为对称加密算法,即加密和解密使用相同的密钥。其中:

① AES 属于分组加密算法,按字节块进行分组运算,运算速度慢,相同明文产生相同密文,可被密文分析,但该算法易实现、易移植、扩展性好;

② SNOW 3G 和 ZUC 属于流加密算法,按字节流与密钥流进行位运算,运算速度更快,相同明文产生的密文不同,因此密文分析更困难。

6.5.4 5G网络用户隐私保护机制

在传统4G网络中,UE接入运营商网络时,UE永久身份标识IMSI采用明文传输,只要入网认证通过并建立空口安全上下文之后,IMSI才被加密传输。攻击者可利用无线设备(如IMSI Catcher)在空口窃听到UE的IMSI信息,造成用户隐私信息泄露。5G网络对该安全问题进行了改进,增加了对用户永久身份标识(SUbscription Permanent Identifier,SUPI)的加密传输保护机制。方案介绍如图6.57所示。

① 本地网络(HN)公钥预置到终端的USIM中。UE在每次需要传输SUPI时,先根据HN公钥和新派生的UE公私钥对计算出共享密钥,然后利用共享密钥对SUPI进行加密,形成密文标识(SUbscription Concealed Identifier,SUCI)。

② 本地网络收到UE发送的消息,读取UE的公钥,并结合本地存储的HN私钥计算出相同的共享密钥,然后用该共享密钥解密SUCI并得到明文SUPI。

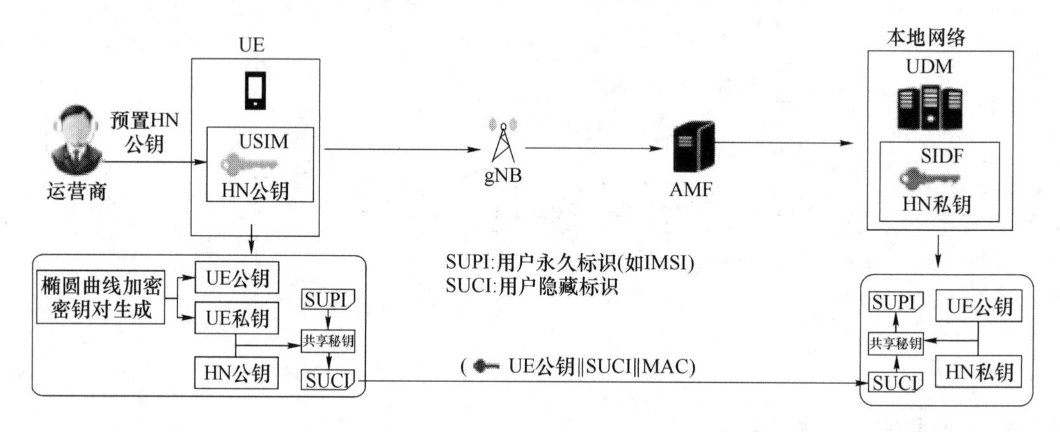

图6.57 用户永久身份IMSI保护流程

从图6.57中可以看到两对密钥对,一对是终端侧Eph. key pair generation,产生Eph. public key和Eph. private key,终端侧有HN共钥固定存放在USIM中。另外一对来自运营商网络。这两对密钥均采用椭圆曲线加密算法生成。私钥可以衍生出唯一的公钥,但是从公钥不能反推出私钥。

终端生成的私钥与网络提供的公钥结合,派生出一对加密密钥Eph. shared key(用来加密的原始密钥),随后派生出加密的主密钥,取高有效位对SUPI进行对称加密,得到SUCI;低有效位对所有的有用信息,包含终端参数,进行完整性保护。所以最后终端发出的消息包括终端生成的公钥、SUCI和终端参数等系列信息。

6.6 基本通信流程

6.6.1 信令流程概述

信令流程是用户与网络间为完成特定目的而进行的控制信息传输。如图6.7所示,在5G

空口控制面协议栈中，RRC 层及以下的协议层称为 AS 层，RRC 层以上的协议层称为 NAS 层。对应地，5G 信令包括 AS 信令和 NAS 信令。如图 6.58 所示，AS 信令是 UE 与 gNB 之间的交互信令，包括 RRC 层信令、MAC 层信令、PHY 信令，主要传输用户与接入网(基站)之间的信息。NAS 信令是 UE 和核心网设备之间的信令，传输用户与核心网之间的信息，gNB 只转发，不做处理。用户与网络间连接的建立、维持、拆除都是通过响应的信令流程完成的。AS 层的连接建立后，UE 和核心网设备之间才能传输信令。

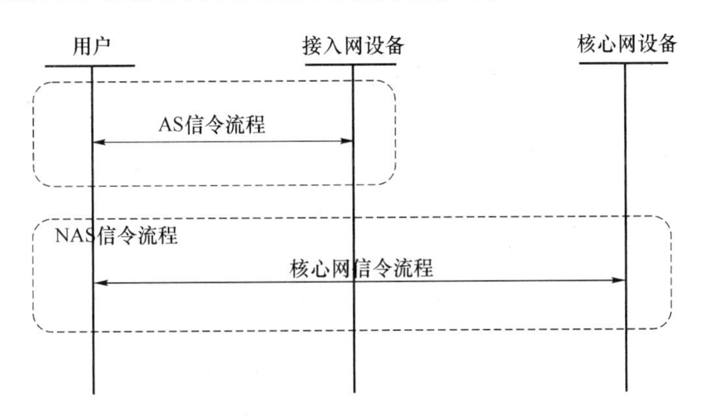

图 6.58　信令流程示意

为了形象化地介绍 5G 的基本通信流程，图 6.59 示意了终端从开机注册到接打电话或者上网观看视频，移动到另外一个小区，最后关机的过程，下面将介绍在这个过程中可能涉及的基本流程。

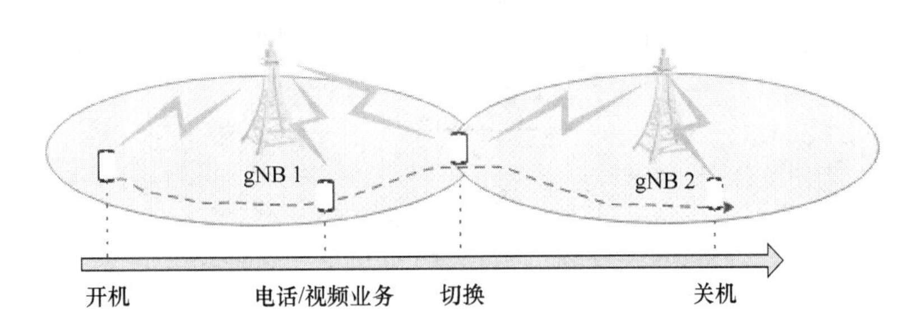

图 6.59　UE 业务示意图

UE 在开机后的一般流程如图 6.60 所示。

在完成注册后，核心网就可以对 UE 进行移动性管理，一旦有业务到达，核心网就可以通过可达性管理，来寻呼 UE，而 UE 接收到寻呼后，就可以接入网络，进行相关服务，涉及的流程如图 6.61 所示。

在后面的章节将对以上流程进行展开介绍，其中移动性管理和可达性管理的相关流程已经在 6.4.2 节做了介绍，在这里不详细展开。6.4.2 节对一般会话建立的流程做了说明，本节将针对具体业务进一步讲解一下会话建立。

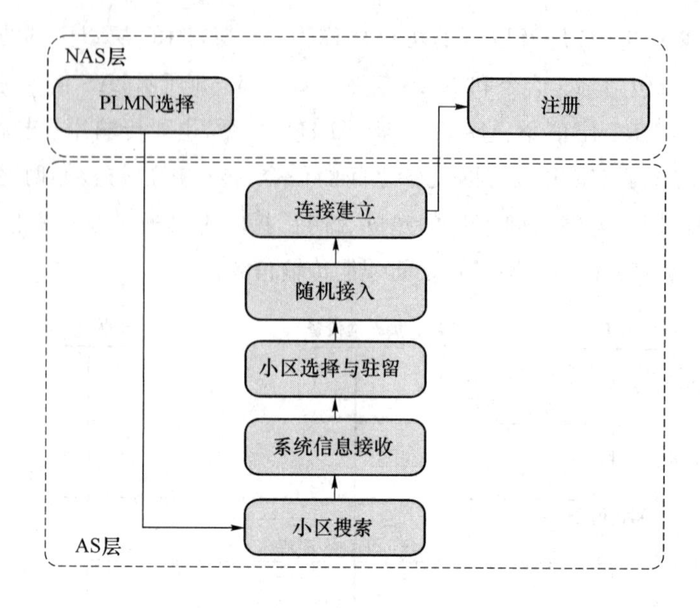

图 6.60　UE 开机后流程

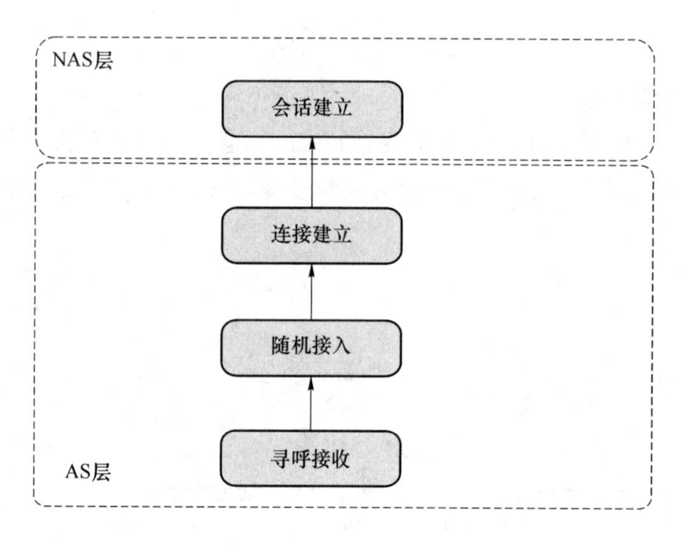

图 6.61　UE 接收寻呼后流程

6.6.2　PLMN 选择

PLMN 选择的目的是 UE 选择一个为其提供服务的运营商(如中国移动、中国联通、中国电信等),包括两种模式:自动选网模式和手动选网模式。

① 自动选网模式:PLMN 选择的一个基本原则是按照优先级排序,优先选择高优先级的网络注册,其中归属公共陆地移动网或等效归属公共陆地移动网的优先级最高。

② 手动选网模式:PLMN 选择依靠用户手动选择,对于用户选择的 PLMN,可以工作的就工作在上面,不可以工作的提示给用户知道。

6.6.3　小区搜索

在 NAS 层完成 PLMN 选择后，一般会将选择的 PLMN 以及对应的制式(2G/3G/4G/5G)告诉 UE 的 AS 层，AS 层即可在对应的频点上搜索小区。小区搜索是终端获取与小区的时间和频率同步，并检测小区的物理小区标识的过程。终端通过接收主同步信号和辅同步信号来进行小区搜索。

终端在小区搜索时，需要扫描频点，根据场景不同有如下差异。

① 如果终端没有保存过小区的频点信息(例如在一个小区的首次开机场景)，终端根据其支持的频段能力扫描所有频点。终端搜索小区频点时，只需要在稀疏的同步栅格上搜索 SSB，因此可以加快终端开机后与小区进行同步并获取小区系统消息的速度。对于每个频点，终端只需要搜索信号最强的小区，一旦找到合适小区，则选择该小区。

② 如果终端保存有之前搜索到的小区频点信息(例如在一个小区中关机后再次开机的场景)，终端只需要搜索之前存储的小区频点，如果所有存储小区频点信息都搜索完终端也没有找到合适小区，终端再根据其支持的频段能力扫描所有频点。

终端在全球同步信道上先搜索小区的主同步信号，获得小区标识 2，即 $N_{\mathrm{ID}}^{(2)}$，然后进一步检测辅同步信号，获得小区标识 1，即 $N_{\mathrm{ID}}^{(1)}$，最后就可以利用式(6.10)计算出物理小区标识：

$$N_{\mathrm{ID}}^{\mathrm{cell}}=3N_{\mathrm{ID}}^{(1)}+N_{\mathrm{ID}}^{(2)} \tag{6.10}$$

其中，$N_{\mathrm{ID}}^{(1)}\in\{0,1,\cdots,335\}$且 $N_{\mathrm{ID}}^{(2)}\in\{0,1,2\}$。NR 设计了 3 个主同步序列，每个主同步序列都对应 336 个辅同步序列。NR 物理小区标识数量为 1 008 个。

同步信号和物理广播信道块(SS/PBCH Block)由 PBCH 及其 DM-RS、主同步信号(PSS)和辅同步信号(SSS)组成。图 6.62 所示为同步广播块的基本结构，其中 0～3 指 OFDM 符号，0～239 指 RE。PSS 和 SSS 分别使用 SSB 的第 1 个和第 3 个符号。频域上均占用的是编号为 56～182 的 RE。第 2 和第 4 个符号的 240 个 RE 完全由 PBCH 及其 DM-RS 占用。第 3 个符号的编号为 0～55，183～239 的 RE 被 PBCH 及其 DM-RS 占用。

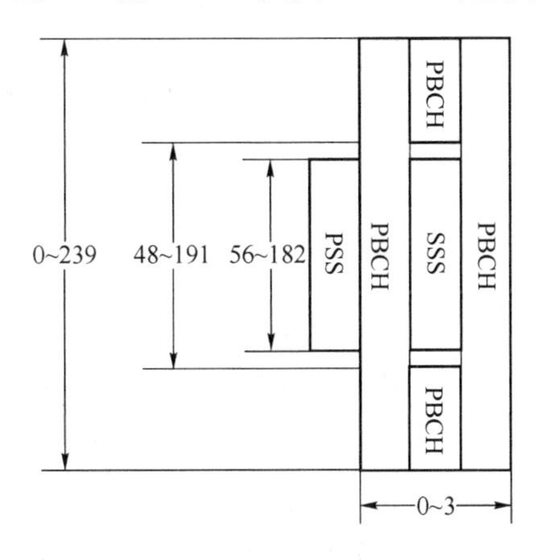

图 6.62　同步广播块的基本结构

一个同步广播块集合包含一个或多个 SSB，被限制在某个 5 ms 的半帧内。对一个有 SSB 的半帧，候选 SSB 的第一个符号索引由 SSB 的子载波间隔决定，候选 SSB 有如下 5 种时域图样，其中索引 0 对应这个半帧的第一个符号。

Case A:适用15 kHz子载波间隔。当载波频率小于或等于3 GHz时,一个同步广播块集合包含4个候选SSB,这些候选SSB的第一个符号的索引为{2,8}+14n,n=0,1。当载波频率大于3 GHz时,一个同步广播块集合包含8个候选SSB,这些候选SSB的第一个符号的索引分别为{2,8}+14n,n=0,1,2,3。

Case B:适用30 kHz子载波间隔。当载波频率小于或等于3 GHz时,一个同步广播块集合包含4个候选SSB,这些候选SSB的第一个符号的索引为{4,8,16,20}+28n,n=0。当载波频率大于3 GHz时,一个同步广播块集合包含8个候选SSB,这些候选SSB的第一个符号的索引为{4,8,16,20}+28n,n=0,1。

Case C:适用30 kHz子载波间隔。当载波频率小于或等于3 GHz时,一个同步广播块集合包含4个候选SSB,这些候选SSB的第一个符号的索引为{2,8}+14n,n=0,1。当载波频率大于3 GHz时,一个同步广播块集合包含8个候选SSB,这些候选SSB的第一个符号的索引为{2,8}+14n,n=0,1,2,3。

Case D:适用120 kHz子载波间隔,用于FR2的载波。一个同步广播块集合包含64个候选SSB,这些候选SSB的第一个符号的索引为{4,8,16,20}+28n,n=0,1,2,3,5,6,7,8,10,11,12,13,15,16,17,18。

Case E:适用240 kHz子载波间隔,用于FR2的载波。一个同步广播块集合包含64个候选SSB,这些候选SSB的第一个符号的索引为{8,12,16,20,32,36,40,44}+56n,n=0,1,2,3,5,6,7,8。

在一个同步广播块集合中,候选SSB索引是从0到$L_{max}-1$逐渐递增的。SSB索引的低2位(若$L_{max}=4$)或低3位(若$L_{max}>4$)与PBCH中传输的DM-RS索引是一一对应的。

对于初始小区选择,终端假定SSB的周期是20 ms。

在检测到主同步信号与辅同步信号后,终端还需要获取主系统消息,主系统消息承载在物理广播信道上。主系统消息中包含的信元如表6.17所示。

表6.17 主系统消息信元

信元	信元的含义
systemFrameNumber	10比特系统帧号的高6位
subCarrierSpacingCommon	寻呼和广播系统消息的子载波间隔,用于随机接入过程的消息2和消息4
ssb-SubcarrierOffset	同步广播块到整个资源块子载波的间隔
DM-RS-TypeA-Position	上行链路和下行链路(第一个)DM-RS位置
pdcch-ConfigSIB1	公共CORESET、公共搜索空间和必须的PDCCH参数
cellBarred	小区是否禁止接入标识
intraFreqReselection	用于指示对于cellBarred是否允许UE重选到同频邻区
Spare	预留

另外PBCH的负载($\bar{a}_{\bar{A}}, \bar{a}_{\bar{A}+1}, \bar{a}_{\bar{A}+2}, \bar{a}_{\bar{A}+3}, \cdots, \bar{a}_{\bar{A}+7}$)也包含了时频同步所需要的信息。其中,$\bar{a}_{\bar{A}}, \bar{a}_{\bar{A}+1}, \bar{a}_{\bar{A}+2}, \bar{a}_{\bar{A}+3}$表示系统帧号的低4位。$\bar{a}_{\bar{A}+4}$是半帧指示,表示系统信息块是前半帧还是后半帧发送。如果载波大于6 GHz,$\bar{a}_{\bar{A}+5}, \bar{a}_{\bar{A}+6}, \bar{a}_{\bar{A}+7}$表示SSB索引的高3位,如果载波小于6 GHz,$\bar{a}_{\bar{A}+5}$表示SSB子载波偏移的最高位,$\bar{a}_{\bar{A}+6}, \bar{a}_{\bar{A}+7}$为保留位。

通过成功接收主同步信号,终端完成OFDM符号边界同步、粗频率同步。再接收辅同步信号,结合主同步信号获得物理小区标识。接收主系统消息后,获得系统帧号和半帧指示,完成帧定时和半帧定时。然后依据SSB的索引和当前同步广播集合块的图样确定SSB所在的时隙和符号，以完成时隙定时。这样终端就完成了小区搜索和下行同步。

6.6.4　系统信息接收

系统信息向UE提供小区基本信息，以及配置信息，为发起业务做好准备。通常而言，系统信息主要包括以下内容：

① 小区标识、运营商信息；

② 小区的上下行配置（包括随机接入配置）；

③ 小区的寻呼参数配置；

④ 小区的接入控制参数；

⑤ 小区选择/小区重选的相关参数。

系统信息分为主信息块（Master Information Block，MIB）和一系列系统信息块（System Information Block，SIB），同时又可以分为最小系统信息（包括MIB和SIB1）和其他系统信息（包括其他SI）。MIB和SIB1以广播的方式周期性发送；其他系统信息的内容有很多，对有些UE不是必须的。为了节省信令开销和基站节能，其他SI可以基于UE请求发送，因此其他系统信息又称为按需系统信息，即on-demand SI。

MIB包含系统帧号、子载波间隔、接收SIB1的PDCCH配置信息、小区是否被禁止接入的标记等。SIB1包含小区选择信息、小区接入相关信息、其他SI的调度信息、小区配置信息和接入控制信息等。其中，小区接入相关信息指明该小区支持哪些网络运营商的PLMN，以及在各个PLMN下的跟踪区码（Tracking Area Code，TAC）、无线接入网区码（Radio Access Network Area Code，RANAC）和小区标识等。

6.6.5　小区选择与驻留

小区选择的目的是让UE选择一个合适的小区驻留，所选择小区的质量要满足一定的准则，其中小区质量为对SSB信号的测量结果。具体准则为Srxlev>0且Squal>0。其中，Srxlev表示小区SSB参考信号的接收功率（Reference Signal Received Power，RSRP），RSRP表示SSB信号接收功率的线性功率值，代表了SSB信号的强度，反映了当前信道路径损耗的大小。Squal表示小区SSB参考信号的接收质量（Reference Signal Received Quality，RSRQ），RSRQ表示RSRP与接收信号强度指示（RSSI）的比值，其中RSSI表示在测量带宽中，用于测量RSSI的OFDM符号上的所有信号的总功率，包括服务小区信号、邻区信号、相邻信道干扰和环境噪声等所有的接收功率，反映当前信道的接收信号强度和干扰程度。RSRQ反映当前信道质量的信噪比和干扰水平。

在判断某个小区是否满足驻留条件时，需要使用系统信息的SIB1中相关参数，如果小区满足驻留条件，UE就会选择驻留在该小区，并对该小区的控制信道进行检测。驻留之后小区选择流程随即结束。

当UE驻留在一个小区后，随着UE的移动，UE可能需要更换到另一个更高优先级或更好信号的小区驻留，这就是小区重选过程。小区选择是尽快找到一个合适小区的过程，小区重选是选择更适合小区的过程。网络可以通过将频点设置为不同的优先级，控制每个频点上接入的用户数,达到小区间均衡负载的效果。UE通过判断邻区和本区的优先级以及本区的信号质量,启动邻区测量,以便驻留在优先级更高或者信号质量更好的小区。小区重选可以分为同频小区重选和异频小区重选,同频小区重选是指在同样的频率上进行的小区重选,不涉及频点的优先级处理。异频小区重选包括异频小区的重选以及异系统小区的重选,需要结合频点的优先级信息来进行最优小区判断。参与重选的小区,可以来自SIB3/4/5消息中携带的邻小区列表,也可以是在重选过程中检测到的小区。参与重选的小区都需要经过R准则进行排序,如果最高优先级上有多个小区是合适的小区,那么选择信号质量最好的小区驻留,否则选择满足质量标准的最高优先级小区驻留。

6.6.6 随机接入

在小区搜索过程中,UE已经与小区取得了下行同步,能够接收下行数据,但还没有取得上行同步。UE通过随机接入过程与小区建立连接并取得上行同步,同时,通过随机接入过程,UE可以获得基站分配的唯一标识C-RNTI,并且可以获得上行传输资源,用于传输信令或者数据。

随机接入的类型包括竞争的随机接入和非竞争的随机接入,两者的流程分别如图6.63和图6.64所示。

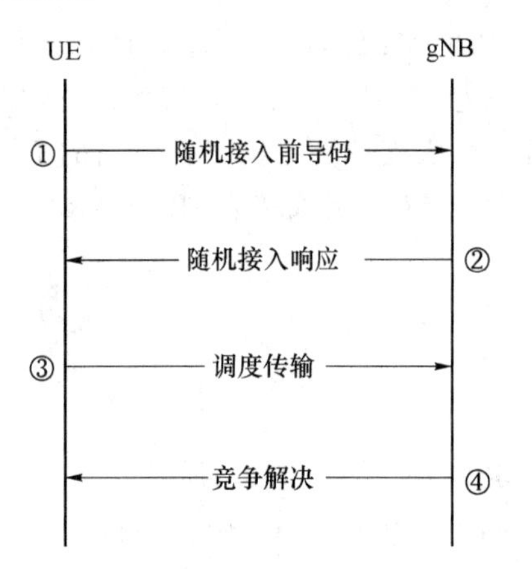

图6.63 竞争的随机接入

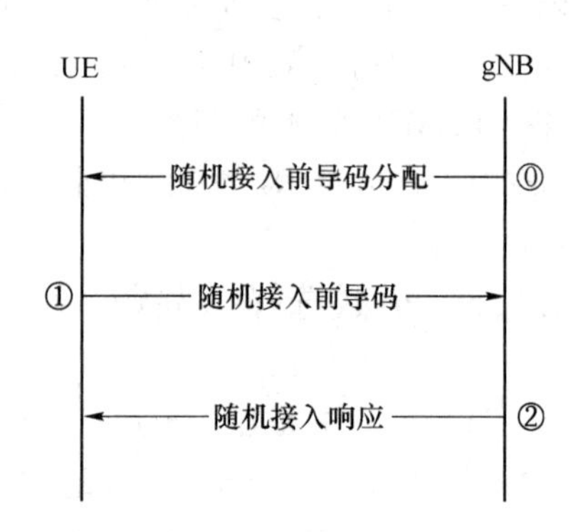

图6.64 非竞争的随机接入

竞争的随机接入流程如下。

第1步:UE根据系统信息中的随机接入资源配置,随机选择一个RACH前导码进行发送,即通常所说的Msg1。

第2步:基站接收到前导码后,确定出上行时间提前量,并将时间提前量,以及给UE分配的临时C-RNTI和上行授权资源(UL Grant)通过随机接入响应消息(Random Access Response,RAR)发送给UE,即通常所说的Msg2。

第3步:UE接收到RAR后,利用其中的时间提前量进行上行发送时间的调整,并使用C-RNTI在对应的上行授权资源上发送信令或者数据,即通常所说的Msg3。

第4步:基站在收到UE发送的信令或者数据后,对其进行截断并形成竞争解决消息,将其发送给UE,即通常所说的Msg4。UE通过比对Msg4和自己发送的Msg3是否一致,确定此次接入是否成功。如果成功,就可以Msg2中的临时C-RNTI作为正式的C-RNTI与网络通信。

在竞争的随机接入中，由于前导码是 UE 随机选的，所以有可能有不同的用户选择相同的前导码，从而导致接收到相同的 Msg2 中的内容，通常不同用户 Msg3 中携带的内容是不同的，因此通过 Msg4 中的竞争解决，可以使得选择相同前导码的 UE 中的一个成功接入。

非竞争的随机接入流程如下。

第 1 步：基站为 UE 指示专用的前导码资源。

第 2 步：UE 向基站发送该专用前导码。

第 3 步：基站接收到前导码后，确定上行时间提前量，并将时间提前量，以及给 UE 分配的临时 C-RNTI 和上行资源授权通过随机接入响应消息发送给 UE。UE 接收到 RAR 后，就可以按照时间提前量，调整上行定时，并且使用 C-RNTI 在上行授权资源上发送数据或者信令。

在非竞争的随机接入中，由于前导码资源是基站给 UE 分配的专用资源，不会存在冲突的情况，因此不需要冲突解决。

NR 为了加快随机接入过程，引入了 2-step 的随机接入机制，其同样分为竞争的 2-step 随机接入和非竞争的 2-step 随机接入。

6.6.7　RRC 连接管理流程

RRC 连接管理流程包括一系列的连接管理流程，用于管理 UE 和接入网设备之间的连接，由于空口资源的有限性，接入网设备不能为每个 UE 随时保持一个连接，所以必须根据 UE 的需求对连接进行管理，比如建立、重建、释放等。为了方便介绍 RRC 连接管理流程，首先介绍 NR 空口的几种 RRC 状态，然后再介绍相关流程。

1. UE 的 RRC 状态

UE 的 RRC 状态是基于 UE 的 RRC 连接（或者称为 AS 连接）状态确定的，包括空闲（RRC_IDLE）态、去活动（RRC_INACTIVE）态和连接（RRC_CONNECTED）态 3 种状态。RRC 连接是指 UE 与 gNB 之间的信令连接，不仅用于传输 UE 和 gNB 之间的信令，还用于传输 UE 和核心网之间的 NAS 信令。

（1）RRC_IDLE

当 UE 处于 RRC_IDLE 态时，UE 和 gNB 之间的 RRC 连接是断开的，gNB 和核心网之间关于 UE 的连接也是断开的。如果处于 RRC_IDLE 态的 UE 有数据或信令需要发送，UE 需要建立和 gNB 之间的 RRC 连接，并通过 gNB 和 AMF 之间的连接建立 UE 和 AMF 之间的连接，进入 RRC_CONNECTED 态。如果此时有人向处于 RRC_IDLE 态的 UE 发送信令或数据，核心网要向 UE 的跟踪区域集内的基站发送寻呼消息，使得这些基站在空口发送该寻呼消息，以找到处于 RRC_IDLE 态的 UE。

（2）RRC_INACTIVE

当 UE 处于 RRC_INACTIVE 态时，UE 和 gNB 之间的 RRC 连接是断开的，但是最后给 UE 提供服务的 gNB 上存储了 UE 的上下文信息。此外，该 gNB 和核心网之间用于传输 UE 的信令和业务的连接依然保持。简单来说，处于 RRC_INACTIVE 态的 UE 空口状态与处于 RRC_IDLE 态时类似，但从核心网侧看处于 RRC_INACTIVE 态的 UE 仍然处于连接管理（Connection Management，CM）连接态。由于 gNB 保持了 UE 的上下文信息，因此相比 RRC_IDLE 态，处于 RRC_INACTIVE 态的 UE 可以更快地恢复 UE 和 gNB 的连接，进入

RRC_CONNECTED态。处于RRC_INACTIVE态的UE能保持与处于RRC_IDLE态的UE相近的功耗水平,又可以更快速地接入网络并恢复数据传输。

(3) RRC_CONNECTED

当UE处于RRC_CONNECTED态时,UE和gNB之间的RRC连接保持,gNB和核心网之间用于传输UE的信令和业务的连接也保持。基站可以向处于RRC_CONNECTED态的UE发送RRC释放消息,配置UE进入RRC_IDLE态,或者配置UE进入RRC_INACTIVE态。

3种RRC连接状态可以相互转换,它们之间的转换关系和主要触发条件如图6.65所示。

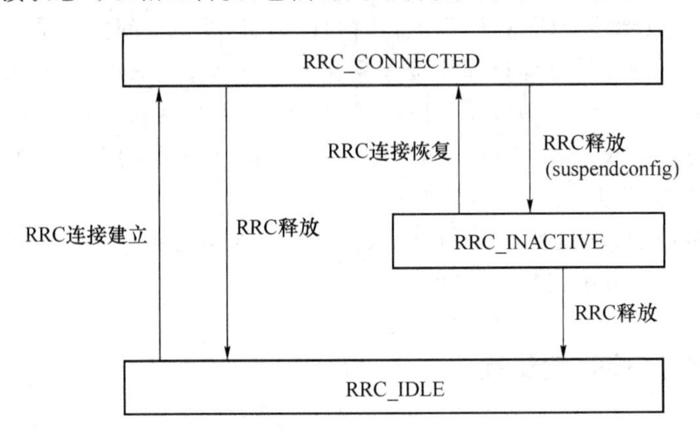

图6.65 RRC状态转换图

2. RRC连接建立

处于RRC_IDLE态和RRC_INACTIVE态的UE,如果要和网络建立连接,就需要通过连接建立或者连接恢复流程,如图6.66所示。其中连接建立请求消息和连接恢复请求消息携带UE的标识,以及建立或者恢复连接的原因值。一般情况下,连接建立请求消息或连接恢复请求消息会通过随机接入过程中的消息3进行发送。基站在接收UE的连接建立或者恢复的请求后,会回复连接建立或者连接恢复消息给UE,其中包括UE在基站下工作的参数配置,比如PHY层的上下行信道参数、MAC的非连续接收(Discontinuous Reception,DRX)配置等。当然,基站可以在一些情况下,拒绝UE的连接建立请求或者连接恢复请求。UE在收到连接建立或连接恢复消息后,向基站回复连接建立完成消息或连接恢复完成消息,在该消息中,可以携带NAS信令,比如注册请求信令。

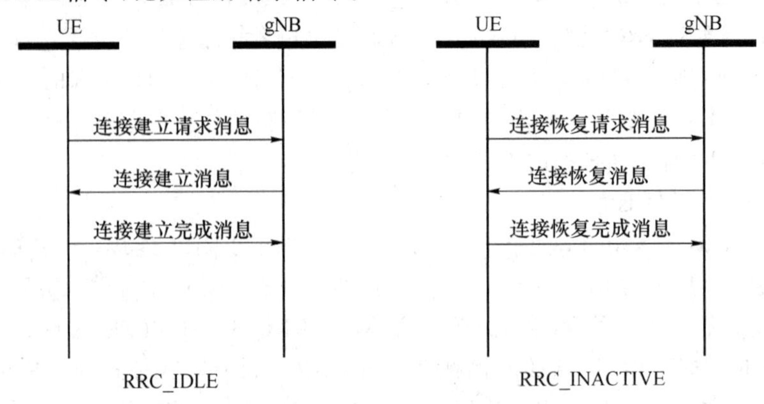

图6.66 连接建立和连接恢复流程

通过 RRC 连接建立或 RRC 连接恢复流程，网络会给 UE 分配 C-RNTI，以作为 UE 在本小区的唯一标识，用于后续的数据和信令传输。此外，UE 在网络中的相关标识有：

① 用户永久标识符(SUbscription Permanent Identifier，SUPI)：通常是固定写入 USIM 卡中的，UE 进行网络注册时需要使用到该标识。它与 4G 中的 IMSI 对应。

② 全球唯一临时用户标识(Globally Unique Temporary UE Identity，GUTI)：在 4G 中称为 GUTI，而在 5G 中使用 5G-GUTI 以示区分。使用 5G-GUTI 的目的是减少在通信中显示使用 UE 的永久性标识，提升安全性。在 5G 中 GUTI 包含 S-TMSI＋PLMN ID＋AMF ID 等信息。

③ 系统架构演进临时移动用户标识(System architecture evolution Temporary Mobile Subscriber Identity，S-TMSI)：5G-S-TMSI 是 5G-GUTI 的缩短形式，引入 5G-S-TMSI 是为了使空口信令消息更小，提升空口效率。例如，在寻呼时，只需要用 5G-S-TMSI 寻呼移动台即可。

④ 物理小区标识(Physical Cell Identifier，PCI)：用于物理层确定小区特定参考信号和扰码等。

⑤ NR 小区全局标识符(NR Cell Global Identifier，NCGI)：用于全局识别 NR 小区。NCGI 是由小区所属的 PLMN 标识和小区的 NR 小区标识(NR Cell Identify，NCI)构成的。同一个 NCGI 可以有多个 PCI，不同 PCI 对应不同的 SSB。

⑥ gNB 标识符(gNB Identifier，gNB ID)：用于标识 PLMN 内的 gNB。gNB ID 包含在其小区的 NCI 中。

⑦ 全局 gNB ID：用于全局标识 gNB。Global gNB ID 由 gNB 所属的 PLMN 标识和 gNB ID 构成。

3. 安全激活

在完成连接建立后，需要进行 AS 安全激活流程，才能进行安全的数据传输，初始 AS 安全激活过程如图 6.67 所示。

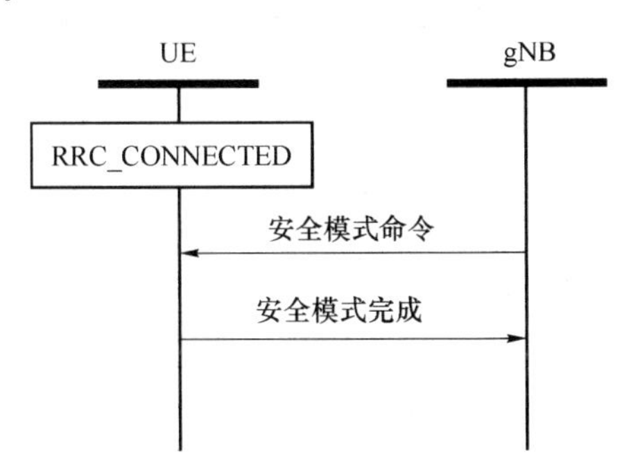

图 6.67　初始 AS 安全激活过程

在 RRC_CONNECTED 态时，网络向 UE 发送安全模式命令(Security Mode Command，SMC)消息并发起 AS 安全激活过程。UE 接收安全模式命令后，根据 SMC 消息携带的信息分别衍生数据传输和信令传输的密钥，然后发送安全模式完成消息给网络，流程结束。其中安全模式命令消息是经过完整性保护的，而安全模式完成消息是同时经过加密和完整性保护的。该过程完成后，UE 和基站之间的后续空口通信会进行加密和完整性保护。

4. 切换

在移动通信中,无线通信网络一般包括多个基站。每个基站一般都由多个小区构成。每个小区的覆盖范围是有限的。由于UE的移动性,UE与基站之间的信号质量是变化的。为了保证通信质量,RRC_CONNECTED态的UE和基站需要维护该UE的RRC连接。RRC连接维护主要包括切换和RRC连接重建。

切换是指UE从一个小区(称为源小区)切换到另外一个小区(称为目标小区)。切换是UE在移动过程中保证业务通信质量及业务连续性的重要手段。一般由网络侧通知UE进行切换。网络侧一般根据UE在服务小区的信号质量及邻区的信号质量来决定是否进行切换的。因此基站需要请求UE进行测量并把测量结果发送给基站。如图6.68所示,随着UE的移动,源小区信号逐渐变差,相邻小区的信号逐渐加强,为了不让业务中断,基站会将UE从信号逐渐变弱的源小区切换到信号逐渐变强的目标小区。

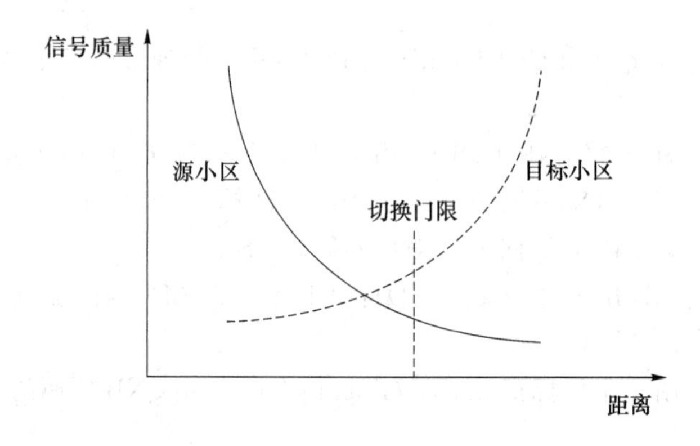

图6.68 切换触发机制示意图

基站也可以根据服务小区的负载及邻区的负载来决定是否进行切换。根据源小区和目标小区的频点来区分,切换可分为同频切换和异频切换;根据源小区和目标小区的通信制式来区分,切换可分为系统内的切换和异系统之间的切换;根据源小区和目标小区所属的基站来区分,切换可分为基站内切换和基站间切换。

基站间切换流程如图6.69所示。

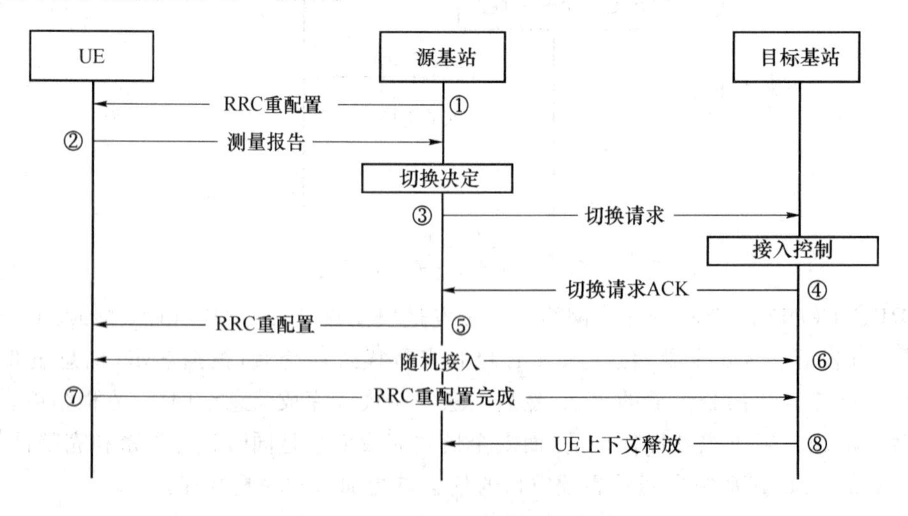

图6.69 基站间切换流程示意图

第 1 步：源基站发送 RRC 重配置消息给连接态的 UE，其中包含测量对象、报告配置、测量标识等参数。

第 2 步：UE 根据 RRC 重配置消息对一系列小区进行测量后，形成报告上报各类事件给当前连接的源基站，如当前服务小区的信号强度低于门限且目标小区信号强度高于门限。

第 3 步：源基站接到 UE 上报的报告后将决定 UE 要不要切换，如要切换源基站将发切换请求消息给目标基站。

第 4 步：目标基站根据自身连接数等情况决定要不要允许 UE 的接入，如果允许就发切换确认消息给源基站，其中包含新的 C-RNTI、目标基站安全相关算法等参数。

第 5 步：源基站在收到目标基站发来的切换确认消息后，发送 RRC 重配置消息（切换命令）给 UE，其中包含的内容来自第 4 步的切换确认消息。具体地，在 NR 系统中切换命令包含目标小区的相关信息以及 UE 接入该目标小区所需的相关配置参数，例如，切换命令中包含目标小区的信息，比如目标小区的物理小区标识、目标小区的中心频率、目标小区为 UE 分配的 C-RNTI、接入目标小区所需的随机接入信道（Random Access CHannel，RACH）资源配置等。

第 6 步：UE 根据切换命令对目标基站发起随机接入过程。

第 7 步：UE 在随机接入成功后，向目标基站发送 RRC 重配置完成消息。

第 8 步：目标基站发送上下文释放消息给源基站，以让源基站释放该 UE 的上下文。

5. RRC 连接重建

在移动通信系统中，当 UE 与网络建立 RRC 连接并进入 RRC 连接态后，如果出现无线链路失败、切换失败、完整性保护检查失败、RRC 重配置失败等情况，将会触发 RRC 连接重建过程。该过程旨在重建 RRC 连接，包括 SRB1 操作的恢复，以及安全的重新激活，以恢复业务的连续性。在该过程中，UE 首先会执行小区选择过程来选择一个合适的小区并发起 RRC 重建过程。如果目标基站有 UE 的上下文（即目标基站是提前准备好的基站），那么 RRC 连接重建成功；否则，RRC 连接重建失败。

在 RRC 连接重建过程中，UE 首先执行小区选择。

如果 UE 选择到了一个合适的同制式小区（即同系统的小区），UE 向该小区发送 RRC 重建请求消息。

如果 UE 选择到了一个异制式小区（即异系统的小区）或者 UE 在一段时间内没有选择到合适的小区，UE 进入 RRC_IDLE 态。

为了避免数据包的丢失，新小区对应的基站会向上次为该 UE 提供服务的基站发送数据转移地址，便于上次为该 UE 提供服务的基站把缓冲的数据报发送给新小区对应的基站，并且上次为该 UE 提供服务的基站会把 PDCP 序号状态发送给新小区对应的基站。然后，新小区对应的基站和核心网之间执行路径切换。最后，新小区对应的基站通知上次为该 UE 提供服务的基站释放该 UE 的资源。

从以上切换流程和 RRC 连接重建流程中可以看出，切换能保证业务的连续性，能减少业务的中断时延。而在 RRC 连接重建流程中 UE 可能选择到异系统的小区，从而导致业务的中断。即使选择到了同系统的小区，由于 UE 和网络侧之间需要重新建立信令和数据无线承载，从而业务的中断时延比较大。所以在无线通信网络中，主要是通过切换来保证 UE 在移动过程中的业务连续性。

6. RRC 连接释放

业务数据传输结束后,网络将释放与 UE 的 RRC 连接,以便终端省电和释放网络资源。网络可以配置处于 RRC_CONNECTED 态的 UE 进入 RRC_IDLE 态或者 RRC_INACTIVE 态,或者网络设备可以配置处于 RRC_INACTIVE 态的 UE 进入 RRC_IDLE 态。

6.6.8 寻呼接收

当 UE 没有数据传输时,为了省电,UE 进入 RRC_IDLE 态或者 RRC_INACTIVE 态。在该状态下,UE 需要以一定的周期在一定的时间位置醒来,监听网络可能对自己的寻呼。在其他时间,UE 进行睡眠以省电。

TA 是 LTE/NR 系统为 UE 的位置管理设立的概念。UE 通过跟踪区注册告知核心网自己所在的跟踪区。当 UE 处于 RRC_IDLE 态时,核心网能够知道 UE 所在的跟踪区。当处于 RRC_IDLE 态的 UE 需要被寻呼时,必须在 UE 所注册跟踪区的所有小区进行寻呼。

与 TA 类似,针对 RRC_INACTIVE 态的 UE,引入了无线接入网通知区(RAN Notification Area,RNA)的概念。当 UE 在 RNA 范围内移动的时候,不需要做无线接入网通知区更新(RNA Update,RNAU)。如果 UE 移出了当前 RNA 的范围,就会发起 RNAU。一个 RNA 由多个小区组成,每个 RNA 都由一个 RNA ID 标识。

一个 TA 由多个 RNA 组成,每个 TA 都由跟踪区标识符(Tracking Area Identity,TAI)标识,如图 6.70 所示。

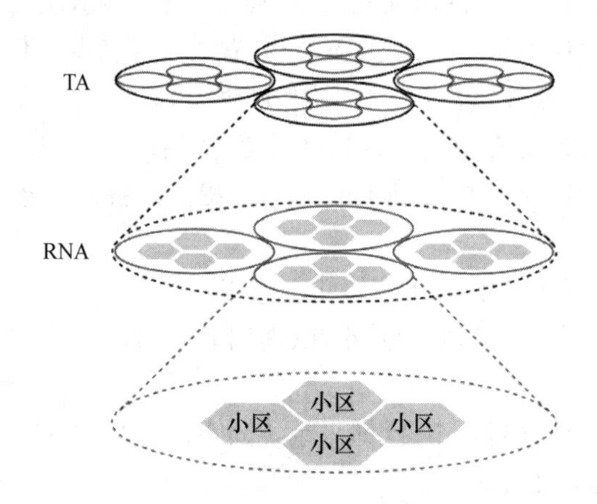

图 6.70 TA、RNA 和小区之间的关系

当 UE 处于 RRC_IDLE 态或者 RRC_INACTIVE 态时,UE 与基站之间的连接断开。这时候如果网络侧有数据或者语音要发送给 UE,则通过寻呼消息携带 UE 的 S-TMSI 来找到 UE。UE 收到寻呼消息后,则与基站建立连接,进行数据或者语音传输。按照寻呼的触发源分类,其可以分为如下两类。

(1) 核心网 CN 发起的寻呼

核心网 CN 发起的寻呼称为 CN Paging。CN Paging 针对 RRC_IDLE 态的 UE,gNB 通过 TA 寻找 UE。

当 UE 注册入网时,核心网会为每个 UE 都指派一个 UE 注册区,它包含一个 TAI 列表。当 UE 移到一个不属于该 TAI 列表的小区时,它就会主动接入网络(包括核心网),执行 NAS

注册更新，核心网登记UE的位置并更新UE的注册区，即重新指派包含UE当前所在小区所属的TA的TAI列表给UE。

对于处于RRC_IDLE态的UE，核心网想要寻呼该UE时（比如该UE的下行数据到达UPF），会在UE所在的TAI列表中的所有小区中下发包含该UE的IMSI或S-TMSI的寻呼消息，该UE收到此寻呼消息后如果发现IMSI或S-TMSI匹配，则发起随机接入以迁移至RRC连接态。

（2）Ng-RAN发起的寻呼

Ng-RAN发起的寻呼称为RAN Paging。RAN Paging针对RRC_INACTIVE态的UE，gNB通过RNA寻找UE。

针对处于RRC_INACTIVE态的UE，为了进一步节省寻呼消息的传输开销，引入了比TA范围更小的RNA，RNA由gNB管理，gNB可以基于RNA对UE进行寻呼（RAN寻呼）来找到UE。RAN侧想要寻呼某个UE时（比如该UE的下行数据到达gNB），会在UE所在的RNA所有小区中下发包含该UE的I-RNTI寻呼消息，该UE收到此寻呼消息后如果发现I-RNTI匹配，则发起RRC恢复流程以迁移至RRC连接态，同时gNB收到UE发送的Resume Cause为"RNA Update"的RRC恢复请求消息时会启动RNA更新。

UE可以在RRC_IDLE态或RRC_INACTIVE态使用DRX方式来降低功耗。在RRC_IDLE中，UE监控寻呼控制信道（Paging Control CHannel，PCCH）中CN发起的寻呼消息；而在RRC_INACTIVE中，UE监控PCCH中RAN发起的和CN发起的寻呼消息。Ng-RAN和5GC寻呼时机重叠，Ng-RAN和5GC使用相同的寻呼机制。UE在每个DRX周期监控一个寻呼时机，仅在属于它的固定时域位置监听寻呼消息。UE根据自己的S-TMSI，按照协议约定的公式计算所述的"固定时域位置"，如图6.71所示。

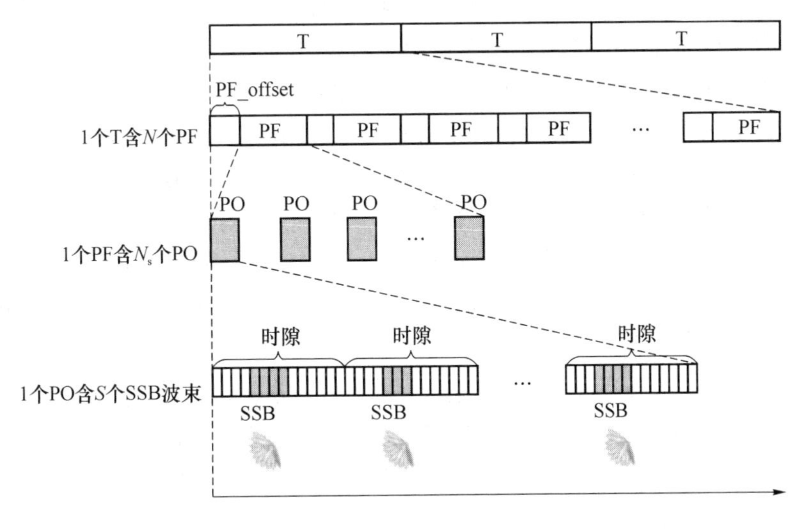

图6.71　寻呼机制示意图

6.6.9　会话建立

6.4.2节介绍了会话建立的基本流程，本节分别以语音通话和看视频业务为例，介绍端到端的业务流程。

1. 语音呼叫流程

本小节将简单介绍现在运营商提供的基于IP的语音传输(Voice over Internet Protocol, VoIP)流程,如图6.72所示,通过该流程可以完成两个移动手机之间的语音通信。

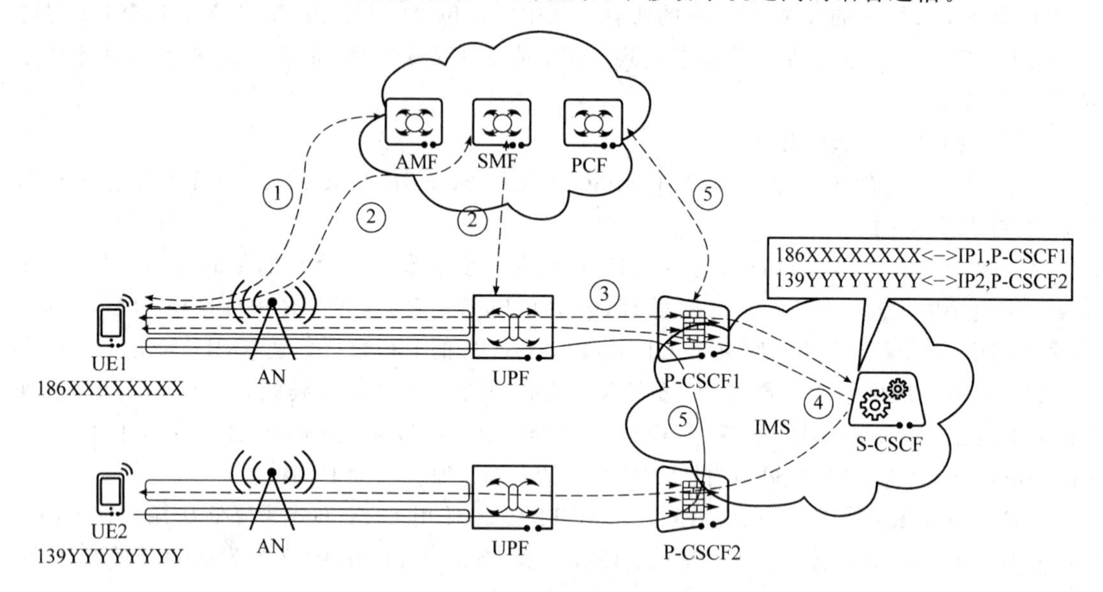

图6.72 语音传输流程

第1步:终端开机接入移动网络,完成用户认证和业务授权,细节参考6.4.2节的移动性管理。

第2步:终端建立会话,分配IP地址,建立缺省QoS Flow,细节参考6.4.2节的会话管理。需要注意的是终端建立会话连接的数据网络名称是IMS网络。

第3步:终端使用步骤2获取的IP地址(图6.72中的IP1)在缺省QoS Flow上向IMS系统的代理-呼叫会话控制功能1(Proxy-Call Session Control Function 1,P-CSCF1)发起注册,包含电话号码。P-CSCF的IP地址可以在终端上预配置,也可以在第2步由SMF通过会话建立完成消息并为终端分配。P-CSCF1收到注册消息后将其转发给服务-业务呼叫会话控制功能(Serving-Call Session Control Function,S-CSCF)并记录终端IP地址和用户标识之间的映射关系,如表6.18所示。S-CSCF收到注册消息后生成用户标识和P-CSCF1的IP地址映射关系,如表6.19所示。

表6.18 电话号码和IP地址(UE)的映射关系

电话号码	IP地址(UE)
186XXXXXXXX	a1.b1.c1.d1
139YYYYYYYY	a2.b2.c2.d2

表6.19 电话号码和IP地址(P-CSCF)的映射关系

电话号码	IP地址(P-CSCF)
186XXXXXXXX	e1.f1.g1.h1
189YYYYYYYY	e2.f2.g2.h2

第 4 步：终端在缺省 QoS Flow 上发起呼叫信令，包含另一用户的用户标识，其目的地址为 P-CSCF1，P-CSCF1 转发呼叫信令到 S-CSCF，S-CSCF 根据保存的被叫用户标识和 P-CSCF 的映射关系，向被叫用户注册的 P-CSCF2 转发呼叫信令，被叫用户注册的 P-CSCF2 根据记录的用户和 IP 地址映射关系，将呼叫信令的目的地址改为被叫用户 IP(图 6.72 中的 IP2)，经 UPF 发送给被叫用户，如果此时被叫用户处于空闲状态，则会触发网络寻呼过程，细节参考 6.4.2 节的可达性管理。

第 5 步：被叫用户应答，主叫用户的 P-CSCF 在收到应答消息后，会根据主被叫用户协商的语音媒体信息，作为 AF 向 PCF 提供业务流的 QoS 需求，PCF 收到后生成 QoS 规则并触发网络建立专有 QoS Flow，用于传输语音媒体流，保障语音通信的质量，细节参考 6.4.2 节的 QoS 管理和会话管理。

当终端通话完成后，RAN 检测到一段时间内没有数据报文传送，则会释放 RRC 连接，细节参考 6.6.7 节的 RRC 连接释放。释放 RRC 连接后，核心网仍维护终端的注册状态和会话状态。下次终端再次发起语音呼叫，可以跳过注册和会话建立流程。

需要说明的是，步骤 3～5 里的 VoIP 注册信令、呼叫信令、语音媒体流都是承载在 IP 之上的(作为 IP 报文的负荷)，基站和 UPF 不需要解析其内容，只需要根据 IP 报文头进行处理。

这里举个漫游的例子，北京用户移动到上海后，其手机可能连接到上海的 UPF 并被分配 IP 地址(上海地址段)，然后将北京电话号码和上海 IP 地址的对应关系注册到北京的 P-CSCF。后续当有人呼叫该北京电话号码时，其呼叫信令会根据电话号码(北京号段)转发到北京的 P-CSCF，北京的 P-CSCF 根据记录的映射关系，将呼叫信令的目的 IP 地址改为上海地址。基于 IP 路由机制，该呼叫信令最终会到达上海的 UPF 并被转发到北京用户的手机，

2. 移动互联网流程

终端接入移动互联网流程如图 6.73 所示。通过该流程手机可以实现网页浏览、音视频点播、文件下载、社交媒体等业务。

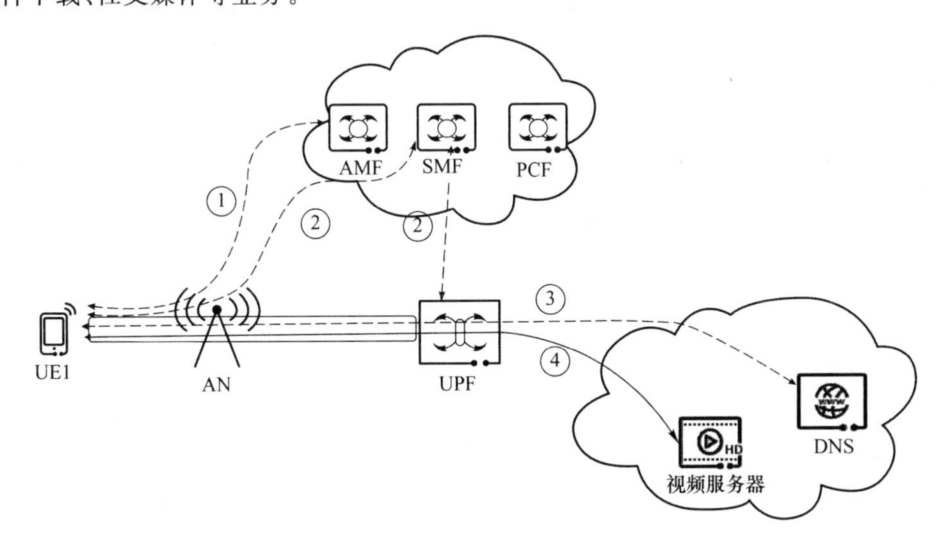

图 6.73　移动互联网流程

第 1 步：终端开机接入移动网络，完成用户认证和业务授权，细节参考 6.4.2 节的移动性管理。

第2步:终端建立会话,分配IP地址,建立缺省QoS Flow,细节参考6.4.2节的会话管理。需要注意的是,终端建立会话连接的数据网络名称是Internet网络。

第3步:终端访问某视频网站WWW.XXXX.COM,在缺省QoS Flow上向域名系统(DNS)服务器查询,请求视频网站的IP地址。DNS服务器的地址由SMF通过会话建立完成消息并返给终端。DNS是一个分布式数据库,用于存储域名和IP地址之间的映射关系。

第4步:获取视频网站IP地址后,终端在缺省QoS Flow上通过HTTP/TCP/IP协议访问视频网站。大部分互联网业务在缺省QoS Flow上即可满足业务需求。

和语音呼叫类似,在完成互联网业务后,RAN检测到一段时间内没有数据报文传送,则会释放RRC连接,核心网负责维护终端的注册和会话状态。

6.6.10 接入控制流程

接入控制的目的是网络可以根据网络侧负载情况控制接入网络的用户数量,从而保证网络可以为接入的用户提供满足QoS的服务。NR的接入控制分为多个层级,不同层级可以控制不同范围用户的接入,按照整个接入流程,可以分为小区禁止、接入禁止检查、随机回退、拒绝连接请求。

1. 小区禁止

在小区的系统信息中,网络可以指示一个小区是否处于小区禁止状态,如果指示处于小区禁止状态,所有没有建立连接的用户将不能继续驻留在该小区,需要重新选择一个小区驻留。通过这种机制,网络在负载较重或者其他情况下,可以迅速地将所有没有建立连接的用户"驱赶"到其他小区,从而降低后续在该小区建立连接的用户数目。

2. 接入禁止检查

每次用户申请建立连接前,非接入层均会指示接入层当前连接请求的接入标识(Access Identity)和接入类别(Access Category),其中Access Identity标识用户的身份类型,Access Category标识触发此次连接建立的业务类型,分别如表6.20与表6.21所示。

表6.20 接入标识

接入标识编号	UE配置
0	没有任何相关配置
1	用户被配置用于多媒体优先级服务
2	用户被配置用于关键服务
3	用户为灾难漫游用户
4～10	预留
11	用户被配置为Access Class 11
12	用户被配置为Access Class 12
13	用户被配置为Access Class 13
14	用户被配置为Access Class 14
15	用户被配置为Access Class 15

表 6.21　接入类别

接入类别编号	和 UE 相关的判断条件	接入类型
0	所有 UE	响应寻呼
1	用户被配置用于时延不敏感业务	所有，除了紧急呼叫和异常数据上报，如传感器发现火警
2	所有 UE	紧急呼叫
3	除了 Access Category 1 对应条件外，其他所有 UE	NAS 信令传输
4	除了 Access Category 1 对应条件外，其他所有 UE	多媒体电话服务
5	除了 Access Category 1 对应条件外，其他所有 UE	多媒体视频服务
6	除了 Access Category 1 对应条件外，其他所有 UE	短信业务
7	除了 Access Category 1 对应条件外，其他所有 UE	数据业务
8	除了 Access Category 1 对应条件外，其他所有 UE	RRC 层信令传输
9	除了 Access Category 1 对应条件外，其他所有 UE	IP 多媒体子系统注册相关信令
10	所有 UE	COREST 时域监测位置异常信息（Monitoring Occasion Exception Data）
11～31		预留
32～63	所有 UE	运营商划分的类别

在小区的系统信息中，网络针对每种 Access Identity 和 Access Category 的组合，指示一组接入禁止参数。用户在触发建立连接前，需要检查对应 Access Identity 和 Access Category 的接入禁止参数，然后确定是否可以建立连接。

通过接入禁止机制，网络可以动态地调整 Access Identity 和 Access Category 对应的接入禁止参数，从而实现对不同类型用户、不同业务用户，进行不同比例的接入控制。

3. 随机回退

在连接建议被允许后，UE 的 MAC 层将触发随机接入过程，在某一段时间如果有大量的 UE 发起随机接入，基站可能没有能力处理，可以指示一个回退因子给用户，用户存储该回退因子，下次再触发随机接入时，在 0 到回退因子指示的避让时间内随机取一个时间值，并在此时间值之后，再发送随机接入前导码。通过随机回退机制，当一段时间内有大量用户需要随机接入时，将部分随机接入在时间上均匀化，从而避免基站瞬时负载过高。

4. 拒绝连接请求

用户发送的连接建立请求、连接恢复请求、连接重建请求均包含一个原因值，例如语音通话、信令传输、数据传输、紧急呼叫等，网络侧可以根据当前负载，以及原因值是否紧急来决定是否同意相关请求，如果负载较高，可以拒绝某些用户的连接建立请求。

习题与思考题

6.1　请简述 5G 系统架构包括哪些部分，它们分别有哪些作用。

6.2　请简述 NR 空口的协议栈架构，以及用户面和控制面的区别。

6.3 请简述 NR 使用哪几种多址技术,以及哪几种波形。

6.4 请简述 NR 帧结构有哪几种配置方法。

6.5 请简述上下行调度方式的相同点和不同点。

6.6 请简述 5G 安全机制包括哪几个方面。

6.7 请简述 AS 信令和 NAS 信令的区别和关系。

本章参考文献

[1] 3GPP TR 21.905. Vocabulary for 3GPP Specifications.

[2] 3GPP 24.002. GSM-UMTS Public Land Mobile Network(PLMN) Access Reference Configuration.

[3] 3GPP TS 38.300. NR; Overall description; Stage 2.

[4] 3GPP TS 38.321. NR; Medium Access Control(MAC); Protocol specification.

[5] 3GPP TS 38.322. NR; Radio Link Control(RLC) protocol specification.

[6] 3GPP TS 38.323. NR; Packet Data Convergence Protocol (PDCP) protocol specification.

[7] 3GPP TS 33.501. Security Architecture and Procedures for 5G System.

[8] 3GPP TS 38.213. NR; Physical layer procedures for control.

[9] 3GPP TS 38.211. NR; Physical channels and modulation.

[10] 3GPP TS 38.212. NR; Multiplexing and channel coding.

[11] 3GPP TS 38.214. NR; Physical layer procedures for data.

[12] 3GPP TS 24.501. Non-Access-Stratum (NAS) protocol for 5G System (5GS); Stage 3.

[13] 3GPP TS 33.401. 3GPP System Architecture Evolution(SAE); Security architecture.

[14] 3GPP TS 23.501. System Architecture for the 5G System; Stage 2.

[15] 3GPP TS 23.502. Procedures for the 5G System; Stage 2.

[16] 3GPP TS 23.122. Non-Access-Stratum(NAS) functions related to Mobile Station (MS) in idle mode.

第7章　第五代移动通信系统关键技术及其应用

学习重点和要求

本章介绍第五代(5G)移动通信系统的无线接入技术、网络技术和支撑技术，在此基础上，介绍5G移动通信系统的应用。

要求：

- 熟悉5G移动通信系统的关键技术；
- 了解5G移动通信系统的应用。

7.1　5G系统关键技术

7.1.1　大规模天线技术

MIMO技术是4G和5G物理层最重要的支撑技术之一。从4G到5G的标准演进过程中，MIMO技术一直在不断地发展和演进。从4G最初的协议版本首次引入MIMO技术开始，可支持的天线端口数目、传输流数目以及参考信号端口数目都在不断增加，多天线技术也进一步扩展到分布式多天线以及协同场景中。随着天线技术及工艺的不断提升，天线规模得以进一步扩大，大规模天线(Massive MIMO)被广泛应用。目前16天线、32天线、64天线的Massive MIMO已经被广泛研究和应用，未来更大规模天线阵列(如128天线)也将逐渐获得更多的应用。

由于集成的天线数目成倍增加，所以Massive MIMO可以在水平和垂直维度排列成天线阵面。Massive MIMO通过集成更多射频通道和天线，利用三维精准波束赋形将发射信号引导到接收端的最佳传输路径上。如图7.1所示，通过进一步扩展垂直维度的数字端口，Massive MIMO相比传统MIMO具有了水平和垂直二维自由度，因此也被称为3D-MIMO或者全维度MIMO(Full Dimension MIMO，FD-MIMO)。Massive MIMO辐射的电磁波束不仅可以实现在水平方向的扫描，还可以实现在垂直方向的扫描，从而具备更好的覆盖性和灵活性。Massive MIMO的主要技术优势包括：

① 可以提供更灵活的自由度，空间复用能力显著提升；

② 天线数目更多，波束更窄，可形成高增益可调节的赋型波束，提升传输速率；

③ 有效减少小区间干扰；

④ 更好地提升覆盖能力。

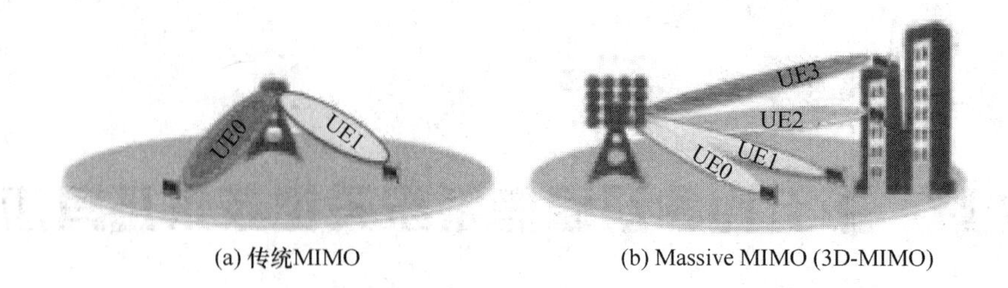

(a) 传统MIMO　　(b) Massive MIMO (3D-MIMO)

图 7.1　传统 MIMO 与 3D-MIMO 对比示意图

3GPP 协议后续的各个版本对 Massive MIMO 进行了相关的研究和标准化增强。一方面,5G 对传输速率的需求更高,高频段的支持对覆盖能力提出了更大的挑战,Massive MIMO 可以更好地发挥自身优势,以满足 5G 的传输需求;另一方面,Massive MIMO 也给系统设计带来了更大的挑战。天线端口数目更多,导致测量参考信号资源开销以及 CSI 反馈开销显著提升。此外,为了最大限度地发挥 Massive MIMO 的能力,对 CSI 测量精度的要求更高。3GPP NR 标准对 Massive MIMO 进行了进一步的增强,主要体现在面向 Massive MIMO 的码本设计。

对于 Massive MIMO 系统,需要发端获得较为精确的信道状态信息,以通过下行预编码提升传输性能。通过下行测量参考信号,终端设备首先进行下行信道估计,然后将计算得到的预编码矩阵反馈给网络设备。通常情况下,为了方便预编码矩阵的反馈,会预先定义可选的量化的预编码矩阵,这些可选的预编码矩阵构成的集合称为预编码码本。终端设备通过预编码矩阵指示(Pre-coding Matrix Indicator,PMI)向网络设备指示反馈的量化的预编码矩阵。由于预编码矩阵的维度与发送天线数目有关,对于 Massive MIMO 系统,随着发送天线数目的增加,所需的预编码矩阵反馈开销也成倍提升。因此,面向 Massive MIMO 系统的码本设计需要考虑预编码矩阵量化精度和反馈开销的最佳折衷。

5G NR 标准的预编码码本设计目前支持 3 种类型的码本,分别为 Type Ⅰ码本、Type Ⅱ码本和 eType Ⅱ码本。PMI 设计与支持的传输层数目相关,传输层数目也称为“rank”。其中,Type Ⅰ用于常规精度的 CSI 反馈,对应的 PMI 开销较小,最大可以支持 rank 8。Type Ⅱ对应高精度 PMI 反馈,反馈开销大,主要针对 MU-MIMO 传输场景,最大支持 rank 2 的 PMI 反馈。为了进一步降低 Type Ⅱ码本的开销,人们设计了 eType Ⅱ码本,最大支持 rank 4 的 PMI 反馈。5G NR 协议中的 PMI 设计将天线端口分布、选择的基向量数目作为码本参数,可以根据不同的天线结构和应用场景进行灵活的配置,同时能灵活地控制反馈的开销,从而使得码本具有良好的可扩展性。

为了降低反馈开销,NR Type 1 和 Type 2 码本充分利用了 Massive MIMO 空域相关性,通过一个或多个正交的空域基向量将预编码矩阵投影到波束域进行表征。假设 Massive MIMO 天线阵列均匀分布,那么空域基向量可以采用二维的旋转 DFT 基向量。二维的旋转 DFT 基向量为二维过采样 DFT 矩阵 $\boldsymbol{B}_{N_1,N_2}(q_1,q_2)$ 中的向量,$\boldsymbol{B}_{N_1,N_2}(q_1,q_2)$ 可以表示为

$$\boldsymbol{B}_{N_1,N_2}(q_1,q_2)=(\boldsymbol{R}_{N_1}(q_1)\boldsymbol{D}_{N_1})\otimes(\boldsymbol{R}_{N_2}(q_2)\boldsymbol{D}_{N_2})=[b_0 \quad b_1 \quad \cdots \quad b_{N_1N_2-1}] \tag{7.1}$$

其中,N_1 和 N_2 分别为水平维度和垂直维度的天线端口数目,$\boldsymbol{D}_N$ 为 $N\times N$ 的正交 DFT 矩阵,第 m 行第 n 列元素为 $[\boldsymbol{D}_N]_{m,n}=\frac{1}{\sqrt{N}}\mathrm{e}^{\frac{\mathrm{j}2\pi mn}{N}}$。$\boldsymbol{R}_N(q)=\mathrm{diag}([\mathrm{e}^{\mathrm{j}2\pi\cdot 0\cdot\frac{q}{N}} \quad \mathrm{e}^{\mathrm{j}2\pi\cdot 1\cdot\frac{q}{N}} \quad \cdots \quad \mathrm{e}^{\mathrm{j}2\pi\cdot(N-1)\cdot\frac{q}{N}}])$ 表示 $N\times N$ 的旋转矩阵。假设旋转因子 q_1 和 q_2 均匀分布,那么 $q_1=\frac{i}{O_1}, i=0,1,\cdots,O_1-1, q_2=$

$\frac{i}{O_2}$，$i=0,1,\cdots,O_2-1$，其中 O_1 和 O_2 分别表示水平和垂直维度的空域过采样值。相应地，旋转矩阵与 DFT 正交矩阵的乘积构成的矩阵满足$[\boldsymbol{R}_N(q)\boldsymbol{D}_N]_{m,n}=\frac{1}{\sqrt{N}}\mathrm{e}^{\frac{\mathrm{j}2\pi m(n+q)}{N}}$。图 7.2 以 $N_1=4$，$N_2=2$，$O_1=O_2=4$ 为例，给出了空域向量集合中包含的空域基向量的示意图。

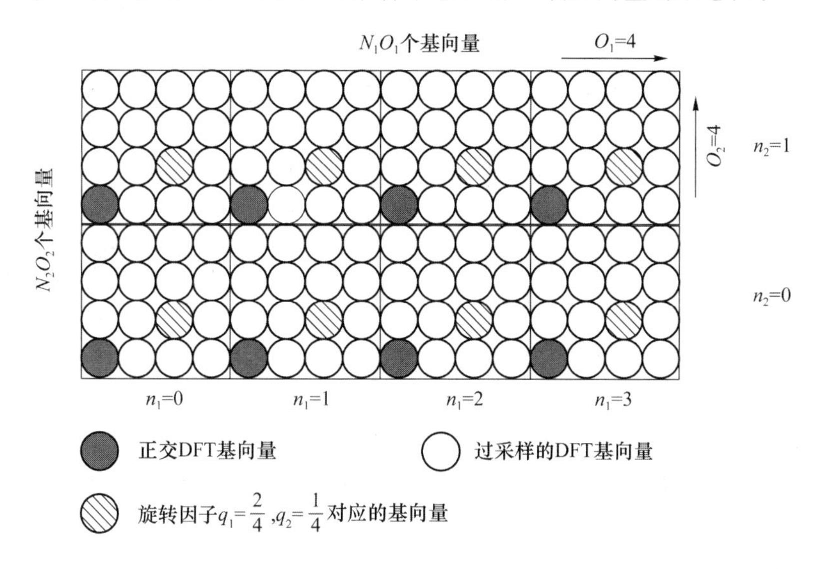

图 7.2　空域基向量的示意图（$N_1=4,N_2=2,O_1=O_2=4$）

基于以上空域基向量集合，NR Type 1 和 Type 2 码本可以采用一个或多个空域基向量来表征，形成如下的两级码本结构：

$$\boldsymbol{W}=\boldsymbol{W}_1\boldsymbol{W}_2 \tag{7.2}$$

其中，$\boldsymbol{W}_1$ 为空域基向量矩阵。假设极化方向数目为 2，两个极化方向采用相同的 L 个空域基向量，维度为 $2N_1N_2\times 2L$，可以表示为

$$\boldsymbol{W}_1=\begin{bmatrix}\boldsymbol{B} & \boldsymbol{0}\\ \boldsymbol{0} & \boldsymbol{B}\end{bmatrix}=\begin{bmatrix}b_{I_S(0)} & b_{I_S(1)} & \cdots & b_{I_S(L-1)} & 0 & 0 & \cdots & 0\\ 0 & 0 & \cdots & 0 & b_{I_S(0)} & b_{I_S(1)} & \cdots & b_{I_S(L-1)}\end{bmatrix}\boldsymbol{W}=\boldsymbol{W}_1\boldsymbol{W}_2 \tag{7.3}$$

其中，b_k 表示从空域基向量集合中选择的第 k 个空域基向量，对应空域基向量索引 $I_S(k)$。

1. Type Ⅰ码本

对于 Type Ⅰ码本来说，不同的信道矩阵秩(rank)对应不同的设计准则。对于 rank=1 和 rank=2 的 Type Ⅰ码本，L 可以配置为 1 或 4，对于 rank>2 的 Type Ⅰ码本，$L=1$。第二级矩阵 $\boldsymbol{W}_2$ 用于波束选择和相位调整。对于不同的空间层数，$\boldsymbol{W}_2$ 对应不同的设计。

对于 rank=1 的 Type Ⅰ码本，其 PMI 可以表示为

$$\boldsymbol{W}_{l,m,n}^{(1)}=\frac{1}{\sqrt{P_{\text{CSI-RS}}}}\begin{bmatrix}\boldsymbol{v}_{l,m}\\ \varphi_n\boldsymbol{v}_{l,m}\end{bmatrix} \tag{7.4}$$

其中

$$\varphi_n=\mathrm{e}^{\mathrm{j}\pi n/2}$$

$$\boldsymbol{v}_{l,m}=\begin{bmatrix}\boldsymbol{u}_m & \mathrm{e}^{\mathrm{j}\frac{2\pi l}{N_1O_1}}\boldsymbol{u}_m & \cdots & \mathrm{e}^{\mathrm{j}\frac{2\pi l(N_1-1)}{N_1O_1}}\boldsymbol{u}_m\end{bmatrix}$$

$$\boldsymbol{u}_m=\begin{bmatrix}1 & e^{j\frac{2\pi m}{N_2O_2}} & \cdots & e^{j\frac{2\pi m(N_2-1)}{N_2O_2}}\end{bmatrix}$$

基于反馈开销的不同,Type Ⅰ rank 1 码本分为两种模式:模式 1 和模式 2。模式 1 对应 $L=1$,模式 2 对应 $L=4$。对于 rank=2 的 Type Ⅰ码本,采用正交波束的方式实现空间层之间的正交。对于空间层 1 和空间层 2,选择在不同波束组的 2 个正交波束。具体地,rank 2 PMI 可以表示为

$$\boldsymbol{W}_{l,l',m,m',n}^{(2)}=\frac{1}{\sqrt{2P_{\text{CSI-RS}}}}\begin{bmatrix}\boldsymbol{v}_{l,m} & \boldsymbol{v}_{l',m'}\\ \varphi_n\boldsymbol{v}_{l,m} & -\varphi_n\boldsymbol{v}_{l',m'}\end{bmatrix} \tag{7.5}$$

其中 φ_n 和 $\boldsymbol{v}_{l,m}$ 同上。对于 rank=3~4 的 Type Ⅰ码本,根据端口数目划分为 2 类设计方法。16 端口以下延续 LTE class A 的码本设计方法,16 端口以上采用天线端口分组的设计方法。对于 16 端口以下的 rank 3~4 Type Ⅰ码本,通过正交波束选择来实现空间层之间的正交。对于大于 16 端口的 rank 3~4 Type Ⅰ码本,通过分组间的相位调整和极化间的相位调整来实现空间层之间的正交。以 16 端口以下的 Type 1 rank 4 码本为例,$\boldsymbol{W}_{l,l',m,m',n}^{(4)}$ 可以表示为

$$\boldsymbol{W}_{l,l',m,m',n}^{(4)}=\frac{1}{\sqrt{4P_{\text{CSI-RS}}}}\begin{bmatrix}\boldsymbol{v}_{l,m} & \boldsymbol{v}_{l',m'} & \boldsymbol{v}_{l,m} & \boldsymbol{v}_{l',m'}\\ \varphi_n\boldsymbol{v}_{l,m} & \varphi_n\boldsymbol{v}_{l',m'} & -\varphi_n\boldsymbol{v}_{l,m} & -\varphi_n\boldsymbol{v}_{l',m'}\end{bmatrix} \tag{7.6}$$

对于 16 端口以上的 Type 1 rank 4 码本,$\boldsymbol{W}_{l,m,p,n}^{(4)}$ 可以表示为

$$\boldsymbol{W}_{l,m,p,n}^{(4)}=\frac{1}{\sqrt{4P_{\text{CSI-RS}}}}\begin{bmatrix}\tilde{\boldsymbol{v}}_{l,m} & \tilde{\boldsymbol{v}}_{l,m} & \tilde{\boldsymbol{v}}_{l,m} & \tilde{\boldsymbol{v}}_{l,m}\\ \theta_p\tilde{\boldsymbol{v}}_{l,m} & -\theta_p\tilde{\boldsymbol{v}}_{l,m} & \theta_p\tilde{\boldsymbol{v}}_{l,m} & -\theta_p\tilde{\boldsymbol{v}}_{l,m}\\ \varphi_n\tilde{\boldsymbol{v}}_{l,m} & \varphi_n\tilde{\boldsymbol{v}}_{l,m} & -\varphi_n\tilde{\boldsymbol{v}}_{l,m} & -\varphi_n\tilde{\boldsymbol{v}}_{l,m}\\ \varphi_n\theta_p\tilde{\boldsymbol{v}}_{l,m} & -\varphi_n\theta_p\tilde{\boldsymbol{v}}_{l,m} & -\varphi_n\theta_p\tilde{\boldsymbol{v}}_{l,m} & \varphi_n\theta_p\tilde{\boldsymbol{v}}_{l,m}\end{bmatrix} \tag{7.7}$$

其中

$$\theta_p=e^{j\pi p/4}$$

$$\tilde{\boldsymbol{v}}_{l,m}=\begin{bmatrix}\boldsymbol{u}_m & e^{j\frac{4\pi l}{N_1O_1}}\boldsymbol{u}_m & \cdots & e^{j\frac{4\pi l(N_1/2-1)}{N_1O_1}}\boldsymbol{u}_m\end{bmatrix}$$

对于 rank=5~6 的 Type Ⅰ码本,由 3 个正交波束保证空间层之间的正交性。对于 rank=7~8 的Type Ⅰ码本,由 4 个正交波束保证空间层之间的正交性。以 Type Ⅰ rank 8 码本为例,$\boldsymbol{W}_{l,l',l'',l''',m,m',m'',m''',n}^{(8)}$ 可以表示为

$$\begin{aligned}&\boldsymbol{W}_{l,l',l'',l''',m,m',m'',m''',n}^{(8)}\\ &=\frac{1}{\sqrt{8P_{\text{CSI-RS}}}}\begin{bmatrix}\boldsymbol{v}_{l,m} & \boldsymbol{v}_{l,m} & \boldsymbol{v}_{l',m'} & \boldsymbol{v}_{l',m'} & \boldsymbol{v}_{l'',m''} & \boldsymbol{v}_{l'',m''} & \boldsymbol{v}_{l''',m'''} & \boldsymbol{v}_{l''',m'''}\\ \varphi_n\boldsymbol{v}_{l,m} & -\varphi_n\boldsymbol{v}_{l,m} & \varphi_n\boldsymbol{v}_{l',m'} & -\varphi_n\boldsymbol{v}_{l',m'} & \boldsymbol{v}_{l'',m''} & -\boldsymbol{v}_{l'',m''} & \boldsymbol{v}_{l''',m'''} & -\boldsymbol{v}_{l''',m'''}\end{bmatrix}\end{aligned} \tag{7.8}$$

2. Type Ⅱ 码本

Type Ⅱ码本通过对多个波束进行线性组合大幅提升反馈精度,相比 Type Ⅰ码本可以获得显著的性能提升。

Type Ⅱ码本的预编码矩阵 $\boldsymbol{W}$ 采用两级结构,表示为 $\boldsymbol{W}=\boldsymbol{W}_1\boldsymbol{W}_2$。$\boldsymbol{W}_1$ 为选择的空域基向量构成的矩阵(见前文)。L 为选择空域波束基向量的数目,根据不同的场景和需求,L 可以配置为 2、3 或 4。

$\boldsymbol{W}_2$ 为合并系数矩阵,维度是 $2L\times N_L$,为 $\boldsymbol{W}_1$ 矩阵中 $2L$ 个空域波束基向量的加权合并系数。当空间层数 $N_L=1$(rank=1)时,$\boldsymbol{W}_2$ 可以表示为

$$W_2=\begin{bmatrix} p_{0,0}^{(1)}p_{0,0}^{(2)}\varphi_{0,0} \\ p_{0,1}^{(1)}p_{0,1}^{(2)}\varphi_{0,1} \\ \vdots \\ p_{0,L-1}^{(1)}p_{0,L-1}^{(2)}\varphi_{0,L-1} \\ p_{0,L}^{(1)}p_{0,L}^{(2)}\varphi_{0,L} \\ p_{0,L+1}^{(1)}p_{0,L+1}^{(2)}\varphi_{0,L+1} \\ \vdots \\ p_{0,2L-1}^{(1)}p_{0,2L-1}^{(2)}\varphi_{0,2L-1} \end{bmatrix} \tag{7.9}$$

当空间层数 $N_L=2(\text{rank}=2)$ 时，W_2 可以表示为

$$W_2=\begin{bmatrix} p_{0,0}^{(1)}p_{0,0}^{(2)}\varphi_{0,0} & p_{1,0}^{(1)}p_{1,0}^{(2)}\varphi_{1,0} \\ p_{0,1}^{(1)}p_{0,1}^{(2)}\varphi_{0,1} & p_{1,1}^{(1)}p_{1,1}^{(2)}\varphi_{1,1} \\ \vdots & \vdots \\ p_{0,L-1}^{(1)}p_{0,L-1}^{(2)}\varphi_{0,L-1} & p_{1,L-1}^{(1)}p_{1,L-1}^{(2)}\varphi_{1,L-1} \\ p_{0,L}^{(1)}p_{0,L}^{(2)}\varphi_{0,L} & p_{1,L}^{(1)}p_{1,L}^{(2)}\varphi_{1,L} \\ p_{0,L+1}^{(1)}p_{0,L+1}^{(2)}\varphi_{0,L+1} & p_{1,L}^{(1)}p_{1,L}^{(2)}\varphi_{1,L} \\ \vdots & \vdots \\ p_{0,2L-1}^{(1)}p_{0,2L-1}^{(2)}\varphi_{0,2L-1} & p_{1,2L-1}^{(1)}p_{1,2L-1}^{(2)}\varphi_{1,2L-1} \end{bmatrix} \tag{7.10}$$

其中，$p_{j,k}^{(1)}$ 和 $p_{j,k}^{(2)}$ 分别表示第 j 层第 k 个波束对应的合并系数的宽带幅度值和子带差分幅度值。所谓差分幅度值，是以宽带幅度值为参照的幅度差值。$p_{j,k}^{(1)}$ 采用 3 bit 量化，其可选量化值为 $p_{j,k}^{(1)}\in\{0,\sqrt{1/64},\sqrt{1/32},\sqrt{1/16},\sqrt{1/8},\sqrt{1/4},\sqrt{1/2},1\}$；$p_{j,k}^{(2)}$ 采用 1 bit 量化，其可选量化值为 $p_{i,j,k}^{(2)}\in\{\sqrt{1/2},1\}$。$\varphi_{j,k}=\exp(\text{j}2\pi c_{j,k}/N_{\text{PSK}})$ 表示第 j 层第 k 个波束对应的合并系数的相位，$\varphi_{j,k}$ 可以采用 2 bit 量化($N_{\text{PSK}}=4$)或 3 bit 量化($N_{\text{PSK}}=8$)。

3. eType Ⅱ码本

Type Ⅱ码本具有高精度的特性，但与此同时提升了反馈的开销。特别是对于大带宽的 OFDM 系统，为了更好地适配信道的频率选择性，需要反馈子带级的 PMI 信息。随着需要反馈的子带数目的提升，Type Ⅱ码本的反馈开销也显著提升，使得 Type Ⅱ码本在很多场景下使用受限。为了进一步降低子带 PMI 反馈开销，或者在同等开销下提升子带 PMI 的反馈精度，人们设计了 eType Ⅱ码本。eType Ⅱ码本在 Type Ⅱ码本的基础上进一步利用了频域的相关性，通过 IDFT 将频域系数转换到时延域。利用时延域的稀疏特征，仅需要反馈少量的时延域系数，从而显著地降低了子带 PMI 的反馈开销。

eType Ⅱ码本可以表示为三级码本结构：

$$W=W_1\widetilde{W}W_{\text{f}}^{\text{H}} \tag{7.11}$$

其中，W 为 N_3 个频域子带对应的预编码矩阵构成的联合矩阵，维度为 $2N_1N_2\times N_3$；W_1 为选择的空域基向量构成的矩阵(与 Type Ⅱ码本相同)；W_{f} 为维度为 $M\times N_3$ 的频域基向量矩阵，其中 M 个频域基向量是从 $N_3\times N_3$ 的正交 DFT 基向量矩阵中选择的；$\widetilde{W}$ 表示空频合并系数

矩阵,其维度为 $2L\times M$。一个空频合并系数矩阵与一个空域基向量和一个频域基向量对应。通过 $2L$ 个空域基向量和 M 个频域基向量,eType Ⅱ码本在空域和频域上大大地压缩了预编码矩阵需要量化表征的元素数目,至多仅需要反馈 $2LM$ 个空频合并系数的量化结果。为了进一步降低开销,3GPP NR 协议进一步定义了空频合并系数的量化规则,在 $2LM$ 个空频合并系数中进一步筛选了部分合并系数并进行反馈。

7.1.2 毫米波技术

毫米波可以提供较大的带宽,但由于毫米波的高传播损耗等劣势,往往需要采用更大规模的 MIMO 系统,以获得更大的波束赋形增益,这给毫米波系统设计带来了新的挑战。这里主要介绍面向毫米波频段的波束赋形架构设计和波束训练原理。

在 5G 通信中,随着低频段频谱资源变得稀缺,毫米波频段(NR FR2 频段的范围为 24 250~52 600 MHz)被用来提供更大带宽。然而由于毫米波频段波长短,具有更大的传播损耗,绕射能力较差等特征,需要采用更大规模的天线阵列形成更聚焦的赋形波束来克服路径损耗,确保在毫米波频段下信号的覆盖。为了降低大规模天线阵列的成本,毫米波天线阵列通常采用模拟波束和数字波束相结合的混合波束赋形方式,其架构如图 7.3 所示。数字波束赋形是指在基带控制多根天线发送信号的幅度和相位,而模拟波束赋形是指多根天线具备独立的射频链路通道,但共享同一个数字链路通道,每条射频链路都允许对传输信号进行独立的幅度相位调整,所形成的波束方向主要由射频通道的幅度与相位调整来实现。

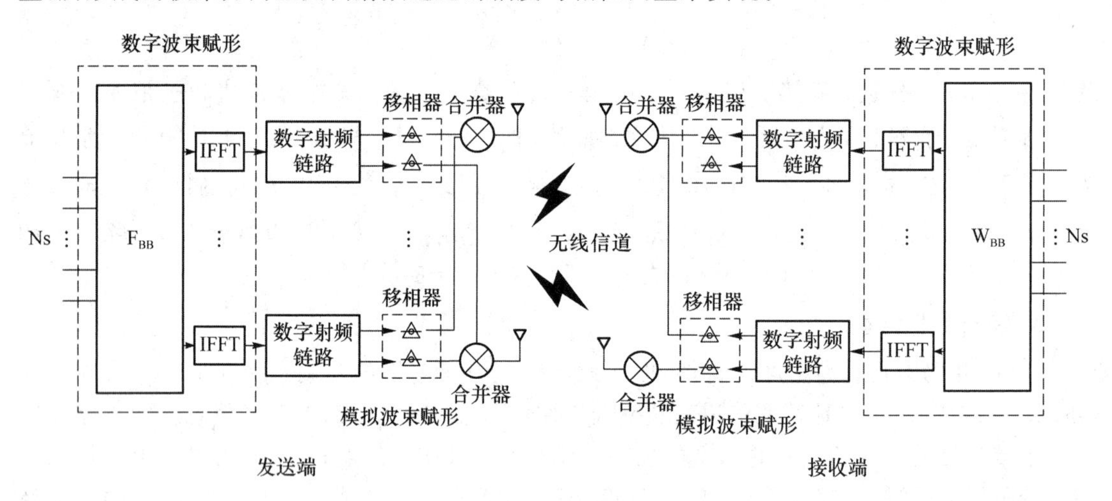

图 7.3 混合波束赋形架构

模拟波束赋形的特点:

① 每根天线发送的信号都通过移相器改变相位;

② 受限于器件能力,模拟波束赋形作用于整个带宽,无法进行子带波束赋形,所以通常采用 TDM 的方式实现多波束的传输复用。

为了获得最佳的传输性能,通常需要采用收发波束扫描的测量方式来搜索最优收发波束对,然后再进行数据传输。下行波束测量过程:假设基站可支持 M 个模拟波束用于信号发送,可以为每个模拟波束都配置一个 CSI-RS 资源用于波束测量,每个 CSI-RS 资源上都加载了一个模拟波束。同时,UE 可以通过 N 个接收波束分别对这 M 个模拟波束进行测量,并基于接收信号质量确定最优的收发波束对。因此,基站与 UE 间共需测量 MN 个模拟波束对,相应地需要 MN 个 CSI-RS 资源。针对上述场景,5G 支持 3 种波束测量方式,基站可以通过高层信令控制采用何种波束测量方式。

① 联合收发波束测量:每个发送波束都发送 N 次,用于 UE 扫描 N 个接收波束。

② 发送波束测量:UE 固定接收波束,基站扫描发送波束。

③ 接收波束测量:基站固定发送波束,UE 扫描接收波束。

由于基站侧具备大规模天线阵列,因此发送波束数量较多。UE 侧也可以具备多天线阵列能力,从而具有一定数量的接收波束。占用 MN 个 CSI-RS 资源并不是高效的波束训练方式,5G 支持的一种高效的波束训练方式如下。

① 收发波束对粗对齐(P1):如图 7.4 所示,基站在不同 SSB 资源上扫描发送宽波束,UE 同时扫描接收宽波束,确定最优的宽波束对,并上报基站。

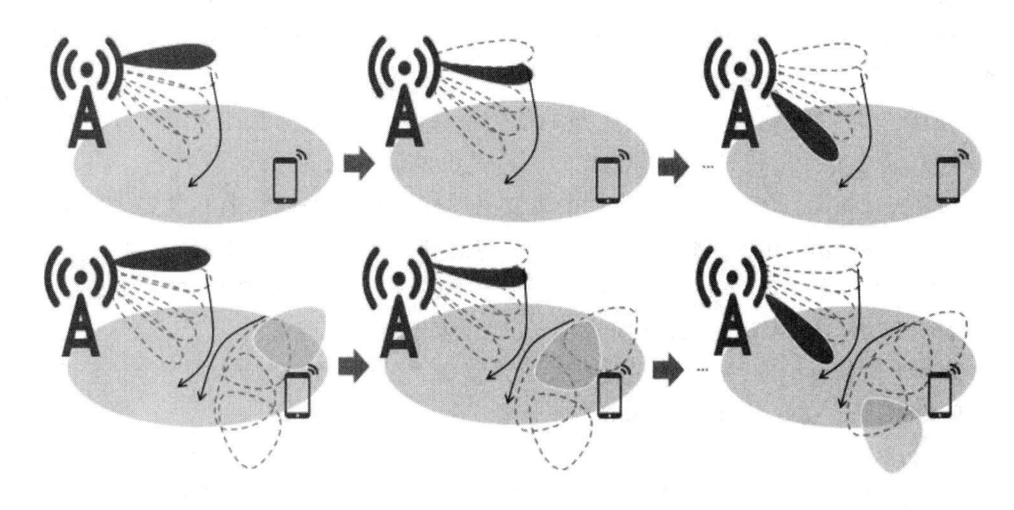

图 7.4　波束训练 P1 示例

② 基站发波束精调(P2):如图 7.5 所示,基站根据在 P1 过程中确定的在最优 SSB 资源上扫描的发送宽波束,在 CSI-RS 上扫描窄波束,UE 采用相应的最优接收宽波束接收,确定最优的基站发送宽波束并上报基站。

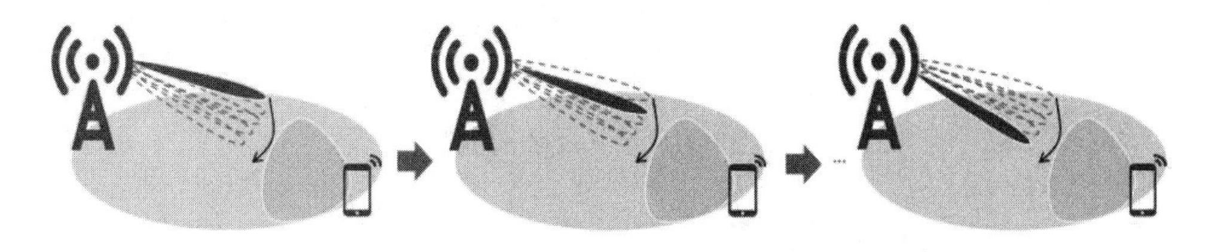

图 7.5　波束训练 P2 示例

③ UE 收波束精调(P3):如图 7.6 所示,基站根据在 P2 过程中确定的在最优 CSI-RS 资源上扫描的发送窄波束,在多次重复的 CSI-RS 资源上采用该窄波束发射信号,UE 扫描接收窄波束,确定最优的接收窄波束。该过程仅用于调整 UE 侧最优波束对中的接收波束,UE 自行存储相应信息,无须上报基站。

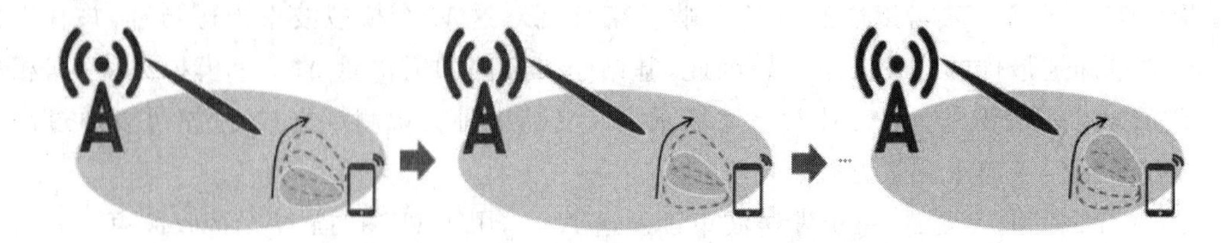

图7.6　波束训练P3示例

在上述过程中,UE仅需选取其中接收性能最优的波束对进行上报。最优波束对对应的接收波束由UE自行存储记录,UE仅需要上报最优波束对的索引值和相应的RSRP测量结果。在完成波束训练过程之后,基站在调度数据传输/参考信号传输时需要进行波束指示。采用动态的波束指示可以使得数据传输采用高精度波束赋形,以适应实时的信道条件。

在上述过程中,若UE当前服务波束的传播路径被遮挡,UE测量到的新最优波束可能无法上报,从而有掉话的可能。波束失败恢复(Beam Failure Recovery,BFR)可以使UE在上述情况下快速获得另一个可用的服务波束,增强波束鲁棒性,避免出现波束遮挡导致的掉话问题。图7.7以将SSB对应的波束作为服务波束的BFR过程为例,描述空口的交互流程。

① BFR信元配置:基站基于UE上报的能力信息,为UE配置BFR信元(包含波束检测集、波束恢复候选集、PRACH资源等信息),并将其下发给UE。

② 波束失败检测:UE对波束检测集中的波束进行波束失败检测,若在预先设定的时间窗内,物理层上报的波束失败实例个数大于或等于预设值,UE判定为波束失败。

③ 波束失败恢复请求:UE在波束恢复候选集中选择一个合适的波束,并将此波束的信息包含在随机接入的PRACH中,发起随机接入(即波束失败恢复请求)。

④ 波束失败恢复响应:基站收到波束失败恢复请求的专用随机接入前导后,重新选择新的服务波束,并发送波束恢复响应,完成波束恢复。

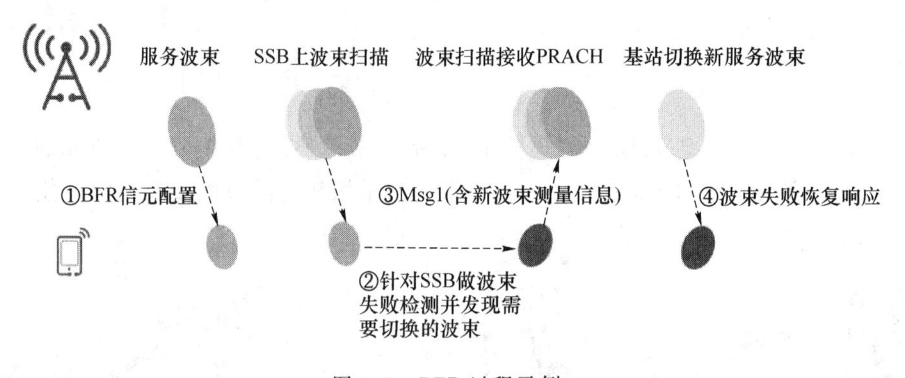

图7.7　BFR过程示例

7.1.3　灵活空口技术

1. 空口配置

灵活空口技术支持可编程的软空口,支持上下行空口解耦、高低频统一空口、独立组网及非独立组网统一空口、授权频谱及非授权频谱统一空口。其关键技术包括可扩展及混合空口波形参量体系基础参数(Numerology)、完全可配置帧结构、部分带宽及其扩展、自包含子帧结构、基于可配空口波形参量及帧结构的带宽配置等。基础参数和帧结构相关内容已在第 6 章详细介绍，这里不再展开。

2. 载波聚合

载波聚合(Carrier Aggregation,CA)通过将多个连续或者非连续载波聚合成更大的带宽，来满足数据传输的要求。如图 7.8 所示，CA 包括场景＃1～场景＃4。

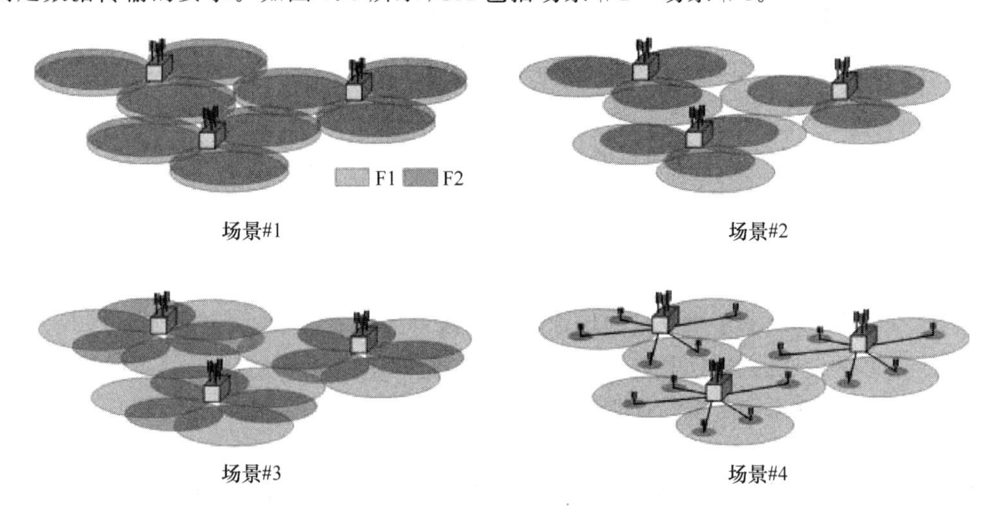

图 7.8　支持 CA 的 4 种场景

场景＃1：F1 和 F2 小区的位置相同、相互重叠，且提供基本相同的覆盖范围。二者都提供足够的覆盖且都支持移动性。可能的应用场景是 F1 和 F2 载波是同一频带内的载波，例如 2 GHz、800 MHz 等。

场景＃2：F1 和 F2 小区的位置相同、相互重叠，但由于 F2 的路径损耗比 F1 大，所以其覆盖范围比 F1 小。只有 F1 提供足够的覆盖，而 F2 被用于进一步提高吞吐量。此时移动性是基于 F1 的覆盖进行的。可能的应用场景是 F1 和 F2 载波是不同频带上的载波，例如 F1＝{800 MHz,2 GHz}，F2＝{3.5 GHz}。

场景＃3：F1 和 F2 小区的位置相同，但 F2 的天线指向 F1 的小区边界(即二者的天线方向不同)，以此提升小区边界的吞吐量。F1 提供了足够的覆盖，但 F2 由于可能存在更大的路径损耗，导致可能存在覆盖空洞。此时移动性是基于 F1 的覆盖进行的。可能的应用场景是 F1 和 F2 载波是不同频带上的载波，例如 F1＝{800 MHz,2 GHz}，F2＝{3.5 GHz}。对于那些处于 F1 和 F2 的重叠覆盖区域的 UE，可以聚合来自相同 eNodeB 的 F1 和 F2 载波，以提高吞吐量。

场景＃4：F1 提供广域的覆盖，而 F2 通过射频拉远(Remote Radio Head,RRH)被用于某些用户密集的热点区域，以提升该区域的吞吐量。F1 提供足够的覆盖，此时移动性是基于 F1 的覆盖进行的。可能的场景是 F1 和 F2 载波是不同频带上的载波，例如 F1＝{800 MHz,2 GHz}，F2＝{3.5 GHz}。

7.1.4　大带宽技术

在 4G 中，UE 侧的传输带宽和基站侧配置的传输带宽必须一致。而在 5G NR 中，3GPP

协议规定系统可以支持较大的传输带宽。但由于5G业务具有多样性,从UE的角度来看,可能某些业务并不需要较大的传输带宽,与此同时支持较大的传输带宽也意味着较高的终端成本,因此3GPP协议针对5G NR,提出了部分带宽(BandWidth Part,BWP)的概念。BWP是指网络侧配置给UE的一段连续的频谱资源,UE在BWP上进行数据传输。BWP是可以小于网络侧的最大传输带宽的,因此实现了网络侧和UE侧的灵活传输带宽配置。需要说明的是,BWP是一个UE级的概念,即不同的UE可以配置不同的BWP。

1. BWP应用场景

在5G新空口(New Radio,NR)中,基站和UE采用BWP进行无线通信。基于BWP,用于基站和UE间的数据传输资源通过两步进行分配,即基站管理系统频率资源,从系统频率资源中为UE分配并指示一个BWP,然后在该BWP中为UE分配资源并传输数据。

基站为UE分配BWP包括如下3个场景。

(1) 场景一:大带宽场景

在通信系统中,随着UE业务量的增加和UE数量的增加,系统业务量显著提高。因此,人们提出了大系统带宽的设计,用于提供较多的系统资源,从而可以提供较高的数据传输速率,如图7.9所示。在系统带宽为大带宽的通信系统中,从前向兼容角度看,考虑UE的成本以及UE的业务量,UE支持的带宽可以小于系统带宽。UE支持的带宽越大,其处理能力越强,数据传输速率越高,设计成本也会更高。举例来说,在5G系统中,系统带宽最大为100 MHz,UE的带宽支持能力可能为20 MHz、50 MHz或100 MHz等。

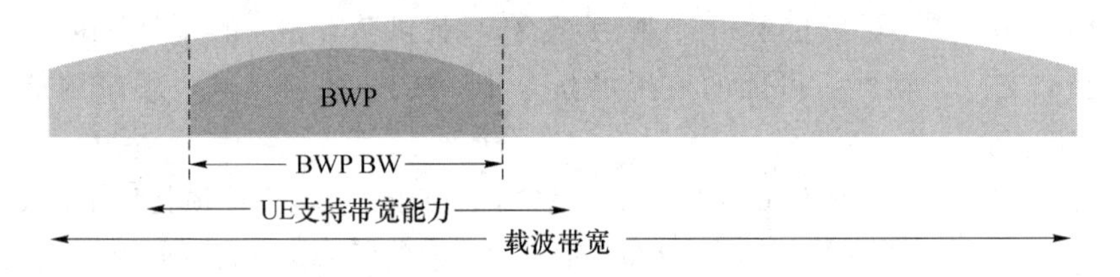

图7.9 大带宽场景BWP

在系统带宽为大带宽的通信系统中,由于UE的带宽能力小于系统带宽,基站可以从系统频率资源中为UE配置BWP,该BWP的带宽小于等于UE的带宽能力。当UE和基站进行通信时,基站可以将为UE配置的BWP中的部分或全部资源分配给UE,用于进行基站和UE间的通信。

(2) 场景二:多参数场景

如图7.10所示,在5G系统中,为了支持更丰富的业务类型和通信场景,人们提出了支持多种参数的设计。对于不同的业务类型和通信场景,可以独立设置参数。

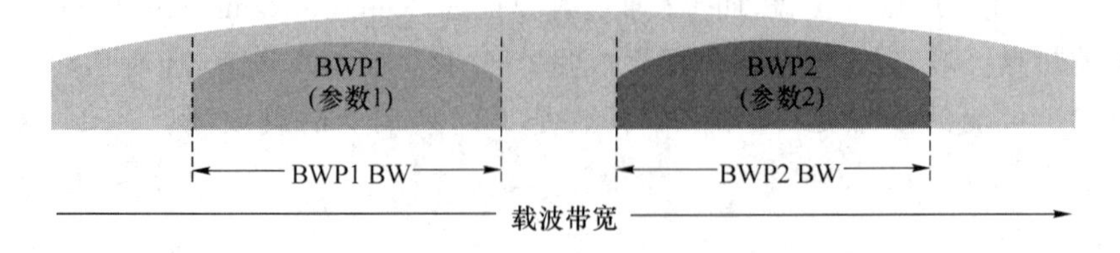

图7.10 多参数场景BWP

从基站角度看,可以在系统频率资源中配置多个BWP,为这些BWP中的每个BWP独立配置参数，用于在系统频率资源中支持多种业务类型和通信场景。

当UE和基站进行通信时，基站可以基于该通信对应的业务类型和通信场景确定用于进行通信的基础参数，从而可以基于基础参数为UE配置相应的BWP。当UE和基站进行通信时，基站可以将为UE配置的BWP中的部分或全部资源分配给UE，用于进行基站和UE间的通信。

(3) 场景三：带宽回退

当UE和基站进行通信时，基站可以基于UE的业务量为UE配置BWP，用于节省UE的功耗。如图7.11所示，当UE业务量较小或者没有业务时，UE可以只在带宽较小的BWP中接收控制信息，从而可以降低UE射频处理的任务量和基带处理的任务量，降低UE的功耗。如果UE的业务量较大，基站可以为UE配置带宽较大的BWP，从而可以提供更高的数据传输速率。

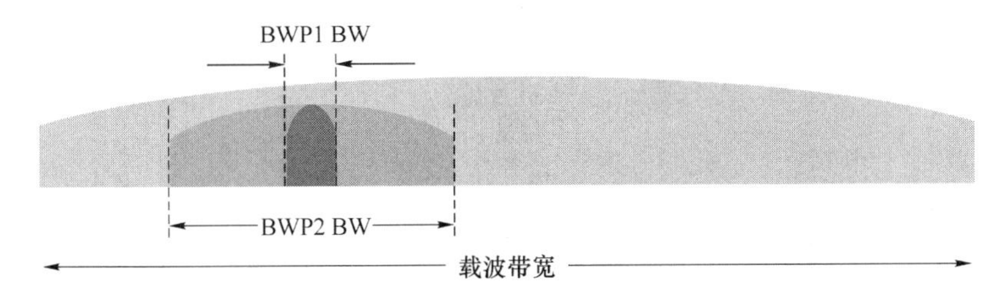

图7.11　带宽回退BWP

在5G NR中，基站配置给UE的BWP包括用于下行接收的下行BWP和用于上行发送的上行BWP。除初始接入上行BWP和下行BWP以外，对于一个下行载波，基站在该下行载波上可以给一个UE配置至多4个下行BWP；对于一个上行载波，基站在该上行载波上可以给一个UE配置至多4个上行BWP。如果一个UE被配置了辅助上行载波(SUpplementary Uplink，SUL)，则在该SUL上该UE还可以被配置至多4个上行BWP。

非成对频谱(即TDD频谱)将具有相同BWP索引的下行BWP与上行BWP进行配对。配对的下行BWP与上行BWP具有相同的中心频率，并构成一个BWP对。

BWP是一个自包含的结构，即UE不在下行BWP之外进行下行接收，也不在上行BWP之外进行上行发送。对于一个UE来说，在一个载波上任意时刻只能有一个激活的BWP。其中，激活的BWP可以理解为UE当前工作的BWP。对于非成对频谱，按照BWP对的粒度激活下行BWP和上行BWP，即配对的下行BWP和上行BWP是同时激活的。UE只在激活的下行BWP上接收下行参考信号，包括下行解调参考信号(DeModulation Reference Signal，DMRS)、信道状态信息参考信号(Channel State Information Reference Signal，CSI-RS)、物理下行控制信道(Physical Downlink Control CHannel，PDCCH)和物理下行共享信道(Physical Downlink Shared CHannel，PDSCH)，只在激活的上行BWP上发送上行参考信号，包括上行DMRS、物理上行控制信道(Physical Uplink Control CHannel，PUCCH)和物理上行共享信道(Physical Uplink Shared CHannel，PUSCH)。

2. BWP的使用

(1) 初始BWP

在初始接入的过程中，初始接入激活下行BWP根据RMSI(Remaining Minimum System Information)的CORESET频域位置和RSMI的基础参数来定义，即初始激活下行BWP的基础参数与RMSI的基础参数相同,在频域上的位置与RMSI CORESET相同。承载RMSI、Msg2和Msg4信息的PDSCH在初始接入下行BWP上发送,RMSI的CORESET频域位置在PBCH中指示,初始激活下行BWP的带宽要小于UE最小带宽(UE最小带宽是指最大的所有都支持的带宽)。初始激活下行BWP的基础参数在6 GHz以下频段的候选集合为{15,30}kHz,在6 GHz以上频段的候选集合为{60,120}kHz。SSB和RMSI CORESET有3种复用模式,如图7.12所示。对于模式1,RMSI CORESET和SSB TDM复用,初始激活下行BWP包含的RMSI CORESET与SSB在频域上是重叠的;对于模式2,RMSI CORESET和SSB TDM复用,初始激活下行BWP包含的RMSI CORESET与SSB在频域上不重叠;对于模式3,RMSI CORESET和SSB FDM复用,初始激活下行BWP包含的RMSI CORESET与SSB在频域上不重叠。

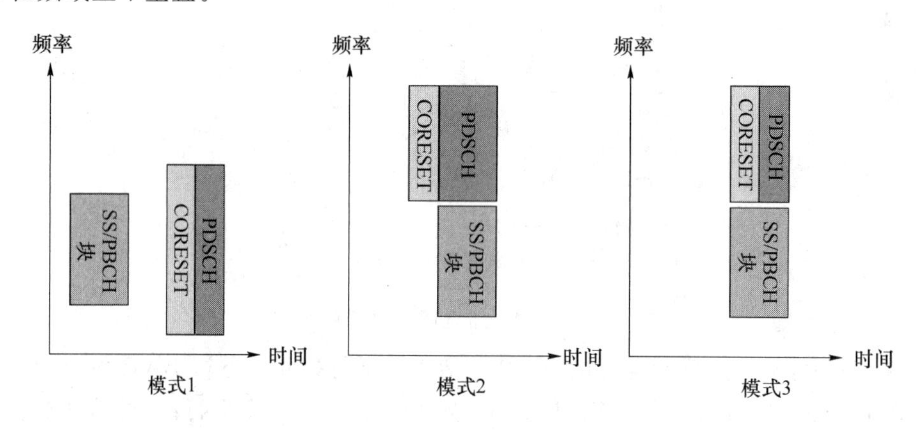

图7.12　SSB和RMSI CORESET复用模式

在初始接入过程中,初始激活上行BWP的基础参数与RMSI中指示的Msg3基础参数是相同的。对于对称频谱,初始激活上行BWP的带宽和频域位置在RMSI中配置。对于非对称频谱,初始激活上行BWP的带宽在RMSI中配置,其频域中心位置与初始激活下行BWP的频域中心位置对齐,频域带宽要小于或等于UE最小发送带宽。承载Msg3的PUSCH信道和承载Msg4 HARQ反馈信息的PUCCH在初始激活上行BWP中发送,从UE的角度来看,所有可用的PRACH传输时机在频域上需要限定在初始激活的上行BWP中。

初始接入完成后,UE的初始激活下行BWP可以通过SIB1重新配置,重新配置的初始激活下行BWP包含RMSI的CORESET。

(2) BWP操作

在5G NR中任意时刻仅支持一个上行激活BWP和一个下行激活BWP,UE仅在激活BWP中发送或接收信号。NR支持BWP切换,其目的主要包括3个:UE节能(可以从大带宽BWP切换到小带宽BWP)、负载均衡和分集增益、业务切换(如eMBB和uRLLC,可以从基础参数1的BWP切换到基础参数2的BWP)。在NR中数据的调度是基于BWP而言的,即资源位于一个BWP中。NR针对每个BWP都会配置BWP标识,针对数据调度会存在BWP的切换。对于非配对载波,上行BWP和下行BWP是以BWP对的方式进行切换的,相同BWP ID的上行BWP和下行BWP组成一个BWP对。针对配对载波,上行调度的DCI可以用于上行BWP切换,下行调度的DCI可以用于下行BWP切换。BWP切换的方式可以有如下3种。

① 基于DCI指示的BWP切换:在DCI中的BWP指示域指示BWP标识,该BWP标识

指示的 BWP 为激活 BWP，而其他 BWP 为去激活 BWP。

② 基于 RRC 信令的 BWP 切换：RRC 信令会配置一个或多个 BWP，此时的 BWP 为配置 BWP。RRC 信令指示激活的 BWP，比如指示 BWP ID，当 UE 接收到该 RRC 信令后，可根据该信令确定激活的 BWP，并且将原来的 BWP 去激活。

③ 基于定时器的 BWP 切换：RRC 信令会配置一个或多个 BWP，此时的 BWP 为配置 BWP。RRC 信令会指示定时器，当 UE 接收到该 RRC 信令后，即可根据该信令确定当前激活的 BWP 的定时，如果在该定时内在该 BWP 中没有检测到 DCI，则在下一时刻该激活 BWP 会被去激活，并且激活初始接入的 BWP 或者默认的 BWP。默认的 BWP 可以是基站通过 RRC 信令配置给终端的，如果没有配置预定义的 BWP，则激活初始接入 BWP。

BWP 切换会有切换时长，在 BWP 切换过程中，UE 不会接收或发送信号。BWP 切换时长用时隙个数来表示，不同基础参数下 BWP 切换时长对应的时隙个数不同。

7.1.5　辅助上行技术

在传统的通信系统中，同一频段中的上行载波和下行载波需要绑定和配对使用，一个上行载波对应一个下行载波。5G NR 相比传统通信系统做出了重大革新，其中一点便是引入了辅助上行(SUL)技术，打破了传统通信系统中上行频谱和下行频谱耦合的设计。SUL 技术支持在一个小区中配置多个上行载波，该上行载波也被称为增补上行载波。SUL 可以使用与 4G FDD 中 UL 载波相同的频段，其带宽不必与 NR 在 Sub 6 GHz 常规部署的 C-band 中的 NR 载波(可认为是同一 TDD 载波，上行和下行属于同一频率)带宽相同，并且 NR 载波与 SUL 载波的频率间隔不是固定的，而是可以灵活配置的。图 7.13 所示为一个 NR 上下行解耦的示例，从频谱使用的角度说明 NR 小区配置使用 SUL 载波的方法，体现了上下行解耦的特点。

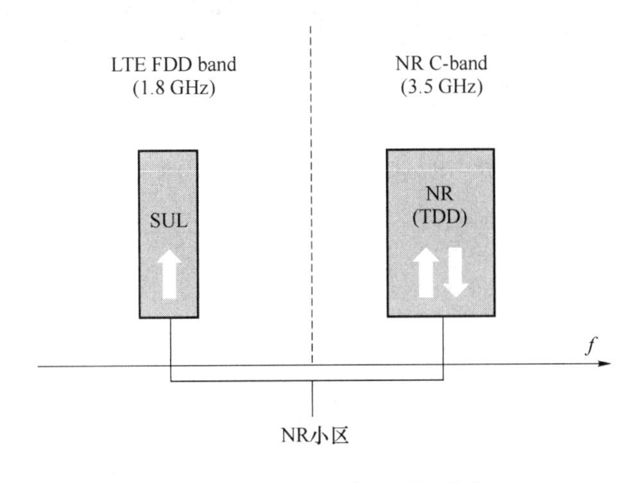

图 7.13　NR 上下行解耦示意图

NR 中的 SUL 技术与 4G 中的载波聚合有着本质的区别。NR SUL 技术中的 NR TDD 载波与 SUL 载波属于同一个小区，即两个上行载波对应同一个下行载波，对应相同的系统广播信息，而传统载波聚合中的两个载波属于两个不同的小区，每个上行载波都对应一个不同的下行载波，对应不同的系统广播信息。正因为两者本质上的区别，NR 上下行解耦在随机接入、资源调度、功率控制等方面与载波聚合是不同的。NR 引入 SUL 的主要目的是提升小区的上行覆盖性能。

NR的商用频段主要是C频段,即3.4～3.6 GHz频段。与4G FDD的频段(如1.8 GHz频段)相比,NR系统的工作频率更高,因此路径损耗和穿透损耗也更大,1.8 GHz频段和3.5 GHz频段相比,PDCCH和PUSCH有明显的覆盖性能差距,覆盖也成为5G亟须解决的难题之一。SUL技术在低频的SUL上进行PUSCH的发送,NR用户设备的上行传输不再受到大路径损耗和穿透损耗带来的影响。

5G NR协议规定每个用户都以时分复用的方式在NR UL上和NR SUL上进行上行传输。从网络设备角度来看,虽然单个用户在NR UL和NR SUL载波上切换发送,但是当某个用户在一个上行载波上进行发送时,在另一个载波上可以调度发送其他用户的上行数据。这种在两个上行载波的切换发送为实现低复杂度终端支持多载波发送提供了一种有效的机制。

在SUL技术中,低频的上行载波可以通过与4G共享获得。例如,当4G部署在1.8 GHz频段上时,其上行载波同时用于传输NR SUL的上行信号,实现了4G和5G NR在上行频谱上的共享。4G的上行载波中并没有复杂固定的上行信号发送,因此通过上行动态调度能够很容易地预留出用于5G NR上行发送的时频资源,如图7.14所示。

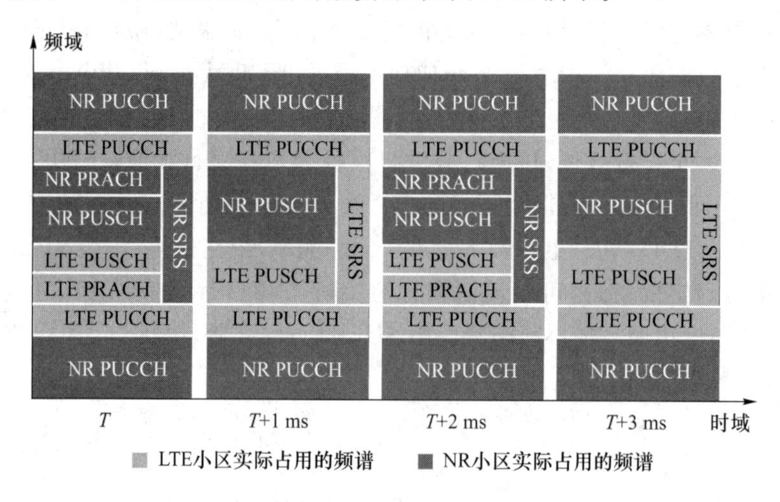

图7.14　4G-5G NR上行共享频率分配示例

7.1.6　频谱共享技术

LTE/NR频谱共存是指LTE载波和5G NR载波在同一个频段上具有完全或者部分频域资源重叠共享。LTE/NR共享频谱共存频谱分配方式如图7.15所示。

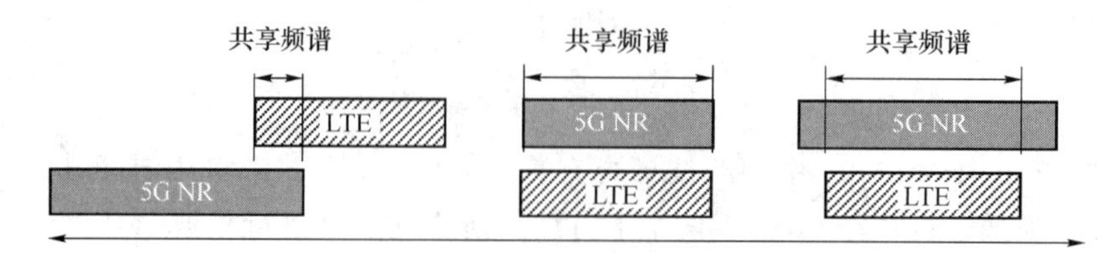

图7.15　LTE/NR共享频谱共存频谱分配方式

LTE/NR的同频段共存包括LTE和5G NR的邻频共存和两者在共享频谱上的频域资源有重叠共存。在某一区域，当5G NR与LTE同频共存时，主要是在已部署了LTE网络的频段上新部署5G NR网络，或者在同一个频段上将部分LTE的网络关闭并将其替换为5G NR网络，同时保留部分LTE网络用于服务LTE的存量终端，或者与新部署的5G NR网络组成频带内非独立组网模式的网络(Intra-band EN-DC)，提供5G NR业务的同时，使用LTE网络提供核心网接入。5G NR与LTE共存首先要避免LTE和5G NR系统间的干扰，因此在5G NR系统设计过程中人们充分考虑了这种需求。其次因为LTE和5G NR的某些配置都基于相同的OFDM波形和参数设计，因此具有高效共存的基础，5G NR在标准化过程中也对LTE/NR在同一个频段上的高效共存进行了优化设计。

还有另外一种共存是LTE NB-IoT与5G NR的共存，原则上也是LTE与5G NR的共存，尤其是保证LTE NB-IoT能够在5G NR的载波上部署，这对于未来的物联网业务非常重要，因为LTE NB-IoT的网络生命周期可能要比提供MBB业务的LTE网络的生命周期长得多。因此在将来的某个时间点，提供MBB业务的LTE网络将被替换为5G NR系统，而LTE NB-IoT业务还将继续服务存量的LTE物联网终端，因此就存在着LTE NB-IoT网络与5G NR网络并存的部署状态，而且LTE NB-IoT也很可能部署在一个5G NR的带宽之内，因此5G NR与LTE NB-IoT的带内共存就显得尤其重要。

5G NR在设计中充分考虑了系统的灵活性，标准化了多种OFDM参数，包括子载波间隔、OFDM符号的循环前缀等，其中也包括与LTE相同的OFDM参数配置。因此在同一段频谱上的LTE/NR频谱共享也会涉及不同配置的5G NR与LTE间的共享，包括5G NR与LTE的OFDM参数相同和不同两种方式。

1. 相同OFDM参数的LTE/NR频谱共享

在这种方式下，5G NR采用了与LTE相同的OFDM参数，5G NR与LTE相同配置的5G NR参数见表7.1。

表7.1　5G NR与LTE相同配置的5G NR参数

OFDM参数	LTE和5G NR参数配置
子载波间隔	15 kHz
每个子帧第1和第8个OFDM符号的循环前缀长度	160采样点(采样率为30.72 MHz)
其他OFDM符号的循环前缀长度	144采样点(采样率为30.72 MHz)
子帧长度	1 ms
帧长度	10 ms
PDSCH调度长度	LTE:1 ms 5G NR:1 ms或者OFDM符号级调度
每子帧OFDM符号数	14

在LTE/NR OFDM参数相同的情况下，当LTE和5G NR的OFDM符号边界对齐时，能够使得LTE和5G NR的子载波正交，从而可有效地避免LTE和5G NR之间的载波干扰。

在LTE和5G NR子载波正交的设计下，在同一个OFDM符号中，只要LTE和5G NR不占用相同的子载波，两者之间就不会产生相互间的干扰，这样就提供了LTE和5G NR信号在一个OFDM符号中无干扰正交共存的频谱共享的可能,LTE和5G NR能够无干扰地以FDM方式共享频谱。

然而在LTE中存在着CRS,这是一种特殊的参考信号,LTE系统在设计中将CRS作为小区级的参考信号,提供了空闲模式(非连接态)UE的小区测量/选择和广播信道的解调等功能,因此LTE的CRS无法随着业务的变化而变化,而是固定发送的,无论有没有LTE终端正在接收下行数据,LTE CRS都会持续发送。而且LTE CRS是在固定的OFDM符号的整个系统带宽上离散发送的,即在全带宽的子载波上每隔几个子载波发送一个LTE CRS的子载波,因此在LTE CRS的OFDM符号上进行LTE和5G NR间的FDM共享存在一定的困难,不能通过简单的调度将二者区分开,如果5G NR的PDSCH信号避开LTE CRS所在的OFDM符号不使用,在这种方式下两个LTE CRS子载波间的子载波将会因此而空闲不用,造成不必要的浪费,经过仿真发现,LTE CRS OFDM符号中的约2/3子载波将会被浪费。

在5G NR的设计中,为了避免LTE/NR之间的干扰,5G NR根据LTE CRS子载波的位置对5G NR的PDSCH信道进行了特殊的频域资源映射设计,使得PDSCH的数据能够绕过LTE的CRS在时频域资源进行映射,从而能够利用LTE CRS子载波之间的子载波。5G NR标准化了一系列的参数,以对5G NR的UE进行配置,使其能够准确地计算出共享频谱上的LTE CRS位置,使得5G NR UE能够知道其PDSCH在这些LTE CRS的时频位置上没有数据映射。

在一种可能的配置中,LTE与5G NR共享下行频谱,中心子载波对齐,如图7.16所示。

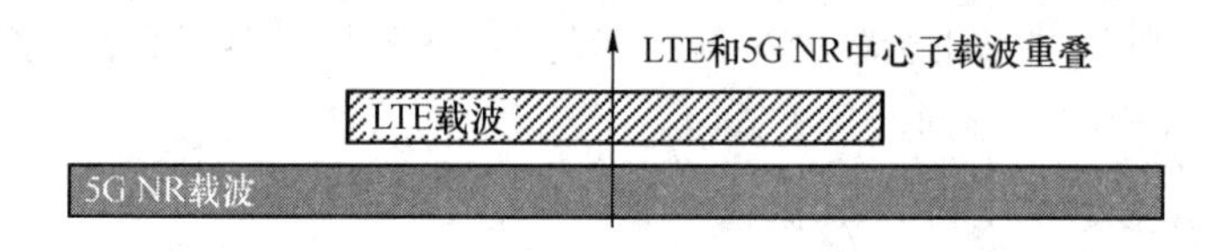

图7.16 LTE与5G NR共享下行频谱

另外,值得注意的是,如果5G NR与LTE TDD共存,则5G NR仅需要为LTE TDD中配置为DL的子帧保留LTE CRS资源。

2. LTE与5G NR共享频谱的时频资源分配

LTE与5G NR共享频谱,最重要的是两个系统中一些固定发送信号的相互避让。LTE已经是成熟的标准,因此人们在5G NR的标准化中引入了避让LTE信号的有效机制,其中5G NR在设计SSB信号时确定了比较灵活的SSB信号时频资源配置与LTE信号的避让机制,下面对此进行介绍。

(1) 5G NR同步信号与LTE带宽有重叠

5G NR SSB信号与LTE在频域上有重叠,主要原因是运营商用于5G NR和LTE共享的频谱资源有限,LTE和5G NR系统在一段有限的带宽内进行频谱共享,因此5G NR不得不放置在LTE的CRS之间的OFDM符号上,此种情况与前述LTE和NR采用不同子载波间隔时共存的情况相同。

另一种避免相互干扰的方式是通过配置LTE的多播/广播单频网(Multicast Broadcast Single Frequency Network,MBSFN)子帧方式工作,5G NR将SSB信号配置在LTE的MBSFN子帧中,因为LTE的MBSFN子帧除了前两个符号承载了LTE的CRS和控制信道外，其余时频资源如果没有多播/广播业务，可以没有固定信号的发送，因此避免了 5G NR 和 LTE 之间的干扰。

(2) 5G NR 对其他 LTE 信号的避让

除了 SSB 信号需要避让 LTE CRS 信号外，5G NR 的控制信道和数据信道也需要避让 LTE 的信号。LTE 中存在 PSS、SSS 和 PBCH，在频域上，无论系统带宽是 1.4 MHz、3 MHz、5 MHz、10 MHz、15 MHz，还是 20 MHz，LTE 的 PSS、SSS 和 PBCH 都在系统带宽的中心 1.08 MHz 上进行传输（即 PSS、SSS、PBCH 占用系统带宽中心的 72 个子载波）。LTE 的 PSS、SSS 和 PBCH 总是按照 5 ms 的周期发送。当 5G NR 与 LTE 同频共存时，需要考虑 5G NR 的 SSB 与 LTE 的 PSS、SSS、PBCH 之间能够保证互不干扰。LTE 的上述固定发送信号的特点是它们占用了若干个 OFDM 符号的若干连续的子载波时频资源，因此 5G NR 针对这个特点确定了在时频域上进行预留资源的方法，以对上述 LTE 固定信号进行速率匹配，即 5G NR 的下行数据信道可以不映射在上述 LTE 固定信号所占用的子载波上。

(3) 5G NR 控制信道资源配置避让 LTE 信号

5G NR 控制信道主要分为非连接态 UE 检测的控制信道和连接态 UE 检测的控制信道。非连接态 UE 检测的控制信道主要用于随机接入的调度接收和发送以及系统广播消息和寻呼消息的接收。终端在非连接态，尤其是在接收系统广播消息 SIB1 信号的时候，5G NR 并没有获得有关预留资源的配置信息，另外 5G NR 也没有在 SIB 中广播有关预留资源的信息，因此在 5G NR 用户获得 LTE 信号的绕开信息之前，其数据信道能够通过设计绕开 LTE 信号。

终端在非连接态，在 5G NR 的设计中，下行控制信道的配置考虑了对 LTE 的 PDCCH 信道的绕过。通过设计非连接态中下行 PDCCH 的时频位置资源，使得 5G NR 的 PDCCH 与 LTE 的 PDCCH 位置在时域上没有重叠，在终端进入连接态后通过专用的高层信令为终端配置控制信道资源时，网络也可以将控制信道的资源避开 LTE 的信号。

(4) 5G NR 下行共享信道避让 LTE 信号

对于 5G NR 下行共享信道，5G NR 定义了灵活的调度机制。在终端处于连接态时，网络通过配置 LTE CRS 的位置信息给终端，从而避免与 CRS 的冲突，还可以通过配置"RB-symbol"预留资源信息来避让 LTE 的其他信号，如图 7.17 所示。

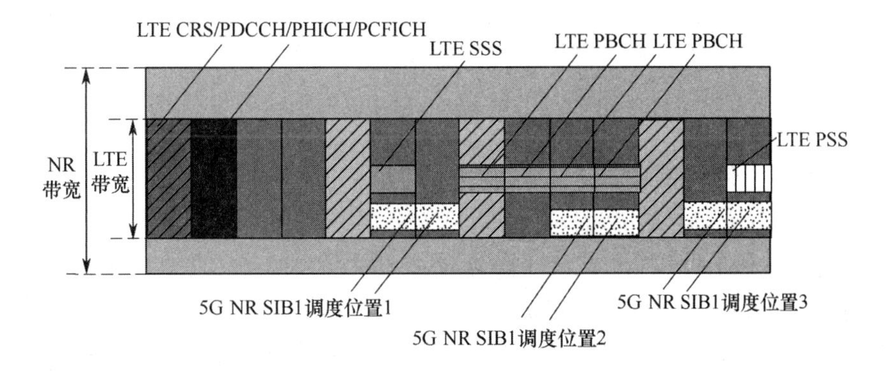

图 7.17　LTE-NR 下行频谱共享中 5G NR 下行广播信道的调度

上面介绍了 5G NR 与 LTE 在下行共享频谱情况下的相互间信号配置关系，以避免两种制式的系统之间信号的重叠。在上行传输中也能够进行相应的频谱共享，如 SUL 技术中所述。

7.1.7 边缘计算技术

1. 边缘计算驱动力

随着物联网、大数据、云计算、人工智能、移动互联网等产业技术的蓬勃发展,新型业务对网络的更多需求也随之而来,主要体现在更大的带宽和更低的时延,而这些需求在4G网络中越来越难以得到满足。一方面,当前互联网主流内容分发网络节点(用于缓存视频和网页等)的部署位置已经大幅下移到地市一级,比分组数据网关的部署位置更低,这就导致了从接入网到分组数据网关再到内容分发网络节点间出现路由迂回。长距离的回程网络和复杂的传输环境,使得用户报文时延和抖动过大,影响用户体验。另一方面,企业园区、工厂、港口、场馆以及工业互联网等场景通常都在本地部署了业务服务器,这些业务有一个特点,就是业务的提供方和消费方都在一个区域范围内,相关业务流包括工业生产、企业运营等敏感数据,希望能够就近本地访问。而分组数据网关部署在运营商机房中,无法满足这些业务对数据安全可信的严格要求。

基于上述原因,业界提出了移动边缘计算(Mobile Edge Computing,MEC)的概念。MEC通过将用户面网元下移到网络边缘就近接入本地业务,降低了端到端时延的同时,也可以满足数据安全可信的需求。MEC的部署位置可以根据应用的需求确定,如针对VR/XR/高清视频等业务,可以把MEC部署到地级市位置;针对园区类业务,可以把MEC部署到园区自身的IT机房内。需要注意的是,随着用户面网元下移部署的位置降低,部署条件、机房环境和资源利用效率都会变差。因此,边缘计算并非越低越好,需要在满足用户体验与部署成本之间取得一定的平衡。5G边缘计算部署示意图如图7.18所示。

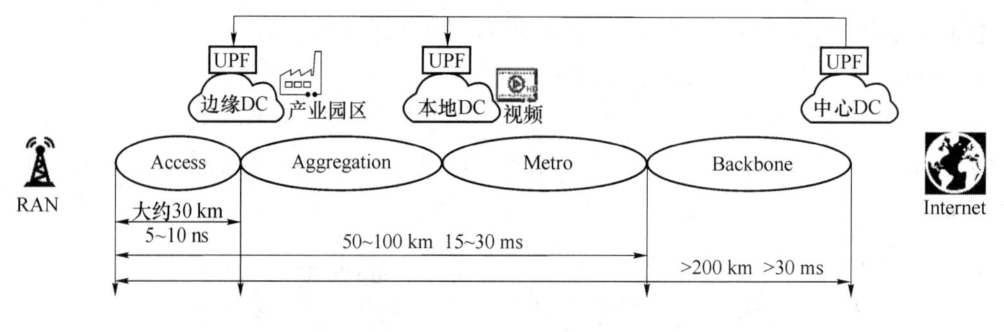

图7.18 5G边缘计算部署示意图

2. 5G边缘计算总体架构

5G采用了控制面/用户面分离(CU分离)的设计理念,用户面功能由UPF独立承担,其转发和QoS策略由SMF统一下发,大大地简化了UFP的复杂性,降低了UPF的成本,使得用户面功能摆脱"中心化"束缚,既可以灵活部署于核心网,也可以部署于更靠近用户的无线接入网。对不同的业务来说,部署的边缘计算系统不同,5G系统需要根据业务的需求选择不同的UPF以连接边缘计算系统,这就要求边缘计算系统与5G网络进行协同。在现有的协议中,边缘计算系统与5G网络之间的交互是通过AF实现的,AF、NEF或PCF给5G网络提供与业务流本地路由相关的策略,这些策略包括应用业务流的标识信息,如业务的IP五元组、业务的部署位置信息、该业务对应的用户或者用户组信息。SMF根据这些信息可以针对具体用户选择合适的UPF连接边缘计算系统上的边缘业务。5G边缘计算总体架构如图7.19所示。

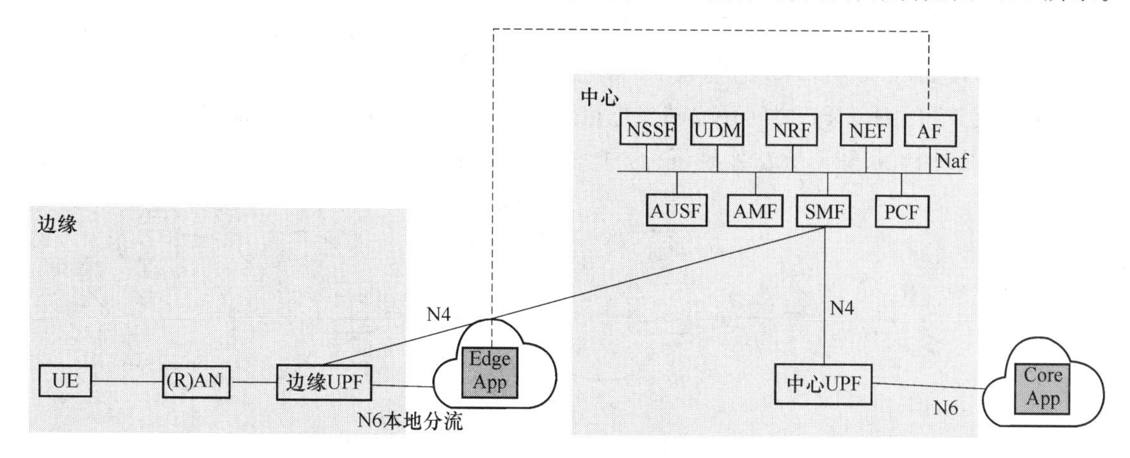

图7.19 5G边缘计算总体架构

3. 5G边缘计算分流技术

5G终端特别是智能终端，在访问同一数据网络中的多种业务时，这些业务可能部署在网络中的不同位置，比如时延敏感的云VR/XR等业务部署在边缘计算系统，而网页浏览、文件下载类业务仍部署在中心云。这就需要5G网络提供分流技术，采用不同路径以连接不同的业务。5G网络提供了3种连接模型以实现边缘业务本地分流。

(1) 分布式锚点模型

如图7.20所示，会话管理功能(SMF)基于UE位置选择一个网络拓扑最优的边缘UPF，为终端建立单一会话并为其分配地址，终端通过该边缘UPF访问边缘业务和互联网业务。在分布式锚点模型中，UPF需要同时处理边缘业务和互联网业务，对UPF的性能要求较高，该模型适合边缘计算系统部署在网络中较高位置的情况，如地级市。需要说明的是，该模型也适合终端只有访问边缘业务的需求(如园区中的本地业务)的情况，这种情况下边缘UPF可以轻量化直接部署到更低的位置(如园区)。

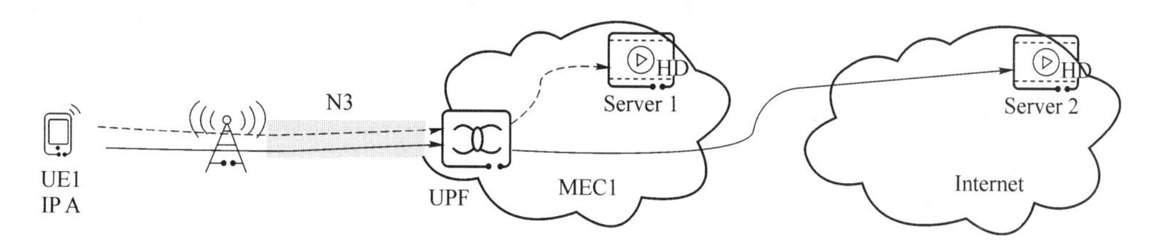

图7.20 分布式锚点模型

(2) 会话旁路模型

如图7.21所示，会话管理功能为终端建立单一会话并为其分配IP地址，同时选择中心UPF和边缘UPF连接互联网和边缘计算系统，中心UPF和边缘UPF通过N9隧道连接，边缘UPF对于边缘业务直接本地分流，而互联网业务通过N9隧道发送给中心UPF进行处理。由于边缘UPF对于互联网流量只做转发，简化了UPF的实现，所以可以部署在较低的位置(如区县或者企业园区)。

与分布式锚点模型相比，会话管理功能除了根据UE当前位置选择拓扑最优的UPF外(静态本地分流)，还可以在检测到UE进行边缘业务时再选择UPF并建立N9隧道(动态本地分流)。动态本地分流避免了静态本地分流在没有边缘业务时引起的网络节点过多、数据转发成本高的问题。需要注意的是,由于UE只有单一IP并且锚定在中心UPF(即目的地址设置为使UE IP的报文会路由到中心UPF),边缘UPF和边缘业务之间需要实现策略路由(比如在边缘业务和边缘UPF之间建立转发隧道),否则边缘业务发送给终端的报文,可能会根据目的IP路由到中心UPF,无法实现下行方向的本地分流。

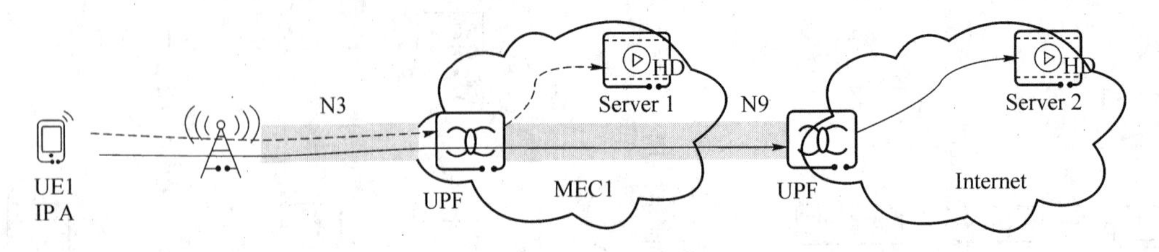

图7.21 会话旁路模型

(3) 多会话模型

如图7.22所示,会话管理功能为终端建立多个会话,为每个会话都分配一个IP地址,每个IP地址锚定在一个UPF,不同UPF分别连接边缘计算系统和互联网,终端根据业务选择不同的会话(IP地址)连接边缘业务和互联网业务。这种模型对终端的要求较高,需要终端支持会话连续性。终端根据网络下发的策略信息触发建立不同的会话并携带辅助信息(如会话连续性模式),网络根据会话辅助信息确定该会话是否用于边缘业务,如用于边缘业务,则根据UE当前位置选择拓扑最优的UPF连接边缘计算系统。

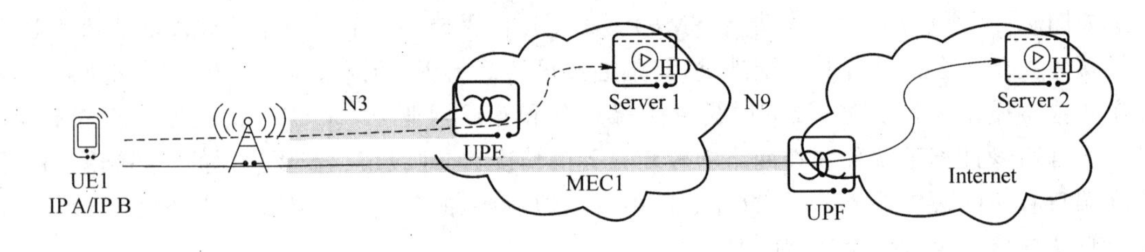

图7.22 多会话模型

7.1.8 网络切片技术

1. 网络切片的概念和作用

与传统的移动通信网络相比,5G网络支持的业务类型不再仅局限于打电话、上网服务,5G时代支持范围广泛的行业应用,能够实现真正的“万物互联”。由于不同业务之间的QoS差异很大,无法在同一张网络上满足所有业务场景的通信指标,并且5G新业务的多样性、连接差异性及灵活性对计费、移动性管理、安全、隔离等方面提出了特殊需求。如果运营商针对每种业务都单独建立一种网络去满足业务需求,网络成本之高将严重制约业务拓展。如图7.23所示,正是由于5G差异化的业务场景对带宽、时延、移动性的要求迥异,为了满足行业应用,网络切片的概念应运而生。此外,云计算、虚拟化、软件化技术的蓬勃发展,为网络切片模块化、组件编排及管理提供了强大的技术保障,进一步驱动了网络切片的快速发展,加速了网络切片在运营商网络的落地速度。

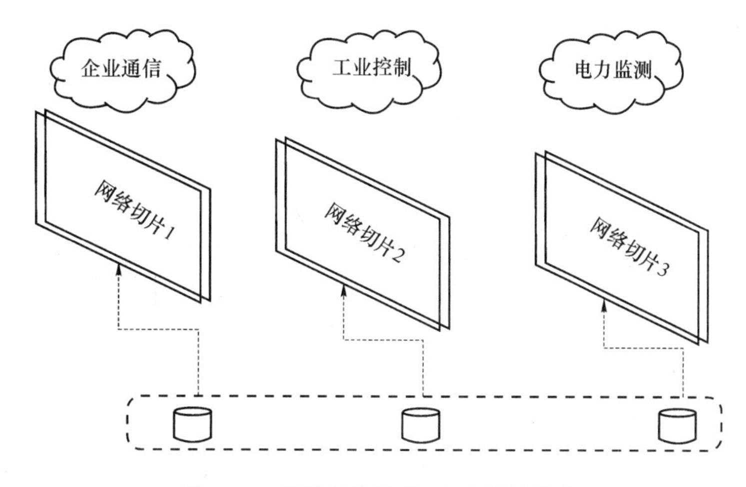

图 7.23　网络切片满足 5G 多样性需求

网络切片可以按需动态生成，根据特定业务的网络需求，如功能、性能、安全、运维等，提供差异化的网络特征和实时的动态扩缩容能力，降低网络的复杂性和部署及运维的成本，提升网络运行的性能以及用户的业务体验。

2. 网络切片和架构映射

根据 3GPP 的定义，网络切片是一组网络功能、运行这些网络功能的资源以及这些网络功能特定的配置所组成的集合。一个网络切片是由 S-NSSAI(Single Network Slice Selection Assistance Information)来标识的。多个网络切片是一组 S-NSSAI 的集合，由 NSSAI 网络切片选择辅助信息来标识。S-NSSAI 包括切片/业务类型(Slice/Service Type，SST)和切片差异化标识(Slice Differentiator，SD)两部分。

① SST：用于描述网络切片在特性和业务方面的特征，如 eMBB 类型、uRLLC 类型等。

② SD：用于区分具有相同 SST 特征的不同网络切片。通常，SD 可以用于标识该切片所属的租户。

典型的 3GPP 标准化的网络切片类型包括 eMBB 切片、uRLLC 切片和 mMTC 切片，如表 7.2 所示。

表 7.2　3GPP 标准化的网络切片类型

切片/业务类型	标准 SST 值	特　性
eMBB	1	支持传统的移动宽带业务及其增强 场景：4K 高清视频、AR/VR 等
uRLLC	2	支持超低时延高可靠业务 场景：自动驾驶/辅助驾驶、远程控制等
mMTC	3	支持海量物联网终端业务 场景：工业物联网、自动抄表业务等

由于 5G 业务场景多样化，且考虑某些终端复杂的业务需求，一个 UE 可以同时接入一个或者多个网络切片(3GPP 协议规定一个 UE 最多可以同时接入 8 个网络切片)。例如，在图 7.24 中，简单终端如物联网传感器通过 mMTC 切片向网络上报检测数据。智能终端在接入支持云游戏类的 eMBB 切片 1 享受沉浸式娱乐的同时，还可以接入支持 Internet 类的

eMBB 切片 2 浏览网页和查阅个人邮件。

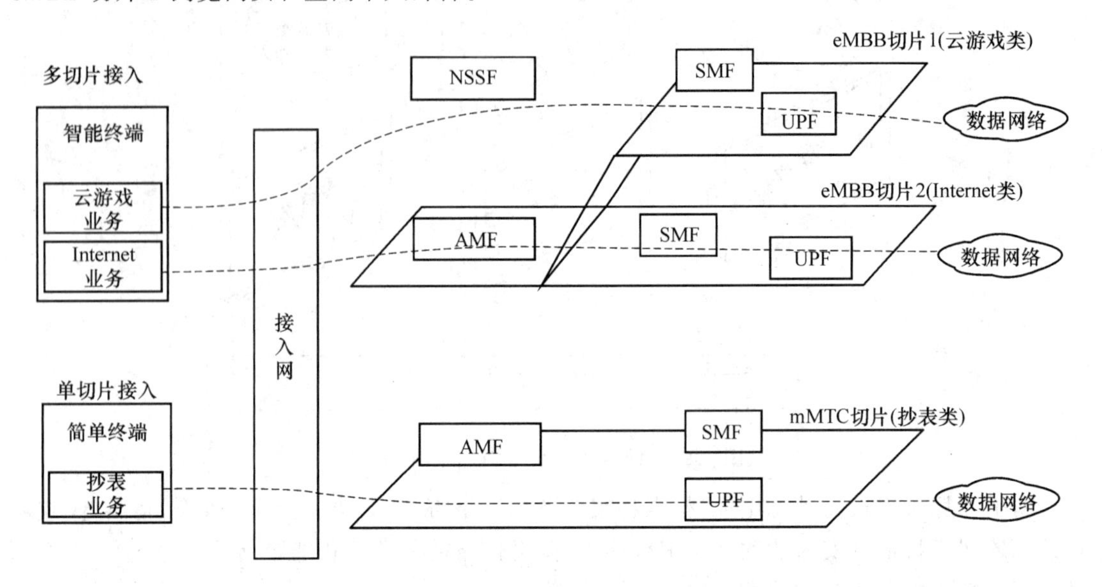

图 7.24　网络切片架构

此外,为了实现单 UE 接入多网络切片,考虑由于 UE 移动性引入的各种流程,如 UE 位置信息的管理、寻呼等流程,多个网络切片之间需要共享 UE 粒度的移动性管理信息,因此无法按照网络切片的粒度来设计移动性管理功能 AMF 网元,UE 粒度的信令必须由共享控制面功能处理,因此需要在多个网络切片之间共享 AMF 网元。因此,在网络切片部署场景下,5G 网元功能设计存在差异性。5G 网元按照是不是不同网络切片之间共享可以分为网络切片专有功能网元和网络切片共享功能网元。

网络切片专有功能网元可以进一步分为网络切片专有的控制面网元和网络切片专有的用户面网元。不同网络切片间的专有功能互相隔离。例如,为了实现会话粒度的消息交互和保障切片特定的服务,负责会话管理的 SMF 网元和用户面 UPF 网元功能是网络切片专有的。当终端成功地建立了与网络切片关联的会话之后,该会话对应的网络切片的属性在该会话的生命周期内无法发生改变。同时,会话也无法在不同的网络切片间来回迁移。

通常,网络切片共享功能网元属于控制面功能网元。例如,为了实现终端粒度的信令处理,负责移动性管理的 AMF 网元是多个网络切片共享的。其中,由于 AMF 网元与多个网络切片内的网元不存在隔离性需求,因此 AMF 网元可以为接入多个网络切片的 UE 服务,负责多个切片之间的寻呼、UE 可达性等流程。此外,负责网络切片选择功能的 NSSF 网元也是多个网络切片共享的,核心网侧引入 NSSF 网元来维护整个网络内的网络切片部署信息以及各个 AMF 对网络切片的支持能力,从而为 UE 选择最佳的网络切片,实现网络切片的灵活选择。

3. 网络切片选择流程

网络切片是一个包含接入网、传输网、核心网等功能的完整逻辑网络。为了支持端到端网络切片的实现,接入网侧感知切片类型,不仅可以实现终端在入网过程中的 AMF 选择,还可以实现对切片资源的差异化调度和管理。此外,终端侧支持网络切片的配置信息,感知应用跟网络切片的关联关系,从而辅助在 UE 入网和会话建立流程时确定发送哪个网络切片的标识给网络侧,实现端到端的网络切片选择。

(1) UE注册流程中的网络切片选择

UE注册流程中的网络切片选择过程取决于终端的签约数据、本地配置信息、漫游协议和运营商的策略。在网络切片的选择过程中,需要综合考虑这些参数,才能为终端选择最佳的网络切片。其中,UE可以根据配置信息确定请求接入的网络切片(Requested NSSAI),UE将Requested NSSAI发送至网络,网络根据Requested NSSAI获知UE请求接入的网络切片,并确定是否允许UE接入该网络切片。另一种实现方式是,如果UE中没有提前存储配置信息,UE在注册流程中可以不携带Requested NSSAI,在这种情况下,网络侧需要根据签约数据判断允许UE接入的网络切片。下面结合注册流程,具体描述网络切片的选择过程。终端开机之后,初始入网流程中的网络切片选择流程如图7.25所示。

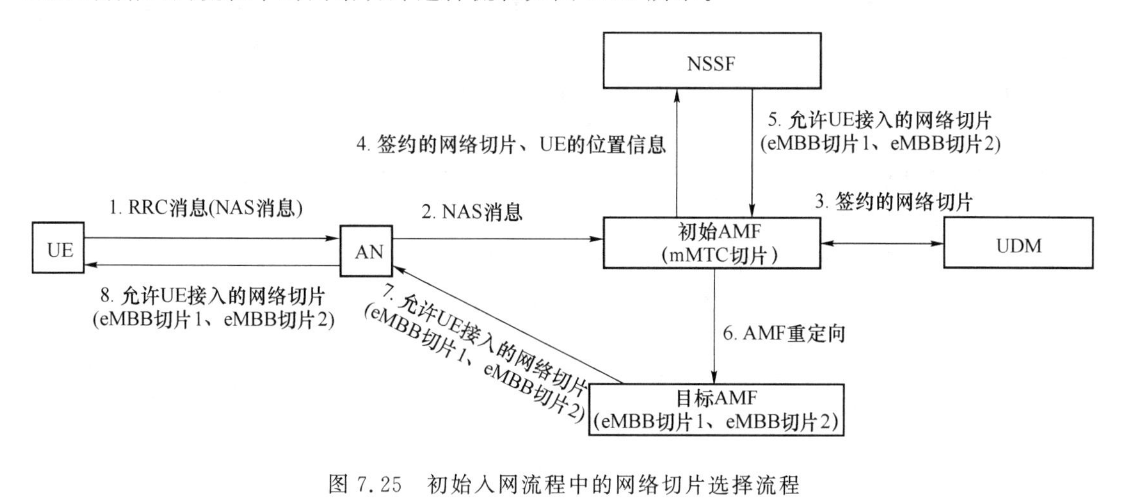

图7.25　初始入网流程中的网络切片选择流程

步骤1:UE开机,发起初始注册流程,向接入网网元发送RRC消息,UE在RRC层和NAS层均未携带该UE请求接入的网络切片信息。

步骤2:由于UE在RRC层没有携带请求接入的网络切片信息,所以接入网网元也不知道UE的签约信息,接入网网元可能盲选AMF网元或者将UE的注册请求消息发送至缺省的AMF网元上。例如,步骤2中接入网网元选择的AMF网元支持mMTC切片。

步骤3:接入网网元选择的初始AMF网元收到UE的NAS消息(注册请求消息)之后,AMF网元从UDM网元请求获取该UE签约的网络切片。其中,UE签约的网络切片包含若干个缺省签约的网络切片,例如,该UE缺省签约了eMBB切片1(云游戏类)和eMBB切片2(Internet类)。

步骤4:由于该UE在NAS消息中未携带该UE请求接入的网络切片信息,初始AMF网元也不支持UE缺省签约的网络切片,则初始AMF网元向NSSF网元发送网络切片选择请求(携带UE的位置信息和UE签约的网络切片信息)。

步骤5:NSSF网元根据终端签约的网络切片信息、UE的位置等参数为UE选择合适的网络切片。在图7.25中,由于该UE缺省签约了eMBB切片1和eMBB切片2,所以NSSF网元决定将eMBB切片1和eMBB切片2作为允许UE接入的网络切片。NSSF网元向初始AMF发送允许UE接入的网络切片以及目标AMF网元的信息,如目标AMF网元的地址。其中,目标AMF网元支持eMBB切片1和eMBB切片2。

步骤6:初始AMF网元根据目标AMF网元的信息触发AMF重定向流程。如果初始AMF网元可以直接跟目标AMF网元交互(即二者无隔离性要求),那么初始AMF网元可以直接将UE的NAS消息转发至目标AMF;如果初始AMF网元无法直接跟目标AMF网元交互(即二者存在隔离性要求),那么初始AMF网元可以将UE的NAS消息通过接入网网元发送至目标AMF网元。

步骤7:目标AMF网元处理UE的注册请求消息,并获取与该UE网络切片相关的配置信息,目标AMF网元向接入网网元发送注册接受消息,其中注册接受消息中携带了允许UE接入的网络切片(包括eMBB切片1和eMBB切片2)以及与网络切片相关的配置信息。

步骤8:接入网网元将注册接受消息发送至UE。UE可以根据业务需要以及网络侧下发的配置信息来判断后续向网络侧请求接入的网络切片,例如,UE完成本次初始注册流程之后,如果网络侧发送的允许UE接入的网络切片无法满足UE的业务需求,那么UE可以根据配置信息向网络侧继续请求其他类型的网络切片。在这个过程中,与网络切片相关的配置信息可以辅助UE进行网络切片的选择,以更加高效地协助UE接入请求的网络切片。

(2) UE会话建立流程中的网络切片选择

当UE成功注册到网络且获取到允许接入的网络切片之后,UE就可以通过PDU会话建立流程建立与某个网络切片关联的PDU会话,例如,图7.26中的UE从网络侧获知允许接入的网络切片包括eMBB切片1和eMBB切片2,当该UE访问某个云游戏类的应用时,UE根据配置信息确定该应用关联的是eMBB切片1,则该UE会发起建立与eMBB切片1关联的会话。

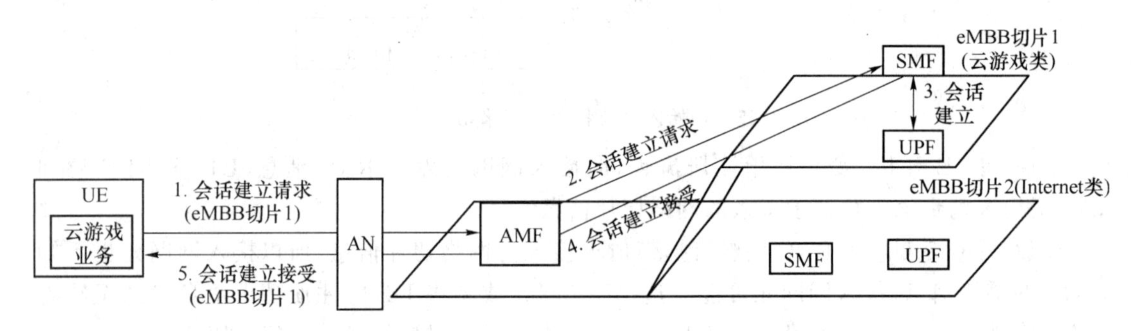

图7.26 会话建立切片选择流程

步骤1:UE发起会话建立流程,发送NAS消息,其中NAS消息携带eMBB切片1的标识以及会话建立请求消息。

步骤2:AMF获知UE请求建立与eMBB切片1关联的会话,根据eMBB切片1的标识发现SMF网元并将会话建立请求消息发送至SMF网元。

步骤3:SMF网元根据eMBB切片1选择合适的UPF功能,并和UPF建立连接,配置UPF如何转发用户面报文。

步骤4:SMF网元向AMF发送会话建立接受消息,会话建立接受消息中携带与该会话关联的切片标识,即eMBB切片的标识1。

步骤5:AMF网元向UE发送会话建立接受消息,UE获知该会话建立成功后,进行业务报文的传输。网络侧通过eMBB切片1的资源保证该UE的业务体验。UE后续可以根据自身业务需要,再次发起其他网络切片的会话建立请求,例如,UE通过建立eMBB切片2的会话来访问Internet业务。

7.1.9　D2D 通信技术

1. 概述和需求

为了将 5G 通信扩展到更多的行业，例如车联网通信，支持车辆设备到设备（Device to Device，D2D）短距通信的初始标准于 2016 年 9 月完成，在 3GPP 系统中，D2D 通信称为侧行链路（SideLink，SL）通信，在车联网（Vehicle to Everything，V2X）通信中，5G 系统具有更高的系统容量和更好的覆盖。NR 侧行链路框架的灵活性使得 NR 系统具有灵活扩展性，以支持未来更高级的 V2X 服务和其他服务。3GPP TS 22.186 规定的 V2X 用例需求和指标如表 7.3 所示。

表 7.3　V2X 用例需求和指标

场　景	端到端时延/ms	可靠性/%	速率/(bit・s^{-1})
车辆编队：车辆以组队的形式共同行进	10	99.99	1
扩展传感器：车辆交换原始或处理的传感器数据或视频	3	99.999	50（压缩数据） 1 000（原始数据）
高级驾驶：车辆共享数据，实现半自动/全自动驾驶	3	99.999	30
远程驾驶：车辆由远程驾驶员或 V2X 应用程序控制	5	99.999	UL：25 DL：1

除了车联网通信外，5G 短距通信 D2D 可应用于公共安全、手机和头戴设备的直连等各种场景。下面就对 5G D2D 短距通信技术 NR SL 进行介绍。

2. 物理资源、信道和信号

根据网络覆盖的情况，5G NR SL 支持完全网络覆盖场景、非网络覆盖场景和部分网络覆盖场景，如图 7.27 所示。在通信传输类型方面，5G NR SL 支持单播、组播和广播传输。

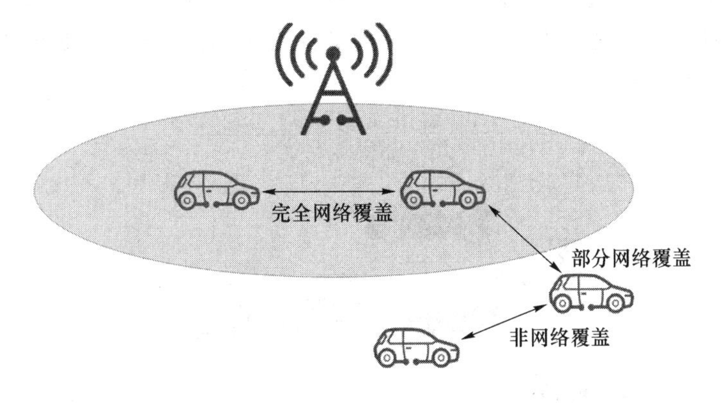

图 7.27　5G NR SL 部署场景

5G NR SL 的资源分配以及数据收发是在资源池内完成的。资源池在整个 SL 通信中至关重要，因为很多传输参数和配置参数均是通过资源池配置的。在一个 SideLink BandWidth Part (SL-BWP)内，可以配置多个资源池。

从定义上来说，资源池是一组时频资源的集合。

① 频域资源:一个或多个在频域上连续的子信道,其中一个子信道包括至少10个PBR。

② 时域资源:以时隙为单位,可以是连续的或非连续的时隙。

5G NR SL 定义了如下物理信道和信号。

① PSCCH:物理层侧行链路控制信道,承载第一级侧行链路控制信息(Sidelink Control Information,SCI),用于调度和译码PSSCH的相关控制信息。

② PSSCH:物理层侧行链路共享信道,承载第二级SCI和数据,其中第二级SCI进一步承载了译码PSSCH的除了第一级SCI之外的控制信息。第一级SCI可以灵活指示第二级SCI的格式和占用资源大小(调整第二级SCI的码率)。两级SCI的设计可以使得未来版本的NR SL满足后向兼容的需求,即后续增强的功能可以通过新的第二级SCI来进行指示,同时使用第一级SCI和传统版本的用户进行相互资源感知。

③ PSFCH:物理层侧行链路反馈信道,承载HARQ反馈信息。

④ PSBCH:物理层侧行链路共享信道,承载SL-MIB信息,与SL主同步信号和SL辅同步信号共同组成S-SSB,用于UE之间的SL同步。

⑤ DMRS:解调参考符号,用于PSCCH/PSSCH/PSBCH信道估计和译码。SL支持资源池配置的灵活PSSCH DMRS图样(支持一个时隙内2、3或4个符号的DMRS图样)。

⑥ S-CSI-RS:SL信道状态信息参考信号,用于获取信道状态信息。

⑦ S-PT-RS:SL相位跟踪参考信号,仅用于在FR2工作时的相位追踪。

3. SL-HARQ

为了提升传输可靠性,引入自动混合重传请求(HARQ)机制。5G NR SL针对单播传输和组播传输设计了HARQ模式。SL单播传输是一个发送端UE给一个接收端UE传输数据,接收端UE通过SL反馈信道直接向发送端UE反馈ACK/NACK。SL组播传输是一个发送端UE在相同的时频资源上同时给多个接收端UE传输相同的信息,这些接收端被称为一个用户组。NR SL又设计了组播反馈方式一和组播反馈方式二。

对于组播反馈方式一,其针对的是没有用户组连接以及用户组管理的组播传输。对于该组播类型,接收端UE仅需要在数据包接收错误并且其与发送端UE的距离小于阈值的情况下向发送端UE反馈NACK,因此该种反馈方式又称为NACK-only反馈方式。图7.28给出了NACK-only反馈方式的示意图。

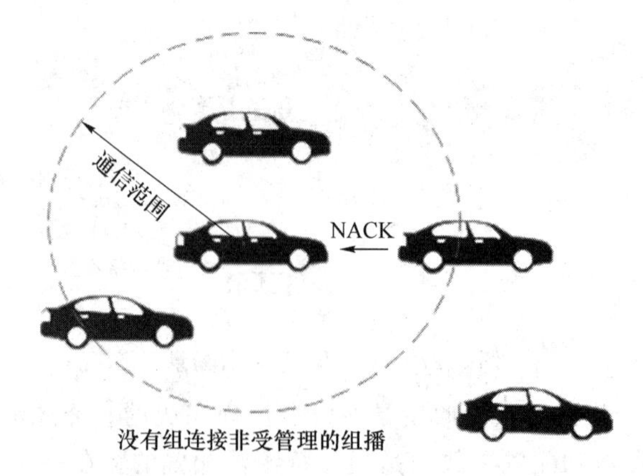

图7.28　组播反馈方式一

对于组播反馈方式二,其针对的是有用户组连接以及用户组管理的组播传输。在该传输模式中，通信协议栈的高层会为用户组中的每个用户分配成员 ID。接收端 UE 需要在数据包接收正确/错误时向发送端 UE 反馈 ACK/NACK，并且每个 UE 各自在独立的时频资源上传输 ACK/NACK。

4. SL-CSI

信道状态信息(CSI)对于无线通信至关重要。发送端基于通信链路的 CSI 可以对传输参数进行优化，从而提升无线传输的效率。NR SL 为了提升 SL 单播的传输效率，引入了 SL 链路的 CSI 测量及反馈。

对于 SL 通信链路，UE 通过对 SL 信道状态信息参考信号(S-CSI-RS)进行测量来获取链路的 CSI。具体地，发送端 UE 会发送 S-CSI-RS 给接收端 UE，同时触发接收端 UE 进行 CSI 反馈。S-CSI-RS 通常和 SL 数据一起发送。接收端 UE 基于收到的 S-CSI-RS 进行信道测量，并将测量所得的 CSI 通过媒介访问控制层控制单元(MAC CE)的形式反馈给发送端 UE。图 7.29 给出了 SL CSI 测量及反馈的流程。从图 7.29 中可以看出，为了使接收端更有效地进行 CSI 测量及反馈，发送端 UE 会将与 CSI 反馈相关的配置信息通过 SL 无线资源控制信令(PC5-RRC)发送给接收端 UE。

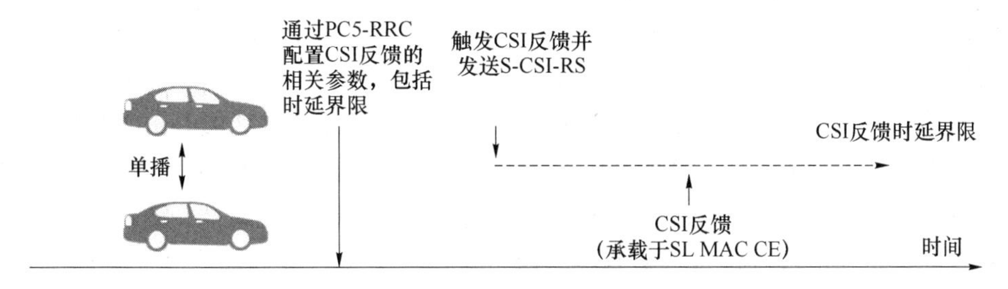

图 7.29　SL CSI 测量及反馈的流程

5. 资源分配

协议定义了两种资源分配模式(模式 1 和模式 2)，用于 SL 通信中的资源分配。

(1) 模式 1：基于网络调度的资源分配

模式 1 是通过基站分配和管理资源用于 SL 通信，因此，在此模式下，UE 必须位于网络覆盖范围内。模式 1 支持动态调度(Dynamic Grant，DG)、配置调度类型 1(Configured Grant Type 1，CG Type 1)和配置调度类型 2(CG Type 2)3 种资源获取方式。

在动态调度方式下，UE 每次传输前都需要向基站请求传输资源。因此，UE 每次通过 PUCCH 向基站发送调度请求(Scheduling Request，SR)，基站接收到 UE 发送的 SR 后，通过发送承载在 PDCCH 上的 DCI 响应 UE。模式 1 动态调度的过程如图 7.30 所示。

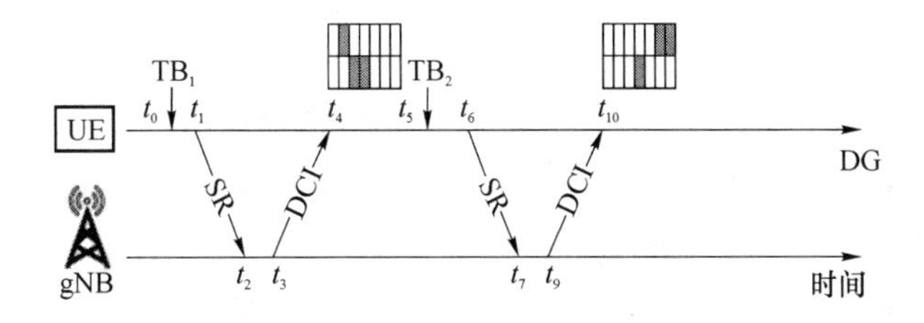

图 7.30　模式 1 动态调度的过程

动态调度方式每次都需要请求资源，增加了传输时延，因此，模式 1 引入了配置调度方式来减少每次请求资源带来的时延。在配置调度方式下，UE 需要首先给基站发送辅助信息并将其用于基站后续创建、配置和分配满足UE需求的资源。辅助信息包括传输包周期、最大传输包的大小及其QoS信息,其中QoS信息包括包传输允许的延迟、可靠性信息以及优先级。CG的参数包含CG序号、分配的时频资源以及CG的周期。配置调度的方式有两种,分别为CG Type 1和CG Type 2。

(2) 模式2:UE自选的资源分配

模式2是UE在资源池内自主选择传输用的资源,主要是通过降低UE间在同一时间使用相同资源进行传输的概率。为此,引入了检测机制,实现对资源占用信息的获取,从而获得可用资源并将其用于后续传输。侧行链路的第一级SCI包含资源占用信息,包括优先级、周期、资源预留等信息。UE在传输数据时,会同时传输第一级SCI,其他UE在检测到资源占用信息后,会尽可能地避免发生资源冲突。

模式2的资源选择过程如图7.31所示。对于UE来说,传输业务随时可能到达,为了满足业务的时延要求,UE在除了自身传输的时刻之外的其他时刻都会接收其他UE的第一级SCI信息,并将其用于检测资源占用情况。UE会保存一定长度的资源检测信息,并将其用于后续的资源选择。如图7.31所示,假设n时刻为业务到达的时刻,UE需要根据业务时延要求,将n时刻之后的某一段时间定为选择窗,即UE会在选择窗内的某一时刻进行数据传输。选择窗为时频窗口,即包含一段时隙和一段频域资源的窗口。将n时刻之前的某一段时间设置为检测窗的时间范围,即检测窗中保存着过去某一段时间内接收到的其他UE的资源占用情况。资源选择的过程,就是对检测窗中的每一个UE的资源占用情况进行分析,根据周期性、资源预留信息以及接收功率值,判断检测窗中的其他UE是否会在选择窗中以大于功率门限值的功率进行传输的过程。选择窗判断资源是否冲突时引入接收功率和功率门限值,是为了在选择窗中排除完冲突资源后UE自身的可用资源不够的情况下通过增大功率门限值,从而可以获得足够的可用资源。一般来说,门限值通过每次增加3 dB的方式进行提升。

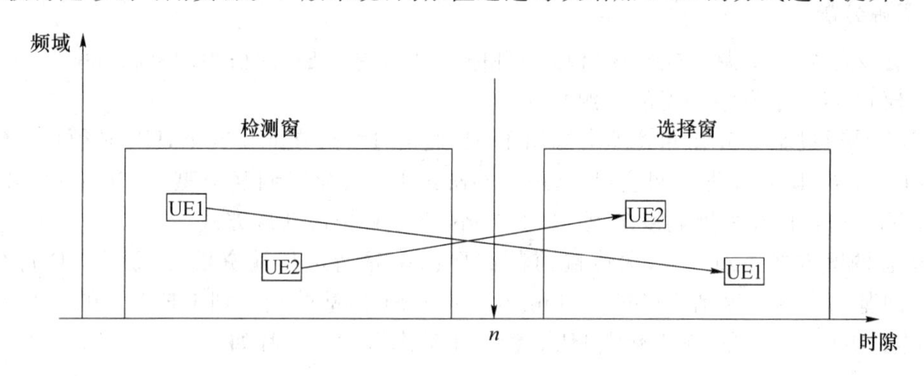

图7.31 模式2的资源选择过程

为了进一步减少资源冲突,还可引入重新评估机制和抢占机制来进一步优化资源分配方案。重新评估机制即在UE使用预留资源进行传输之前,重新进行资源选择来检测预留资源是否已经被占用,若被占用,则需要重新进行资源选择。抢占机制即高优先级的UE可抢占低优先级的UE已经预约的资源,而低优先级的UE在发现自己的资源被高优先级的UE抢占后,需要重新进行资源选择。

6. 用户间协作

用户间协作(Inter-UE Coordination,IUC)是对资源分配模式2的增强,图7.32给出了用户间协作的应用场景。隐藏节点问题如图 7.32 所示，假设发送 UE-B 和接收 UE-A 是一个传输对，有另一个终端 UE-C 靠近 UE-A，并且远离 UE-B，那么 UE-B 可能无法检测到来自 UE-C 的 SCI，或者即使接收到来自 UE-C 的 SCI，测量的 RSRP 也会低于阈值。因此，UE-B 不会根据模式 2 的资源分配机制排除 UE-C 预约的资源。如果 UE-B 选择了与 UE-C 相同的资源，则 UE-A 可能会受到来自 UE-C 传输的干扰。

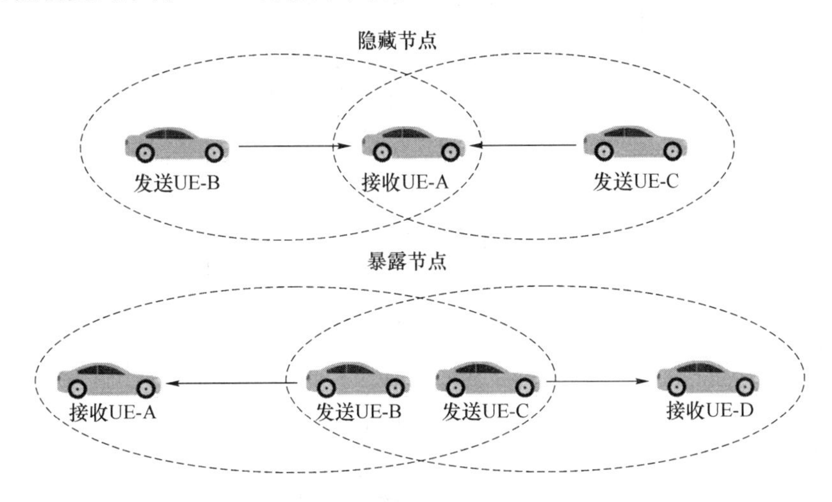

图 7.32　用户间协作应用场景

同样地，还可能存在暴露节点的问题。假设有两个传输对，如发送 UE-B 到接收 UE-A 和发送 UE-C 到接收 UE-D，且 UE-B 和 UE-C 彼此靠近。UE-B 可能从 UE-C 解码 SCI，并且测量的 RSRP 将高于阈值，则 UE-B 将根据模式 2 的资源分配机制排除 UE-C 预约的资源。然而，由于 UE-A 距离 UE-C 较远，因此 UE-A 可能不会受到 UE-C 的干扰。在这种情况下，UE-B 从其侦听的信息中检测到 UE-C 的干扰，并排除 UE-C 预约的资源。

基于资源分配模式 2 的用户间协作是由 UE-A 确定一组资源，该资源在模式 2 下发送到 UE-B，并且 UE-B 在为自己的传输选择资源时考虑这些资源，从而降低上述隐藏节点和暴露节点问题对系统性能的影响。

7.1.10　非公共网络技术

1. 非公共网络的概念

为了支持 5G 系统面向垂直行业部署，为垂直行业终端提供无线接入和通信服务，3GPP 标准在 R16 协议版本中定义了非公共网络（Non-Public Network，NPN）的概念。NPN 有两种部署模式，分别是独立非公共网络（Standalone Non-Public Network，SNPN）和公共网络集成非公共网络（Public Network Integrated NPN，PNI-NPN）。

SNPN 不依赖于 PLMN 提供网络功能，由 NPN 运营商运营（NPN 运营商可以是 PLMN 运营商，但部署的 SNPN 和 PLMN 之间不具备连通性）。图 7.33 展示了 SNPN 部署模式的架构图。其中，SNPN 的用户面功能和控制面功能均由该 SNPN 独立使用，不会用于传输 PLMN 业务。因此，接入 SNPN 的终端无须持有 PLMN 的签约，只需持有 SNPN 的签约即可。

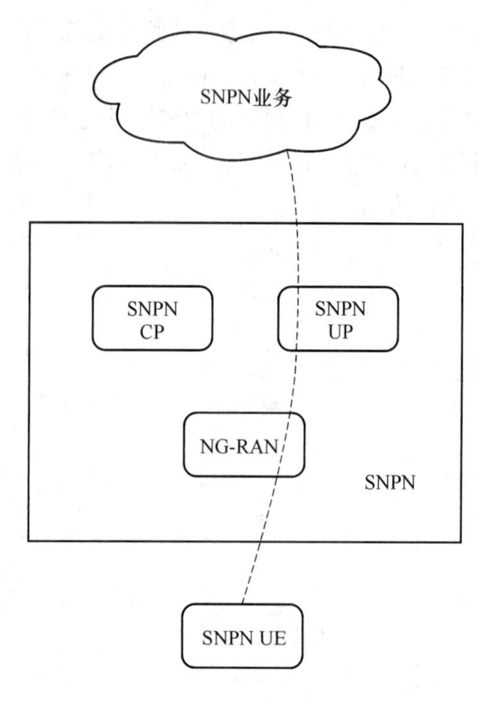

图 7.33　SNPN 部署模式的架构图

PNI-NPN 则需依赖 PLMN 进行部署,由 PLMN 运营商运营。图 7.34 展示了 PNI-NPN 部署模式的架构图。PNI-NPN 的大部分网络功能并非 PNI-NPN 专用,PLMN 运营商可以将部分网络功能部署在企业园区内供企业使用,例如,将用户面功能部署于企业园区,而将控制面功能仍部署在公网中,从而满足企业数据不出园区的需求。与 SNPN 部署模式相比,可以将 PNI-NPN 部署模式理解为 PLMN 通过提供特定的数据网络名称(Data Network Name, DNN)或者网络切片实例来实现 NPN 业务传输。为了实现更细粒度的接入控制,以使特定的终端在允许获取 PNI-NPN 业务的区域内接入 PNI-NPN,3GPP 标准在 PNI-NPN 中引入了封闭接入组(Closed Access Group,CAG)的概念。对于 PNI-NPN 的部署模式而言,终端需要持有 PLMN 的签约数据。

为了更加形象地阐述 PLMN、SNPN、PNI-NPN 之间的区别,可以做以下的类比:将运营商的 PLMN 看作一个运营商拥有房产主权和经营权的酒店,客户需要提供有效证明(也就是运营商 PLMN 的使用凭证)来入住该酒店。相应地,企业的 SNPN 就是另一个独立运营和管理的酒店,其产权和经营权全部归属企业。与 PLMN 类似,客户同样需要提供与企业相关的有效证明(也就是企业 SNPN 使用凭证)来入住企业酒店。而 PNI-NPN 是两者的结合,可以看作企业在运营商的酒店里租了一些房间,专门用于服务该企业的客户,这部分房间的主权归属运营商,但经营权归属企业。因此,PNI-NPN 的客户需要首先在酒店前台提供运营商 PLMN 的使用凭证,同时还要提供企业的使用凭证才能够入住。

总体而言,在 SNPN 部署模式下,终端和 NPN 业务传输不受 PLMN 运营商的管控,满足企业数据不出园区的需求,具有独立性、隐私性和高度管控性,但是部署成本高。而在 PNI-NPN 部署模式下,终端受 PLMN 的管控,NPN 业务通过特定 DNN 或者切片进行传输,在某种程度上能与 PLMN 业务进行资源隔离,部署成本低。因此,上述两种部署模式各有优势,垂直行业客户可以根据企业需求,选择合适的部署模式进行网络部署。

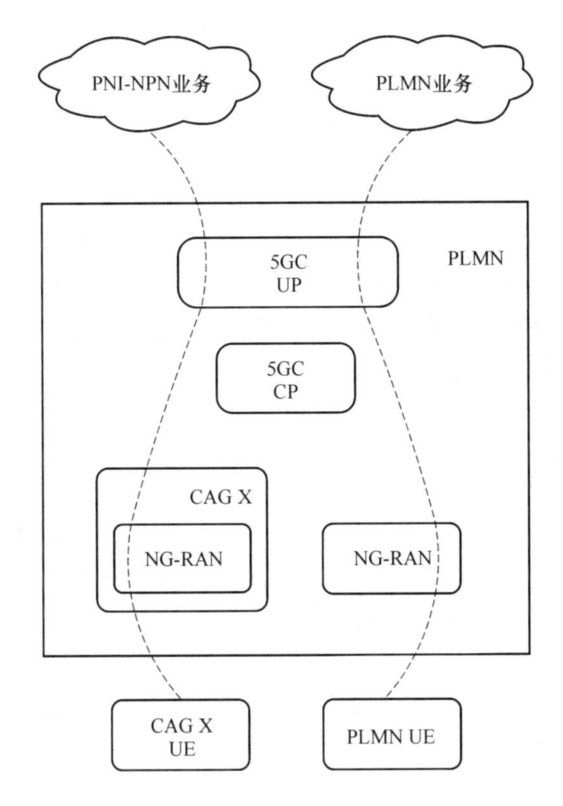

图 7.34　PNI-NPN 部署模式的架构图

2. SNPN 注册

SNPN 由一个 PLMN ID 和一个网络标识(Network IDentifier,NID)的组合来标识。其中,PLMN ID 是由移动国家码(Mobile Country Code,MCC)和移动网络码(Mobile Network Code,MNC)构成的。例如,中国的移动国家码是 460,中国移动的 MNC 有 00、02、07。因此,中国移动的 PLMN ID 有 46000、46002、46007。若 SNPN 是由 PLMN 运营商部署的,其 PLMN ID 可以是该运营商的 PLMN ID。或者 PLMN ID 也可以无须像公共网络的 PLMN ID 一样具有唯一性,例如,它可以是基于 ITU 分配的值为 999 的 MCC。

NID 的格式如图 7.35 所示,NID 由分配模式(Assignment Mode)和 NID 值(NID Value)组成。NID 的分配模式有 3 种选项,可以归为两大类,分别是自主分配(Self-assignment)模式和协调分配(Coordinated-assignment)模式。在自主分配模式下,NID 无须具备唯一性(主要适用于 SNPN 所在区域具有相对独立性和隔离度,附近无其他 SNPN 覆盖的情况),其对应的分配模式值为 1。而协调分配模式还可细分为两种,一种是 NID 需具备唯一性,其对应的分配模式值为 0,另一种是 PLMN 和 NID 的组合需具备唯一性,其对应的分配模式值为 2。

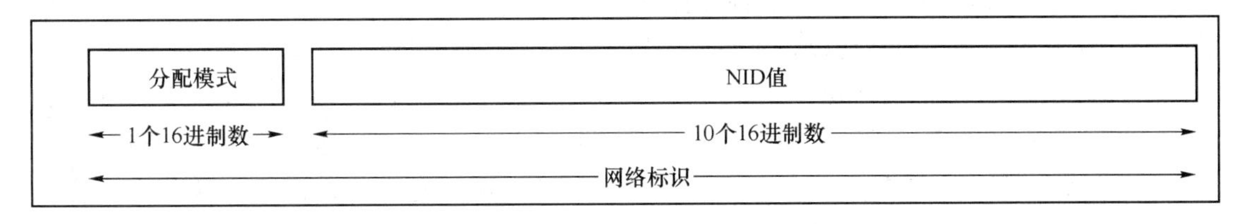

图 7.35　NID 的格式示意图

具有 SNPN 能力的终端支持 SNPN 接入模式(SNPN Access Mode)。终端在接入(或者称为注册)SNPN 之前,需要将接入模式设置为 SNPN 接入模式,从而监听 SNPN 小区发送的广播消息,以进行网络选择并发起注册流程。否则,它会执行 PLMN 选择流程并注册到 PLMN。

图 7.36 展示了运行 SNPN 接入模式的终端执行 SNPN 网络选择的过程。欲注册于 SNPN 的终端需持有该 SNPN 的签约,因此终端首先需要被配置 SNPN 的用户标识(SUPI)和凭证(Credentials)。由于同一个小区可以被多个 PLMN 或者 SNPN 共享(例如,图 7.36 中的小区由两个 PLMN 和两个 SNPN 共享),所以小区发送的广播消息包含它所支持的所有 PLMN 或者 SNPN 的标识。具体地,小区发送的广播消息会包含一个或多个 PLMN ID、一个或多个 SNPN 标识(即一个或多个 PLMN ID 和 NID 的组合),还可以包含每个 SNPN 对应的用户可读网络名称。其中,用户可读网络名称用于帮助用户在手动网络选择过程中识别 SNPN。在用户自动网络选择过程中,终端会根据配置信息以及小区发送的广播消息,选择合适的 SNPN 进行注册。在注册流程中,终端会向基站指示其选择的 PLMN ID 和 NID,由基站通知接入与移动性管理功能(AMF)终端所选择的 PLMN ID 和 NID。SNPN 根据终端的签约数据对终端执行鉴权安全流程,通过鉴权认证的终端可以成功注册于 SNPN。若 SNPN 没有终端的签约数据,则 AMF 会拒绝该终端的注册,从而避免终端持续自动地选择和注册相同的 SNPN。根据上述的配置和流程,SNPN 网络可以向特定终端(通过 SNPN 鉴权认证的终端)提供无线接入和通信服务。

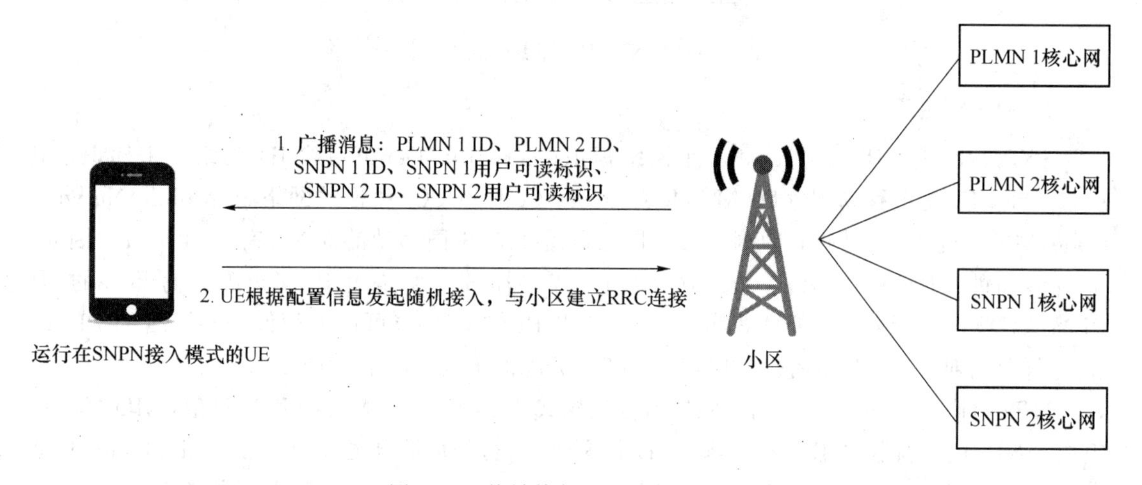

图 7.36 终端执行 SNPN 网络选择

3. PNI-NPN 注册

PNI-NPN 的网络标识为部署该 PNI-NPN 的 PLMN 的网络标识,即 PLMN ID,终端采用 PLMN 的签约来接入 PNI-NPN。如前所述,PNI-NPN 可以通过 PLMN 的特定 DNN 或者特定网络切片实现部署。网络切片是以跟踪区域(Tracking Area,TA)为粒度进行配置的,即在整个 TA 内,各个小区的网络切片配置均相同。因此,通过配置特定网络切片来控制特定用户接入 PNI-NPN,相当于允许接入 PNI-NPN 的区域是以 TA 为粒度进行定义的,不够精细。例如,当 TA 区域内存在禁止接入 PNI-NPN 的区域时,通过配置特定网络切片是无法阻止 UE 在禁止接入 PNI-NPN 的区域接入 PNI-NPN 的。为了解决此问题,3GPP 标准提出了封闭接入组(CAG)的概念。CAG 由在 PLMN 内唯一的 CAG 标识(CAG Identifier)来表示,它可以用于表征一组允许接入一个或多个 CAG 小区的用户。终端会选择允许接入的 CAG 所关联的 CAG 小区接入。如图 7.37 所示，允许接入 CAG X 的终端 1 或者终端 2 可以通过 CAG X 所关联的 CAG 小区 1 接入，终端 3 不允许接入 CAG 小区，因此终端 3 只能通过非 CAG 小区 2 接入。引入 CAG 的概念可以防止不允许接入 PNI-NPN 的终端自动地选择并接入与 CAG 相关联的 CAG 小区，从而实现更细粒度的接入控制。

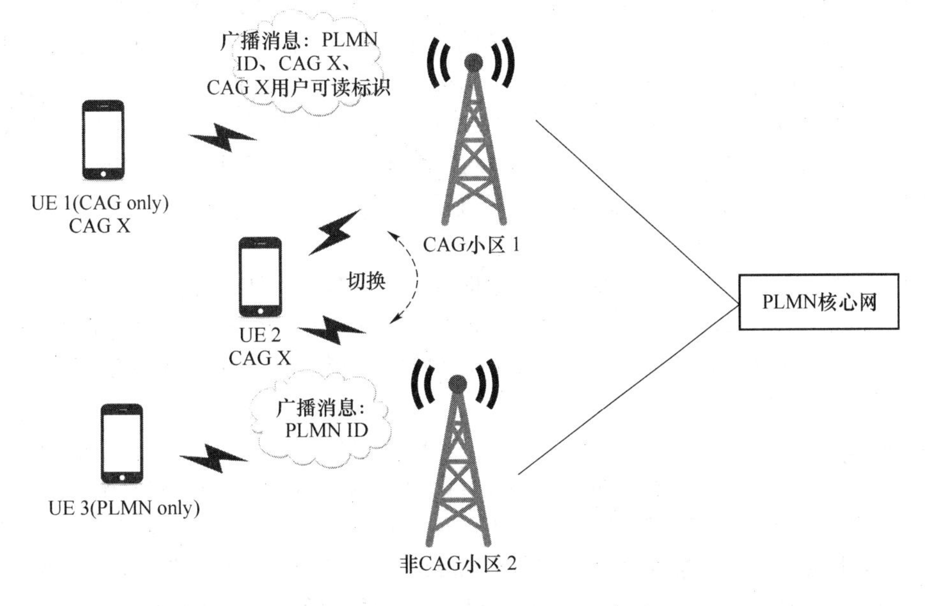

图 7.37　终端接入 PNI-NPN 示意图

支持 CAG 功能的终端可以配置 CAG 信息，该 CAG 信息包含终端允许接入的 CAG 标识列表，可选地，还可以包含一个仅 CAG 的指示信息，该指示信息用于指示终端是否仅允许通过 CAG 小区接入 5G 网络。CAG 信息可以预配置在终端上，也可以由 PLMN 通过终端配置更新流程配置或者重配置在终端上。

由于一个 CAG 小区可以支持一个或多个 CAG，所以 CAG 小区发送的广播消息可以包含一个或多个 CAG 标识，可选地，还可以包含 CAG 标识对应的用户可读网络名称，以供用户手动选择 CAG。在自动选择网络的过程中，终端根据 CAG 配置信息以及 CAG 小区发送的广播消息，选择合适的 CAG 小区接入。AMF 会根据移动性限制验证终端是否允许接入。若终端通过 CAG 小区接入，并且该 CAG 小区支持的 CAG 包含终端允许接入的 CAG，则 AMF 接受终端的接入请求；若终端通过 CAG 小区接入，并且该 CAG 小区支持的 CAG 不包含任何终端允许接入的 CAG，则 AMF 拒绝终端的接入请求，并通过触发接入网释放流程来释放与终端的 NAS 连接；若终端通过非 CAG 小区接入，并且终端的签约数据中包含仅 CAG 的指示信息（即该终端仅能通过 CAG 小区接入），则 AMF 拒绝终端的接入请求，并通过触发接入网释放流程来释放与终端的 NAS 连接。

除此之外，在终端执行切换流程中，小区还应根据移动性限制，执行相应的接入控制。若目标小区不支持终端允许接入的 CAG，源小区不能将终端切换至该目标小区；若终端仅允许接入 CAG 小区，源小区不能将终端切换至非 CAG 小区；若目标小区为 CAG 小区且不支持终端允许接入的 CAG，目标小区应拒绝切换请求；若目标小区为非 CAG 小区且终端仅允许接入 CAG 小区，目标小区应拒绝切换请求。以图 7.37 为例，图中终端 1 无法从 CAG 小区 1 切换至非 CAG 小区 2；终端 3 无法从非 CAG 小区 2 切换至 CAG 小区 1；对于终端 2 来说，它可以在CAG小区1与非CAG小区2之间执行切换流程。

7.1.11 时延确定性网络

时延确定性网络指在一个网络域内给承载的业务提供确定性业务保证的能力,这些确定性业务保证能力包括时延、时延抖动、丢包率等。为了解决以太网传输中的时延、时延抖动与丢包的不确定性,IEEE在2012年成立了时间敏感网络(Time Sensitive Networking,TSN)任务组,开发了一套协议标准,以在以太网传输中支持确定性时延。该标准定义了以太网数据传输的时间敏感机制,为标准以太网增加了确定性和可靠性,以确保以太网能够为关键数据的传输提供稳定一致的服务级别,从而应用到工业、汽车和移动通信等领域。TSN由一系列协议标准构成,主要包括时间同步、流量调度、网络配置管理等。

(1) 时间同步

在TSN中由IEEE 802.1AS提供全网精准时间同步,它定义了广义精准时间协议(generalized Precision Time Protocol,gPTP),利用最佳主时钟选择算法或者采用网络配置的方式确定网络中的主时钟,并建立主时钟向各个从节点的时钟同步路径,再利用路径时延测量机制,计算主、从时钟端口间的时间误差,以进行同步。

(2) 流量调度

IEEE 802.1Q定义了几种不同的流量调度机制,包括基于门控的排队转发机制(IEEE 802.1Qbv)和循环排队机制(IEEE 802.1Qch)。

在TSN中实现时间敏感业务的确定性传输的主要思想是:先将网络中的业务按照不同的优先级分配到不同的传输队列,然后利用时分复用,通过不同的流量整形机制为高优先级的业务流所在的传输队列提供确定的传输时隙,以保证时间敏感业务的传输路径和传输时延都是确定的。如图7.38所示,以IEEE 802.1Qbv为例,进入TSN交换节点的数据流被传输到指定的输出端口队列中,每个队列都关联一个用于控制数据流传输的门。门的状态决定是否可以选择队列中的以太帧进行传输。当门的状态为"打开"时,队列中排队的数据帧被选择在出端口发送;当门的状态为"关闭"时,队列中的数据帧不能被传输。每个门的状态值都有相对应的时间窗口长度,用来指示门状态的持续时长。通过配置TSN终端以及TSN网桥节点每个端口的门的状态,可以为数据流从发送端到接收端配置一条传输路径,保证数据帧到达每个节点的时间能与门开启的时间相匹配,从而实现确定性的传输时延。

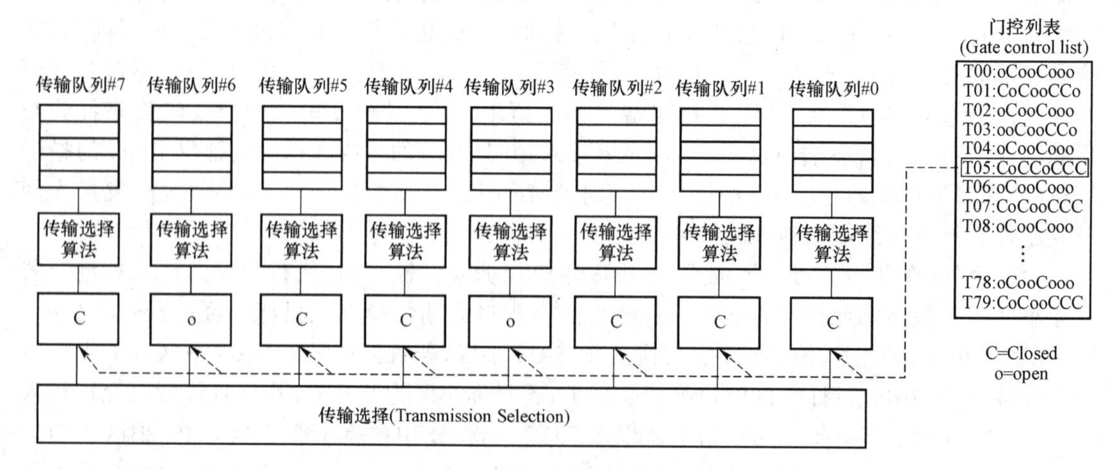

图7.38 基于门控的传输选择控制

（3）网络配置管理

IEEE 802.1Qcc 为 TSN 定义了 3 种配置模型，包括全分布式配置模型、集中式网络和分布式用户配置模型与全集中式配置模型。图 7.39 所示为全集中式配置模型，包含集中用户配置器（CUC）和集中网络配置器（CNC）两个网元，其中 CUC 网元用于管理 TSN 终端〔发送端（Talker）和接收端（Listener）〕和业务，负责发现和管理 TSN 终端，获取 TSN 终端的能力以及用户需求，向 CNC 发送 TSN 流的需求，并根据 CNC 的指示配置 TSN 终端。CNC 网元负责管理 TSN 系统用户面的拓扑（包括 TSN 终端和各个网桥）以及各个网桥的能力信息，根据 TSN 流的需求计算生成 TSN 流的端到端转发路径以及下发调度参数到各个网桥节点上。各 TSN 网桥节点向 CNC 上报节点能力信息和拓扑信息，基于 CNC 下发的规则调度转发数据流。

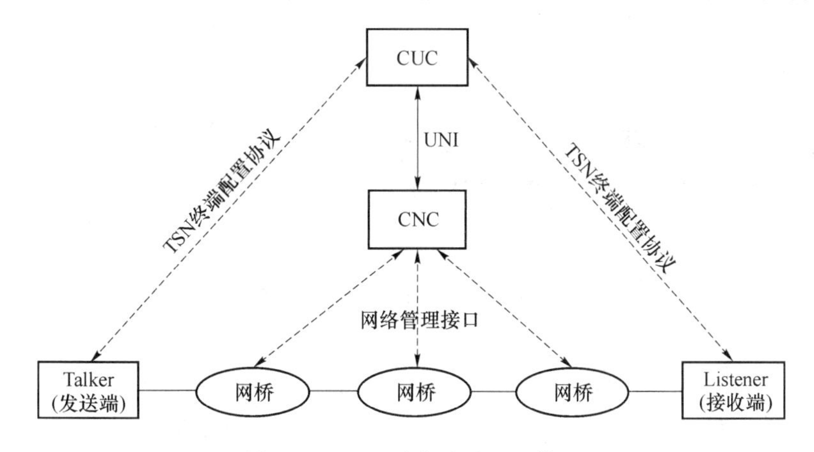

图 7.39　TSN 全集中式配置模型

1. 5G 系统和 TSN 互通架构

相比 4G 系统，5G 系统能提供更低的时延和更高的可靠性，支持更灵活的部署，同时 5G 系统还支持精确的时间同步，因此 5G 系统与 TSN 共存能很好地解决工业通信的低时延和高可靠等需求，增加工业设备和网络部署的灵活性。

图 7.40 所示为 5G 系统与 TSN 之间的互通架构。其中，整个 5G 系统作为一个整体，模拟为 TSN 中的一个网桥节点，TSN AF 作为 CNC 和 5GS 的信息转换网元。TSN AF 适配网桥节点和 CNC 之间的接口，收集 5G 系统的信息并将其通过 TSN 定义的网络管理接口发送到 CNC，以及接收来自 CNC 的调度转发策略。为最大限度地减少对现有 5G 系统中网元的影响，5G 系统在 UE 侧和 UPF 侧分别支持 TSN 转换器（TSN Translator）功能，即设备侧 TSN 转换器 DS-TT 和网络侧 TSN 转换器 NW-TT，用来实现 TSN 网桥节点在用户面转发时的对外特征，提供与 TSN 的连接。

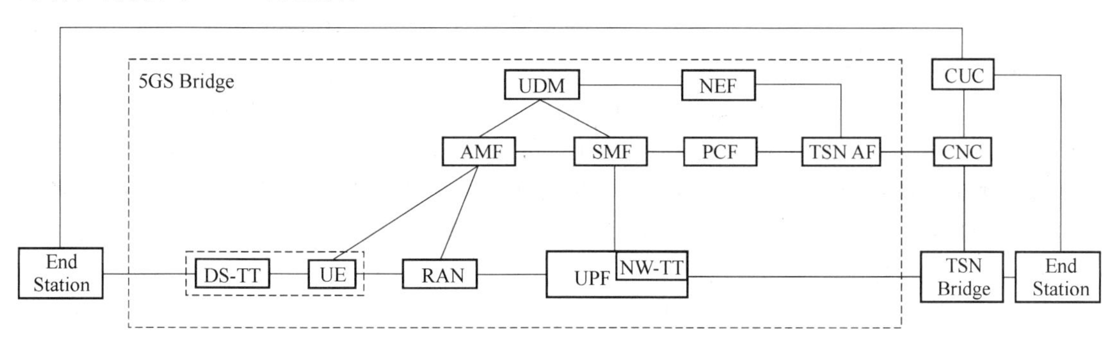

图 7.40　5G 系统与 TSN 之间的互通架构

2. 5G系统和TSN互通架构下的关键技术

(1) 时间同步

为支持TSN业务,实现确定性传输,5G系统需要支持基于IEEE 802.1AS的时钟同步。如图7.41所示,整个5G系统被视为一个时间感知系统,5G系统的TSN转换器(DS-TT和NW-TT)需要支持IEEE 802.1AS协议,同步到TSN时钟;而UE、gNB、UPF、DS-TT和NW-TT都要同步到5G系统的内部时钟(即5G Grand Master,5G GM),并且同步精度要满足TSN端到端的时钟同步精度需求。

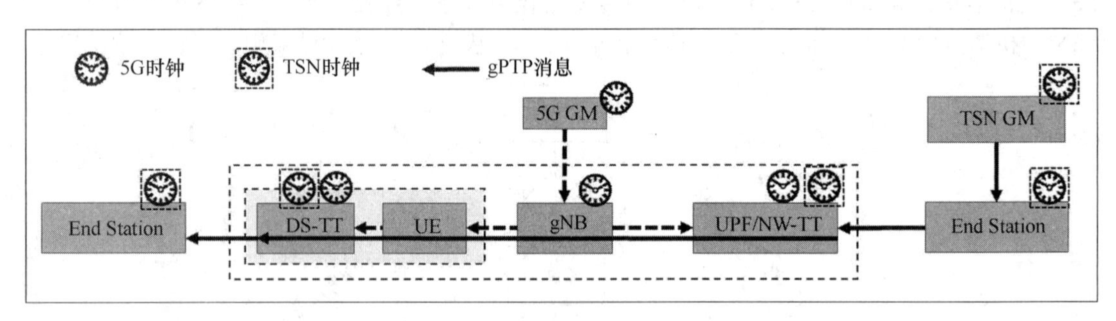

图7.41 5G系统支持TSN时钟同步

5G系统内精准同步主要是基站通过SIB9或者RRC专用信令下发5G高精同步的参考时间以及参考时间对应的帧边界,具体如下。

① 对于RRC专用信令的方式,UE首先通过下行同步获取帧同步,根据参考时间对应的帧边界信息,例如SFN=100,参考时间为10点整,从而在SFN=100的边界同步UE时钟至10点整。其中,SFN(System Frame Number)是指系统帧号。

② 对于SIB9下发的方式,参考时间的帧边界默认为该SIB9所在的系统信息(SI)窗口的边界SFN,不需要显式信令指示。

DS-TT从UE获取5G时间,同步到5G GM,而NW-TT可以通过底层精准时间协议(Precision Time Protocol,PTP)传输网络同步到5G GM。

5G系统作为TSN系统的一个网元,接收TSN时钟源发送的同步消息(Sync消息),并根据携带Sync消息的数据包在5G系统中通过处理和传输所消耗的时长来更新时间信息。这些处理和更新都是由NW-TT和DS-T来完成的,具体如下。

① NW-TT收到下行gPTP同步消息,记录入端口接收该消息的时间TSi,其中TSi是基于5G GM的时间记录的。NW-TT根据接收的gPTP同步消息中的cumulative rateRatio参数计算和上一跳TSN节点之间的链路时延。NW-TT修改gPTP同步消息的payload:将计算的和上一跳TSN节点之间的链路时延累加到gPTP消息的correctionFiled中,将TSi携带在gPTP报文的扩展头Suffix field中。

② DS-TT收到UE转发的gPTP同步消息后,记录出端口发送消息的时间TSe(基于5G GM的时间),将时长TSe-TSi作为该Sync消息在5GS内的驻留时间,DS-TT使用gPTP同步消息中的rateRatio将该基于5G GM的驻留时间转变为基于TSN GM的驻留时间,并将其累加到该消息payload的correctionFiled中,同时DS-TT将TSi从Suffix field参数中移除。

(2) 确定性传输

5GS TSN网桥的粒度是单个UPF,对于给定的UPF,每个DS-TT端口只有一个PDU会话。所有通过特定UPF连接到同一个TSN的PDU会话都被分组到一个5GS网桥中,如图

7.42 所示。

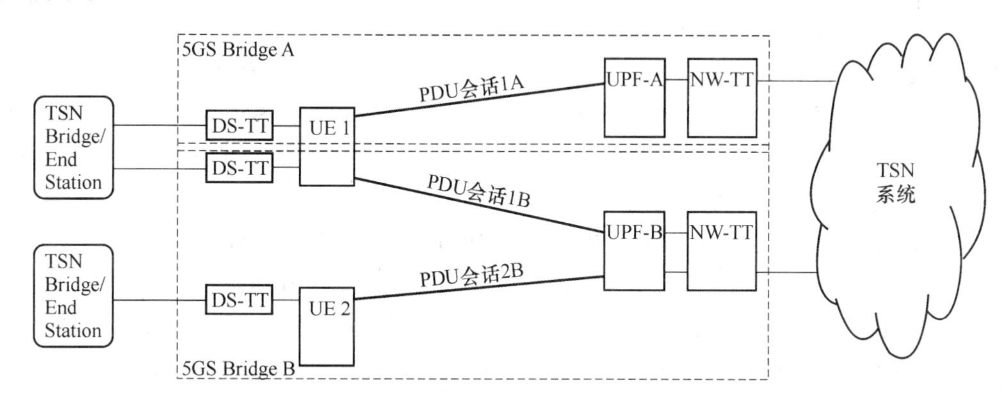

图 7.42 UPF 粒度的 5GS 网桥模型

使能 5GS 网桥的确定性传输能力包括两个阶段。

第一阶段是 5GS 网桥的信息上报过程。为了支持 IEEE 802.1Q 中的 TSN 流量调度方式(即 IEEE 802.1Qbv),5GS 需要在 PDU 会话建立后,向 TSN 上报 5GS 网络的网桥信息,以便 CNC 能够通过 TSN AF 配置 5GS 网桥。5GS 上报的 5GS 网桥信息主要包括 5GS 网桥的标识、5GS 网桥的每个端口对之间每个 traffic class 关联的 5GS 网桥时延、每个端口的传播时延和 VLAN 配置信息。

第二阶段是配置 5GS 网桥的过程。CNC 根据 5GS 网桥上报的信息、TSN 中其他各个节点的能力信息以及 TSN 流的业务需求,确定 TSN 流的传输路径以及路径上包括 5GS 网桥在内的每个 TSN 节点的转发行为,并配置每个 TSN 节点。执行转发功能的 TSN 网桥的配置信息主要包含:端口的业务转发规则(如针对特定目的 MAC 地址和 VLAN ID 的端口转发规则)、出端口执行 IEEE 802.1Qbv 的队列门控调度的参数配置。

TSN AF 在上述阶段中起着重要的作用,除了透明转发各端口的能力信息和配置信息以外,TSN AF 还要和 PCF 一起执行 5G 系统和 TSN 之间的 QoS 映射过程,以便 5G 系统能够支持时延敏感业务的确定性传输能力。如图 7.43 所示,来自 TSN 的 TSN 流在 5G 系统中被映射到不同的 QoS 流进行传输。TSN AF 上预配置一个 QoS 映射表,包含 TSN Traffic Class、UE 和 UPF 之间的时延以及 Priority Level 之间的映射关系。PCF 上预配置 TSN QoS 信息和 5G 系统 QoS 之间的映射表,用于将 TSN AF 提供的业务 QoS 需求映射成 5G 系统的 5QI、PDB 等 QoS 参数。

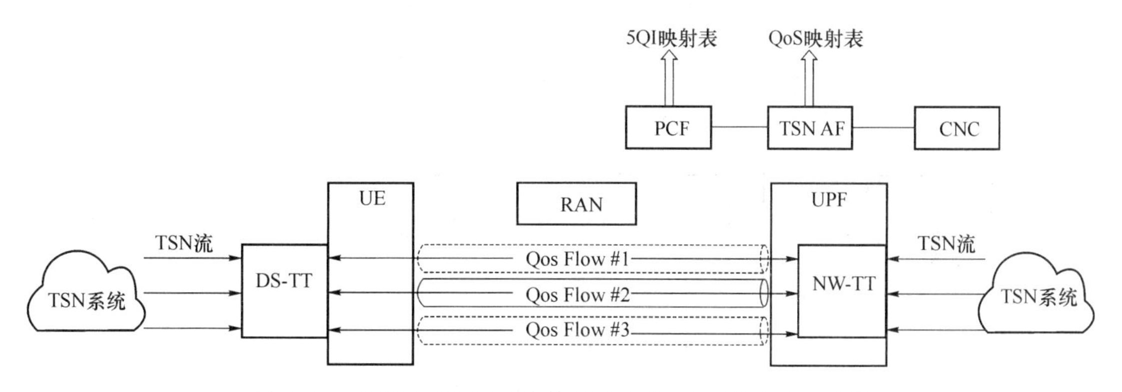

图 7.43 PCF 和 TSN AF 支持 5GS 和 TSN 之间的 QoS 映射

PDU会话建立后,TSN AF获取DS-TT和UE之间的驻留时间,结合预配置的映射表确定每个端口对之间每个业务类型的网桥时延,并上报CNC。

TSN AF接收到CNC为5G系统配置的调度参数后,根据配置参数映射生成TSN流的QoS需求:例如,根据每个业务类型和预配置的QoS映射表确定TSN流的时延需求和优先级。TSN AF将这些需求(时延需求和优先级)发送给PCF后,由PCF确定TSN流的QoS需求,如PCF根据时延需求映射生成包时延预算需求并确定5QI。

NW-TT或DS-TT支持缓存转发功能,即NW-TT或DS-TT在收到时延敏感业务的报文后,根据TSN AF下发的端口配置信息执行报文的转发。报文到达位于NW-TT或DS-TT的出端口后,缓存至对应队列的门开启时间,再发送。因此,在这种架构下,5G系统能够保证报文在5G系统内的处理时延,并且能够按照CNC的调度指示在5GS网桥的端口执行基于时间的门控调度,因此可以很好地支持确定性传输。

(3) RAN调度增强

为了给TSN业务提供确定性传输,3GPP标准引入了时延敏感通信辅助信息(TSC Assistance Information,TSCAI),使得基站可以从核心网获取业务的周期、数据大小等信息,基于这些业务模型信息,基站可以为TSN业务提供与TSN业务更加匹配的通信资源,如配置下行半静态调度。当TSN数据包到达时,不需要通过调度请求从网络侧获取资源,从而节省了网络资源,减少了业务等待调度的时间。

7.1.12 高精度定位

5G对于面向行业的业务相比4G有更好的支持,催生了面向5G的室内定位和室外定位需求。同时,5G空口具有比4G更大的带宽,FR1单载波最大为100 MHz,带内连续频谱聚合最大为400 MHz,FR2单载波最大为400 MHz,带内连续频谱聚合最大为1 600 MHz,更大的带宽可以提供更准确的到达时间(TOA)测量能力,以及对于多径衰落的抑制。结合超分辨率算法,5G可以达到纳秒、亚纳秒的TOA测量准确度,从而支持米级、亚米级,甚至厘米级定位精度的性能指标。

5G定位系统的架构如图7.44所示,包括如下网元。

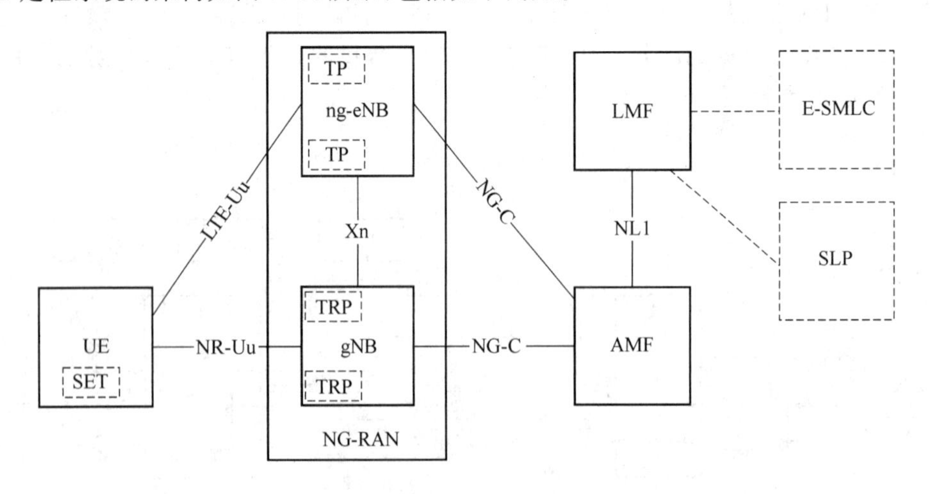

图7.44　5G定位系统的架构

① UE：支持5G定位的终端，3GPP只定义基于控制面（CP）的定位。支持基于安全用户面定位（SUPL）的终端，还可以集成SUPL使能客户端（SET）。

② NG-RAN：接入5G核心网的接入网，包括LTE接入网设备（ng-eNB）和NR接入网设备（gNB）。

③ AMF：5G核心网（5GC）移动性管理功能，UE和NG-RAN与5G核心网定位管理功能（LMF）的信令经由AMF转发，同时AMF也接收对终端的定位请求，属于控制面网元。

④ LMF：5G核心网（5GC）的定位管理功能，也就是5G核心网的定位服务器，属于控制面网元。

⑤ E-SMLC：4G核心网EPC的定位管理网元。

⑥ SLP：SULP定位平台，为用户面的定位管理网元。

5G NR定位采用的6种定位技术如图7.45所示。

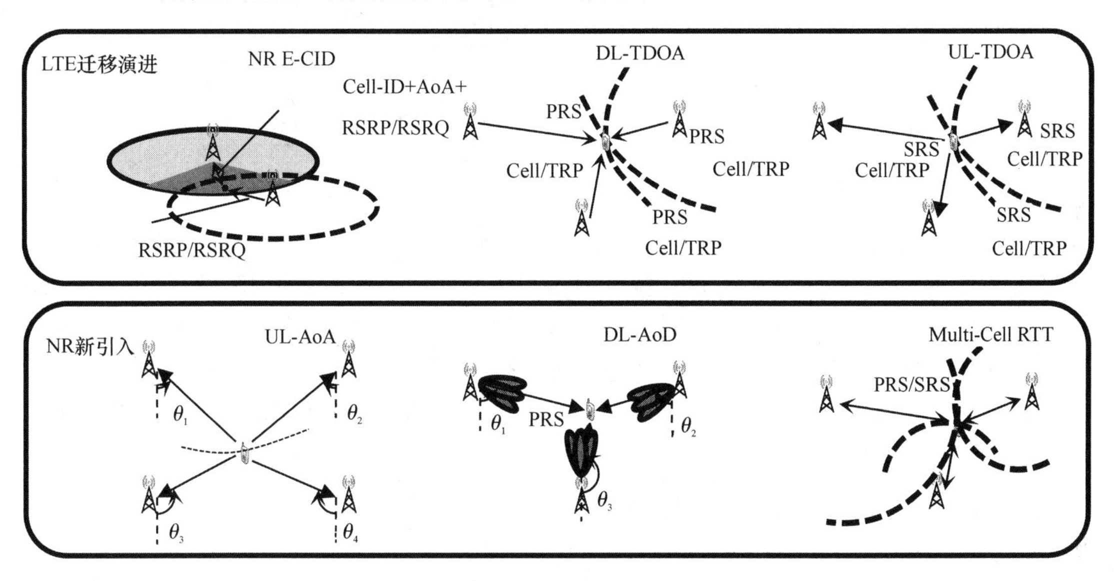

图7.45　5G NR定位采用的6种定位技术示意图

- NR E-CID：NR E-CID为LTE E-CID在NR的演进。将基于终端无线资源管理（RRM）测量到的小区质量RSRP/RSRQ作为指纹信息确定终端位置，此外还引入小区ID和AoA信息。
- DL-TDOA：DL-TDOA为LTE OTDOA在NR的演进。基于终端对多站的定位参考信号（PRS）测量到达时间差（RSTD），一对基站的到达时间差可以绘制为一条双曲线（一个双曲面）。多个双曲线（双曲面）的交点即终端的位置。TDOA技术依赖于站间精准同步，这样到达时间差（TDOA）能够对应传播距离差。
- UL-TDOA：UL-TDOA为LTE UTDOA在NR的演进，与DL-TDOA方法类似，但是TOA由网络测量终端发送的SRS获取。
- UL-AoA：UL-AoA为基站通过测量终端发送的上行信号（例如SRS），估计终端所在方向的定位方法，这里的AoA包括水平方位角（Azimuth AoA，A-AoA）和垂直俯仰角（Zenith AoA，Z-AoA）。角度估计的方法可以通过多个阵子之间的相位关系确定，对于FR2的模拟波束，可以采用接收波束扫描拟合确定。一个基站的AoA可以绘制为一条射线（A-AoA＋Z-AoA）或一个锥面（Z-AoA），多条射线或者多个锥面的交点即终端的位置。

- DL-AoD:DL-AoD 为终端对多站的 PRS 进行测量,估计终端所在方向的定位方法。DL-AoD 主要通过终端对基站的多个不同波束进行接收功率测量,通过不同波束接收功率之间的相对关系与每个角度上不同波束的固有辐射功率差异计算终端所在方向,如图 7.46 所示。一个基站的 AoD 可以绘制为一条射线或一个锥面,多条射线或者多个锥面的交点即终端的位置。

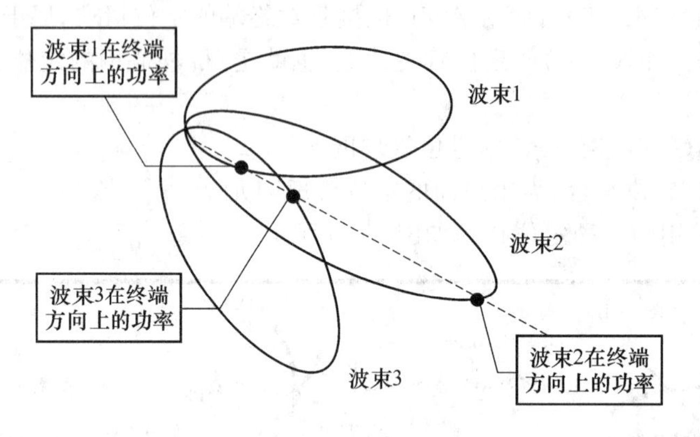

图 7.46 DL-AoD 定位测角方法

- Multi-Cell RTT:Multi-Cell RTT 定位技术为 LTE E-CID 终端单站往返时间(Round Trip Time,RTT)的多站推广,基于终端与多个基站互相收发 PRS 和 SRS,测量彼此的收发时间差,从而确定终端与多个基站的距离,如图 7.47 所示。一个基站的 RTT 可以绘制一个圆周或者一个球面,多个圆周或者多个球面的交点即终端的位置。由于终端可以与任意基站之间独立完成 RTT 测量,因此 Multi-RTT 与 TDOA 定位技术不同,不依赖于站间精准同步。

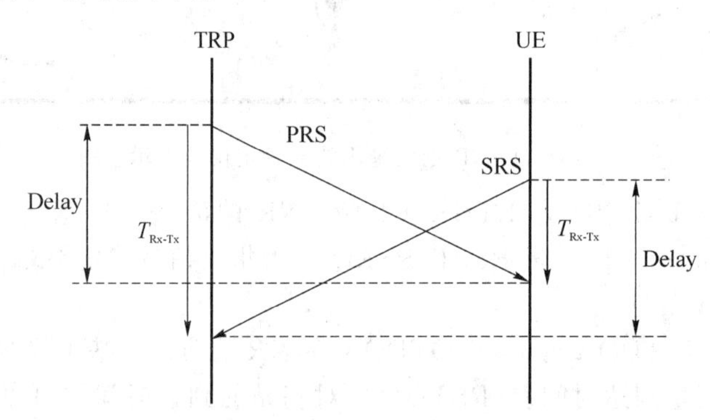

图 7.47 RTT 定位测距方法

一般来说,DL-TDOA、UL-TDOA 定位至少需要 3 个基站,UL-AoA、DL-AoD 和 Multi-RTT 定位至少需要两个基站。在实际中,若采用混合定位方法,则可以降低定位基站个数至单站。

3GPP 设计的定位技术(除了 E-CID)一般都需要视距(Line of Sight,LoS)传播,这样基于参考信号测到的时延和角度可以对应电磁波直线传播的时延和角度。

为了便于使用各种定位方法,NR 引入了 PRS 和定位专用 SRS,其导频图样具有非阶梯状的交错特性,其中 4-符号 4-梳齿的 PRS/SRS 图样如图 7.48 所示。交错特性主要是指一个参考信号(资源)在不同的 OFDM 符号上占用不同的子载波,这样设计的主要原因是:PRS/SRS

需要支持梳齿结构，以便多个TRP或者多个终端发送时能够频分复用降低干扰，同时多个符号的梳齿合并之后等效为1-梳齿，以消除梳齿结构旁瓣造成的TOA获取偏差。

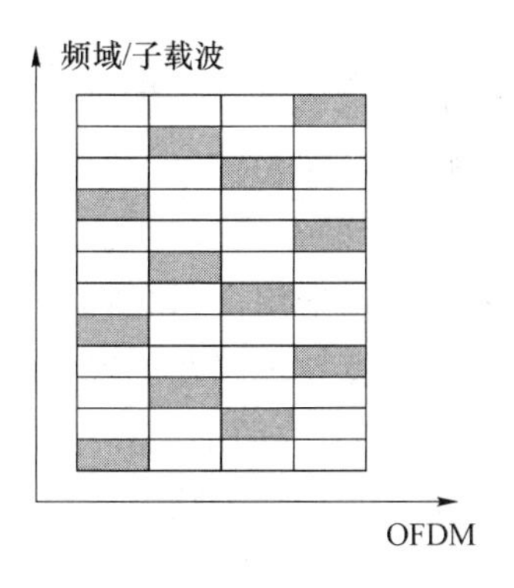

图7.48 4-符号4-梳齿的PRS/SRS图样

5G定位技术还在持续演进中，未来可能出现厘米级、毫米级的定位，能够支持各种特殊场景的应用，例如非视距(NLoS)等，同时也对网络和终端实现提出了更高的要求。

7.2 5G系统应用

5G业务围绕eMBB、uRLLC和mMTC 3个典型应用场景展开。下一代移动通信网络联盟(Next Generation Mobile Networks,NGMN)提出，个人娱乐、汽车、物流、医疗、智慧城市、智慧农业等是未来5G的主要业务。同时，第五代移动通信促进论坛(Fifth Generation Mobile communication promotion Forum,5GMF)也提出了包含B2C和B2V等13个场景的业务需求，涵盖了eMBB、uRLLC和mMTC三大场景的具体业务。整体上，5G的应用及新业务基本集中在个人娱乐增强(VR/AR、高清视频)和垂直行业应用两个领域。其中，在垂直行业的拓展被视为5G实现成功商用的关键。

7.2.1 云VR/AR

VR是利用计算机模拟产生一个三维空间的虚拟世界，提供使用者关于视觉、听觉、触觉等感官的模拟，让使用者如同身临其境一般，可以及时、没有限制地观察三维空间内的事物的技术。AR通过计算机技术，将虚拟的信息应用到真实世界，使真实的环境和虚拟的物体实时地叠加到同一个画面或空间同时存在。

VR/AR需要大量的数据传输、存储和计算功能，这些数据和计算密集型任务如果转移到云端，就能利用云端服务器的数据存储和高速计算能力，大大地降低用户设备成本，提供人人都能负担得起的价格。在未来，家庭和办公室对台式计算机和笔记本计算机的需求将越来越小，转而使用连接到云端的各种人机界面，并引入语音和触摸等多种交互方式。数据的云端处理导致云VR/AR对处理和传输的实时性以及数据流量有非常高的要求，而5G正好可以提供大带宽低时延。

7.2.2 超高清视频和云游戏

8K视频的带宽需求超过100 Mbit/s，需要5G提供超高的带宽，目前5G无线宽度到户(Wireless to the x，WTTx)可以很好地支持8K TV的使用。云游戏(Cloud Gaming)是以云计算为基础的游戏方式，本质上为交互性的在线视频流，所有游戏都在服务器端运行，并将渲染完毕后的游戏画面压缩后通过网络传送给用户，如图7.49所示。云游戏使用的主要技术包括云端完成游戏运行与画面渲染的云计算技术以及玩家终端与云端间的流媒体传输技术。在云游戏场景下，玩家游戏终端无须拥有强大的图形运算与数据处理能力，仅需拥有基本的流媒体播放能力与获取玩家输入指令并将其发送给云端服务器的能力即可。

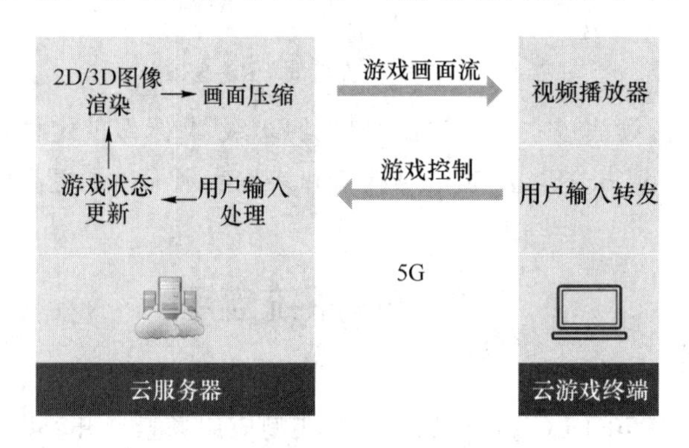

图7.49 云游戏处理过程

目前的云游戏平台通常不会提供高于720p的图像质量，因为大部分家庭网络还不够先进，而广大用户是其商业生存之本，只有以最低成本吸引大量用户才是初期的主要商业模式。但是5G有望以90帧/s的速度提供响应式和沉浸式的4K游戏体验，这将使大部分家庭的数据速率高于75 Mbit/s，延迟低于10 ms。云端游戏对终端用户设备的要求较低，所有的处理都将在云端进行。

7.2.3 无人机

通过部署无人机平台可以快速实现效率提升和安全改善。5G网络将提升自动化水平，使能分析解决方案，这将对诸多行业转型产生影响。比如，对风力涡轮机上的转子叶片的检查将不再由训练有素的工程师通过遥控无人机来完成，而是由部署在风力发电场的自动飞行无人机完成，不需要人力干预。另一个应用场景是，无人机行业解决方案有助于保护石油和天然气管道等基础资产和资源，还可以应用于提高农业生产率。无人机在安全和运输领域的使用和应用也在加速。

无人机巡检和安防技术对移动性、实时性、数据流量、QoS保障和单位区域连接数量的需求如图7.50所示。使用配备激光雷达(LiDAR)的无人机进行基础设施、电力线和环境的密集巡检是一项新兴业务，扫描所产生的巨大实时数据量将需要超过200 Mbit/s的传输速率。另外，无人机由于高速移动，对网络的覆盖以及移动性的支持有非常高的要求，5G在Rel-16和Rel-17版本中专门设计了移动性增强技术，并且在未来的Rel-18版本中将进一步支持无人机的轨迹管理功能。为了保障无人机的 QoS,也可以专门为无人机应用部署无人机网络切片。

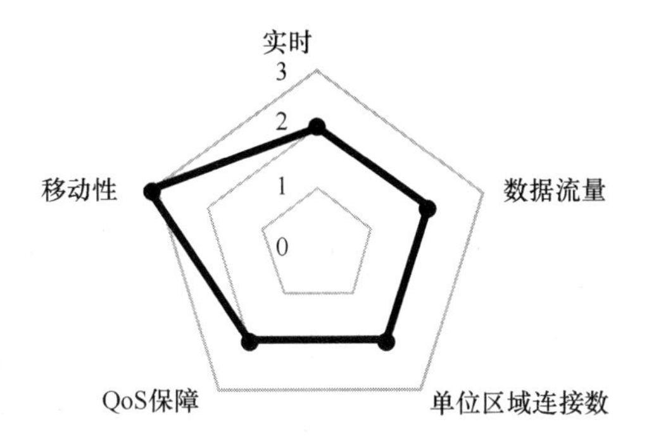

图 7.50　无人机巡检和安防技术需求

7.2.4　车联网

车联网(V2X)是指车与车、车与路、车与人、车与传感设备等交互,实现车辆与公众网络通信的动态移动通信系统。它可以通过车与车、车与人、车与路互联互通实现信息共享,收集车辆、道路和环境的信息,并在信息网络平台上对多源采集的信息进行加工、计算、共享和安全发布,根据不同的功能需求对车辆进行有效的引导与监管,以及提供专业的多媒体与移动互联网应用服务。

从网络上看,车联网系统具有"端-管-云"三层体系结构。

第一层(端系统):指汽车终端侧,主要包括汽车的智能传感器(负责采集与获取车辆的信息,感知行车状态与环境),具有车内通信、车间通信、车网通信的泛在通信终端,以及让汽车具备 V2X 寻址和网络可信标识等能力的设备。

第二层(管系统):主要指车联网的通信系统,包括解决车与车(V2V)、车与路(V2R)、车与网(V2I)、车与人(V2H)等的互联互通,实现车辆自组网及多种异构网络之间的通信与漫游,在功能和性能上保障实时性、可服务性与网络泛在性。

第三层(云系统):车联网是一个云架构的车辆运行信息平台,它的生态链包含 ITS、物流、客货运、危特车辆、汽修汽配、汽车租赁、企事业车辆管理、汽车制造商、4S 店、车管、保险、紧急救援、移动互联网等,是多源海量信息的汇聚,因此需要虚拟化、安全认证、实时交互、海量存储等云计算功能,它的应用系统也是围绕车辆的数据汇聚、计算、调度、监控、管理与应用的复合体系。

5G 网络的泛在性、高可靠性、低时延性和大带宽性,是车联网得以实现的网络保障。5G 网络服务车联网将率先支持以下应用案例。

① 编队行驶:卡车或货车的自动编队行驶比人类驾驶员更加安全。车辆之间靠得更近,从而节省燃油,提高货物运输的通行效率。编队具有灵活性,车辆在驶入高速公路时自动编队,离开高速公路时自动解散。

② 远程/遥控驾驶:车辆由远程控制中心的司机,而不是车辆中的人驾驶。远程/遥控驾驶可以用来提供高级礼宾服务,使乘客可以在途中工作或参加会议;可提供出租车服务,也适

用于无驾照人员,或者生病、醉酒等不适合开车的情况。更重要的是,远程驾驶将会在矿区、港口、灾难救援、野外施工等不适宜人员操作工程设备的情况下,提升作业的安全性。

7.2.5 智慧城市

智慧城市就是运用信息和通信技术手段感测、分析、整合城市运行核心系统的各项关键信息,对包括民生、环保、公共安全、城市服务、工商业活动在内的各种需求做出智能响应。智慧城市的实质是利用先进的信息技术,实现城市智慧式管理和运行,进而为城市中的人创造更美好的生活,促进城市的和谐、可持续成长。智慧城市的构建不仅需要感知城市脉搏的数据传感器,还需要用于监控人员流量和社区安全的视频摄像头。城市视频监控是一个非常有价值的工具,它不仅提高了安全性,而且也大大地提高了企业和机构的工作效率。在智慧城市中,视频系统对如下监控场景非常有价值:

① 繁忙的公共场所(广场、活动中心、学校、医院);

② 商业领域(银行、购物中心、广场);

③ 交通中心(车站、码头);

④ 主要十字路口;

⑤ 高犯罪率地区;

⑥ 机构和居住区;

⑦ 防洪(运河、河流);

⑧ 关键基础设施(能源网、电信数据中心、泵站)。

对于下一代的视频监控服务,智慧城市需要摆脱传统的系统交付的商业模式,转而采用视频监控即服务(VSaaS)的模式。在VSaaS模式中,视频录制、存储、管理和服务监控是通过云提供给用户的,服务提供商也是通过云对系统进行维护的。

云提供了灵活的数据存储以及数据分析/人工智能服务。单个无线摄像机目前不消耗太多的带宽,但随着云和移动边缘计算的推出,电信云计算基础设施可以支持更多的人工智能辅助监控应用。摄像机则需要7×24小时不间断地进行视频采集,以支持这些应用,多摄像头360°信息采集实时回传,上行数据传输的需求将大于60 Mbit/s,对网络的带宽提出了新的需求,这也将是5G技术在视频需求中的关键价值应用。

7.2.6 智慧医疗

医疗已经成为全世界财政的重大支出。在医疗行业,把医生、患者、医疗设备通过无线网络连接起来,提高医疗的效率,已经成为重要趋势。随着移动互联网在医疗设备中使用的增加,医疗行业开始采用可穿戴或便携设备集成远程诊断、远程手术和远程医疗监控等解决方案,不仅弥补了部分区域医疗资源的缺失,也极大地提高了医疗效率。

无线连接将通过三方面来改变医疗:无线连接促进医疗信息化升级;无线连接支持远程医疗;无线连接让医疗流程随时随地得到AI支持。医院对无线医疗的主要使用场景包括移动救护设备数字化、医疗辅助机器人移动数字化、可穿戴设备的蜂窝化、各类监控设备的移动数字化以及远程操作设备的移动数字化。

通过5G连接到AI医疗辅助系统，医疗行业有机会开展个性化的医疗咨询服务。人工智能医疗系统可以嵌入医院呼叫中心、家庭医疗咨询助理设备、本地医生诊所，甚至是缺乏现场医务人员的移动诊所，可以完成很多任务：

① 实时健康管理，跟踪病人、病历，推荐治疗方案和药物，并建立后续预约；

② 智能医疗综合诊断，并将情境信息考虑在内，如遗传信息、患者生活方式和患者的身体状况；

③ 通过人工智能模型对患者进行主动监测，在必要时改变治疗计划。

这些应用都普遍用到了未来网络的大带宽、低时延、高QoS保障能力，以满足实时医学影像分析、远程手术的高灵敏触觉等业务的需要。不同医学检查所需5G性能指标如表7.4所示。

表7.4　不同医学检查所需5G性能指标

设备类型	阶　段	数据速率/(Mbit·s^{-1})	时延/ms
远程内窥镜	阶段1：光学内窥镜	12	35
	阶段2：360° 4K＋触觉反馈	50	5
远程超声波	阶段1：半自动，触觉反馈	15	10
	阶段2：AI视觉辅助，触觉反馈	23	10

移动运营商可以积极与医疗行业伙伴合作，创建一个有利的生态系统，提供医疗物联网连接和相关服务，如数据分析和云服务等，从而支持各种功能和服务的部署。

7.2.7　智能制造

当前，各国政府纷纷发布计划，扶持智能制造发展，例如德国的工业4.0、中国制造2025、美国的先进制造战略和工业互联网战略。在传统模式下，制造商依靠有线技术来连接应用。近些年Wi-Fi、蓝牙和Wireless HART等无线解决方案已经在制造车间立足，但这些无线解决方案在带宽、可靠性和安全性等方面都存在局限性，如布线工期长、升级和维护难等。柔性制造概念使得生产线变得更灵活，在我们常见的智能制造中，自动导引车(Automated Guided Vehicle，AGV)、机械手、工业相机等都是云端控制、无线连接；各个工位可以随意移动、任意组合，代表了最先进的无线使能工厂的柔性制造概念。

对于最新最尖端的智慧制造应用，灵活、可移动、高带宽、低时延和高可靠的通信uRLLC是基本的要求。具备高可靠性、低时延、大带宽的5G技术将撬动这一高端需求，给智能制造带来新的价值；据分析，5G在工厂连接的年复合增长率将达到464%。

端到端短时延是构建智慧工厂体系至关重要的一个环节，体现在如下几方面。

① 无线网络可为智能制造提供低时延、高可靠连接，相比有线网络可节省50%～70%的成本，降低10%的能源消耗。

② 计算能力放在云端，可减少和统一本地工控机，并提升效率，而且在云端可以积累数据，优化算法，便于分布式应用，对于提升机器智能有帮助；工业控制的很多场景对时延的要求都在5 ms之内，所以5G网络的1 ms uRLLC特性在工厂领域具有广阔的应用前景。

③ 目前工业相机本地处理，价格昂贵(3～6万元/台)。如能在前端做预处理，在云端做

复杂算法(如机器学习),就可以降低工业相机的部署和维护成本。同时,工厂规定机械臂外不得铺设传输线缆,所以无线工业相机成为切实需求。工业相机要求1 s完成图像传输和识别,留给网络传输的时间只有几十毫秒,甚至几毫秒,且带宽要求为1~10 Gbit/s,5G凭借eMBB和uRLLC特性满足该场景应用。

④ AGV目前采用Wi-Fi网络,但Wi-Fi网络容量小,支持AGV的部署密度低,且采用硬切换,导致小车经常保护性停车,运行效率低。5G的大容量和低时延可以支持AGV的多连接,实现高密度部署下的智能调度。

移动运营商可以帮助制造商和物流中心进行智能制造转型。5G网络切片和MEC使移动运营商能够提供各种增值服务。运营商已经能够提供远程控制中心和数据流管理工具来管理大量的设备,并通过无线网络对这些设备进行软件更新。

7.2.8 智慧能源

能源公司正在向智能分布式馈线自动化(FA)方向迈进。馈线自动化系统对于将可再生能源整合到能源电网中具有特别重要的价值,其优势包括降低运维成本和提高可靠性。馈线自动化系统需要超低时延的通信网络支撑,譬如5G。通过为能源供应商提供智能分布式馈线系统所需的专用网络切片,移动运营商能够与能源供应商优势互补,这使得他们能够进行智能分析并实时响应异常信息,从而实现更快速准确的电网控制。在发达市场,供电可靠性预计为99.999%,这意味着每年的停电时间不到5 min。新兴能源微网中的太阳能、风力发电和水力发电会影响电网的负荷,而目前采用的系统故障定位和隔离时间难以满足新一代电网的需求。

分布式馈线自动化系统从集中式故障通知系统中解脱出来,可以快速响应中断,运行拓扑计算,快速实现故障定位和隔离。目前,智能分布式馈线自动化系统需要光纤布线来提供连接。智慧能源的技术需求如图7.51所示。由于5G可提供10 ms的网络延迟和千兆吞吐量,因此基于5G的无线分布式馈线系统可以作为替代方案。由于5G技术采用授权频段,因此移动运营商除了提供高水准服务等级协定外,还可以提供身份验证和核心网信令安全。

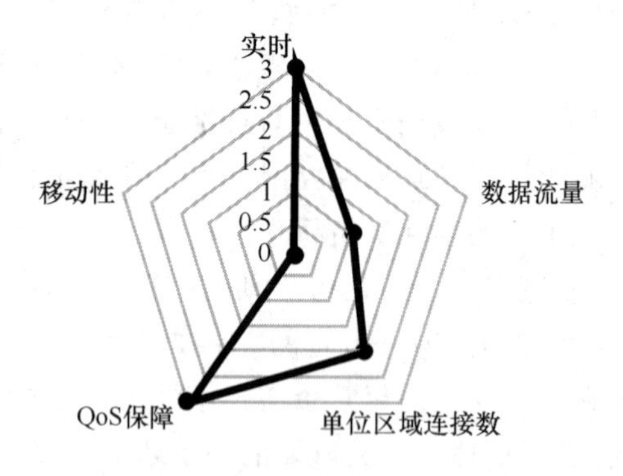

图7.51 馈线自动化需求分析

5G不仅在这种情况下提供了非常低的时延(10 ms),还降低了许多新兴市场的能源公司建立智能电网的门槛。由于这些市场缺乏传统电网和发电基础设施,能源公司将可再生能源作为其主要电力来源。但是,可再生能源发电缺乏稳定性,导致输电网络能量出现波动。为了避免这种故障,产生的能量必须根据所消耗的能量进行调整,而5G可以使能这种快速的调整。

习题与思考题

7.1　Massive MIMO 相比传统 MIMO 具有哪些技术优势？

7.2　简述 5G NR 协议中 Type Ⅰ和 Type 2 码本采用了什么码本结构，其中空域基向量矩阵是如何设计的？

7.3　简述模拟波束赋形的特点，以及 5G NR 协议支持的高效波束训练流程。

7.4　说明 SUL 技术与载波聚合技术的区别。

7.5　简述 5G NR BWP 机制的场景。

7.6　简述 5G NR 频谱共享技术的实现手段。

7.7　尝试画出边缘计算的网络架构。

7.8　简述公共网络的分类。

7.9　简述 V2X 通信中两种资源分配模式（模式 1 和模式 2）的主要流程。

7.10　简述 5G NR 中的几种定位技术以及其基本原理。

本章参考文献

[1]　Recommendation ITU-R M. 2083. IMT vision—Framework and overall objectives of the future development of IMT for 2020 and beyond. 2015.

[2]　3GPP TR 22. 863. Feasibility Study on New Services and Markets Technology Enablers—Enhanced Mobile Broadband.

[3]　3GPP TR 22. 862. Feasibility Study on New Services and Markets Technology Enablers for Critical Communications.

[4]　Wan Lei，SOONG A C K，Liu Jianghua，et al. 5G 系统设计——端到端标准详解. 刘江华，张雷鸣，郭志恒，等译. 北京：电子工业出版社，2021.

[5]　刘晓峰，孙韶辉，杜忠达，等. 5G 无线系统设计与国际标准. 北京：人民邮电出版社，2019.

[6]　3GPP R1-1705927. Frequency parametrization for Type Ⅱ CSI codebook. Ericsson，RAN1＃88b Spokane.

[7]　3GPP R1-1705926. On basis design for Type Ⅰ and Type Ⅱ codebooks. Ericsson，RAN1＃88b Spokane.

[8]　3GPP TS 38. 214. Physical layer procedures for data (Release 16).

[9]　3GPP R1-1813002. Summary of CSI enhancement for MU-MIMO support. 3GPP TSG RAN WG1 Meeting ＃95. Spokane，USA，November 12th-16th 2018.

[10]　万蕾，郭志恒，等. LTE/NR 频谱共享——5G 标准之上下行解耦[M]. 北京：电子工业出版社，2019.

[11]　3GPP TS 38. 211. NR；Physical channels and modulation.

[12]　3GPP TS 36. 211. E-UTTRA；Physical channels and modulation.

[13]　3GPP TS 38. 101-1. User Equipment (UE) radio transmission and reception；Part 1：Range 1 Standalone.

[14] 3GPP TS 38. 101-2. User Equipment (UE)radio transmission and reception; Part 2: Range 2 Standalone.

[15] 3GPP TS 23. 501. System architecture for the 5G System (5GS),Stage 2.

[16] 3GPP TS 23. 502. Procedures for the 5G System; Stage2.

[17] IEEE Std 802. 1AS-2020. IEEE Standard for Local and metropolitan area networks—Timing and Synchronization for Time-Sensitive Applications.

[18] IEEE Std 802. 1Q-2018. IEEE Standard for Local and metropolitan area networks—Bridges and Bridged Networks.

[19] IEEE Std 802. 1Qbv-2015. IEEE Standard for Local and metropolitan area networks—Bridges and Bridged Networks-Amendment 25:Enhancements for Scheduled Traffic.

[20] IEEE Std 802. 1Qch-2017. IEEE Standard for Local and metropolitan area networks—Bridges and Bridged Networks-Amendment 29:Cyclic Queuing and Forwarding.

[21] IEEE Std 802. 1Qcc-2018. IEEE Standard for Local and metropolitan area networks—Bridges and Bridged Networks-Amendment: Stream Reservation Protocol (SRP) Enhancements and Performance Improvements.

[22] 3GPP TS22. 186. Enhancement of 3GPP support for V2X scenarios.

[23] 3GPP TS 23. 287. Architecture enhancements for 5G System (5GS) to support Vehicle-to-Everything (V2X) services.

[24] 3GPP TS 23. 285. Technical Specification Group Services and System Aspects; Architecture enhancements for V2X services.

[25] 3GPP TS 38. 321. NR; Medium Access Control (MAC) protocol specification.

[26] 3GPP TS 38. 213. NR; Physical layer procedures for control.

[27] 3GPP TS 38. 305. Stage 2 functional specification of User Equipment (UE) positioning in NG-RAN.

[28] 3GPP TS 37. 355. LTE Positioning Protocol (LPP).

第8章　移动通信未来发展

学习重点和要求

本章主要介绍移动通信未来的发展愿景及可能关键技术。

要求：

- 了解移动通信未来的发展愿景，包括业务需求和能力需求两个方面；
- 了解极致 MIMO、灵活频谱、空口感知等概念及关键技术；
- 了解内生智能和空天地海一体化网络的概念、架构及关键技术。

8.1 发展愿景

本节首先介绍移动通信的演进，进而展望未来移动通信的业务需求和能力需求。

8.1.1 移动通信的演进

通信技术的发展离不开信息社会对通信的大量需求，以及通信相关产业规模的扩展。移动通信系统从20世纪80年代后期至今，已经历了5代系统的更迭，并基本延续了十年一代的发展规律，可以满足当时以及未来几年内信息社会的通信需求。未来的移动通信系统(5G-Advanced 及 6G，统称为 B5G)也会在此基础上继续发展。

从通信速率上来说，将从 Gbit/s 提高到 Tbit/s；从信息广度来说，将从陆地移动通信扩展到陆海空天全方位通信；从网络服务来说，将完善通信智慧，实现从人-机-物到人-机-物及人工智能融为一体的智慧体。在未来的 B5G 系统中，网络与终端将被看作一个统一的整体。终端的智能需求将被进一步挖掘和实现，并以此为基准进行物理层、网络层、服务层技术规划与演进布局。

5G 的目标是满足大连接、高带宽和低时延场景下的通信需求。在5G演进后期，陆地、海洋和天空中将存在巨大数量的互联自动化设备，数以亿计的传感器将遍布自然环境和生物体内，基于人工智能(AI)的各类系统将部署于云平台、雾平台中，并将创造数量庞大的新应用。

到了 B5G 阶段，早期将是对5G的扩展和深入，以 AI、边缘计算和物联网为基础，实现智能应用与网络的深度融合，并实现虚拟现实、全息应用、智能网络等功能。未来 B5G 承载的业务将进一步演化为真实世界和虚拟世界两个体系，真实世界体系后向兼容5G中的 eMBB、mMTC、uRLLC 等典型场景，实现真实世界万物物联的基本需求，虚拟世界体系的业务是真实世界体系的业务的延伸，与真实世界的各种需求相对应，实现真实在虚拟世界的映射。

8.1.2 业务需求

“4G改变生活,5G改变社会”,随着5G应用的逐步渗透、科学技术的新突破、新技术与通信技术的深度融合等,B5G必将衍生出更高层次的新需求,产生全新的应用场景。

1. 全息类业务

全息技术利用干涉和衍射原理记录并再现物体光波波前,可重现“物体”的位置和大小,而且从不同位置观测物体,其显示也会变化。全息投影是一种无须佩戴眼镜即可看到立体虚拟影像的3D技术。全息类通信(Holograghy Type Communication,HTC)是以交互方式将全息图像从一个或多个信源传输到一个或多个信宿(目标节点)。

B5G时代,媒体交互形式将从现在的以平面多媒体为主,发展为以高保真VR/AR交互甚至以全息信息交互为主。高保真VR/AR将普遍存在,而全息信息交互也可以随时随地进行,从而可以在任何时间和地点享受完全沉浸式的全息交互体验,这一业务类型称为“全息类业务”。典型的全息类业务有全息视频通信、全息视频会议、全息课堂、远程全息手术等。

全息类业务需要极高的带宽和极低的时延,同时有一定的同步、计算能力、安全性与可靠性需求,对通信网络提出了高要求。

2. 全感知类业务

全感知通信是指信息将携带更多感官感受,充分调动人类的视觉、听觉、嗅觉、味觉、触觉等五感功能,实现人-机-物间的全感官交互。

B5G时代,数字虚拟感知的引入将调动人类五感,甚至包括心情、病痛、习惯、喜好等个体感受。在此基础上,各种与人类生活需求密不可分的服务也将诞生,如远程遥感诊断、远程心理介入、远程手术、沉浸式购物与沉浸式游戏等。另一类与感官相关的业务是远程工业控制类业务,即触觉传感器通过动觉反馈,并伴以触觉控制来帮助操作员控制远程机器。这两类与感官相关的业务称为“全感知类业务”。

全感知类业务最重要的需求是带宽需求,同时低时延和高同步是不可或缺的,并且要求有一定的感知优先级和高安全性与可靠性。

3. 极高可靠性与极低时延类业务

工业精准制造、智能电网控制、智能交通等特殊垂直行业由于业务自身的“高精准”需求,对通信网的可靠性、时延和抖动有更高的要求,这类业务称为“极高可靠性与极低时延类业务”。

典型业务如“精密仪器自动化制造”,对核心器件的协同控制不仅要求超低时延,还要求高精准,也就是说协同控制信息的传递必须恰恰在指定的时隙中到达,这实际上对通信的确定性和智能调度提出了高精准需求。再如“全自动驾驶”业务,为了保障绝对的驾驶安全和人身安全,对带宽、传输可靠性和时延的要求很高。

该类业务一般不需要高带宽(除“全自动驾驶”业务外),但需要极低的时延和准确的时间确定性,以及高标准的安全性与可靠性传输。

4. 大连接类业务

在5G中海量机器类通信(mMTC)实现了对大连接类业务的支持,承担了人与人、人与物、物与物之间海量的联系,形成了"万物互联",每平方千米可支持高达约 10^6(100 万)个连接。随着各类传感器在工业、农林畜牧业、海洋、能源等行业的广泛使用,以及越来越多的生物类或感官类传感器的出现和应用,更多海量实体中将植入各类微型传感器,对连接的需求还会进一步呈指数形式上升。根据相关预测,至 2030 年,全球范围内应支持万亿级别的物联设备。这类对连接数量有较高要求的业务称为"大连接类业务"。

典型的大连接类业务有工业物联网、智慧城市、智慧农业、智慧林业等,该类业务中将密集部署不同类型的传感器,通过实时监测、上报数据实现对相关状态的感知和处理。未来全自动驾驶、智慧养老、全感知类业务等新型业务由于对全方位感知的高要求,也将对连接数量和隐私性提出要求。

5. 虚实结合类业务

虚实结合是指利用计算机技术基于物理世界生成一个数字化的虚拟世界,物理世界的人和人、人和物、物和物间可通过数字化世界来传递信息与智能。虚拟世界是物理世界的模拟和预测,是一种多源信息融合、交互式的三维动态实景和实体行为的系统仿真,可使用户沉浸到该环境中。虚拟世界将精准反映和预测物理世界的真实状态,帮助人类更好地提升生活和生命的质量,提高整个社会生产和治理的效率。

典型的业务如数字孪生(Digital Twin,DT),数字孪生是充分利用物理模型、传感器、运行历史数据等信息,集成多学科、多物理量、多尺度、多概率的仿真过程,在虚拟空间中完成映射,从而反映相对应现实空间中的全生命周期过程。数字孪生已经在部分领域应用,主要应用于产品设计、智能制造、医学分析、工程建设等。在未来的 B5G 中,数字孪生将应用于更广泛的领域,如 AI 助理、智慧城市、虚实结合游戏、身临其境旅游、虚拟演唱会等。这类现实空间与虚拟空间共存且相互映射、相互影响的业务称为"虚实结合类业务"。

该业务对带宽和时延的要求较高,同时有一定的移动性和算力要求,安全性和隐私性也要得到保障。

8.1.3 能力需求

在能力需求方面,2G 主要用来满足通信用户数量的需求,3G 和 4G 主要用于满足系统的高传输速率需求,而 5G 为了满足 mMTC、uRLLC、eMBB 等场景需求,其能力指标有了进一步扩展和不同的侧重。到了 B5G 阶段,为了满足多样化的业务需求,提供极致用户体验,其能力指标将进一步丰富和显著提升。按照前几代移动网络的升级趋势估计,未来 B5G 的能力有望比 5G 提升 10～100 倍。下面简要介绍几项关键性能力需求指标。

1. 速率

移动通信系统最重要的指标是峰值速率,峰值速率是指用户可以获得的最大业务速率;B5G 必将进一步提升峰值速率。从无线通信系统每 10 年一代的发展规律和对 B5G 业务需求的分析两个角度可知,B5G 峰值速率将进入 Tbit/s 的时代。

首先,1G～5G 移动通信系统峰值速率的增长服从指数分布(按照各代系统标准化的时间点计算),预测未来几年的发展趋势,可知 2030 年可能达到 Tbit/s 的峰值速率。其次,基于 B5G 业务需求定性预测 B5G 的峰值速率,无论是全息类业务、全感知类业务,还是虚实结合类业务,对峰值速率的需求都达到了1 Tbit/s甚至10 Tbit/s。此外,5G时代首次将用户感知速率作为网络关键性能指标之一。用户感知速率是指单位时间内用户实际获得的MAC层用户面数据传送量。5G系统可以达到的用户实际感知速率最高为100 Mbit/s;到B5G时代,用户实际感知速率将至少提升10倍,达到1 Gbit/s。

2. 时延

时延一般指端到端时延,即从发送端用户发出请求到接收端用户收到数据之间的时间间隔。可采用单程时延(Oneway-Trip Time,OTT)或往返时延(RTT)来测量。移动通信网络的时延与网络拓扑结构、网络负荷、业务模型、传输资源、传输技术等因素密切相关。

从2G到4G,移动通信网络的演进以满足人类的视觉和听觉感受为主要诉求,因此时延取决于人类的视觉反应时间(约为10 ms)和听觉反应时间(约为100 ms),故LTE可支持的最短时延为10～100 ms。在5G时代,由于智能驾驶、工业控制、增强现实等业务应用场景对时延提出了更高的要求,端到端时延要求最低达到了1 ms。到B5G时代,全感知类业务对时延的要求将进一步提高,如人类大脑对触觉的反应时间约为1 ms,因此全感官类业务对B5G网络时延的要求小于1 ms。此外,对于具有极低时延要求的工业物联网(IoT)和远程全息手术类应用而言,时延要求更低。

3. 效率

在无线通信系统中,可用的频谱资源有限,频谱效率是一种重要的性能指标。链路频谱效率(SE)(简称谱效,又称为频带利用率)为单位带宽传输频道上每秒可传输的比特数,单位为bit/(s·Hz),衡量一种信号传输技术对带宽频谱资源的使用效率。系统频谱效率是指每消耗单位面积单位赫兹可以传送的数据量,系统频谱效率的测算方式可包括二维面积频谱效率〔单位:bit/(s·Hz·m^2)〕或三维体积频谱效率〔单位:bit/(s·Hz·m^3)〕。提高频谱效率的方法有很多,如采用密集组网、新的多址技术、高效的调制技术、干扰抑制技术、多天线技术、高效的资源调度方法等。另一种衡量无线通信系统效率的指标为能量效率(EE)(简称能效),为有效信息传输速率(单位:bit/s)与信号发射功率(单位:W)的比值,单位为比特每焦耳〔bit/J,或bit/(s·W)〕。能量效率代表系统对能量资源的利用效率。通过低功率基站、D2D、波束成形、小区休眠、功率控制等技术可以提高系统能量效率。

LTE要求下行频谱效率为5 bit/(s·Hz)(即在20 MHz带宽上实现100 Mbit/s的峰值速率);5G网络通过采用密集组网、高阶调制、动态频谱共享、载波聚合、灵活帧结构、大规模MIMO等技术,其理论频谱效率提升了3倍;预计B5G频谱效率将比5G再提升10倍。频谱效率主要衡量的是系统容量,能量效率主要衡量的是系统成本,这两个指标之间彼此关联又相互矛盾,因为一般来说容量的提高意味着部署更多基站或增加网络内的频谱带宽,成本会随着容量的提高而增长,但成本不能无限地增长,因此需要解决如何在提升整个网络容量的同时降低网络运行成本的矛盾,B5G面临着同样的问题。

4. 覆盖

随着科学技术的进步和人类探索宇宙需求的不断增长,人类活动空间将进一步扩大,除陆地外,还将向高空、外太空、远洋、深海、岛屿、极地、沙漠等扩展。目前,移动通信网络的覆盖还远远不够,未来B5G需要构建一张无所不在的空天地海一体化覆盖网络,实现任何人在任何时间、任何地点可与其他任何人进行任何业务通信或与任何相关物体进行信息交互。

5. 连接

网络的连接能力采用连接数密度来衡量,连接数密度是指单位面积内可以支持的在线设备总和,是衡量移动网络对终端设备支持能力的重要指标。

在5G前,移动通信网络的连接对象主要是用户终端,连接数密度要求为1 000个/km^2。5G时代由于存在大量物联网应用需求,要求网络具备超千亿连接的支持能力,满足高达约10^6/km^2的连接数密度指标。到B5G时代,物联设备种类和部署范围进一步扩大,如部署于深地、深海或深空的无人探测器,中高空飞行器,深入恶劣环境的自主机器人,远程遥控的智能机器设备,以及无所不在的各种传感设备等,一方面极大地扩展了通信范围,另一方面也对通信连接提出了更高的要求。B5G将能够灵活有效地连接上万亿级对象;B5G网络将变得极其密集,其容量需求是5G网络的100～1 000倍,需要支持的连接能力为10^8～10^{10}个/km^2。

6. 吞吐量

系统吞吐量可用流量密度指标来衡量,流量密度是指单位面积内的总流量数,衡量移动通信网络在一定区域范围内的数据传输能力。通信系统的流量密度与多种因素相关,如网络拓扑结构、用户分布、业务模型等。

5G时代需要支持局部热点区域的超高速数据传输,要求数十Tbit/(s·km^2)或局部10 Mbit/(s·m^2)的流量密度。B5G对流量密度的要求将是5G的10～100倍,将达到1 Gbit/(s·m^2)。

7. 移动性

移动性是指在满足一定系统性能的前提下,通信双方最大的相对移动速度。移动速度越快,多普勒频移越大,信道变化越快,对移动通信系统的性能劣化程度越高;同时还会引起频繁的切换,影响系统运行质量。

4G要求支持的移动性为250 km/h,5G系统要求支持高速公路、城市地铁等高速移动场景,同时也需要支持数据采集、工业控制等低速移动或中低速移动场景。因此,5G移动通信系统的设计需要支持更广泛的移动性,最高可支持的移动速率达到500 km/h,具有支持用户在高铁中保持通畅通信的能力。B5G时代对移动性的要求将更高,包括空中高速通信服务。为了给乘客提供飞机上的空中通信服务,4G/5G为此付出了大量努力,但目前飞机上的空中通信服务仍然有很大的提升空间。当前空中通信服务主要有两种模式:地面基站模式和卫星模式。在地面基站模式中,由于飞机具备移动速度快、跨界幅度大等特点,空中通信服务将面临高机动性、多普勒频移、频繁切换以及基站覆盖范围不够广等挑战;在卫星通信模式中,空中通信服务质量可以相对得到保障,但目前卫星通信成本太高,且主要问题是终端不兼容。因此,B5G在提供空中高速通信服务方面还面临很大挑战,为支持空中高速通信服务,B5G对移动性的支持应达到800～1 000 km/h。

8. 计算能力

智能化是B5G的重要特征,智能是知识和智力的总和,在数字世界中可以表现为"数据+算法+计算能力(简称'算力')",其中海量数据来自各行各业、各种维度;算法需要通过科学研究来积累;而数据的处理和算法的实现都需要大量计算能力,计算能力是智能化的基础。因此,计算能力将成为B5G的重要标志性能力指标。

以目前5G的计算能力或计算效率为基准,预计B5G将至少达到目前计算能力的100倍或以上,才可能支持B5G业务对计算能力的要求。计算能力或计算效率的提高一方面通过部署更密集的计算节点,但计算节点同样需要占用通信资源,不可能无限制地增加;另一方面通过提高单节点的计算能力,然而集成电路中晶体管的尺寸已逼近物理极限,无法快速简单地通过集成电路的规模倍增效应来满足B5G计算能力的需求,因此如何应对信息处理的复杂性是B5G网络工程实现面临的难题之一。

8.2 技术展望

8.2.1 极致MIMO

1. 基本概念

大规模MIMO的基本性质是:极限信道硬化,终端间信道极限正交,大的天线阵列增益。若增加天线个数,从大规模MIMO的角度来看,可以进一步提高系统的增益,或同时服务更多的终端用户;若在建筑物表面布置更多天线阵列,构成超大规模阵列,还可以改善系统的覆盖。

由于超大规模阵列维度很大,要求新类型的布置方法。例如,机场、大型购物中心、体育场馆等,可以沿建筑物的前面进行布置,来服务更多的终端。此时阵列的维度能够达到数十米。这类布置是大规模MIMO的拓展,常采用离散天线元素实现。同时将这类极端的情况称为极致MIMO或超大规模MIMO(eXtremely Large-scale MIMO,XL-MIMO)。XL-MIMO有着和大规模MIMO不同的特性,需要进行进一步探索和研究。

2. 空间非平稳特性

在XL-MIMO中,沿着阵列方向具有空间非广义平稳传播特性;阵列不同部分的可视传播环境不同,或者相同信道路径具有不同功率,或者是不同的信道路径,因此不同阵列可以看到的簇也不尽相同。为了描述这一现象,一般将每一簇在阵列上的可见范围叫做阵列的可视区(Visibility Region,VR)。此外,类似地,也可以定义终端的可视区,也就是说当终端处于某一个簇对应的可视区中时,则该簇对终端可见,反之则不可见。虽然阵列和终端的可视区限定了终端性能,但其服务多用户的能力增强,有利于密集用户场景。

如图8.1所示,此处采用簇模型来说明其空间非平稳特性。空间非平稳特性是根据阵列可视区来定义的。在COST2100信道模型中,可视区定义为终端的一个几何区域。终端在区域内可以看到一个给定的簇集合;当终端移出该区域时,将看到不同的簇集合。而如上文所述,此处已经将该可视区的概念扩展,扩展为阵列的可视区。图8.1(a)至图8.1(c)分别为平稳大规模MIMO、大规模MIMO和XL-MIMO下的传输信道示意图。

① 平稳大规模MIMO:阵列和终端都可以看到所有的簇。

② 大规模MIMO:阵列不同部分看到不同的簇,终端能看到整个阵列。

③ XL-MIMO:不同阵列部分可以看到不同的簇集合和用户终端;此时不同阵列部分或阵源到用户的平均信道增益不同。

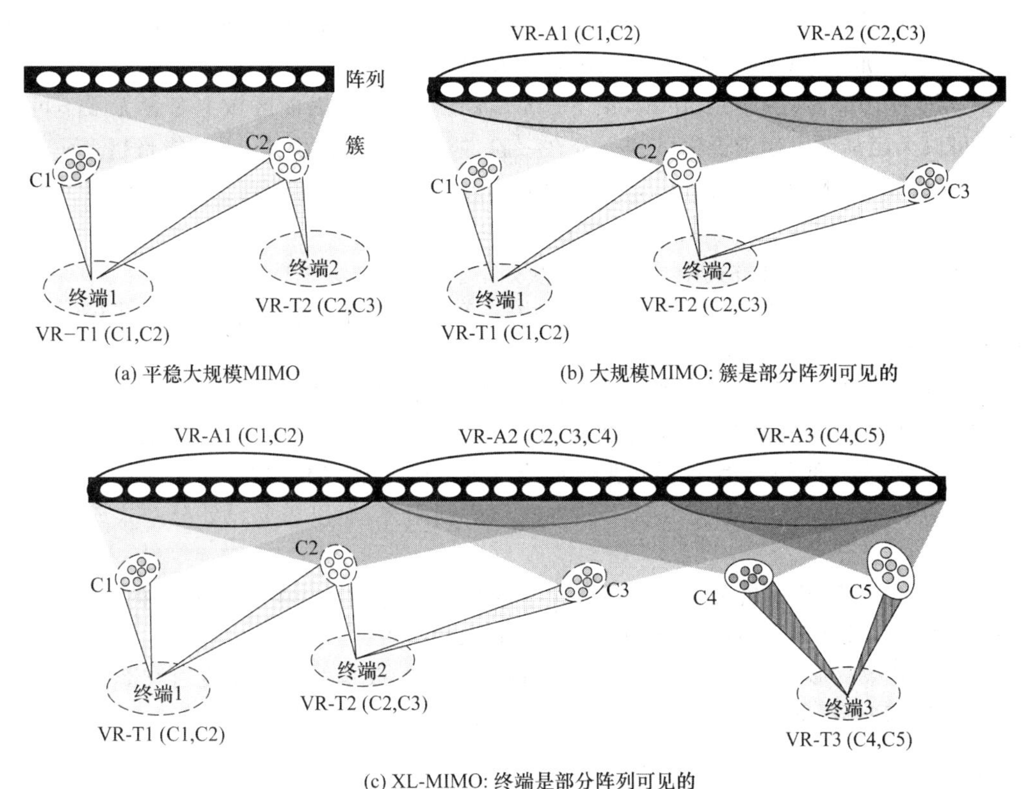

(a) 平稳大规模MIMO　　(b) 大规模MIMO: 簇是部分阵列可见的

(c) XL-MIMO: 终端是部分阵列可见的

图 8.1　ELAA 示意图

在 XL-MIMO 信道建模时，由于 XL-MIMO 超大天线孔径，除了考虑上述的空间非平稳特性外，还需要考虑近场效应，也就是说阵列不同元素的相位经历的是球面波，平面波的假设不再成立；其次每个元素的幅度都是变化的。而一种简化的方法是将大规模阵列分成子阵列，子阵列按照平稳信道建模。

3. 实现方法与挑战

在实际中实现或部署 XL-MIMO 时，有 3 种典型的情况，具体如图 8.2 所示。

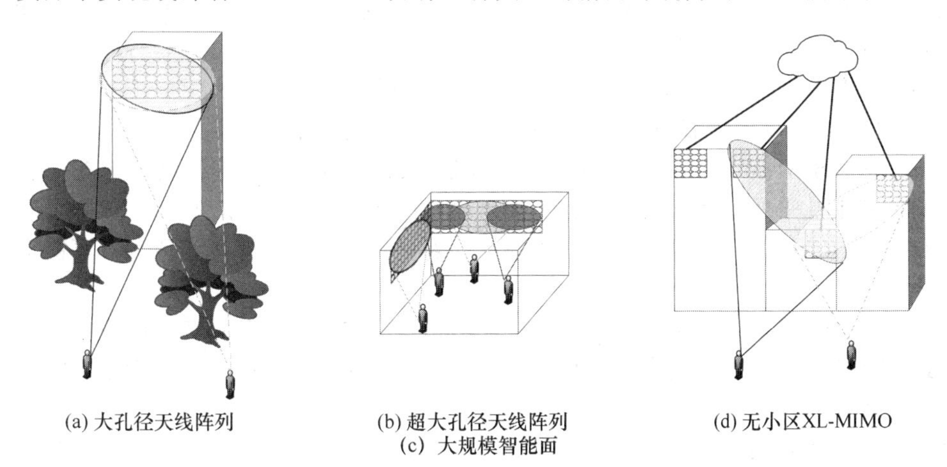

(a) 大孔径天线阵列　　(b) 超大孔径天线阵列 (c) 大规模智能面　　(d) 无小区XL-MIMO

图 8.2　XL-MIMO 的部署示意图

① 超大孔径天线(Extremely Large Aperture Arrays,ELAA):分布在大区域上的超大规模传统天线,例如分布在建筑物的窗户、吊顶等表面。

② 大规模智能面(Large Intelligent Surface,LIS):有限的表面区域上布置无限不可数的天线。可以采用离散可激活天线阵列耦合在一起,或者无源反射元素,也可能是超表面。

③ 无小区 XL-MIMO(Cell Free XL-MIMO):地理上大规模分布式天线联合服务众多分散的用户。

在 XL-MIMO 的实现方式中,其主要挑战如下。

① 非平稳信道估计:由于信道具有非平稳性,传统基于平稳信道假设的估计算法存在性能损失。

② 低复杂度、低前传带宽的收发机设计:ELAA 的天线数目巨大,一方面会导致 ZF、MMSE 等预编码和均衡算法复杂度快速增加,另一方面还会导致计算所需的数据传输量大幅增加,因此需要设计低复杂度、低前传带宽的收发机来使能 ELAA 系统。

③ 干扰抑制预编码:由于信号从不同方向辐射到用户,所以需要设计分布式或者分级预编码方案,来抵抗干扰。

④ 频率选择性波束:超大规模阵列将发生斜视波束,使得不同频率有不同的波束方向,对于大带宽下混合波束赋形(HBF)架构性能的影响尤其显著。

⑤ 动态波束赋形:由于信道具有非平稳特性,用户的波束赋形需要进行动态更新。其性能取决于其阵列可视区。

8.2.2 频谱扩展与灵活使用

1. 频谱概述

3GPP NR Rel-15 定义了两个工作频率范围:FR1(410 MHz～7.125 GHz)和 FR2(24.25～52.6 GHz)。如今 5G NR 已在或正在全球部署 FR1 TDD 频段(例如 3.5 GHz、2.6 GHz),在少数国家部署 FR1 FDD 频段(例如 700 MHz、2.1 GHz),在一些国家/地区部署 FR2 频段(例如 24 GHz、39 GHz)。此外,WRC-19 已经确定了 IMT 部署的 57～71 GHz 频率范围,3GPP NR Rel-17 指定了 NR 对 52 GHz 以上频率的支持。WRC-19 已将 6 GHz(6.425～7.125 GHz)频段作为一个项目设立,并将在 WRC-23 上讨论是否将其标注为 IMT 频段并用于移动通信。频谱是运营商的关键资产,因此在 5G 和 5G-Advanced 时间框架内,乃至 B5G 时间框架,高效、灵活地利用 100 GHz 以下的所有可用频谱是必不可少的。

目前,100 GHz 以下频谱如图 8.3 所示,具体可以分为如下几个频段。

① Sub-3 GHz 频谱:其具有传播损耗小、覆盖好的优点,因此在蜂窝网络部署中发挥着重要作用。世界上几乎所有运营商都拥有多段离散 Sub-3 GHz 频谱(例如 700 MHz、800 MHz、900 MHz、1.8 GHz 和 2.1 GHz 频段)用于蜂窝部署。到 2025 年,这些价值频段可能会大规模部署 NR。

② Sub-7 GHz TDD 频谱:其包括 TDD Sub-6 GHz 和 6 GHz。运营商应该会继续升级现有的 NR TDD 网络,并有可能在 5G-Advanced 时间框架内,在新的 TDD 频段部署 NR,进一步增强 NR 的性能。

③ FR2 及 52.6 GHz 以上的毫米波频谱:该频段具有超大带宽的优势。随着高清视频下载/上传等流量的迅速增长,高清且低延迟的 XR 需求增长,毫米波频段将发挥重要作用。然而,对于下行覆盖、能效、上行覆盖和容量的要求使得毫米波宏小区的部署仍然具有很大的挑战。

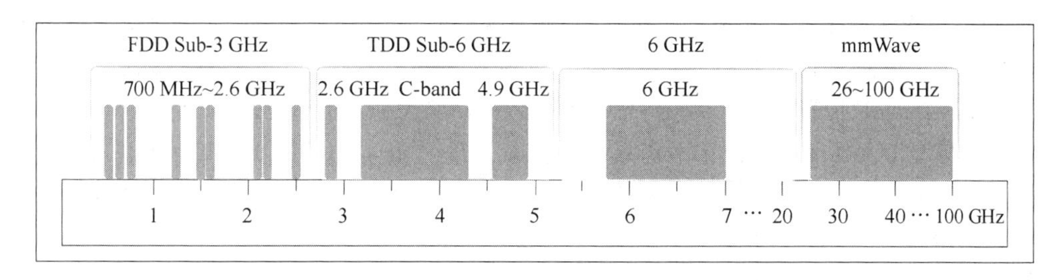

图 8.3　Sub-100 GHz 频谱资源

现阶段 5G 单频段支持的最大工作带宽为 GHz 级别，支持的峰值速率在 10 Gbit/s 级别。超高通信速率的实现离不开超大工作带宽，B5G 将拓展新型频谱载波资源以应对下一代无线通信技术的需求，具体包括：

① 太赫兹频段：0.1～10 THz 间的频段为太赫兹频段(Terahertz，THz)，具有非常丰富的频率资源可供利用，具体工作带宽高达 10 GHz 级别，远远大于现阶段 5G 的工作带宽。超大工作带宽资源的利用使得太赫兹通信系统具备支持超高通信速率的技术特征和性能优势，因此其将成为 B5G 的重要潜在技术之一。

② 可见光频段：可见光通信作为一种利用免授权频段 400～800 THz 的高速通信技术，也能进一步扩展可利用的工作带宽，将可能在 B5G 网络中担任重要的角色。

2. 灵活频谱的关键技术

不断丰富的业务类型对移动通信网的容量、速率和服务能力提出了更大带宽和更灵活资源分配的要求，然而当前移动通信网络的能力还不能够适应业务发展带来的变化，更无法满足差异化业务应用的需求。首先，在频谱和网络结构方面，各频段有各自显著的特征，例如，低频有天然的覆盖优势，但 Sub-3 GHz 频谱离散小带宽特征明显，因此效率是个问题；而高频段具有大带宽、低时延的优势，但覆盖是个瓶颈。因此需要充分利用各频段的特征，克服其各自的不足，动态匹配业务多变的需求，发挥出整个移动通信网络的最大效率。其次，大带宽业务的需求逐渐明显，特别是上行大带宽需求明显，当前网络上下行能力错位，需要网络和终端提供切实可行的更高上行带宽能力。最后，差异化的业务需求需要更灵活的带宽分配能力，一方面可以满足不同带宽能力终端的业务体验需求，另一方面可以有效地提高系统的综合效率。

面对差异化的业务需求、复杂的频谱结构、不同的频谱传播特性和差异化的带宽资源，未来移动通信的方向之一就是推进高中低频全频谱重构技术，实现频谱资源池化，实现上下行频谱资源灵活组合、不同频段载波间灵活聚合，实现虚拟大带宽、智选资源等灵活频谱方案。

如图 8.4 所示，灵活频谱方案可以包括但不限于下面 3 个部分。

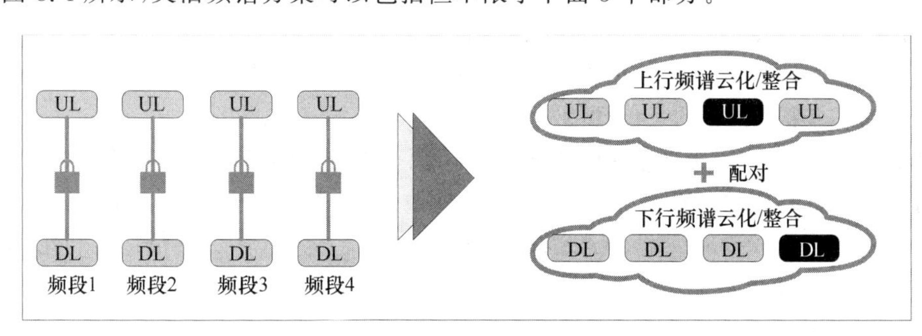

图 8.4　灵活频谱示意图

① 频谱资源云化:基于频谱灵活接入、资源整合、全局调控,按需使用上行和下行频谱资源。特别是通过配置和传输解耦,实现频谱和通道双池化。具体可以解耦终端频段的配置接入能力和频段的同时传输能力。以上行大带宽业务需求为例,对于装配2个发射通道或3个发射通道的典型商用移动终端,在不明显增加其复杂度和成本的情况下,使能其接入配置网络全频段。基于此,网络根据每个频段的业务流量、TDD帧结构配置、可用带宽、覆盖等信道条件,为终端动态地智选上行频段,并相应地切换发射通道用于传输,保证在终端的同时传输能力下提升系统资源利用率,最大化上行体验和容量。

② 多频段频谱整合:一方面,可以同向整合(比如下行同向整合)。针对离散小带宽频谱,如Sub-3 GHz频谱,基于不同频段控制和数据信道统一管理、统一调度,在天然的覆盖优势下进一步实现虚拟大带宽的体验和容量。具体地,通过多频段单控制信道和单公共信道方式节省开销、提升谱效。此外,终端基于网络确保临近多频段共享时频同步信息,在无业务传输时可以快速将某些频段关掉,使其进入休眠状态以节能,而当随机业务到达时又可以基于免同步流程,以超低时延将休眠频段唤醒,进而实现瞬时频谱聚合大带宽的业务体验速率。另一方面,还可以双向整合(上下行),实现灵活上下行频段配对。具体地,基于上下行覆盖能力错位、负载和需求不一致的考虑,可以打破上下行频点绑定的约束,如高频或中频下行搭配低频上行实现高低频融合,进而确保上下行负载和覆盖匹配的效果;又如终端和网络按需分别部署上下行频段数,以应对各自业务量的需求。

③ 多系统/多制式频谱融合:一方面,2G/3G/4G/5G乃至B5G多种制式长期共存,不同频段和制式能力分散,资源利用效率严重不均,各个系统刚性的资源配置无法动态地调整,不能动态匹配业务多变的需求,因此需要多制式通过动态频谱共享技术,灵活地使用频谱才能发挥出整个移动通信网络的最大效率。另一方面,认知无线电和协作频谱感知等先进技术可以通过感知识别空闲资源,在保证干扰可控的前提下实现多系统间机会式的频谱使用,避免资源浪费,进而实现最佳使用和管理可用频谱。

8.2.3 通信感知融合

1. 通信感知融合概述

通信感知融合(Harmonized Communication and Sensing,HCS)又称为集成通信感知(Integrated Sensing And Communication,ISAC)或双功能雷达通信(Dual Function Radar Communication,DFRC)。感知是空口信号天然具备的一种能力,即基站或终端可以利用信号的发送、反射与接收,来探测(感知)真实的物理世界,这是B5G的又一项关键颠覆性技术。相比5G及更早的通信系统仅用空口信号携带信息进行数据传输,HCS赋予下一代基站目标检测、定位、跟踪、成像以及环境感知等能力:一方面为B5G提供了支持感知商业场景的能力,另一方面也将进一步提升5G的通信性能。

在现有的一体化系统中,通信和感知独立存在并分别承担通信和测速、感应成像等功能。这样的分离化设计存在硬件资源、空口信号开销的浪费,功能相互独立也会阻碍信息共享,以及带来信息处理时延较高的问题。因此在5G演进中,我们将HCS中通信系统与感知系统的融合分为以下几个级别。

(1) 硬件融合

通信系统和感知系统共用部分硬件,如基带、射频、天线,但彼此不交互任何信息。在这一级别的融合系统中，通信系统只能将感知系统的信号视为干扰，反之亦然。因此，这个级别的融合系统通常采用正交的资源分别发送通信和感知信号，例如时分复用(感知信号占用全部带宽发送，有助于提升感知分辨率)，用于规避通信和感知之间的干扰。

(2) 信号融合

在硬件融合的基础上，通信、感知两个系统在一定程度上被设计成一个统一的系统。例如，通信系统和感知系统将共用全部或部分时频资源发送兼具通信和感知功能的信号，简称为一体化信号。一体化信号既承载着通信传输所需的信息，其回波又可以作为感知信号进行探测。一体化信号设计是学术界的一个热点方向，研究大多集中在一体化信号波形的选择或设计上。

值得注意的是，虽然信号融合的愿景看起来很美好，但实际上，通信和感知信号在关键特性上是存在矛盾的：通信信号需要高随机性(均匀/高斯分布)，以保证信息熵最大化，提升传输效率；而感知信号需要结构化，以保证最佳信号的自相关性(类似 delta 冲激函数)，提升感知性能，降低感知误检、虚警概率(这点与通信系统的导频序列设计原理类似)。因此通信和感知不可能在信号融合系统中同时达到最优性能，我们只能尽量挖掘这两者之间的最佳折衷。

(3)信息融合

在硬件融合甚至是信号融合的基础上，通信、感知两个子系统共享信息，达成感知和通信二者相互辅助，共同达到超越单系统的性能。

感知辅助通信也是学术界的一个热点方向。例如，波束选择和信道估计一直是通信中的棘手问题，通信模块可以使用感知能力，共同构建 3D 甚至 4D 环境地图，辅助波束选择和信道估计，突破传统性能极限。但不得不说，对于这个方向的研究大多只停留在启发式的工作中。未来信息融合将以一种什么形式展现在我们面前，以及融合能力的极限在哪里，都是未来我们要回答的问题。

2. 挑战与研究方向

学术界和工业界在 HCS 领域深入研究的过程中，主要遇到了两类问题。第一，HCS 可行性和商用规模的问题，以硬件、信号领域的问题为主，这些问题的讨论主要集中在工业界。第二，通信和感知的融合效率问题，即 HCS 的性能上界问题，这些问题的讨论主要集中在学术界。本小节出于优先兑现未来 HCS 巨大潜力的目的，着重介绍前者，并在下面给出一些研究挑战的例子。

(1) 硬件方面

首先，出于感知通信同覆盖的考虑，HCS 感知系统借鉴了传统连续波雷达，采用连续波作为 HCS 的主要制式。由于连续波需要同时同频收发信号，所以基站需要具备部分全双工能力。具体来说，需要基站具备 70～80 dB 的收-发自干扰对消能力，该能力对传统基站的通信模块是不小的挑战。如图 8.5 所示，为解决这个问题，学术界和工业界从天线罩、滤波天线、近场模拟零陷(即发端对位于近场的收端形成模拟波束零陷)等方向开展研究，但目前的研究成果与完全解决这一挑战还有一定的距离。

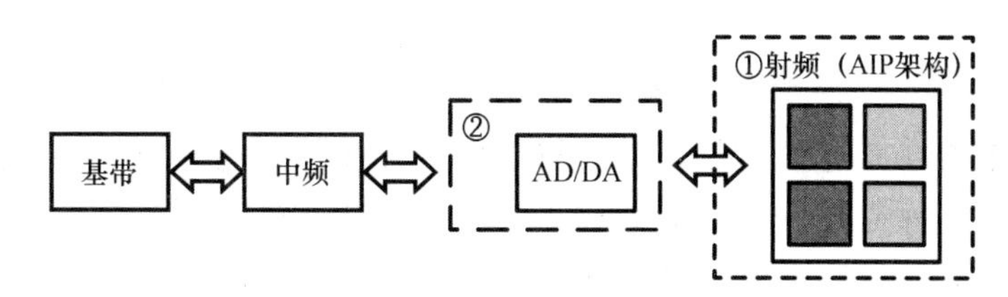

图 8.5 HCS 中的硬件挑战

此外,感知也给通信接收机中的ADC模块带来了新的挑战。由于传统通信只涉及单向传输,所以其动态范围(最大-最小接收信号功率差)一般不超过50 dB,而感知信号因为经历往返双向传播,回波的动态范围为80～100 dB,远大于通信信号的动态范围。这导致传统基站使用的低成本ADC不能满足HCS感知需求。解决这一问题最简单的方法是为HCS替换一个高性能的ADC。除此以外,目前学术界也有团队研究如何通过1 bit ADC和压缩感知的方式共同解决这个挑战。

最后,某些具体的HCS场景还会对硬件带来额外的要求。例如,在图8.6所示的低空无人机探测场景中,基站需要同时具备向空和向地的波束发射能力。而传统通信基站的主瓣3 dB带宽约为24°,远无法满足HCS的需求。因此需要从天线角度构建基站垂直大张角扫描能力。

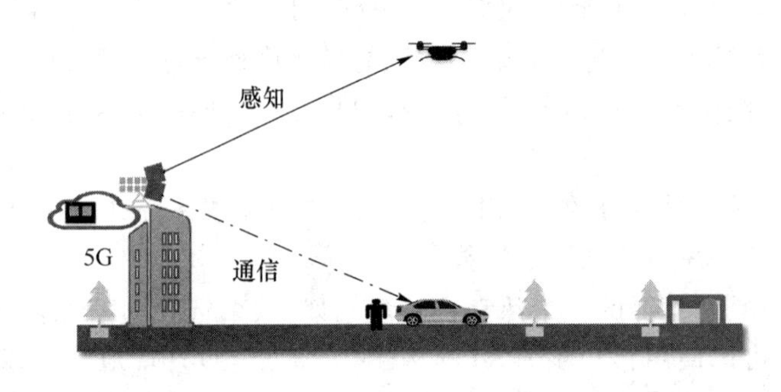

图8.6 低空无人机探测场景示意图

(2) 信号方面

在信号级通信感知融合系统中,一体化信号兼具通信和感知功能。但由于感知回波信号需要经历往返双向传播,因此传播时延是通信信号的两倍,可能导致针对通信信号设计的CP长度不满足感知回波需求的问题。例如,在28G载频的HCS系统中,3GPP-R15标准规定子载波间隔为120 kHz,对应CP长度约为0.6 μs。当感知目标距基站超过90 m时,接收回波信号的延迟就超过CP了,这一问题即使改用扩展CP仍无法彻底解决。如图8.7所示,感知CP不足导致感知回波信号的符号间干扰(ISI),这一干扰对于基站来说虽然是已知信号,理论上可以通过时域均衡消除,但由于高频系统带宽大,时域采样点多,导致传统时域均衡复杂度难以接受。因此只能将时域信号截短为一个个OFDM符号后再进行处理,此时上述ISI将会影响感知性能。

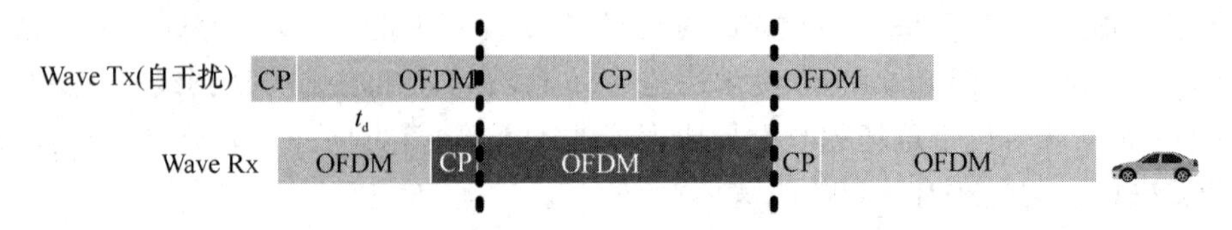

图8.7 感知回波信号时延超CP示意图

一种可能的解决方案是通过感知信号设计,只在OFDM的奇数或偶数子载波发送感知信号(称为梳齿分,是一种特殊的频分),根据时、频信号之间的关系,这一操作在时域形成等效的超长CP,可支持700 m内的目标检测。但这种方案极大地降低了一体化信号传输数据的能力。因此未来的研究方向可以考虑如何在不增加 CP 的前提下，消除感知 ISI。

(3) 组网方面

如图 8.8 所示，HCS 系统在组网方面，兼具传统通信系统和传统感知系统二者的挑战：一方面，HCS 源自 5G 通信网络，在以组网形式提供感知服务的同时，必然引入通信网络中的邻站干扰；另一方面，感知回波信号在经历往返双向传播以后，能量严重衰减，以致某些距离较远目标的回波信号能量远小于邻站单向传来的干扰。如何解决感知组网干扰，是 HCS 系统的另一个挑战。

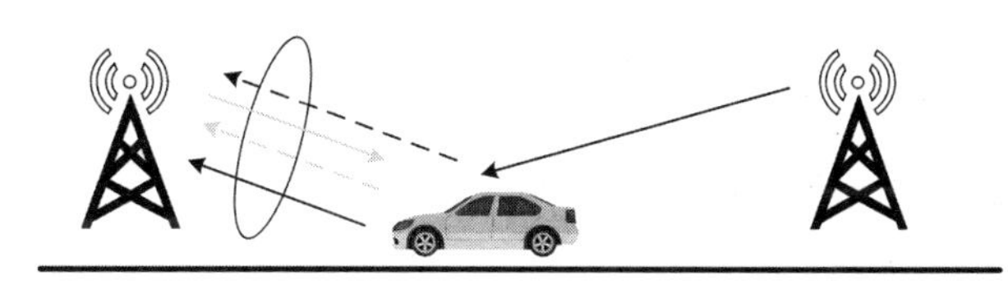

图 8.8 通信(上行)、主动雷达(左基站发收)、被动雷达(右基站发、左基站收)融合

现有解决干扰的途径与通信类似，主要分为干扰规避和多点协作两大类。针对感知的干扰规避解决方案大多比较常规，例如引入时、频、码、梳齿域等各种正交资源传输感知信号；多点协作与雷达领域的被动雷达类似，与其相关的研究主要集中在雷达领域，而非通信领域。

8.2.4 内生智能

面对未来 B5G 网络虚实结合、沉浸式、全息化、情景化、个性化、泛在化等业务需求，以及异体制网络技术和海陆空天多域融合组网的网络需求，当前网络以规则式算法为核心的运行机理受限于刚性预设式的规则，很难动态适配持续变化的用户需求和网络环境；网络运行经验无法进行有效积累，而以人工为主的策略式管理也难以满足网络的高弹性动态要求，限制了网络管控能力的持续提升。因此，内生智能网络应运而生。

1. 内生智能的概念

内生智能的内涵和定义尚在持续的完善过程中，从字面上，“内生智能”包括两个方面，“智能”指的是以人工智能技术为基础，赋予现有网络智能化的能力，“内生”指的是网络在设计之初，就注入了智能的基因，不需要过多人为的指导和限制。

基于目前的研究共识，移动通信网络中的内生智能大体上指的是以深度学习和知识图谱为代表的人工智能技术，在移动通信网络中引入人工智能技术能对用户、业务、网络、环境等多维主客观知识进行表征、构建、学习、应用、反馈和更新，并基于知识图谱自主实现对网络资源的立体认知、决策推演和动态调整，最终达到“业务随心所想、网络随需而变”的目的。这就形成了以知识为中心的网络运行和控制机理，这样的网络称为“内生智能网络”。这种网络架构是以“连接服务＋计算服务”的异构资源为基础设施的一套 Network AI 架构，对内能够利用智能来优化网络性能，增强用户体验，自动化网络运营，即 AI4Net，实现智能连接和智能管理；同时对外能够为用户提供实时 AI 服务、实时计算类新业务，即 Net4AI。

总体上，内生智能网络包括内生智能的新型网络架构和内生智能的新空口。

2. 内生智能的新型网络架构

Network AI架构主要包括3个基本功能,分别为AI异构资源编排、AI工作流编排和AI数据服务,可高效地为AI4Net和Net4AI执行训练和推理任务。

① AI异构资源编排为AI任务提供基站、终端等worker节点支撑,由于Network AI涉及的资源是包括计算、传输带宽、存储等在内的分布式、混合多类型的各类资源,因此网络架构需要有智能调度大规模分布式异构资源的能力,相关接口也需要标准化。依据内生智能网络的特点,AI框架和分布式学习算法考虑模型的计算依赖和迁移及各层数据传输适配网络各节点的传输能力,通过分层分布式调度,适应复杂环境,满足复合目标和可扩展性,真正体现B5G网络的原生AI性。

② AI工作流编排对网络AI任务进行控制调度,串联起各个节点完成训练和推理过程。编排机制在实际应用中可以分为集中式和分布式。分布式可以做去中心化的全分布式,也可以进行分层管控。

③ AI数据服务对各节点中传输的数据流进行管控。由于未来数据本地化的隐私、极致时延性能,以及低碳节能等要求,数据处理从核心转变到边缘,将计算带到数据,支持数据在哪里,数据处理就在哪里。

如图8.9所示,Network AI架构是分层融合的,分为全局智能层和区域智能层。

图8.9 Network AI网络架构

全局智能层即内生智能超脑,具有智能中枢功能,利用分布式层次化的控制体系,智能协同区域智能层完成全局统筹的中枢控制与端到端的智能调度。它将网络的运行和维护经验以知识的方式识别并累积,主要包含如下3个阶段。

① 知识获取:从实际网络运行和评估数据中挖掘和提取知识。

② 知识分析:在已有知识的基础上,基于智能方式进行知识推理,以完善知识库。

③ 知识更新:基于外部环境和内部特性的变化,通过自学习方式对知识库中的知识进行维护和升级,剔除失效知识,更新有用知识。

区域智能层是部署在各种分布式网络或者泛终端智能边缘的智能功能,通过分布式的AI算法,如联邦学习算法,为全局智能层提供数据和经验输入,为海量边缘设备提供快速按需的智能服务。该层包含如下5个阶段。

① 感知阶段:对业务、网络、环境等进行立体感知,为后续阶段构建信息基础,感知阶段获取的各种信息将作为全局智能层知识获取的输入之一。

② 规划阶段：基于全局智能层的知识和经验支持，结合感知信息，自动规划并编出合理的网络拓扑、网络配置、跨层跨域协作及网络管控方案。

③ 部署阶段：基于 NFV/SDN/MEC、网络切片和云计算等技术，根据规划方案实现网终拓扑的自动生成、网络功能的自动部署、网络资源的自动分配、管控能力的自动加载等。

④ 运行阶段：网络根据功能逻辑实现自主运行，业务根据业务逻辑实现自主提供并根据管控策略，实现对网络及业务的自主动态维护和管理。

⑤ 评估阶段：对网络运行状况和网络管控方案的效果进行评估，为网络运行方案及管控方案的持续演进提供数据基础；同时还需将评估结果反馈给全局智能层，以支持全局智能层经验和知识的积累与更新。

为实现全局智能层和区域智能层的网络架构，网络架构设计需要尽量降低网络的复杂度。可以考虑通过同态化的设计，端到端采用统一的设计思想，采用统一的接口基础协议，多种接入方式采用统一的接入控制管理技术，基础网络架构以极少类型的网元实现完整的功能等。通过智简设计，使得网络通信所需的协议数量和信令交互大幅减少，从而降低网络的复杂度，同时使其具备韧性、安全性和可靠性的特点。

3. 内生智能的新空口

内生智能除了在网络层面实现业务自动决策、网络自主运维外，也可以重构空口架构和算法，通过打破现有无线空口模块化的设计框架，采用端到端的学习方式，提供更灵活的资源调度和信息传输方式，进一步提升空口性能和能效利用率，逼近理论极限。

如图 8.10 所示，内生智能新空口不是一蹴而就的，而是从现有模块化空口框架中逐步实现智能化的过程。在空口智能化的初始阶段，先考虑使用人工智能技术增强单一模块，利用数据和人工智能技术的特征提取能力，实现从理论模型到智能模块的转变；进一步，打破模块间的壁垒，利用人工智能技术的建模能力，实现低复杂度的多模块联合智能化，打开模块间联合优化的增益空间；更进一步，彻底突破现有模块化的空口框架，打通收发两端，通过端到端学习，最终实现从空口智能化到内生智能新空口的跨越。

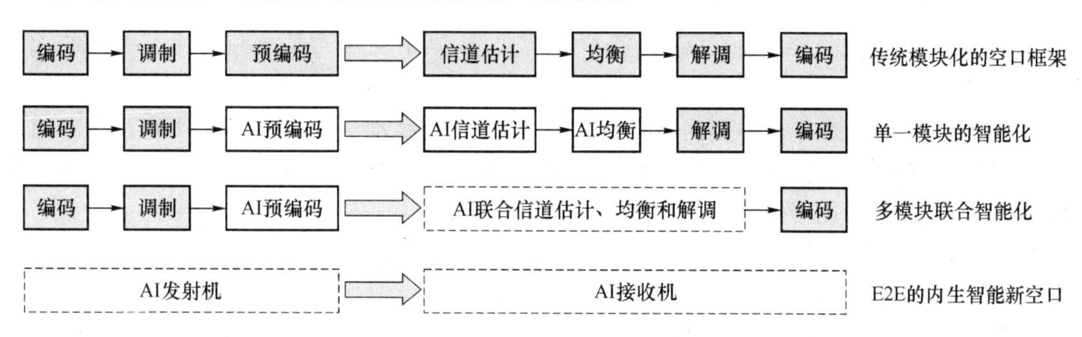

图 8.10　内生智能新空口的演进

此外，内生智能新空口还可以通过对传输环境、用户特征和业务特征的深度挖掘和利用，构建全维高精度的特征信息图谱，使能环境自适应的空口性能自优化。

4. 内生智能网络的主要原理和技术

为构建内生智能网络，需要解决的理论问题包括以下几个方面。

① 面向 B5G 网络多维主客观知识表征、构建、获取、治理及演进机理：包括智能数据模型

及其交互模型的构建、潜在模型的自动挖掘和提炼、知识的融合与推理,这是实现内生智能网络的理论基础。

② 网络自进化机理:是由内层基于知识闭环的自进化核和外层基于网络运营特性的管理闭环共同作用体现出来的,其关键技术包括意图驱动的网络经验抽取、重组及推演方法,复杂网络演化的动力学模型,支持功能与业务动态重组的灵活网络架构等。

③ 全息网络立体感知技术:包括基于知识的立体感知信息构建方法,以及全面准确、及时的信息获取机制和基础设施,使网络决策有良好的信息基础。

④ 网络资源柔性调度机制:基于知识和立体感知的网络资源柔性调度机制,包括通信信道、计算、路由、缓存等各类资源的弹性资源配置、高稳健性的主动资源分配、跨层跨域协同优化。

内生智能网络的潜在关键技术包括以下几个方面。

① 人工智能:人工智能是内生智能网络的基础和核心,内生智能网络需要依靠人工智能技术强大的特征提取、学习和决策能力,实现对网络资源的立体认知、决策推演和动态调整。此外,分布式人工智能技术也有助于实现云-管-端的深度协同。

② 数字孪生:内生智能网络需要依托高精度、全方位的知识图谱实现"业务随心所想、网络随需而变",数字孪生技术通过建立物理网络与数字网络的映射,构建内生智能网络的数据底座。各种网络管理和应用可利用数字孪生技术构建网络虚拟孪生体,基于数据、模型和知识等对物理网络进行高效的分析、诊断、仿真和控制。

③ 意图驱动:内生智能网络与传统移动通信网络最根本的区别在于无须人工设计和网络的高度自治,因此需要打破传统网络内部接口中基于"人"的设计,意图驱动则可以令内生智能网络自行设计适用于自身的信息传输机制,实现极简高效运维。

8.2.5 空天地海一体化网络

1. 空天地海一体化网络概述

B5G网络的愿景是实现全覆盖、全频段和全业务,其中全覆盖是指利用所有可用的无线频谱,支持不同的无线接入技术,提供全球无缝覆盖的连接服务。但由于无线频谱的限制、服务的地理区域范围和操作成本等问题,截至5G,陆地蜂窝移动通信系统都无法真正实现随时随地、高质量和高可靠的连接服务。为了真正地提供全覆盖的无线通信服务,研究空天地海一体化网络以实现全球连接是非常必要的。

空天地海一体化网络的目标是扩展通信覆盖的广度和深度,是B5G实现全覆盖的重要方式。空天地海一体化网络将天基(高轨/中轨/低轨卫星)、空基(临空/高空/低空飞行器)、海基(海洋下无线通信及近海沿岸无线网络)等网络与地基(蜂窝/Wi-Fi/有线)网络深度融合,覆盖太空、空中、陆地、海洋等自然空间,不仅能够实现人口常驻区域的常态化覆盖,而且能够实现偏远地区、海上、空中和海外的广域立体覆盖,满足地表及立体空间的全域、全天候的泛在覆盖需求,实现用户随时随地按需接入。

2. 空天地海一体化网络总体架构

空天地海一体化网络的关键在于多个网络的深度融合。空天地海一体化通信的整体架构如图8.11所示,除了地面蜂窝系统以外,还主要包含以下3个方面。

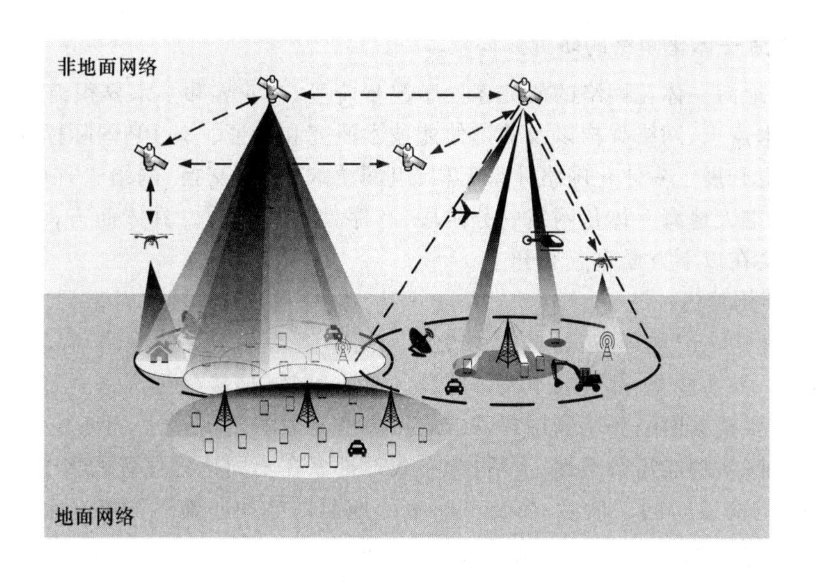

图8.11　空天地海一体化通信的整体架构

(1) 卫星通信

卫星通信是指人们利用人造地球卫星作为中继站转发或发射无线电信号,从而实现两个或多个地球站间的通信。很多偏远地区、高海拔地区、海洋覆盖区域等无法部署通信设施,卫星通信网络可以有效扩展地面通信网络,极大限度地解决地面基站覆盖的难题,为用户提供全球无线覆盖,是实现空天地海一体化通信的重要组成部分。

(2) UVA/HAPS通信

无人机(UAV)是由电子设备自动控制飞行过程而无须驾驶员的一种飞行装置;高空平台基站(High-Altitude Platform Station, HAPS)是指将无线基站装载在长时间停留在高空的飞行器上的通信系统。随着应用需求的快速增长和多样化发展,无人机市场规模和高空平台基站增速显著,应用场景不断拓展,逐渐向各行各业渗透,在物流、搜救、监控、巡检、农业植保、气象检测等领域发挥着重要的作用。由于具有灵活性、移动性和部署高度适应性等特点,UAV/HAPS被认为是未来无线网络中必不可少的组成部分。

(3) 海洋通信

海洋覆盖了地球表面的约71%,海洋面积远大于陆地面积。同时,国际海洋运输业负责运送近90%的世界贸易量,保障国际海洋运输中的通信畅通和信息服务是海洋通信的基本要求。此外,油气勘探开发、海洋环境监测、海洋科学考察、海洋渔业、海水养殖等领域的海上作业现代化也需要更多更高效的信息服务。但由于海洋环境复杂多变、海上施工困难等,海洋通信的发展远远滞后于陆地通信。

上述空天地海一体化网络,实际上是一个分层异构的系统,其中,地基网络提供基本覆盖,卫星网络作为陆地网络的补充,可以为地面网络覆盖范围有限或无法覆盖的区域(如偏远地区、灾难场景、危险区城和公海领域等)提供服务。无人机和高空平台基站可通过高度的动态部署来卸载陆地网络的数据流量,以提高局部热点区域的服务质量,同时具有遥感功能的卫星或UAV可以支持各类监测数据的获取,从而协助陆地网络进行有效的资源管理和规划。而海洋通信可以支持在海上和深海开展通信业务。

3. 空天地海一体化网络的研究方向

目前,空天地海一体化网络的研究还处于起步阶段,产业界和学术界积极推进空天地海一体化网络的技术需求、网络架构以及关键使能技术研究和验证。3GPP国际标准在5G及B5G的演进过程中也开展了一体化网络体系架构、组网协议、路由交换、网络管理的天地融合设计与研究,以实现空天地海一体化网络的分阶段、有序推进和部署。具体而言,空天地海一体化网络的研究需要在以下方面重点展开。

(1) 网络架构演进

当前网络架构在广域分布、通信能力受限和拓扑高动态变化的网络环境下,面临组网复杂、传输延迟大、灵活性差、部署成本高等问题。首先,网络连接受到天基、空基网络拓扑动态变化的影响,需要根据网络环境和用户需求进行灵活有效的架构设计,可考虑引入服务化的设计理念。其次,网络功能需要柔性、灵活、分布式地部署在不同地理位置的多个节点,从而实现空天地海网络的高效协同。最后,需要考虑多种地面网络和非地面网络在系统架构、技术体制、接口协议层面的融合和简化,解决系统复杂度问题。

(2) 关键技术演进

在关键技术演进方面,可借鉴地面蜂窝5G/B5G先进的多天线技术、空口复用技术、大阵面相控阵技术等,有效地解决卫星通信等所面临的容量、工程部署、移动性等难题。

① 空口物理层关键技术:大容量、短时延、高可靠的空口物理层技术是空天地一体化网络的基石。可将地面蜂窝系统多天线MIMO技术和先进空口复用技术引入卫星通信,大幅度提升卫星的覆盖能力和频谱效率;通过大的等效全向辐射功率(EIRP)、高密度互联、大阵面相控阵技术实现卫星高增益、多可调波束,解决由于卫星在空间轨道高速运行带来的传播路损大、电离层散射、多普勒频偏等问题。

② 移动性/会话管理与动态路由技术:移动性管理和会话管理是空天地海一体化网络为用户提供连续通信服务的基础。一体化移动性管理需要考虑空天网络拓扑动态变化、传输时延大,星地、星间、空基链路鲁棒性差等问题,融合多领域的移动性技术,增强通信服务的连续性。一体化会话管理需要考虑天基/空基/地基异构融合网络的高效协同,实现对一体化异构融合网络资源的高效利用。同时,大规模动态路由技术以及高效网络资源管理策略,能够构建空天地海一体化网络的智能连接基座,有助于带宽、时延等用户服务质量的提升。

③ 质量可预测的服务保障:可以通过引入时延探测、时延预测、资源调度等技术方案,采用星历、GNSS定位等辅助手段,实现带宽、时延等质量可预测的服务保障,为用户提供可预期的可靠通信服务。

④ 高效自主的运行管理机制:在多维异构高度动态一体化的网络中实现高效的运行管理,是一项重要挑战。在一体化网络的运行管理中,网络资源的立体感知、网络运维决策的动态演进、网络资源的柔性自主调度是实现高效自主运行管理的三大关键环节。考虑空天地海一体化网络的超大规模和时空复杂性,人工智能技术将在一体化网络的运行管理中发挥重要作用。

(3) 空天地海频谱共存演进

频谱资源是未来空天地海一体化演进非常重要的无线资源。空天地海一体化网络深入融合的重要特征是频谱融合共存。通过卫星网络、无人机/高空平台基站等的频谱融合共存,可有效提升频谱利用效率,使能空天地海一体化网络的深入融合和协作,真正实现空天地海一张网。因此需研究空天地海一体化频谱共存技术,例如天地协作、星地共存动态干扰避让、动态抗干扰、负载均衡等技术，实现卫星通信与地面网络的频谱共存，从而共享 IMT 地面蜂窝万亿产业链，加速产业繁荣与空天地海一体化网络的到来。

本章参考文献

[1] TONG W，ZHU P Y. 6G：The Next Horizon. Cambridge：Cambridge University Press，2021.

[2] 张平，李文璟，牛凯，等. 6G 需求与愿景. 北京：人民邮电出版社，2021.

[3] IMT-2030(6G)推进组. 6G 网络架构愿景与关键技术展望白皮书. 2021.

[4] CARVALHO E D，ALI A，AMIRI A，et al. Non-Stationarities in Extra-Large-Scale Massive MIMO[J]. IEEE Wireless Communications，2020，27(4)：74-80.

[5] IMT-2030(6G)推进组. 超大规模天线技术研究报告. 2021.

[6] IMT-2030(6G)推进组. 智能超表面技术研究报告. 2021.

[7] IMT-2030(6G)推进组. 通信感知一体化技术研究报告. 2021.

[8] IMT-2030(6G)推进组. 无线人工智能(AI)技术研究报告. 2021.

[9] 3GPP. Solutions for NR to support non-terrestrial networks (NTN). 2021.

[10] 刘光毅，黄宇红，崔春风，等. 6G 重塑世界. 北京：人民邮电出版社，2021.

主要缩略词表

中文全称	英文全称	英文缩写	出现章节
5G 核心网	5G Core network	5GC	6
高级加密标准	Advanced Encryption Standard	AES	5
应用功能	Application Function	AF	6
认证与密钥协商	Authentication and Key Agreement	AKA	5
自适应调制编码	Adaptive Modulation and Coding	AMC	3
接入与移动性管理功能	Access and Mobility management Function	AMF	6
自适应多速率	Adaptive Multi-Rate	AMR	3
分配保留优先级	Allocation and Retention Priority	ARP	6
认证凭证存储和处理功能	Authentication credential Repository and Processing Function	ARPF	6
接入层	Access-Stratum	AS	6
认证服务器功能	AUthentication Server Function	AUSF	6
置信传播	Belief Propagation	BP	3
二进制对称信道	Binary Symmetric Channel	BSC	3
基站控制器	Base Station Controller	BSC	5
基站子系统	Base station Sub-System	BSS	5
基站收发信机	Base Transceiver Station	BTS	5
部分带宽	BandWdith Part	BWP	6
载波聚合	Carrier Aggregation	CA	7
编码块组	Code-Block Group	CBG	6
公共控制信道	Common Control CHannel	CCCH	6
控制信道单元	Control Channel Element	CCE	6
码分多址	Code Division Multiple Access	CDMA	1

连接管理	Connection Management	CM	5
核心网	Core Network	CN	5
控制资源集合	COntrol REsource SET	CORESET	6
循环前缀	Cyclic Prefix	CP	3
信道质量指示	Channel Quality Indication	CQI	5
循环冗余校验码	Cyclic Redundancy Check	CRC	3
小区无线网络临时标识	Cell Radio Network Temporary Identifier	C-RNTI	6
小区专用参考信号	Cell-specific Reference Signal	CRS	5
信道状态信息	Channel State Information	CSI	6
信道状态信息参考信号	Channel State Information Reference Signal	CSI-RS	6
载波监听多址接入	Carrier Sensing Multiple Access	CSMA	5
中心单元	Centralized Unit	CU	6
中心单元控制面	Centralized Unit Control Plane	CU-CP	6
中心单元用户面	Centralized Unit User Plane	CU-UP	6
专用控制信道	Dedicated Control CHannel	DCCH	6
判决反馈均衡	Decision Feedback Equalization	DFE	4
离散傅里叶变换扩展的正交频分复用技术	Discrete Fourier Transform-Spread Orthogonal Frequency Division Multiplexing	DFT-S-OFDM	3
解调参考信号	DeModulation Reference Signal	DMRS	6
脏纸编码	Dirty Paper Coding	DPC	4
非连续接收	Discontinuous Reception	DRX	6
直接序列扩频	Direct Sequence Spread Spectrum	DSSS	4
专用业务信道	Dedicated Traffic CHannel	DTCH	6
分布式单元	Distributed Unit	DU	6
扩展认证协议	Extensible Authentication Protocol	EAP	6
扩展循环前缀	Extended Cyclic Prefix	ECP	6
增强型数据速率 GSM 演进技术	Enhanced Data rate for GSM Evolution	EDGE	1
等效全向辐射功率	Equivalent Isotropically Radiated Power	EIRP	8

增强型移动宽带	enhanced Mobile BroadBand	eMBB	1
增强 LTE 基站	evolved Node B	eNB	6
演进分组核心网	Evolved Packet Core	EPC	5
演进的通用陆基无线接入	Evolved Universal Terrestrial Radio Access	E-UTRA	6
同时同频全双工	Full Division	FD	6
频分双工	Frequency Division Duplex	FDD	3
频分复用	Frequency-Division Multiplexing	FDM	3
频分多址	Frequency Division Multiple Access	FDMA	1
前向纠错编码	Forward Error Correction	FEC	4
跳变频率扩频	Frequency Hopping Spread Spectrum	FHSS	4
子带滤波的正交频分复用	filtered-OFDM	f-OFDM	6
保证比特速率	Guaranteed Bit Rate	GBR	6
5G NR 基站	next generation Node B	gNB	6
全球移动通信系统	Global System for Mobile communications	GSM	1
全球唯一临时标识符	Globally Unique Temporary UE Identity	GUTI	6
混合自动重传请求	Hybrid Automatic Repeat reQuest	HARQ	3
混合波束赋形	Hybrid BeamForming	HBF	8
归属公共陆地移动网	Home Public Land Mobile Network	HPLMN	6
载波间干扰	Inter-Carrier Interference	ICI	3
IP 多媒体子系统网络	IP Multimedia Subsystem	IMS	6
国际移动用户识别	International Mobile Subscriber Identity	IMSI	5
综合业务数字网	Integrated Services Digital Network	ISDN	1
符号间干扰	InterSymbol Interference	ISI	4
用户间协作	Inter-UE Coordination	IUC	7
低密奇偶校验	Low Density Parity Check	LDPC	3
低密度扩频码多址接入	Low-Density Spreading Code Division Multiple Access	LDS-CDMA	5
线性最小均方误差	Linear Minimum Mean Square Error	LMMSE	3
视线	Line of Sight	LoS	2
最小二乘	Least Square	LS	3

长期演进	Long Term Evolution	LTE	1
媒体接入控制	Media Access Control	MAC	5
消息鉴别码	Message Authentication Code	MAC	6
最大载干比	MAXimum Carrier to Interference	MAX C/I	5
多播/广播单频网	Multicast Broadcast Single Frequency Network	MBSFN	7
移动国家码	Mobile Country Code	MCC	7
移动计算网络	Mobile Computing Network	MCN	1
调制编码方案	Modulation and Coding Scheme	MCS	4
移动设备	Mobile Equipment	ME	6
移动边缘计算	Mobile Edge Computing	MEC	7
匹配滤波	Matched Filter	MF	4
媒体网关	Media GateWay	MGW	5
多输入多输出	Multiple Input Multiple Output	MIMO	1
多发单收	Multiple Input Single Output	MISO	4
移动性管理实体	Mobility Management Entity	MME	5
最小均方误差	Minimum Mean Square Error	MMSE	4
海量机器类通信	massive Machine Type of Communication	mMTC	1
移动网络码	Mobile Network Code	MNC	7
平均意见值	Mean Opinion Score	MOS	3
最大比合并	Maximum Ratio Combining	MRC	4
移动业务交换中心	Mobile service Switching Center	MSC	5
均方误差	Mean Square Error	MSE	4
多用户共享接入	Multi-User Shared Access	MUSA	5
非接入层	Non-Access-Stratum	NAS	6
NR 小区全局标识符	NR Cell Global Identifier	NCGI	6
NR 小区标识	NR Cell Identify	NCI	6
正常循环前缀	Normal Cyclic Prefix	NCP	6
网络开放功能	Network Exposure Function	NEF	6

网络功能服务	Network Function Service	NFS	6
网络功能虚拟化	Network Functions Virtualization	NFV	8
下一代无线接入网	Next generation-Radio Access Network	Ng-RAN	6
NG控制面接口	Next Generation Control plane interface	NG-C	6
NG用户面接口	Next Generation User plane interface	NG-U	6
非视线	Non-Line of Sight	NLoS	2
非正交多址	Non-Orthogonal Multiple Access	NOMA	5
非公共网络	Non-Public Network	NPN	7
新空口	New Radio	NR	6
网络存储功能	Network Repository Function	NRF	6
网络切片选择功能	Network Slice Selection Function	NSSF	6
非零功率	Non-Zero-Power	NZP	6
正交频分复用	Orthogonal Frequency Division Multiplexing	OFDM	1
正交频分多址	Orthogonal Frequency Division Multiple Access	OFDMA	3
单程时延	Oneway-Trip Time	OTT	8
功率峰均比	Peak to Average Power Ratio	PAPR	3
物理广播信道	Physical Broadcast CHannel	PBCH	6
寻呼控制信道	Paging Control CHannel	PCCH	6
策略控制功能	Policy Control Function	PCF	6
物理小区标识	Physical Cell Identifier	PCI	6
脉冲编码调制	Pulse Code Modulation	PCM	3
代理-呼叫会话控制功能	Proxy-Call Session Control Function	P-CSCF	6
物理下行控制信道	Physical Downlink Control CHannel	PDCCH	5
分组数据汇聚协议	Packet Data Convergence Protocol	PDCP	6
样分割多址接入	Pattern Division Multiple Access	PDMA	5
公众数据网	Public Data Network	PDN	1
功率延迟分布	Power-Delay-Profile	PDP	2
物理下行共享信道	Physical Downlink Shared CHannel	PDSCH	5

分组错误率	Packet Error Rate	PER	5
正比公平	Proportional Fair	PF	5
分组数据网关	Packet data network GateWay	PGW	5
物理层	Physical Layer	PHY	6
公共陆地移动网	Public Land Mobile Network	PLMN	6
预编码矩阵标识	Precoding Matrix Indication	PMI	6
公共网络集成非公共网络	Public Network Integrated NPN	PNI-NPN	7
物理随机接入信道	Physical Random Access CHannel	PRACH	6
物理资源块	Physical Resource Block	PRB	5
定位参考信号	Positioning Reference Signal	PRS	7
主同步信号	Primary Synchronization Signal	PSS	6
公众电话网	Public Switched Telephone Network	PSTN	1
相位跟踪参考信号	Phase Tracking Reference Signal	PT-RS	6
物理上行控制信道	Physical Uplink Control CHannel	PUCCH	6
物理上行共享信道	Physical Uplink Shared CHannel	PUSCH	6
注册区域	Registration Area	RA	6
随机接入信道	Random Access CHannel	RACH	6
无线接入网	Radio Access Network	RAN	5
随机接入响应消息	Random Access Response	RAR	6
资源块	Resource Block	RB	5
资源块组	Resource Block Group	RBG	6
资源单元组	Resource Element Group	REG	6
无线接入网通知区	RAN Notification Area	RNA	6
无线接入网通知区更新	RNA Update	RNAU	6
无线网络控制器	Radio Network Controller	RNC	5
无线网络临时标识符	Radio Network Temporary Identifier	RNTI	6
轮询	Round Robin	RR	5
无线资源分配	Radio Resource Allocation	RRA	5
无线资源控制	Radio Resource Control	RRC	5

远端射频头	Remote Radio Head	RRH	6
无线资源管理	Radio Resource Management	RRM	5
参考信号的接收功率	Reference Signal Received Power	RSRP	6
参考信号的接收质量	Reference Signal Received Quality	RSRQ	6
接收信号强度指示	Received Signal Strength Indication	RSSI	5
往返时间	Round Trip Time	RTT	7
服务化架构	Service-Based Architecture	SBA	6
基于服务的接口协议	Service Based Interface	SBI	6
单载波频分多址	Single-Carrier Frequency-Division Multiple Access	SC-FDMA	3
子载波间隔	SubCarrier Spacing	SCS	6
服务-业务呼叫会话控制功能	Serving-Call Session Control Function	S-CSCF	6
业务数据适配协议	Service Data Adaptation Protocol	SDAP	6
辅助下行	Supplementary DownLink	SDL	6
空分复用接入	Space Division Multiple Access	SDMA	5
软件定义网络	Software Defined Network	SDN	8
安全锚点功能	SEcurity Anchor Function	SEAF	6
安全保护代理	SEcurity Protection Proxy	SEPP	6
空频分组编码	Space Frequency Block Coding	SFBC	4
时隙格式指示	Slot Format Indication	SFI	6
系统帧号	System Frame Number	SFN	7
系统信息块	System Information Block	SIB	6
连续干扰消除	Successive Interference Cancellation	SIC	5
用户标识去隐藏功能	Subscription Identifier De-concealing Function	SIDF	6
用户识别模块	Subscriber Identity Module	SIM	5
单发多收	Single Input Multiple Output	SIMO	4
单输入单输出	Single Input Single Output	SISO	2
单发单收	Single Input Single Output	SISO	4
会话管理	Session Management	SM	6

安全模式命令	Security Mode Command	SMC	6
会话管理功能	Session Management Function	SMF	6
单一网络切片辅助选择信息	Single Network Slice Selection Assistance Information	S-NSSAI	6
半持续调度	Semi-Persistent Scheduling	SPS	6
调度请求	Scheduling Request	SR	6
无线信令承载	Signaling Radio Bearer	SRB	6
信道侦听参考信号	Sounding Reference Signal	SRS	6
同步信号	Synchronization Signal	SS	6
同步信号块	Synchronization Signal Block	SSB	6
辅同步信号	Secondary Synchronization Signal	SSS	6
系统架构演进临时移动用户标识	System architecture evolution Temporary Mobile Subscriber Identity	S-TMSI	6
用户隐藏标识	SUbscription Concealed Identifier	SUCI	6
辅助上行	SUpplementary UpLink	SUL	1
用户永久标识	SUbscription Permanent Identifier	SUPI	6
奇异值分解	Singular Value Decomposition	SVD	4
跟踪区	Tracking Area	TA	6
跟踪区列表	Tracking Area list	TA list	5
跟踪区码	Tracking Area Code	TAC	6
跟踪区标识	Tracking Area Identity	TAI	6
传输块	Transport Block	TB	5
传输块数据大小	Transport Block Size	TBS	5
时分双工	Time Division Duplex	TDD	8
时分复用	Time Division Multiplexing	TDM	8
时分多址	Time Division Multiple Access	TDMA	1
跳变时间扩频	Time Hopping Spread Spectrum	THSS	4
临时身份临时移动用户标识	Temporary Mobile Subscriber Identity	TMSI	5
传输预编码矩阵序号	Transmitted Precoding Matrix Indicator	TPMI	6

传输时间间隔	Transmission Time Interval	TTI	5
上行控制信息	Uplink Control Information	UCI	6
统一数据管理	Unified Data Management	UDM	6
用户设备	User Equipment	UE	6
用户面	User Plane	UP	6
用户面功能	User Plane Function	UPF	6
超高可靠低时延通信	ultra Reliable Low Latency Communication	uRLLC	1
全球用户身份模块	Universal Subscriber Identity Module	USIM	6
车用无线通信	Vehicle to X	V2X	1
矢量预编码	Vector Precoding	VP	4
虚拟资源块	Virtual Resource Block	VRB	5
多功能视频编码	Versatile Video Coding	VVC	3
迫零	Zero-Forcing	ZF	4